# 海绵城市系统化方案编制理论与实践

## （下册）

马洪涛◎主编

中国建筑工业出版社

# 目 录 Contents

## 上册

# 案例篇

# 第8章 福州案例

福州市地处东南沿海，闽江下游，城区地势三面环山，一面临海，闽江、乌龙江穿城而过，城内河网密布，沟汊纵横，独具滨江滨海和山水城市风貌。城市年平均降雨量1317mm，每年夏季还会受到台风的侵扰，带来较为集中的大量降雨。由于城镇化的快速推进，基础设施建设滞后，近年来大雨积涝和水体黑臭等问题给城市发展和居民生活带来了负面影响。

2016年福州市获评国家第二批海绵城市建设试点城市，结合地理特征、城建现状和开发建设计划，划定了江北城区的鹤林片区作为老城区的示范区，仓山区东部新开发建设的三江口片区作为新城区的示范区。鹤林片区属于福州典型的山地与平原结合区域，存在大量山洪客水汇入城区的内涝风险，由于片区内雨水管网建设标准低和内河淤积严重，加之暴雨天气下受下游闽江顶托，大大加剧了内涝风险；鹤林片区属于老城区，开发建设强度高，但基础设施老旧，雨污水管网不完善，污水直排和混接现象严重，导致内河水质常年不达标，竹屿河和磨洋河严重黑臭。

经过三年试点，福州市的海绵城市试点建设工作取得了初步成效。本文以鹤林片区为例，介绍南方复杂水环境条件下的老城区海绵城市建设系统化方案。以鹤林片区现状水环境问题和水安全问题为导向，同时综合考虑水生态和水资源，从流域尺度出发，以汇水分区为单元，统筹谋划各类建设项目，构建“源头减排—过程控制—系统治理”工程体系，系统解决片区水体黑臭和内涝积水的核心问题。

## 8.1 区域概况

### 8.1.1 区位分析

福州市针对需要重点解决的黑臭水体、城市内涝、城市有机更新等问题，选取了鹤林片区、三江口片区具有典型代表意义的两大区域作为海绵城市建设的重点区域，区位图见图8-1。试点区总面积为56.95km$^2$，其中鹤林片区面积23.09km$^2$，建设面积10.47km$^2$；三江口片区面积33.86km$^2$，建设面积27.03km$^2$。

图8-1 福州市海绵城市建设试点区区位图

### 8.1.2 地形地貌

福州市低丘、残丘广泛分布，内河众多，闽江和乌龙江穿城而过，地形地貌见图8-2。福州盆地是山间断陷盆地，盆地四周山岭环抱，城区在盆心，盆地边缘为山地和丘陵，海拔高程均在500m以上，盆地内部是冲积海积平原，高程为3～5m，平原上分布着诸多岛状花岗石残丘，如高盖山、乌山、屏山等，闽江、乌龙江穿越盆地中心。

鹤林片区处于鼓山的山前地带，地势北高南低，地貌从北而南为丘陵、冲洪积扇、冲海积平原三个地貌单元，高程见图8-3。鹤林片区是福州典型的山体与平原相结合的区域，北部为金鸡山、鼓山。

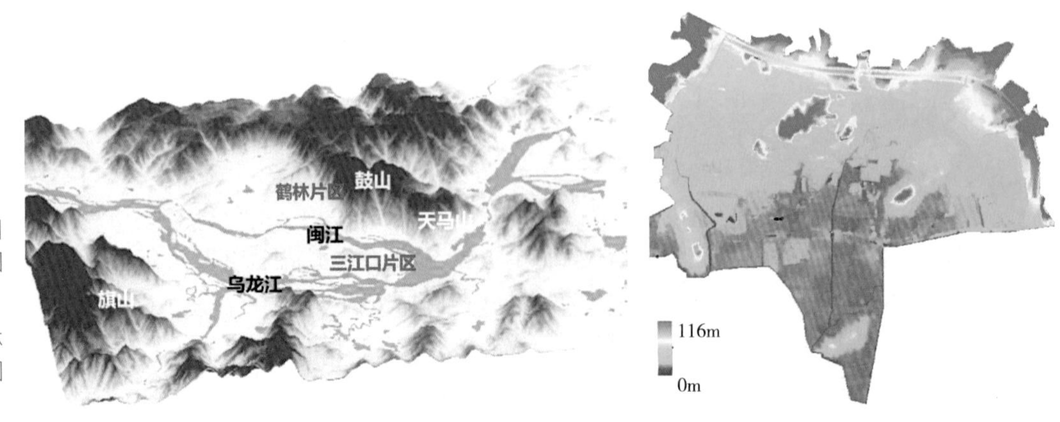


图8-2 福州市地形地貌图（左）

图8-3 鹤林片区高程图（右）

### 8.1.3 土壤与地下水

鹤林片区北部山区土壤结构主要为残积土；山前地带由上而下分布素（杂）填土、粉质黏土、泥质砾卵石；冲海积平原由上而下分布素（杂）填土、粉质黏土和黏土、淤泥。鹤林片区为相对独立的水文地质单元，北部山区为补给区，中部的山前地带补给径流区，南部为径流排泄区，水文地质平面图见图8-4。地下水位埋深由北而南变浅。

地下水类型主要有表层孔隙潜水、中部松散岩类孔隙承压水和下部基岩风化网状孔隙—裂隙承压水三种类型。孔隙潜水主要赋存于素（杂）填土中，地下水直接受大气降水和北侧松散岩类孔隙水补给，含水层厚0.5～5.0m，水位、水量随季节性变化较明显，含水层渗透性较好，水位埋深1.3～2.5m，水位年变幅0.5～1.5m。

鹤林片区主要地层渗透系数参考见表8-1，上层多为填土，渗透系数较大，渗透性能良好，适宜建设渗透型的LID设施，总体条件利于海绵城市建设；下层多为黏土、淤泥，渗透性能较差。

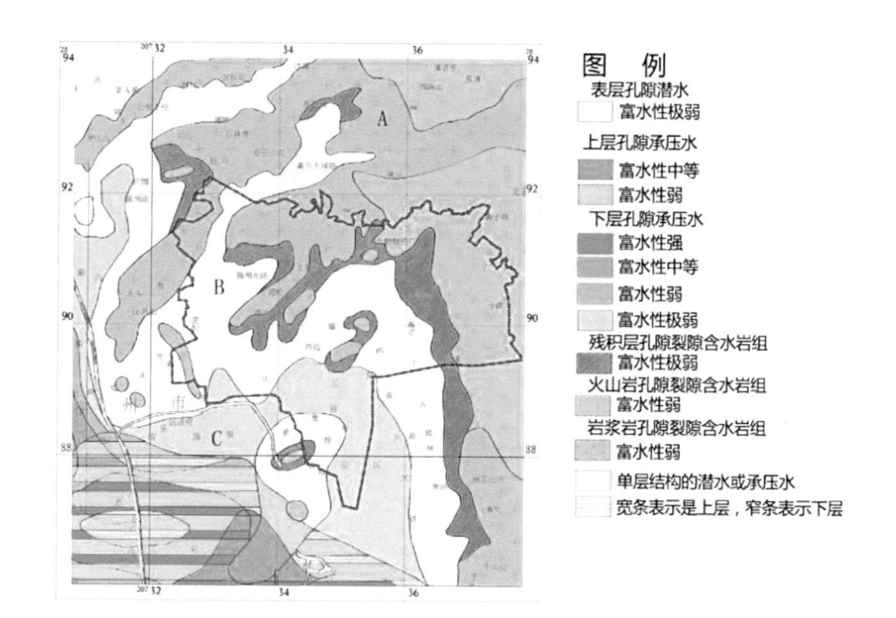


图8-4 鹤林片区水文地质平面图

鹤林片区主要地层渗透系数参考表 表8-1

| 序号 | 地层岩性 | 渗透系数（cm/s） | 降雨入渗系数 | 备注 |
|---|---|---|---|---|
| 1 | 素（杂）填土 | $1.5\times10^{-4}$～$2.5\times10^{-2}$ | 0.35～0.65 | 区域多有分布 |
| 2 | 粉质黏土 | $4.5\times10^{-6}$～$1.5\times10^{-5}$ | 0.01～0.03 | 局部分布 |
| 3 | 泥质砾卵石、碎石 | $2.0\times10^{-3}$～$3.5\times10^{-1}$ | 0.15～0.25 | 山前地带及下部分布 |
| 4 | 淤泥 | $1.8\times10^{-7}$～$3.8\times10^{-5}$ | | 下部分布 |
| 5 | 粉质黏土 | $3.5\times10^{-6}$～$1.0\times10^{-5}$ | | 下部分布 |
| 6 | 黏土 | $2.8\times10^{-7}$～$3.0\times10^{-6}$ | | 下部分布 |

续表

| 序号 | 地层岩性 | 渗透系数（cm/s） | 降雨入渗系数 | 备注 |
|---|---|---|---|---|
| 7 | 淤泥质土夹砂 | $2.3\times10^{-7}\sim3.5\times10^{-5}$ | | 下部分布 |
| 8 | 中砂 | $1.6\times10^{-3}\sim2.0\times10^{-2}$ | | 下部分布 |
| 9 | （含泥）卵石 | $2.5\times10^{-3}\sim1.5\times10^{-1}$ | | 下部分布 |
| 10 | 残积土 | $3.0\times10^{-5}\sim1.8\times10^{-4}$ | 0.05~0.10 | 山麓地带及下部分布 |

### 8.1.4 降雨特征

1．雨量分配

福州市属亚热带季风气候，气候温暖，雨量充沛，雨热同期。福州地区多年年均降雨量为1343mm，降水按季节分，大致可分为春雨季、梅雨季、台风雨季和少雨季，多年逐月平均降雨量见图8–5。

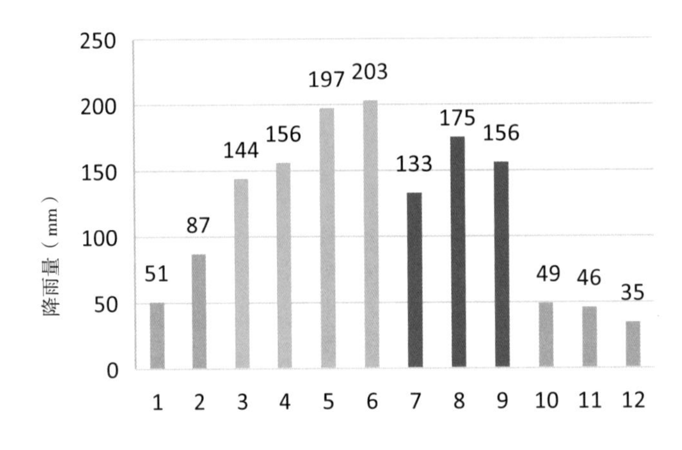


图8－5 福州地区多年逐月平均降雨量图

2．设计降雨雨型

根据《福州市城市设计雨型编制技术报告》，采用芝加哥雨型法和Pilgrim & Cordery法推算不同重现期下60min、120min和180min三个历时的设计雨型，并根据对工程不利的原则确定最终采用的设计雨型。福州市2015年最新修编的暴雨强度公式见式（8–1）：

$$q=\frac{2457.435\times(1+0.633\lg P)}{(t+11.951)^{0.724}} \tag{8-1}$$

式中 $q$——降雨强度（mm/min）；

$t$——降雨历时（min）；

$P$——重现期（年）。

基于新修编的公式推求了2年一遇、3年一遇、5年一遇的短历时雨型，采用同频率分析法推求50年一遇1440min设计雨型，见图8–6～图8–9。

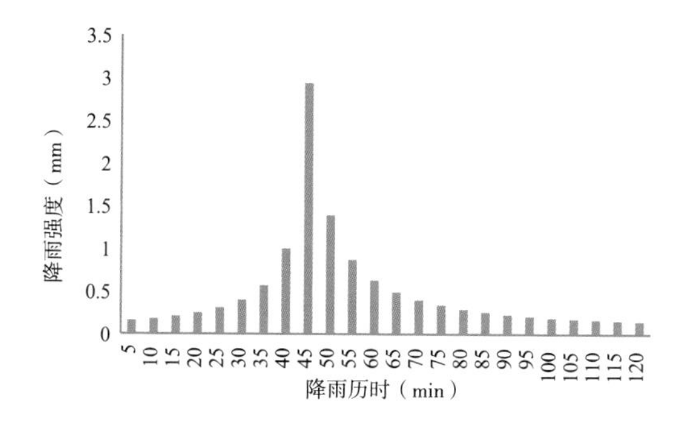


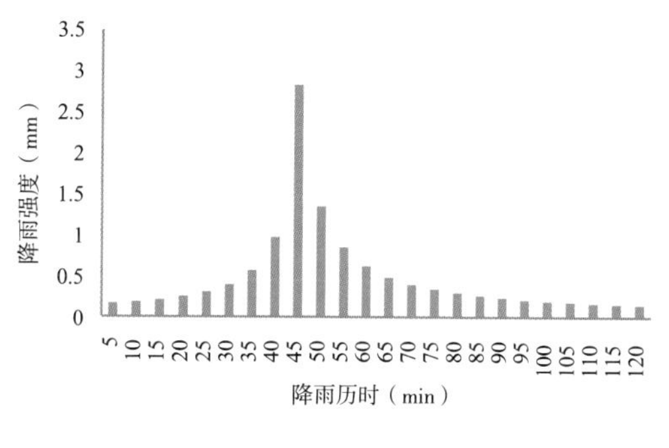


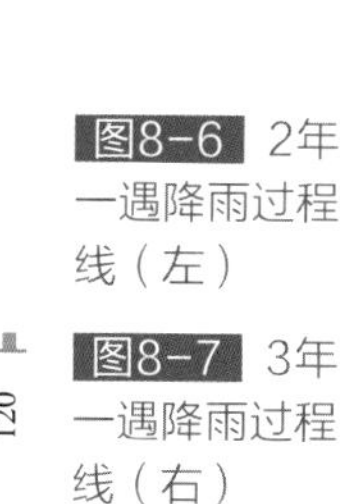

图8-6 2年一遇降雨过程线（左）

图8-7 3年一遇降雨过程线（右）

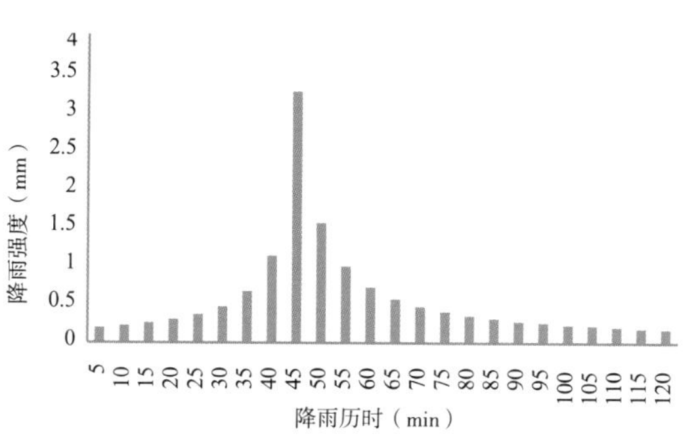


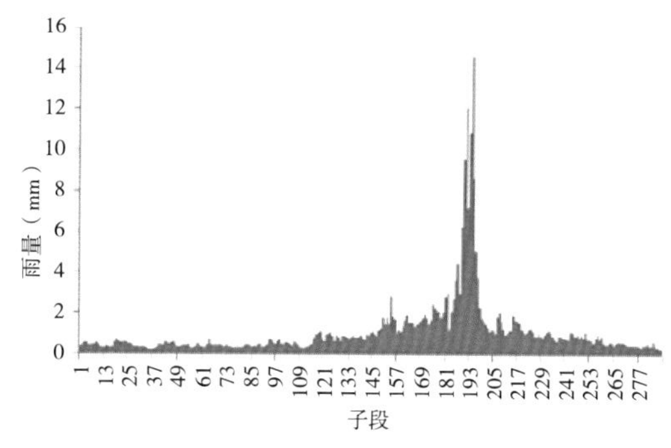


图8-8 5年一遇降雨过程线（左）

图8-9 50年一遇降雨过程线（右）

3．典型年选取

通过对福州市区1982～2011年的30年降雨数据进行年降雨量、各级别降水、月均水量分析，以及各因素加权分析，最终确定2011年为降雨典型年，采用2011年的年降雨数据（图8-10）作为方案模型的分析基础。

从2011年降雨总量上来看，2011年是降雨量较为平均的一年，降雨主要集中在5～8月份（表8-2）。按气象局降雨等级划分及统计标准，全年共88场降雨，其中，小、中雨共70场，占全年总降雨量的80%。

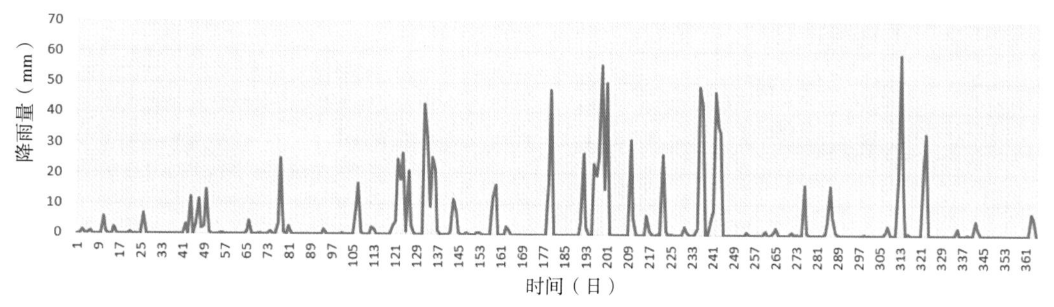


图8-10 2011年实测逐日降雨量

2011年降雨统计分析　　表8-2

| 月份 | 降雨量（mm） | 小雨场次 | 中雨场次 | 大雨场次 |
|---|---|---|---|---|
| 1 | 17 | 5 | 0 | 0 |
| 2 | 50 | 4 | 3 | 0 |
| 3 | 36 | 4 | 1 | 0 |
| 4 | 33 | 5 | 1 | 0 |
| 5 | 247 | 5 | 5 | 4 |
| 6 | 97 | 2 | 3 | 1 |
| 7 | 256 | 3 | 3 | 5 |
| 8 | 223 | 8 | 0 | 5 |
| 9 | 38 | 4 | 0 | 1 |
| 10 | 43 | 3 | 2 | 2 |
| 11 | 152 | 1 | 3 | 0 |
| 12 | 21 | 5 | 0 | 0 |
| 合计 | 1213 | 49 | 21 | 18 |

### 8.1.5 下垫面分析

采用影像分析法对鹤林片区的城区遥感影像图进行下垫面解析，解析类型分为屋面、不透水广场、透水广场、路面、裸土、草地、林地和水体8种，见表8-3和图8-11。

鹤林片区城区范围内为老城区，大部分地块已开发建设完成，片区内屋面、一般路面和不透水广场三种不透水下垫面占比较大，共占50.96%；透水广场、一般草地、裸土和林地四种透水下垫面共占47.16%；现状水域面积较少，只占了1.88%。现状下垫面条件下综合径流系数为0.55，已经大大改变了开发前的水文特征，导致雨天时径流量和峰值流量增大，峰现时间提前，同时雨水冲刷屋面、路面等带来了大量面源污染。

鹤林片区现状下垫面统计表　　表8-3

| 序号 | 下垫面 | | 鹤林 | |
|---|---|---|---|---|
| | 下垫面类型 | 雨量径流系数 | 面积（hm²） | 占比 |
| 1 | 屋面 | 0.9 | 235.12 | 21.73% |
| 2 | 一般路面 | 0.9 | 105.15 | 9.72% |
| 3 | 广场（不透水） | 0.85 | 211.04 | 19.51% |
| 不透水下垫面小计 | | | 551.31 | 50.96% |
| 4 | 一般草地 | 0.15 | 172.15 | 15.91% |

续表

| 序号 | 下垫面 | | 鹤林 | |
|---|---|---|---|---|
| | 下垫面类型 | 雨量径流系数 | 面积（hm²） | 占比 |
| 5 | 广场（透水） | 0.45 | 32.52 | 3.01% |
| 6 | 裸土 | 0.15 | 241.52 | 22.32% |
| 7 | 林地 | 0.15 | 64.03 | 5.92% |
| 透水下垫面小计 | | | 510.22 | 47.16% |
| 8 | 水体 | 1 | 20.38 | 1.88% |
| 综合径流系数 | | | 0.55 | |

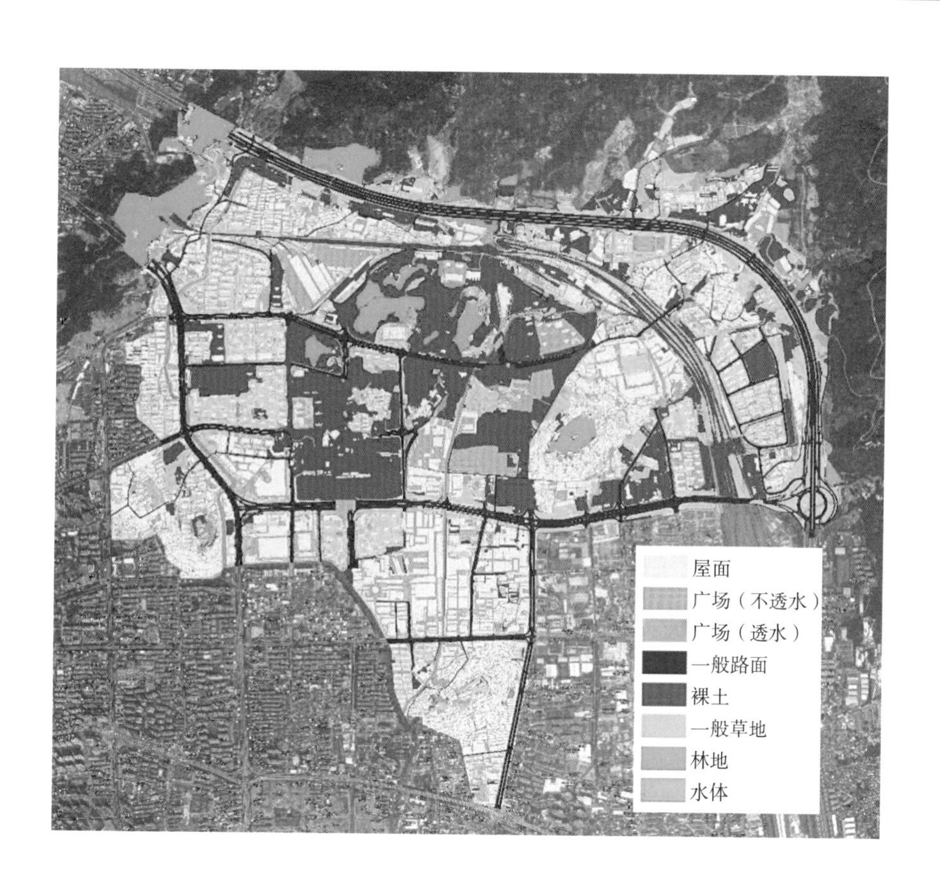


图8-11 鹤林片区现状下垫面

### 8.1.6 河道水系

福州市中心城区水系发达，水网密布，江北城区水系呈支状，南台岛水系呈网状。城区内河共分为6大水系，分别为新店片区水系、晋安河中心水系、白马河西区水系、光明港河口水系、磨洋河东区水系和南台岛水系，共计107条内河，总长244km。鹤林片区属于晋安河水系和磨洋河水系，片区内共有河流5条，水库和湖泊2个，分别为登云水库和晋安湖，见图8-12、表8-4和表8-5。

图8-12 鹤林片区河流水系

鹤林片区河流一览表 表8-4

| 序号 | 名称 | 河长（m） | 河宽（m） |
| --- | --- | --- | --- |
| 1 | 登云溪 | 1300 | 7~10 |
| 2 | 化工河 | 2394 | 9~32 |
| 3 | 竹屿河 | 332 | 10 |
| 4 | 凤坂一支河 | 3450 | 35 |
| 5 | 磨洋河 | 2000 | 25 |

鹤林片区水库湖泊一览表 表8-5

| 序号 | 名称 | 面积（$hm^2$） | 库容（万$m^3$） |
| --- | --- | --- | --- |
| 1 | 登云水库 | 22.15 | 179 |
| 2 | 晋安湖（在建） | 32.6 | 159 |

### 8.1.7 现状河道排口和排水体制

1．排口调查统计

首先，对鹤林片区所有河道排口进行现场勘查，对排口进行编号并拍照，详细记录每个排口的坐标位置、管径、材质、管底标高、出水情况、水质和调查时间。经2017年4月现场调研，鹤林片区共调查到450个排口，其中旱天出水119个、淹没121个、无水210个。

其次，为掌握各排口的流量、流速、液位等基础数据，以评估排口的变化规律、雨污混接情况，选取排口进行流量和液位监测。大管径排口排水量大，对河道水质影响较大，故对管径大于等于500mm的排口全部进行监测，对管径小于500mm但旱天有持续出水的排口也进行监测。监测时间为至少2周连续监测，且其中至少包含一场降雨。

最后，依据排口流量监测数据，追溯排口上游地块排水体制，综合判定排口类型。根据2017年4月分析结果，鹤林片区450个排口中，分流制污水口196个，分流制雨水口185个，分流制混接排水口35个，合流制排水口34个，见表8-6和图8-13。

**鹤林片区排口分类统计表（个）**　　表8-6

| 河流 | 分流制污水口（FW） | 分流制雨水口（FY） | 分流制混接排水口（FH） | 合流制排水口（HZ） | 共计 |
|---|---|---|---|---|---|
| 登云溪 | 5 | 39 | 5 | 3 | 52 |
| 化工河 | 83 | 46 | 10 | 18 | 157 |
| 竹屿河 | 2 | 9 | 2 | 0 | 13 |
| 凤坂一支河 | 88 | 68 | 14 | 11 | 181 |
| 磨洋河 | 18 | 23 | 4 | 2 | 47 |
| 合计 | 196 | 185 | 35 | 34 | 450 |

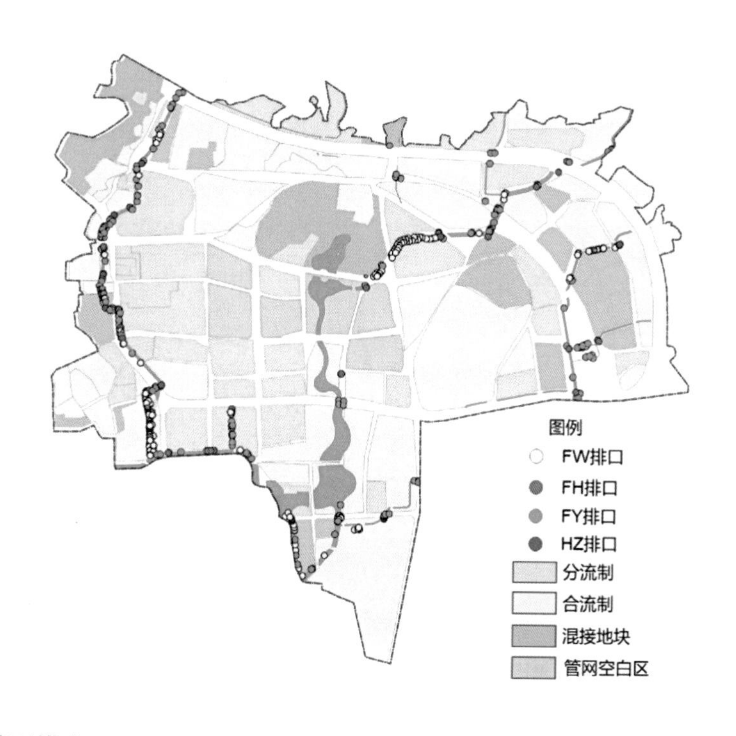


图8-13 鹤林片区排口类型分布图

2．混接情况排查

根据排口调查和监测结果，追溯排口上游地块排水管网情况，经排查鹤林片区分流制地块中共存在15处混接地块，含25个混接点。其中，17个混接点为污水管接入分流制雨水管道，6个混接点为雨水管接入分流制污水管道，2个混接点为污水管接入合流制管道后排河。具体混接详情和位置见表8-7和图8-14。

鹤林片区混接情况统计表 表8-7

| 序号 | 混接地块 | 面积（$hm^2$） | 混接位置 | 混接详情 |
|---|---|---|---|---|
| 1 | 登云佳园 | 3.25 | 小区内 | 尺寸250mm×250mm的雨水管渠接入*DN*200的污水管 |
| 2 | 福东小区 | 2.94 | 小区内 | 2根*DN*300的污水管接入*DN*500的合流管排河 |
| 3 | 二化社区 | 7.33 | 小区内 | 3根*DN* 200的污水管接入*DN* 400的雨水管；*DN*300的雨水管接入*DN*800的市政污水管道 |
| 4 | 瑞城花园 | 1.73 | 市政道路上 | 雨水管渠接入*DN*800的市政污水管 |
| 5 | 东坡丽园 | 1.84 | 小区内 | *DN*200的雨水管接入*DN*400的污水管 |
| 6 | 晋广翠园 | 1.81 | 小区内 | 2根*DN*200的雨水管分别接入*DN*300的污水管 |
| 7 | 福泽家园 | 4.43 | 小区内 | *DN*300的污水管接入*DN*600的雨水管 |
| 8 | 潭园小学 | 2.88 | 学校内 | *DN*200的污水管接入*DN*600的雨水管 |
| 9 | 鑫雅婷瓷砖仓库 | 3.9 | 工厂内 | *DN*300的污水管接入尺寸1400mm×300mm的雨水灌渠 |
| 10 | 博金建材城 | 12.29 | 市政道路上 | *DN*300的污水管接入*DN*800的雨水管 |
| 11 | 横屿鳝溪佳园 | 6.1 | 小区内 | 3根*DN*300的污水管接入*DN*600的雨水管 |
| 12 | 东山新苑一区 | 3.4 | 市政道路上 | *DN*300的污水管接入*DN*800的雨水管 |
| 13 | 东山新苑二区 | 5.3 | 小区内 | 2根*DN*300的污水管接入*DN*400的雨水管 |
| 14 | 东山新苑三区 | 2.2 | 小区内 | 3根*DN*300的污水管接入*DN*400的雨水管 |
| 15 | 东山佳园 | 3.23 | 小区内 | *DN*300的污水管接入*DN*600的雨水管 |

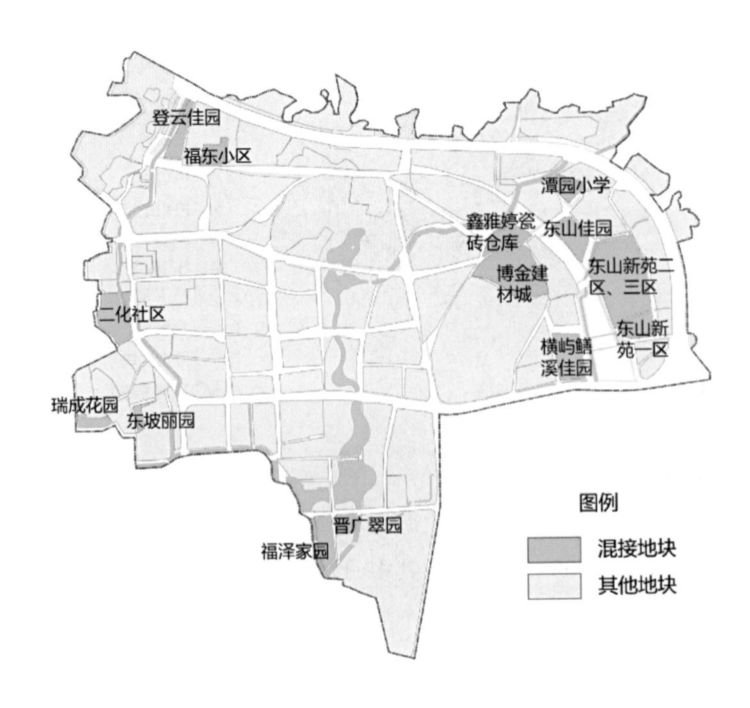


图8-14 鹤林片区混接地块位置图

3．排水体制分析

鹤林片区管网普查数据显示，登云溪—化工河分区和磨洋河上游分区现状地块大多为建成区，雨污水管线建设较为完善，雨污分流情况较好，但分流制污水管混接至雨水管道的现象严重；两个分区内的城中村为合流制地块。凤坂一支河汇水分区上中游地块大部分为拆迁在建和待建状态，雨污管线建设缺失，排口基本为直排污水口和分流制雨水口；下游地块为城中村和工厂，污水干线建设较完善，排口多为城中村直排和合流制排口。

综上分析，2016年鹤林片区内分流制地块面积为2.09km$^2$，占比为28.9%；合流制地块面积为3.82km$^2$，占比为52.8%；混接地块面积为0.76km$^2$，占比为10.5%；管网空白区域面积0.56km$^2$，占比为7.8%，具体分布见图8-15。

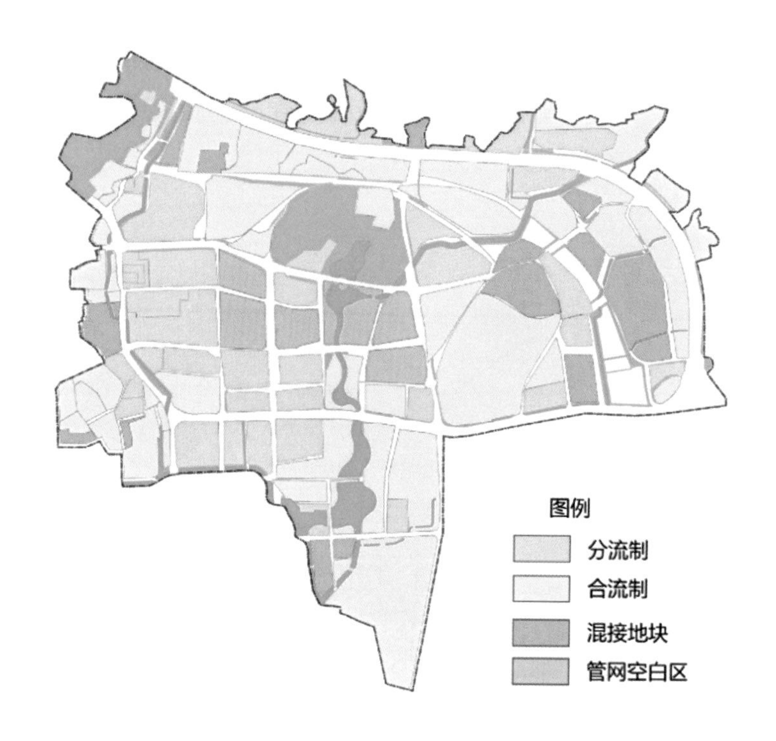


图8-15 鹤林片区排水体制分布图

## 8.1.8 现状污水系统

1．污水处理厂

鹤林片区内无污水厂和泵站，片区内污水经收集排入洋里污水厂处理。洋里污水厂2016年处理规模为60万m$^3$/d，污水厂2016年平均进水量约44m$^3$/d，采用氧化沟和A$^2$O处理工艺，一、二期出水水质为一级B，三、四期出水水质为一级A，尾水通过光明港经九孔闸排至闽江，目前暂无中水回用。污水厂规划扩建至70万m$^3$/d，规划出水水质为一级A，具体信息见表8-8。

洋里污水厂信息一览表 表8-8

| 污水厂 | 现状/规划规模（万$m^3$/d） | 实际进水量（万$m^3$/d） | 现状出水水质 | 规划出水水质 | 现状/规划管线敷设长度（km） | 现状/规划服务面积（$km^2$） | 现状/规划服务人口（万人） |
|---|---|---|---|---|---|---|---|
| 洋里 | 60/70 | 43.8 | 一、二期一级B，三、四期一级A | 一级A | 435.7/123.1 | 45.4/54.8 | 100.2/105 |

鹤林片区连江路东侧地块污水经污水支管收集汇入连江北路污水干管（连江路—国货路—洋里污水厂）；化工路北侧地块污水汇入化工路污水干管（化工路—河滨路—洋里污水厂）；福新东路南北两侧地块污水汇入福新东路污水干管（福新东路—河滨路—洋里污水厂）；三环路西侧地块污水经收集后汇入三环路污水干管；鹤林片区内所有污水均汇入洋里污水厂处理后排放，污水系统示意图见图8-16。

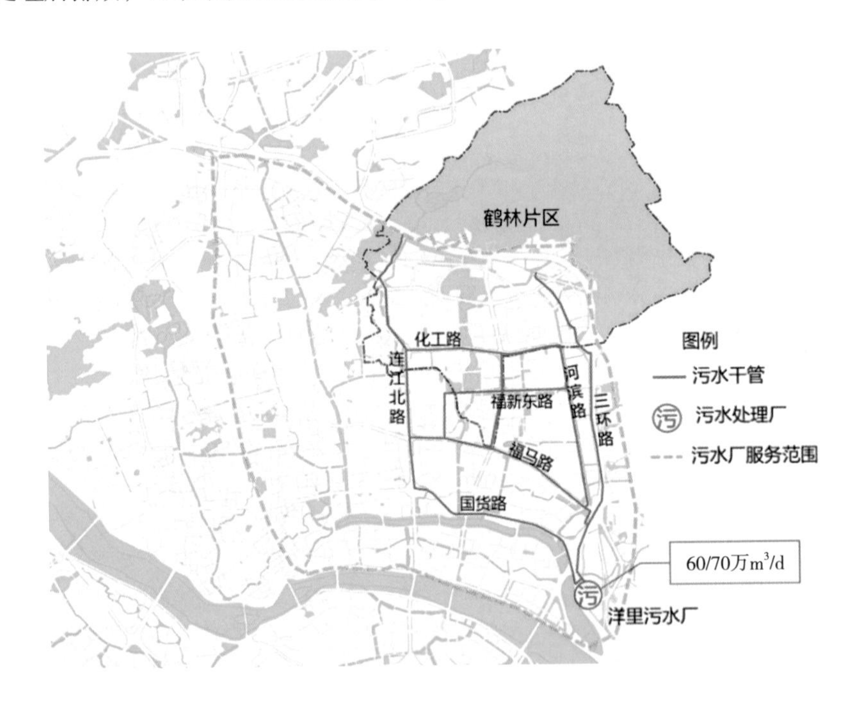


图8-16 鹤林片区污水系统示意图

2. 污水管网建设现状

鹤林片区现状污水管网系统建设较为完善，2016年片区内现状污水管线共计102.23km，分布见图8-17。城市建成区中登云溪分区和磨洋河上游分区的大部分地块按分流制建设，但登云佳园、福东小区、二化社区等地块存在雨污混接，且沿河建筑多为污水直排，城中村区域基本为合流制排水；凤坂一支河上游和中游周边地块还处于开发建设状态，污水管网尚未建设完成，存在部分管网空白区。

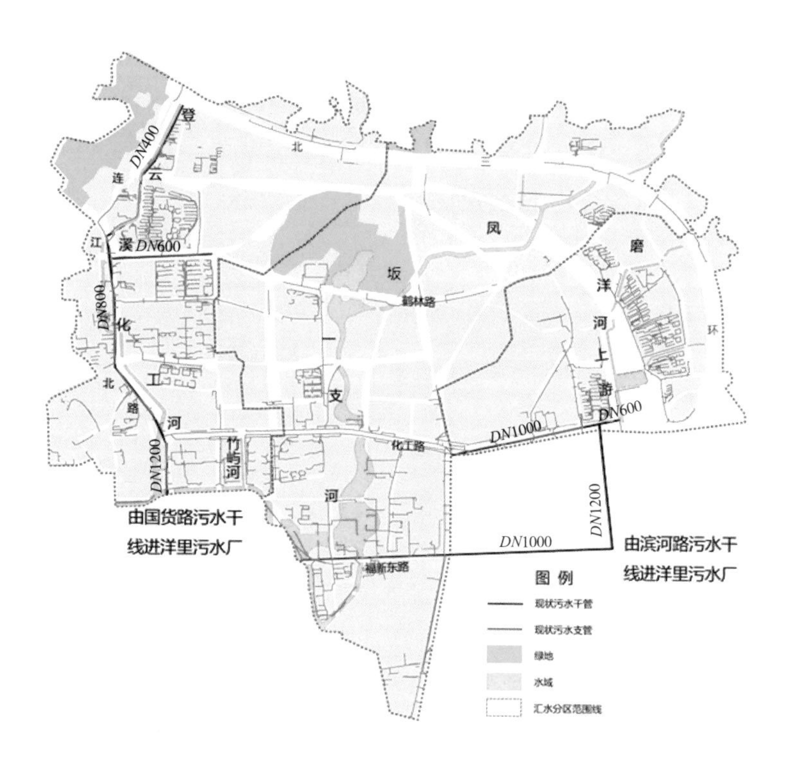


图8-17 鹤林片区现状污水管线分布图

## 8.1.9 现状雨水系统

根据中心城区内河水系走向、汇水范围、排口位置、排涝泵站位置等，将江北主城区划分为16个排水分区，见图8-18。鹤林片区所在区域属于江北城区的排水上游，片区内无排涝泵站，片区内河道最终通过流入晋安河和光明港而汇入闽江，片区排涝能力与下游光明港末端的魁岐排涝泵站和东风排涝泵站相关，魁岐排涝泵站设计抽排流量200m³/s，东风排涝泵站设计抽排流量80m³/s。

图8-18 中心城区雨水分区及排涝泵站示意图

城市建成区中登云溪分区和磨洋河上游分区的大部分地块按分流制建设，已有成系统的雨水管网，登云村、横屿村等城中村区域基本为散排，未建成系统的雨水管网；凤坂一支河分区内大部分地块还处于开发建设状态，雨水管网尚未建设完成，存在较大区域的管网空白区。2016年片区内现状雨水管线共计235.45km，具体分布见图8-19。

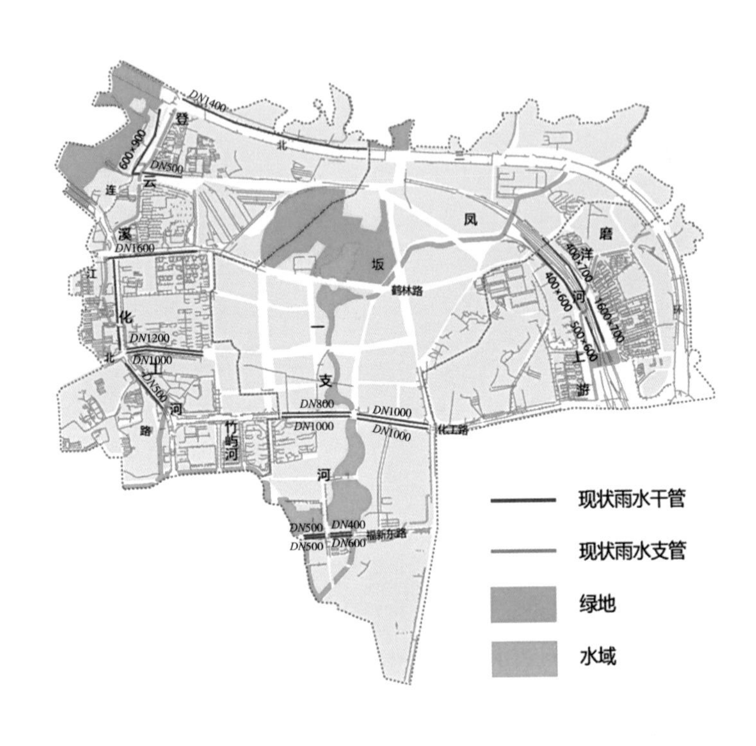


图8-19 鹤林片区现状雨水管线分布图

## 8.2 现状问题及原因分析

### 8.2.1 水环境问题

1．水质情况

鹤林片区内登云溪水质可稳定达到V类水标准，化工河、凤坂一支河、竹屿河、磨洋河均为劣V类水质，长期不能达到V类水标准。竹屿河、磨洋河原为重度黑臭水体，对比2015年11月（表8-9）与2017年3月（表8-10）河道水质指标，竹屿河持续重度黑臭，磨洋河因河道清淤、驳岸修复水质稍有改善，由重度黑臭转为轻度黑臭，见图8-20。

鹤林片区黑臭河道2015年11月水质检测表　　表8-9

| 河道 | 采样位置 | 透明度（cm） | DO（mg/L） | $NH_3$-N（mg/L） | OPR（mV） |
|---|---|---|---|---|---|
| 竹屿河 | 化工路口 | 20 | 0.17 | 10.1 | -231 |
| 磨洋河 | 三环路口 | <1 | 8.47 | 1.52 | -117 |
| | 化工路口 | >32 | 2.83 | 10.4 | 206.2 |
| | 福兴东路口 | >32 | 3.57 | 7.64 | 205.4 |

**鹤林片区河道2017年3月水质检测表** **表8-10**

| 河流 | 采样位置 | 透明度（cm） | DO（mg/L） | $NH_3$-N（mg/L） | OPR（mV） | COD（mg/L） | pH | TP（mg/L） | TN（mg/L） |
|---|---|---|---|---|---|---|---|---|---|
| 竹屿河 | 化工路洋头尾路口 | 8 | 1.95 | 17.7 | 15.3 | 67 | 9.39 | 1.01 | 3.18 |
| | 化工路洋头尾路口往里300m | 6 | 2.25 | 12.3 | -10.7 | 71 | 8.89 | 1.3 | 3.7 |
| 磨洋河 | 化工路互通桥下 | 14 | 5.54 | 7.1 | 176.9 | 170 | 7.16 | 1.98 | 15.3 |
| | 化工路互通桥下南300m | 14 | 4.63 | 7.51 | 166.1 | 223 | 6.9 | 2.23 | 14.1 |
| 登云溪 | 登云路三环路口桥头 | 28 | 9.53 | 0.48 | 135.8 | 10 | 7.67 | 0.18 | 1.53 |
| | 登云村口大桥 | >30 | 9.68 | 0.4 | 125.8 | 10 | 7.63 | 0.16 | 1.3 |
| | 鹤林路以北200m | >30 | 9.3 | 0.97 | 86.6 | 10 | 7.59 | 0.22 | 1.74 |
| | 鹤林路 | 23 | 8.31 | 2.15 | 146.1 | 15 | 7.5 | 0.49 | 1.78 |
| 化工河 | 横屿路以北200m处 | 26 | 7.13 | 3.16 | 144.3 | 16 | 7.42 | 0.61 | 5.15 |
| | 横屿路以南200m处 | 21 | 2.93 | 13.9 | 149.1 | 103 | 7.85 | 1.4 | 15.5 |
| | 万事利花园 | 10 | 5.08 | 4.26 | 153 | 56 | 7.31 | 0.69 | 5.38 |
| 凤坂一支河 | 北三环路 | 27 | 9 | 1.01 | 122.6 | 22 | 7.69 | 0.79 | 8.16 |
| | 谭桥村桥头 | 28 | 8.52 | 1.63 | 130.7 | 24 | 7.67 | 0.89 | 8.74 |
| | 鹤林安置房3期 | 30 | 7.9 | 1.5 | 112.4 | 31 | 9.31 | 1.32 | 3.59 |
| | 化工路 | 27 | 6.85 | 1.94 | 113.7 | 42 | 9.05 | 1.36 | 3.53 |
| | 化工路福州汽车配件三厂 | 25 | 6.6 | 2.08 | 106.8 | 69 | 9.04 | 1.48 | 4.34 |
| 评价标准 | 轻度黑臭水体 | 10~25 | 0.2~2 | 8~15 | -200~50 | — | — | — | — |
| | 重度黑臭水体 | <10 | <0.2 | >15 | <-200 | — | — | — | — |
| | 地表水V类标准 | — | ≥2 | ≤2 | — | ≤40 | 6~9 | ≤0.4 | ≤2 |

2．原因分析

鹤林片区内现状雨污混接严重，沿河污水直排口多，城中村雨污合流范围大，大量生活污水直排入河，加之雨天有大量面源污染冲刷入河；同时由于片区内河道多年淤积严重，河道无稳定水源补给，流动性差，水环境容量较低，导致入河污染负荷超标，水质恶化。

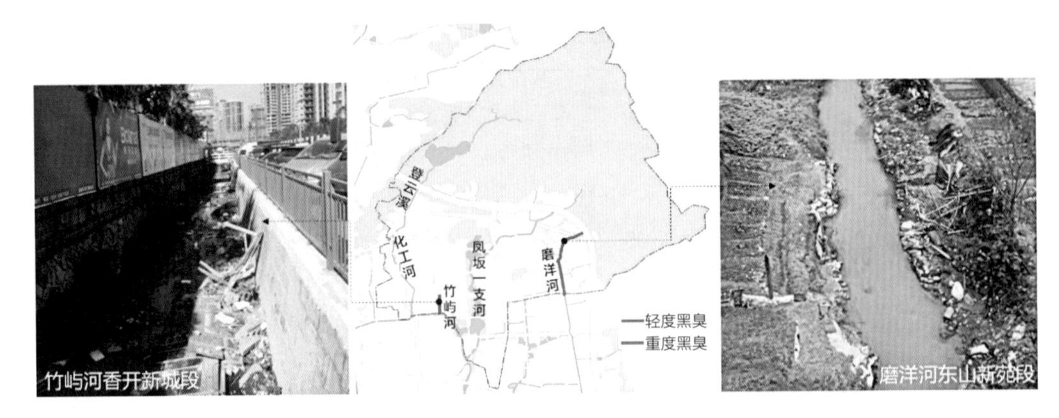


图8-20 鹤林片区黑臭河道

鉴于鹤林片区入河污染来源复杂多样，在分析河道入河污染负荷时，分别测算外源污染和内源污染，其中外源污染分为点源污染和面源污染。因片区内存在大量的分流制污水口、分流制混接排水口和合流制排水口，旱天和雨天不同条件下的污染量不同，故分别测算旱天和小雨、中雨、大雨及以上三种降雨情况下的入河污染负荷。测算出各分区的外源污染和内源污染后，再与水环境容量进行对比分析，评估河道污染负荷超标情况，河道污染负荷分析见图8-21。

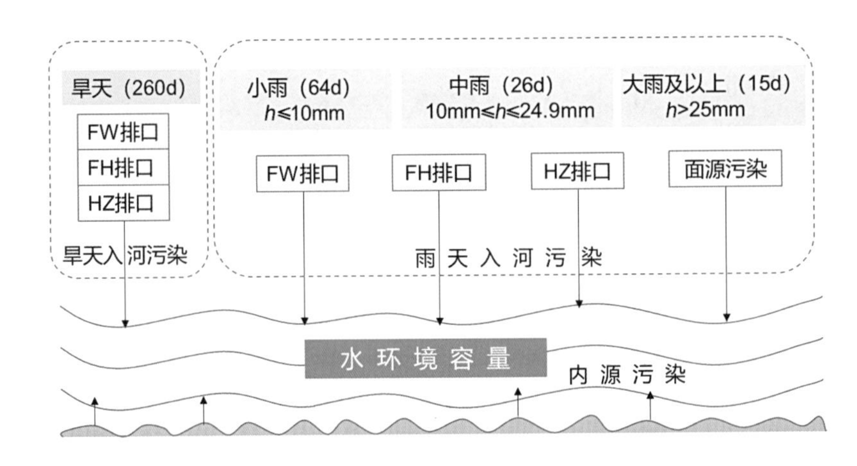


图8-21 河道污染负荷分析示意图

（1）外源污染

1）大量污水直排，点源污染严重

通过对建成区现状污水管线摸排分析，15个地块内部有雨污合流或混接现象，污水经雨水管道直排河道；化工河、竹屿河、磨洋河等河道两侧建筑自建污水管直排污水；凤坂一支河、磨洋河周边有大量城中村，城中村雨污合流直排入河。经测算，鹤林片区污水日均产生量约为10.97万$m^3$，直排污水量为2.84万$m^3$，占总水量的25.89%，点源入河水量及污染负荷见表8-11。登云溪—化工河分区和磨洋河上游分区的分流制混接排水口污染排放量最大，其次是合流制排水口，分流制污水口最少；凤坂一支河分流制污水口排放量最大，其次是混接排水口，合流制排水口最少，点源污染负荷对比见图8-22。

鹤林片区点源入河水量及污染负荷一览表　　表8-11

| 汇水分区 | 污水直排水量（m³/d） | | | 污染负荷排放量（以COD计，t/a） | | |
|---|---|---|---|---|---|---|
| | 分流制混接排水口 | 分流制污水口 | 合流制排水口 | 分流制混接排水口 | 分流制污水口 | 合流制排水口 |
| 登云溪—化工河 | 18741.91 | 981.96 | 5072.95 | 4049.81 | 211.84 | 274.05 |
| 凤坂一支河 | 941.69 | 1070.16 | 61.36 | 203.47 | 230.94 | 3.31 |
| 磨洋河上游 | 987.88 | 187.75 | 331.91 | 295.47 | 55.64 | 17.93 |
| 合计 | 20671.48 | 2239.87 | 5466.22 | 4548.75 | 498.42 | 295.29 |

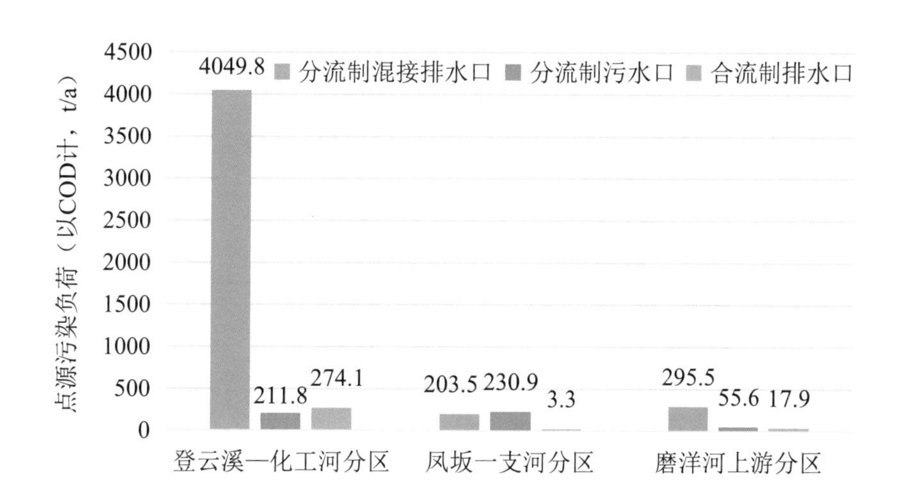


图8-22 鹤林片区点源污染负荷对比图

2）建成区及城中村面源污染

采用InfoWorks ICM 模型对面源污染进行测算。因福州降雨年内分布不均，进入河道的面源污染随之变化，其中污染物累积指数（表8-12）参考福州市相关面源污染监测报告。从测算结果（表8-13和图8-23）可知，凤坂一支河分区面源污染负荷最大，其次是登云溪—化工河分区，磨洋河上游分区最小。

福州中心城区地表径流污染物累积指数（mg/L）　　表8-12

| 功能分区 | SS | CODCr | $NH_3$-N | TP | TN |
|---|---|---|---|---|---|
| 工业区 | 151.21 | 119.35 | 3.86 | 0.19 | 6.42 |
| 文教区 | 77.72 | 34.85 | 1.01 | 0.14 | 4.74 |
| 交通区 | 338.91 | 173.16 | 1.53 | 0.55 | 5.85 |
| 商业区 | 109.04 | 105.06 | 1.13 | 0.14 | 5.80 |
| 居住区 | 149.79 | 66.60 | 1.73 | 0.43 | 5.88 |

鹤林片区面源入河污染负荷一览表 表8-13

| 汇水分区 | 面源污染负荷（t/a） | | | |
|---|---|---|---|---|
| | COD | SS | $NH_3$-N | TN |
| 登云溪—化工河 | 405.59 | 1045.38 | 2.10 | 1.23 |
| 凤坂一支河 | 518.96 | 1392.79 | 2.63 | 1.61 |
| 磨洋河上游 | 224.69 | 589.21 | 1.17 | 0.68 |
| 合计 | 1149.24 | 3027.38 | 5.9 | 3.52 |

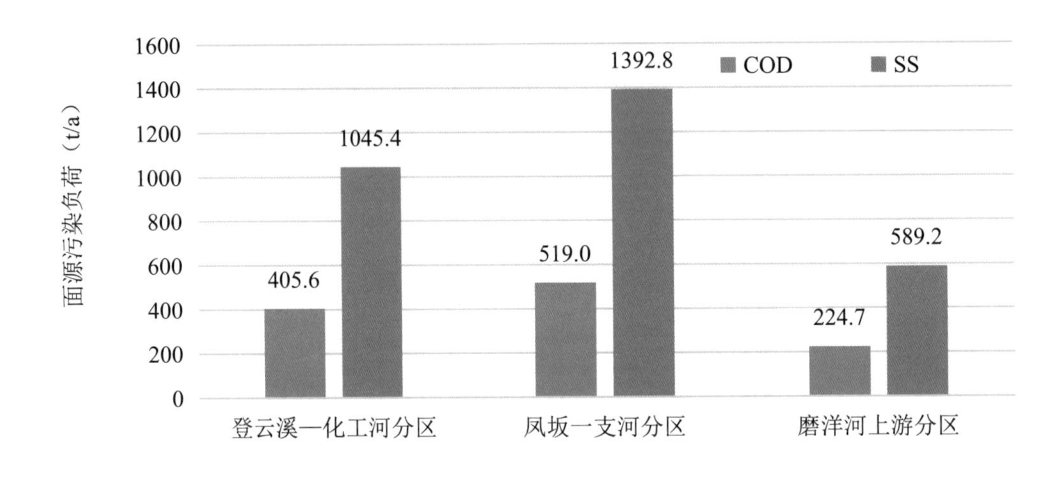


图8-23 鹤林片区面源污染负荷对比图

3）旱天和雨天入河污染分析

为确定各分区入河污染的主要来源及不同污染来源的占比，进一步对比分析旱天和雨天不同情况下各分区的入河污染量。根据对比结果（表8-14、图8-24～图8-26），结合各分区排水体制情况分析，可知登云溪—化工河分区雨污混接、合流污水直排现象较为严重，磨洋河上游分区因有大量城中村雨污合流直排，两个分区的主要污染源是点源污染直排；凤坂一支河分区尚在开发建设中，外源污染主要以面源为主。

鹤林片区入河污染负荷（COD）一览表 表8-14

| 汇水分区 | 点源（t/a） | 面源（t/a） | 合计（t/a） | 旱天（260d） | | 雨天（105d） | |
|---|---|---|---|---|---|---|---|
| | | | | 污染负荷（t） | 占比 | 污染负荷（t） | 占比 |
| 登云溪—化工河 | 4535.7 | 405.59 | 4941.29 | 3230.91 | 65.4% | 1710.38 | 34.6% |
| 凤坂一支河 | 437.72 | 518.96 | 956.68 | 311.80 | 32.6% | 644.88 | 67.4% |
| 磨洋河 | 369.04 | 224.69 | 593.73 | 262.88 | 44.3% | 330.85 | 55.7% |
| 合计 | 5342.46 | 1149.24 | 6491.7 | 3805.59 | 58.6% | 2686.11 | 41.4% |

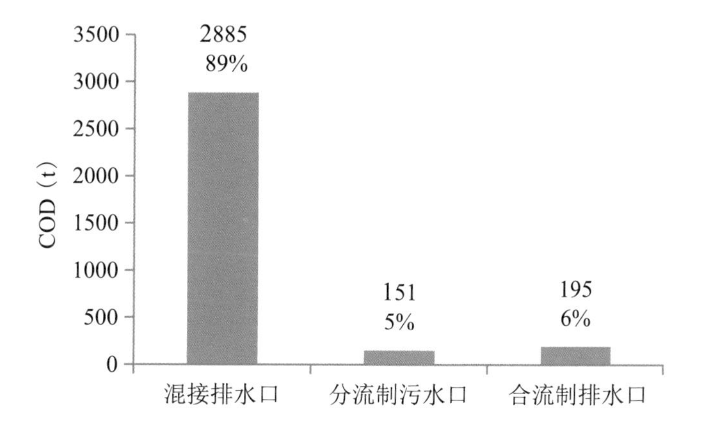


图8-24 登云溪—化工河分区旱天污染负荷排放量对比图

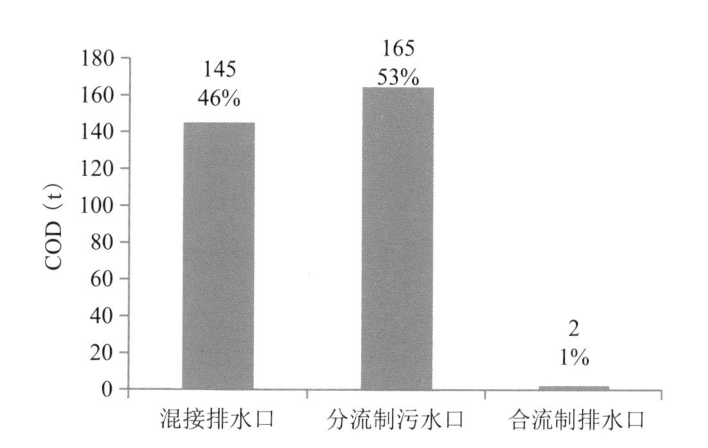


图8-25 凤坂一支河分区旱天污染负荷排放量对比图

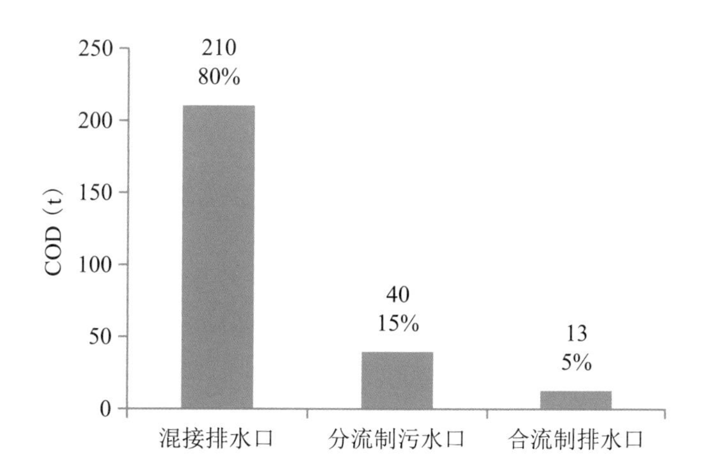


图8-26 磨洋河分区旱天污染负荷排放量对比图

进一步分析雨天入河污染负荷，根据福州市近30年降雨数据统计结果，平均一年中小雨事件（日降雨量≤10mm）降雨天数最多，累积降雨量最大。测算结果（表8-15）表明，中小雨事件下的污染负荷排放量占比最高。

**鹤林片区雨天入河污染负荷一览表** **表8-15**

| 汇水分区 | 雨天（105d） | | 小雨（h≤10mm，64d） | | 中雨（10mm<h≤24.9mm，26d） | | 大雨及以上（h>25mm，15d） | |
|---|---|---|---|---|---|---|---|---|
| | 污染负荷（t） | 占比 | 污染负荷（t） | 占比 | 污染负荷（t） | 占比 | 污染负荷（t） | 占比 |
| 登云溪—化工河 | 1710.4 | 34.61% | 878.54 | 17.78% | 332.36 | 6.73% | 499.48 | 10.11% |
| 凤坂一支河 | 644.88 | 67.41% | 168.55 | 17.62% | 204.75 | 21.40% | 271.58 | 28.39% |
| 磨洋河 | 330.85 | 55.72% | 104.94 | 17.68% | 96.03 | 16.17% | 129.88 | 21.88% |
| 合计 | 2686.13 | 41.38% | 1152.03 | 17.75% | 633.14 | 9.75% | 900.94 | 13.88% |

从小雨事件累积污染量来看，登云溪—化工河分区、磨洋河分区主要污染源为混接排放污水，凤坂一支河分区主要污染源为面源污染；在中雨事件中，除登云溪—化工河分区仍有比例较高的混接排放污水，其余分区均以面源污染为主要污染源；在大雨事件中，所有分区的主要污染来源均是面源污染。不同分区雨天外源污染排放量对比情况详见图8-27～图8-29。

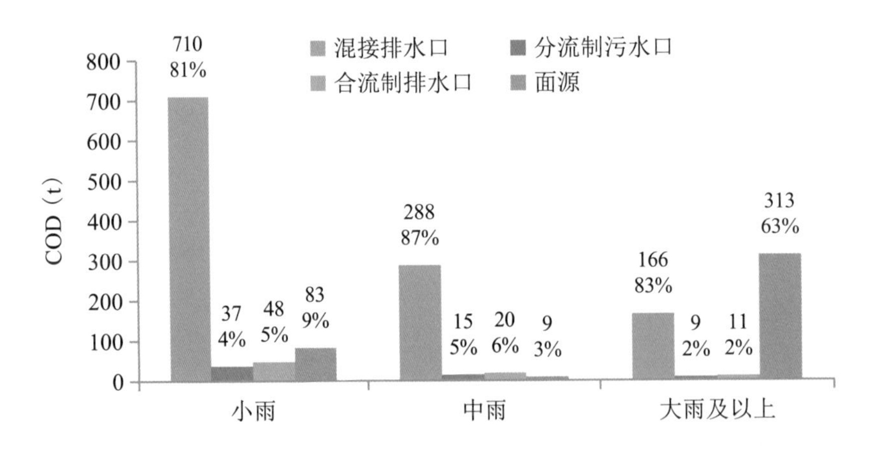


图8-27 登云溪—化工河分区雨天外源污染排放量对比图

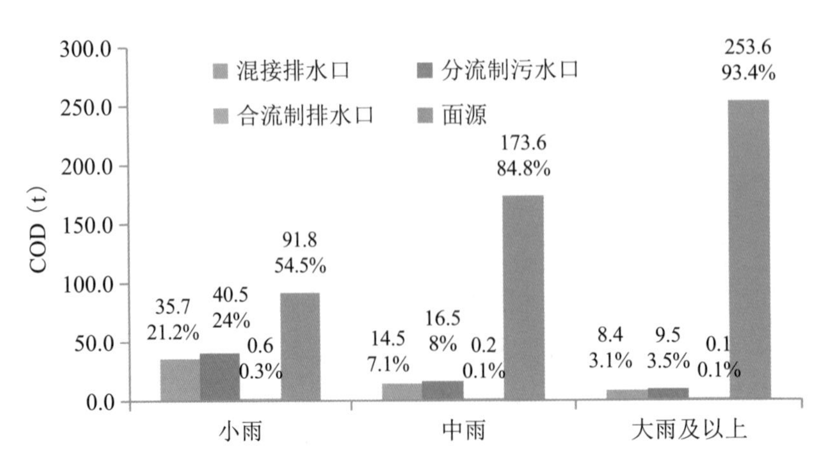


图8-28 凤坂一支河分区雨天外源污染排放量对比图

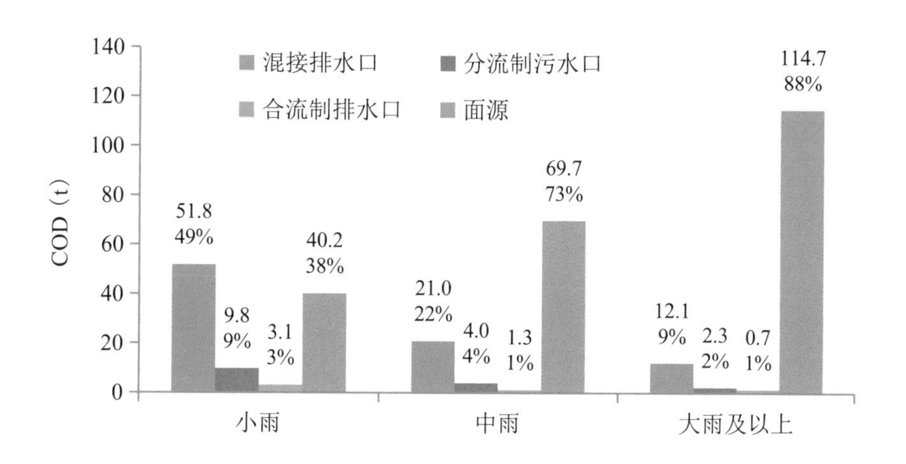


图8-29 磨洋河分区雨天外源污染排放量对比图

（2）内源污染

鹤林片区多数河段近年未进行过清淤，河道淤积严重，是黑臭产生的主要原因之一，鹤林片区内源污染负荷COD排放量每年达到19t（表8-16）。经过城中村的河段，特别是磨洋河上游、凤坂一支河上游由于垃圾收集设施和卫生管理制度不完善，河道垃圾堆积严重（图8-30），对河道水质污染严重，水生态环境恶劣。

试点区河道内源污染负荷一览表 表8-16

| 序号 | 名称 | COD释放量（t/a） |
|---|---|---|
| 1 | 登云溪 | 1.4 |
| 2 | 化工河 | 8.4 |
| 3 | 凤坂一支河 | 2.6 |
| 4 | 竹屿河 | 1.1 |
| 5 | 磨洋河 | 5.5 |
| 共计 | | 19 |

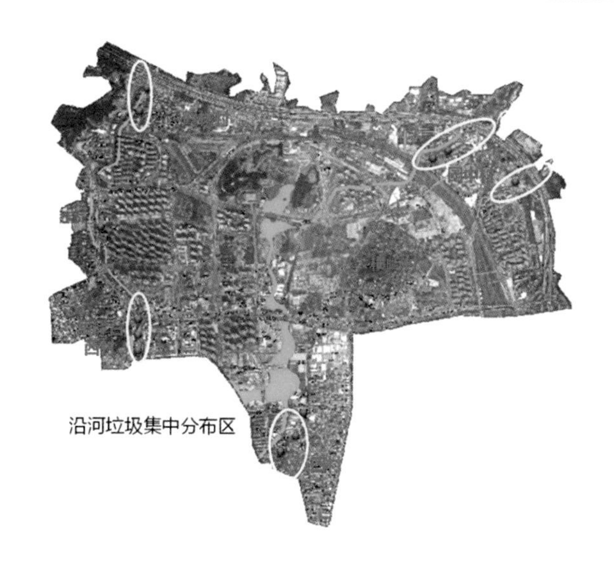


图8-30 鹤林片区河道垃圾分布图

（3）部分河道流动性差

鹤林片区内除了登云溪上游有登云水库补充水源外，竹屿河、凤坂一支河、磨洋河均无稳定清洁水源，加之河道排污口众多，基本沦为排污、泄洪通道。鹤林片区河道均为单向流动河道，其中登云溪—化工河流动性较好；凤坂一支河、磨洋河上游城中村段由于垃圾和淤泥堆积河道，水体流动性较差；竹屿河为断头河，来水基本为暗涵雨污水，流动性差，水质黑臭。

（4）主要污染成因分析

根据各分区外源污染、内源污染负荷测算结果（图8-31），登云溪—化工河分区、磨洋河上游分区因雨污混接严重、沿河污水直排口多、城中村雨污合流范围大，主要污染来源为点源污染；凤坂河一支河分区存在大量在建或待建区域，污水直排较少，主要污染来源为面源污染。

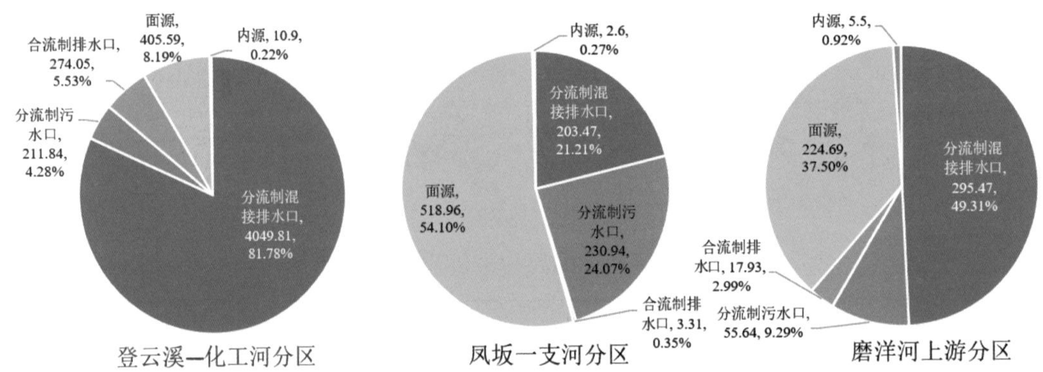


图8-31 鹤林片区主要污染负荷构成比例图

（5）水环境容量测算

采用完全混合模型对片区内地表水环境容量进行估算（表8-17）。鹤林片区河道水质整体较差，估算时认为上游河道来水水质低于计算河段的目标水质，即现状的稀释容量为零，河流具有的自净容量即为河流的环境容量。因福州降雨随季节分布不均，河道水位随之变化，水环境容量随季节降雨量的变化呈正相关（图8-32），降雨量增大，水环境容量相应增加。

鹤林片区河道水环境容量一览表 表8-17

| 分区名称 | 水环境容量（t/a） | | | |
|---|---|---|---|---|
| | COD | $NH_3$-N | TN | TP |
| 登云溪—化工河 | 179.33 | 2.96 | 2.96 | 0.59 |
| 凤坂一支河 | 162.00 | 6.32 | 6.32 | 1.26 |
| 磨洋河上游 | 117.39 | 1.92 | 1.92 | 0.38 |
| 合计 | 458.72 | 11.2 | 11.2 | 2.23 |

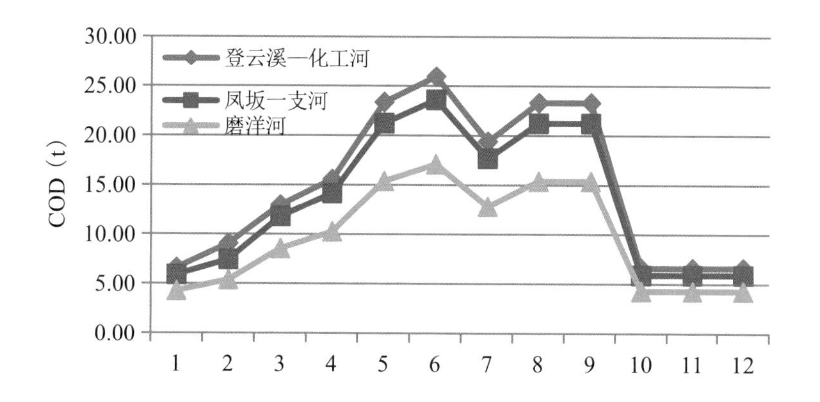


图8-32 鹤林片区水环境容量月份变化趋势

（6）污染排放量与水环境容量对比分析

对比分析各分区污染排放量与水环境容量（图8-33），可知各分区污染负荷均大于水环境容量，登云溪—化工河污染最为严重，主要原因是该分区开发建设强度较大，雨污混接、污水直排入河量最大。

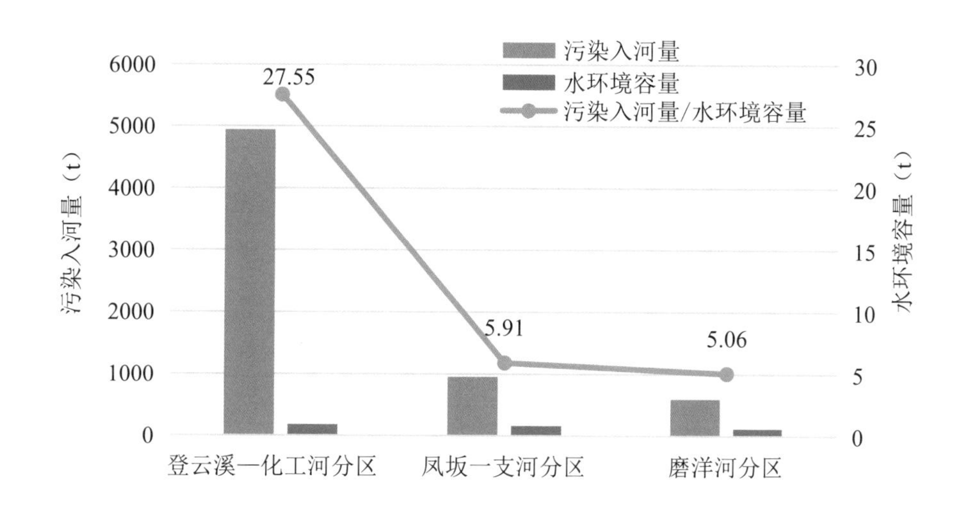


图8-33 鹤林片区入河污染物与水环境容量对比分析图

因面源污染、河道水环境容量随季节变化性较强，进一步分析入河污染物与水环境容量比值随月份的变化（图8-34～图8-36），结果表明在10月～次年1月枯水季，污染物负荷排放超标比例较为严重，导致水体黑臭现象更为严重。

### 8.2.2 水安全问题

1．内涝积水情况

鹤林片区内历史易涝点共2处（图8-37），主要发生在登云溪—化工河分区，位于福东小区南侧（1号点）和化工路下穿通道（2号点）。根据现状管网数据和地形数据建立水力模拟模型，对不同设计降雨事件进行积水点及积水深度的模拟。将模拟结果与实际积水点位置进行对比分析，模拟情况与实际积水基本吻合。两个潜在易涝点（图8-38）位于凤坂一支河下游区域的龙安路（3号点）以及化工路以北的城中村区域（4号点），具体见表8-18。

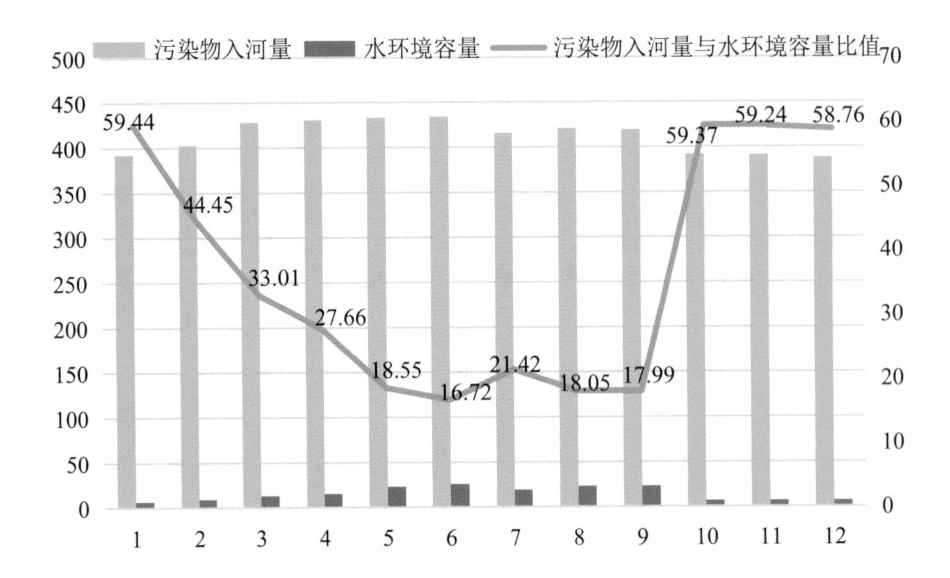


图8-34 登云溪一化工河分区入河污染物与水环境容量比例随月份变化趋势图

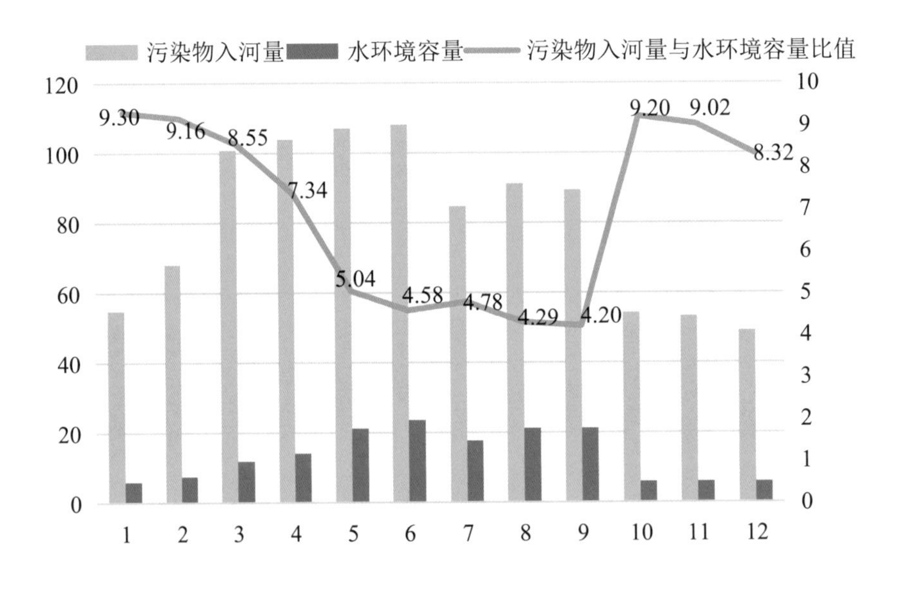


图8-35 凤坂一支河分区入河污染物与水环境容量比例随月份变化趋势图

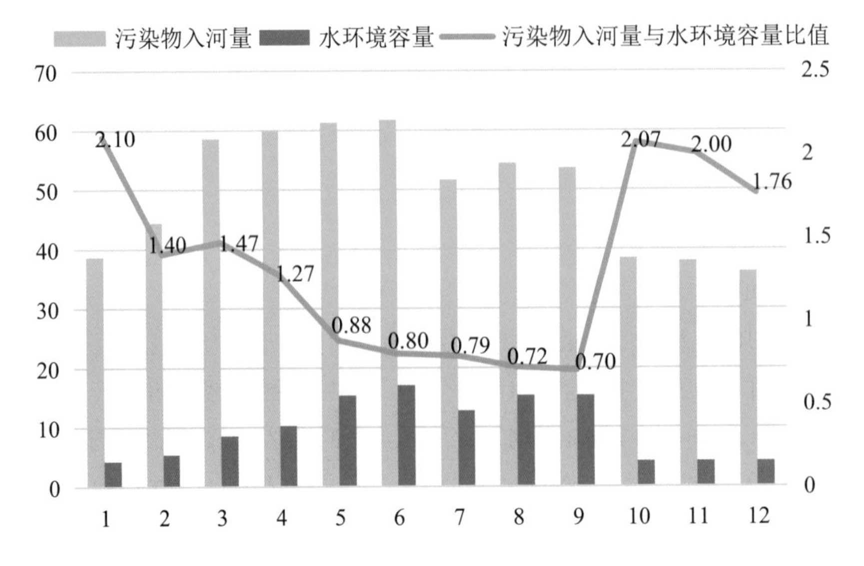


图8-36 磨洋河分区入河污染物与水环境容量比例随月份变化趋势图

50年一遇24h设计降雨下内涝积水情况　　表8-18

| 编号 | 积水点位置 | 积水原因 | 积水面积（$m^2$） | 大于0.15m积水时间（min） | 最大积水量（$m^3$） |
|---|---|---|---|---|---|
| 1 | 登云佳园/福东小区南侧 | 大管道接小管，造成排水能力受阻，排水不畅 | 18912 | 200 | 2748.07 |
| 2 | 化工路下穿通道 | 局部地势低洼 | 15000 | 183 | 5245.85 |
| 3 | 龙安路与福新东路 | （1）部分管道存在逆坡；（2）下游排水管能力不足；（3）局部地势较低洼 | 13208 | 119 | 3804.87 |
| 4 | 化工路以北城中村 | | 16286 | 86 | 3859.70 |

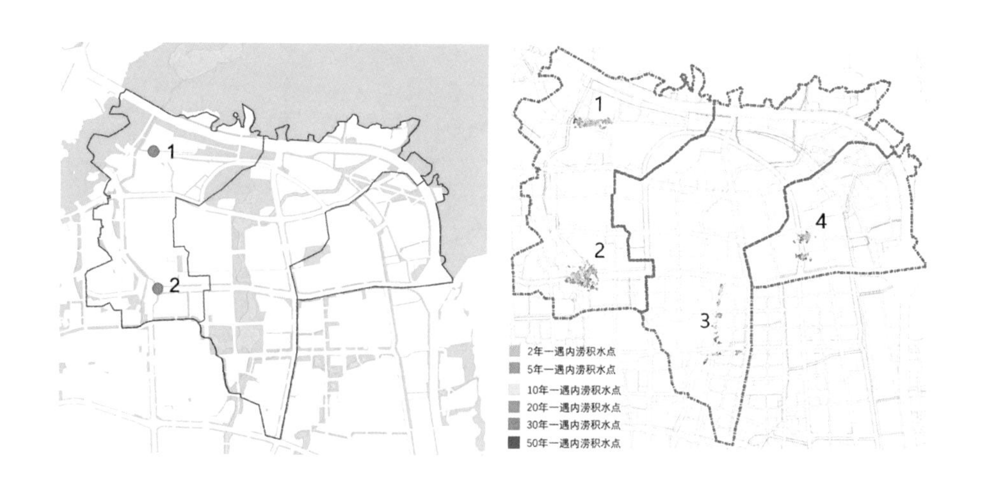


图8-37 鹤林片区历史易涝点（左）

图8-38 鹤林片区模拟易涝点（右）

2. 原因分析

鹤林片区属于福州典型的山地与平原结合区域，上游有大量山洪客水汇入城区，片区内雨水管网建设标准低且内河淤积严重，加之暴雨天气下受下游闽江顶托，加剧了内涝风险；此外，片区内的局部地势低洼处也存在积水风险。

（1）上游山洪入侵，下游外江顶托

鹤林片区地势西北高、东南低、高差小，缺少山洪拦截设施及天然调蓄空间。上游山区汇水面积11.79$km^2$（图8-39），在50年一遇的降雨发生时，鹤林片区上游山洪排水量约为225.6万$m^3$，洪峰流量约为188.15$m^3/s$。此时城区河道既有排除内部雨水径流的任务，还有来自上游山洪的威胁，同时山洪汇流时间快，加剧城区排洪排涝压力。

图8-39 鹤林城区上游山区范围图

此外，当闽江流域发生洪水或遭遇高潮时，外江水位较高，受洪水（或潮水）顶托，洪涝水不易排出，将加剧城区发生内涝的风险。此时需通过排涝泵站抽排，但泵排流量远小于闸排流量，城区涝水排到闽江的时间也随之增加。

（2）内河排水不畅

鹤林片区内河水系基本建成，但现状河道排涝标准偏低（5年一遇），暴雨期间雨水管道出水口大部分为淹没出流状态，受内河水位顶托导致排水不畅。以化工河为例，模拟2年一遇降雨情况下排口出流情况。模拟结果显示，有78.9%的雨水排口处于淹没出流；选取化工河末端某排口，对比分析排口自由出流和淹没出流情况（图8-40），排口在淹没出流状态下峰值流量比自由出流降低了50%。

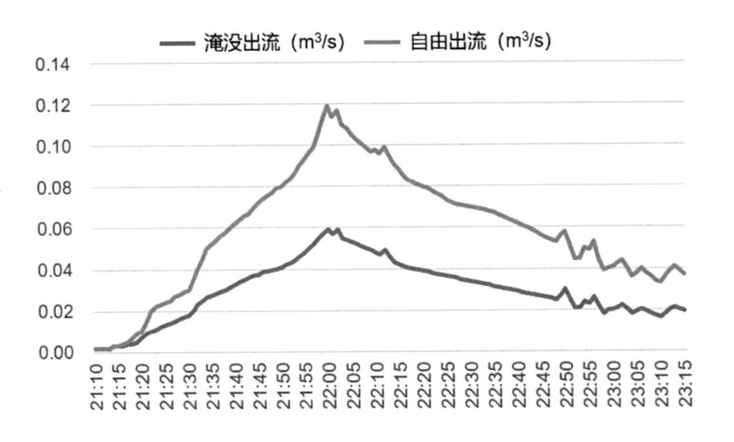


图8-40 化工河某排口自由出流和淹没出流过程对比

（3）排水管网能力不足

通过管道能力评估（图8-41、表8-19）可知，鹤林片区现状管道约有58%的管道重现期为3年一遇以下，无法达到规划标准要求，其中10%的管道达不到1年一遇的标准。此外，部分雨水口堵塞、雨水管道淤积也在一定程度上影响雨水管道排水能力，造成道路积水。

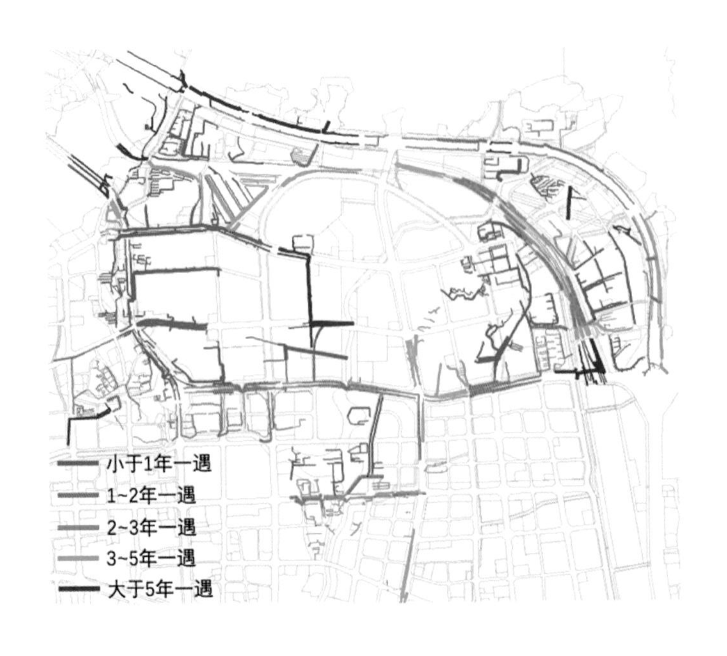


图8-41 鹤林片区现状雨水管线排水能力评估图

鹤林片区现状雨水管线排水能力统计表 表8-19

| 排水能力评估 | 长度（km） | 占比 |
|---|---|---|
| 小于1年一遇 | 13.1 | 10% |
| 1~2年一遇 | 34.6 | 26% |
| 2~3年一遇 | 15.8 | 12% |
| 3~5年一遇 | 32.7 | 25% |
| 大于5年一遇 | 36.0 | 27% |
| 总长 | 132.2 | 100% |

（4）局部地势低洼

鹤林片区的低洼地（图8-42）主要分布在凤坂一支河中下游两侧，除自然地势低洼外，建成区内也存在多处局部地势点，如道路下穿通道等。

图8-42 鹤林片区低洼地分布示意图

通过上述各种原因解析，对鹤林片区在不同降雨情景下各个问题的分担比例进行梳理（表8-20、图8-43）。在小雨和中雨事件中，引发水安全问题的主要成因是排水管网能力不足和局部地势低洼；在大雨事件中，除排水管网能力不足外，片区排涝开始受上游山洪入侵和内河排水不畅影响；在暴雨及以上事件中，上游山洪入侵加剧，同时内河排水不畅，以及下游闽江水位对内河顶托共同加大了城区内涝风险。

鹤林片区水安全问题成因在不同降雨情景下的分担比例表 表8-20

| 不同降雨情景 | 小雨（<10mm） | 中雨（10~25mm） | 大雨（25~50mm） | 暴雨（50~100mm） | 大暴雨及以上（>100mm） |
|---|---|---|---|---|---|
| 上游山洪入侵 | — | — | 15% | 32% | 43% |
| 下游外江顶托 | — | — | 9% | 17% | 21% |
| 内河排水不畅 | — | 22% | 28% | 22% | 23% |
| 排水管网能力不足 | 69% | 53% | 41% | 25% | 11% |
| 局部地势低洼 | 31% | 25% | 7% | 4% | 2% |
| 合计 | 100% | 100% | 100% | 100% | 100% |

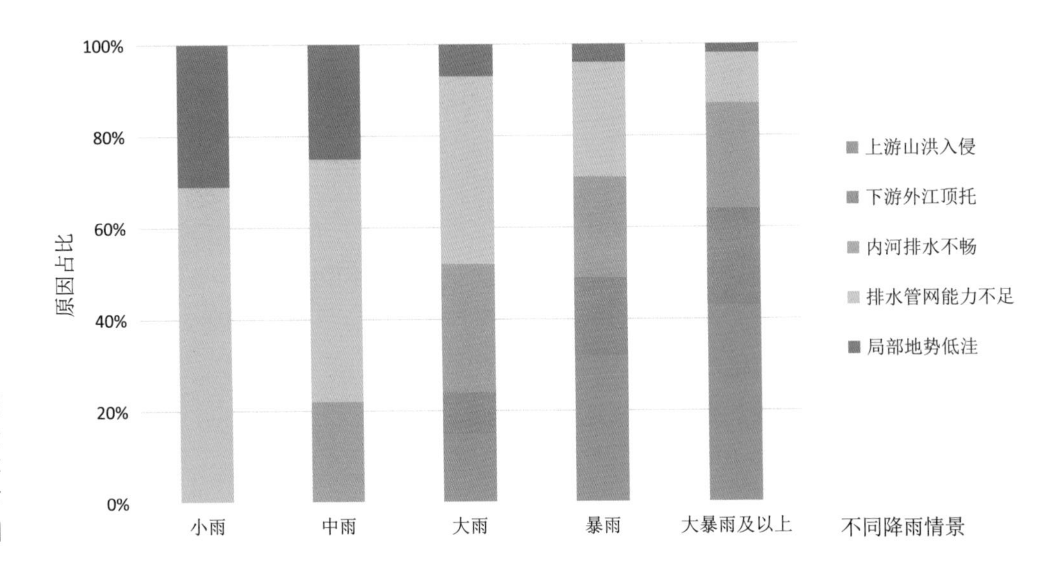


图8-43 鹤林片区水安全问题成因在不同降雨情景下的分担比例图

## 8.3 建设目标及技术路线

### 8.3.1 建设目标与指标体系

1．建设目标

鹤林片区面临的主要涉水问题是水体黑臭，迫切需要解决外源污染严重、底泥淤积、水体流动性差等问题，通过控源截污、过程控制和水系综合整治，实现水体水质达到水环境功能区划要求。同时还需要通过系统的海绵城市工程体系建设，解决鹤林片区内涝积水的核心问题，实现“小雨不积水、大雨不内涝、水体不黑臭、热岛有缓解”的海绵城市整体建设目标。

2．分项指标

为建设“绿廊环榕城、河网绕玉岛”的海绵福州，提出水生态建设、水环境改善、水安全提升和水资源利用四方面指标，见表8-21。

为解决鹤林片区水体黑臭问题，提升水环境质量，针对河道长期不能达到V类水标准、现存196个污水直排口和25个混接点、合流制溢流无控制、初雨污染无控制、内河底泥淤积的现状，分别提出了地表水水质达标率、消除污水直排口、混接点改造、合流制溢流控制、初雨污染控制和内源污染控制6项指标。

为解决内涝积水问题，提升区域水安全，针对片区防洪标准不足5年一遇、内涝防治标准不足5年一遇和现存2个积水点的现状，分别提出了防洪标准、内涝防治标准和积水点消除3项指标。

为建设片区良好的水生态系统，针对老城区开发强度高、年径流总量控制率低、河道生态岸线薄弱的现状，提出了年径流总量控制率和生态岸线率2项指标。

为提高片区非常规水资源利用率，针对片区现状雨水资源利用率低和雨水回用的需求，提出了雨水资源利用率指标。

**鹤林片区海绵城市建设分项指标表** **表8-21**

| 指标 | | | 现状 | 指标值 |
|---|---|---|---|---|
| 水生态建设 | 年径流总量控制率（75%）达标面积率 | | 46% | 100% |
| | 生态岸线率 | | 30% | 50% |
| 水环境改善 | 地表水水质达标率 | | 除登云溪外，其他河道均不能达到V类水标准 | 100%达到V类水标准 |
| | 支撑性指标 | 消除污水直排 | 污水直排口196个 | 消除所有污水直排口 |
| | | 合流制溢流 | 合流制溢流无控制 | 年溢流频次≤10% |
| | | 混接点改造 | 现有混接点25个 | 改造混接点25个 |
| | | 初雨污染控制 | 无削减 | 45%，以SS计 |
| | | 内源控制 | 底泥淤积，河面垃圾无收集 | 全面清淤，收集城中村垃圾 |
| 水安全提升 | 防洪标准 | | 不足5年一遇 | 50年一遇（防山洪） |
| | 内涝防治标准 | | 不足5年一遇 | 50年一遇 |
| | 积水点消除 | | 积水点2个 | 消除积水点2个 |
| 水资源利用 | 雨水资源利用率 | | ＜1% | 2% |

3．主要指标确定说明

（1）水生态指标——年径流总量控制率

根据《海绵城市建设技术指南》，福州市属Ⅲ区，其年径流总量控制率α取值范围为75%≤α≤85%。综合考虑福州下垫面特征、地质水文、开发强度等因素和鹤林片区的开发建设强度以及上位规划要求等多方面条件，将年径流总量控制率的目标定为75%，对应的设计降雨量为24.1mm。

①鹤林片区2016年现状下垫面中不透水下垫面占50.9%，为尽量恢复片区的自然水生态循环，年径流总量控制率目标不宜低于75%。

②福州市位于闽江流域范围内，地下水水位较高，一般在地面下0.5～2.0m，且中心城区土壤以红色黏性为主，雨水整体入渗能力有限，整体年径流总量控制率不宜超过80%。

③福州市内河污染严重，城市初期雨水是污染主要原因之一。将年径流总量控制率目标定为75%（对应的设计降雨量为24.1mm），可以满足控制初期径流污染的要求。

④鹤林片区2016年现状开发建设强度较高，多为老旧小区，改造空间有限，改造难度较大，从工程可行性考虑，年径流总量控制率不宜大于75%。

⑤上位规划要求。根据《福州市海绵城市建设专项规划》，福州市中心城区共划分70个城市建设管控分区（图8-44），鹤林片区属于分区9、分区10、分区11，专项规划中这三个分区的年径流总量控制率目标均为75%，故鹤林片区年径流总量控制率需达到75%。

图8-44 专项规划管控分区示意图

综合以上因素，最终确定鹤林片区的年径流总量控制率目标为75%。根据福州市区近30年连续日降雨资料分析年径流总量控制率对应的设计降雨量关系（图8-45），年径流总量控制率为75%时，对应的设计降雨量为24.1mm（表8-22）。

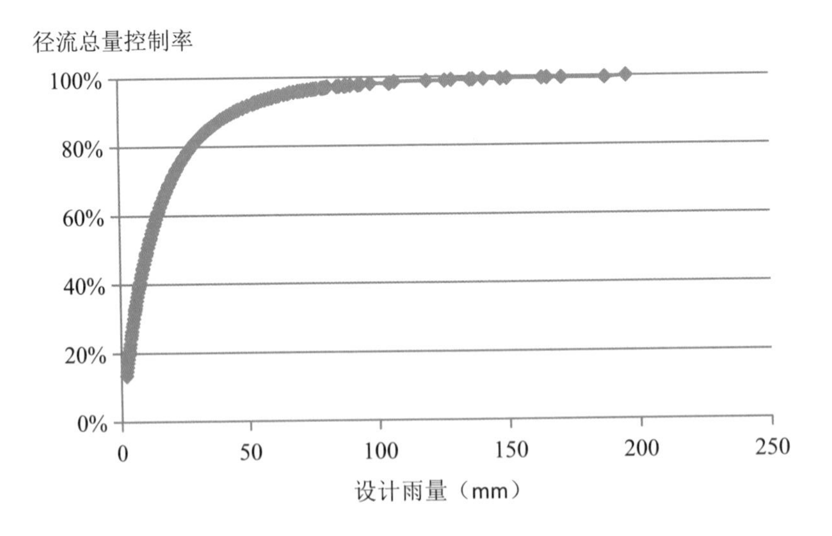


图8-45 福州市"径流总量控制率—设计雨量"曲线

福州市年径流总量控制率与对应设计降雨量　　表8-22

| 径流总量控制率 | 60% | 70% | 75% | 80% | 85% |
|---|---|---|---|---|---|
| 设计降水量（mm） | 14.6 | 19.9 | 24.1 | 28.2 | 34.8 |

（2）水生态指标——生态岸线率

在不影响防洪安全的前提下，对片区内河湖水系岸线进行生态恢复，达到蓝线控制要求，恢复其生态功能。根据鹤林片区内河道建设条件和生态岸线改造条件，确定生态岸线率为50%。

（3）水环境指标——地表水水质达标率

根据福州市中心城区地表水环境功能区划要求，内河水质目标为优于Ⅴ类水质标准，但鹤林片区2016年现状河道水环境质量均低于Ⅴ类水质标准，竹屿河和磨洋河为黑臭水体，水质严重不达标。因此，要求鹤林片区河道要消除黑臭水体，达到Ⅴ类水质标准，并100%达标。

（4）水环境指标——支撑性指标

基于鹤林片区2016年现状存在污水直排、雨污混接、合流制溢流频次高、初雨污染和内河淤积严重等主要水环境问题，提出了消除所有污水直排口、改造现存的25个雨污混接点、控制合流制溢流的年溢流频次≤10%、初雨污染控制达到45%以上，以及对内河全面清淤等5个支撑性指标。

（5）水安全指标——防洪和内涝防治

根据《城市防洪工程设计规范》GB/T 50805—2012的相关规定，并结合《福州市城市总体规划（2011～2020年）》，福州市中心城区防洪标准为50年一遇，故鹤林片区防洪标准应达到50年一遇。

根据《城市排水（雨水）防涝综合规划编制大纲》要求，福州市中心城区内涝防治标准为50年一遇，故鹤林片区内涝防治标准应达到50年一遇。

（6）水资源指标——雨水资源利用率

福州市雨量充沛，水资源较为丰富，根据《福州市海绵城市建设专项规划》，要求福州市雨水资源利用率2020年达到2%以上，综合考虑鹤林片区年径流总量控制目标要求、水资源供需、城市防洪和低影响开发改造的空间，确定鹤林片区雨水资源利用率为2%。

### 8.3.2 总体技术路线

基于对鹤林片区城市涉水问题的成因分析，为实现“小雨不积水、大雨不内涝、水体不黑臭、热岛有缓解”的海绵城市建设目标，从解决问题出发提出各类工程措施，再从工程实施角度出发统筹构建多目标下的工程体系，总体方案技术路线见图8-46。

为建设片区良好的水生态系统，需在源头改造项目和新建项目中落实年径流总量控制率指标，并对低洼地和汇流路径等自然本底进行保护，落实蓝绿线管控。

为解决片区水体黑臭问题，重点建设控源截污工程，可结合源头改造进行雨污混接改造、分流制改造解决部分排口污水入河问题；通过建设截流系统消除剩余污水直排口、合流制排口，控制合流制溢流污染；同时还要完善片区内的污水管网；源头LID建设可控制初雨污染和雨天径流量。在控源截污的基础上通过底泥清淤、生态修复和活水提质增加水环境容量，系统改善水环境质量。

为解决内涝积水问题，提升区域水安全，首先要构建外部蓄排平衡的大排水系统，再通

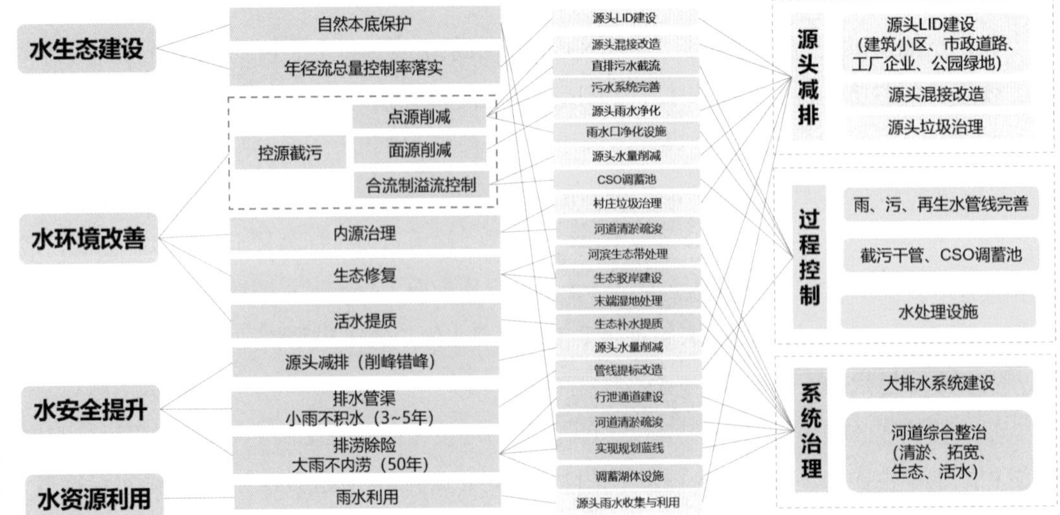


图8-46 鹤林片区海绵建设总体方案技术路线图

过源头LID建设控制源头径流量，实现削峰错峰排放，同时需完善片区内的雨水管网，疏通内河，建立通畅的排水路径。并对系列工程实施后仍不能解决的积水点再制定针对性的整治措施。

为提高片区雨水资源利用率，源头LID建设中结合各项目建设条件和雨水回用需求，鼓励小区、公建等项目建设雨水回用设施。

将四方面涉水问题的对应措施分解落实为具体的建设项目，从源头减排、过程控制、系统治理三个方面对各类建设项目进行综合统筹，生成具体的建设项目清单并明确其建设要求。

### 8.3.3 水环境改善技术路线

从水环境问题成因分析中可知，外源污染是鹤林片区水体黑臭的重要成因，片区内存在大量的污水直排口和雨污混接排口等点源污染，雨天的入河面源污染也是主要污染源之一，因此水环境改善首先以控源截污为基础，通过源头混接改造和径流控制、沿河截污、合流制溢流调蓄池建设等措施实现点源削减、面源削减和合流制溢流控制；其次针对内源污染开展河道清淤疏浚和城中村垃圾收集整治；同时，为解决水体流动性差、无稳定清洁水源的问题，通过生态补水措施增强水体流动性，也可增加水环境容量；最后结合生态岸线建设和人工生态系统构建等方式逐步对水生态系统进行修复。水环境改善综合技术路线见图8–47。

控源截污方案中，以排口为导向，明确各类排口的去向和处理方式，统筹污水整体情况，结合系统性分析准确制定工程方案，技术路线见图8–48。对于分流制污水口全部进行截流，可以进行源头改造且周边有市政污水管线的则接入就近市政污水管，无法接入的则在末端进行统一截污。对于分流制混接排口和合流制直排口，可结合源头改造进行雨污分流改造，污水接入市政污水管，改造后的雨水排口可排河，不能进行改造的则进行末端截流。最后应结合污水直排截流量、混接排口截流量和合流制截流量，合理布置截污管、截流井和调蓄池，设施布置应考虑下游管道和污水处理厂是否能收纳截流系统中的新增污水量。同时，对于雨水排放口应结合河道两侧用地、坡度等条件，合理布置雨水口处理设施。

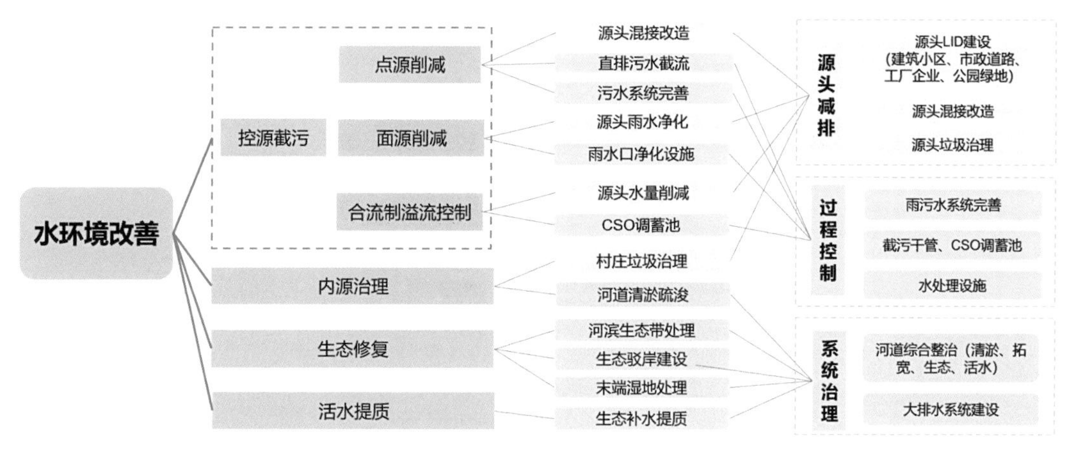


图8-47 水环境改善综合技术路线图

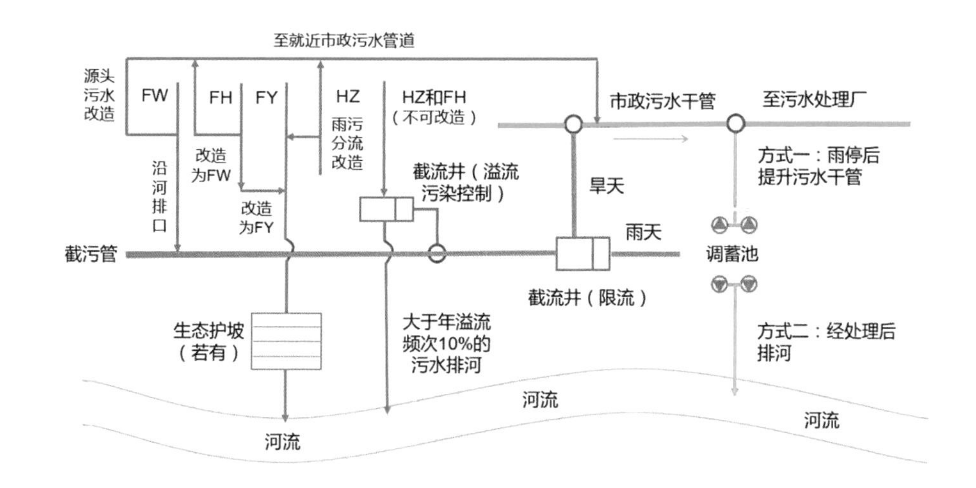


图8-48 控源截污技术路线示意图

### 8.3.4 水安全提升技术路线

鹤林片区因受上游山洪入侵、内河排水不畅、管网排水能力不足、缺少滞蓄空间、地势低洼和下游闽江顶托等几方面影响，城区内涝风险加剧。针对水安全问题成因，需在构建蓄排平衡的大排水体系的基础上，进一步提高内河排涝能力，完善雨水排水管网，最后对积水点提出针对性解决措施。水安全提升技术路线见图8–49。

按照“上截—中疏（蓄）—下排”的总体思路，上游山洪拦截，疏通内河和增加内部调蓄，提升下游排涝泵站抽排能力等，构建蓄排平衡体系。通过河道疏浚和综合整治可提高内河排涝能力；通过要求新建管线按高标准建设、对现有管网清疏修复、结合积水点实施提标改造等可综合提高管网排水能力；针对局部低洼地可调整竖向或进行局部调蓄；同时通过源头地块海绵城市建设，减少源头径流量，实现排水管网错峰排放，缓解管网峰值排放压力等。通过上述一系列措施共同构建蓄排平衡的水安全综合提升系统。

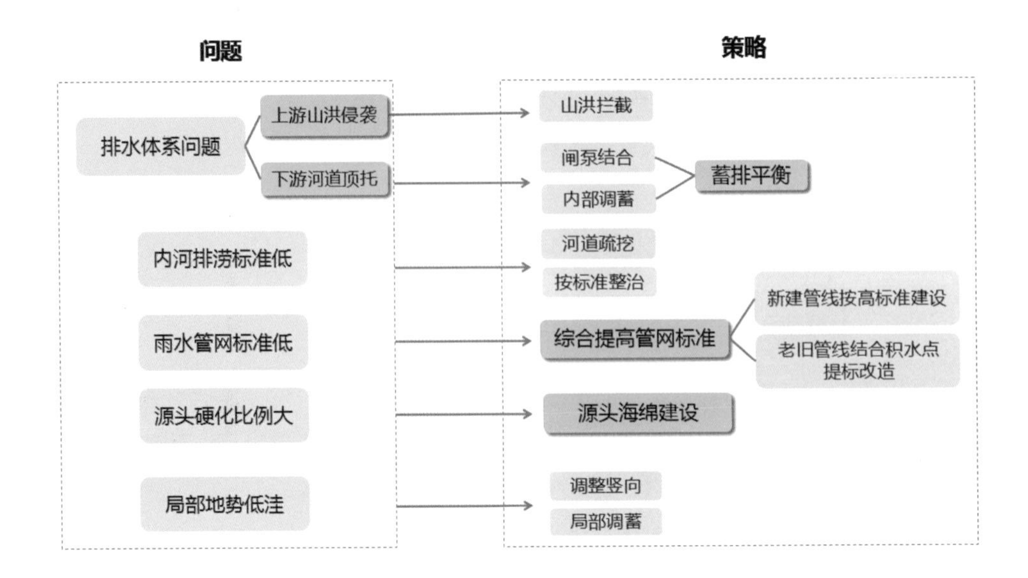


图8-49 水安全提升技术路线图

## 8.4 总体方案

鹤林片区总体方案从流域尺度出发，先梳山理水，对现状汇流路径、低洼地和蓝绿空间等自然本底进行保护；其次构建“上截—中疏（蓄）—下排”的外部蓄排平衡体系；再以汇水分区为单元，以解决问题为导向，制定分区的水环境改善方案、水安全提升方案和源头减排方案；最后在水环境改善、水安全提升、水生态建设、水资源利用等多重目标下综合统筹源头减排、过程控制和系统治理三大类工程的建设需求，生成具体的建设工程体系并明确其建设要求。其中，汇水分区方案以登云溪—化工河汇水分区为例进行介绍。

### 8.4.1 汇水分区划分

为合理确定片区内不同流域的水体环境、内涝风险、山洪灾害等要素，对鹤林片区自然汇水路径进行模拟分析，通过自然汇水路径对片区进行划分，形成汇水分区。首先根据地形数据（图8-50），分析坡度坡向数据以及水流方向（图8-51），初步完成对流域的划分，再根据河流分布情况（图8-52）进行细化，确定汇水分区划分方案（图8-53）。

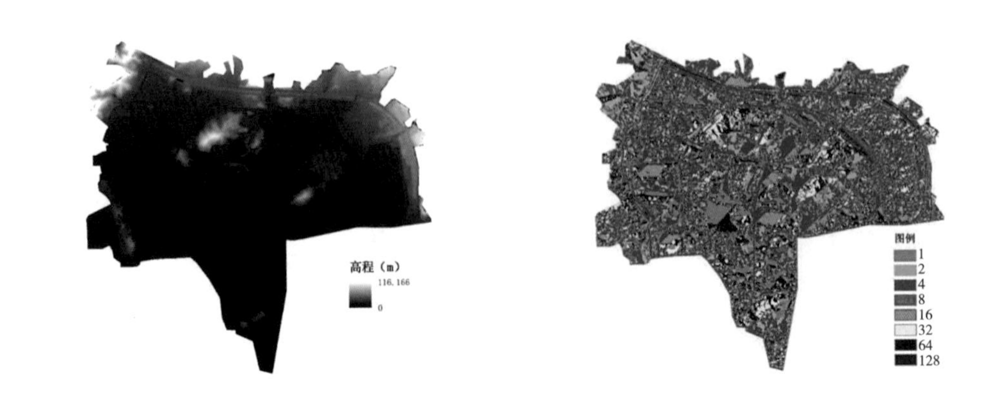


图8-50 鹤林片区DEM图（左）

图8-51 鹤林片区水流方向图（右）

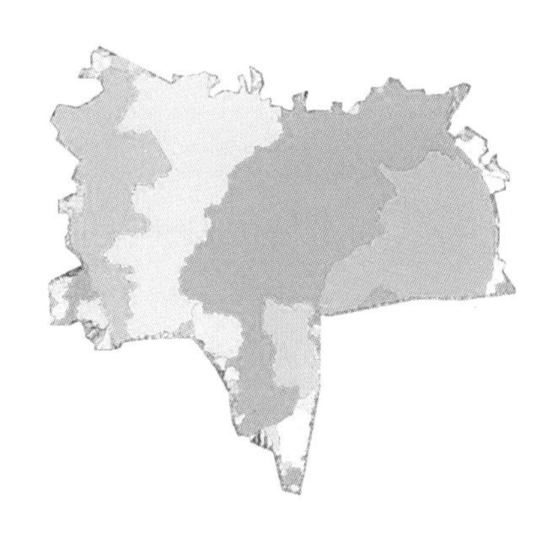

图8-52 鹤林片自然地形地表汇流路径（左）

图8-53 鹤林片区自然汇水单元划分（右）

最终将鹤林片区划分为3个汇水分区（表8-23和图8-54），鹤林片区北部山地作为涵养保护区，不进行开发建设，方案主要涉及城区范围。

**鹤林片区汇水分区一览表** 表8-23

| 汇水分区名称 | 分区内河道 | 汇水分区面积（$km^2$） |
|---|---|---|
| 登云溪—化工河汇水分区 | 登云溪、化工河、竹屿河 | 10.34 |
| 凤坂一支河汇水分区 | 凤坂一支河 | 7.98 |
| 磨洋河上游汇水分区 | 磨洋河 | 4.79 |
| 合计 | | 23.11 |

图8-54 鹤林片区汇水分区图

### 8.4.2 自然本底保护

1．汇流路径保护

鹤林片区的汇流路径见图8–55，2级汇流路径走向与鹤林路、三八路、竹屿路、福马线铁路等道路走向基本一致，3级汇流路径与登云溪、化工河、凤坂一支河、磨洋河等河道走向基本一致，2级和3级汇流路径已得到基本保护。

后续开发建设中，应注意保留自然地貌下的其他汇流路径。城市开发建设中，可结合道路建设、行泄通道建设等方式保留2级汇流路径，城市竖向设计应尽量自然坡向天然水体，保证通畅；3级汇流路径应尽量划入蓝线或绿线范围进行保护，如确需开发，应进行内涝风险评估论证后再合理调整。

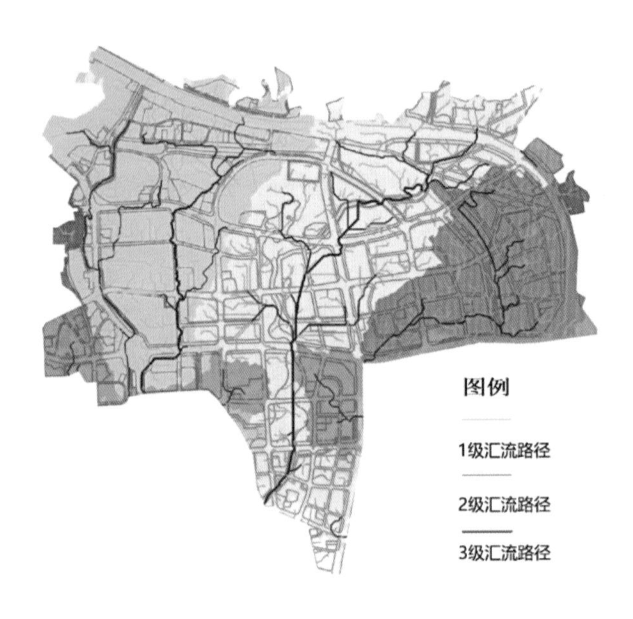


图8–55 鹤林片区汇流路径图

2．自然低洼地保护

鹤林片区低洼地主要分布在凤坂一支河中下游两侧，明显低洼地有16处，面积总计0.67$km^2$，约占鹤林片区城区面积（北部山体除外）的6%。凤坂一支河中游西侧的低洼地已完成建设，东侧的低洼地目前为未建地块。城市建设用地选择应避让自然低洼地块，保留天然滞水空间。凤坂一支河下游两侧低洼地目前为城中村，低洼地的规划用地类型多为居住和商业用地，建议对该类地块的规划用地类型进行调整，规划为林地、公园绿地等用地类型，保留自然下垫面，维持蓄水、渗水能力。鹤林片区低洼地分布、建设现状及规划用地类型见图8–56。

3．河道蓝绿线落实

在不影响防洪安全的前提下，结合防洪堤对城市河湖水系岸线进行生态型岸线改造，以达到绿线控制要求，恢复其生态功能。城市内河以亲水景观性岸线改造为主。未按照蓝线进行建设的，应按照规划蓝绿线范围进行河道整治建设，同步修建生态驳岸。鹤林片区蓝绿线范围见图8–57。

图8-56 鹤林片区低洼地分布、建设现状及规划用地类型

图8-57 鹤林片区蓝绿线范围

登云溪—化工河、磨洋河在现状基础上应按照规划绿线宽度建设河道两侧绿带，结合内河整治项目进行生态岸线改造。凤坂一支河在现状基础上按照规划走向与宽度建设，同步修建生态驳岸。晋安湖按规划湖体面积建设。

### 8.4.3 外部蓄排平衡体系构建

按照“上截—中疏（蓄）—下排”的总体策略，通过“高水高排”措施对北部山洪进行防治，将城区北面的山洪在高地拦截后直接引入闽江，减轻中心城区洪涝压力；对中心城区内河进行清淤和综合整治，增加河道排水能力和蓄水容量；同时增设串珠式调蓄空间，增加调蓄能力；充分利用城市绿地、人工湖体、下沉式广场等空间，合理规划布置滞洪空间；下游修建排涝泵站，增大抽排能力使城区涝水可以迅速排除。通过上述一系列措施共同构建蓄排平衡的水安全综合提升系统。

1．上游山洪拦截

鹤林片区面临北部上游山洪入城的排水压力，通过“高水高排”措施对北部山洪进行防治，即修建山洪隧洞，基本信息见表8-24，将城区北面的山洪在高地拦截后直接引入闽江排走，做到山洪不进城，可减少化工河、凤坂一支河、磨洋河的汇水面积和洪峰流量，提高河道行洪能力，显著提高鹤林片区的山洪防治效果。

根据《福州市江北城区山洪防治及生态补水工程初步设计》，规划建设西线、北线、东线山洪隧洞直排闽江，见图8-58。山洪隧洞直排闽江方案将西、北、东三片洪水汇集至主洞后，以圆山控制闸为分洪点，分东、西两向排放，东出口为魁岐出口，西出口为浦口出口。

山洪隧洞基本信息 表8-24

| 山洪隧洞 | 路线 | 长度（km） | 洞径（m） |
| --- | --- | --- | --- |
| 西线 | 八一水库西控制闸→浦口出口 | 7.90 | 6.0~8.0 |
| 北线 | 八一水库东控制闸→登云水库北出口 | 10.51 | 8.7~9.0 |
| 东线 | 登云水库南控制闸→魁岐出口 | 11.51 | 7.0~9.2 |

图8-58 江北城区排洪隧洞示意图

2．中部增加滞蓄空间

规划在凤坂一支河下游新建晋安湖（图8-59），作为调蓄水体进行排涝除险。规划晋安湖水域面积约32.2hm$^2$，湖底高程1.5～2.0m，湖体最大库容约159万m$^3$。

3．增大下游排涝能力

为解决下游外江顶托，加大河道下游泵站抽排能力，规划将东风排涝站规模由80m$^3$/s扩容至140m$^3$/s，魁岐排涝站从200m$^3$/s扩容至240m$^3$/s，位置见图8-60。

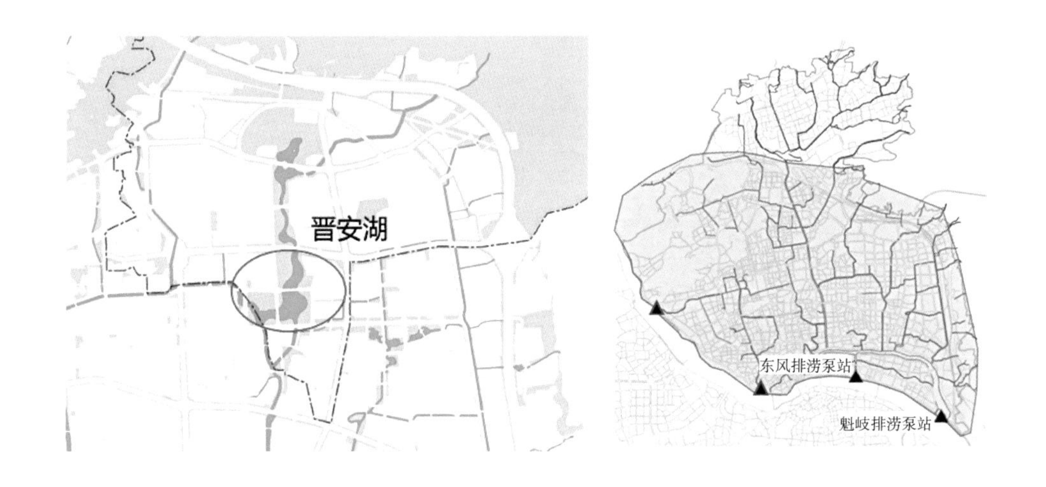


图8-59 晋安湖（左）

图8-60 江北城区排涝泵站示意图（右）

### 8.4.4 外部污水管网完善

为保障鹤林片区实施的控源截污工程与市政污水系统顺利接驳，需论证片区污水截流量与市政污水系统接纳能力。根据水环境问题成因分析测算结果，鹤林片区2016年现状直排污水量为2.84万$m^3$/d，洋里污水厂现状处理规模为60万$m^3$/d，2016年现状进水量为44万$m^3$/d，虽然洋里污水厂现状进水量还未达设计规模，仍有富余容量可接纳鹤林片区截流污水，但福州市中心城区107条内河同步开展内河综合整治工程，洋里污水厂不仅要承接鹤林片区截流污水，还要承接收水范围内其他内河截流污水，片区污水量会有大幅提升。因此洋里污水厂处理规模需在现状规模上进行扩建，同时需增设片区污水输送干管以保证输水能力满足截污系统需求。

根据《福州市城区污水管网完善规划》，洋里污水厂现状处理规模为60万$m^3$/d，规划到2020年扩建至70万$m^3$/d；采用氧化沟和$A^2O$处理工艺，现状出水水质一级B，规划提升至一级A，尾水通过光明港经九孔闸排至闽江。

结合鹤林片区污水管线的分布特点，规划新增前横路*DN*1200～*DN*1400污水管，其中三环至化工路段污水管管径为*DN*1200，敷设在三环外，为三环沿线片区预留4.0t/d的输水能力；化工路至轻轨线段污水管管径为*DN*1400，污水管道理论设计输水能力为15万t/d。此外，为便于片区内河截污系统能够顺畅地排入洋里污水处理厂，规划新增化工路、福兴路*DN*1600～*DN*1800污水干管及河滨路*DN*2400污水进厂主干管系统，见图8-61。

### 8.4.5 水资源利用方案

水资源利用主要包括雨水资源利用和河道生态补水两部分。

1. 源头雨水回用方案

建筑与小区、公园等源头减排项目可结合项目建设需求，在改造或新建时同步实施雨水回用设施。通过在地块内设置雨水蓄水池、雨水桶等方式进行雨水收集储存，降雨结束后将储存的雨水经处理后回用于绿化浇灌、冲洗路面等，实现雨水资源利用。

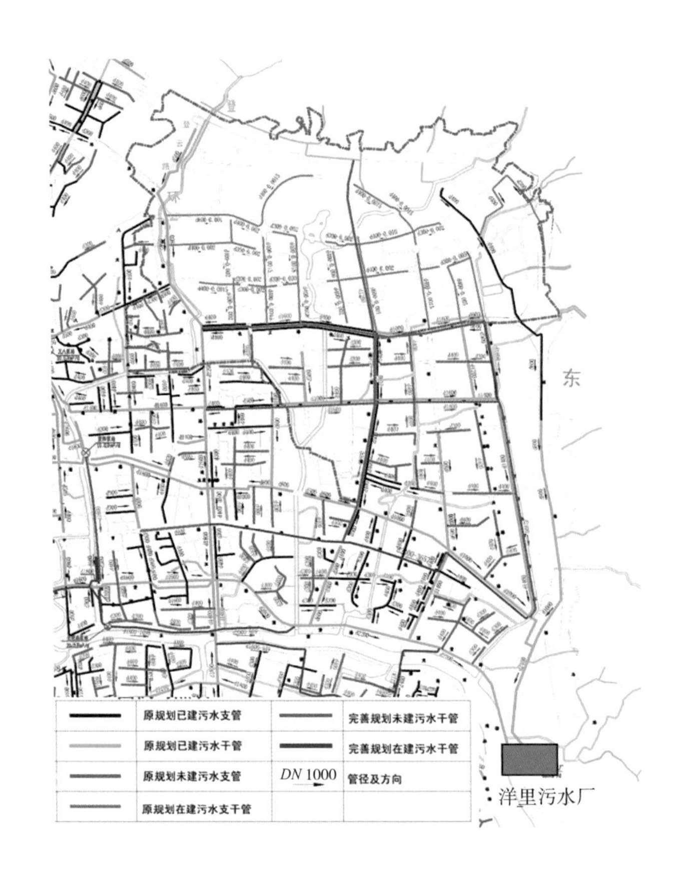


图8-61 鹤林片区污水管网完善规划系统图

2．生态补水方案

根据目前在建的福州市江北城区山洪防治及生态补水工程（图8-62），从闽江北港浦口引水，引水规模46$m^3/s$，通过五矿泵站抽水至八一水库、登云水库蓄水；过八一水库之后自流，沿程通过补水支洞向各内河补水。该引水工程实施后，可从登云水库补入登云溪流量2.8$m^3/s$，至登云溪下游将分流1.6$m^3/s$至化工河；从登云水库引出的东线引水隧洞通过补水支洞可向凤坂一支河补水2.5$m^3/s$，向磨洋河补水5.7$m^3/s$。

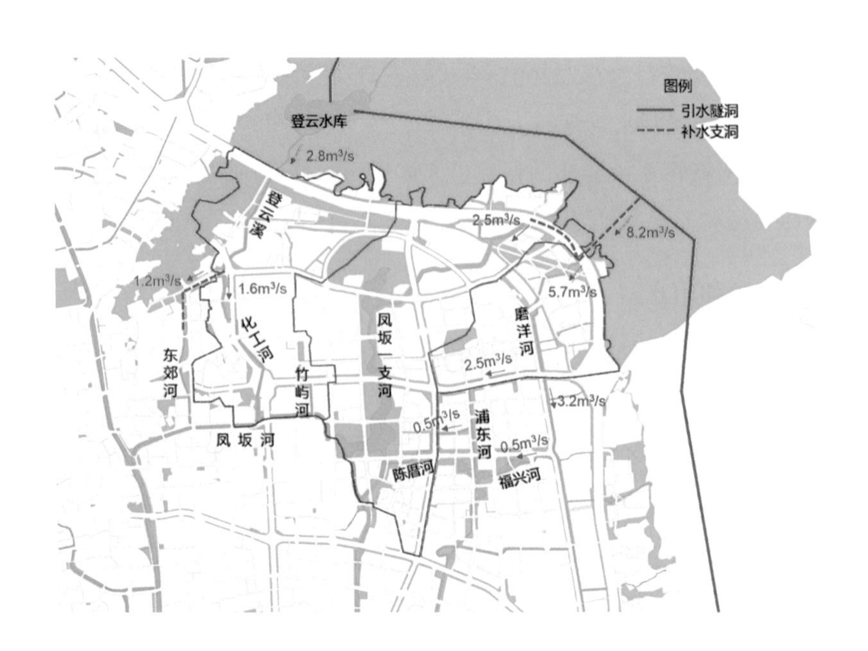


图8-62 鹤林片区补水工程示意图

## 8.4.6 登云溪—化工河汇水分区方案

### 8.4.6.1 水环境改善方案

登云溪—化工河水环境改善主要从削减污染物和提升水环境容量两方面开展。通过源头混接改造、地块LID改造、沿河截污、CSO调蓄池等措施，每年削减旱天污染负荷3230.91t和雨天污染负荷1710.38t；通过底泥清淤和河道垃圾收集处理，每年削减内源污染负荷10.9t；同时通过生态修复和生态补水措施，可将水环境容量提升至每年467t，实现水环境质量明显改善，目标可达性分析见图8-63。

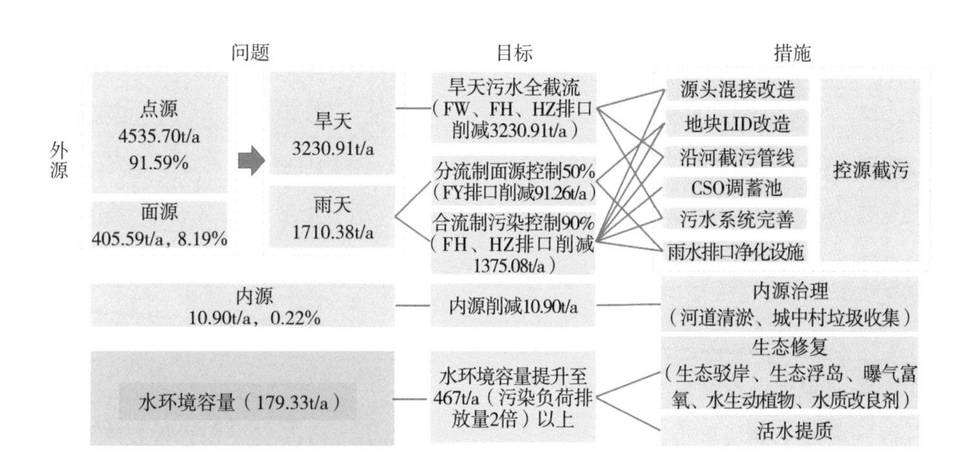


图8-63 登云溪—化工河汇水分区目标可达性分析图

1．控源截污

（1）源头混接改造

登云溪—化工河汇水分区共有登云佳园、福东小区、东坡丽园等5个混接地块，可结合小区海绵化改造同步进行雨污混接点改造。分区内共有6个合流制地块的排口直接入河，其中4个合流制地块的排口设置截流井，进行末端截污处理；2个合流制地块因拆迁不进行处理。该汇水分区合流和混接地块分布见图8-64，改造地块对应措施见表8-25。

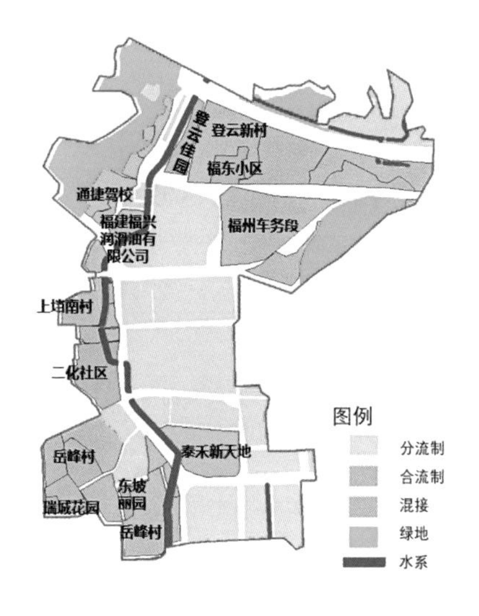


图8-64 登云溪—化工河汇水分区合流和混接地块分布图

登云溪—化工河汇水分区源头改造地块对应措施表　　表8-25

| 地块名称 | 面积（$hm^2$） | 排水体制 | 现状详情 | 对应措施 |
| --- | --- | --- | --- | --- |
| 登云新村 | 11.28 | 合流 | *DN*500合流管排河 | 末端截污纳管 |
| 福州车务段 | 17.01 | 合流 | 多根合流管排河 | 末端截污纳管 |
| 福建福兴润滑油有限公司 | 2.55 | 合流 | *DN*300合流管排河 | 末端截污纳管 |
| 上垱南村 | 1.11 | 合流 | 已拆除 | 不处理 |
| 泰禾新天地 | 43.30 | 合流 | 拆除后在建工地 | 不处理 |
| 岳峰村 | 12.86 | 合流 | 多根合流管排河 | 末端截污纳管 |
| 登云佳园 | 3.25 | 混接 | 雨水进污水 | 混接点改造 |
| 福东小区 | 2.94 | 混接 | 污水进雨水 | 混接点改造 |
| 二化社区 | 7.33 | 混接 | 雨污互接 | 混接点改造 |
| 瑞城花园 | 1.73 | 混接 | 雨水进污水 | 混接点改造 |
| 东坡丽园 | 1.84 | 混接 | 污水进雨水 | 混接点改造 |

（2）源头面源污染控制

对片区内可改造地块进行源头海绵化改造，新建地块严格落实规划管控要求建设，可从源头削减面源污染。各改造地块和新建管控地块面源污染控制指标表和分布图详见后文源头减排方案。

（3）截污纳管工程

登云溪共建设沿河截污管线2109m，截流井6个，CSO调蓄池1座，规模1000$m^3$；化工河共建设沿河截污管线1540m，截流井1个，CSO调蓄池1座，规模2000$m^3$；竹屿河共建设沿河截污管线167m，截流井2个，详见表8-26，该分区截污工程分布见图8-65。

通过建设截污工程，登云溪—化工河分区可截流旱天污水量2965$m^3$/d，经市政污水管道排至洋里污水处理厂进行处理；调蓄池内混合污水可在雨停后24h内经水处理设施处理后排河。

登云溪—化工河汇水分区截污工程一览表　　表8-26

| 河道 | 沿河截污管线（m） | 截流井（个） | 调蓄池（$m^3$） |
| --- | --- | --- | --- |
| 登云溪 | 2109 | 6 | 1000 |
| 化工河 | 1540 | 1 | 2000 |
| 竹屿河 | 167 | 2 | — |

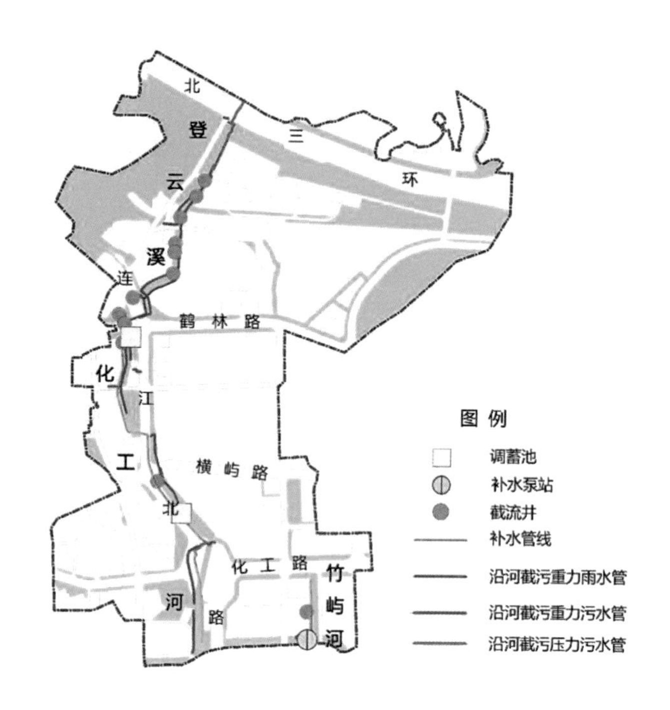


图8-65 登云溪—化工河汇水分区截污工程分布图

2．内源治理

（1）河道清淤

对分区内河道底泥样品进行检测分析，结果表明重金属指标均在标准值范围内，清淤后淤泥按常规办法处理。登云溪河道旱季时除部分山泉及污水外，水流极小，河底大部分为卵石，部分为杂填土，部分河道被占用为菜地；可先用围堰排干河水，再采取原位固化和小型机械清淤的方式，清淤至规划河底高程。化工河底泥清淤严重，同样采取原位固化和小型机械清淤的方式，清淤至规划河底高程。竹屿河底泥淤积较严重，由于河岸空间有限，需采用水力冲挖后，用泥浆泵输送进行离心脱水清淤，疏浚至规划河底标高，清理内源垃圾即可。登云溪—化工河片区清淤工程详见表8-27。

登云溪—化工河片区清淤工程汇总表 表8-27

| 河道 | 清淤方式 | 规划河底高程（m） |
|---|---|---|
| 登云溪 | 围堰排干河水+原位固化+小型机械清淤 | 4.30~29.60 |
| 化工河 | 围堰排干河水+原位固化+小型机械清淤 | 2.62~4.30 |
| 竹屿河 | 围堰+水力冲挖+泥浆泵输送+离心脱水 | 2.57~4.30 |

（2）城中村垃圾收集

城中村垃圾收集设施和卫生清理制度不完善，导致靠近城中村的河道垃圾堆积。为避免垃圾入河，必须加强城中村基础卫生设施建设以及公用设施管理。分别在化工河下游的岳峰台西村、凤坂一支河上游的园中村、凤坂一支河下游的鼓四村、磨洋河上游的横屿村布置沿河垃圾收集点，每个城中村沿河道每200m设置垃圾收集箱，共计布置11个沿河垃圾收集点（图8-66）；每村配套1个垃圾转运点，共计4个垃圾转运点。同时完善卫生清理制度，保证垃圾及时清理，防止雨天漫流污染河道。

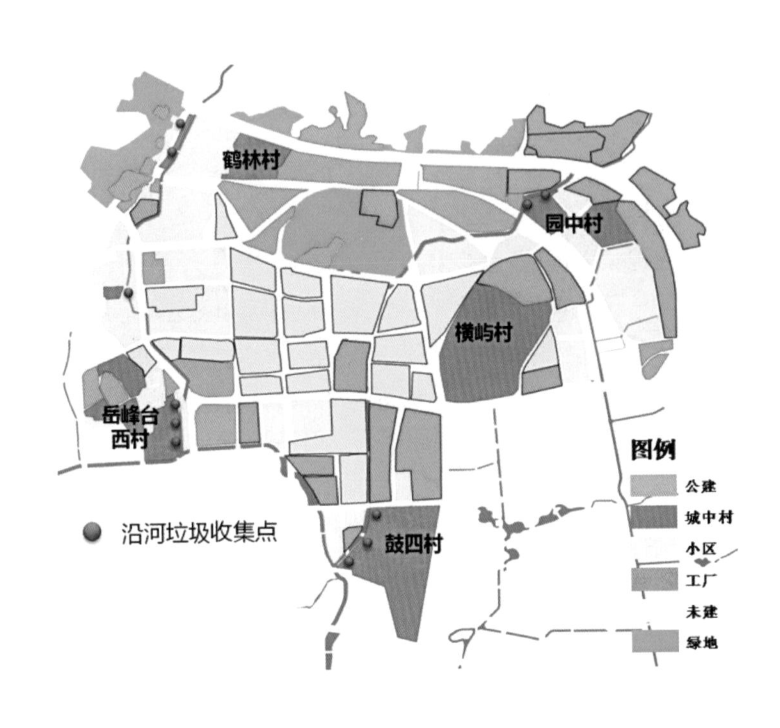


图8-66 鹤林片区城中村沿河垃圾收集点分布图

3．生态修复

（1）生态驳岸建设

根据现状驳岸结构及完好情况，结合景观建设需求、截污工程需求及用地情况，进行驳岸布置。具备改造条件的河道均改为生态驳岸，考虑行洪安全，部分城区内已建硬质驳岸未改造；新建驳岸有条件的均为生态驳岸。登云溪上游可改造为生态驳岸，共建设生态驳岸830m；化工河和竹屿河因用地限制，采用直立埋石混凝土挡墙，生态驳岸分布见图8-67。

图8-67 登云溪—化工河分区生态驳岸分布图

（2）河道内生态修复

在登云溪、化工河水面宽阔、水流较慢的河段两侧布置生态浮动缓冲带，拦截、净化入河的雨水径流，保护排口附近水域的生态系统。缓冲带植物选择本地耐冲耐污的水生植物，如黑藻、龙须眼子菜、狐尾藻等福州地区常见的水生植物。在河道水流死角、水体缺氧处，布置曝气富氧设备，可使水体溶解氧迅速增加，同时促进水体流动。放养水生动物，投加滤食性鱼类及螺贝类，构建完善的水生态系统。

竹屿河长度较短，河道较窄，需选用占地面积较小的生态修复手段。构建沉水植被系统，沉水植被主要采用冷暖季植被搭配栽植，物种选择上以本地沉水植被种植为主，选择矮生苦草、黑藻、龙须眼子菜（耐冲）、狐尾藻（耐污）等福州地区常见的沉水植被。栽植面积约占河道底部面积30%。污染较重、缺氧严重的区域内，设置富氧设备，使水体进行富氧，促进水体自净能力的提高。

4．活水提质

（1）河道需水量计算

登云溪—化工河分区3条河道（登云溪、化工河、竹屿河）最终汇入凤坂河。对河道进行水资源平衡分析，河道水量主要为河道生态需水，上游河道的来水为水库弃水和区间汇水。福州市多年平均逐月降水量见表8-28。参照《建设项目水资源论证导则》GB/T 35580—2017，一般河道生态需水量按多年平均流量10%~20%计，因鹤林片区河道基本为城区河道，源头无稳定水源补给，暴雨期河道内基本为雨污水，而暴雨期产生的洪水无法储存，丰水期产水基本为洪水迅速排走，为保证河道内保持一定的水面维持河道水生态，河道需水量按平水年的月平均流量取值（表8-29）。水资源平衡计算中径流系数取0.6，设定单日补水周期8h，则登云溪—化工河所需最小补水流量为0.3m$^3$/s，竹屿河所需最小补水流量为0.1m$^3$/s，见表8-30。

福州市多年平均逐月降水量　表8-28

| 月份 | 1 | 2 | 3 | 4 | 5 | 6 | 7 | 8 | 9 | 10 | 11 | 12 |
|---|---|---|---|---|---|---|---|---|---|---|---|---|
| 降水量（mm） | 51 | 87 | 144 | 156 | 197 | 203 | 133 | 175 | 156 | 49 | 46 | 35 |

登云溪—化工河分区汇水量计算　表8-29

| 内河名称 | 汇水面积（hm$^2$） | 河道来水量（万m$^3$/m） | | | | | | | | | | | | |
|---|---|---|---|---|---|---|---|---|---|---|---|---|---|---|
| | | 1月 | 2月 | 3月 | 4月 | 5月 | 6月 | 7月 | 8月 | 9月 | 10月 | 11月 | 12月 | 平均 |
| 登云溪—化工河 | 336.5 | 10.3 | 17.6 | 29.1 | 31.5 | 39.8 | 40.9 | 26.9 | 35.3 | 31.5 | 9.9 | 9.3 | 7.1 | 24.1 |
| 竹屿河 | 125.9 | 3.9 | 6.6 | 10.9 | 11.8 | 14.9 | 15.3 | 10.0 | 13.2 | 11.8 | 3.7 | 3.5 | 2.6 | 9.0 |

登云溪—化工河分区补水量计算　　表8-30

| 内河名称 | 河道生态需水量（万m³/m） | 单日生态需水量（m³/d） | 最小补水流量（m³/s） |
| --- | --- | --- | --- |
| 登云溪—化工河 | 24 | 8000 | 0.3 |
| 竹屿河 | 9 | 3000 | 0.1 |

（2）登云溪—化工河补水方案

登云溪—化工河属于目前在建的福州市江北城区山洪防治及生态补水工程补水范围，该引水工程实施后，可从登云水库补入登云溪流量$2.8m^3/s$，至登云溪下游将分流$1.6m^3/s$至化工河。根据计算，登云溪—化工河的最小补水流量为$0.3m^3/s$，可满足登云溪—化工河补水需求，补水工程示意图见图8-68。

（3）竹屿河补水方案

竹屿河不在江北城区补水工程的补水范围内，竹屿河所需最小补水流量为$3000m^3/d$，需水量较小。采用凤坂河为补水水源，处理后通过泵站和输水管道提升至竹屿河上游进行补水。补水泵站设置于凤坂河、竹屿河相交处，初步选址位于沿河绿地，泵站规模设计为$3000m^3/d$，补水工程示意见图8-69。

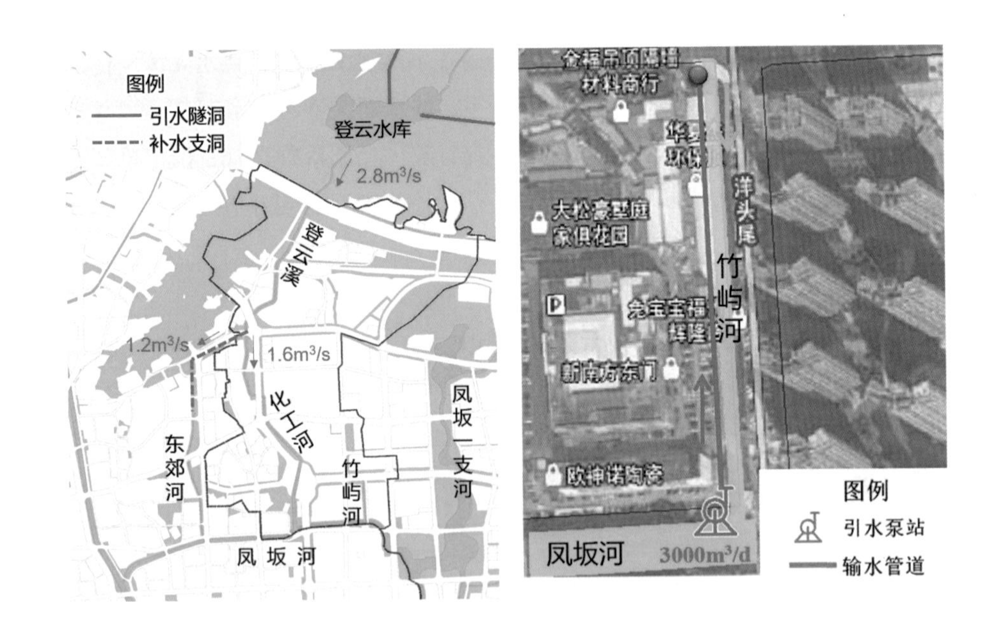


图8-68 登云溪—化工河补水工程示意图（左）

图8-69 竹屿河补水工程示意图（右）

### 8.4.6.2 水安全提升方案

通过模型模拟评估，在蓄排平衡体系构建完善后，鹤林片区整体防洪排涝能力明显提升，片区防山洪标准可达50年一遇，内涝防治标准可达50年一遇，片区内涝风险显著降低，但片区内现状存在的登云佳园积水点是由局部管网能力不足造成，需进行管网改造；化工路积水点是由局部地势低洼造成，需采取针对性措施解决积水问题。

1．排水管渠改造修复

（1）登云佳园积水点周边雨水管改造

对登云佳园内涝点影响区域进行雨水管道排查，存在管径800mm的大管道接入管径500mm的小管现象，造成排水能力受阻，排水不畅。对登云佳园南侧大管接小管错接处进行改造（图8-70），新建大于或等于800mm管径的市政雨水管，将小区雨水管接入新建市政雨水管中，提高区域的整体排水能力。同时清查是否存在管道逆坡、管道淤积堵塞等不利于排水的情况，及时采取管网改造和清淤措施。

图8-70 登云佳园内涝点治理示意图

（2）管网清疏修复

开展管网排查清疏，制定修复方案，通过吸泥、高压清洗、人工清淤、清运等措施对管道内部彻底清理，通过更换管道、修补等方式对破损管道进行修复。重点排查登云溪—化工河分区内的登云路、北三环路、连江北路、鹤林路、三八路、化工路、茶会路7条道路，共排查清疏管网3402m，修复1898m（图8-71）。

2．积水点整治

登云溪—化工河分区共两个积水点，分别位于登云佳园南侧和化工路下穿通道，登云佳园南侧积水点通过雨水管改造可解决积水问题，化工路下穿通道积水点需采取针对性措施进行整治。

化工路下穿通道地势低洼，容易造成积水，遭遇大雨暴雨天气时，积水不能及时排除。对化工路下穿通道处的截水沟进行改造（图8-72），增加截水沟排水能力；同时增设进水井、防坠网，将井盖改造为新型二层井盖，提高区域收集雨水能力。

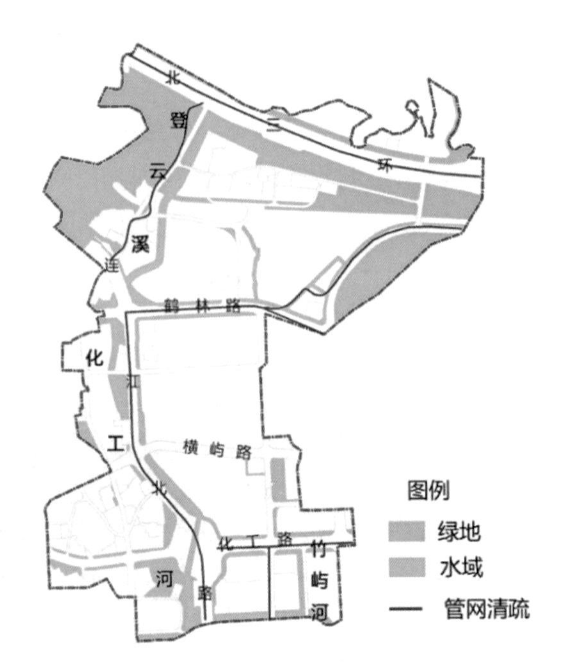


图8-71 登云溪—化工河汇水分区管网清疏修复图

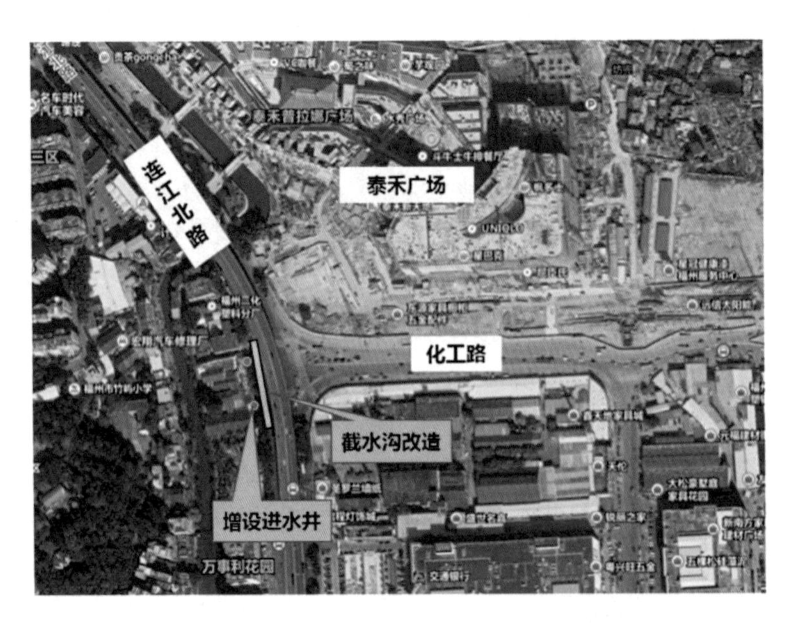


图8-72 化工路下穿通道积水点治理示意图

8.4.6.3 源头减排方案

综合考虑水环境改善、水安全提升等治理需求，改造项目以现状建设条件为基础，新建项目以规划条件为依据，明确各类源头建设项目的年径流总量控制率和初雨污染控制率指标值。改造项目根据技术可行性，因地制宜进行建设；新建地块需落实规划管控指标，按照海绵城市要求进行建设。

海绵化改造项目首先需通过现场走访调研、场地详细勘测等方式分析源头建设项目（包含建筑与小区、道路与广场、公园与绿地等）的改造技术可行性和改造必要性，再结合调查问卷分析居民对小区的改造意愿和改造诉求，最后通过会议座谈，与业主、居民代表、相关部门等各方共同讨论确定可实施的改造建设项目清单。

登云溪—化工河分区共实施19个海绵化改造项目，并对4个新建项目实施管控（图8-73和表8-31）。通过设置下凹绿地、雨水花园、雨水调蓄池等设施综合削减径流雨量，控制面源污染。

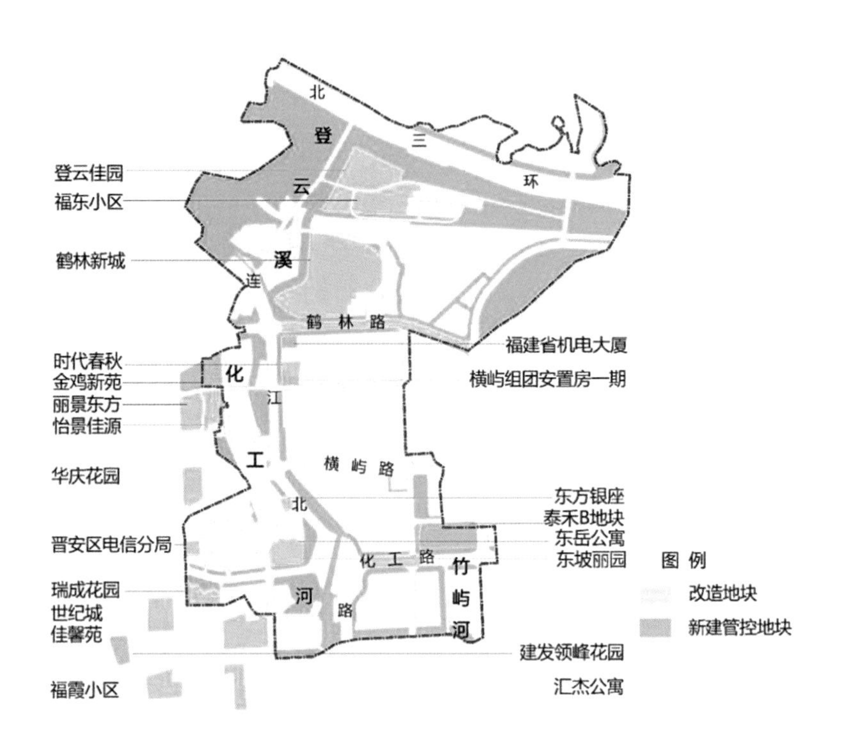


图8-73 登云溪—化工河分区源头减排项目分布图

**登云溪—化工河分区源头减排项目一览表　　表8-31**

| 建设类型 | 序号 | 项目名称 | 项目规模（hm²） | 地块类型 | 年径流总量控制率（%） | 初雨污染控制率（%，以SS计） |
|---|---|---|---|---|---|---|
| 海绵化改造项目 | 1 | 登云佳园北区 | 1.62 | 住宅小区 | 75 | 45 |
| | 2 | 登云佳园南区 | 1.77 | 住宅小区 | 75 | 45 |
| | 3 | 福东小区 | 2.08 | 住宅小区 | 70 | 42 |
| | 4 | 鹤林新城 | 17.32 | 住宅小区 | 70 | 42 |
| | 5 | 鹤林路西段（连江北路—安亭路） | 5.1 | 道路 | 65 | 40 |
| | 6 | 时代春秋 | 0.69 | 住宅小区 | 65 | 40 |
| | 7 | 丽景东方 | 1.88 | 住宅小区 | 75 | 45 |
| | 8 | 怡景佳源 | 1.63 | 住宅小区 | 75 | 45 |
| | 9 | 华庆花园 | 1.74 | 住宅小区 | 75 | 45 |
| | 10 | 晋安电信局 | 0.56 | 公建 | 75 | 45 |
| | 11 | 佳馨苑小区 | 1.92 | 住宅小区 | 75 | 45 |
| | 12 | 瑞城花园 | 1.74 | 住宅小区 | 75 | 45 |

续表

| 建设类型 | 序号 | 项目名称 | 项目规模（$hm^2$） | 地块类型 | 年径流总量控制率（%） | 初雨污染控制率（%，以SS计） |
|---|---|---|---|---|---|---|
| 海绵化改造项目 | 13 | 东方银座 | 1.29 | 住宅小区 | 70 | 42 |
| | 14 | 东岳公寓 | 1.11 | 住宅小区 | 70 | 42 |
| | 15 | 东坡丽园 | 0.92 | 住宅小区 | 75 | 45 |
| | 16 | 世纪城小区 | 2.11 | 住宅小区 | 75 | 45 |
| | 17 | 福霞小区 | 1.98 | 住宅小区 | 70 | 42 |
| | 18 | 汇杰公寓 | 1.52 | 住宅小区 | 70 | 42 |
| | 19 | 化工路西段（连江北路—茶会路） | 4.0 | 道路 | 65 | 40 |
| 新建管控地块 | 20 | 金鸡新苑 | 2.7 | 住宅小区 | 75 | 45 |
| | 21 | 建发领峰花园 | 1.5 | 住宅小区 | 75 | 45 |
| | 22 | 福建省机电大厦 | 0.46 | 公建 | 75 | 45 |
| | 23 | 泰禾B地块 | 3.6 | 住宅小区 | 75 | 45 |

8.4.6.4 多目标下的项目统筹

基于上述登云溪—化工河分区的水环境改善方案、水安全提升方案和源头减排方案，将各方案提出的对应措施分解落实为具体建设项目，从源头减排、过程控制、系统治理三个方面对各类建设项目进行综合统筹，生成具体的建设项目清单并明确其建设要求。共梳理出分区建设项目43项，其中源头减排项目23个，过程控制项目15个，系统治理项目5个，见图8-74和表8-32。

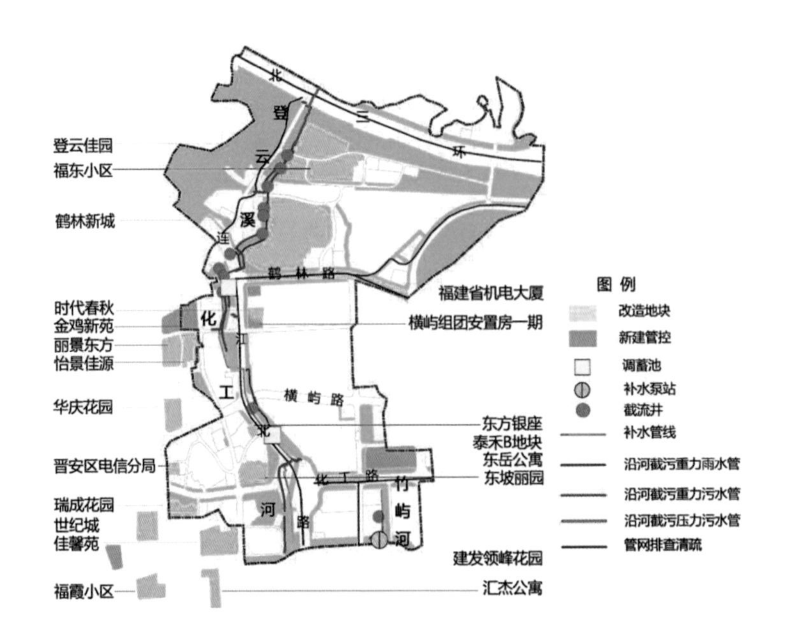


图8-74 登云溪—化工河项目分布图

**登云溪—化工河分区综合统筹项目统计表　　表8-32**

| 工程分类 | 项目数量（个） | 项目分类 | 子项目数量（个） |
|---|---|---|---|
| 源头减排 | 23 | 建筑与小区 | 21 |
| | | 道路 | 2 |
| 过程控制 | 15 | 管网排查清疏 | 5 |
| | | 管网修复改扩建 | 5 |
| | | 河道沿河截污工程 | 3 |
| | | CSO调蓄池 | 2 |
| 系统治理 | 5 | 河道综合治理 | 3 |
| | | 防洪工程 | 1 |
| | | 涝点整治工程 | 1 |
| 合计 | 43 | | 43 |

1．源头减排项目统筹

源头减排项目建设可通过多种工程措施实现源头径流控制、初雨污染控制，同时改造过程中可根据现状问题和居民诉求，同步实施混接改造、小区内部积水点整治、增加雨水回用设施等，对水生态建设、水环境改善、水安全提升和水资源利用四方面均有贡献。为满足多方面建设需求，同时避免工程重复，在可行性分析和居民诉求调研的基础上，将四方面的要求进行综合统筹，最终确定源头减排项目的建设指标要求和建设内容。

登云溪—化工河分区源头减排项目共23个，均为多目标统筹项目，各项目的多目标建设指标要求及建设内容见表8-33。

**登云溪—化工河分区源头减排项目多目标统筹的建设要求　　表8-33**

| 建设类型 | 序号 | 项目名称 | 多目标建设需求及建设内容 | | | | | | | 多目标统筹下的建设指标要求 | |
|---|---|---|---|---|---|---|---|---|---|---|---|
| | | | 水环境改善 | | | 水安全提升 | | 水生态建设 | 水资源利用 | | |
| | | | 混接改造 | 管网分流改造 | 初雨污染控制 | 管网能力提升 | 积水整治 | 径流控制 | 雨水回用 | 年径流总量控制率（%） | 初雨污染控制率（%） |
| 海绵化改造项目 | 1 | 登云佳园北区 | √ | | √ | | | √ | √ | 75 | 45 |
| | 2 | 登云佳园南区 | √ | | √ | | √ | √ | √ | 75 | 45 |
| | 3 | 福东小区 | √ | | √ | √ | √ | √ | | 70 | 42 |

续表

| 建设类型 | 序号 | 项目名称 | 多目标建设需求及建设内容 | | | | | | | 多目标统筹下的建设指标要求 | |
|---|---|---|---|---|---|---|---|---|---|---|---|
| | | | 水环境改善 | | | 水安全提升 | | 水生态建设 | 水资源利用 | | |
| | | | 混接改造 | 管网分流改造 | 初雨污染控制 | 管网能力提升 | 积水整治 | 径流控制 | 雨水回用 | 年径流总量控制率（%） | 初雨污染控制率（%） |
| 海绵化改造项目 | 4 | 鹤林新城 | | | √ | √ | | √ | | 70 | 42 |
| | 5 | 时代春秋 | | | √ | | | √ | | 65 | 40 |
| | 6 | 丽景东方 | | | √ | | | √ | | 75 | 45 |
| | 7 | 怡景佳源 | | | √ | √ | | √ | | 75 | 45 |
| | 8 | 华庆花园 | | | √ | | | √ | | 75 | 45 |
| | 9 | 晋安电信局 | | | √ | | | √ | | 75 | 45 |
| | 10 | 佳馨苑小区 | | | √ | | | √ | | 75 | 45 |
| | 11 | 瑞城花园 | √ | | √ | √ | | √ | | 75 | 45 |
| | 12 | 东方银座 | | √ | √ | √ | | √ | | 70 | 42 |
| | 13 | 东岳公寓 | | | √ | | | √ | | 70 | 42 |
| | 14 | 东坡丽园 | √ | | √ | | | √ | | 75 | 45 |
| | 15 | 世纪城小区 | | | √ | | √ | √ | | 75 | 45 |
| | 16 | 福霞小区 | | | √ | | √ | √ | √ | 70 | 42 |
| | 17 | 汇杰公寓 | | | √ | √ | | √ | √ | 70 | 42 |
| | 18 | 鹤林路西段（连江北路—安亭路） | | | √ | | √ | √ | | 65 | 40 |
| | 19 | 化工路西段（连江北路—茶会路） | | | √ | | √ | √ | | 65 | 40 |
| 新建管控地块 | 20 | 金鸡新苑 | | 分流制建设 | √ | | | √ | | 75 | 45 |
| | 21 | 建发领峰花园 | | 分流制建设 | √ | | | √ | | 75 | 45 |
| | 22 | 福建省机电大厦 | | 分流制建设 | √ | | | √ | √ | 75 | 45 |
| | 23 | 泰禾B地块 | | 分流制建设 | √ | | | √ | √ | 75 | 45 |

2．过程控制项目统筹

过程控制项目主要包括管网排查清疏、管网修复改扩建、沿河截污管线和CSO调蓄池建设。为满足水安全提升需求，提升片区管网排水能力，需开展管网排查清疏和修复改扩建、建设沿河截污管线和CSO调蓄池；为解决因管网排水能力不足导致的积水点问题，需开展管网排查清疏和修复改扩建。为满足水环境改善需求，消除污水直排和控制初雨污染，需建设沿河截污管线和CSO调蓄池。综合统筹水环境和水安全两方面的需求，最终确定过程控制项目的建设内容。

登云溪—化工河分区过程控制项目共15个，其中10个为单目标项目，5个为多目标统筹项目，各项目的多目标建设要求及建设内容见表8-34。

登云溪—化工河分区过程控制项目多目标统筹的建设要求　　表8-34

| 建设类型 | 序号 | 项目名称 | 多目标建设需求及建设内容 | | | | 项目统筹类别 |
|---|---|---|---|---|---|---|---|
| | | | 水环境改善需求 | | 水安全提升需求 | | |
| | | | 消除污水直排 | 初雨污染控制 | 管网能力提升 | 积水点整治 | |
| 管网排查清疏 | 1 | 登云路管网排查、清疏 | | | √ | √ | 单目标 |
| | 2 | 鹤林路管网排查、清疏 | | | √ | √ | 单目标 |
| | 3 | 茶会路管网排查、清疏 | | | √ | | 单目标 |
| | 4 | 化工路管网排查、清疏 | | | √ | √ | 单目标 |
| | 5 | 北三环路管网排查、清疏 | | | √ | | 单目标 |
| 管网修复改扩建 | 6 | 三八路管网修复 | √ | | √ | | 多目标 |
| | 7 | 茶会路管网修复 | √ | | √ | | 多目标 |
| | 8 | 连江北路管网修复 | √ | | √ | | 多目标 |
| | 9 | 北三环路管网修复 | √ | | √ | | 多目标 |
| | 10 | 登云路片区新建雨污水管线 | √ | | √ | √ | 多目标 |
| 沿河截污 | 11 | 登云溪沿河截污工程 | √ | √ | √ | | 多目标 |
| | 12 | 化工河沿河截污工程 | √ | √ | √ | | 多目标 |
| | 13 | 竹屿河沿河截污工程 | √ | √ | √ | | 多目标 |
| CSO调蓄池 | 14 | 登云溪调蓄池 | √ | √ | √ | | 多目标 |
| | 15 | 化工河调蓄池 | √ | √ | √ | | 多目标 |

3．系统治理项目统筹

系统治理项目主要包括河道综合治理、防洪工程和涝点整治工程。为满足水环境改善需求，要求开展底泥清淤、岸线垃圾处理、生态修复和生态补水等河道综合治理工程。为满足水安全提升需求，要求内河按规划标准建设，落实蓝绿线管控，提升排涝能力；为拦截上游山洪需建设江北城区山洪防治生态补水工程；对于个别地势低洼的易涝点还需提出针对性整治方案。为满足水生态建设需求，需在河道综合治理中结合岸线条件进行生态岸线建设。综合统筹水环境、水安全和水生态三方面的需求，最终确定系统治理项目的建设内容。

登云溪—化工河分区系统治理项目共5个，其中1个为单目标项目，4个为多目标统筹项目，各项目的多目标建设要求及建设内容见表8-35。

登云溪—化工河分区系统治理项目多目标统筹的建设要求　　表8－35

| 建设类型 | 序号 | 项目名称 | 多目标建设需求及建设内容 | | | | | | | | 项目统筹类别 |
|---|---|---|---|---|---|---|---|---|---|---|---|
| | | | 水环境改善需求 | | | | 水安全提升需求 | | | 水生态建设需求 | |
| | | | 河道清淤 | 岸线垃圾处理 | 生态修复 | 生态补水 | 内河排涝能力提升 | 防洪 | 涝点整治 | 生态岸线建设 | |
| 河道综合治理 | 1 | 登云溪河道综合治理 | √ | √ | √ | √ | √ | | | √ | 多目标 |
| | 2 | 化工河河道综合治理 | √ | √ | √ | √ | √ | | | | 多目标 |
| | 3 | 竹屿河河道综合治理 | √ | √ | √ | √ | √ | | | | 多目标 |
| 防洪工程 | 4 | 江北城区山洪防治生态补水工程（北线、东线） | | | | √ | | √ | | | 多目标 |
| 涝点整治 | 5 | 化工路涝点整治工程（化工路含连江交叉口） | | | | | | | √ | | 单目标 |

### 8.4.7 工程实施效果评估

#### 8.4.7.1 工程措施分担比例

将各汇水分区的源头减排方案、水环境改善方案、水安全提升方案对应的工程措施按照“源头减排—过程控制—系统治理”的思路进行梳理，得到鹤林片区源头减排—过程控制—系统治理三类工程项目，对各类工程措施的实施效果进行评估。

1．源头减排项目

鹤林片区源头减排类项目共46项，通过设置下凹绿地、雨水花园、调蓄池/水体等改造措施，综合削减径流雨量，控制面源污染，实现了雨水在源头的滞蓄和渗排，起到了延缓产流及流量峰值时间、削减流量峰值的目的。源头减排项目的年径流总量控制率达到75%的目标要求，即24.1mm以下的降雨均可通过海绵设施实现就地消纳，同时在削减污染负荷方面，初雨污染控制率（年SS总量去除率）达到45%的目标要求。

2．过程控制项目

鹤林片区的过程控制类项目共50项，通过新建排水管网、管线排查清疏修复、截污调蓄系统等工程措施，城市水环境和水安全都得到全面改善和提升。片区内竹屿河和磨洋河消除黑臭，其他河道水质稳步提升；排水管网提质增效，污水管道运行状态更健康，雨水管网由原来大多数低于3年一遇标准提高到最大可应对3～5年一遇的设计降雨。鹤林片区过程控制工程措施具体包含9.16km截污管道、21座截流井、3800m$^3$调蓄池（4座）、10000m$^3$/d分散处理站（1座）等。

3．系统治理项目

鹤林片区的系统治理类项目共31项，通过山洪防治、内部滞蓄空间、排涝除险等工程措施，有效发挥削峰滞洪作用；通过河道清淤疏浚、岸线建设、生态修复和活水补水等工程措施，提高了河道行泄能力，极大改善了水体水质和生态系统。鹤林片区系统治理工程措施具体包含4大项山洪防治（拦截）补水工程、159万m$^3$晋安湖公园（滞蓄空间）、8.1万m$^3$河道清淤、5.6km驳岸工程、7.69万m$^2$沿河海绵串珠公园等。

实施源头减排—过程控制—系统治理三方面工程措施后，分解三类工程对目标的贡献程度，绘制相对应的分担比例，见图8-75。

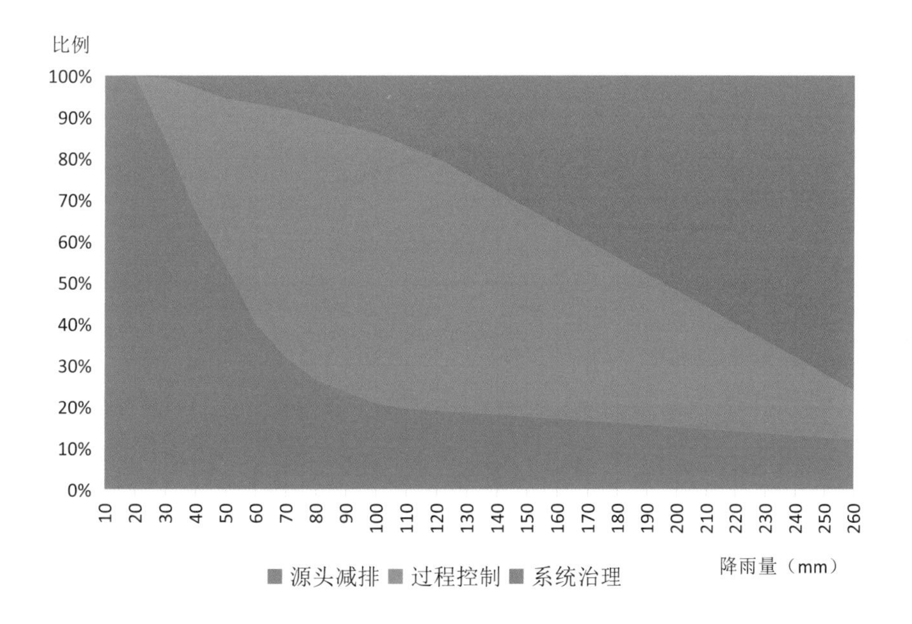


图8-75 鹤林片区源头减排—过程控制—系统治理措施在不同降雨情景下的分担比例

#### 8.4.7.2 年径流总量控制率效果评估

实施系统化方案“源头减排—过程控制—系统治理”系列工程后，鹤林片区整体年径流总量控制率为76%。其中，登云溪—化工河分区为77%；凤坂一支河分区为76%；磨洋河上游分区为75%，见表8-36。

鹤林片区分区年径流总量控制率 表8-36

| 片区 | 总降雨量（$m^3$） | 总出流量（$m^3$） | 年径流总量控制率 |
|---|---|---|---|
| 鹤林全片区 | 12690660 | 3003215 | 76% |
| 登云溪—化工河 | 4342769 | 997616 | 77% |
| 凤坂一支河 | 5940821 | 1409017 | 76% |
| 磨洋河上游 | 2407070 | 596582 | 75% |

实施系统化方案工程后，片区内排口径流峰值有明显削减（图8-76）。以化工河某一排放口管道流量变化为例，5年一遇工况下，雨峰过后20min内出口处流量达到的峰值状态，较改造前滞缓；且流量径流系数由之前的0.75削减到0.5。

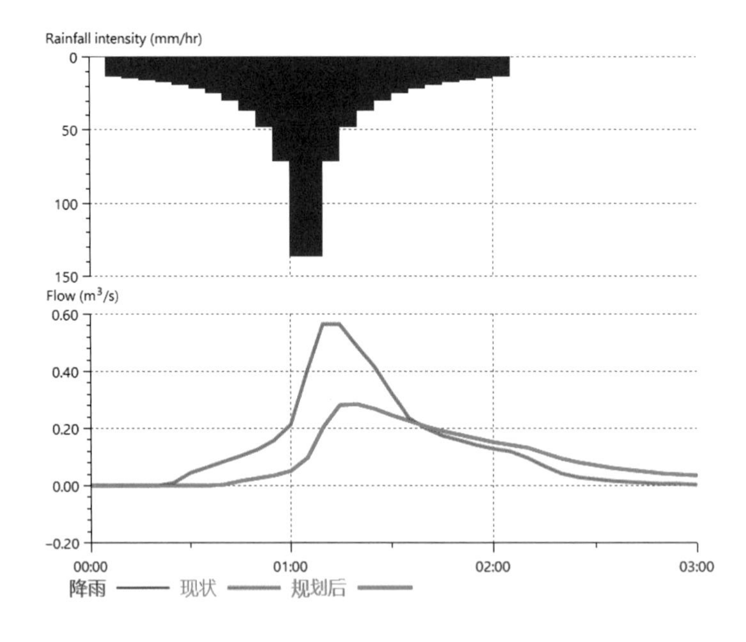


图8-76 化工河某排口管道随降雨时间变化趋势

#### 8.4.7.3 水环境改善效果评估

采用典型年2011年的降雨数据进行年水力水质模型计算，提取统计出现状监测断面COD峰值浓度的月均值，对水环境改善效果进行评估。实施控源截污工程和河道生态修复后，登云溪6个监测断面（图8-77）的COD峰值浓度月均值统计数据（表8-37）显示，登云溪水质较工程实施前有所提升，但水质还不能稳定达到V类水标准。

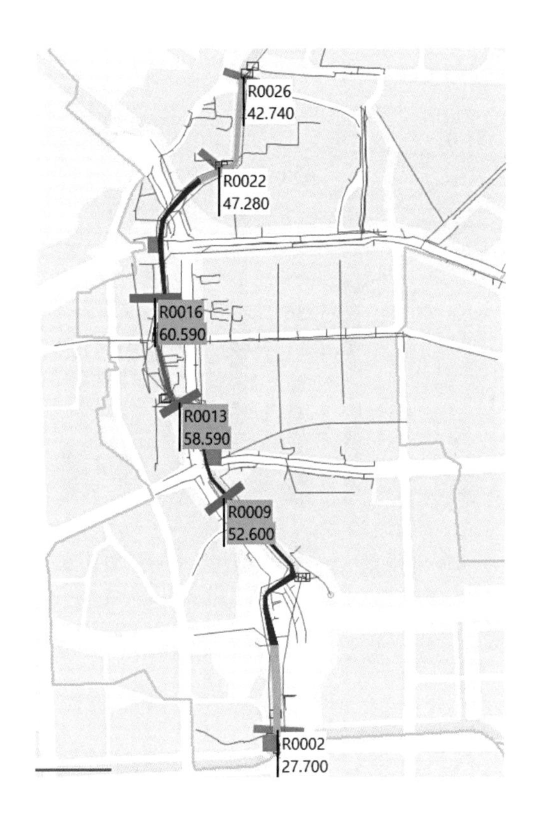


图8-77 登云溪—化工河现状断面监测位置分布图

**登云溪—化工河断面监测COD峰值浓度月均值统计表（单位：mg/L） 表8-37**

| 断面编号 | 1 | 2 | 3 | 4 | 5 | 6 | 7 | 8 | 9 | 10 | 11 | 12 |
|---|---|---|---|---|---|---|---|---|---|---|---|---|
| R0002 | 55.0 | 55.0 | 35.0 | 23.7 | 48.0 | 31.8 | 31.0 | 24.7 | 21.0 | 11.8 | 56.4 | 34.0 |
| R0009 | 43.0 | 40.4 | 55.0 | 68.0 | 44.0 | 35.6 | 45.0 | 51.0 | 33.2 | 51.1 | 58.0 | 60.0 |
| R0013 | 29.0 | 56.0 | 32.3 | 37.4 | 80.3 | 52.0 | 31.4 | 46.0 | 62.0 | 60.0 | 55.0 | 59.0 |
| R0016 | 44.0 | 54.0 | 59.0 | 39.2 | 50.2 | 51.0 | 38.9 | 44.7 | 38.0 | 59.0 | 53.0 | 65.0 |
| R0022 | 70.0 | 45.0 | 62.0 | 80.8 | 27.3 | 42.6 | 51.0 | 35.1 | 48.6 | 53.8 | 41.0 | 40.0 |
| R0026 | 36.6 | 40.0 | 60.0 | 35.7 | 7.8 | 59.0 | 52.0 | 38.7 | 40.6 | 74.6 | 49.0 | 43.5 |
| 月均浓度 | 46.3 | 48.4 | 50.5 | 47.5 | 42.9 | 45.3 | 41.5 | 40.0 | 40.6 | 51.7 | 52.1 | 50.2 |

从统计数据来看，河道水体旱季水质较雨季略差。为进一步改善水质，实施生态补水工程，持续补水后，水质可稳定提升至V类水标准，具体见图8-78～图8-81。

8.4.7.4 水安全提升效果评估

采用50年一遇24h设计降雨对系统化方案中水安全提升系列工程的效果进行评估。实施水安全提升系列工程后，鹤林片区两个历史内涝点（图8-82）可基本消除，只存有少量积水（表8-38）。

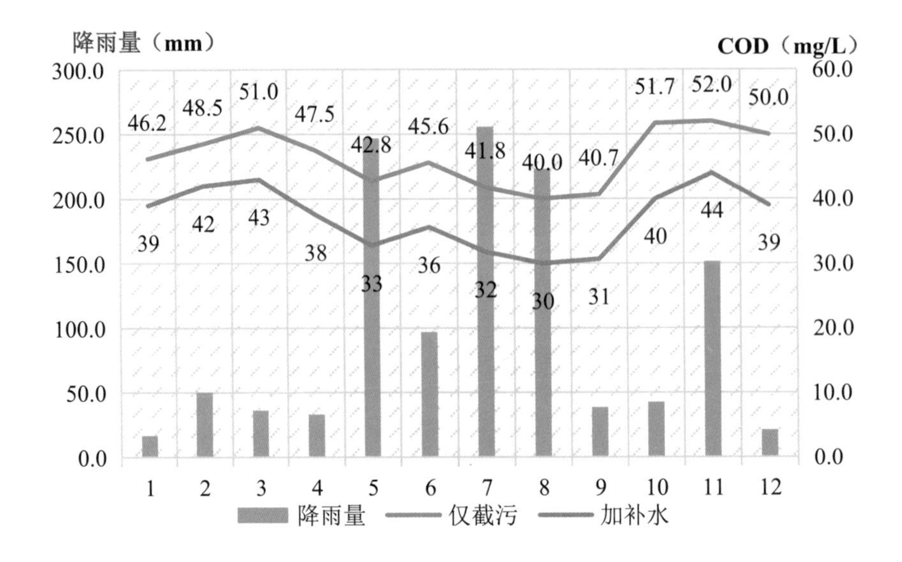


图8-78 登云溪—化工河COD浓度及降雨量年分布图

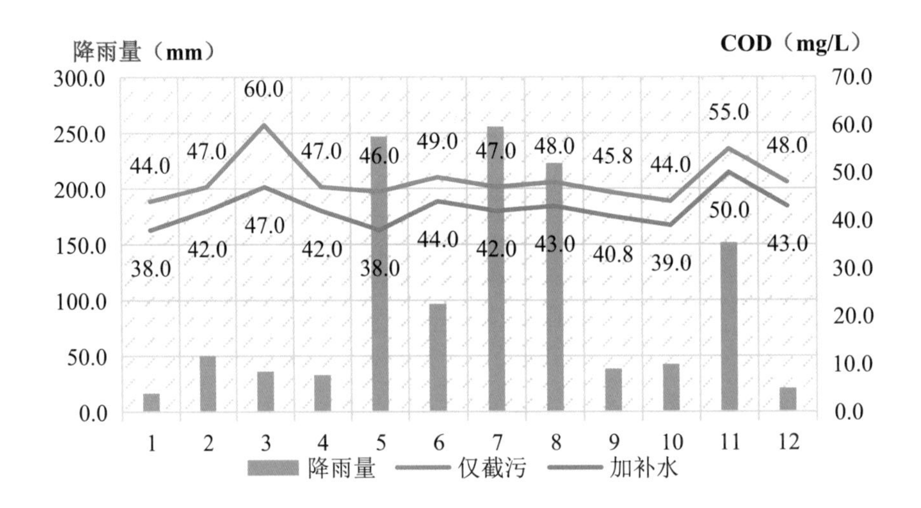


图8-79 竹屿河COD浓度及降雨量年分布图

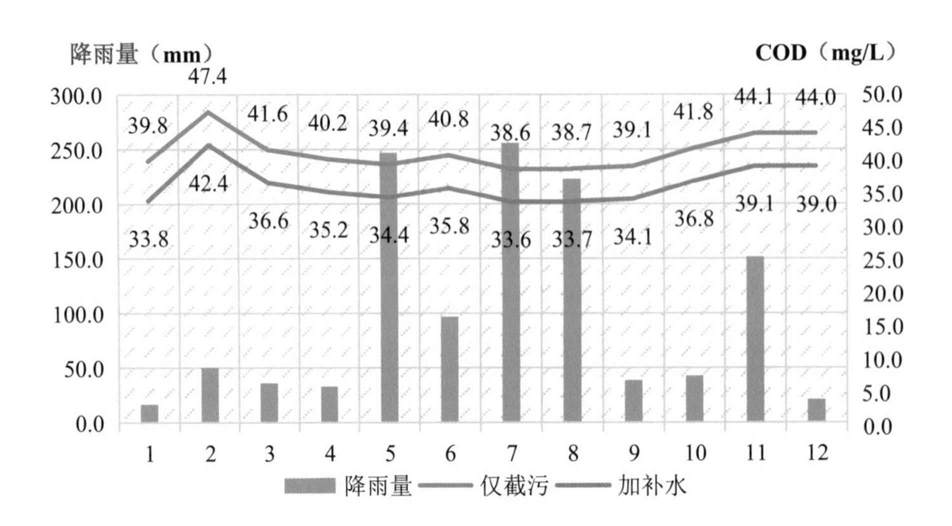


图8-80 凤坂一支河COD浓度及降雨量年分布图

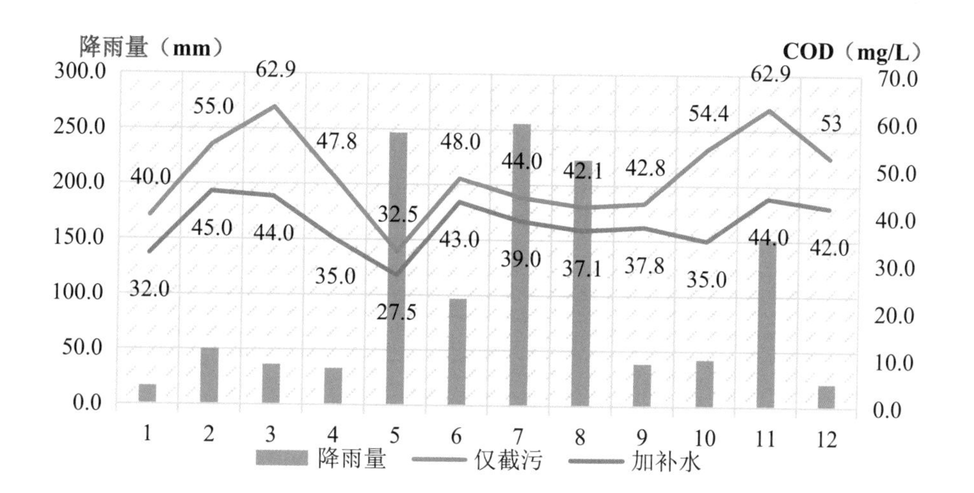


图8-81 磨洋河上游COD浓度及降雨量年分布图

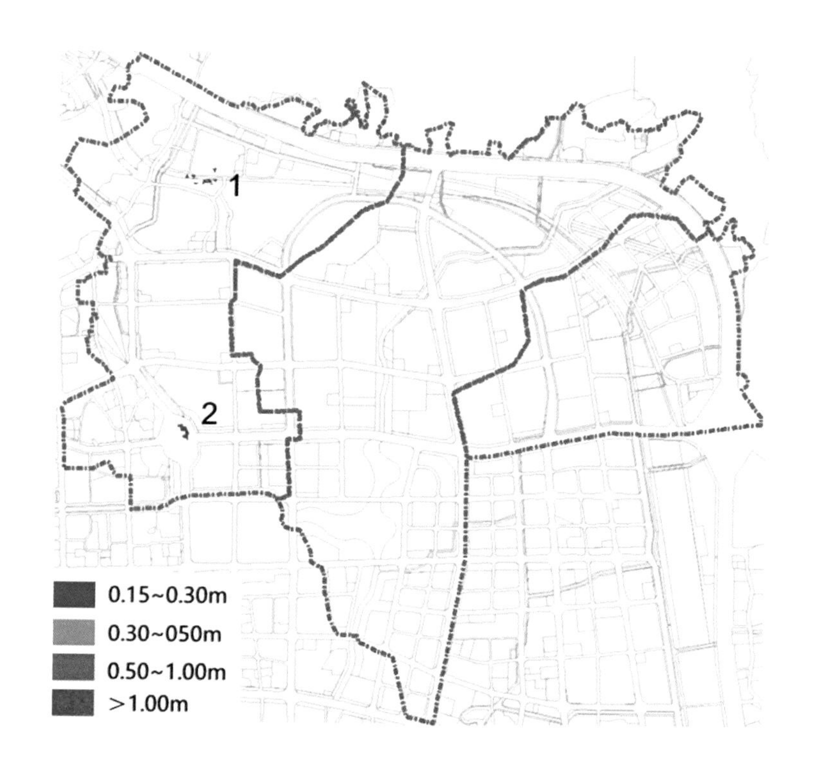


图8-82 鹤林片区改造后内涝积水评估

**鹤林片区改造前后积水情况变化** 表8-38

| 积水点 | 改造前深度（m） | 改造后深度（m） | 改造前积水量（m³） | 改造后积水量（m³） |
|---|---|---|---|---|
| 1 | 0.49 | 0.18 | 2748 | 50 |
| 2 | 0.53 | 0.2 | 15000 | 784 |

# 第9章　厦门案例

厦门市马銮湾试点区是南方滨海地区新城区和老城区的结合区域。老城区工业企业和城中村密集，存在突出的黑臭水体问题；新城区尚未开发建设，需运用海绵城市理念进行管控。因此，老城区需借助系统化方案确定解决涉水问题的工程和非工程体系，在上位规划的指导下结合区域特点和可实施性，提出解决问题的具体工程措施，重点明确工程项目清单，确定每个项目所承担的责任、具体要求和相关标准，并将这些要求和标准反馈到设计之中，指导设计，避免项目之间的碎片化，有效解决区域现状涉水问题。新城区则需借助系统化方案明确管控要求，明确区域开发建设中需保护的自然本底和需控制的竖向、地块指标，重点是如何将蓝线绿线等自然本底保护要求、区域竖向控制和具体地块径流控制指标反馈到相关法定规划中，减少城市开发对天然水文循环的破坏，减少城市涉水方面问题的发生。

马銮湾试点区位于厦门市海沧区北部（图9-1），地处海沧新老城区交界区域，面积20km²，其中南部老城区面积9km²，北侧新城区面积11km²。

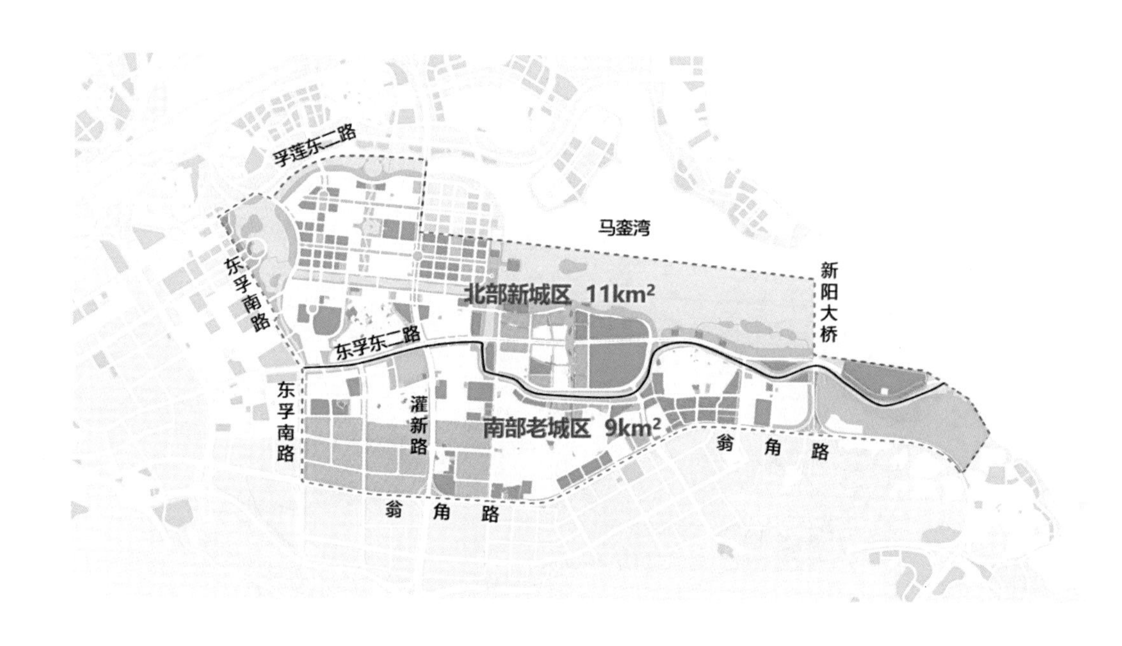


图9-1　厦门市马銮湾试点区

试点区南部为海沧老城区工业集中区，区域内有大量工业企业与城中村。高负荷的开发给流域带来大量污染负荷，新阳主排洪渠黑臭问题突出。南部片区海绵城市建设以问题为导向，重点治理新阳主排洪渠黑臭水体问题，同步解决景观环境提升、老旧厂区改造问题，探索老旧片区提升改造策略。

试点区北部为马銮湾新城的核心区域（图9-2）。片区内除长庚医院、鼎美村、后柯村、芸美村外，其他区域现状正在开发中。北部片区海绵城市建设以目标为导向，避免老旧城区问题发生，重点强化建设项目规划管控，先梳山理水，再造地营城。首先，保护天然水域、湿地等自然蓄滞空间；其次，严格落实竖向控制要求，优化径流组织；最后，确保各项海绵指标有效落实，保证水质达标，从而综合实现区域雨水径流自然蓄滞净化。

图9-2 厦门市马銮湾试点区建成区分布图

## 9.1 区域概况

### 9.1.1 地形地貌

试点区属于平原台地，基本地势为南高北低，地势从南侧和西侧向马銮湾水域倾斜下降。试点区高程（图9-3）在0～30m之间，坡度（图9-4）小于6°。北部和西北部大部分地区为滨水地带，高程低于马銮湾纳潮控制最高水位3.56m，主要为虾池鱼塘。

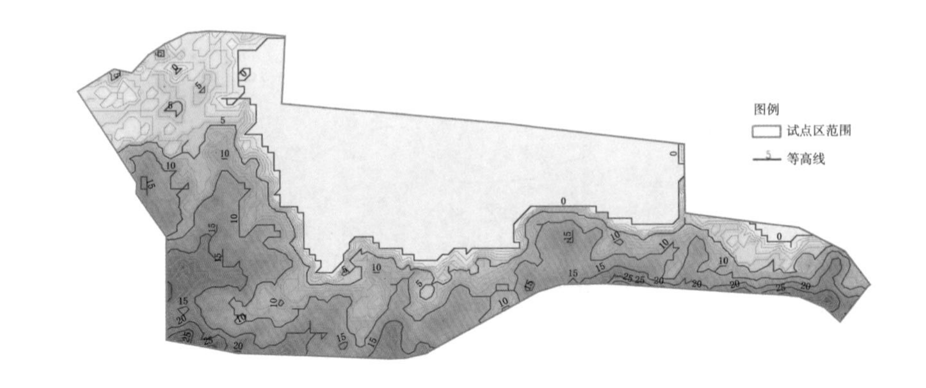


图9-3 马銮湾试点区等高线分析图

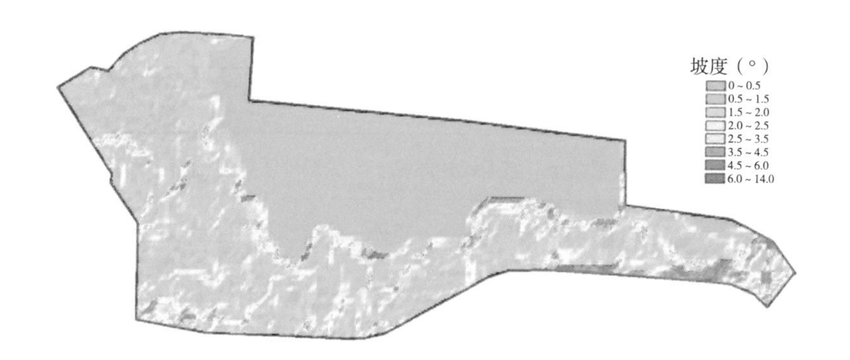


图9-4 马銮湾试点区坡度分析图

### 9.1.2 土壤和地下水

试点区上层填土渗透性良好，下层黏土、淤泥渗透性较差。工程地质分布见图9-5，土壤渗透系数见表9-1。表层土壤多为人工填土，以未压实的砂质黏土和砾石为主，渗透系数较大，渗透性能良好，利于海绵城市的建设；第二层多为粉质黏土、淤泥质黏土，以黏、粉颗粒和淤泥为主，渗透性能较差，进行地块海绵改造时需对土壤进行换填，以保证海绵设施渗透性。

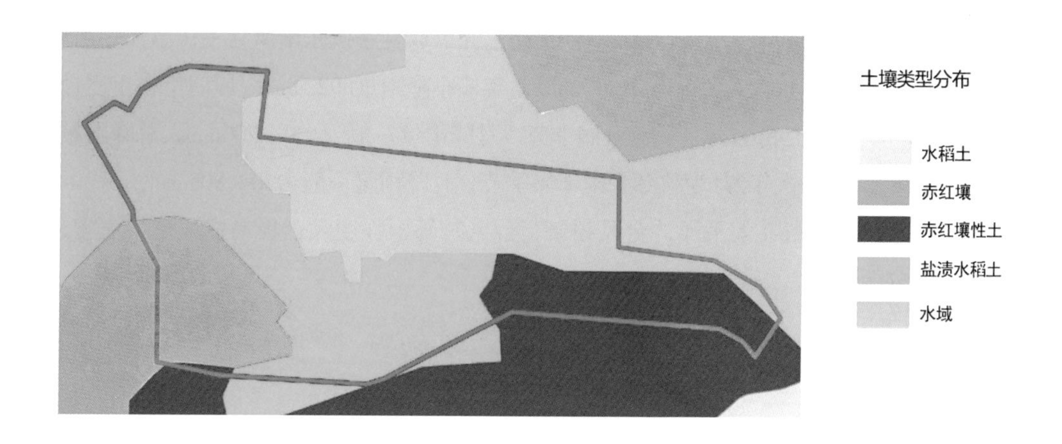


图9-5 马銮湾试点区工程地质分布图

马銮湾试点区土壤渗透系数一览表 表9-1

| 土壤名称 | 渗透系数单位 | 范围值 |
|---|---|---|
| 人工填土 | $10^{-5}$cm/s | 2.59~6.11 |
| 淤泥质黏土 | $10^{-7}$cm/s | 3.47~5.09 |
| 粉质黏土 | $10^{-6}$cm/s | 3.00~8.19 |
| 花岗岩残积黏性土 | $10^{-5}$cm/s | 5.49~7.06 |

试点区地下潜水位较高，沿湾地区地下水位高于南部地势较高地区，受降雨影响明显，大部分地区地下水埋深为0.5 ~ 5.5m（表9-2），地下水位较高，不利于下渗，对海绵城市设施建设影响较大。因此，地下水位较高区域内，海绵设施的结构层中需敷设透水管，以便及时排水。

马銮湾试点区土壤类型及地下水埋深一览表　　表9-2

| 勘测点 | 土壤成分 | 地下水埋深（m） |
| --- | --- | --- |
| 东孚东二路 | 素填土、淤泥、粉质黏土、残积砂质黏性土 | 0~4.90 |
| 后祥北路 | 素填土、粉质黏土、粗砂、残积砂质黏性土 | 3.40~5.40 |
| 西园路 | 素填土、粉质黏土、粗砂、残积砂质黏性土 | 0.40~5.65 |
| 新景西三路 | 素填土、粉质黏土、粗砂、残积砂质黏性土 | 3.40~5.40 |
| 新阳大道 | 填筑土、淤泥质土、粉质黏土、中粗砂、粉质黏土 | 3.40~5.40 |
| 新阳公共服务中心 | 填石、杂填土、素填土、淤泥、粉质黏土、粗砂 | 2.30~4.70 |
| 新景西五路 | 填石、杂填土、素填土、淤泥、淤泥质土、粉质黏土 | 5.10~7.60 |

### 9.1.3 气候气象

试点区属南亚热带海洋性季风气候，主导风向为东北风，夏季以东南风为主，温和多雨。多年平均降雨量1427.9mm，年最大降雨量1998.8mm，年最小降雨量892.5mm。厦门市多年逐月平均降雨量见图9-6，3~9月份为春夏多雨湿润季节，月降雨量一般为100~200mm，总降雨量占全年雨量的84%；10月至次年2月为秋冬少雨干燥季节，月降雨量一般为30~80mm。

试点区地处低纬度，东临太平洋，台风频繁。台风时暴雨强度大，极易造成内涝灾害，年暴雨日数平均4.4天。

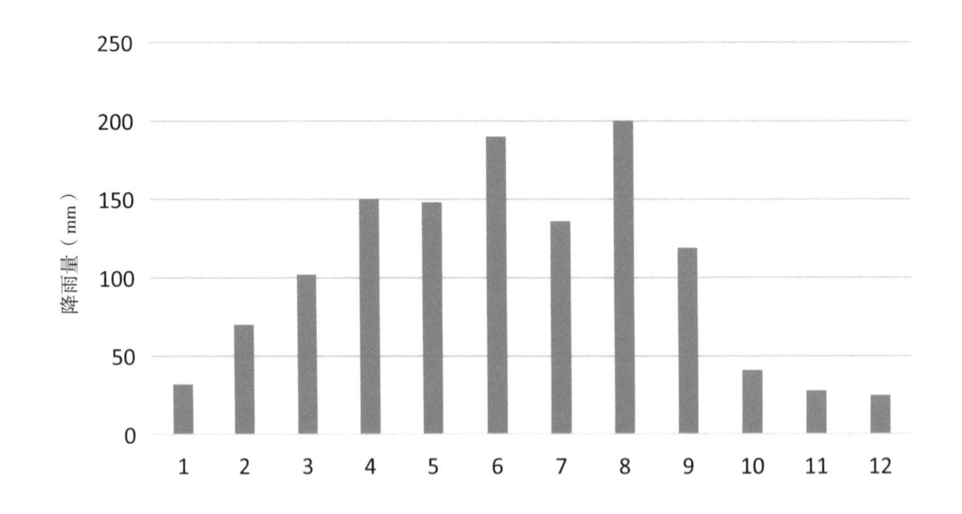


图9-6 厦门市多年逐月平均降雨量图

#### 1．设计降雨雨型

设计降雨分为短历时降雨（1、2、3、5年一遇）以及长历时降雨雨型（10、20、30、50年一遇）。设计降雨雨型根据厦门市气象局《厦门城市设计雨型研究技术报告》确定，其中，推求30~180min的短历时设计雨型采用芝加哥法，推求1440min的设计雨型采用同频率分析法。

根据厦门市1981～2014年降水样本，求得暴雨强度公式见式（9–1）、式（9–2），设计雨型见图9–7、图9–8。

短历时暴雨强度公式：

$$q = \frac{928.15 \times (1+0.716\lg P)}{(t+4.4)^{0.535}} \tag{9–1}$$

式中 $q$——降雨强度（mm/min）；

$t$——降雨历时（min）；

$P$——重现期（年）。

长历时暴雨强度公式：

$$q = \frac{1123.95 \times (1+0.759\lg P)}{(t+6.3)^{0.582}} \tag{9–2}$$

式中 $q$——降雨强度（mm/min）；

$t$——降雨历时（min）；

$P$——重现期（年）。

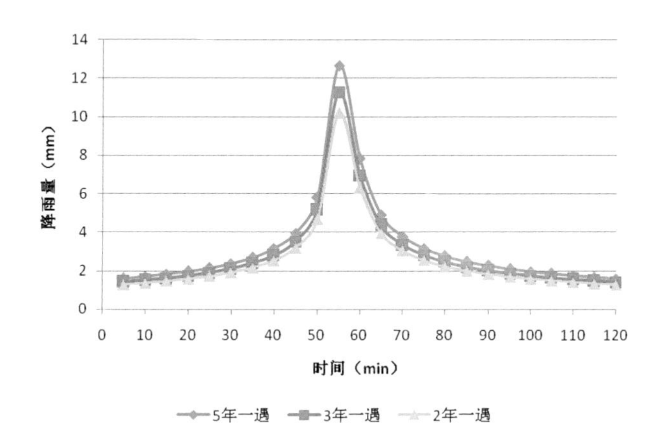


图9–7 厦门市2年、3年和5年一遇短历时设计雨型

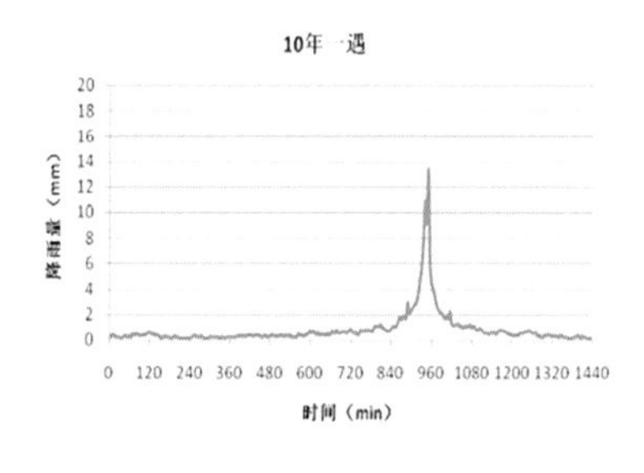


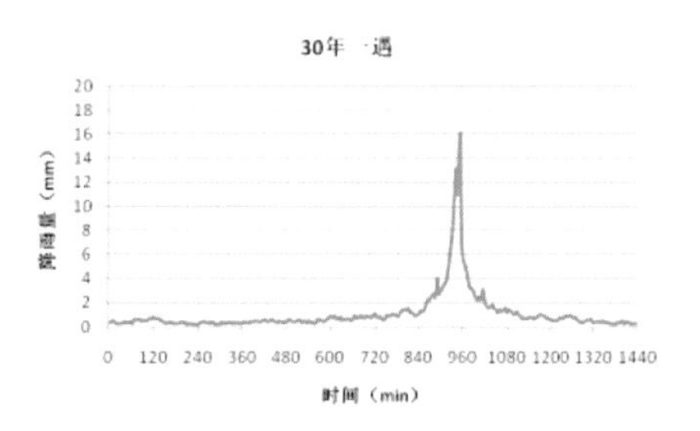


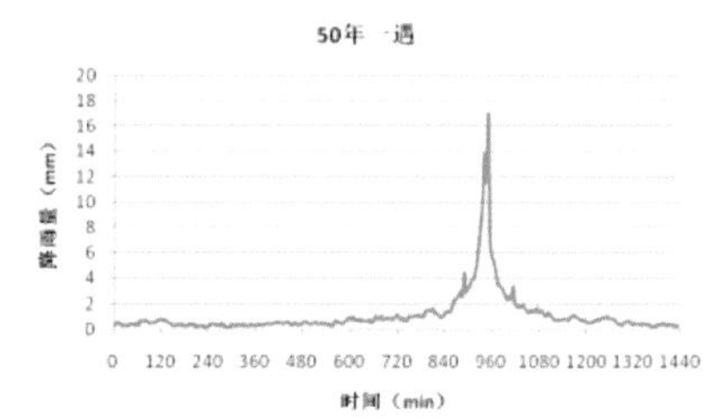


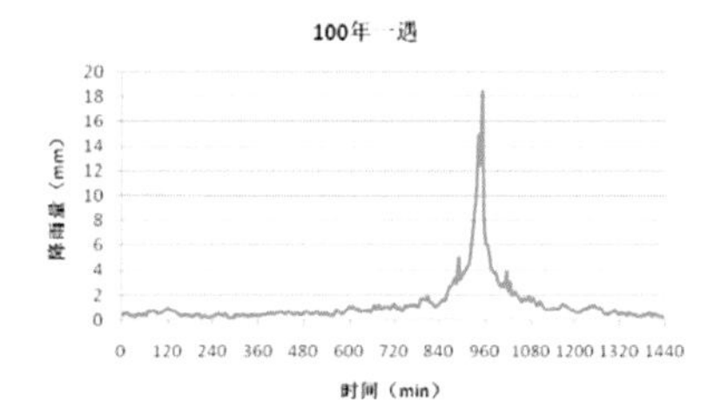


图9–8 厦门市10年、30年、50年和100年一遇长历时设计雨型

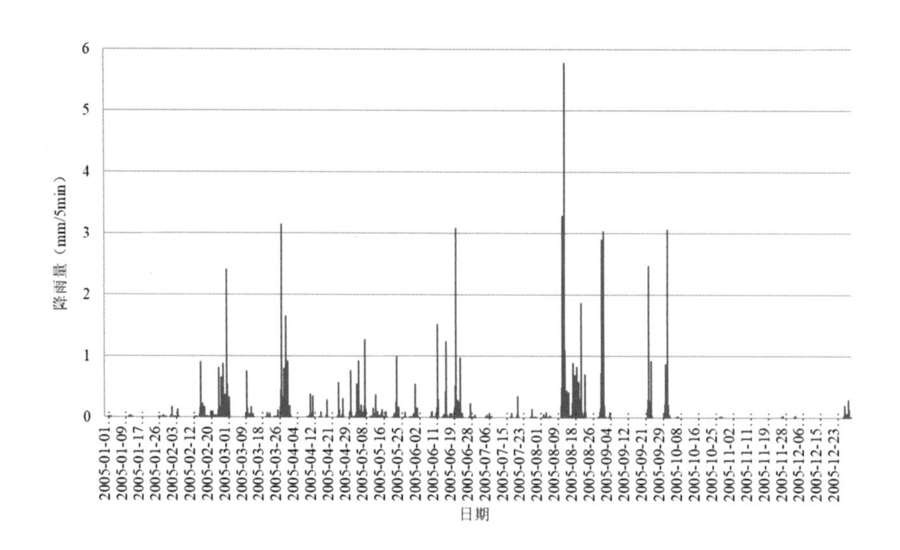


图9-9 2005年降雨量分布图

2．典型年选取

采用适线法进行典型年分析后，认为2005年具有典型性和代表性，因此选取2005年为典型年，该年年降雨总量1350.0mm，降雨总场次122次（图9-9），其中小于2mm降雨54天，小雨（2～9.9mm）33天，中雨（10～24.9mm）21天，大雨（25～49.9mm）5 天，暴雨（50～99.9mm）8天，大暴雨（100～249.9mm）1天，特大暴雨（大于250mm）0天。

3．年径流总量控制率与设计降雨量

根据厦门市近30年降雨数据以及年径流总量控制率与设计降雨量关系（表9-3），绘制了厦门市年径流总量控制率与设计降雨量关系曲线，见图9-10。

厦门市年径流总量控制率与设计降雨量关系　　表9-3

| 年径流总量控制率（%） | 60 | 65 | 70 | 75 | 80 |
|---|---|---|---|---|---|
| 设计降雨量（mm） | 20.0 | 23.5 | 26.8 | 32.0 | 38.5 |

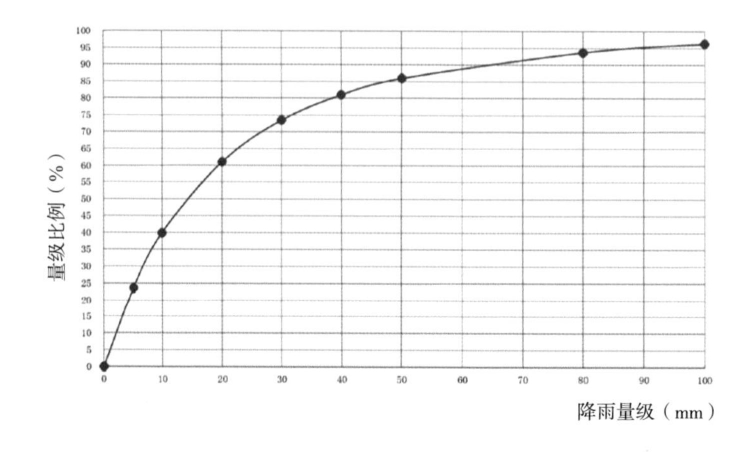


图9-10 厦门市年径流总量控制率与设计降雨量关系曲线图

### 9.1.4 土地利用现状

试点区南片区为建成区，开发强度高，工业企业和城中村较多；北片区现状除长庚医院、鼎美村、后柯村、芸美村外，其他区域均未开发。试点区现状建设用地面积8.63km$^2$，规划建设用地面积16.23km$^2$，土地利用现状及规划见图9-11、图9-12，现状及规划土地利用统计见表9-4。现状建设用地以城中村和工业用地为主。

图9-11 马銮湾试点区土地利用现状图

图9-12 马銮湾试点区土地利用规划图

马銮湾试点区现状及规划土地利用统计表　表9-4

| 用地类型 | 现状 | | 规划 | |
|---|---|---|---|---|
| | 面积（km$^2$） | 占比（%） | 面积（km$^2$） | 占比（%） |
| 工业用地 | 1.99 | 9.69 | 1.79 | 8.72 |
| 居住用地 | 0.58 | 2.83 | 2.70 | 13.15 |
| 公用设施用地 | 0.00 | 0.00 | 0.18 | 0.88 |
| 城中村 | 3.11 | 15.15 | 2.28 | 11.11 |
| 绿地与广场用地 | 0.32 | 1.57 | 2.86 | 13.93 |

续表

| 用地类型 | 现状 | | 规划 | |
|---|---|---|---|---|
| | 面积（km²） | 占比（%） | 面积（km²） | 占比（%） |
| 道路与交通设施用地 | 1.28 | 6.23 | 1.81 | 8.82 |
| 混合用地 | 0.00 | 0.00 | 0.62 | 3.02 |
| 商业服务业设施用地 | 0.02 | 0.11 | 1.46 | 7.11 |
| 公共管理与公共服务设施用地 | 1.33 | 6.48 | 2.53 | 12.32 |
| 建设用地合计 | 8.63 | 42.06 | 16.23 | 79.06 |
| 水域 | 7.45 | 36.28 | 4.3 | 20.94 |
| 农林用地 | 3.33 | 16.21 | 0.00 | 0.00 |
| 非建设用地 | 1.12 | 5.45 | 0.00 | 0.00 |
| 合计 | 20.53 | 100.00 | 20.53 | 100.00 |

### 9.1.5 现状下垫面

试点区不透水下垫面包括屋面、一般路面和广场，共占27.53%，主要分布于试点区南部；水域占36.30%，主要分布于试点区北部；透水下垫面包括草地、裸土和林地，共占36.17%，主要分布于未开发区域。

现状下垫面（图9-13）条件下试点区综合径流系数为0.69，其中北片区主要是林地、裸土地、水域等，硬化程度低，综合径流系数小；南片区主要是工厂、城中村、道路等，硬化程度较高，综合径流系数大。城市建成区和城中村区域面临雨天径流量和峰值流量增大、峰现时间提前、面源污染严重等问题。

图9-13 马峦湾试点区现状下垫面分布图

### 9.1.6 河道水系与生态岸线

1. 现状河道水系

试点区位于马銮湾流域陆域范围最下游，整体南高北低、西高东低，地势较平缓，海拔0～21m。试点区共9条河道，分别为：过芸溪、北引左干渠排水渠、鼎美西渠、鼎美东渠、环湾南溪、新阳主排洪渠、1号排洪渠、3号排洪渠和5号排洪渠，分布见图9-14，水系具体情况见表9-5。

图9-14 马銮湾试点区河流水系分布图

马銮湾试点区水系情况表　　表9-5

| 序号 | 水系名称 | 河长（km） | 河宽（m） | 水深（m） | 驳岸类型 | 生态岸线率（%） | 断面类型 | 所属流域 |
|---|---|---|---|---|---|---|---|---|
| 1 | 环湾南溪 | 2.72 | 14 | 1.1 | 自然 | 93 | 梯形 | 新阳主排洪渠子流域 |
| 2 | 新阳主排洪渠 | 4.30 | 20~80 | 2.5 | 砌石、自然 | 23 | 梯形 | |
| 3 | 北引左干渠排水渠 | 3.09 | 8 | 0.5~2.0 | 自然 | 100 | 梯形 | 北引左干渠排水渠子流域 |
| 4 | 鼎美西渠 | 1.49 | 6~10 | 0.5~1.2 | 自然 | 100 | 梯形 | |
| 5 | 鼎美东渠 | 0.73 | 6~12 | 0.5~1.5 | 自然 | 100 | 梯形 | |
| 6 | 过芸溪 | 3.63 | 9.3~30 | 1.2~2.0 | 自然 | 100 | 梯形 | 过芸溪子流域 |

2. 现状生态岸线

试点区共6条明渠，其中新阳主排洪渠上游及中游、环湾南溪下游为硬化岸线，过芸溪、北引左干渠排水渠、鼎美西渠、鼎美东渠、新阳主排洪渠下游均为生态岸线，生态岸线分布见图9-15。岸线总长为31.92km，生态岸线长度为24.92km，生态岸线率为78.1%，见表9-6。

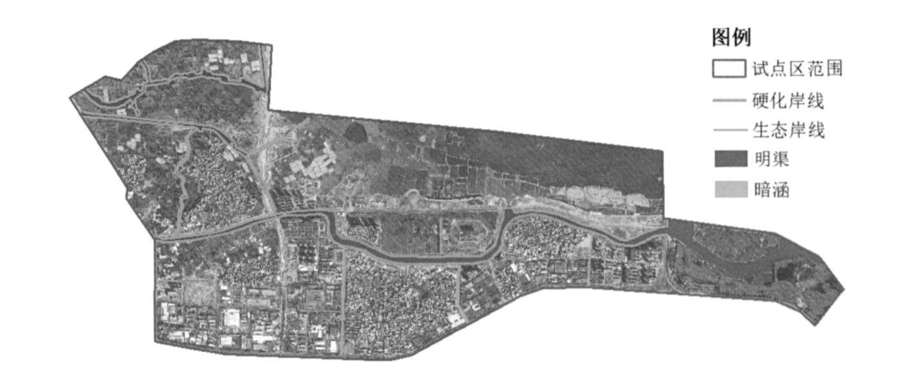


图9-15 马銮湾试点区生态岸线分布图

生态岸线长度汇总表 表9-6

| 河道名称 | 岸线长度（km） | 生态岸线长度（km） |
|---|---|---|
| 环湾南溪 | 5.44 | 5.06 |
| 新阳主排洪渠下游 | 8.60 | 1.98 |
| 北引左干渠排水渠 | 6.18 | 6.18 |
| 鼎美西渠 | 2.98 | 2.98 |
| 鼎美东渠 | 1.46 | 1.46 |
| 过芸溪 | 7.26 | 7.26 |
| 合计 | 31.92 | 24.92 |

### 9.1.7 现状排水系统

1. 河道排口

在进行流量和液位监测之前，对试点区所有河道排口进行调查。调查过程中，详细记录每个排口的位置、管径、材质、管底标高、出水情况、水质和调查时间等，对排口进行编号并拍照记录，整理每个河道所有排口的调查表。以河道现状排口现场调查结果为基础，结合排口的流量监测数据，对排口上游地块的管线进行追溯分析，将沿河排口分为五类，分别是分流制污水口（FW）、分流制雨水口（FY）、分流制混接排水口（FH）、合流制直排排水口（HZ）和合流制截流溢流排水口（HJ）。

经统计，片区内现状共40个排口，分布见图9-16，排口信息统计见表9-7。其中分流制雨水口（FY）13个，分流制混接排水口（FH）4个，合流制直排排水口（HZ）5个，合流制截流溢流排水口（HJ）15个，支流排入口3个。

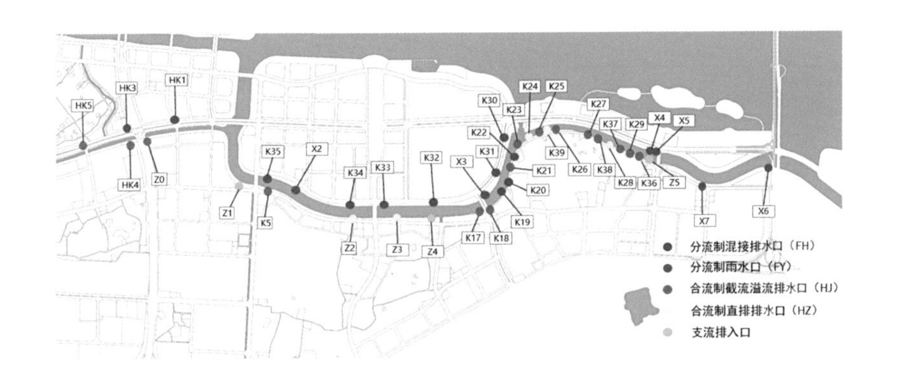


图9-16 试点区排口分布图

**环湾南溪和新阳主排洪渠排口信息统计表** **表9-7**

| 编号 | 排口编号 | 排口类型 | 管径（mm） | 材质 | 管底标高（m） |
|---|---|---|---|---|---|
| 1 | Z1 | 支流排入口 | 4000×3100 | 钢筋混凝土渠 | 1.2 |
| 2 | K5 | HJ | 1500 | 混凝土 | — |
| 3 | Z2 | HZ | 3000×1500 | 钢筋混凝土渠 | 0.5 |
| 4 | Z3 | HZ | 3000×1500 | 钢筋混凝土渠 | 0.5 |
| 5 | Z4 | 支流排入口 | 3500×2000 | 钢筋混凝土渠 | 0.35 |
| 6 | K17 | HJ | 1000 | 混凝土 | 1.48 |
| 7 | K18 | HJ | 1500 | 混凝土 | 2.46 |
| 8 | K19 | FH | 400 | 白色波纹管 | 2.41 |
| 9 | K20 | FH | 400 | 白色波纹管 | 2.66 |
| 10 | K21 | HJ | 1000 | 混凝土 | 1.06 |
| 11 | K22 | FY | 800 | 混凝土 | 1.36 |
| 12 | K23 | HJ | 1000 | 混凝土 | 1.11 |
| 13 | K24 | HZ | 600 | 混凝土 | 1.36 |
| 14 | K25 | HJ | 800 | 混凝土 | 1.24 |
| 15 | K39 | HZ | 800 | 混凝土 | 0.59 |
| 16 | K26 | HJ | 1000 | 混凝土 | 0.39 |
| 17 | K27 | HJ | 800 | 混凝土 | 0.37 |
| 18 | K38 | HJ | 800 | 混凝土 | 0.3 |
| 19 | K28 | HZ | 600 | 混凝土 | 1.65 |
| 20 | K37 | HJ | 1000 | 混凝土 | — |
| 21 | K29 | HJ | 800 | 混凝土 | 0.95 |
| 22 | K36 | HJ | 1000 | 混凝土 | 0.7 |
| 23 | Z5 | 支流排入口 | 4000×2000 | 钢筋混凝土渠 | 0.2 |
| 24 | X6 | FY | 1800 | 混凝土 | 1.597 |

续表

| 编号 | 排口编号 | 排口类型 | 管径（mm） | 材质 | 管底标高（m） |
|---|---|---|---|---|---|
| 25 | K35 | FY | 1000 | 混凝土 | 0.79 |
| 26 | X2 | FY | 1500 | 混凝土 | 0.2 |
| 27 | K34 | FY | 1500 | 混凝土 | 0.3 |
| 28 | K33 | FY | 1500 | 混凝土 | 0.51 |
| 29 | K32 | FY | 1500 | 混凝土 | 0.36 |
| 30 | X3 | FY | 400 | 混凝土 | 1.13 |
| 31 | K31 | FY | 1500 | 混凝土 | 1.04 |
| 32 | K30 | FY | 800 | 混凝土 | 0.994 |
| 33 | X4 | FY | 500 | 波纹管 | 2.12 |
| 34 | X5 | FY | 800 | 波纹管 | 2.03 |
| 35 | X7 | FY | — | — | — |
| 36 | Z0 | HJ | 400 | 混凝土 | — |
| 37 | HK5 | HJ | 1200 | 钢筋混凝土管 | 1.5 |
| 38 | HK4 | HJ | 800 | 钢筋混凝土管 | 1.5 |
| 39 | HK3 | FH | 150 | 波纹管 | 1.5 |
| 40 | HK1 | FH | 110 | 白色波纹管 | 1.5 |

2．排水体制

根据管网普查数据和河道排口等资料，对试点区现状地块进行排水体制分析。试点区管网普查数据显示，除村庄管网为合流制外，其他建成区基本采用雨污分流制，见图9-17。经分析，试点区分流制地块面积为4.40km$^2$，占比21.45%；合流制地块面积为3.11km$^2$，占比15.13%；未开发地块面积为5.57km$^2$，占比27.13%；水域面积为7.45km$^2$，占比36.29%，见表9-8。

图9-17 试点区排水体制分布图

试点区现状排水体制统计表　　表9-8

| 排水体制 | 面积（$km^2$） | 占比（%） |
|---|---|---|
| 分流制 | 4.40 | 21.45 |
| 合流制 | 3.11 | 15.13 |
| 未开发 | 5.57 | 27.13 |
| 水域 | 7.45 | 36.29 |
| 合计 | 20.53 | 100.00 |

3. 污水系统

（1）污水处理厂和污水泵站

试点区属于海沧污水厂服务范围，海沧污水厂位于海沧区南部，现状规模10万$m^3$/d，远期规模40万$m^3$/d，厂区采用$A^2O$处理工艺，现状出水水质执行一级A标准。

片区内共4座污水提升泵站，现状总规模9.16万$m^3$/d，烟厂泵站（1.5万$m^3$/d）、新美泵站（1.5万$m^3$/d）、夏新泵站（1.86万$m^3$/d）收集的污水都接入新阳泵站（4.3万$m^3$/d），通过新阳泵站二次提升后经马青路*DN*1200污水主干管汇入海沧污水处理厂，见表9-9。试点区规划新建马銮泵站，近期规模5万$m^3$/d，规划规模10万$m^3$/d。试点区污水泵站走向示意见图9-18，现状污水走向见图9-19。

泵站信息一览表　　表9-9

| 泵站名称 | 现状规模（万$m^3$/d） | 现状进水量（万$m^3$/d） | 服务范围面积（$hm^2$） | 工业用地面积（$hm^2$） | 工业废水占比（%） |
|---|---|---|---|---|---|
| 烟厂泵站 | 1.5 | 0.15 | 198.15 | 138.68 | 52 |
| 新美泵站 | 1.5 | 0.36 | 230.04 | 0 | 0 |
| 夏新泵站 | 1.86 | 0.62 | 93.26 | 0 | 0 |
| 新阳泵站 | 4.3 | 0.59（总进水量2.76） | 307.93 | 306.37 | 75 |

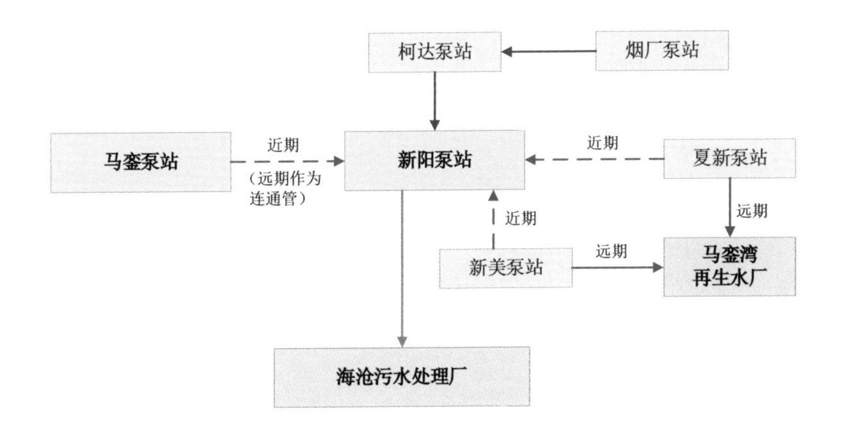


图9-18 试点区污水泵站走向示意图

图9-19 试点区现状污水走向图

（2）污水管网

试点区内现状污水管网主要集中在新阳大道以南片区，新阳大道以北片区内现状管网基本空白，分布见图9-20～图9-22。区域内现状污水管线长54.28km，泵站进出水干管长10.69km，收水支管长43.59km。

图9-20 试点区现状污水泵站进出水干管分布图

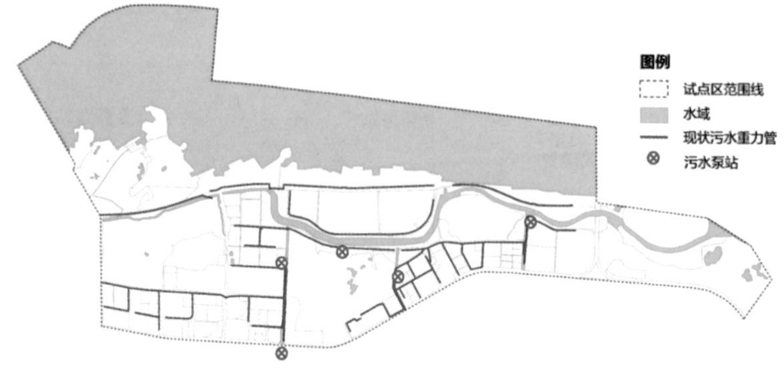


图9-21 现状污水重力管分布图

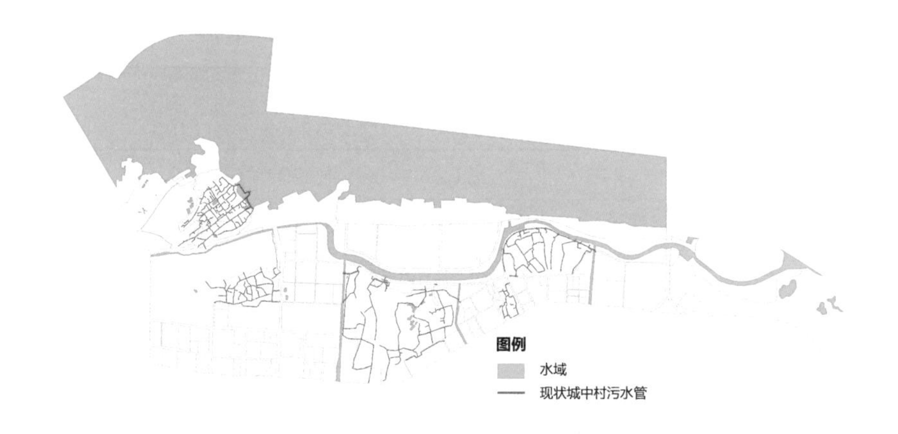


图9-22 现状城中村污水管线分布图

## 9.2　现状问题及原因分析

### 9.2.1　水环境问题

1．水质情况

马銮湾试点区内整体水环境质量较差，除北引左干渠支渠为Ⅳ类水体外，大部分河道水体为劣Ⅴ类水质。特别是新阳主排洪渠，海绵城市试点建设前，河道内水体主要为周边城中村与企业排放的污水，水体黑臭特征明显，黑臭水体范围见图9-23，现状污染图见图9-24。2015年10月新阳主排洪渠水质检测数据见表9-10。

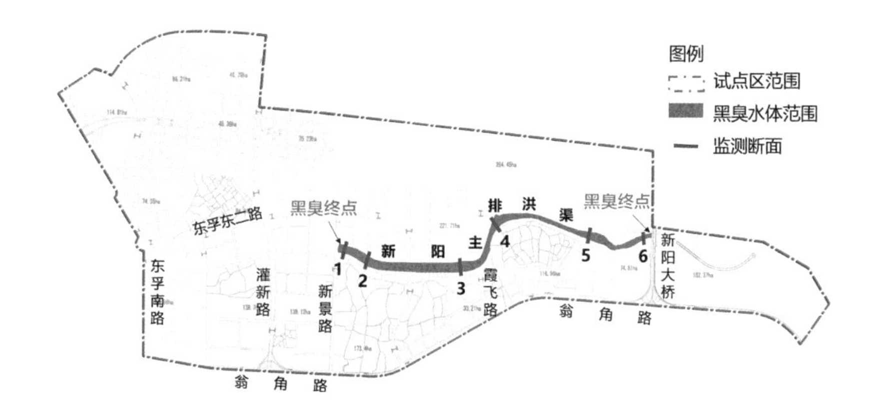


图9-23 黑臭水体范围

图9-24 治理前新阳主排洪渠污染状况严重

新阳主排洪渠2015年10月河道水质检测数据　　表9-10

| 监测断面编号 | pH | SS | $NH_3$-N（mg/L） | TN（mg/L） | TP（mg/L） | $COD_{Mn}$（mg/L） |
|---|---|---|---|---|---|---|
| 1 | 7.68 | 216 | 8.63 | 16.90 | 0.71 | 21.44 |
| 2 | 7.64 | 91 | 9.11 | 11.19 | 0.86 | 10.72 |
| 3 | 5.50 | 80 | 19.02 | 20.24 | 1.94 | 35.63 |
| 4 | 7.18 | 8 | 21.40 | 22.91 | 1.64 | 40.82 |
| 5 | 6.74 | 22 | 16.79 | 18.63 | 1.21 | 39.18 |
| 6 | 7.18 | 23 | 2.99 | 5.01 | 0.13 | 28.87 |

2. 原因分析

马銮湾试点区内城中村较多，由于村庄雨污水系统不完善，存在严重的城中村污水直排、合流制污水溢流问题，同时，由于管理体制不健全，分流制雨污水混接问题同样突出，再加上硬化面积较大以及城中村生活垃圾随意丢弃引起的面源污染和淤积底泥造成的内源污染，使新阳主排洪渠入渠污染负荷远超过河道水环境容量，且河道缺乏上游生态补水水源，水体自净能力差，导致排洪渠水环境不断恶化。

（1）点源污染

1）合流制污水直排

流域范围内城中村排水基本为合流制，且人口密度较大，造成了大量生活污水直排排入河道，成为流域内主要污染源。新阳主排洪渠流域合流制直排污染负荷为1591.84t/a（以COD计），主要分布于新垵、霞阳、许厝、惠佐、祥露、孚中央等村庄，见图9-25。

其中，新阳主排洪渠产生的污染负荷最大，为1400.53t/a（以COD计），污染来源于霞阳、新垵、许厝等村庄的大量污水直排；其次是环湾南溪，污染负荷为105.52t/a（以COD计）；再次是3号排洪渠，污染负荷为73.80t/a（以COD计）；最后是祥露溪，污染负荷为11.99t/a（以COD计）。

图9-25 新阳主排洪渠流域合流制直排污染（COD）分布图

2）分流制混接

由于管理体制不健全，部分企业用户排污不经报批，随意接驳，特别是将企业内的生活污水与雨水管网搭接在一起，从而使雨污水混流后进入河道。最后，流域内的河道产生的混接污染均流向新阳主排洪渠，加大主排洪渠的污染状况。流域分流制混接污染负荷为1449.44t/a（以COD计），主要分布于翁角路以南的工业厂区和翁角路以北、新景路以西的工厂和小区，见图9-26。

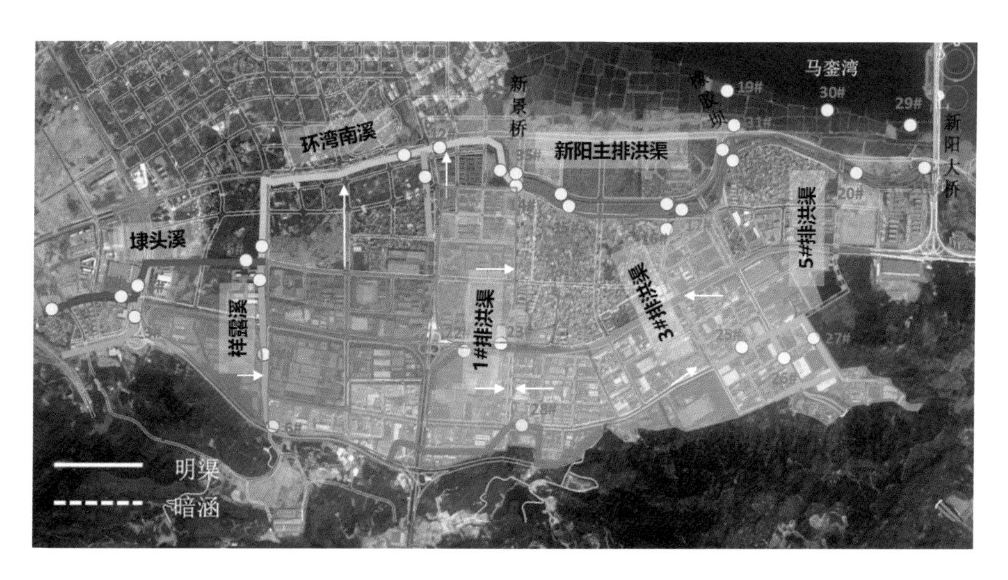


图9-26 新阳主排洪渠流域内分流制混接污染（COD）分布图

其中，3号排洪渠产生的污染负荷最大，为521.52t/a（以COD计），污染来源于渠道两侧的工厂；其次是1号排洪渠，污染负荷为500.98t/a（以COD计）；再次是环湾南溪，污染负荷为388.94t/a（以COD计）；最后是祥露溪，污染负荷为38.00t/a（以COD计）。

3）合流制溢流污染

流域内新垵村和霞阳村存在合流制溢流污染，其中新垵村有3个截流式合流制排水口，霞阳村有9个截流式合流制排水口。通过InfoWorks ICM软件构建新垵村和霞阳村的合流制溢流污染控制模型，模拟得出新垵村年均COD排放量为422.9t/a，霞阳村年均COD排放量为134.7t/a，合计557.6t/a，见表9-11、表9-12。

新垵村各溢流口现状年均溢流水量及COD排放量统计表　　表9-11

| 编号 | 类型 | 截污管径（mm） | 总溢流次数（次） | 总入河水量（万m³） | 总入河COD（t） | 年均溢流次数（次） | 年均入河水量（万m³/a） | 年均COD（t/a） | 溢流频次 |
|---|---|---|---|---|---|---|---|---|---|
| CSO1 | 截流式合流制 | 400 | 301 | 255.5 | 616.5 | 27 | 23.2 | 56.0 | 24.4% |
| CSO2 | 截流式合流制 | 300 | 1228 | 1655.0 | 3993.2 | 112 | 150.5 | 363.0 | 100.0% |

续表

| 编号 | 类型 | 截污管径（mm） | 总溢流次数（次） | 总入河水量（万m³） | 总入河COD（t） | 年均溢流次数（次） | 年均入河水量（万m³/a） | 年均COD（t/a） | 溢流频次 |
|---|---|---|---|---|---|---|---|---|---|
| CSO3 | 截流式合流制 | 400 | 51 | 17.6 | 42.5 | 5 | 1.6 | 3.9 | 4.2% |
| 合计 | — | — | 1580 | 1928.1 | 4652.2 | 144 | 175.3 | 422.9 | — |

**霞阳村各溢流口现状年均溢流水量及COD排放量统计表　　表9-12**

| 编号 | 总溢流次数（次） | 总入河水量（万m³） | 总入河COD（t） | 年均溢流次数（次） | 年均入河水量（万m³/a） | 年均入河COD（t/a） | 溢流频次 |
|---|---|---|---|---|---|---|---|
| CSO1 | 134 | 75.6 | 186.6 | 12 | 6.9 | 17.0 | 10.9% |
| CSO2 | 301 | 285.4 | 704.1 | 27 | 25.9 | 64.0 | 24.4% |
| CSO3 | 69 | 9.1 | 22.4 | 6 | 0.8 | 2.0 | 5.6% |
| CSO4 | 229 | 100.1 | 247.0 | 21 | 9.1 | 22.5 | 18.6% |
| CSO5 | 55 | 9.6 | 23.6 | 5 | 0.9 | 2.1 | 4.5% |
| CSO6 | 102 | 24.8 | 61.3 | 9 | 2.3 | 5.6 | 8.3% |
| CSO7 | 114 | 59.0 | 145.6 | 10 | 5.4 | 13.2 | 9.3% |
| CSO8 | 47 | 9.5 | 23.5 | 4 | 0.9 | 2.1 | 3.8% |
| CSO9 | 103 | 27.6 | 68.0 | 9 | 2.5 | 6.2 | 8.4% |
| 合计 | 1154 | 600.7 | 1482.1 | 103 | 54.7 | 134.7 | — |

（2）面源污染

城中村垃圾堆积、工厂企业硬化比例较大等带来的面源污染也是河道主要的污染来源之一，加剧了河道水质恶化。

流域范围内建设用地以工业用地为主，其次是城中村。工业用地主要分布在翁角路两侧，以一类、二类工业为主，工厂的地面硬化率高（图9-27），径流系数较大，形成径流的

图9-27 流域内工厂下垫面现状图

时间短，地下入渗量小，对污染物的冲刷强烈。如此，将工厂裸露场地、产品、降尘和垃圾等污染物冲刷至雨污水管道，并排放至河道造成水质污染。

流域范围内有9个自然村，城中村建筑密度过大，且硬质下垫面（图9-28）占绝大多数，居民产生的生活污水肆意排放到硬化道路上，不能有效收集到污水管道中。另外，大量生活垃圾和民用建筑材料垃圾堆放在城中村建筑周围。降雨时，雨水冲刷地面上的固体废弃物和生活垃圾，产生的地面污水径流也是面源污染的一大来源。

图9-28 村庄下垫面现状图

经测算，新阳主排洪渠流域面源污染负荷为1459.60t/a（以COD计），见表9-13。其中3号排洪渠、1号排洪渠、环湾南溪、祥露溪和新阳主排洪渠的面源污染问题相对较为突出，这几条河道流域范围内的面源污染总量为1337.93t/a（以COD计），占新阳主排洪渠流域面源污染总量的91.66%，因此，解决好这部分区域内的面源污染问题是重中之重。

**河道面源污染排放量统计表**　　表9-13

| 序号 | 流域名称 | 面源污染总量（COD，t/a） |
|---|---|---|
| 1 | 埭头溪 | 85.81 |
| 2 | 祥露溪 | 203.57 |
| 3 | 环湾南溪 | 262.26 |
| 4 | 1号排洪渠 | 322.08 |
| 5 | 3号排洪渠 | 346.68 |
| 6 | 5号排洪渠 | 35.86 |
| 7 | 新阳主排洪渠 | 203.34 |
| 合计 | — | 1459.60 |

（3）内源污染

新阳主排洪渠因城中村大量污水直排、生活垃圾肆意堆积等原因，水体中大量污染物沉积于河道底泥中。污染物通过底泥的释放，在物理、化学和生物等一系列作用下，重新释放进入水体，使水质恶化。

新阳主排洪渠全段淤泥淤积严重，淤泥厚度最高处约2m，平均厚度小于1m。经测算，新阳主排洪渠内源污染产生的COD、氨氮和TP的值分别为3.53、0.93和0.59t/a，整个流域河道内源污染产生的COD、氨氮和TP的值分别为4.56、1.21和0.76t/a，新阳主排洪渠的内源污染量占流域内源污染总量的比值分别为77.4%、76.9%和77.6%。治理新阳主排洪渠的底泥淤积问题迫在眉睫，对主排洪渠清淤疏浚能够有效缓解淤泥造成的水质问题。

（4）水环境容量

采用完全混合模型对片区内地表水环境容量进行估算。新阳主排洪渠上游河道来水水质整体较差，估算时认为上游河道来水水质低于计算河段的目标水质，即现状的稀释容量为零，河流具有的自净容量即为河流的环境容量。经计算，流域雨季水环境容量为2162.07t/a（以COD计），旱季水环境容量为411.82t/a（以COD计），见表9-14。

**河道水环境容量统计表** **表9-14**

| 河道名称 | 水环境容量 | | | | | |
|---|---|---|---|---|---|---|
| | COD（t/a） | | 氨氮（t/a） | | TP（t/a） | |
| | 雨季 | 旱季 | 雨季 | 旱季 | 雨季 | 旱季 |
| 埭头溪 | 144.11 | 27.45 | 5.31 | 1.01 | 1.06 | 0.20 |
| 祥露溪 | 203.57 | 38.77 | 7.5 | 1.43 | 1.50 | 0.29 |
| 环湾南溪 | 125.27 | 23.86 | 4.61 | 0.88 | 0.92 | 0.18 |
| 1号排洪渠 | 111.94 | 21.32 | 4.12 | 0.79 | 0.82 | 0.16 |
| 3号排洪渠 | 119.01 | 22.67 | 4.38 | 0.84 | 0.87 | 0.17 |
| 5号排洪渠 | 52.43 | 9.99 | 1.93 | 0.37 | 0.39 | 0.07 |
| 新阳主排洪渠 | 1405.74 | 267.76 | 51.79 | 9.87 | 10.36 | 1.97 |
| 合计 | 2162.07 | 411.82 | 79.64 | 15.19 | 15.92 | 3.04 |

（5）小结

新阳主排洪渠流域现状污染负荷贡献以直排污染负荷比重最大，为1591.84t/a，占31.44%；面源污染负荷比重其次，为1459.60t/a，占28.83%；分流制混接再次，为1449.44t/a，占28.63%；合流制溢流为557.60t/a，占11.01%；内源污染为4.56t/a，占0.09%。流域内埭头溪、祥露溪、5号排洪渠的主要污染源是面源污染；环湾南溪、1号排洪渠、3号排洪渠的主要污染源是分流制混接；新阳主排洪渠的主要污染源是合流制污水直排。各河道现状污染负荷数据详见表9-15。

各河道现状污染负荷贡献数据表 表9-15

| 流域名称 | 现状污染负荷贡献（t/a，占总污染负荷比例） | | | | |
|---|---|---|---|---|---|
| | 1 | 2 | 3 | 4 | 5 |
| 埭头溪 | 面源（85.81，99.73%） | 内源（0.23，0.27%） | — | — | — |
| 祥露溪 | 面源（203.57，80.18%） | 分流制混接（38.00，14.97%） | 直排（11.99，4.72%） | 内源（0.32，0.13%） | — |
| 环湾南溪 | 分流制混接（388.94，51.38%） | 面源（262.26，34.65%） | 直排（105.52，13.94%） | — | — |
| 1号排洪渠 | 分流制混接（500.98，60.86%） | 面源（322.08，39.13%） | 内源（0.07，0.01%） | — | — |
| 3号排洪渠 | 分流制混接（521.52，55.27%） | 面源（346.68，36.74%） | 直排（73.80，7.82%） | 合流制溢流（1.56，0.17%） | 内源（0.10，0.01%） |
| 5号排洪渠 | 面源（35.86，99.83%） | 内源（0.06，0.17%） | — | — | — |
| 新阳主排洪渠（本段） | 直排（1400.53，80.71%） | 面源（203.34，11.72%） | 合流制溢流（127.88，7.37%） | 内源（3.53，0.20%） | — |

根据流域范围内污染物总负荷与水环境容量情况对比，分析流域内河道污染情况（表9-16）。雨季环湾南溪、1号排洪渠、3号排洪渠的污染负荷严重超标，污染负荷与水环境容量的比值达到4以上，主要污染源是点源污染，其次是面源污染。新阳主排洪渠（考虑上游）的污染负荷与水环境容量达到1.76，超标较为严重，主要污染源是点源污染。

雨季污染负荷与水环境容量对比（以COD计） 表9-16

| 水系名称 | 点源污染负荷（t/a） | 面源污染负荷（t/a） | 内源污染负荷（t/a） | 总污染负荷（t/a） | 水环境容量（t/a） | 比值 |
|---|---|---|---|---|---|---|
| 埭头溪 | 0 | 72.07 | 0.13 | 72.20 | 144.11 | 0.50 |
| 祥露溪 | 29.16 | 170.99 | 0.19 | 200.34 | 203.57 | 0.98 |
| 环湾南溪 | 288.43 | 220.29 | 0.15 | 508.87 | 125.27 | 4.06 |
| 1号排洪渠 | 292.24 | 270.54 | 0.04 | 562.82 | 111.94 | 5.03 |
| 3号排洪渠 | 348.83 | 291.21 | 0.06 | 640.10 | 119.01 | 5.38 |

续表

| 水系名称 | 点源污染负荷（t/a） | 面源污染负荷（t/a） | 内源污染负荷（t/a） | 总污染负荷（t/a） | 水环境容量（t/a） | 比值 |
|---|---|---|---|---|---|---|
| 5号排洪渠 | 0 | 30.12 | 0.04 | 30.16 | 52.43 | 0.58 |
| 新阳主排洪渠（本段） | 944.85 | 170.78 | 2.06 | 1117.69 | 1405.74 | 0.80 |
| 新阳主排洪渠（考虑上游） | — | — | — | 2473.26 | 1405.74 | 1.76 |

旱季除埭头溪、5号排洪渠外，其他河道污染物排放量均严重超标，其中环湾南溪、1号排洪渠、3号排洪渠的污染负荷超标尤其严重，污染负荷与水环境容量的比值达到10以上（表9-17）。其次是新阳主排洪渠（考虑上游）和祥露溪，污染负荷与水环境容量的比值分别为5.14、1.38。旱季埭头溪、祥露溪、5号排洪渠主要污染源是面源污染，其他河道的主要污染源均是点源污染。

旱季污染负荷与水环境容量对比（以COD计）　　表9-17

| 水系名称 | 点源污染合计（t/a） | 面源污染负荷（t/a） | 内源污染负荷（t/a） | 总污染负荷（t/a） | 水环境容量（t/a） | 比值 |
|---|---|---|---|---|---|---|
| 埭头溪 | 0 | 13.73 | 0.10 | 13.83 | 27.45 | 0.50 |
| 祥露溪 | 20.83 | 32.57 | 0.13 | 53.53 | 38.77 | 1.38 |
| 环湾南溪 | 206.02 | 41.96 | 0.10 | 248.08 | 23.86 | 10.40 |
| 1号排洪渠 | 208.74 | 51.53 | 0.03 | 260.30 | 21.32 | 12.21 |
| 3号排洪渠 | 248.05 | 55.47 | 0.04 | 303.56 | 22.67 | 13.39 |
| 5号排洪渠 | 0 | 5.74 | 0.03 | 5.77 | 9.99 | 0.58 |
| 新阳主排洪渠（本段） | 583.55 | 32.53 | 1.47 | 617.55 | 267.76 | 2.31 |
| 新阳主排洪渠（考虑上游） | — | — | — | 1376.41 | 267.76 | 5.14 |

### 9.2.2 水安全问题

**1．内涝积水情况**

海沧每年都会遭受不同强度的台风。台风过境时，短历时暴雨强度极大。马銮湾试点区内目前尚有大量城中村，城中村排水系统不完善，暴雨时极易发生内涝。现场调查与模型模拟结果显示，海沧马銮湾试点区内共有内涝点7处，全部位于城中村（图9-29），分别为：西园村、芸美村、后柯村、惠佐村、新垵村西侧、新垵村北侧、霞阳村西侧（表9-18），其中3个内涝点位于北部，4个内涝点位于南部，内涝问题影响附近居民出行（图9-30）。

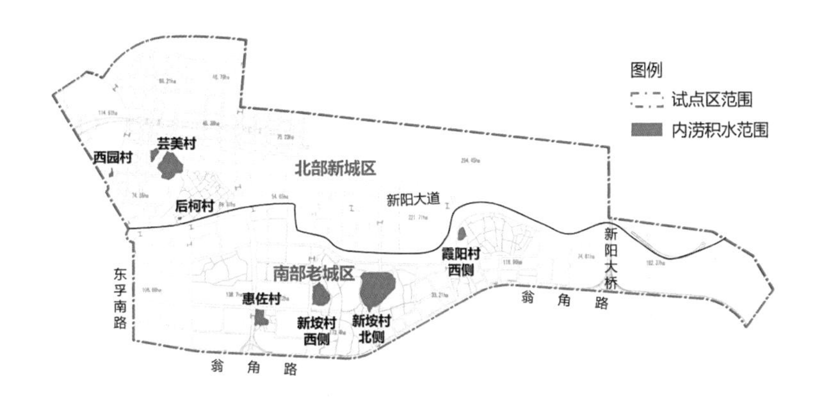


图9-29 马銮湾试点区历史内涝点分布图

内涝积水点汇总表 表9-18

| 编号 | 涝点位置 | 影响程度 |
|---|---|---|
| 1 | 西园村 | 受淹0.1hm$^2$ |
| 2 | 芸美村 | 受淹10.1hm$^2$，约37户 |
| 3 | 后柯村 | 受淹0.05hm$^2$ |
| 4 | 惠佐村 | 受淹2.5hm$^2$ |
| 5 | 新垵村西侧 | 受淹6.3hm$^2$，80户 |
| 6 | 新垵村北侧 | 受淹17.5hm$^2$，约80户 |
| 7 | 霞阳村西侧 | 受淹4.0hm$^2$，25户 |

图9-30 马銮湾试点区内涝点现场图

2. 原因分析

城中村局部内涝成因包括外部原因和内部原因两个方面。

（1）外部原因

1）上游防洪工程体系不完善，河道防洪工程建设不统一

由于城市建设侵占雨水行泄、滞蓄空间，1、3、5号排洪渠均由明渠改为暗渠，整个排水体系排水能力受到影响。同时，除厦漳高速公路、324国道、铁路等主要交通干道的跨河桥梁或涵洞外，其余桥梁设计标准偏低。

2）下游地势低洼，易受海潮顶托影响

受外海潮位顶托的影响，部分沿岸地势较低的村庄洪涝灾害较重，贞岱、芸尾、新垵、霞阳等村庄局部地势低于控制马銮湾内湾水位，导致洪（潮）水倒灌，致使地势较低处房屋受淹（图9-31）。同时，新增填海地区地势较平，面临一定的排水难度，需增加排涝水系，并协调排水与潮位顶托问题。

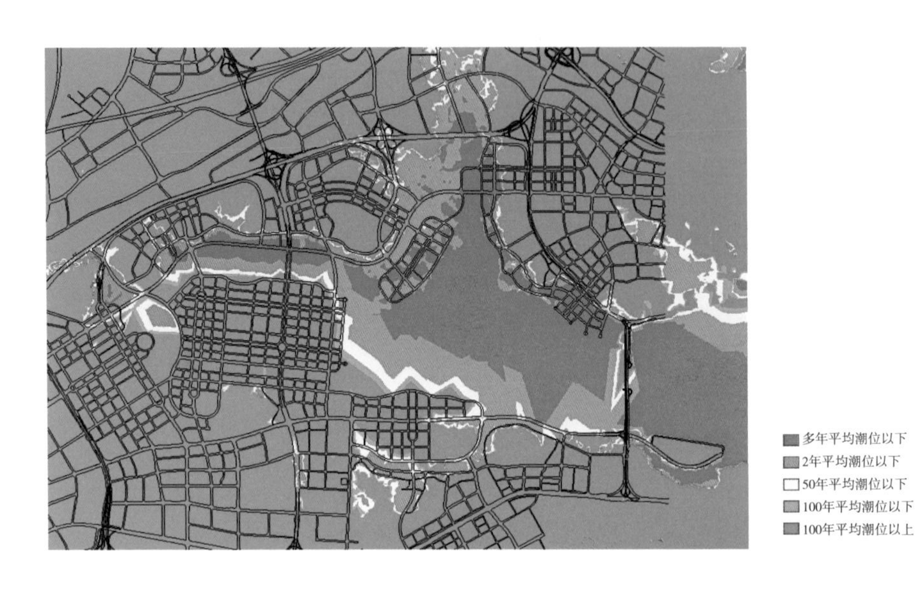


图9-31 马銮湾海绵试点区潮位淹没分析图

（2）内部原因

1）城市下垫面硬化，降雨径流量加大

通过卫星影像图对比可以发现，随着城市不断发展，原有的池塘、水系已被填埋为城市建设用地，区内建筑密度越来越大，且多数未按海绵城市理念进行建设，下垫面硬化程度逐年提高。

2）城市排水管网建设标准偏低

通过建立海沧试点区现状排水管网的城市水文模型、水动力学模型以及一、二维耦合模型，假定在自由出流条件下，分析不同暴雨重现期下雨水管渠的满流情况，评估建成区雨水管网的实际排水能力。结合管网排水能力评估结果（表9-19）可以看出，海沧试点区内现状管网排水能力1~3年一遇的管道总长4.031km，占比6.68%，排水能力小于1年一遇的雨水管网总长度41.745km，占比达69.22%。排水能力大于3年一遇的雨水管道总长14.535km，占管网总长度的24.10%。

海沧试点区现状雨水管网排水能力统计表　　表9-19

| 经评估排水能力 | 长度（km） | 比例（%） |
|---|---|---|
| 经评估排水能力小于1年一遇的管网 | 41.745 | 69.22 |
| 经评估排水能力 1~2 年一遇的管网 | 2.701 | 4.48 |
| 经评估排水能力 2~3 年一遇的管网 | 1.330 | 2.20 |

续表

| 经评估排水能力 | 长度（km） | 比例（%） |
|---|---|---|
| 经评估排水能力 3~5 年一遇的管网 | 3.984 | 6.61 |
| 经评估排水能力大于 5 年一遇的管网 | 10.551 | 17.49 |
| 总计 | 60.311 | 100.00 |

3）下游地势平坦，缺乏有效行泄通道

马銮湾地区基本地形特征是背山面水，马銮湾位于中部，周边陆地呈马蹄形状围合在南、西、北三面，东侧开口与厦门西海域相接，形成典型的海湾地形。马銮湾海绵试点区的基本地势是从南、西、北三侧向马銮湾水域倾斜，其间分布有一些突起的小山丘，地形略有起伏，地形地貌见图9–32。大部分地域的高程为10～20m，一般村庄坐落在高处，滨水地带较低洼，高程在3m以下，规划新增建设用地开发前多为虾池鱼塘。

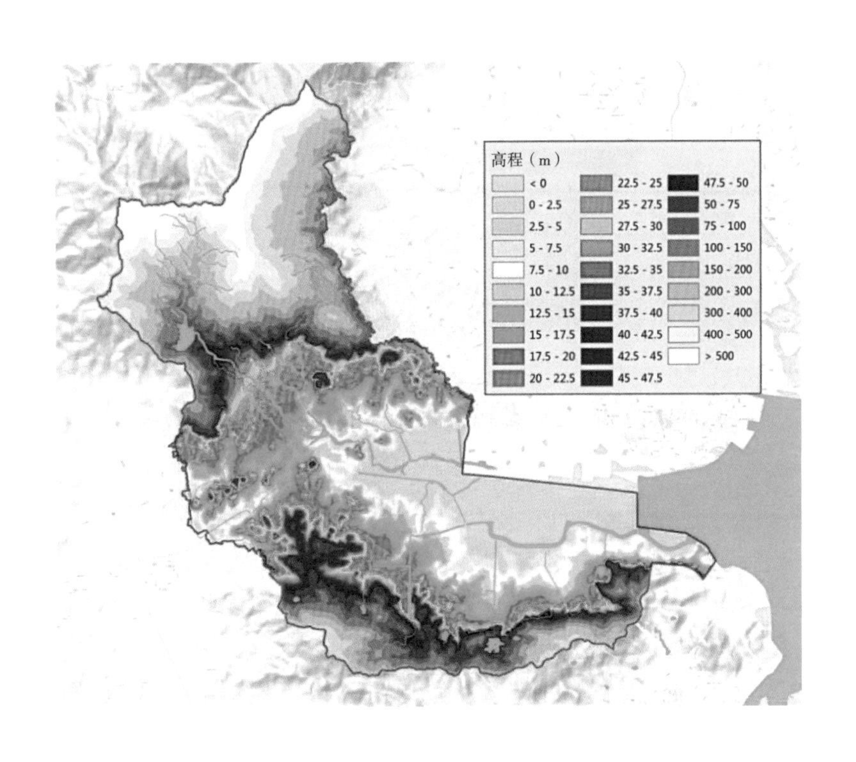


图9–32 马銮湾排水流域地形地貌示意图

通过50年一遇的降雨模型（图9–33）评估可以看出，海沧马銮湾试点区部分区域出现超过15cm的积水，主要是由于村庄竖向控制不系统，村庄内存在低洼地，积水无处排放，汛期易在低洼处形成积水，以及马銮湾试点区内的1、3、5号排洪渠均由明渠改为暗渠，因此更需构建有效的行泄通道，采取综合措施满足规划的排水防涝要求。

## 9.2.3 水生态问题

试点区北部的马銮湾海域生态系统退化严重，水质恶化。马銮湾原有海域面积约22km²，现状已成为水产养殖基地，同时兼有排洪蓄洪功能。随着水产养殖的大规模发展，马銮湾大量水域被围占为虾池鱼塘，并向湾中水域侵蚀，现状水域面积缩减至4.5km²左右，被侵占面积达17.5km²（图9-34）。同时水产养殖的过量、无序发展直接导致水体质量下降，造成海域生态系统退化，水质出现明显恶化。

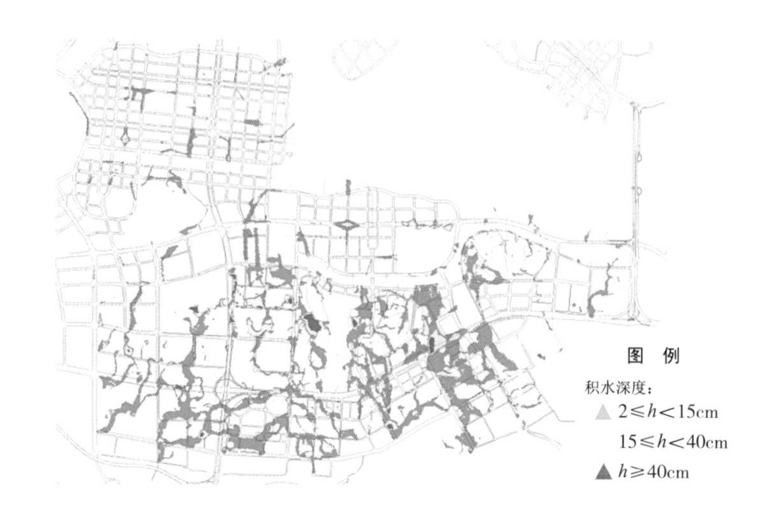


图9-33 马銮湾试点区50年一遇内涝积水评估图

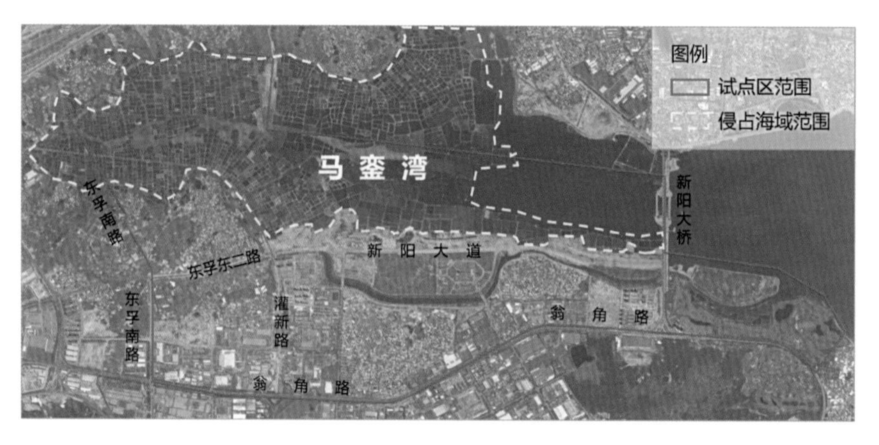


图9-34 马銮湾试点区北部大量海域被鱼塘侵占

海域遭受无序侵占，一方面改变了海湾原有的自然循环流动，形成大面积水流死区，生态系统衰退，自净机能减弱；另一方面水产养殖业给海湾引入大量污染负荷，海湾水质存在明显恶化趋势。

### 9.2.4 水资源问题

厦门市淡水资源短缺，人均水资源量约331m³，不足全国人均水资源量的20%，属极度缺水地区，且污染严重，水质较差，供水水源取自市域外的九龙江。试点区内水资源匮乏，且区域内有大量工业企业，工业用水量较大。

马銮湾试点区未进行雨水资源利用，无非常规水源利用的管理制度，未配套建设非常规水源利用设施。在雨水资源化利用和再生水利用方面，尚有待加强相关规划建设，以缓解水资源供需矛盾。

## 9.3 建设目标及技术路线

### 9.3.1 建设目标与指标

1．总体目标

以海绵城市建设理念引领厦门市马銮湾试点区发展，促进生态保护、经济社会发展和文化传承，以生态、安全、活力的海绵建设塑造马銮湾新形象，实现“水生态良好、水安全保障、水环境改善、水景观优美”的发展战略，建设海绵厦门。

通过系统的海绵城市工程体系建设，解决试点区黑臭、内涝等核心问题，实现“小雨不积水、大雨不内涝、水体不黑臭、热岛有缓解”的海绵城市整体建设目标。

2．指标确定

针对马銮湾试点区的主要现状问题，海绵城市试点建设的主要目标包括：根治新阳主排洪渠水体黑臭问题、消除城中村内涝积水点、恢复马銮湾水域及健康的水生态系统、保障水资源四方面。

为实现以上目标，将每一项目标进行细化，形成具体指标，并从水环境、水安全、水生态、水资源等方面汇总，形成分项指标表（表9-20）。

马銮湾试点区海绵城市建设主要分项指标表　　表9-20

| 指标分类 | 指标名称 | 指标要求 |
|---|---|---|
| 水生态 | 年径流总量控制率 | 年径流总量控制率不小于70%（26.8mm） |
| | 生态岸线率 | 适宜改造的“三面光”岸线基本得到改造，恢复河道水系生态功能，生态岸线率达60% |
| | 天然水域面积比例 | 水域面积率（试点区内的河湖、湿地、塘洼等面积与试点区域面积的比值）达9%，且应不低于指标的现状值 |
| 水环境 | 地表水体水质达标率 | 区域内的河水水质不低于Ⅳ类水体标准，且优于海绵城市建设前的水质；地表水体水质达标率90%以上 |
| | 初雨污染控制（以悬浮物TSS计） | 初期雨水径流污染得到有效控制，径流污染总悬浮颗粒TSS去除率达到45%以上 |
| | 直排点消除率 | 100%消除 |
| | 合流制溢流频次 | 年均溢流频次10%以内 |
| 水安全 | 防洪标准（年一遇） | 防洪标准达50年一遇 |
| | 防洪堤达标率 | 防洪堤达标率为100% |
| | 内涝防治 | 内涝防治设计重现期为50年 |
| 水资源 | 雨水资源利用率 | 雨水资源利用率达到3% |
| 显示度 | 连片示范效应 | 实现“小雨不积水，大雨不内涝，水体不黑臭，热岛有缓解”；达到连片示范效应 |

（1）水环境指标：为解决新阳主排洪渠水体黑臭问题，提升试点区水环境质量，提出地表水体水质达标率、初雨污染控制、直排点消除率、合流制溢流频次四项指标。通过直排点消除率指标保证旱天污水不入河；通过初雨污染控制、合流制溢流频次两项指标实现面源污染有效控制、雨天污水少溢流；通过地表水体水质达标率指标保证最终河道水质达到规划要求，实现水环境改善目标。

（2）水安全指标：为解决城中村内涝积水问题，并保障区域行洪安全，提出内涝防治、防洪标准与防洪堤达标率三项指标。通过防洪标准、防洪堤达标率两项指标保证片区防洪安全；通过内涝防治指标保证片区内涝积水问题得以解决，从而综合实现水安全提升目标。

（3）水生态指标：为解决马銮湾的无序侵占与生态退化问题，恢复区域健康的水生态系统，提出年径流总量控制率、生态岸线率与天然水域面积比例三项指标。通过年径流总量控制率指标保证区域恢复自然水文循环；通过生态岸线率与天然水域面积比例两项指标提升河道水生态，保留自然滞蓄空间，从而综合实现水生态保护目标。

（4）水资源指标：为实现水资源集约利用，提出雨水资源利用率指标。通过雨水资源利用，缓解区域缺水现状，节约自来水用量，实现水资源保障。

3．主要指标确定说明

（1）水生态指标——年径流总量控制率

年径流总量控制率指标是综合考虑试点区上位规划要求、试点区的自然降雨特征、下垫面情况、土壤下渗性、水系分布等自然条件以及未来开发建设情况等确定。

1）上位规划要求

《厦门市海绵城市专项规划》共划分了16个海绵城市建设管控单元。试点区位于管控单元7内，该分区面积51.2km$^2$，专项规划对该分区的年径流总量控制率要求为70%，因此马銮湾试点区的年径流总量率目标宜控制在70%左右。

2）自然降雨特征

考虑短历时降雨特征，马銮湾试点区降雨年际变化大，年内分配不均，降水多集中于3～9月，针对试点区的降雨和内涝特性，结合降雨数据以及模型模拟分析，为构建良好的排水防涝系统，需源头、过程、末端综合控制，源头需削减径流峰值流量5%~10%，延缓汇流时间5～10min。针对每个地块采用模型计算分析后，为满足此需求，年径流总量控制率需大于67%。

3）下垫面特征

马銮湾试点区土壤渗透性较差，地下水埋深较浅，渗透类设施适宜性较弱。在海绵城市措施选取上，优先考虑“蓄、滞、净”等措施，其次考虑“渗”的措施，年径流总量控制率不宜过高。

根据现状径流条件，通过模型模拟分析，未建区域的年径流总量控制率约为69.7%，基于开发建设不改变水文特征，年径流总量控制率宜在70%左右。

已建区开发密度高且强度大，部分城中村和企业密集，企业和城中村内绿化率较低，改造空间有限，改造难度较大。从可操作性角度考虑，年径流总量控制率的目标不宜大于73%。

4）初期雨水面源污染

马銮湾试点区初期雨水面源污染比较严重，年径流总量控制率的目标过低，雨水携带污染物进入内河的量将增多，加剧内河污染。通过模型计算，在明确水体环境容量以及点源、面源削减量的基础上，明确各种污染物的面源削减率，为保证此削减率，针对各个地块采用模型计算分析后，年径流总量控制率需不小于70%。

5）政策文件要求

《海绵城市建设技术指南》将我国大陆地区大致分为五个区，并给出了各区年径流总量控制率$\alpha$的最低和最高限值，即I区（85%≤$\alpha$≤90%）、II区（80%≤$\alpha$≤85%）、III区（75%≤$\alpha$≤85%）、IV区（70%≤$\alpha$≤85%）、V区（60%≤$\alpha$≤85%）。马銮湾试点区属IV区，其年径流总量控制率$\alpha$取值范围为70%≤$\alpha$≤85%。根据《国务院办公厅关于推进海绵城市建设的指导意见》（国办发［2015］75号），各地将70%的降雨就地消纳和利用，因此，马銮湾试点区年径流总量控制率不宜低于70%。

综合以上因素，通过构建相关模型，反复多次校核后，最终确定马銮湾试点区海绵城市雨水系统的年径流总量控制率应达到70%。

根据区域近30年连续日降雨资料，分析年径流总量控制率对应的设计降雨量，关系曲线图见图9-35。年径流总量率为70%对应的设计降雨量为26.8mm（表9-21）。

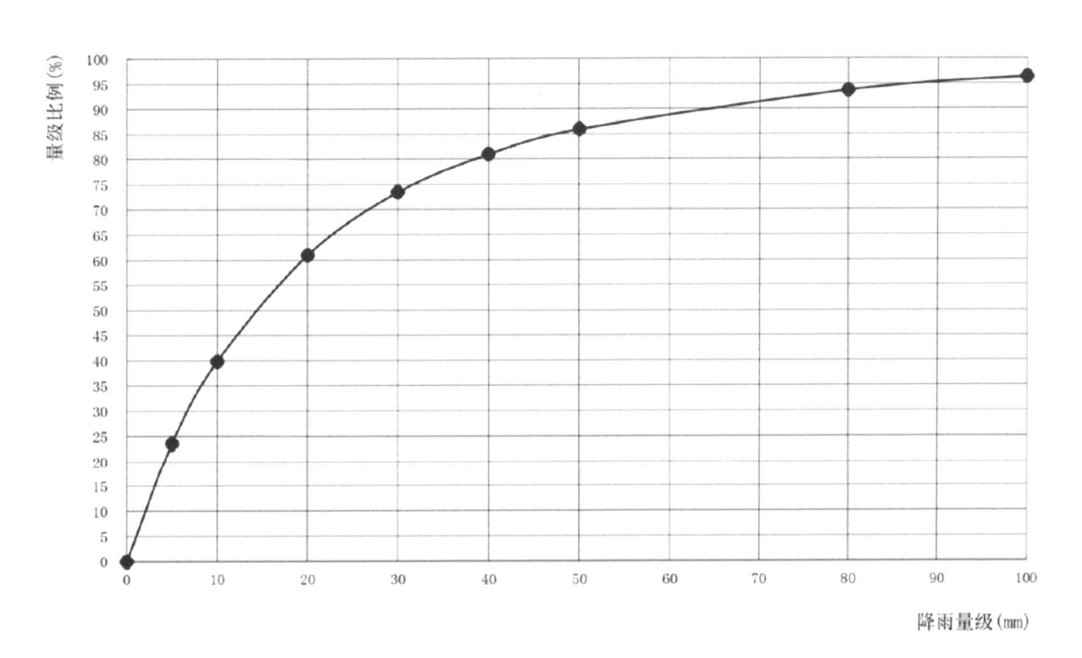


图9-35 厦门市年径流总量控制率与设计降雨量关系曲线

厦门市年径流总量控制率与设计降雨量关系　　表9-21

| 年径流总量控制率（%） | 60 | 65 | 70 | 75 | 80 |
|---|---|---|---|---|---|
| 设计降雨量（mm） | 20.0 | 23.5 | 26.8 | 32.0 | 38.5 |

（2）水安全指标——排水和内涝防治标准

依据《室外排水设计规范》（2016年版）GB 50014—2006中的相关规定，参照《厦门市海绵城市专项规划（2015～2030）》《海沧马銮湾试点区专项规划》《厦门市海绵城市建设试点城市排水（雨水）防涝综合规划（2015～2030）》等，确定马銮湾试点排水防涝标准为有效应对不低于50年一遇的暴雨，同时地面积水设计标准应确保居民和工商业建筑物的底层不进水，道路中有一条车道的积水深度不超过15cm。

（3）水环境指标——地表水体水质达标率

根据《厦门市海绵城市专项规划（2015～2030）》《海沧马銮湾试点区专项规划》等上位规划要求，马銮湾试点区应消除黑臭，河道水质应不低于Ⅳ类水体标准，且优于海绵城市建设前的水质；地表水体水质达标率90%以上。

（4）水资源利用指标——雨水资源利用率

厦门市淡水资源短缺，属极度缺水地区，《厦门市海绵城市专项规划》要求厦门市雨水资源利用率2020年达到1.5%以上。综合考虑马銮湾试点区年径流总量控制目标的要求、水资源供需、城市防洪排涝和低影响开发改造的空间，确定马銮湾试点区雨水资源利用率为3%。

### 9.3.2 技术路线

马銮湾试点区既有老区又有新区，进行海绵城市建设时，老区和新区应采取不同的策略，老区应以问题为导向，重点解决水环境、水安全、水生态等方面存在的问题；新区则应以目标为导向，建立健全的管控体系，避免在开发建设过程中出现各种涉水问题，实现绿色发展。

**1．老区技术路线**

马銮湾试点区南部为工业企业及城中村密集的老区，海绵城市建设以问题为导向，重点解决新阳主排洪渠黑臭水体与城中村内涝问题，技术路线见图9-36。首先，对试点区域进行深度调研，明确主要问题，并对问题成因进行定量分析；其次，结合问题成因制定各分区源头减排—过程控制—系统治理综合工程体系，从控源截污、内源治理、生态修复、活水提质等方面制定水环境改善方案，从源头减排、排水管渠、排涝除险等方面制定水安全提升方案；最后，建立海绵城市工程体系，落实海绵城市设施布局。

**2．新区技术路线**

马銮湾试点区北部为开发程度较低的新区，海绵城市建设以目标为导向，重点强化建设项目规划管控，技术路线见图9-37。一方面，保护天然水域、湿地等自然蓄滞空间，严格

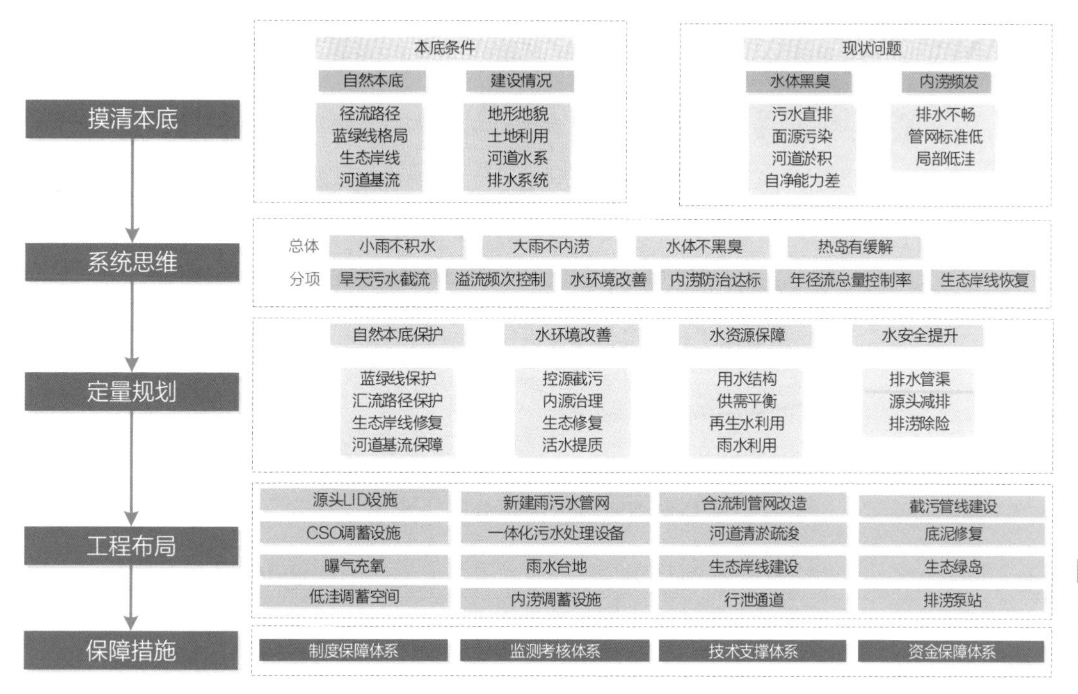


图9-36 马銮湾试点区老区海绵城市建设技术路线

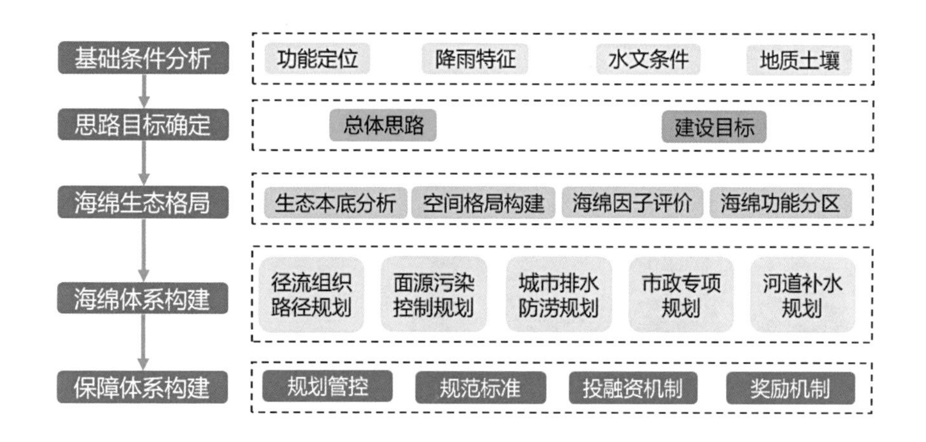


图9-37 马銮湾试点区新区海绵城市建设技术路线

落实竖向控制要求，优化径流组织，保证排水安全；另一方面，确保各项海绵指标有效落实，提出保障地块“雨污分流”的规划指引，保证水质达标，从而综合实现区域雨水径流自然蓄滞净化。

## 9.4 总体方案

### 9.4.1 分区划分

根据中心城区地形数据，分析坡度坡向以及水系分布，初步完成对流域的划分，再根据河流分布情况进行细化，确定汇水分区划分方案。划分结果为2个汇水分区，分别为新阳主排洪渠汇水分区和马銮湾汇水分区，见图9-38和表9-22。

图9-38 马銮湾试点区汇水分区图

马銮湾试点区汇水分区一览表 表9-22

| 序号 | 汇水分区名称 | 汇水面积（hm²） |
|---|---|---|
| 1 | 新阳主排洪渠汇水分区 | 1026.63 |
| 2 | 马銮湾汇水分区 | 1026.32 |
| 合计 | | 2052.95 |

在汇水分区划分基础上，结合地块属性、管网分布情况、排水边界等因素，将2个汇水分区进一步细分为18个排水分区，见图9-39和表9-23。

图9-39 试点区排水分区图

马銮湾试点区排水分区一览表 表9-23

| 序号 | 排水分区名称 | 面积（hm²） |
|---|---|---|
| 1 | 排水分区1 | 203.29 |
| 2 | 排水分区2 | 29.77 |
| 3 | 排水分区3 | 24.83 |

续表

| 序号 | 排水分区名称 | 面积（hm²） |
|---|---|---|
| 4 | 排水分区4 | 14.70 |
| 5 | 排水分区5 | 104.05 |
| 6 | 排水分区6 | 29.66 |
| 7 | 排水分区7 | 194.81 |
| 8 | 排水分区8 | 104.81 |
| 9 | 排水分区9 | 134.07 |
| 10 | 排水分区10 | 134.61 |
| 11 | 排水分区11 | 304.36 |
| 12 | 排水分区12 | 145.34 |
| 13 | 排水分区13 | 52.04 |
| 14 | 排水分区14 | 48.27 |
| 15 | 排水分区15 | 72.26 |
| 16 | 排水分区16 | 69.48 |
| 17 | 排水分区17 | 321.46 |
| 18 | 排水分区18 | 65.14 |
| 合计 | | 2052.95 |

### 9.4.2 水环境改善方案

新阳主排洪渠位于工业企业和城中村密集的老城区，受固有基础设施和用地条件限制，其水环境治理不能“就水论水”，而应立足流域从源头着手，理顺排水体系，完善管网系统，实现污水系统提质增效，从源头减少污染负荷入河量。在此基础上，按照控源截污—内源治理—生态修复—活水提质的总体技术路线（图9-40），遵循灰色基础设施与绿色基础设施相结合的原则，制定系统的新阳主排洪渠治理工程体系，多种措施协同推进，实现新阳主排洪渠水环境治理目标。

基于现状点源、面源、内源污染及河道环境容量平衡关系分析，制定分类减排目标：旱流污水全部截流、合流制溢流污染削减90%、分流制面源污染削减50%、内源污染有效控制，同时通过河道生态建设将环境容量提高一倍，进而将污染负荷有效控制在环境容量范围以内，实现流域水系统的良性循环。

马銮湾位于新建区域，主要对现状被养殖污染的马銮湾水域进行生态修复恢复其自身水环境，同时对中心岛等新吹填建设用地进行指标管控与建设管控实现持久性的水环境保护，因此马銮湾汇水分区方案主要包括生态修复和新区管控两方面。

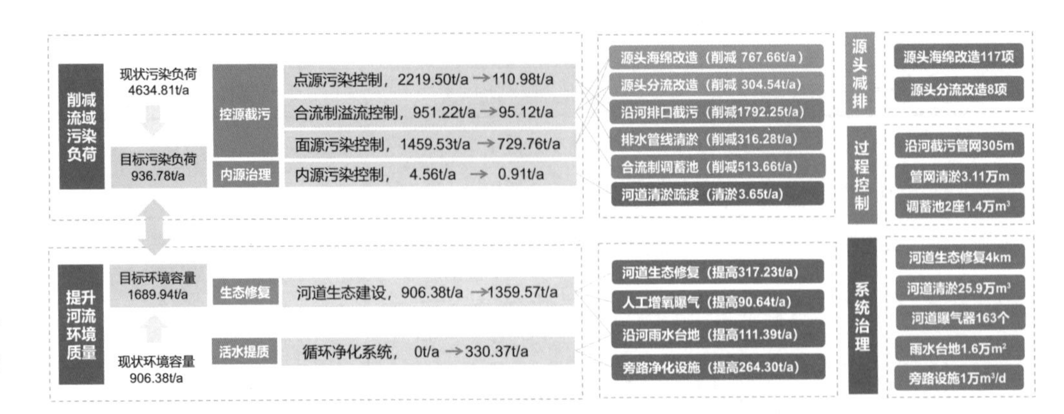


图9-40 新阳主排洪渠治理总体思路

### 9.4.2.1 控源截污

以新阳主排洪渠流域为治理对象，在流域内开展污水系统布局优化、泵站及污水管网建设、管网检测与修复、管网清淤疏浚、源头混错接改造等工作，提升污水处理系统效能。

根据流域点源、面源、内源污染的基本特征，采取分类治理策略。点源污染治理以灰色基础设施为主，重点对流域排水系统进行优化；面源污染治理以绿色基础设施为主，重点通过源头改造项目，削减径流面源污染；内源治理方面则需对污染河段进行清淤疏浚，从根本上解决河道内源污染问题。

1. 污水系统布局优化

考虑到远期随着马銮湾新城开发，片区内人口会大幅增加，现状污水处理厂无法满足远期污水处理要求，规划在流域内新建1座再生水厂（马銮湾再生水厂），一期规模5万$m^3$/d，二期规模13.7万$m^3$/d，用于收集海沧北片区的生活污水，尾水经净化后排入河道补水。同时对现状海沧污水处理厂进行扩建，新增处理规模10万$m^3$/d。对流域内3座泵站进行扩建，改造后新增污水处理规模10.8万$m^3$/d，其中新阳泵站新增规模4.3万$m^3$/d；夏新泵站新增规模2万$m^3$/d；新美泵站新增规模4.5万$m^3$/d。污水设施规模调整统计见表9-24。

污水设施规模调整统计表 表9-24

| 污水设施 | 现状规模（万m³/d） | 规划规模（万m³/d） | 新增处理规模（万m³/d） |
| --- | --- | --- | --- |
| 海沧污水处理厂 | 10 | 20 | 10 |
| 马銮湾再生水厂 | — | 5（一期）<br>13.7（二期） | 5（一期）<br>13.7（二期） |
| 新阳泵站 | 4.3 | 8.6 | 4.3 |
| 夏新泵站 | 1 | 3 | 2 |
| 新美泵站 | 1.5 | 6 | 4.5 |

2. 泵站及污水管网建设

流域内部分片区污水无出路，直排河道，为完善该片区污水系统，减少污水直排进入自然水体，同时提高污水收集率与处理率，规划新建1座污水泵站（马銮泵站）并铺设进出水管道（图9-41）。泵站位于海沧区东孚东二路与灌新路交叉口西南地块，占地面积2463m$^2$。进水重力管沿东孚东二路北侧铺设至东孚南路，管径*DN*1400，管道长度约1.4km；出水压力管紧邻排洪渠，横穿新景路，沿新阳北路、新光路敷设，最后接入新阳泵站，出水管管径*DN*1000，管道长度约3.4km。

马銮污水泵站主要服务于海沧区新阳西片区、东孚片区、一农片区等。项目建成后可完善片区污水系统，减少污水直排进入自然水体，同时提高污水收集率与处理率，进一步提高片区环境质量。

图9-41 马銮污水泵站及进出水管线区位图

3．管网检测与修复

采用闭路电视监测（CCTV）、管道潜望镜（QV）等视频检测手段，对流域范围内70多公里管网、4000多个检查井进行精细化、全覆盖摸排。主要检查管道构造的完好程度及管道内部状况，查明排水管道内部的结构性缺陷（如管道破裂、塌陷、变形、错位或脱节等）和功能性缺陷（如淤积、结垢、异物、垃圾、树根等）（图9-42、图9-43）。根据管网检测结果，对存在缺陷的管网进行修复（图9-44），主要工艺有：不锈钢双胀环修复工艺、局部现场固化工艺、现场固化内衬修复工艺（CIPP）、土体注浆辅助修复工艺等。

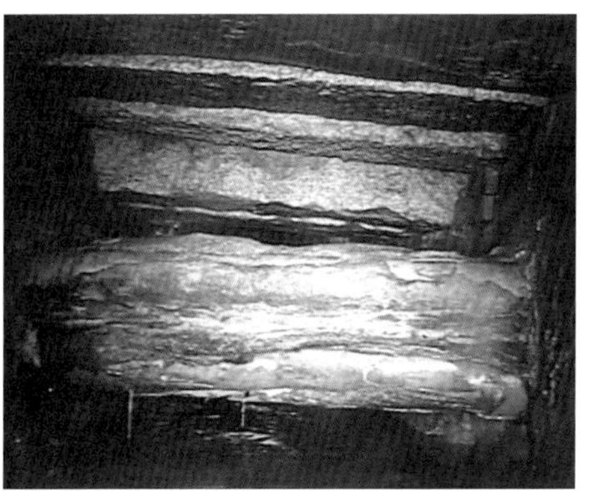

图9-42 管道破裂（左）

图9-43 管道异物穿入（右）

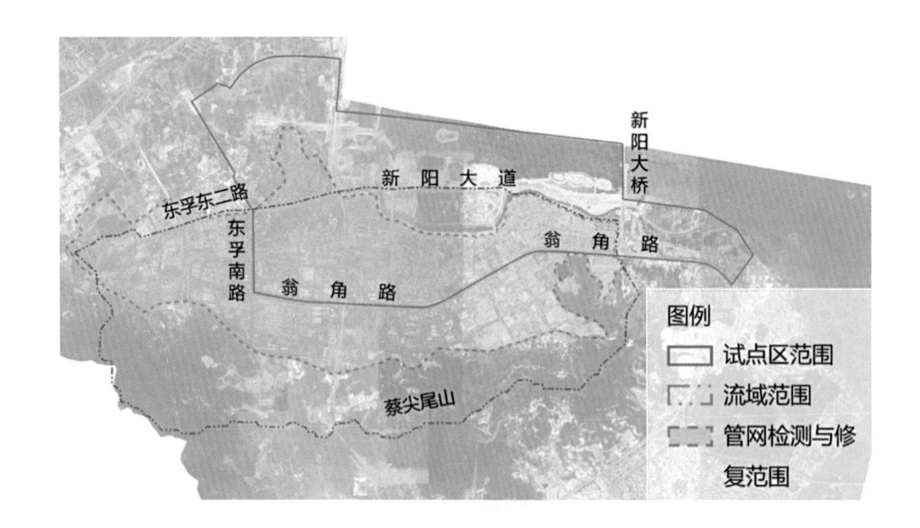

图9-44 管网监测与修复范围

4．管网清淤疏浚

新阳主排洪渠流域范围内部分暗涵和村庄污水管线因缺乏常态化管养，管道淤堵严重，输送能力大打折扣，急需对管网进行清淤疏浚。通过开展管网摸排检查，制定疏浚方案，采取吸泥、高压清洗、人工清淤、清运等措施对管道内部彻底清理。

规划对新阳北路暗涵、新景路暗涵及6个村庄污水管线进行清淤，总长31100m，见图9–45。

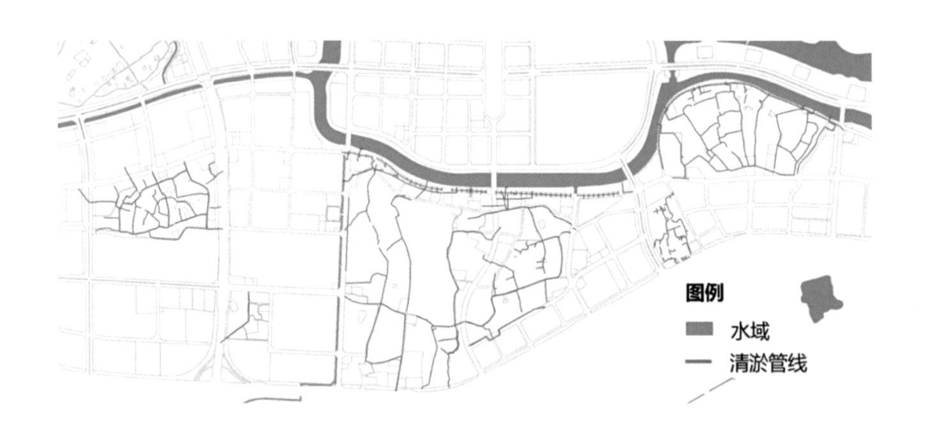

图9-45 污水管线清淤疏浚图

5．源头混错接改造

新阳主排洪渠流域存在不同程度的雨污混接问题，污水混入雨水管道，导致污水流入水体，造成水体污染；雨水混入污水管道，影响污水设施正常运行。因此，应对流域内雨污水管线进行普查，对雨污水管网错接、污水管网破损造成的污染问题进行逐一排查，改造雨污水管线混接点，实现雨污彻底分流。

对新阳主排洪渠周边所有雨水井进行排查，发现64个雨水井晴天有明显出水（出水量不大），来水涉及新阳工业区51家工业企业。对上述51家工业企业厂区内外的雨水、污水管网进行全面检查，发现其中44家企业存在雨污混接的问题，其中厂区内生活污水混接的企业有38家，厂区外管网错接的企业有3家，在建施工工地废水流入雨水管的企业有3家。上述44家企业均为生活污水混流进入雨水管网，未发现生产污水排入雨水管网的情况。

针对分流制雨污混接，主要用行政手段解决，由环保部门牵头督促流域内相关工业企业进行整改，改造雨污水管线混接点，实现雨污彻底分流。

6. 排口末端截污

开展新阳主排洪渠沿线污水截流工程及上游排口截污工程，共改造问题排口16个，截流污水量约2.6万t/d。新阳主排洪渠流域截污系统涉及霞阳、许厝、新垵、祥露四个村庄，由于河道周边均有市政污水管网，各排口主要采取就近截污的方式进行分散式截污，就近截入市政污水管线，见表9-25。

新阳主排洪渠流域排口截污方案 表9-25

| 村庄 | 排口编号 | 改造方案 |
| --- | --- | --- |
| 霞阳村 | K21、K23、K25、K26、K28、K36、K38 | 新增截污井及*DN* 300截污管，将污水截入霞光北路*DN*800截污干管 |
| | K24、K39 | 将错接的污水管改接至霞光北路截污干管 |
| | K27、K29、K37 | 截污井清淤，加高截留堰 |
| 许厝村 | K17、K18 | 新增截流井及*DN* 300截污管，将污水截入霞阳南路*DN*500污水主干管 |
| 新垵村 | Z3 | 新建1座沉砂坑、1座截流坑及*DN*500截污管，将污水截入*DN*500新阳北路污水干管 |
| 祥露村 | Z0 | 新增1座截流井及*DN*400截污管，将污水截入马銮泵站 |

7. 溢流污染控制

新阳主排洪渠主要溢流点为新垵村和霞阳村，其中霞阳村合流制排水口12个，新垵村合流制排水口3个。经模型模拟，霞阳村截污改造后，年溢流频次可控制在10%以内，满足溢流污染控制要求；新垵村截污改造后，年溢流频次为56%，不满足要求。因此，霞阳村不需要增加其他工程，新垵村需增加末端调蓄设施，对溢流污染排放进行控制。

通过模型手段对新垵村各排口溢流量、调蓄池的体积利用及溢流情况进行综合分析，测算初步设定的调蓄池规模和预设的排空机制下年溢流总量情况。对不满足条件的容积进行多次调整模拟，同时综合考虑实施条件和经济效益，从而确定最优规模。经分析，若要满足溢流频次控制要求，需新增调蓄容积14000m$^3$。新垵村北侧有两处地块可用于新建调蓄池（图9-46），其中西侧地块面积为1900m$^2$，可用于修建1号调蓄池，有效容积为6000m$^3$；东侧地块面积为2200m$^2$，可用于修建2号调蓄池，有效容积为8000m$^3$。经模型模拟，调蓄池建成后，新垵村合流制排水口的年溢流频次小于10%，年均COD排放量为75.56t，满足要求。

8. 防倒灌工程

新阳主排洪渠为感潮河段，每天两次涨退潮，涨潮时水位上升，部分合流制排水口的标高低于涨潮水位，需设置防倒灌设施，防止海水倒灌进入污水管道。

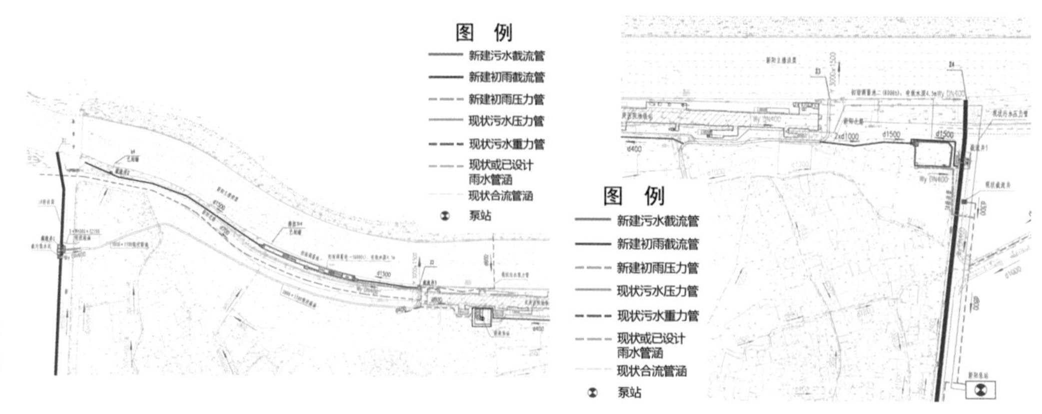


图9-46 新垵村调蓄池平面布置图

经统计，共4个排口需设置防倒灌装置，这些排口位于新阳主排洪渠霞阳村段。溢流口的防倒灌装置有很多种，如：下开式堰门、液动旋转堰门、活动闸门和电动闸门等。综合考虑现场条件、费用、用途等，选择玻璃钢防倒灌拍门进行安装。

9．面源污染控制

根据定量化分析计算，为实现新阳主排洪渠治理目标，需削减面源污染（以SS计）729.76t/a，其中，需通过源头削减656.78t/a（削减率为45%），通过末端削减72.98t/a（削减率为5%）。

为达到削减目标，源头改造方面，采用资料研读、现场踏勘、业主座谈、问卷调查等方式，综合考虑场地改造条件、地块现状问题、业主改造意愿等因素，评估地块海绵改造的可行性，筛选改造项目，确定源头海绵改造项目工程清单（图9–47、图9–48）。末端削减方面，需新增雨水台地、一体化设备等末端净化设施，对径流污染进行控制，通过定量分析计算确定雨水台地及一体化设备规模。

根据面源污染削减目标，基于项目场地改造条件，将目标任务分解至可改造项目地块内，生成源头海绵改造项目清单，确定各改造项目指标要求。马銮湾海绵城市建设试点区共布置源头海绵化改造项目105个（图9–49），其中建筑小区7个、公建9个、工业企业47个、道路37个、公园绿地4个、PPP项目1个。模型模拟分析结果显示，源头改造项目完成后，可达到源头面源污染（以SS计）削减率45%的目标要求。考虑到末端雨水台地、一体化净化设备的净化能力，整体面源削减率可达50%。

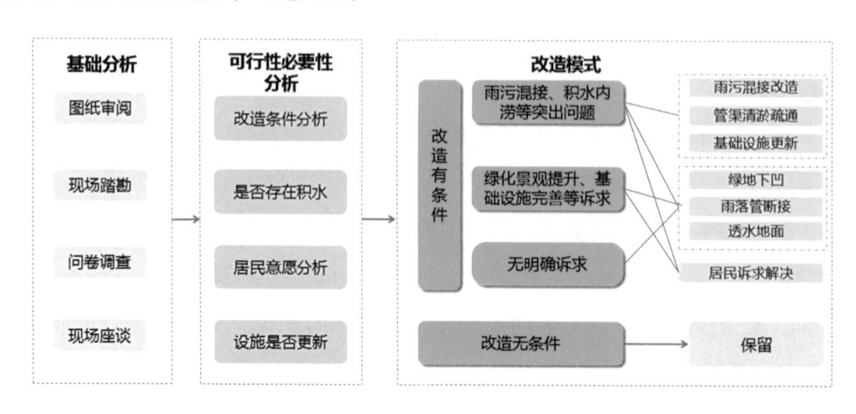


图9-47 源头改造项目筛选分析思路

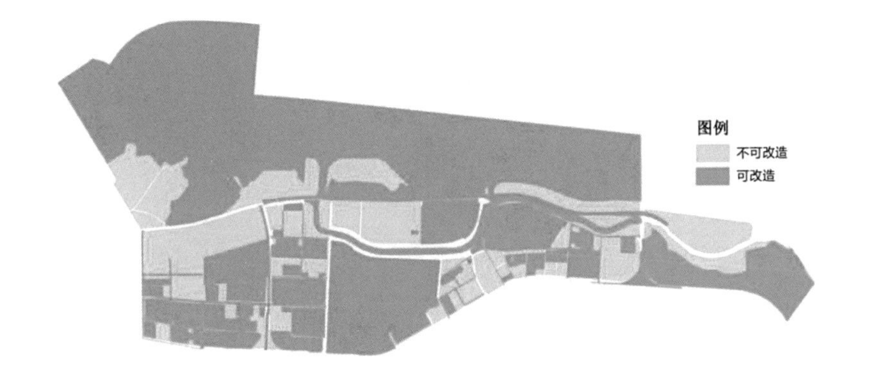


图9-48 试点区地块海绵改造可行性分析

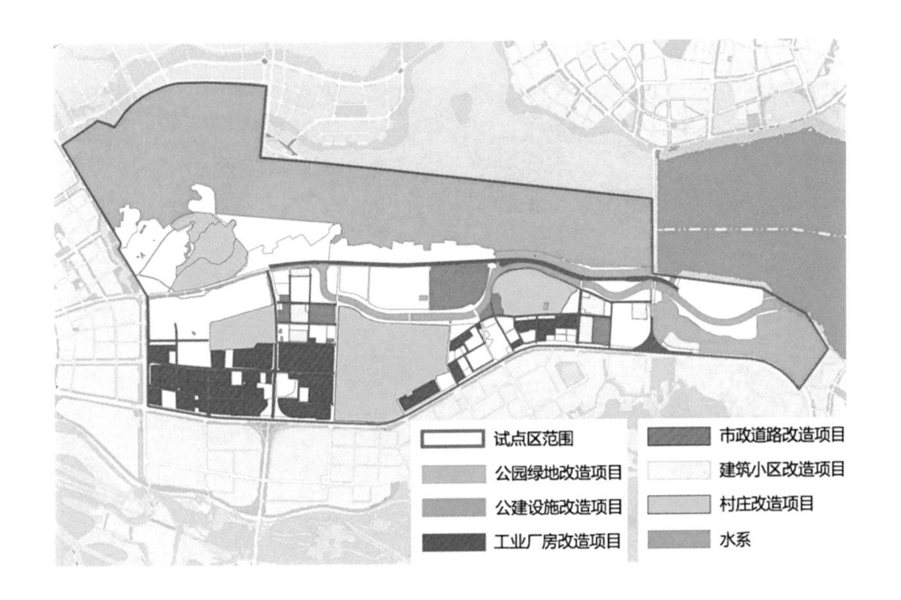


图9-49 试点区源头海绵项目分布图

#### 9.4.2.2　内源治理

**1．新阳主排洪渠清淤疏浚**

根据新阳主排洪渠污染底泥采样分析结果，对新阳主排洪渠环湾南溪口至翁厝涵洞入海口段全长4.9km河道进行清淤，清淤深度0.68 ~ 1.55m，清淤总量25.9万$m^3$，采用绞吸船、水上挖掘机、水力冲挖等方式进行清淤，清出的淤泥用于马銮湾4、5号生态岛吹填，图9-50为清淤工艺平面图。

**2．马銮湾清淤疏浚**

由于常年养殖破坏及其他因素，马銮湾水域底泥堆积、污染严重，因此要对马銮湾水域进行清淤疏浚。经调查计算，马銮湾清淤面积为716.03万$m^2$，清淤量为1999.16万$m^3$。清淤区由三个区域组成（图9-51）：第一个区域位于海湾中部（海域清淤），为海域清淤区核心部位，现有底高程在-11 ~ -0.5m之间，湾内从西向东逐渐变深，靠近马銮海堤开口处最深；第二个区域位于中心岛西侧的虾池鱼塘内（虾池清淤），虾池鱼塘底高程为-3.2 ~ 0.2m，塘埂的顶高程为-0.2 ~ 1.5m；第三个区域位于中心岛北侧、西侧和南侧（虾池平整）。

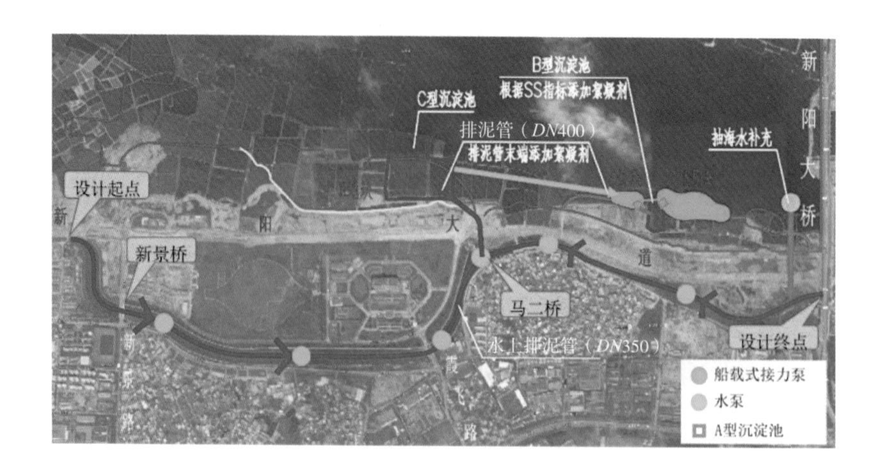


图9-50 清淤工艺平面图

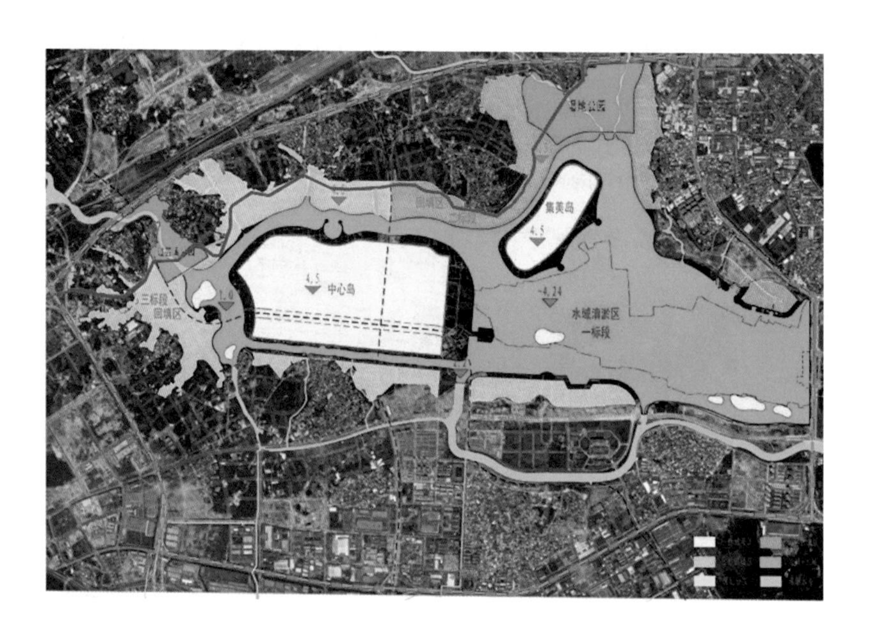


图9-51 马銮湾清淤总平面布置图

3. 城中村垃圾收集

试点区城中村众多，由于城中村缺少垃圾收集设施和完善的卫生清理制度，降雨时大量地表污染物随雨水冲刷进入河道，造成严重的面源污染。为减少污染，必须完善村庄垃圾收集设施和卫生清理制度。规划在城中村新增垃圾收集点103处，独立垃圾转运点5处，“二合一”设施3座，“三合一”环卫设施1处，“四合一”环卫设施2处。收集的垃圾送至附近的转运站，最终运往垃圾填埋场。

9.4.2.3 生态修复

1. 新阳主排洪渠生态修复

结合末端面源污染控制需求，沿河道两岸构建雨水台地，对雨水及河水进行处理，经定量化分析计算，为达到面源削减目标，需建设雨水台地16000m$^2$（图9–52）。雨季，将新垵村6000m$^3$调蓄池的调蓄水量送至一体化设备进行处理后，排至雨水台地进一步净化，削减入河污染负荷。旱季，将主排洪渠河水送至一体化设备处理后，排入雨水台地进一步处理，利用台地净化河道水质。

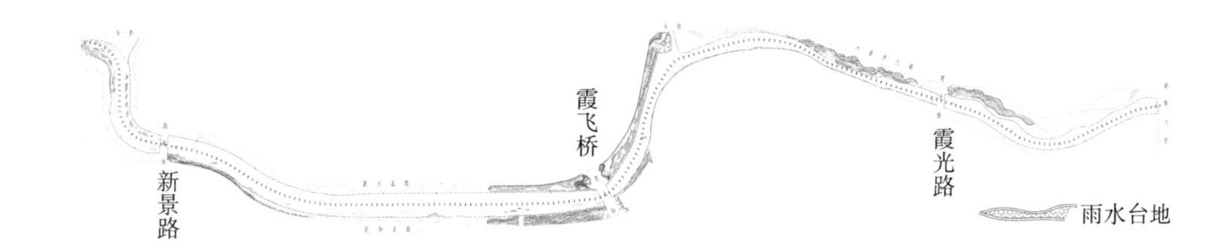


图9-52 雨水台地分布图

为确保水质净化效果，在新阳主排洪渠上游新建15处生态绿岛（图9-53），强化河道自净机能，提升水环境容量。同时，结合新阳主排洪渠沿线场地条件，在河道右岸新景路、霞飞路附近河段与河道左岸乐活岛下游河段进行生态驳岸建设。

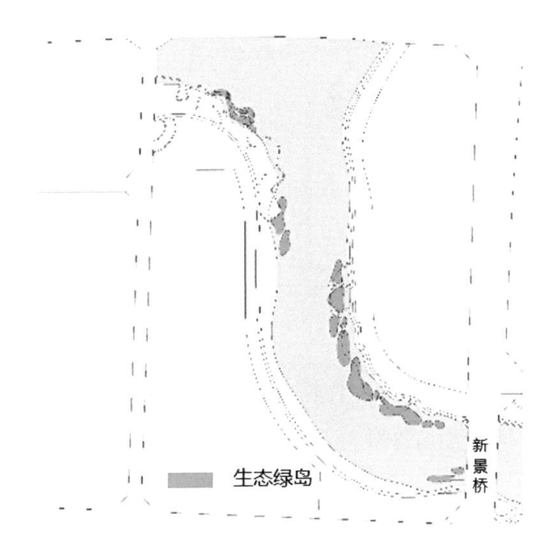


图9-53 生态绿岛分布图

为保持水体流动性、增加溶解氧含量，对河道进行曝气增氧。综合考虑有机物耗氧、硝化耗氧、底泥耗氧和大气复氧等因素，按照组合推流反应器模型计算需氧量，选择推流曝气机156台进行河道曝气。同时考虑景观效果，选择浮水喷泉式曝气机7台，沿现状桥两侧布设，见图9-54。

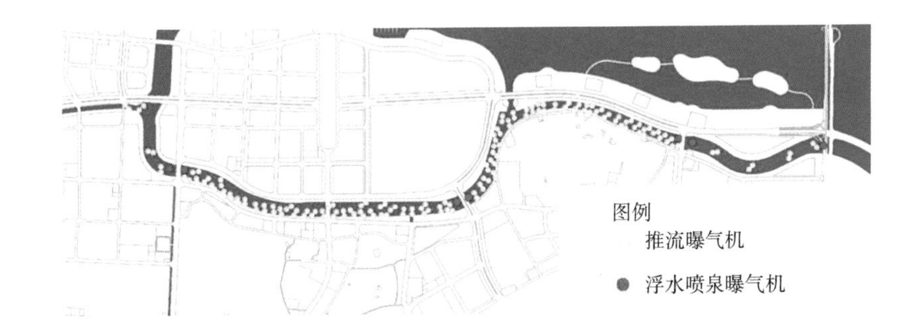


图9-54 曝气机分布图

2．马銮湾生态修复

（1）生态岸线

为保护马銮湾新区自然生态系统，通过构建生态岸线的形式建设河流（图9-55），其中：过芸溪、祥露溪入内湾以上段建设石块护坡；过芸溪内湾段以植物护坡为主，近中心岛部分岸线设置木栈步道，近过芸溪段设置部分台阶护坡；过芸溪湖岸线以植物护坡为主；人工岛渠全部设置植物护坡；人工岛中渠以植物护坡为主，部分台阶护坡。

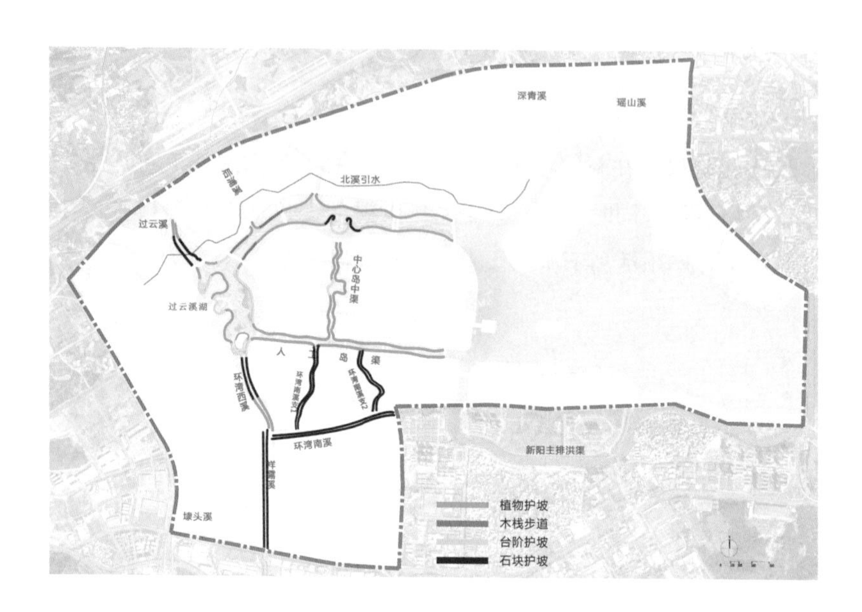


图9-55 马銮湾内湾生态驳岸分布图

（2）湿地

在保证马銮内湾行洪廊道的基础上，恢复湾内夹岸自然湿地生境，将有效净化湾区水质，恢复湾区多样化的生境。预留净化湿地55hm$^2$，其中普通净化湿地22hm$^2$，高位净化湿地33hm$^2$，见图9-56。

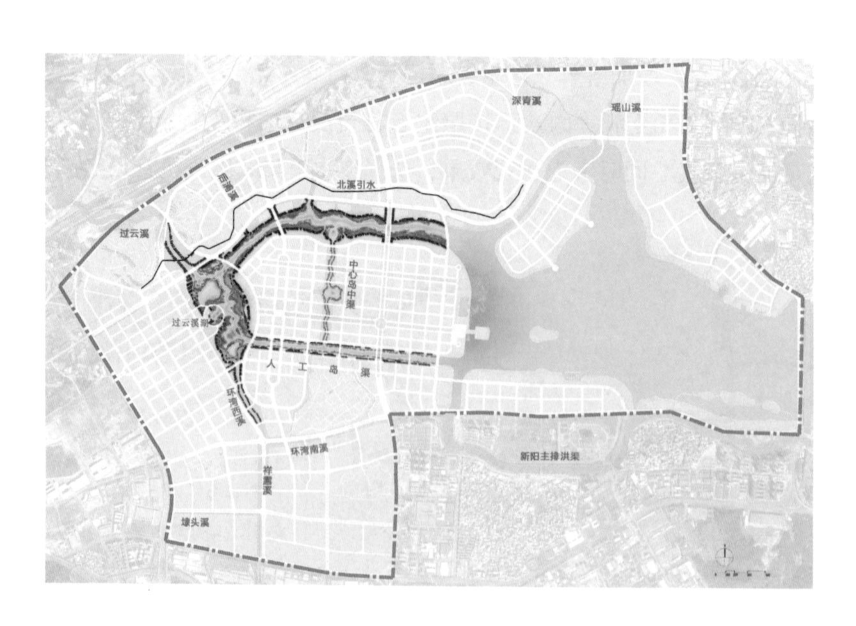


图9-56 马銮湾内湾湿地分布图

（3）微地形及动植物生境

以模拟自然化的河道为原则，营造浅滩、深潭交替的多样化水底空间环境。通过水下地形的改造，极大地丰富生境多样性，增强生境异质性，为各类底栖生物提供适宜的栖息场所，同时有利于水鸟等野生动物的栖息觅食。结合景观要求、外湾水位及竖向要求，控制水位近期为1.5m，远期为2.5m，河道断面示意见图9-57。

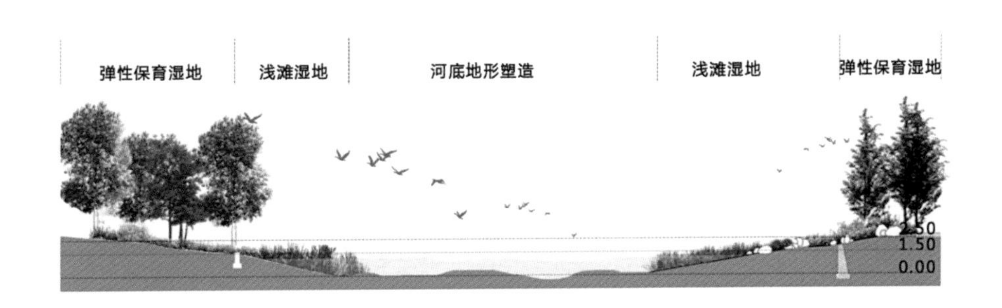


图9-57 河道断面示意图

9.4.2.4　活水提质

新阳主排洪渠远期以马銮湾再生水厂的出水作为生态补水水源，考虑到马銮湾再生水厂2020年底才能建成并投入使用，近期以调蓄池内调蓄水量为水源，构建河道自然循环补水系统。

在新垵村6000m³调蓄池西侧，建设规模为10000m³/d的一体化旁路净化设备。旱季，自新阳主排洪渠新景桥下方取水点取水，经一体化设备处理后送至雨水台地，经雨水台地净化处理后就近排入新阳主排洪渠进行补水，形成河道自然循环补水系统（图9-58）。

雨季，从新垵村6000m³调蓄池取水，经一体化设备处理后送至雨水台地，经雨水台地净化处理后就近排入新阳主排洪渠进行补水（图9-59）。

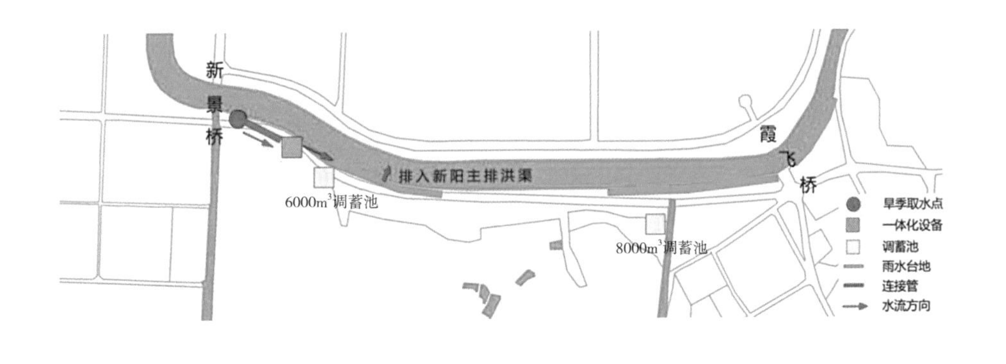


图9-58 新阳主排洪渠旱季补水示意图

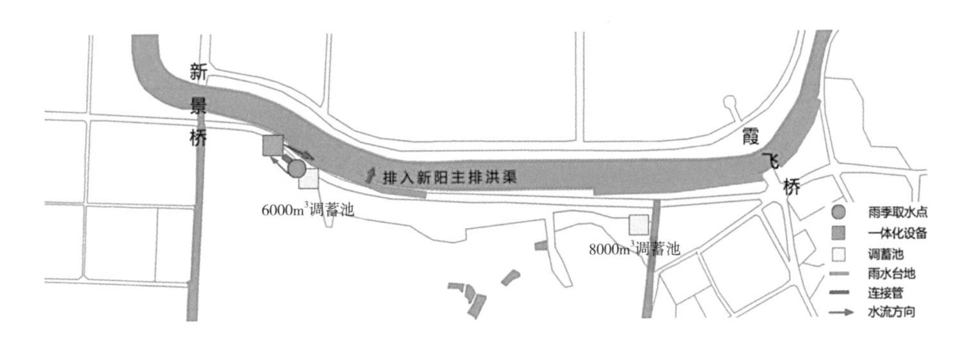


图9-59 新阳主排洪渠雨季补水示意图

#### 9.4.2.5 水环境改善效果评估

**1．面源污染削减效果**

根据模型评估结果，海沧马銮湾试点区整体面源污染削减率可达到46.4%，其中，新阳主排洪渠汇水分区面源污染削减率为45.9%，马銮湾汇水分区面源污染削减率为46.8%，2个汇水分区及18个排水分区面源污染削减率均满足目标要求，见表9–26和图9–60。

**马銮湾试点区面源污染削减率指标达标情况表　　表9–26**

| 汇水分区 | 排水分区 | 面积（$hm^2$） | 评估面源污染削减率（%） | 目标面源污染削减率（%） |
|---|---|---|---|---|
| 新阳主排洪渠汇水分区 | 1 | 203.3 | 52.4 | 52 |
| | 2 | 29.8 | 43.2 | 43 |
| | 3 | 24.8 | 45.5 | 44 |
| | 4 | 14.7 | 44.9 | 43 |
| | 5 | 104.0 | 43.3 | 43 |
| | 6 | 29.7 | 45.0 | 44 |
| | 7 | 194.8 | 41.6 | 41 |
| | 8 | 104.8 | 45.2 | 45 |
| | 9 | 134.1 | 45.1 | 44 |
| | 10 | 134.6 | 46.3 | 46 |
| | 13 | 52.0 | 47.5 | 46 |
| | 合计 | 1026.6 | 45.9 | 45 |
| 马銮湾汇水分区 | 12 | 145.3 | 47.3 | 47 |
| | 14 | 48.3 | 47.0 | 46 |
| | 15 | 72.2 | 44.3 | 43 |
| | 16 | 69.5 | 48.1 | 47 |
| | 水域 | 691.0 | — | — |
| | 合计 | 1026.3 | 46.8 | 46 |

**2．溢流污染削减效果**

依据2000～2010年降雨数据，采用MIKE URBAN模型对马銮湾试点区新垵村、霞阳村合流制管网系统进行模拟分析。模拟结果显示，新垵村3个CSO排口和霞阳村9个CSO排口改造后溢流频次均小于10%，新垵村年均COD排放量为188.9t，霞阳村年均COD排放量为100.0t，满足目标要求。各排口年均COD排放量模拟结果见图9–61、图9–62。

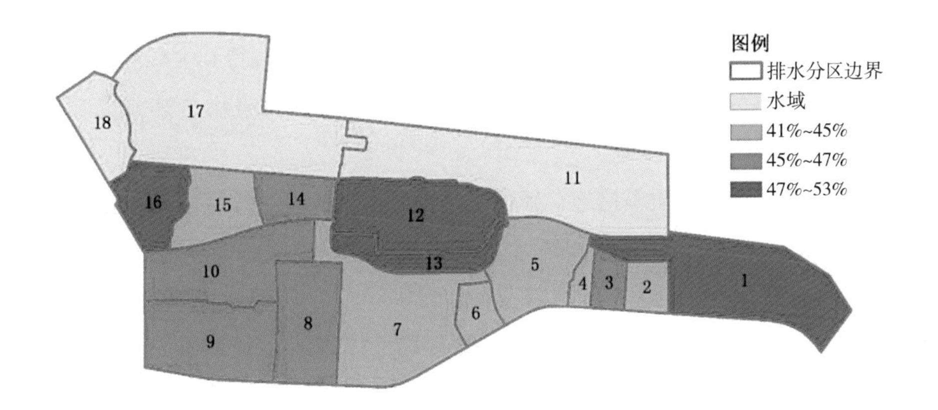


图9-60 马銮湾试点区面源污染削减率实施效果评估图

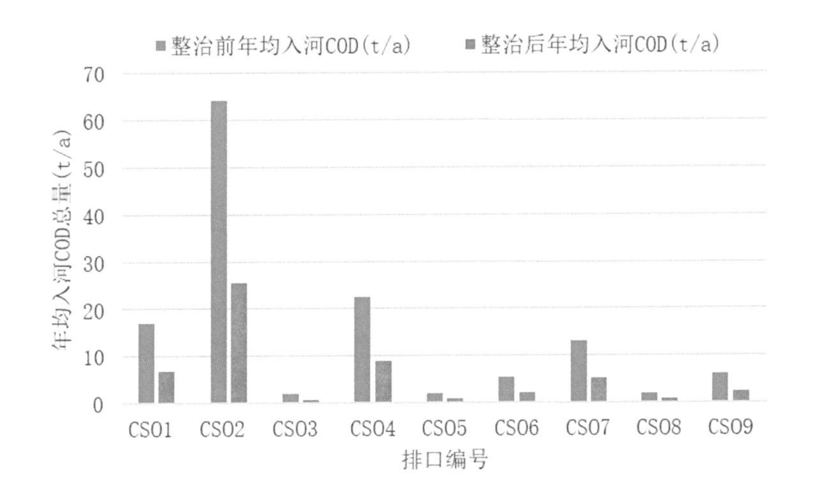


图9-61 霞阳村段合流制排口整治前后年均入河COD总量模拟图

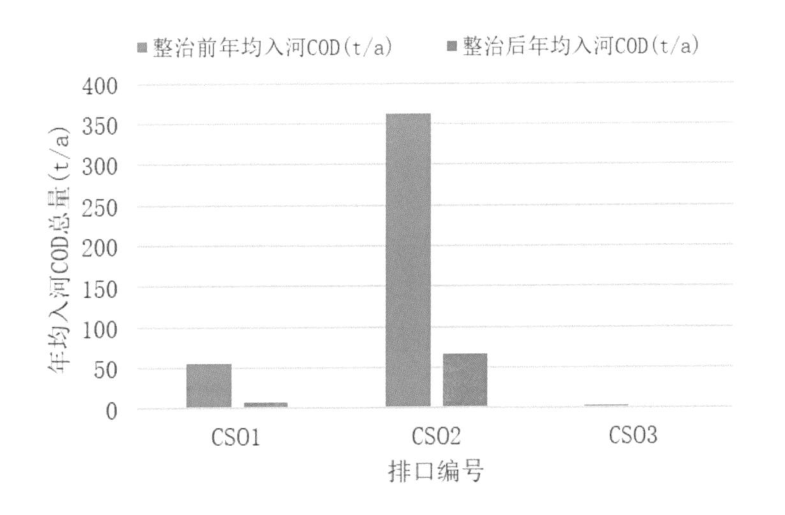


图9-62 新垵村段合流制排口整治前后年均入河COD总量模拟图

3．水环境改善效果评估

利用典型年降雨数据进行河道水力水质模型计算，通过模拟结果可以看出，通过一系列控源截污、内源治理、生态修复、活水提质等措施，新阳主排洪渠流域河道水质呈明显好转趋势，近期能顺利消除黑臭，远期能达到地表Ⅳ类水质。

通过控源截污、内源治理等措施，新阳主排洪渠流域污染源得到大幅削减，见表9-27。治理前污染物排放总量为309.20t/a（以$NH_3$-N计），治理后污染物总排放量47.53t/a（以$NH_3$-N计），污染物总削减率85%。

通过生态修复、活水提质等措施，新阳主排洪渠水环境容量得到有效提升。治理前水环境容量为79.64t/a（以$NH_3$-N计），治理后水环境容量提升到99.76t/a（以$NH_3$-N计）。

新阳主排洪渠流域水环境容量及污染物排放计算表　　表9-27

| 类别 | | COD（t/a） | $NH_3$-N（t/a） | TP（t/a） |
|---|---|---|---|---|
| 水环境容量 | | 2661.79 | 99.76 | 21.72 |
| 排放量 | 点源 | 3598.88 | 261.56 | 53.32 |
| | 面源 | 1459.60 | 45.43 | 11.66 |
| | 内源 | 4.56 | 2.21 | 1.52 |
| | 合计 | 5063.04 | 309.20 | 66.50 |
| 应削减量 | 点源 | 3412.67 | 243.56 | 50.12 |
| | 面源 | 583.84 | 15.90 | 3.85 |
| | 内源 | 4.56 | 2.21 | 1.52 |
| | 合计 | 4001.07 | 261.67 | 55.49 |
| 削减率 | 点源 | 95% | 93% | 94% |
| | 面源 | 40% | 35% | 33% |
| | 内源 | 100% | 100% | 100% |
| | 合计 | 79% | 85% | 83% |

#### 4．系统化方案实施后水质监测数据

新阳主排洪渠按系统化方案实施完相关工程后，于2017年12月顺利完成国家、省、市消除黑臭水体的目标任务，且至2019年12月各项监测指标均合格，污染物浓度逐渐下降，水质明显改善并保持稳定，部分断面已达到地表水Ⅳ类水质标准，水体生态系统建立并逐渐成熟，生物多样性增强，有鱼、虾、蛇、乌龟、白鹭等动物栖息，水生态、水景观得到有效提升。

2017年4月～2018年12月新阳主排洪渠透明度、溶解氧、氧化还原电位、氨氮四项水质指标变化情况见图9-63～图9-66，从图中可以看出，自2017年12月起四项指标均达到消除黑臭的标准，河道水质持续改善，整治前后对比见图9-67、图9-68。

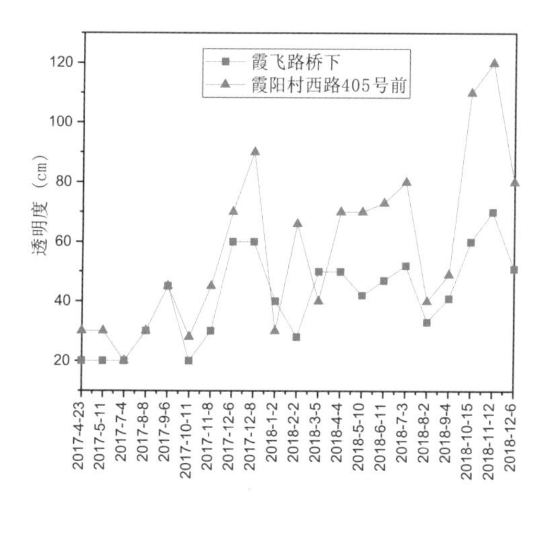


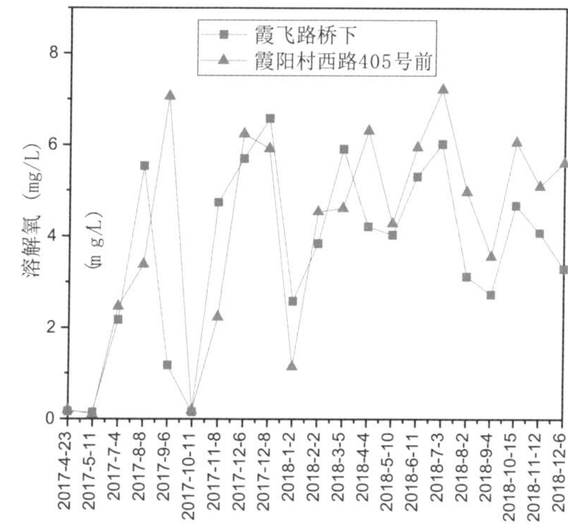


图9-63 整治前后透明度变化情况（左）

图9-64 整治前后溶解氧浓度变化情况（右）

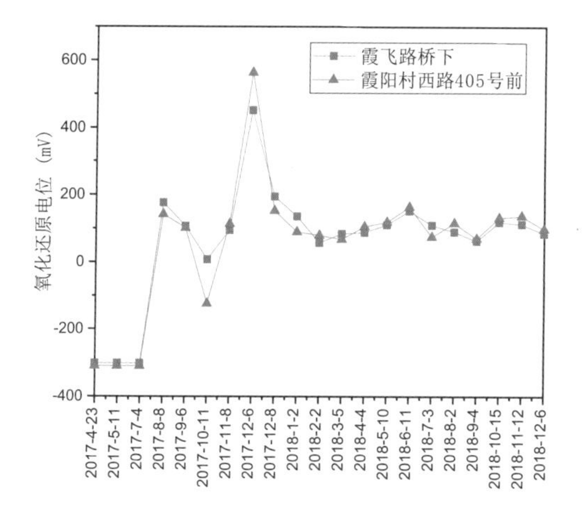


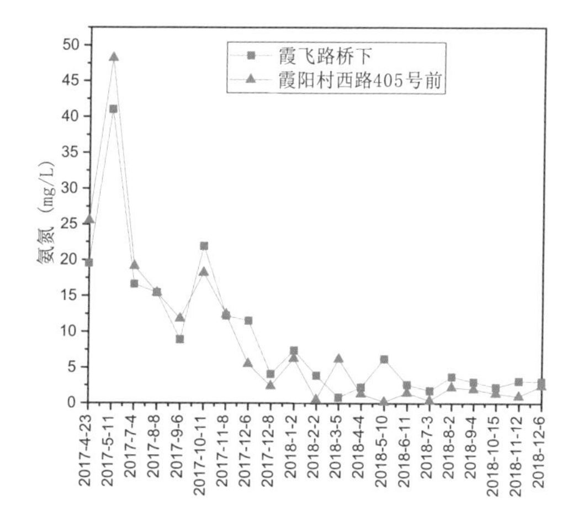


图9-65 整治前后氧化还原电位变化情况（左）

图9-66 整治前后氨氮浓度变化情况（右）

图9-67 河道整治前

图9-68 河道整治后

### 9.4.3 水安全提升方案

基于马銮湾试点区内的现状易涝点问题成因分析，重点对片区内部的雨水管网、源头径流控制进行提升，并针对局部的内涝点进行问题分析，制定整体水安全提升方案。

9.4.3.1 排涝体系构建

1．源头减排

考虑内涝积水治理需求，在内涝点所在汇水分区设置下凹绿地、雨水花园、调蓄池等，以从源头削减雨水径流量。根据对分区内项目地块绿化条件、竖向高程、居民需求等调研，初步确定试点区源头改造项目。马銮湾海绵城市建设试点区共布置源头海绵化改造项目105个（图9-69），其中建筑小区7个、公建9个、工业企业47个、道路37个、公园绿地4个、PPP项目1个。

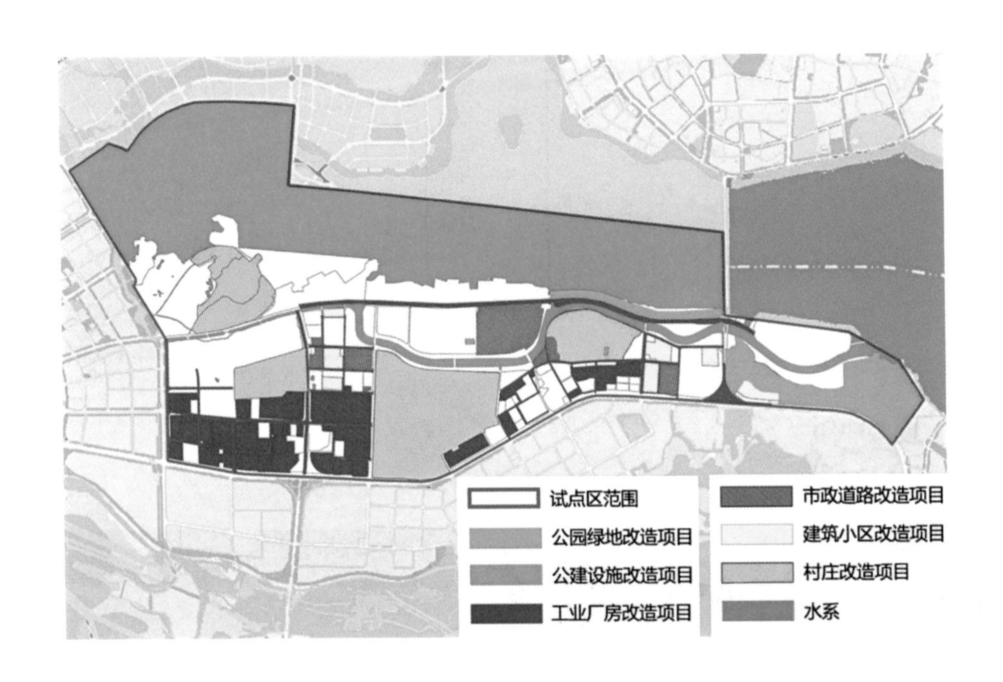


图9-69 源头减排项目分布图

2．过程控制

通过雨水行泄通道及雨水管网等过程控制措施，提高片区排水防涝能力。试点区主要雨水行泄通道共3条，包括新阳1号排洪渠、新阳3号排洪渠、新阳5号排洪渠。另外，满足竖向条件且位于涝水汇集路径的部分道路也作为临时超标雨水通道，在与受纳水体衔接处预留雨水出口，并进行临时交通管制。扩容改造惠佐路、新景西三路、霞阳路等道路雨水管道670m，见表9-28和图9-70。

新阳主排洪渠汇水范围新建及改造雨水管线统计表　　表9-28

| 位置 | 管径（mm） | 长度（m） | 备注 |
|---|---|---|---|
| 惠佐路 | 600 | 100 | 管道扩容，随改造道路建设 |
| | 800 | 150 | |
| 新景西三路 | 400 | 40 | 管道扩容，随改造道路建设 |
| | 600 | 30 | |
| 霞阳路 | 1000 | 350 | 新建管道，随新建道路建设 |
| 合计 | | 670 | — |

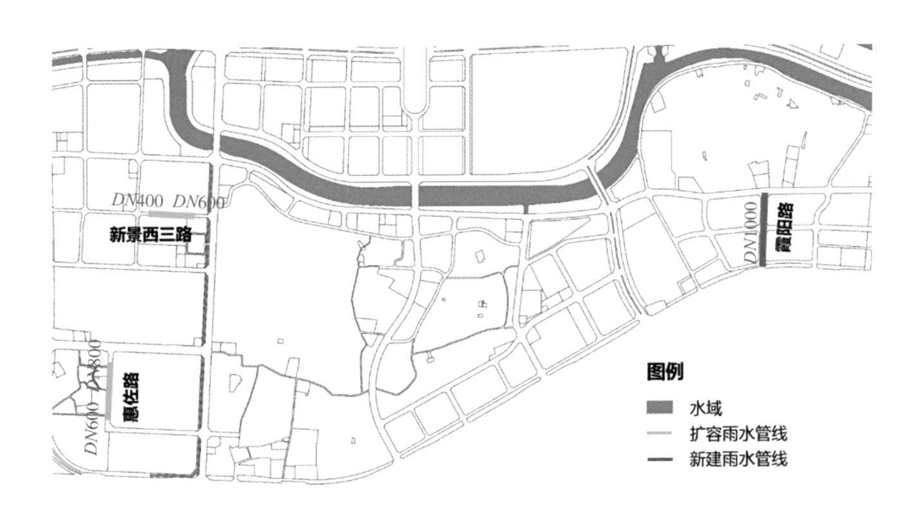


图9-70 雨水管线完善图

9.4.3.2 局部问题整治

排涝体系构建完成后，通过模型模拟，发现试点区内涝情况得到了较大缓解，但仍需对部分内涝点进行局部改造，以彻底解决内涝问题。

1．典型内涝点改造方案

以霞阳村作为典型内涝积水点，通过模型及现场踏勘剖析原因，并提出工程措施。

（1）现状情况

霞阳村位于新阳主排洪渠南侧，霞阳南部北侧，村庄汇水面积约55.7hm$^2$。霞阳村内排水管网（图9-71）目前以雨污混接的形式为主，排水管管径300～1000mm，共有主要排放口9个，最终排入新阳主排洪渠。

结合历史易涝点调研，并经过水力模型模拟（重现期3年及重现期50年），该片区存在1处易涝点，即在3年一遇暴雨强度下出现局部积水或在50年一遇暴雨强度下积水深度超过15cm，易涝点位于霞阳村西侧，见图9-72、图9-73。

（2）原因分析

该易涝点形成的主要原因是霞阳南路至霞飞路段雨水管道规模偏小，排水能力不足，造成霞阳南路雨水不能及时收集进入雨水管，超标雨水通过地面漫流至霞阳小学北侧低洼地。

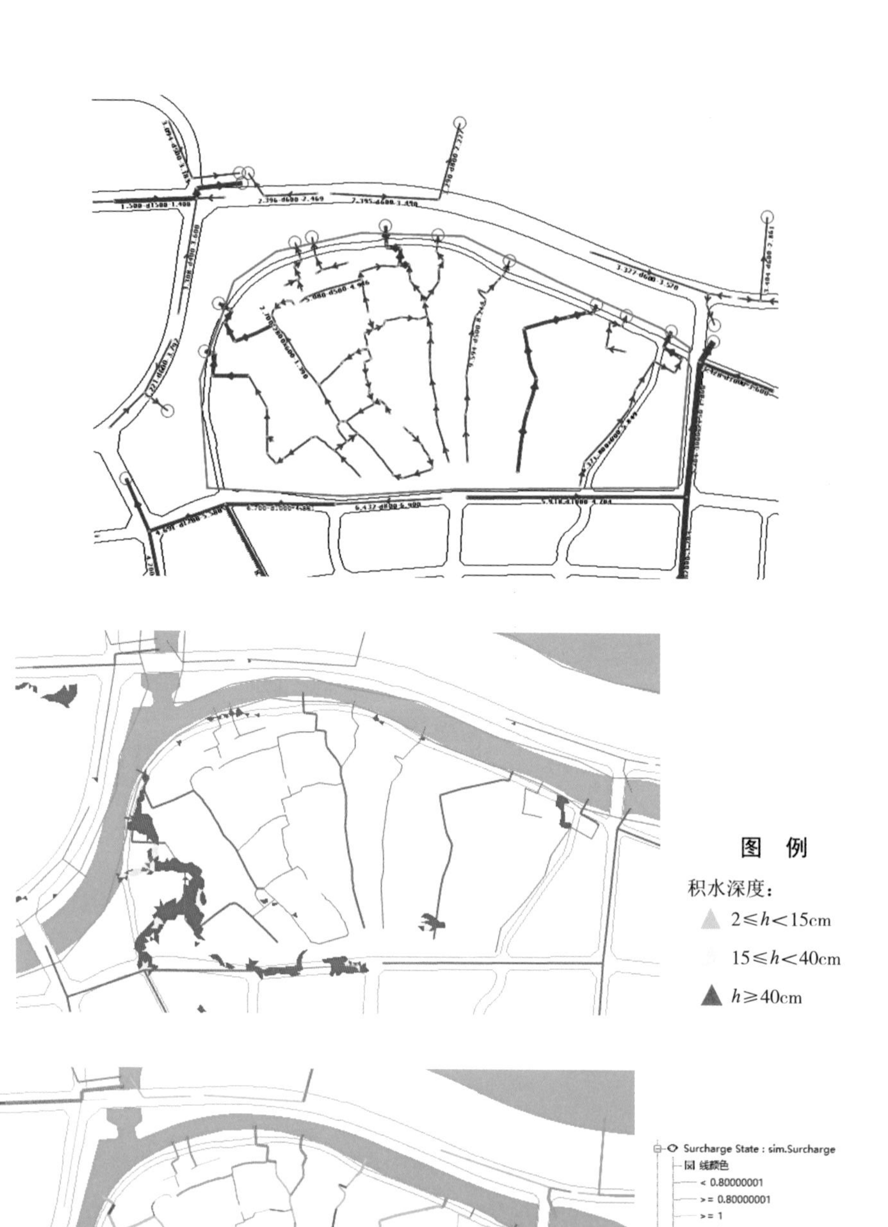


图9-71 霞阳村现状排水管网图

图9-72 霞阳村现状3年一遇积水情况

图9-73 霞阳村现状3年一遇管道节点负荷情况

（3）规划方案

结合霞阳南路海绵改造，在道路上新增雨水篦21个，增设一个宽0.6m×深1.0m×长8.5m的排水沟和一个宽0.3m×高0.15m的混凝土减速带拦水。新增污水管道*DN*500约125m，改造雨水管*DN*500约340m。针对霞阳村内现状淤积管道进行清理，清淤管道长度6394m。

（4）实施效果

规划方案实施后，从模型模拟情况可以看出，在3年一遇的暴雨强度下，积水现象基本消除，改造前后地面积水情况见图9-74、图9-75。

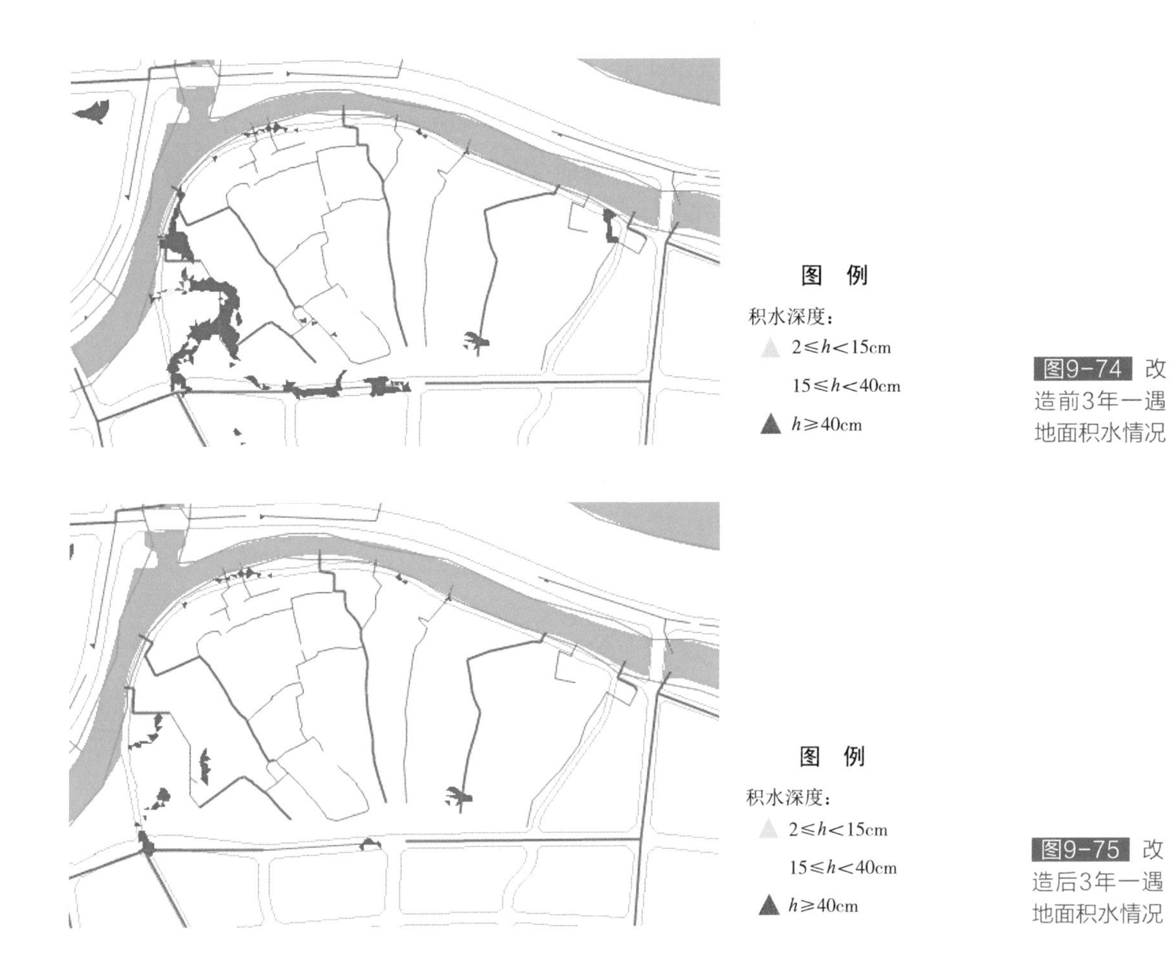


图9-74 改造前3年一遇地面积水情况

图9-75 改造后3年一遇地面积水情况

2. 内涝点改造工程汇总

基于模型评估结果，结合现状易涝点及风险点分布，对建成区雨水管网进行改造。改造工程汇总见表9-29。

改造工程汇总表 表9-29

| 工程位置 | 工程内容 |
| --- | --- |
| 新垵村苏埭 | 改造*DN*1500钢筋混凝土管长约500m。针对新垵村内现状淤积管道进行清理，清淤管道长度14686m |
| 新垵村邱埭 | 改造*DN*1200钢筋混凝土管长约800m |
| 惠佐村 | 惠佐村西北角5.3m处新建一座排涝泵站，总设计流量$Q$= 5990m$^3$/h |
| 祥露村 | 西园路断头箱涵下游修建临时排水管，排水管沿现状村庄道路排往环湾南溪，钢筋混凝土雨水管*DN*1000约588m |
| 霞阳村 | 结合霞阳南路海绵改造，在道路上新增雨水篦21个，增设一个宽0.6m×深1.0m×长8.5m的排水沟和一个宽0.3m×高0.15m的混凝土减速带拦水。新增污水管道*DN*500约125m，改造雨水管*DN*500约340m。针对霞阳村内现状淤积管道进行清理，清淤管道长度6394m |
| 霞阳社区 | 新增*DN*500雨水管长度117.4m；*DN*400污水管长度12.6m |

#### 9.4.3.3 水安全提升效果评估

马銮湾试点区5～50年一遇设计降雨情景下内涝风险评估结果见图9-76。根据评估结果，试点区在5年一遇设计降雨情景下，地面没有明显积水，10～50年一遇设计降雨下，部分地块出现轻微积水，但积水时间较短，影响程度小，符合标准要求。马銮湾试点区基本达到了50年一遇内涝防治标准，实现了“小雨不积水、大雨不内涝”的要求。

图9-76 马銮湾试点区内涝风险评估图

### 9.4.4 水资源保障方案

根据住房和城乡建设部批复的考核指标要求，试点区雨水资源利用率应不低于3%，根据雨水集蓄利用需求综合确定雨水调蓄容积。通过在地块内设置蓄水池、雨水桶等进行雨水调节和储存，降雨结束后将储存的雨水回用于浇灌、冲厕、冲洗路面等，实现雨水资源利用。

经计算，马銮湾试点区年降雨总量为2771.55万$m^3$，若要满足雨水资源利用率要求，则年雨水利用量为83.15万$m^3$，所需总调蓄容积为23990$m^3$。

综合考虑地块的雨水利用需求、绿地面积、场地布局、业主意愿等因素，选择42个地块进行雨水资源利用，其中工业厂区31个，公建设施8个，建筑小区3个，见图9-77。

对地块进行设计时，应结合年径流总量控制率要求，合理设置蓄水池和雨水桶，实现雨水资源利用。雨水桶及蓄水池中收集的雨水按照就近原则，优先用于厂区或建筑小区内的园林绿地灌溉、道路浇洒、景观用水等。

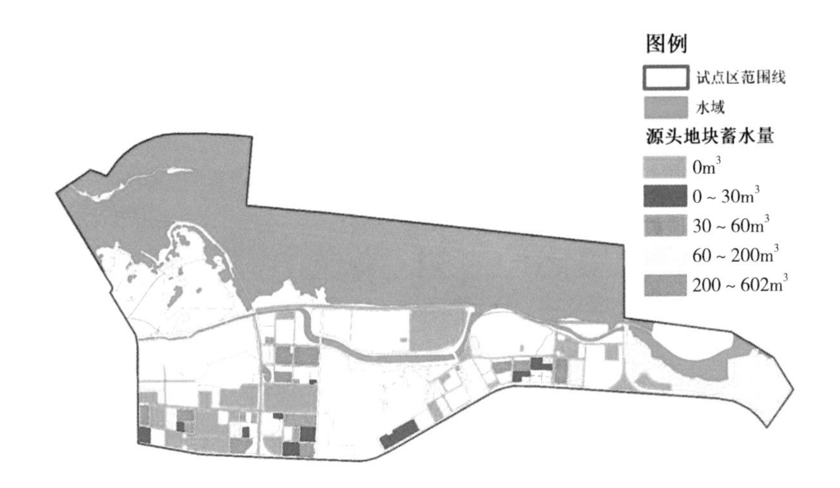


图9-77 雨水资源利用地块分布图

### 9.4.5 水生态保护方案

#### 9.4.5.1 径流总量控制

试点区南部为建成区，北部为非建成区，建成区结合各地块的年径流总量控制指标要求和地块改造性分析情况，确定源头减排项目，非建成区按海绵城市建设要求进行管控。

**1．源头减排项目**

通过工程经济技术评估，明确源头改造项目共105个，其中新阳主排洪渠汇水分区101个，马銮湾汇水分区4个。根据各地块现状条件，如绿地率、坡度、地下水位、土壤透水性能等综合确定各项目的年径流总量控制率、面源污染控制率（以SS计）指标及海绵建设内容。

工厂海绵改造以建设雨水花园、下凹式绿地、植草沟、湿塘、旱溪、蓄水池、生态停车场、透水铺装、绿色屋顶等海绵设施为主，重点进行雨水滞留、调蓄、净化、收集、利用；学校、医院、小区、公园绿地、村庄等地块海绵改造以建设雨水花园、下凹式绿地、植草沟、透水铺装等海绵设施为主，重点进行雨水滞留、调蓄、净化；道路海绵改造以建设下凹式绿地、植草沟、透水铺装等海绵设施为主，重点进行雨水滞留、调蓄、净化。

**2．非建成区年径流总量控制率指标要求**

综合考虑马銮湾汇水分区的降雨特征、土壤类型、下垫面种类、地面坡度等因素，确定该区域的年径流总量控制率和面源污染控制率指标，并对指标进行分解，明确各管控分区和各地块的年径流总量控制率和面源污染控制率指标。马銮湾汇水分区总体年径流总量控制率目标为74%，面源污染控制率目标为45%，共划分10个管控分区，各管控分区的指标值见表9-30，指标分布见图9-78、图9-79。

各管控分区年径流总量控制率与面源污染控制率指标表　　表9-30

| 管控分区编号 | 分区面积（hm²） | 年径流总量控制率（%） | 面源污染控制率（%） |
|---|---|---|---|
| 1 | 27.46 | 78 | 47 |
| 2 | 123.76 | 73 | 45 |
| 3 | 83.48 | 76 | 46 |
| 4 | 62.83 | 73 | 45 |
| 5 | 39.17 | 82 | 49 |
| 6 | 66.57 | 74 | 46 |
| 7 | 70.02 | 67 | 41 |
| 8 | 46.16 | 74 | 45 |
| 9 | 65.81 | 73 | 45 |
| 10 | 75.17 | 75 | 45 |

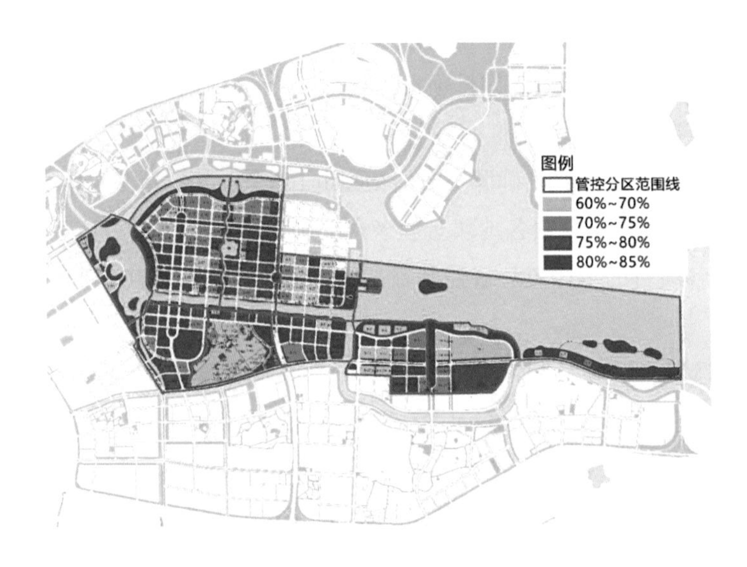


图9-78 地块年径流总量控制率指标分布图

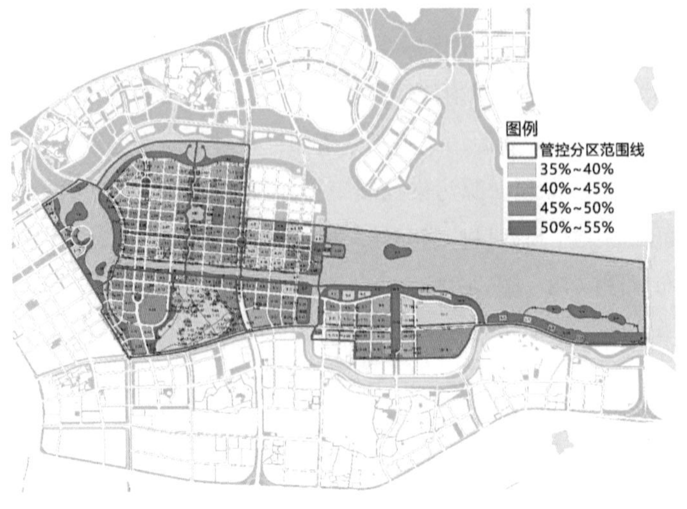


图9-79 地块面源污染控制率指标分布图

新区根据道路建设、区域开发等建设时序进行管网及处理设施建设，确保污水处理达标排放。同时，区域内各地块均采用雨污分流制，对有条件的地块进行雨落管断接，实现地面以上排雨水、地面以下排污水。

3．年径流总量控制率评估

马銮湾试点区共分为2个汇水分区、18个排水分区，结合模型对每个排水分区的年径流总量控制率指标进行评估。

模型模拟评估结果显示，马銮湾试点区整体年径流总量控制率为71.2%，满足试点目标要求。新阳主排洪渠汇水分区年径流总量控制率为70.9%，马銮湾汇水分区年径流总量控制率为71.5%，两个汇水分区均能满足试点目标要求，且18个排水分区均满足指标要求。评估结果见表9-31，效果图见图9-80。

**马銮湾试点区年径流总量控制率指标达标情况表** 表9-31

| 汇水分区 | 排水分区 | 面积（$hm^2$） | 评估年径流总量控制率（%） | 设计年径流总量控制率（%） |
|---|---|---|---|---|
| 新阳主排洪渠汇水分区 | 1 | 203.3 | 81.2 | 80 |
| | 2 | 29.8 | 66.2 | 66 |
| | 3 | 24.8 | 68.5 | 68 |
| | 4 | 14.7 | 67.6 | 66 |
| | 5 | 104.0 | 66.3 | 66 |
| | 6 | 29.7 | 68.4 | 67 |
| | 7 | 194.8 | 64.6 | 63 |
| | 8 | 104.8 | 70.4 | 69 |
| | 9 | 134.1 | 70.1 | 68 |
| | 10 | 134.6 | 71.0 | 70 |
| | 13 | 52.0 | 72.3 | 72 |
| | 合计 | 1026.6 | 70.9 | 70 |
| 马銮湾汇水分区 | 12 | 145.3 | 73.1 | 72 |
| | 14 | 48.3 | 71.3 | 71 |
| | 15 | 72.2 | 67.0 | 66 |
| | 16 | 69.5 | 72.9 | 72 |
| | 水域 | 691.0 | — | — |
| | 合计 | 1026.3 | 71.5 | 71 |

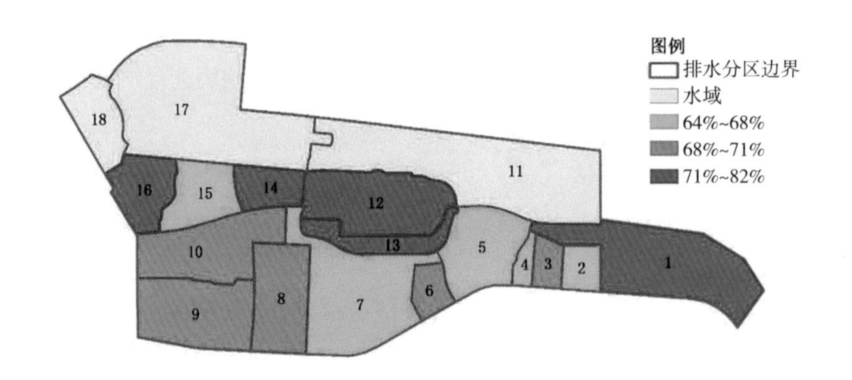


图9-80 马銮湾试点区年径流总量控制率实施效果图

### 9.4.5.2 自然本底保护

**1．汇流路径保护**

利用GIS软件和卫星数字影像，提取马銮湾试点区的汇流路径，并根据汇流流量对汇流路径进行分级（图9-81和表9-32）。城市开发建设中，应注意保留自然地貌下的汇流路径，避免填充占用，保障河、渠、坑、塘、低洼湿地等重要汇水通道畅通，增强易涝地区的滞水、排水能力，维护城市水安全。

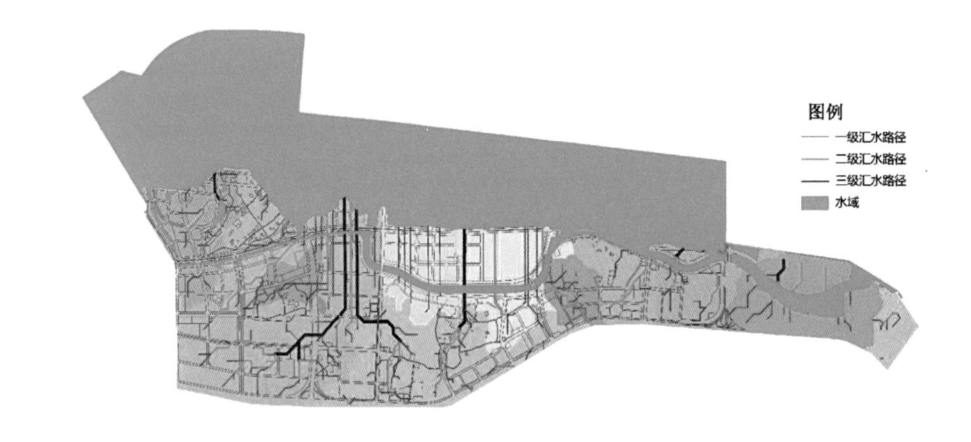


图9-81 马銮湾试点区汇流路径图

**各级汇流路径保护方案汇总表** 表9-32

| 汇流路径等级 | 保护方案 |
|---|---|
| 一级汇流路径 | 开发建设中保留河道水系，保证通畅 |
| 二级汇流路径 | 结合道路建设进行保护，并在城市开发建设中通过竖向等方式保留，城市竖向设计应尽量自然坡向天然水体，保证通畅 |
| 三级汇流路径 | 尽量进行保护（通过绿地等形式），如确需开发，在评估内涝风险基础上进行合理调整 |

**2．河道蓝绿线落实**

试点区河道已经按照蓝线建设的，在不影响防洪安全的前提下，结合防洪堤对城市河湖水系岸线进行生态型岸线改造，恢复其生态功能。城市河道以亲水景观性岸线改造为主。未按照蓝线进行建设的，应按照规划蓝线范围（图9-82）进行河道整治建设，同步修建生态驳岸。

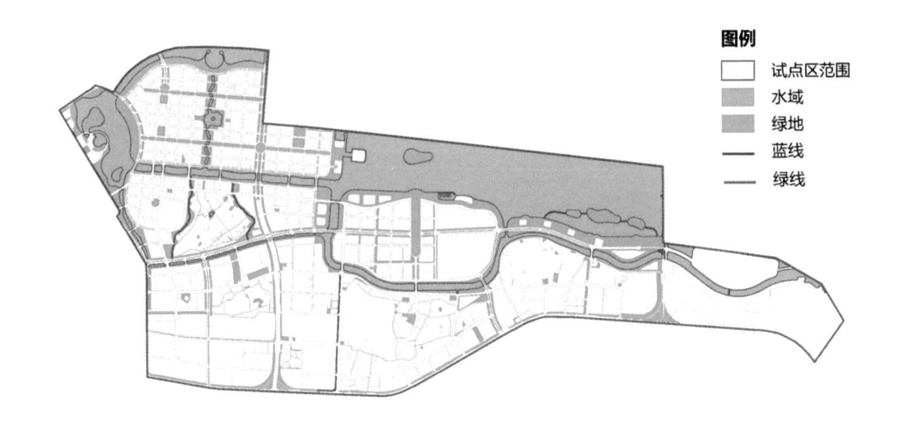


图9-82 马銮湾试点区蓝绿线划定

9.4.5.3 河道水生态恢复

开展马銮湾清淤疏浚与生态修复工程，对自然生态本底进行修复。

马銮湾清淤面积为716.03万$m^2$，清淤量为1999.16万$m^3$。清淤完成后对马銮湾内湾开展生态修复，进一步保障内湾水质，降低富营养化发生风险，同时为鸟类和底栖生物营造适宜生境，恢复湾区生物多样性。过芸溪、祥露溪入内湾以上段主要为石块护坡；过芸溪内湾段以植物护坡为主，近中心岛部分岸线设置木栈步道，近过芸溪段有部分台阶护坡；过芸溪湖岸线以植物护坡为主；人工岛渠全部为植物护坡；人工岛中渠以植物护坡为主，部分台阶护坡。

在保证马銮内湾行洪廊道的基础上，恢复湾内夹岸自然湿地生境，将有效净化湾区水质。预留净化湿地55$hm^2$，其中普通净化湿地22$hm^2$，高位净化湿地33$hm^2$。

## 9.4.6 新区管控方案

1．预留水面

根据区域内地形、河流特点以及水文气象特性，以马銮湾新城规划为依据，结合城市防洪水利计算分析、城市景观及生态需要，对河道水系进行规划梳理（图9-83）。根据河道规划的总体思路，马銮湾汇水分区规划水域面积约364.70$hm^2$。其中环中心岛水系包括过芸溪湖和过芸溪、环湾西溪、人工岛渠及中心岛中渠水道，形成河湖连接的组合形式，主要承担行洪作用，湖面广阔，景观效果好；环西南岛水系包括环湾南溪、环湾南溪支1和环湾南溪支2等，河道坡降较大，通过设置局部跌水，增加水体流动性，改善水体环境，主要有行洪、景观的作用。

2．竖向管控

为提高规划区应对马銮湾最高纳潮与城区雨涝相遇时的雨水排放能力，规划区用地竖向最低控制标高按马銮湾最高纳潮与城区雨涝相遇时场地雨水能自排入海并考虑一定安全高程的原则进行控制。根据该原则，马銮湾湾区范围内的最低控制标高为4.5m，竖向规划图见

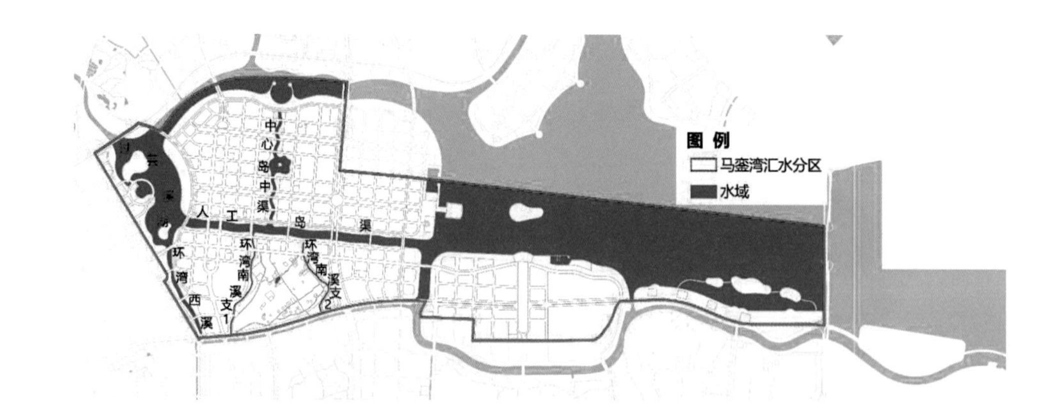


图9-83 马銮湾汇水分区规划水系分布图

图9-84。现状各片区地形高程低于该最低控制标高时，应对该区域进行填方处理，以提高该区域的排水能力。

规划用地场地竖向标高按照场地雨水能顺利排放至周边收水道路的原则进行控制，根据《城市建设用地竖向规划规范》CJJ 83—2016中对场地最小坡度和高程控制的要求，为确保场地雨水能顺利排至周边道路，规划区场地最小坡度控制为0.2%，场地标高比场地周边道路最低标高高0.3m以上，同时，避免出现因竖向设计不合理导致的人为低洼区。

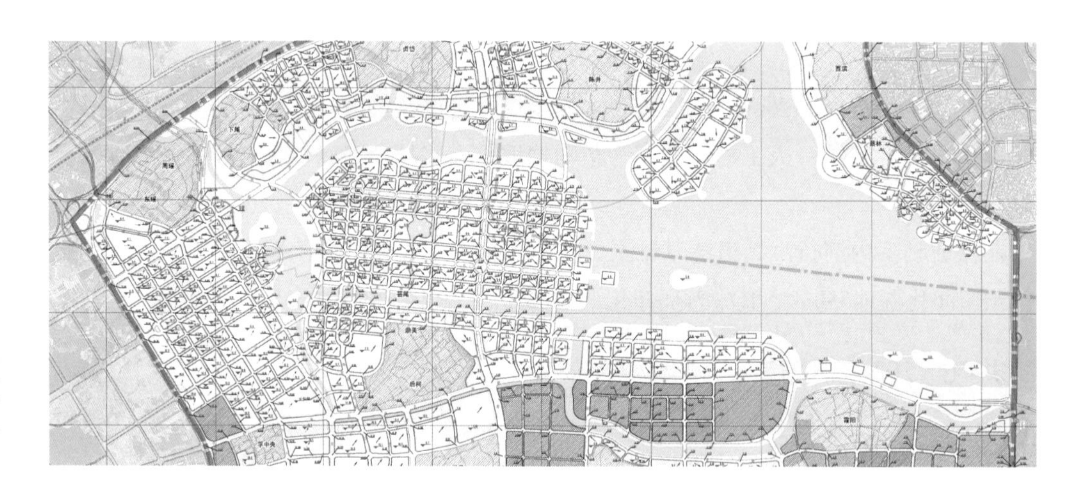

图9-84 马銮湾汇水分区场地竖向规划图

3．雨水径流控制

为使新建地块满足要求，应严格落实海绵城市建设指标、竖向管控要求。测算马銮湾新区所需面源污染负荷控制量，综合考虑区域降雨特征、土壤类型、下垫面种类、地面坡度等因素的影响，对地块面源污染控制率指标进行分解。指标分解时，先划分管控分区，通过反复核算确定各管控分区的面源污染控制率目标，然后根据地块用地类型、下垫面种类、土壤类型等初步提出各地块面源污染控制率目标，经计算及校核，优化调整指标，最终确定马銮湾汇水分区面源污染控制率指标为45%，共划分10个管控分区，各管控分区的指标值见表9-33，指标分布见图9-85。

各管控分区面源污染控制率指标表　　表9-33

| 分区编号 | 分区面积（$hm^2$） | 面源污染控制（%） |
|---|---|---|
| 1 | 27.46 | 47 |
| 2 | 123.76 | 45 |
| 3 | 83.48 | 46 |
| 4 | 62.83 | 45 |
| 5 | 39.17 | 49 |
| 6 | 66.57 | 46 |
| 7 | 70.02 | 41 |
| 8 | 46.16 | 45 |
| 9 | 65.81 | 45 |
| 10 | 75.17 | 45 |

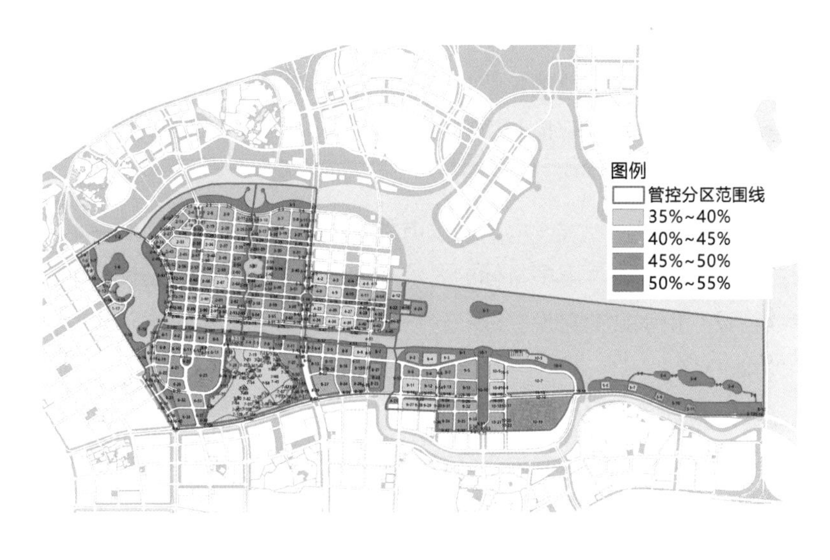


图9-85 地块面源污染控制率指标分布图

### 9.4.7 工程体系

马銮湾试点区内针对新阳主排洪渠水体黑臭、城中村内涝、马銮湾生态退化三大主要问题，因地制宜选择源头减排、过程控制、系统治理工程措施，统筹水环境、水安全、水生态、水资源四大工程体系。试点区海绵城市建设项目共127个（图9-86），总投资45.99亿元，其中源头减排项目105个，过程控制项目12个，系统治理项目10个。

1．源头减排项目统筹

确定源头海绵改造项目时，既要考虑解决建成区面源污染问题，改善水环境，又要使年径流总量控制率恢复到城市开发建设前，保护水生态。既要实现雨水削峰、错峰排放，减轻排涝压力，保障水安全，同时还要考虑雨水资源利用的需求，保障水资源。综合考虑各方面的需求后，最后确定了源头减排项目105个，确定地块海绵指标时以水生态、水环境、水资源指标为主，水安全指标为辅。地块源头海绵改造时应同时满足年径流总量控制率、面源污染削减率、雨水资源利用率三项指标，因此确定地块海绵改造内容时，应因地制宜地设置雨水花园、植草沟、下凹式绿地、透水铺装、雨水桶、蓄水池等多种海绵设施，保证三项指标均满足要求，从而实现水生态、水环境、水资源、水安全的综合统筹。

2．过程控制项目统筹

确定过程控制项目时，应同时考虑填补管网空白区、排口末端截污、合流制溢流污染控制、排水防涝等水环境和水安全方面的需求。

（1）排口末端截污时，应同时考虑减少雨天溢流和不影响片区排涝能力两方面的目标，为了实现两个目标综合统筹，构建管网水力模型，模拟分析截污后片区的内涝积水情况和雨天溢流情况，借助模型工具，对截污方案进行优化，在不影响防洪排涝能力的基础上，尽量减少溢流频次，最终既保障雨天污水少溢流又实现大雨不内涝。

（2）调蓄池可同时满足水安全、水环境、水资源等不同目标，但本方案建设调蓄池的主要目的是减少雨天溢流污染，因此在确定调蓄池规模时，以减少合流制溢流频次作为主要指标，水安全、水资源指标作为次要指标。通过模型模拟，综合考虑用地条件、投资等因素，最终确定建设两座调蓄池，规模分别为600$m^3$和8000$m^3$。

通过综合统筹，最终确定了新建泵站和管网、沿河截污工程、管网清淤工程、调蓄池建设工程、雨水管网改造工程等过程控制项目12个。

3．系统治理项目统筹

确定系统治理工程时，应综合考虑水环境治理、水生态恢复等方面的需求，因此确定水环境治理项目内容时，应同时考虑多目标的要求。如新阳主排洪渠生态修复工程包含了河道曝气、生态岸线建设、雨水台地建设、绿岛建设等多项内容，既满足水环境改善要求，又满足水生态保护要求。

通过综合统筹，最后确定了新阳主排洪渠生态修复工程、新阳主排洪渠清淤工程、新阳主排洪渠补水工程、马銮湾生态修复工程、环湾南溪生态治理工程等系统治理项目10个。

通过源头治理、过程控制、系统治理各类工程综合统筹，保证试点区水环境、水安全、水生态、水资源海绵城市建设指标的达成。

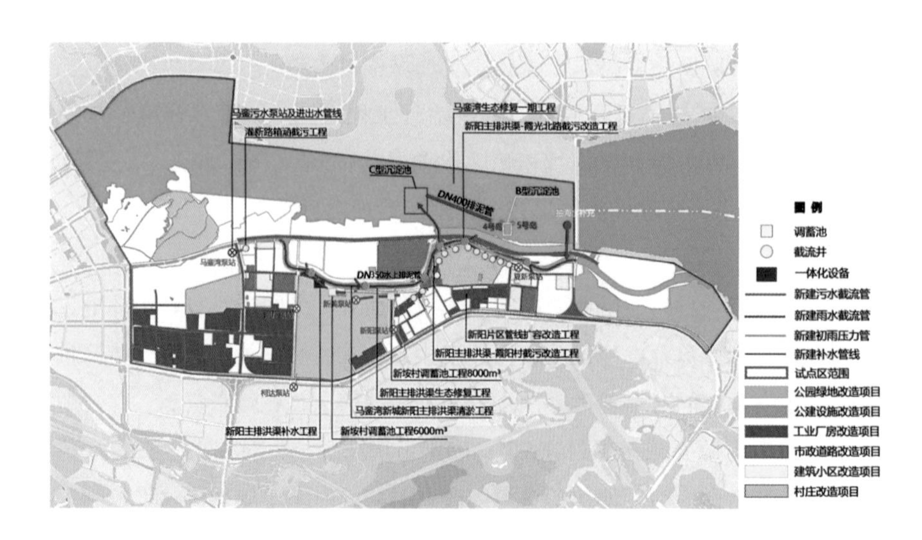


图9-86 马銮湾试点区总体项目分布图

# 第10章　萍乡案例

萍乡市位于江西省西部，在赣西经济发展格局中处于中心位置，素有“湘赣通衢”“吴楚咽喉”之称。中心城区四面环山，地貌以丘陵为主，干流萍水河穿城而过，沿河分布河谷平原，地势北高南低、东高西低。多年平均降雨量1600mm，4～6月多大雨到暴雨，雨水多短时雨量大，是典型的江南亚热带湿润季风气候。

随着城市不断发展，水生态系统失衡、水安全问题突出、水环境状况不稳定、水资源利用缺失等涉水问题愈发凸显。特别是遇到极端暴雨天气，瞬时超大山洪入侵中心城区，加上河道防洪标准低、城市排涝体系不健全、排水管道设计标准偏低和局部地势低洼等诸多原因，极易引发内涝，洪涝灾害问题突出。

2015年4月，萍乡市入选全国首批海绵城市建设试点城市，利用海绵城市理念解决城市可持续发展问题时不可待，萍乡迫切需要以生态、安全、活力的海绵建设塑造萍乡城市新形象，建设河畅岸绿、人水和谐、江南特色的海绵萍乡。

萍乡海绵系统化方案创新编制思路，在“全域管控—系统构建—分区治理”核心技术路线指引下，构建“上游截洪分导—中游调蓄滞洪—下游强化排涝”大排水体系，系统解决内涝积水等水安全问题，萍乡城市排水防涝能力得以极大提高。同时，利用“源头减排—过程控制—系统治理”等一系列工程措施和灰色绿色相结合、协调上下游左右岸等方式，统筹给出水环境、水生态和水资源解决方案。

通过近些年持续不断的建设推进，海绵城市使萍乡市得以完美蜕变，内涝积水基本消除，人居环境极大改善。

## 10.1　区域概况

### 10.1.1　区位条件

试点区位于萍乡市中心城区内，总面积32.98km$^2$，试点区基本涵盖了大部分老城区和所有新城区（图10-1）。区内以武功山大道为界，南部为老城区，北部为新城区。其中，老城

图10-1 萍乡市海绵城市试点区区位图

区面积10.59km²，占总用地的32.1%，新城区面积22.39km²，占总用地的67.9%。

### 10.1.2 自然地理

1．地形地貌

试点区以丘陵地貌为主，地形相对平缓，总体地势北高南低、东北高西南低，高程和坡度见图10-2。沿萍水河及其支流分布有大量河谷平原，其他区域主要为丘陵地貌，高程在80~440m之间。现状老城区高程多为80~130m之间，约占现状用地的93%。

试点区内整体地势平坦，中部山体区域坡度较大，老城区坡度多在3°~8°，试点区整体坡度多在0~15°，比例为97%，属于适宜建设区。河谷平原地区地势坡度较大，丘陵地貌地势相对较缓，独特的地形地貌造成城区整体汇流较快。

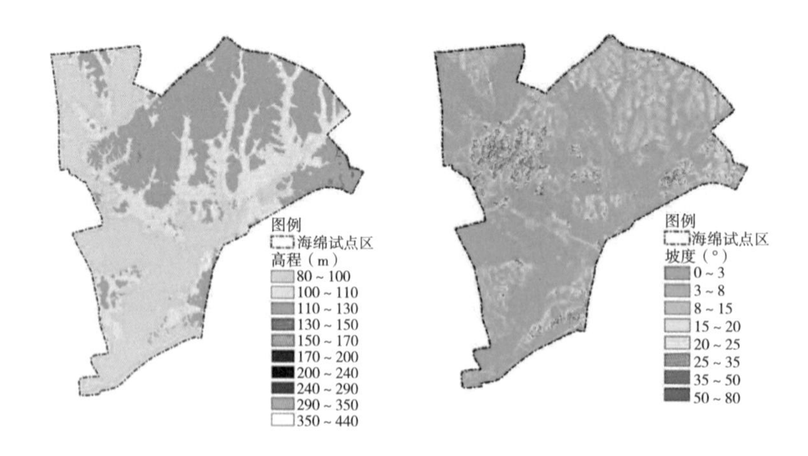


图10-2 试点区高程和坡度图

2．河湖水系

试点区内的河流水系包括萍水河、五丰河、白源河等河道，鹅湖、玉湖以及正在建设的萍水湖等湖泊。萍水河约49%岸线为生态岸线，其余驳岸为直立式硬化驳岸；五丰河、白源河试点区段均为直立式硬化驳岸；鹅湖、玉湖现状岸线均为硬化驳岸，生态岸线分布见图10-3。

图10-3 试点区生态岸线分布图

3. 气候气象

萍乡市海绵城市试点区属于亚热带湿润季风气候区，四季分明，气候温和，光照充足，雨量充沛，霜期较短。

年平均气温18℃，年日照时数1600h，年平均相对湿度为79%。春末夏初阴雨连绵，伏秋干旱少雨，无霜期长，冰冻期短，年平均无霜期274天，年平均气温17.4℃。历年平均风速1.50m/s，最大风速2.00m/s，达8级，风向季节转换不明显，年最多风向为东北风。

### 10.1.3 降雨特征

1. 雨量分布

通过分析萍乡市近30年降雨资料（图10-4）可知，萍乡市年平均降雨量约1600mm，年最高降雨量2174.0mm（1997年），年最少降雨量1147.2mm（2013年），历年上半年平均降雨量1050mm，占全年平均降雨量的60%以上。降雨量集中在3～8月（图10-5），尤其是4～6月降雨量集中，多大雨到暴雨，三个月雨量约达700mm，占全年平均降雨量的44%。

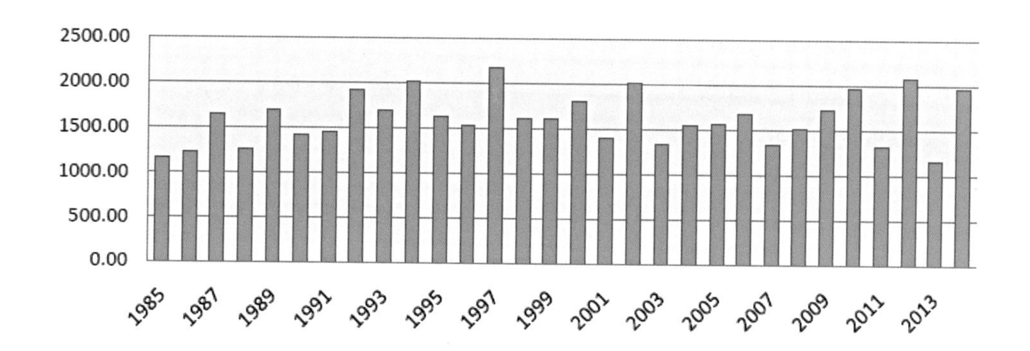


图10-4 萍乡市1985～2014年统计降雨量

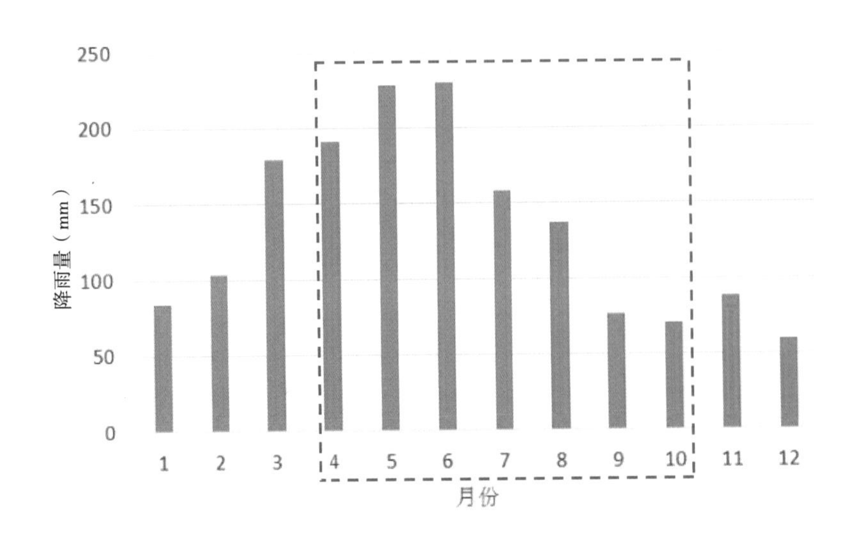


图10-5 萍乡市多年平均逐月降雨量

年平均降雨天数（日雨量≥0.1mm）为171天，降雨强度以中小雨为主，平均共152天，大雨及大雨以上强度降雨天数平均为19天，不同强度降雨频次见表10-1。

试点区多年平均降雨强度分布情况　表10-1

| 降雨强度（mm） | <2 | 小雨（2~9.9） | 中雨（10~24.9） | 大雨（25~49.9） | 暴雨（50~99.9） | 大暴雨（100~249.9） | 特大暴雨（>250） |
|---|---|---|---|---|---|---|---|
| 降雨天数（d） | 65 | 56 | 31 | 14 | 4 | 1 | 0 |

2．设计降雨雨型

（1）短历时降雨雨型

采用芝加哥雨型法推算萍乡市不同重现期下120min和180min两个历时的设计雨型，雨峰系数取0.439，计算得到1年一遇、2年一遇、3年一遇、5年一遇的短历时雨型，见图10-6、图10-7。

萍乡市暴雨强度公式见式（10-1）：

$$q=\frac{1074.385（1+0.724\lg P）}{（t+5.586）^{0.568}} \tag{10-1}$$

式中 $q$——降雨强度（mm/min）；

$t$——降雨历时（min）；

$P$——重现期（年）。

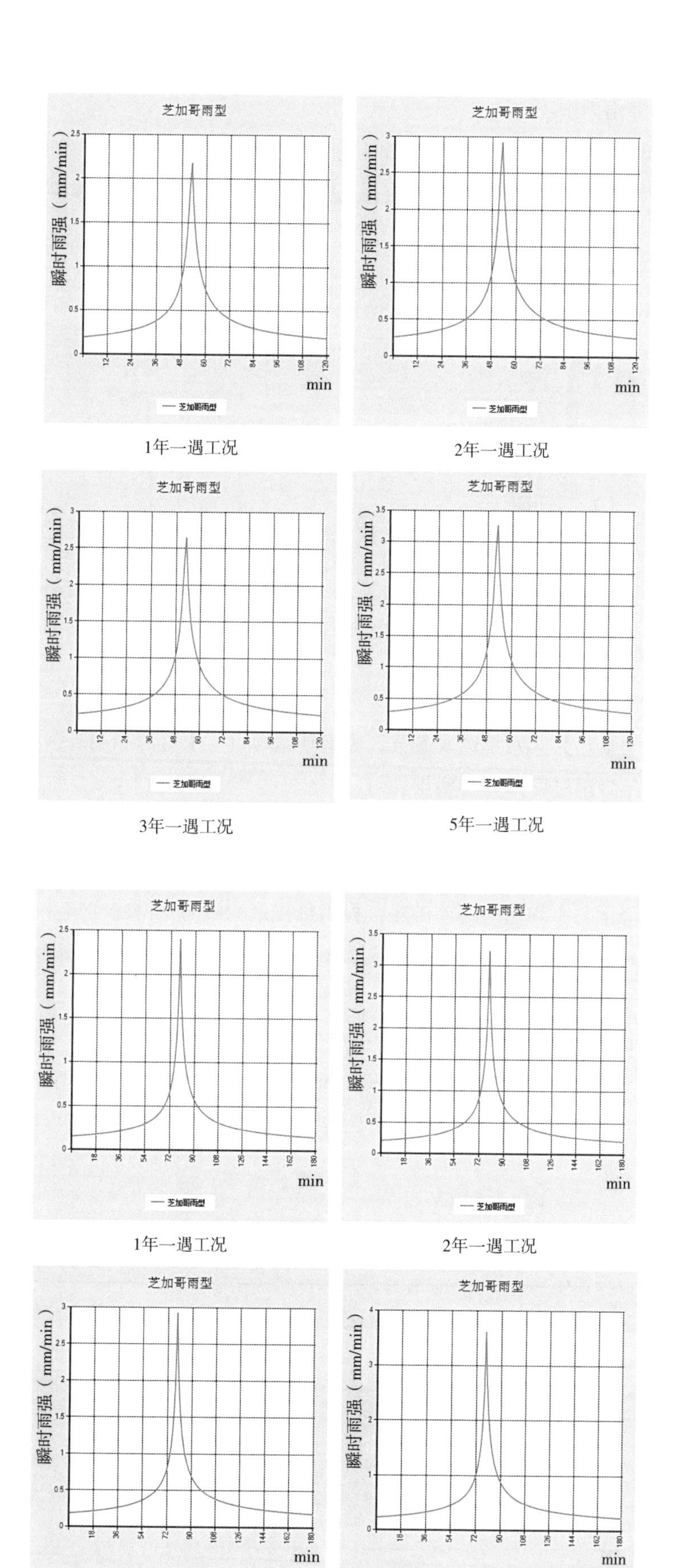


图10-6 短历时120min设计雨型

图10-7 短历时180min设计雨型

（2）长历时降雨雨型

结合1440min降水样本，按照时程分配比例，通过Pilgrim和Cordery法得出30年的设计雨型，生成长历时（降雨历时24h）降雨曲线，见图10-8，30年一遇24h降雨量为202.8mm。

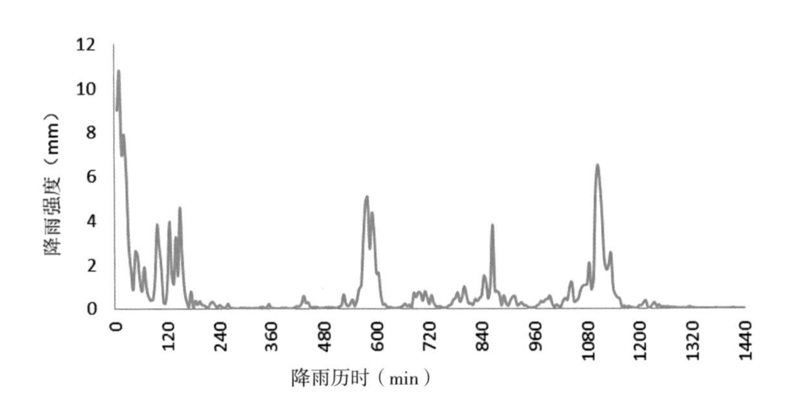


图10-8 30年一遇24h设计降雨雨型

（3）典型年选取

将多年年降雨量作为典型年选取参数，为水环境容量、水资源利用等多项计算和模拟选择具有代表性的年降雨过程作为典型年。

对30年年历史降雨总量进行统计，从中选出降雨量与平均值差距不超过10%的年份。按照小于2mm降雨、小雨、中雨、大雨、暴雨、大暴雨和特大暴雨7种类型的降雨强度等级，统计各年份各类降雨与平均值的偏差排序，找出最接近均值的年份2008年。根据雨量分布特性对比月降雨量峰值，平均月降雨量峰值为228.2mm，2008年与1998年月降雨量峰值最接近均值。

综合分析后认为，2008年具有典型性和代表性，因此选取2008年的年降雨数据作为试点区规划模型的分析基础。该年年降雨总量1506.1mm，其中小于2mm降雨60天，小雨53天，中雨24天，大雨13天，暴雨5天，大暴雨无，特大暴雨无。典型年降雨频次和实测降雨量见表10-2和图10-9。

**试点区2008年（典型年）降雨频次表** 表10-2

| 月份 | 降雨量（mm） | 小雨场次 | 中雨场次 | 大雨场次 | 暴雨场次 |
|---|---|---|---|---|---|
| 1 | 72.0 | 9 | 1 | 0 | 0 |
| 2 | 73.1 | 3 | 3 | 0 | 0 |
| 3 | 255.8 | 5 | 5 | 2 | 1 |
| 4 | 135.4 | 5 | 5 | 1 | 0 |
| 5 | 231.3 | 6 | 2 | 3 | 1 |
| 6 | 250.8 | 5 | 1 | 1 | 2 |

续表

| 月份 | 降雨量（mm） | 小雨场次 | 中雨场次 | 大雨场次 | 暴雨场次 |
|---|---|---|---|---|---|
| 7 | 154.9 | 4 | 4 | 2 | 0 |
| 8 | 99.0 | 4 | 2 | 1 | 0 |
| 9 | 9.6 | 1 | 0 | 0 | 0 |
| 10 | 31.6 | 0 | 2 | 0 | 0 |
| 11 | 171.8 | 4 | 0 | 3 | 1 |
| 12 | 20.8 | 3 | 0 | 0 | 0 |
| 总和 | 1506.1 | 49 | 25 | 13 | 5 |

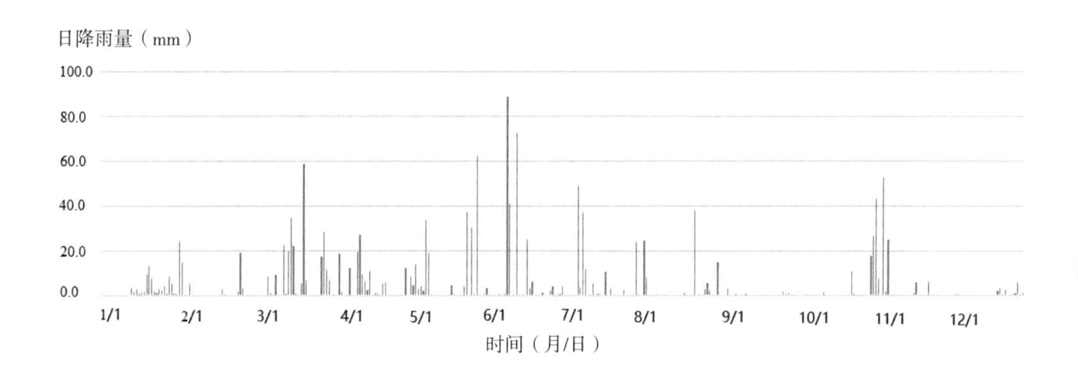


图10-9 萍乡市2008年实测降雨量

### 10.1.4 天然降雨径流关系

#### 1．近30年试点区下垫面变化

通过选取萍乡市近30年影像图进行遥感解译，获得试点区4个年份的下垫面数据（图10–10），以此为依据对1984年以来试点区内下垫面径流系数变化情况进行研究分析。试点区内建设用地由1984年的6.3km$^2$增至2015年的20.2km$^2$，年均增长率7.1%，见表10–3。

试点区历史建设用地面积变化表　　表10–3

| 年份（年） | 建设用地面积（km$^2$） | 年均增长率 |
|---|---|---|
| 1984 | 6.3 | — |
| 2000 | 11.1 | 4.8%（1984~2000年） |
| 2008 | 16.2 | 5.7%（2000~2008年） |
| 2015 | 20.2 | 3.5%（2008~2015年） |

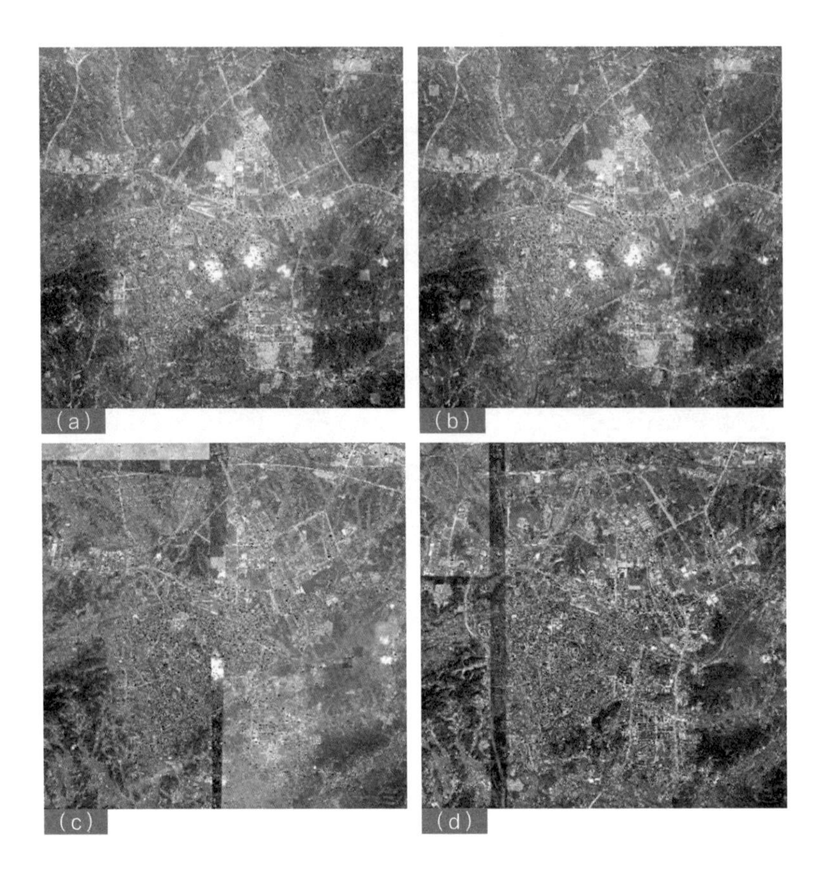


图10-10 试点区不同年份影像图
（a）1984年；
（b）2000年；
（c）2008年；
（d）2015年

2．径流系数变化

随着城市发展，城市硬化率不断增加，综合径流系数逐年增加，降雨产流量逐年上升，从1984年的0.28增大至2015年的0.52，见表10-4。

试点区历史下垫面情况及径流系数 表10-4

| 类型 | 1984年 | 2000年 | 2008年 | 2015年 |
| --- | --- | --- | --- | --- |
| 裸土（$km^2$） | 0.92 | 1.89 | 1.57 | 1.46 |
| 林地（$km^2$） | 12.89 | 10.68 | 8.76 | 7.65 |
| 广场（$km^2$） | 0.56 | 0.68 | 1.42 | 1.42 |
| 屋面（$km^2$） | 4.32 | 8.56 | 11.02 | 13.54 |
| 农田（$km^2$） | 10.4 | 9.5 | 5.9 | 4.43 |
| 水体（$km^2$） | 2.39 | 1.78 | 1.59 | 1.47 |
| 道路（$km^2$） | 1.5 | 1.89 | 2.72 | 3.01 |
| 合计（$km^2$） | 32.98 | 32.98 | 32.98 | 32.98 |
| 径流系数 | 0.28 | 0.39 | 0.46 | 0.52 |

3．降雨径流关系分析

采用SWMM模型软件，对传统开发模式下的水文特征进行分析。使用典型年2008年逐日降雨数据，对规划区实施径流控制工程前的现状地块用地类型及用地构成进行径流产流模拟，计算典型年条件下的年径流总量控制率。

1984～2015年，萍乡市试点区范围内，降雨产流率由28%增长至52%左右（图10-11、图10-12）。对1984年萍乡城市开发初期的城市降雨径流关系进行模拟，当年降雨产流率约为28%。因此，萍乡市天然未开发条件下的径流控制率约72%~75%。

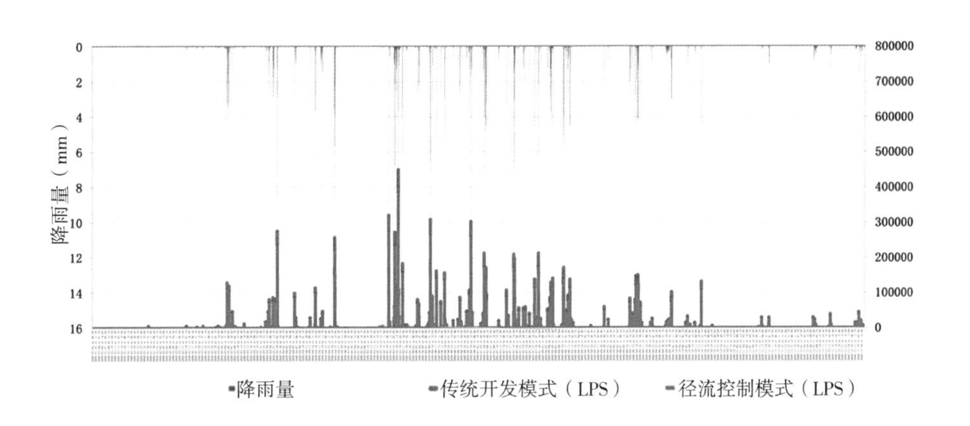


图10-11 1984年传统开发模式与径流控制模式下降雨径流关系图

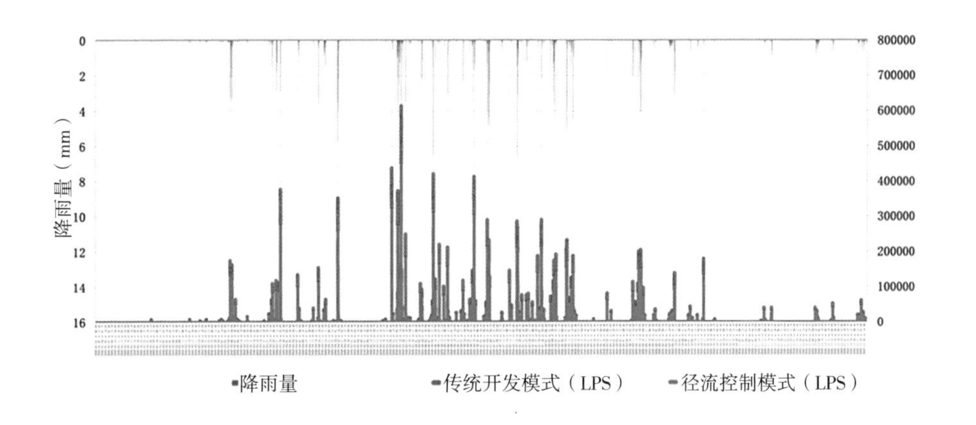


图10-12 2015年传统开发模式与径流控制模式下降雨径流关系图

### 10.1.5 土壤和地下水

1．土壤情况

萍乡市表层土壤分布图见图10-13，试点区内大部分为素填土和杂填土，其中老城区以杂填土为主，新城区以素填土为主，新城区范围内还有部分未开发区域，未开发区域主要为耕植土。

根据钻孔取芯鉴定资料，结合场地原位测试和室内土工试验成果综合分析，试点区上层多为填土，渗透系数较大，渗透性能良好；下层多为黏土、砾岩，渗透性能较差。

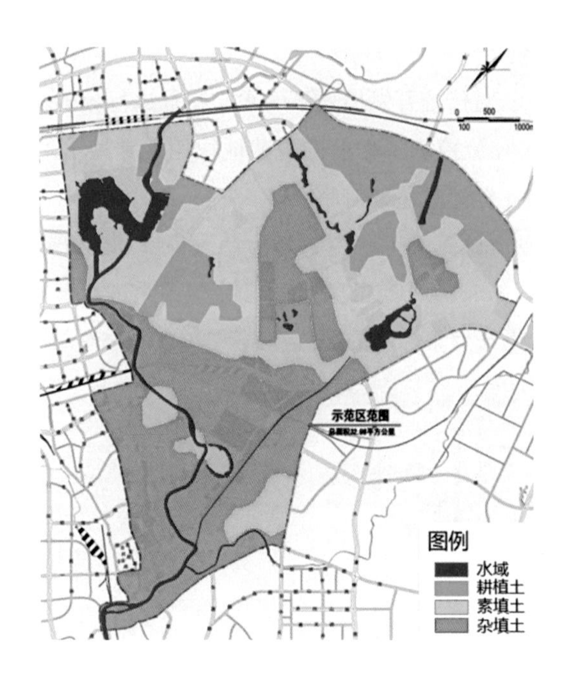


图10-13 萍乡市试点区土壤分布图

2．地下水

试点区地下水类型主要为孔隙性潜水。地下水埋深为1.80～5.80m之间，42个勘探项目中，80%的项目工程地下水埋深在3～5m之间。整体而言，萍乡市原始土壤及地下水条件不利于渗透设施建设。

### 10.1.6 用地特征

1．土地利用情况

萍乡市试点区总面积32.98km$^2$，现状建设用地面积14.86km$^2$，规划建设用地面积30.68km$^2$，现状用地与规划用地对比见表10-5，分布见图10-14。

试点区现状用地与规划用地对比表　　表10-5

| 用地类型 | 项目片区 | |
|---|---|---|
| | 现状（km$^2$） | 规划（km$^2$） |
| 公共管理与公共服务 | 0.50 | 2.36 |
| 公用设施 | 0.06 | 0.14 |
| 交通设施 | 6.45 | 6.59 |
| 居住用地 | 4.94 | 12.99 |
| 绿地 | 1.75 | 5.15 |
| 商业服务 | 1.03 | 3.32 |
| 物流仓储 | 0.13 | 0.13 |
| 建设用地合计 | 14.86 | 30.68 |

续表

| 用地类型 | 项目片区 | |
|---|---|---|
| | 现状（$km^2$） | 规划（$km^2$） |
| 水域 | 0.47 | 1.80 |
| 山体/农田 | 17.65 | 0.5 |
| 合计 | 32.98 | 32.98 |

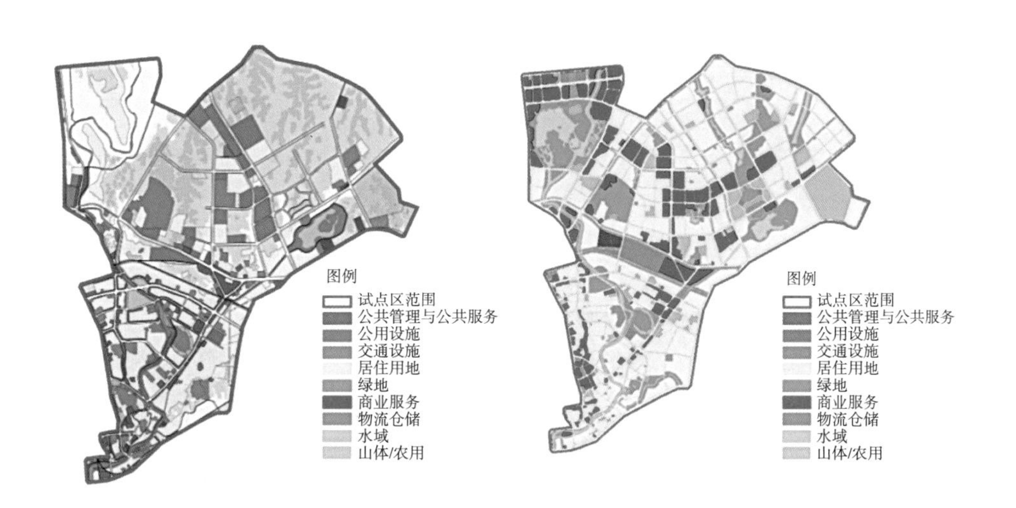


图10-14 试点区现状和规划用地图

2．现状下垫面分析

老城区现状下垫面以铺装和建筑为主；新城区现状下垫面以植被和裸土为主。试点区下垫面类型整体以植被、裸土及建筑为主（图10-15）。现状试点区径流系数约为0.52，老城区为0.7，新城区为0.43。

图10-15 试点区现状下垫面图

### 10.1.7 现状排水系统

1．现状排口情况

对试点区所有河道排口进行调查、详细记录并汇总成表10-6，排口监测和调查现场见图10-16。

排口调查信息记录表 表10-6

| 序号 | 排口编号 | 所属河道 | 详细位置 | 管径（mm） | 形状 | 材质 | 管底标高 | 是否有水 | 水量情况 | 水质情况 | 调查时间 | 备注 |
|---|---|---|---|---|---|---|---|---|---|---|---|---|
| 1 | | | | | | | | | | | | |
| 2 | | | | | | | | | | | | |
| … | | | | | | | | | | | | |

图10-16 排口监测和调查现场图

试点区现状分流制污水口8个，分流制雨水口12个，合流制排水口7个，合流制截流溢流排水口88个，共计115个排口，排口类型和排水体制分布见图10-17。

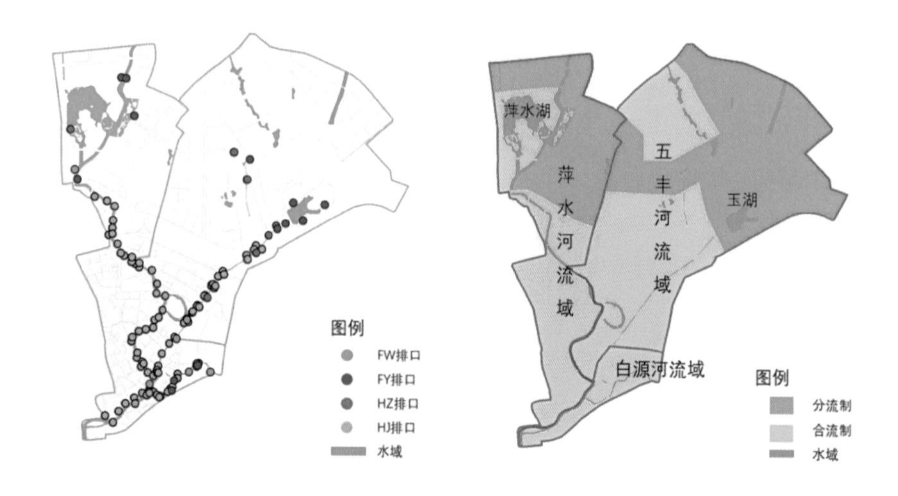


图10-17 试点区排口类型和排水体制分布图

老城区现状排水体制为雨污合流截流制，新建区域基本为分流制，排水体制详细信息见表10-7。

试点区排水体制信息表　　　　表10-7

| 流域名称 | 合流制面积（$km^2$） | 分流制面积（$km^2$） |
|---|---|---|
| 萍水河 | 6.76 | 4.56 |
| 五丰河 | 9.35 | 9.82 |
| 白源河 | 1.78 | — |
| 合计 | 17.89（55.4%） | 14.38（44.6%） |

2．现状污水系统

萍乡老城区现状为雨污合流截流制，合流管管径在400～1000mm之间，老城区污水均汇入萍水河污水截污主干管，污水管网系统见图10-18。

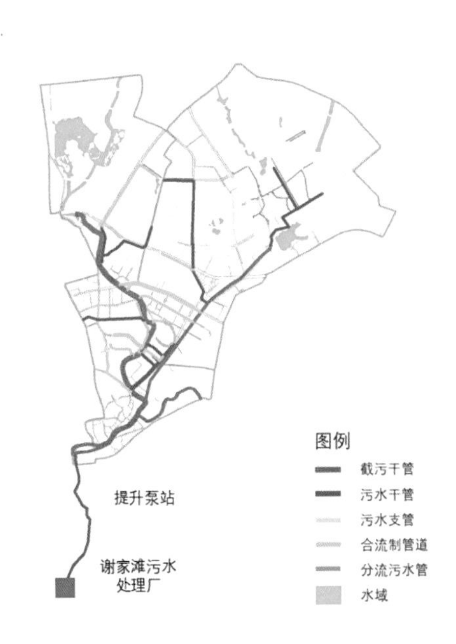


图10-18 试点区污水管网系统图

萍乡市海绵城市试点区外已建成谢家滩污水处理厂收集试点区内污水。谢家滩污水处理厂规模为8万$m^3$/d。出水水质达到一级A排放标准，处理后出水排放至萍水河下游，目前暂无中水回收利用。谢家滩污水处理厂2018年年均进出水指标数据见表10-8。

谢家滩污水处理厂2018年年均进出水指标数据表　　　　表10-8

| 指标类型 | COD（mg/L） | SS（mg/L） | TN（mg/L） |
|---|---|---|---|
| 进水数据 | 167 | 167 | 21.7 |
| 出水数据 | 21.8 | 9.6 | 9.9 |

3. 现状雨水系统

萍乡市排水分区不仅受地形地貌、河流水系的影响，沪昆铁路和沪昆高速铁路东西贯穿市中心，对排水分区也造成一定的影响。综合考虑地形、河流水系、规划路网和雨水工程现状，将试点区现状雨水系统划分为5个雨水排水分区（图10-19），详细信息见表10-9。

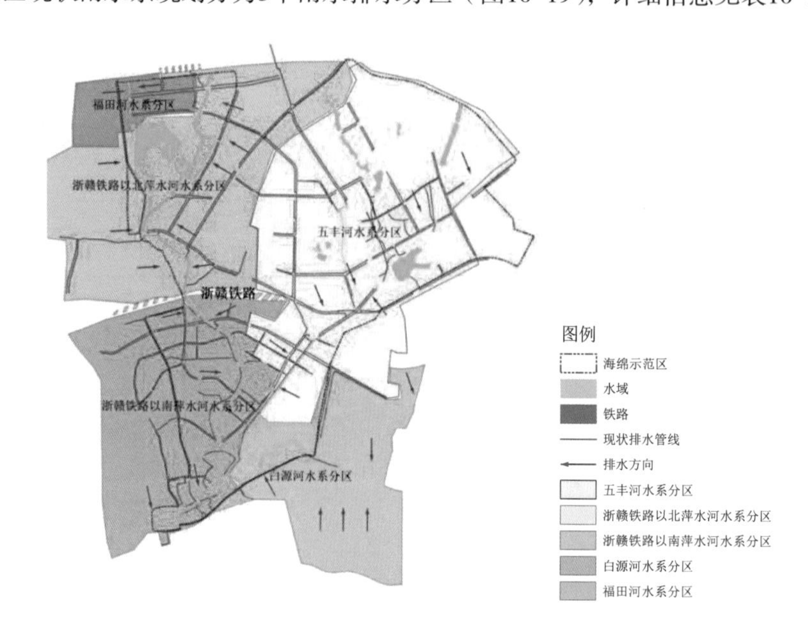


图10-19 试点区排水分区示意图

各雨水管网排水分区信息一览表 表10-9

| 排水分区 | 汇水面积（hm²） | 汇水出路 |
|---|---|---|
| 福田河水系分区 | 155 | 福田河 |
| 萍水河上游分区（浙赣铁路以北） | 1392 | 萍水湖、萍水河 |
| 萍水河中游分区（浙赣铁路以南） | 1076 | 萍水河 |
| 五丰河水系分区 | 1709 | 玉湖、五丰河 |
| 白源河水系分区 | 682 | 白源河 |

目前试点区雨水主管（沟）总长为71.6km，其中管道总长为71.2km，管径为400~1650mm；排水暗沟总长为0.454km，横断面为1600mm × 800mm~3000mm × 2500mm，分布见图10-20。试点区雨水管道系统均按照就近排入水体的原则设置，中心城区内基本为自流排放，雨水排放口较多。老城区管道埋深较小，管道坡度达不到规范要求，管道堵塞淤积严重，排水能力受到影响。

### 10.1.8 源头可改造条件分析

通过现场走访调研、场地详细勘测等分析源头建设项目（包含建筑与小区、道路与广场、公园与绿地等）的改造技术可行性和改造必要性，同时结合调查问卷分析居民对小区的改造意愿和改造诉求，最后通过会议座谈，与业主、居民代表、相关部门等各方共同讨论确定可实施的改造建设项目清单。

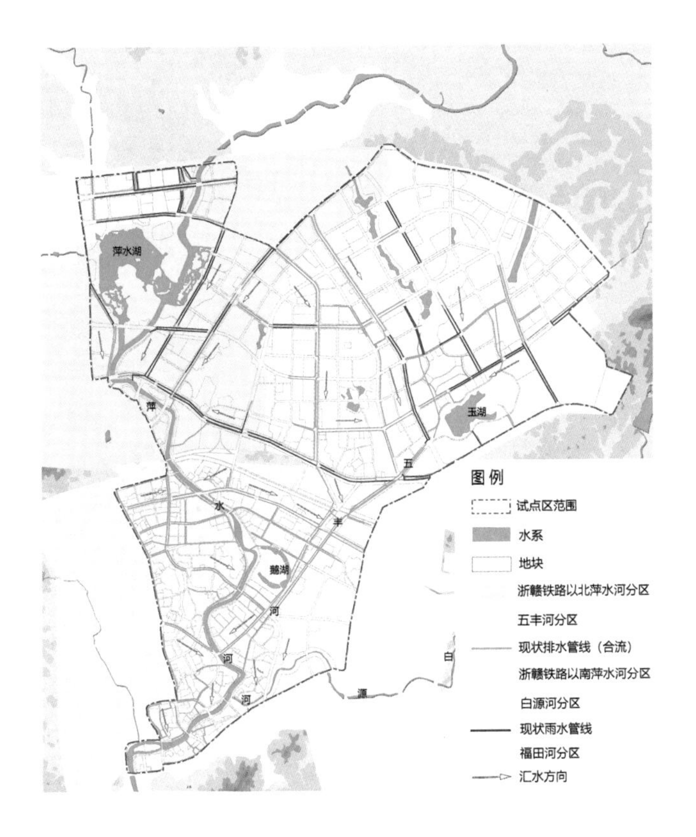


图10-20 试点区现状管网分布示意图

1．技术可行性分析

结合试点区不同类型建筑与小区、道路与广场、公园与绿地等项目实际情况，进行海绵改造的技术可行性分析。

（1）分析不同类型（包括住宅小区、商业用地、公共建筑）房屋建设情况，重点调研楼间距、绿地率、铺装是否透水、屋顶形式为坡屋顶或平屋顶（若为平屋顶是否能承载绿化屋顶重力荷载）、地下空间是否满足渗透要求。

（2）分析道路建设情况，重点分析道路分隔带、绿化带、街旁绿地、道路竖向、排水管网、雨水篦子现状情况，分析技术上是否满足改造条件，如是否有条件建设地下调蓄设施等。

（3）分析公园、绿地、水系现状情况，重点分析绿地、铺装、竖向、水质情况是否满足技术上改造条件，是否满足建设低影响开发设施空间的要求。

通过以上分析，从技术上确定建筑与小区、道路与广场、公园与绿地不同类型地块实施海绵城市改造的可行性。

2．调研案例分析

以萍乡市住房和城乡建设局（图10-21）为例，市住房和城乡建设局位于安源区跃进北路东侧、楚萍西路南侧。地块内共3栋建筑，建成时间较早。市住房和城乡建设局基础设施薄弱老旧，年久失修。现状排水体制为雨污合流制，雨水管网淤泥堵塞严重（图10-22），盖板沟污泥淤积，盖板塌陷。

地块内3栋建筑屋面均为平屋顶，只有1栋多层建筑做了绿色屋顶，采用种植花箱形式；所有屋面雨水经雨落管直接排入合流制管网中。

图10-21 萍乡市住房和城乡建设局区位图

图10-22 排水沟堵塞严重、雨落管未断接

图10-23 水景旁地面铺装

铺装多为假性透水砖且年久失修，地面凹凸不平（图10-23），连续降雨天气下，地面长时间积水，严重影响正常出行。小区内整体景观品质较差，场地内现有唯一的水景没有稳定的水源，水量没有保障，无法维持景观水位。水景不能承接周边地面径流，形成一潭死水，水质恶化，污染严重。

场地内原有绿地大多比地面稍高或与地面相平，未能充分发挥绿地对雨水的渗、滞、蓄、净等功能；景观植被搭配单一，多为单一乔木和草坪，未能构建丰富多层次的乔灌草配置。

3．可改造结果汇总

通过现场走访调研，深入了解各地块现状情况和改造实施条件，结合技术可行性分析和改造必要性分析，以及当地居民诉求和意愿调查情况，组织海绵技术人员、各街道办及群众代表等参加会议，从场地地形、海绵元素、居民诉求、投资计划等多方面综合确定项目改造的可行性，进而确定可改造的海绵项目。

最终提出试点区内建筑与小区、道路与广场、公园与绿地三大类项目的改造总体建议，并作为源头减排项目的参考。可改造项目中，建筑与小区类项目共计80个，道路58条，广场类项目4个，公园绿地类项目9个。

## 10.2 现状问题及原因分析

### 10.2.1 水安全问题

1．内涝积水情况

萍乡市城区内涝积水灾害频发，对居民生活质量和交通出行造成了严重影响，是萍乡市城市发展过程中最突出，也是群众首要关心的问题。

（1）历史主要内涝点

萍乡试点区内历史主要内涝点主要集中在老城区（表10-10和图10-24），其中山下路、万龙湾、跃进北路、北门桥北侧、白源河清源社区附近及沿岸、西环路八一街附近等区域是典型的内涝区域，强降雨天气经常发生积水现象，多次被群众投诉举报。

现状典型内涝点一览表　　表10-10

| 序号 | 内涝点位置 | 积水面积（$hm^2$） | 所属流域 |
|---|---|---|---|
| 1 | 山下路南侧内涝点 | 6 | 萍水河 |
| 2 | 万龙湾内涝点（公园中路与建设东路交叉口） | 5 | 五丰河 |
| 3 | 八一路区域（八一路、跃进南路和西环路的地势低洼路段） | 5 | 萍水河 |
| 4 | 跃进北路内涝点（跃进北路与建设路交叉口西南） | 3 | 萍水河 |
| 5 | 五丰河公园南路内涝点 | 2 | 五丰河 |
| 6 | 白源河下游清源小区内涝点 | 2 | 白源河 |
| 7 | 北门桥内涝点（昭萍路与滨河西路交叉口以北） | 0.3 | 萍水河 |
| 8 | 江湾巷内涝点 | 0.2 | 萍水河 |

图10-24 试点区现状调查内涝点位置示意图

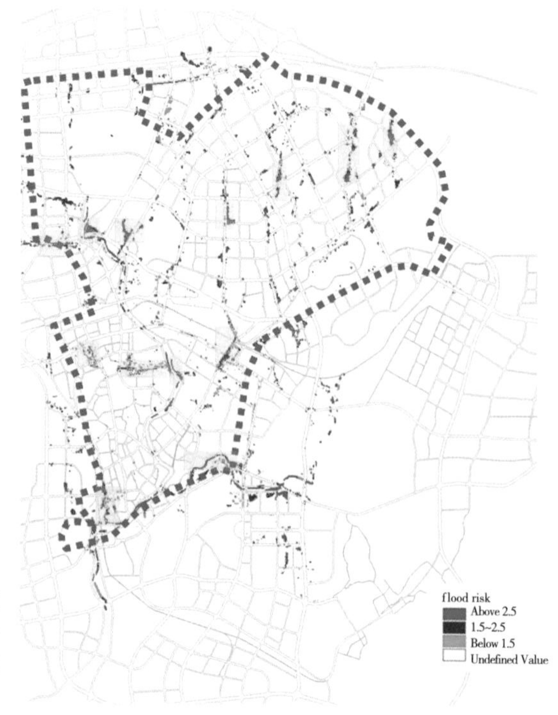


图10-25 试点区30年一遇内涝风险区划图

（2）内涝风险评估

选择30年一遇降雨作为情景评估，当发生30年一遇降雨时，中心城区风险区面积共计142.17hm$^2$（图10-25）。面积较大的高风险内涝区域有14处，除8个现状内涝区域外，还包括玉湖片区4个潜在内涝点，以及萍水湖片区2个潜在内涝区。

（3）内涝点汇总

根据模型模拟和历史调查，试点区共存在84个内涝点（图10-26）。其中历史上逢暴雨必涝、被群众多次投诉举报的内涝积水点有11个，如万龙湾、山下路、西环路—八一路、武功山大道峡石段、公园南路、白源河清源社区等典型积水点；偶尔发生内涝灾害的积水点有28个；除上述积水点外，经过模型分析，在人口稀少的规划建设区内存在45处局部地势低洼的潜在积水点。

萍乡市积水点不仅数量多，而且每年频繁发生，内涝程度严重（图10-27），居民意见很大。

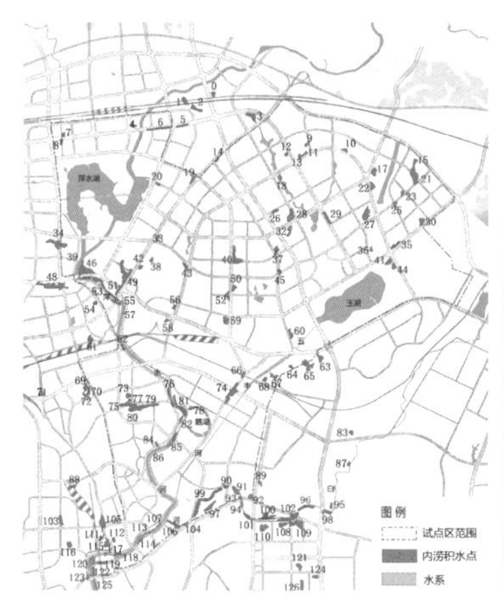

图10-26 试点区30年一遇主要内涝积水点分布图（左）

图10-27 萍乡市2016年城区内涝积水严重（右）

万龙湾片区是萍乡市老城区内涝问题最为严重的区域之一，片区积水点主要位于公园中路与观丰路交叉口万龙湾宾馆附近，雨季常发生严重内涝。以2016年为例，2016年6月15日（图10-28），萍乡市从凌晨2时至16时降雨104.8mm，五丰河河水外溢，淹没周边区域，内涝区域总面积达5hm$^2$，最大积水深度达1m；2016年7月17日～18日（图10-29），萍乡市从17日8时始至18日12时降雨79.8mm，万龙湾宾馆附近再次发生内涝，内涝区域总面积4hm$^2$，最大积水深度达0.8m。

图10-28 万龙湾片区2016年6月15日内涝积水情况

图10-29 万龙湾片区2016年7月17日~18日暴雨时积水情况

2. 原因分析

导致城区水安全问题的原因是多方面的，城市内河防洪标准低、城区排水系统不完善、雨水设施老旧破损以及源头径流量增大等都是造成萍乡城市内涝的关键因素，具体分析如下。

（1）山洪入城，导致河水漫溢

萍乡市区内的主要河流均为山区型河流，以萍水河（图10-30）为例，上游山区控制流域面积共计333.5km$^2$，萍水河在萍乡主城区的汇水面积为24.7km$^2$，上游集雨面积为城区汇水面积的13.5倍。当上游发生暴雨时，瞬时流量较大，对下游河道排水造成较大压力，导致部分河段发生漫溢，造成城市积水。

五丰河是萍乡城区的重要行洪通道，发源于白源镇庙树下，总流域面积29.4km$^2$，汇水区域见图10-31。在30年一遇的情形下，五丰河玉湖洪峰流量70.1m$^3$/s，汇入涝区后，对主城区狭窄的河道造成较大的排水压力。万龙湾片区正是在五丰河中下游位置，强降雨期间极易造成排水不畅，内涝积水严重。

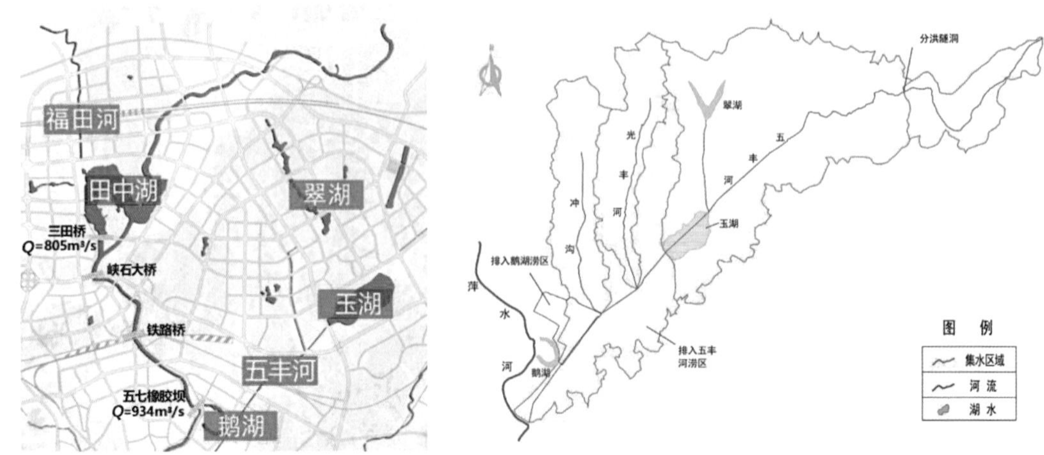


图10-30 萍水河至五七橡胶坝平面位置（左）

图10-31 五丰河汇水区域示意图（右）

（2）河道顶托，导致排水不畅

暴雨天气河道水位上涨，淹没城市排水口，城区排水受阻，引发内涝。萍水河洪水位对沿河排口及支流排水的顶托，导致萍水河下游两岸内涝频发。

萍乡市地处分水岭，萍水河与五丰河洪水均为本地降雨产生。因此，当五丰河面临行洪压力的同时，干流萍水河水位往往也在同步暴涨。五丰河为萍水河支流，下游汇入萍水河。当萍水河水位暴涨时，在萍水河水位的顶托作用下，五丰河行洪能力大大减弱。同时，河道水位的上涨造成部分沿岸排口淹没出流，也在一定程度上对周边区域排水造成影响。

萍水河对五丰河排水造成顶托，是造成万龙湾地区排水困难的主要原因。在30年一遇暴雨情形下，五丰河末端水位91.73m，而萍水河此处水位为92.45m，高于五丰河水位，导致丰河水受顶托无法排入萍水河。总之，河道顶托导致汛期城市雨水无法排出，致使低洼地区内涝成灾。

为分析萍水河外洪顶托作用的影响，对五丰河汇入点附近区域淹没情况进行情景分析（图10-32、图10-33）。情景1：五丰河与萍水河同时遭遇20年一遇洪水。情景2：五丰河遭遇20年一遇洪水时，萍水河水位比20年一遇洪水位低1m。结果显示，当萍水河水位得到有效控制，未对五丰河存在顶托影响时，五丰河周边区域内涝问题可得到明显缓解。

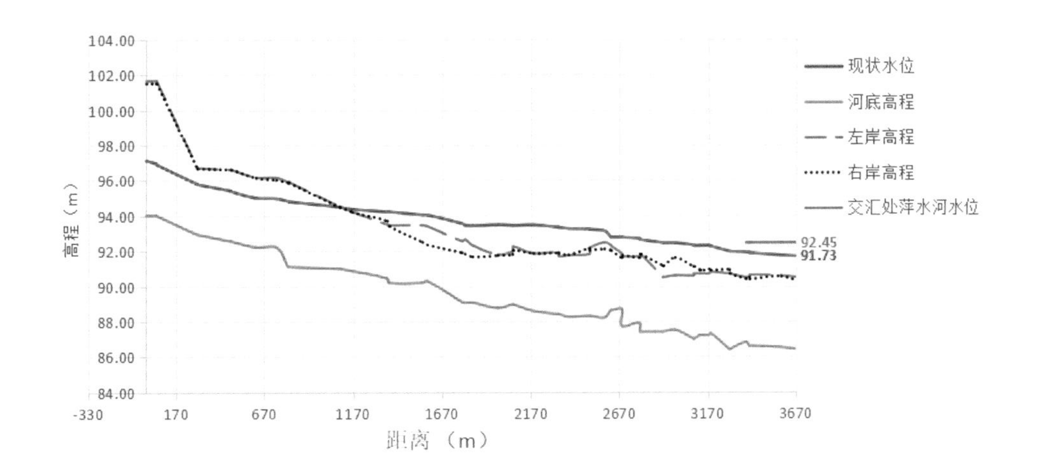


图10-32 五丰河30年一遇现状水面线图

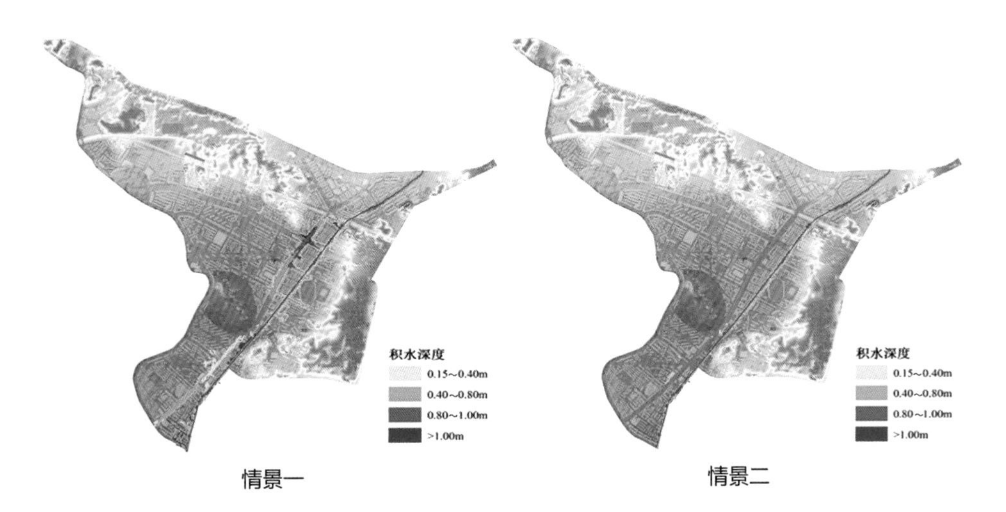


图10-33 萍水河外洪顶托作用影响分析

主城区河道狭窄，过水断面小，泄洪能力不足；另外河道上现存较多阻水构筑物和桥洞（图10-34），过水能力严重不足，导致暴雨时河道水位上涨，淹没城市排水口，造成城市排水不畅。

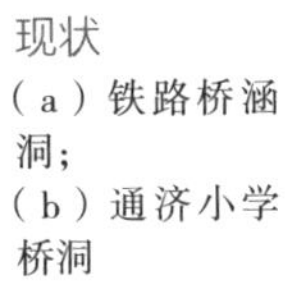

图10-34 五丰河上下游河道构筑物阻水现状
（a）铁路桥涵洞；
（b）通济小学桥洞

（3）管网能力不足，维护缺失

现状雨水管网设计标准普遍偏低，无法满足需求。城区大部分路段排水标准在0.5 年以下，且老城区管道埋深较小，管道坡度达不到规范要求。

通过管道能力评估结果（图10-35）可以发现，萍乡市中心城区现状管道约有73.65%的管道重现期为3年一遇以下，无法达到规划设计标准要求。其中56.24%的管道达不到0.5年一遇的标准，65.65%的管道达不到1年一遇的标准。

图10-35 萍乡市中心城区排水管道重现期评估结果图

萍乡市老城区普遍存在大管套小管、管道逆坡铺设的现象。根据管网普查，中心城区共存在19处管道逆坡、14处大管套小管现象，其中较为严重的万龙湾片区共有10处管道明显逆坡、8处大管套小管现象，见图10-36、图10-37。

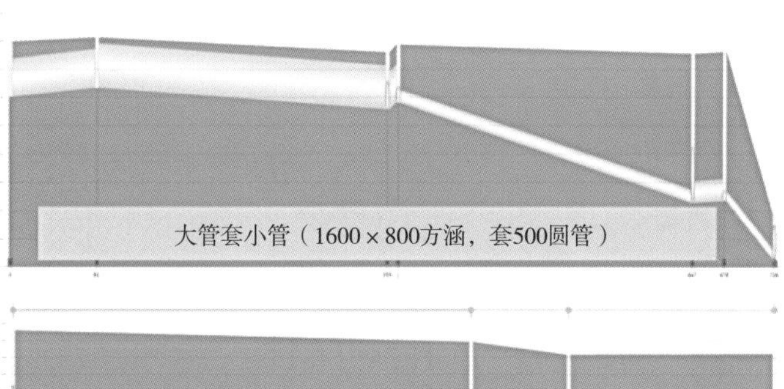


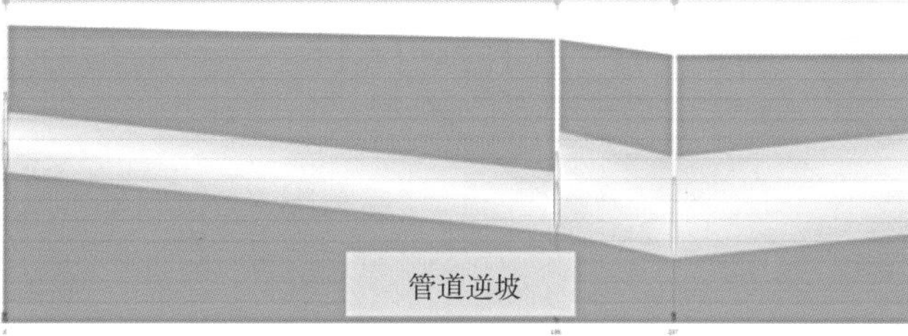


图10-36 万龙湾片区大管套小管及管道逆坡分布图（左）

图10-37 建设东路大管套小管及管道逆坡情况示意图（右）

老城区部分区域雨水口数量少、排水口标高不合理导致雨水收集能力不足，也是导致雨天积水的一个重要原因。老城区排水系统建设年限较早，已有设施老旧，新设施建设滞后，排水能力无法满足城市发展的需要。

（4）源头产流量大，管控不足

试点区现状年径流总量控制率约为48.3%，其中老城区用地规划布局不合理，开发密度高且强度大，多为老旧小区（图10-38），建设杂乱无章，小区内基本无绿地或绿化率很低，现状年径流总量控制率仅有20%~40%。

图10-38 老城区建筑与小区现状

（5）地势低洼区域，应对缺乏

由于地势低洼，降雨时雨水快速通过地面汇流至地势低点，且无法顺利排放，导致长时间积水。同时这些区域缺少针对性的防涝措施，汇集的雨水排出速度较慢，造成积水，影响居民生活。

由典型内涝点区域高程示意图（图10-39）可看出，万龙湾内涝点和白源河清源小区均处于萍水河、五丰河两岸地势低洼区，清源小区与北侧地块高差达5～9m，万龙湾内涝点与周边高差达2～3m。

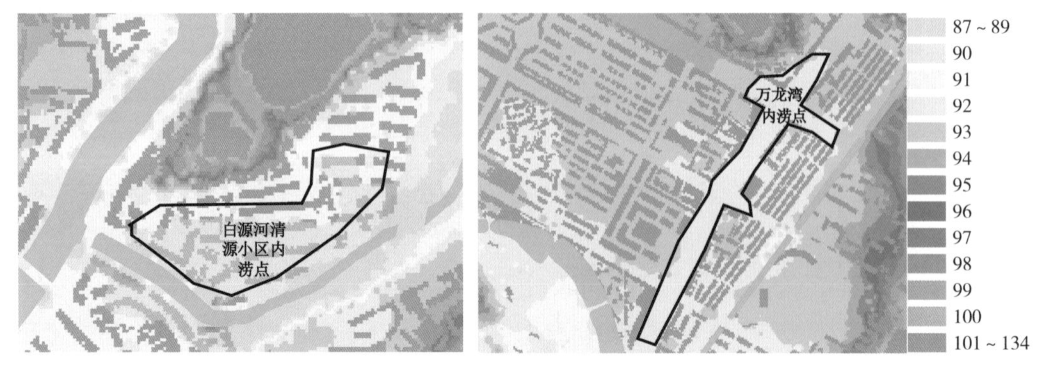


图10-39 白源河清源小区和万龙湾区域典型内涝点高程示意图

（6）典型内涝点分析

萍乡试点区内存在八一街内涝点、万龙湾内涝点、山下路内涝点、跃进北路内涝点和小桥背社区内涝点5处较为严重的典型积水点。本案例选取万龙湾内涝点和八一街内涝点2处积水点，进行积水原因分析。

1）万龙湾内涝点

万龙湾附近属于极易积水区域，暴雨时期此处积水量大，积水深度大（图10-40）。现状模拟情景中，该积水点积水面积5.86hm$^2$，积水量1.87万m$^3$。

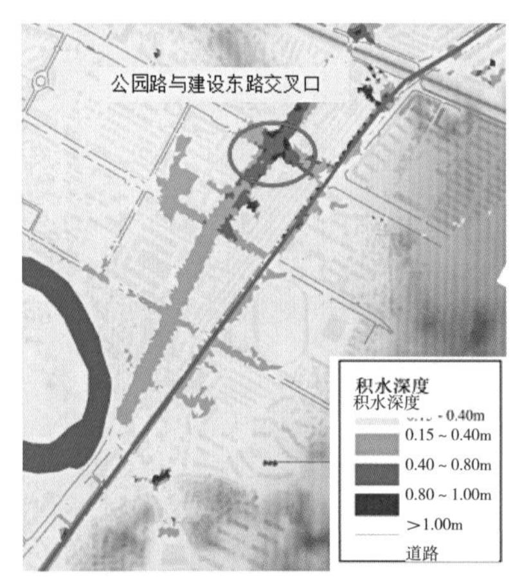


公园路与建设路交叉口30年一遇（2h）内涝情况

公园路与建设路交叉口6.15内涝情况

公园路与建设路交叉口7.18内涝情况

图10-40 万龙湾区域内涝点现状图

该区域管道系统设计标准低，经评估，该汇水区内大部分管网处于0.5～1年一遇的设计标准。暴雨时期下游河道水位高，雨水管基本全部处于淹没出流状态，管道排水能力受到较大影响。此外，万龙湾路口为周边区域最低点，导致周边积水沿路汇入该积水点（图10-41）。

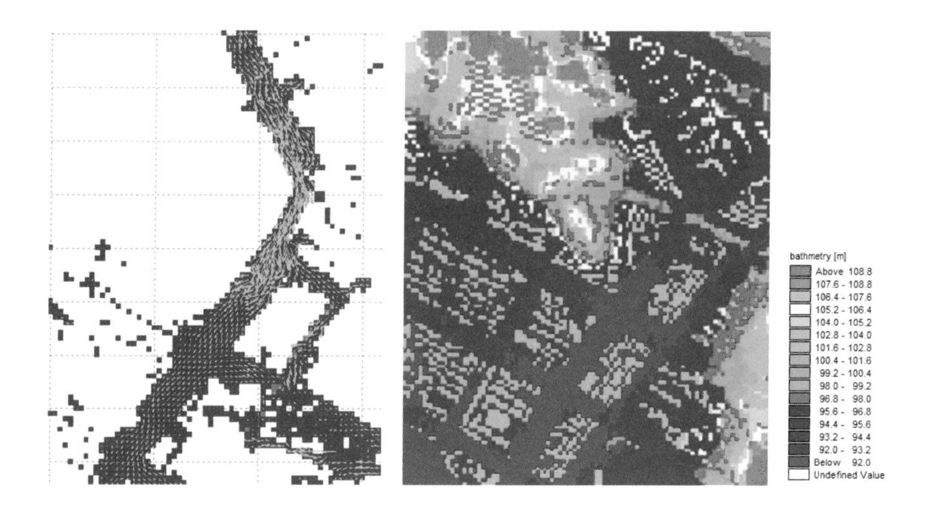


图10-41 万龙湾积水点积水流向及周边地形图

万龙湾周围管道系统下游出口在五丰河，五丰河防洪标准过低，泄洪断面不足，多处老桥进一步减小了河道过水能力，暴雨时期大量客水涌入，雨水甚至漫过河岸，超高的河水位对沿岸的雨水排水管道造成巨大顶托作用，上游雨水很难顺利排入河道，相反，部分河水反而从河道中通过管道倒灌。

2）八一街内涝点

积水点位于西环路八一街附近，总积水面积达5.3hm$^2$，总积水量2.51万m$^3$，见图10-42、图10-43。

图10-42 八一街积水区范围示意图

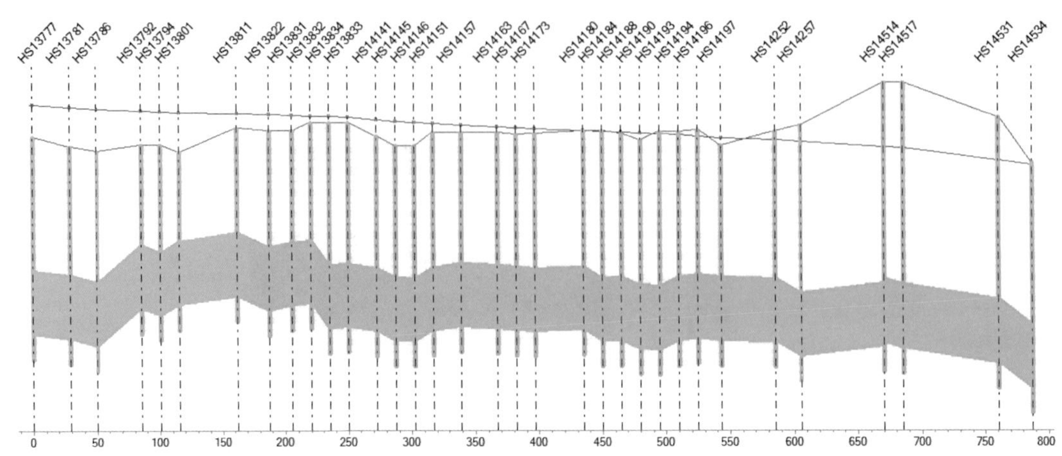


图10-43 八一街主干管水力负荷示意图

吉星街上有三套排水管网平行铺设，设计标准不一，最终集水区内雨水都通过主干管排放至萍水河。排河主干管管径为0.8m，而其上游八一街过来的主干管管径1.2m，此处成为整个上游排水系统的瓶颈地段，严重影响了整个排水系统的排水能力。

### 10.2.2 水环境问题

1．水质情况

试点区水体总体水质良好，但部分时段三田断面和南门桥断面水质不稳定。

萍乡市主城区监测考核河道为萍水河，萍水河上设有8个省控监测断面，位于试点区内的监测断面为三田断面和南门桥断面。萍水河水质总体良好，可达地表水III类标准；但流经萍乡市城区过程中，河流水质呈恶化趋势，部分时段部分河段水质劣于地表水IV类标准。

试点区萍水河和五丰河下游为萍乡市老城区，两岸集中分布居住用地和工业企业厂矿，部分地段污水管网建设不完善。萍水河和五丰河枯水期上游来水减少，水体稀释和自净能力减弱。白源河沿河居民直排，新建在建居住用地没有接入配套市政污水管线，以上现象均导致污水直接排河。

2．原因分析

经计算，试点区污染物排放量基本与环境容量持平，然而枯水期的部分时段污染负荷超出环境容量，导致水质恶化。造成污染物排放的主要原因：一是污水直排水体，包括污水管网未完善、农村沿河截污不彻底等；二是合流制溢流未得到有效控制，存在现状截污倍数偏小、管道错节塌陷等问题；三是面源污染在冲刷作用下汇入水体；四是垃圾和淤积底泥释放的内源污染。

（1）点源污染成因

萍乡市老城区均为截流式合流制，新建区域为分流制。针对排水体制特点，从直排污水排放量和合流制溢流排放量两大方面分析试点区的点源污染。

试点区污水直排量约9440m$^3$/d，污染物负荷排放量为1551t/a（以COD计），包括临河建筑直排、区域性分流制污水管道直排、合流制管道污水无截流措施或截流不彻底的直排等。

萍乡市城区现状排水体制为雨污合流截流制。萍水河沿岸分布有43个，五丰河沿岸分布有30个。溢流口较多，截流能力考虑不足，溢流污染严重。通过模型模拟，典型年2008年降雨次数95次，各溢流口平均溢流次数为30次。试点区内的87个合流制溢流排放口共溢流水量113.15万$m^3$/a，污染物负荷排放量509.34t/a（以COD计）。以P4合流制溢流排放口（图10-44）为例，模拟结果显示，此排放口在典型年2008年共溢流36次，溢流水量为1.46万$m^3$/a。

经测算，萍乡试点区污水日均产生量约为16.26万$m^3$，污水入河量（直排+溢流）为1.25万$m^3$，占总水量的7.7%；污染物负荷排放量为2060t/a（以COD计）。

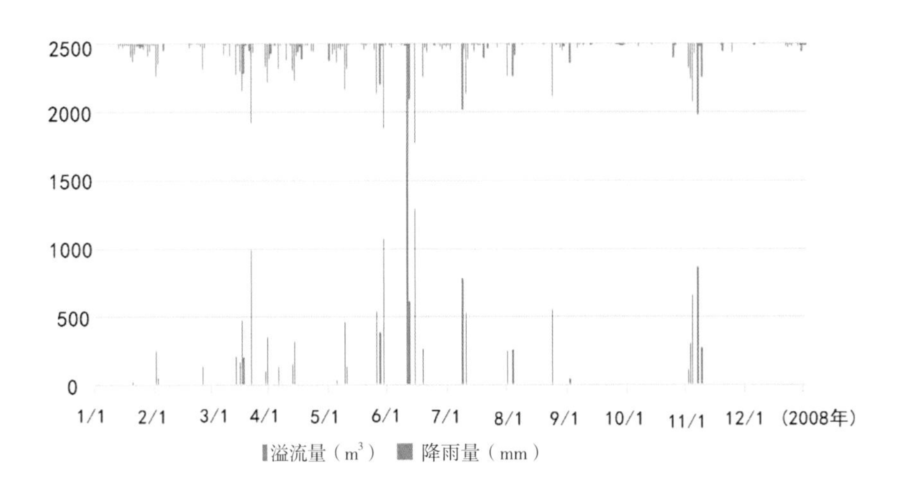


图10-44 P4合流制溢流排放口模拟结果图

（2）面源污染成因

萍乡市试点区基本为建成区和新建城区，城市径流污染为最主要的污染源，以COD计，城市面源为1973t/a，农业面源为658 t/a。

（3）污染负荷超过环境自净能力

经核算，试点区污水排放负荷为4691t/a（以COD计），超过试点区环境容量4486t/a。其中，试点区萍水河流域和白源河流域污染负荷小于水环境容量，五丰河流域污染负荷大于水环境容量。但因五丰河和白源河的污染负荷最终汇入萍水河，如算上自身污染负荷以及支流五丰河和白源河污染物的汇入，萍水河的污染总量达到4691t/a，污染负荷总量远远超出自身水环境容量（2663t/a），污染负荷与环境容量比值达到1.76倍。这种情况造成了萍水河出境断面与入境断面污染负荷大幅上升，水质呈恶化趋势。

综上，造成试点区河道水环境污染加剧的最主要原因是污染负荷排放量大，污染负荷主要来源于污水直排污染（14个排污口，直排污水量9440$m^3$/d），合流制溢流污染（87个溢流口，平均溢流30次/年，溢流污水量113万$m^3$/a），面源污染未得到有效控制（以COD计，面源污染负荷2631t/a）等。

### 10.2.3 水生态问题

1．现状问题

（1）生态格局存在问题

试点区湖泊河流水体较小，城市未能有效蓄水，城市小气候无法得到较好改善；随着城市的发展，城区周边耕地逐渐减少，直接影响地表径流和城市生态，导致径流量增大、生态失衡和生物多样性减少。

（2）河湖生态岸线薄弱

试点区内的萍水河、五丰河以及白源河等大部分河湖岸线在多年的开发建设中，大部分已改造成直立硬质化驳岸，城区现状河道生态岸线比例不足35%，不仅破坏了河道的自然属性，而且破坏了河岸植被赖以生存的基础。且河道滨岸无绿化带，大型的绿地广场存在使用功能偏重、生态功能偏弱的状况，水生态需进一步改造完善。

（3）公园绿地分布不均

试点区现有公园绿地分布存在外围绿地相对较多、中心城区绿地少、分布不均匀的问题。特别是老城区绿地奇缺、街旁绿地较少。公园绿地的功能与形式比较单一，缺乏地方特色，休闲设施配套不足，绿化形式单一。

（4）现状径流控制率较低

通过对试点区现状情景下地块径流的模拟，试点区现状年径流总量控制率约为48.3%，其中中心城区老城区地块的年径流控制率约为37.6%，工业园区年径流总量控制率约为46.7%，新城区年径流总量控制率约为54.3%。

2．原因分析

（1）天然径流关系被破坏

随着城市的发展，城市周边农林用地逐渐被改造为建设用地，城市硬化率不断增加。自然条件下，降雨渗入土壤、水体，就地补充地下水或地表水，而在地面硬化的城区中，快速累积的大量地表径流，经由管网系统集中排放至水体，导致综合径流系数逐年增加，地表径流量增大，水体交换被阻隔。

（2）试点区水体面积不足

萍乡市试点区现状水面率仅为4.5%，且枯水期水量不足，水体流动性有限，城市生态缺乏水体要素的支撑。

（3）早期河道治理只注重防洪功能

建立的驳岸多为直立硬质化驳岸，未树立起生态建设的理念，没有考虑驳岸的景观、文化、生态等其他功能。

### 10.2.4 水资源问题

萍乡市海绵试点区内无大江大河，地形制约也导致区域内无大型水利设施和输水工程，呈现工程型缺水的局面。试点区水资源季节分布不均，约62%分布在汛期。用水高峰期存在缺水风险。

水资源利用方式粗放、水资源调配和监控力度不足、供水漏损率过高，进一步加剧萍乡市水资源紧缺。

非传统水资源利用在规划中未受到重视，未规划再生水利用管线和雨水集蓄利用设施，未能发挥其作为河道旱季补水、绿化浇灌、道路清洗的补充水源的作用。

## 10.3 建设目标及技术路线

### 10.3.1 总体目标

针对试点区存在的内涝积水灾害频发、水质呈现恶化趋势、城市生态空间缺失、人居环境短板突出等问题，提出水安全、水环境、水生态、水资源等四方面指标体系。通过指标体系构建，进行海绵城市试点建设，城市生态空间得到有效保护、排水防涝能力提升、水环境得到改善、城市公共服务品质提升，重点解决内涝积水频发、水质恶化、居民生态空间不足的问题，最终实现“小雨不积水、大雨不内涝、水体不黑臭、热岛有缓解”的海绵城市整体建设目标。在“全域管控—系统构建—分区治理”的核心技术路径的指引下，形成独具特色的江南丘陵地区海绵城市建设的萍乡模式。

### 10.3.2 分项指标

为实现海绵城市建设总体目标，萍乡市在海绵城市建设行动计划中提出年径流总量控制率、防洪标准、排水防涝标准等指标，以实现水安全提升、水生态恢复、水环境改善、水资源利用等综合指标。此外，在系统化方案中新增几项支撑性指标：为实现内涝防治的目标，增加湖库调蓄能力、泵站抽排能力和内涝点消除的指标；为实现地表水体断面水质达标率100%的目标，增加合流制溢流频次指标，增加直排点消除指标，具体指标值见表10-11。

针对萍水河等河道仅为5年一遇防洪标准、城区防涝标准不足5年一遇、内涝积水严重等水安全问题，通过大排水系统构建、河道治理和排水管网整治等工程，使萍水河达到50年一遇防洪标准、五丰河和白源河达到20年一遇标准，防洪堤达标率达到100%，使城区内涝防治达到30年一遇设计暴雨不成灾，新增365万$m^3$湖库调蓄能力和75$m^3$/s泵站抽排能力。

针对现状仅为48%的年径流总量控制率和33%的生态岸线比例，通过下垫面改造、LID设施布局、生态岸线改造、湖体建设等工程，实现年径流总量控制率75%的规划目标和生态岸线恢复比例大于75%，实现天然水域面积保持程度大于6.56%。

针对试点区内河道部分河段水质无法稳定达标、合流制溢流口溢流次数达到年均25次以上和面源污染无削减等水环境问题，通过控源截污、内源治理、生态修复和活水提质等系统工程，实现试点区内地表水体断面水质100%稳定且达到Ⅲ类标准、污水直排点100%消除、合流制溢流频次控制在平水年10次以内和初雨SS污染削减率50%。

针对现状基本没有水资源利用的情况，通过雨水集蓄综合利用和规划再生水处理回用等方式，实现雨水资源利用率达12%。

萍乡市海绵城市建设分项指标表　　表10-11

| 类别 | 目标 | 指标名称 | 现状情况 | 目标分项指标值 | 备注 |
|---|---|---|---|---|---|
| 水安全提升 | 防洪排涝能力显著提升 | 防洪标准 | 5年一遇 | 萍水河达到50年一遇防洪标准；<br>五丰河、白源河达到20年一遇标准 | 申报项 |
| | | 防洪堤达标率 | 不达标 | 100% | 申报项 |
| | | 内涝防治 | 不足5年一遇 | 30年一遇设计暴雨不成灾 | 申报项 |
| | | 湖库调蓄能力 | — | 新增365万$m^3$ | 新增项 |
| | | 泵站抽排能力 | — | 新增75$m^3/s$ | 新增项 |
| 水生态恢复 | 恢复自然水文循环 | 年径流总量控制率 | 48% | 75% | 申报项 |
| | | 生态岸线恢复 | 33% | 大于75% | 申报项 |
| | | 天然水域面积保持程度 | 4% | 大于6.56% | 申报项 |
| 水环境改善 | 水环境质量稳定达标 | 地表水体断面水质达标率 | 部分河段无法稳定达标 | 100%，达到Ⅲ类 | 申报项 |
| | | 初雨污染控制 | 无削减 | SS削减率50% | 申报项 |
| | | 直排点消除 | 15个 | 100%消除 | 新增项 |
| | | 合流制溢流频次 | 平水年排口年溢流25次以上 | 平水年排口年溢流控制在10次以内 | 新增项 |
| 水资源利用 | 非常规水资源合理利用 | 雨水资源利用率 | 0 | 12% | 申报项 |
| 显示度 | 连片示范效应 | | — | 连片面积达到要求 | 申报项 |

1．水安全指标

水安全提升的目标是提高城市排水防涝能力，实现在30年一遇设计暴雨下不成灾。主要通过大排水体系构建，形成“源头减排—过程控制—系统治理”有机衔接、互为补充、富有弹性的城市排水系统体系。通过提升上游湖库调蓄能力、下游泵站抽排能力、河道泄洪能力、管道排泄能力等，综合保障水安全目标的实现。源头减排方面，通过地块海绵改造，实现雨水的分层滞留、就地消纳，达到年径流总量控制率75%的目标要求，理论上22.8mm以下的降雨均可通过海绵设施实现就地消纳。过程方面，控制75mm的降雨，应通过提升萍水河、五丰河、白源河防洪标准，提升新增主干管网重现期标准，新增五丰河流域泵排能力75$m^3/s$来实现。系统治理方面，控制105mm的降雨，应重点通过蓄滞洪空间、调蓄池、排涝泵站等系统治理措施解决。通过上述措施（图10-45）基本可确保达到30年一遇设计暴雨不成灾的规划目标。

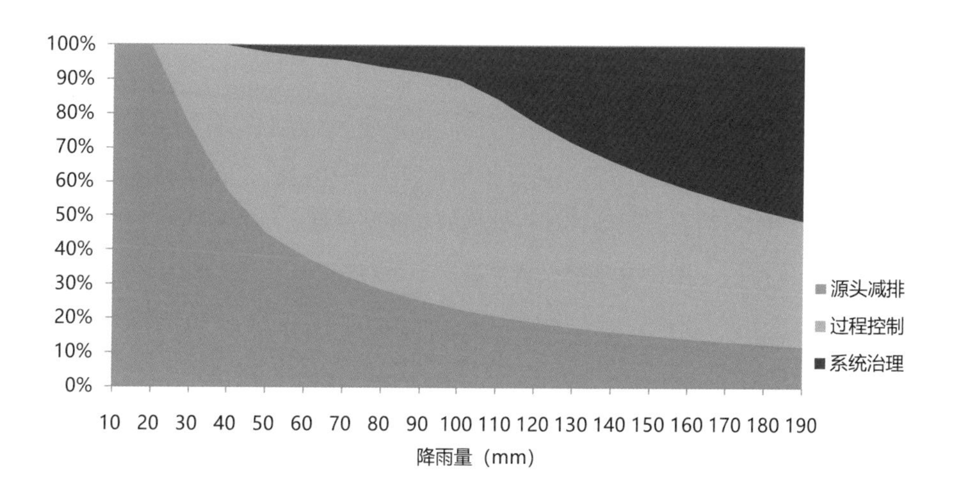


图10-45 源头减排、过程控制、系统治理措施在不同降雨情景下的分担比例

（1）防洪堤达标率

城区萍水河主河道防洪标准应按照50年一遇洪水设防，五丰河为萍水河支流，按照20年一遇标准设防。防洪堤达标率达到100%。

（2）湖库调蓄能力

在萍水河上游建设萍水湖，实现300万$m^3$的调蓄库容；在五丰河中游对玉湖和鹅湖进行改造，调蓄库容分别提升至50万$m^3$和15万$m^3$，实现试点区湖库调蓄能力整体提升至365万$m^3$。

（3）泵站抽排能力

为解决五丰河流域下游顶托导致的万龙湾内涝区积水问题，分别在鹅湖新增60$m^3$/s抽排能力，在五丰河口新增15$m^3$/s抽排能力，共实现75$m^3$/s抽排能力。

2．水生态指标

（1）年径流总量控制率

年径流总量控制率是海绵城市建设的核心指标，该指标的实现涉及内涝问题缓解、径流污染控制等因素，但本质上是恢复自然水文生态循环的重要标志。

综合考虑中心城区下垫面情况、土壤下渗性、水系分布等自然条件以及未来开发建设情况，确定年径流总量控制率。综合运用模型计算，对于老城区，以解决存在问题为导向，计算应达到的年径流总量控制率；对于新城区，根据开发前本底条件，以海绵城市建设理念进行开发，计算得到规划设定的年径流总量控制率目标。

1）下垫面特征

为尽量恢复城市未开发状态下自然水文生态循环，参考原始开发条件下降雨径流外排率25%~30%的特征，年径流总量控制率应大于70%。

2）短历时强降雨特性

萍乡市降雨年际变化大，年内分配不均，降水多集中于汛期（4~9月），约占全年降水量80%。针对萍乡市降雨和内涝特性，结合萍乡市降雨数据进行设定，通过模型模拟分析，需源头、过程、末端综合控制，源头需削减径流峰值流量5%~10%，延缓汇流时间5~10min，针对每个地块采用模型计算分析后，为满足此需求，年径流总量控制率需大于73%。

3）初期雨水面源污染

萍乡市初期雨水面源污染比较严重，若年径流总量控制率的目标过低，雨水携带污染物进入内河的量将增多，加剧内河污染。通过模型计算（图10–46），在明确水体环境容量以及点源、面源削减量的基础上，明确各种污染物的面源削减率，为保证此削减率，针对各个地块采用模型计算分析后，年径流总量控制率需不小于74%。

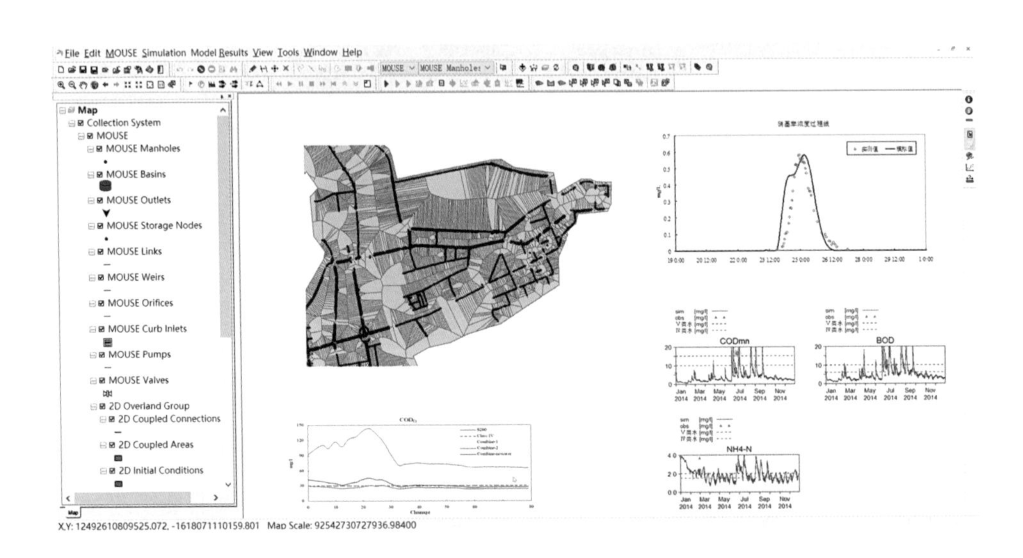


图10–46 水质模型污染物模拟过程图

4）土壤渗透能力

萍乡市试点区表层土壤多为耕植土、杂填土、素填土等，性状多为壤黏土或砂黏土，渗透性较差，渗透类设施适宜性较弱。同时，区域部分用地受到地形坡度限制以及水源涵养区、工业区的要素限制，存在土壤下渗能力较差或具有一定的下渗污染风险的区域，这些区域在海绵城市措施选取上优先考虑“蓄、滞、净”等措施，其次考虑“渗”的措施，初步明确试点区年径流总量控制率不宜小于65%。

5）季节性内河水系

试点区内多为季节性河流，春冬两季水流较小，夏秋季汛期水流较大。从维持城市水系统良性循环的角度考虑，年径流总量控制率的目标不宜过高，不宜大于90%。

6）水资源量相对短缺

萍乡市多年平均水资源总量35.68亿$m^3$，人均水资源量1896$m^3$，尤其是中心城区人口近70万人，安源区和湘东区的总水资源量为8.23亿$m^3$，但当地城镇人均水资源不到1200$m^3$。萍乡市是全国110个严重缺水城市之一，更是南方少有的兼资源性、工程性和水质性缺水城市。从雨水资源利用角度考虑，年径流总量控制率不宜过低，为提高雨水资源化利用率，缓解资源型缺水危机，年径流总量控制率的目标宜大于71%。

7）老城区改造难度

试点区中，老城区用地规划布局不合理，开发密度高且强度大，多为老旧小区，建设杂乱无章，小区内绿化率较低，改造空间有限，改造难度较大。从可操作性角度考虑，年径流总量控制率的目标不宜大于80%。

8）政策文件要求

《海绵城市建设技术指南》将我国大陆地区大致分为五个区，并给出了各区年径流总量控制率$\alpha$的最低和最高限值，即I区（85%≤$\alpha$≤90%）、II区（80%≤$\alpha$≤85%）、III区（75%≤$\alpha$≤85%）、IV区（70%≤$\alpha$≤85%）、V区（60%≤$\alpha$≤85%）。萍乡市属III区，其年径流总量控制率$\alpha$取值范围为75%≤$\alpha$≤85%。根据《国务院办公厅关于推进海绵城市建设的指导意见》（国办发［2015］75号）各地应将70%的降雨就地消纳和利用，因此，萍乡市年径流总量控制率不宜低于75%的控制目标。

综合以上因素，通过构建相关模型，并反复多次校核后，最终确定试点区海绵城市雨水系统的年径流总量控制率应达到75%，对应设计降雨量为22.8mm，见表10-12和图10-47。

萍乡市年径流总量控制率与对应设计降雨量 表10-12

| 年径流总量控制率 | 60% | 70% | 75% | 80% | 85% |
|---|---|---|---|---|---|
| 设计降水量（mm） | 14.2 | 19.3 | 22.8 | 27.1 | 33.0 |

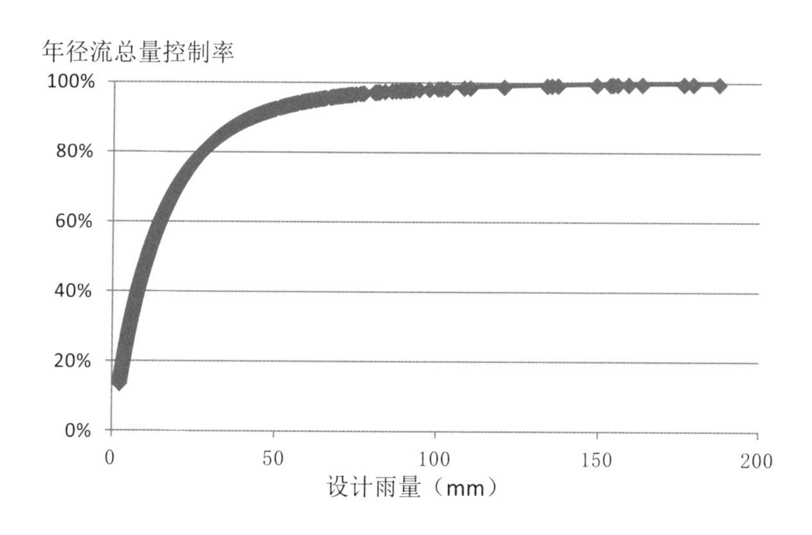


图10-47 萍乡市“年径流总量控制率—设计雨量”曲线

（2）天然水域面积保持程度

随着萍乡城市快速发展，开发强度不断增强，人与水争地现象愈发明显，水面率由20世纪80年代的7%降至4%。同时为实现湖库调蓄能力提升，湖库水域面积应增加0.51km$^2$。综合考虑实施可行性，为最大化恢复自然生态空间，并实现雨洪调蓄能力的提升，试点区内水面率应达到6.56%以上。

（3）生态岸线恢复

目前萍乡市城区内岸线已丧失了河道的自然属性，而且破坏了岸线植被赖以生存的基础。为恢复城市生态空间，在不影响防洪安全的最优前提下，对城市河湖水系岸线进行生态恢复，恢复其生态功能，达到蓝线控制要求，生态岸线比例应达到75%以上。

3．水环境指标

（1）地表水体断面水质达标率

萍乡市中心城区主要河流萍水河、五丰河和白源河上游来水水质较好，部分指标可达Ⅲ类水标准。但河道流经萍乡市城区过程中，由于受沿岸排口排污影响，河道水质恶化，部分时段部分断面出现劣Ⅴ类水质。海绵城市建设完成后，沿岸排口溢流频次大幅减少，河道水质的污染因素可得到有效消除。按水环境功能区划要求，地表水体断面水质达标率应达到100%。

（2）直排点消除

试点区还存在分流制直排口8个，合流制直排口7个，为保障水环境质量，直排点应100%消除。

（3）合流制溢流频次

根据平水年（2008年）实际降雨数据，综合考虑河道上游来水量、溢流污水量、溢流次数、污染物的自然净化，采用一维水质模型分析溢流污染问题发生后河道水质恢复所需时间，结果显示雨后河道水质恢复需1～8天时间（与降雨量及溢流污染量相关），平均约3～4天。综合考虑上述因素，为确保地表水体断面水质达标率达到90%以上，提出平水年主要排口年溢流次数控制在10次以内。

（4）初雨污染控制

综合考虑河道环境容量、现状污染负荷，结合萍乡市海绵城市建设基底条件和实施难度，合理分配点源、面源污染物削减比例，最终将SS去除率目标设定为50%。

### 10.3.3　技术路线

萍乡市海绵城市试点区系统化方案是一个多目标、多途径、综合性、系统化的工程方案。即针对同一目标有多项不同的工程措施和实现途径，同时每项工程措施的实施也可以对多个不同的问题产生不同程度的治理效果，最终通过一套综合的工程方案，实现各项问题的系统解决。萍乡在“全域管控—系统构建—分区治理”核心技术路径的指引下，制定“新城区以目标为导向，老城区以问题为导向”的实施策略，形成独具特色的江南丘陵地区海绵城市建设的萍乡模式。

在海绵城市具体实施过程中，由于萍乡市山地丘陵区的地形特征，排水分区较破碎，为保持相关工程的系统性、保证系统整体目标的实现，试点区海绵城市建设以河道为核心的流域分区展开，在总体系统的构建基础上，针对不同的河道流域进行衔接和落实。在总体蓄排平衡体系下，以萍水河、五丰河和白源河三大流域为对象，从水生态建设、水环境改善、水安全提升和水资源利用四个方面制定技术措施，以“源头减排、过程控制、系统治理”三大手段为工具，通过技术比选和优化，在流域层面确定海绵城市建设项目，落实海绵城市设施布局，制定海绵城市积水点改造和污染物削减等建设计划，技术路线见图10-48。

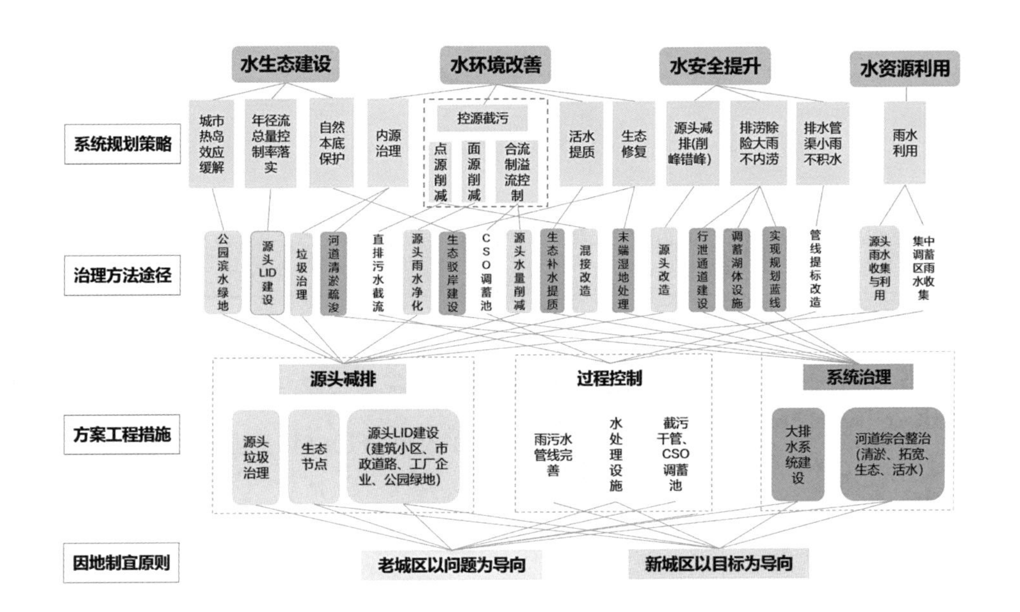


图10-48 萍乡市试点区海绵城市总体技术路线图

## 10.4 总体方案

### 10.4.1 汇水分区划分

萍乡市海绵城市试点建设以流域为对象，在流域范围内构建系统性的项目体系，以实现拟定的指标，解决流域内的主要问题。项目实施层面以排水分区为单元，落实项目建设主体和实施计划，推动项目建设。

基于地形数据，结合河流水系分布情况，计算试点区水流方向，本项目构建的萍乡市海绵试点区最终划分为萍水河流域、五丰河流域和白源河流域3个汇水流域（图10–49和表10–13）。

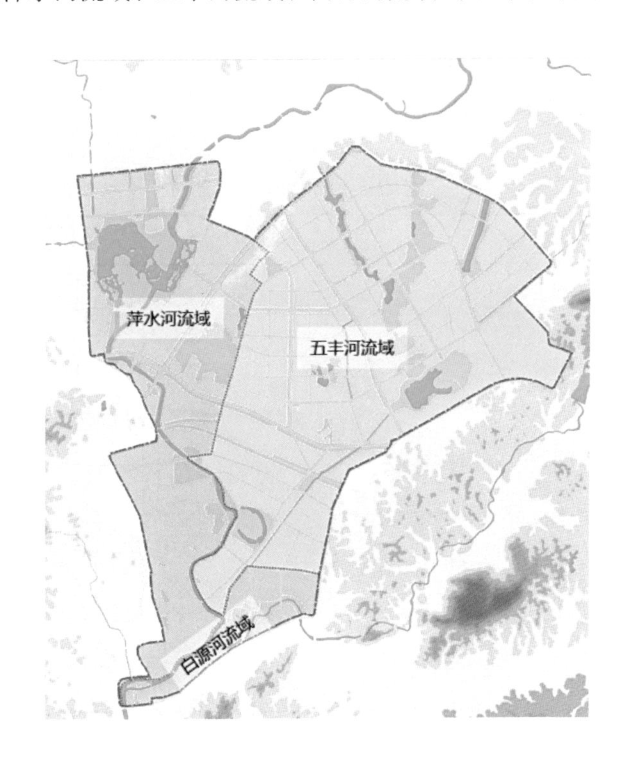


图10-49 试点区流域划分示意图

萍乡试点区汇水分区一览表　　表10-13

| 汇水分区名称 | 面积（km²） |
| --- | --- |
| 萍水河流域 | 11.32 |
| 五丰河流域 | 19.92 |
| 白源河流域 | 1.74 |

在汇水流域划分的基础上，基于排水管网布局和排口分布，进一步划定排水分区。萍乡市海绵城市建设试点区共分为15个排水分区（图10-50和表10-14）。排水分区具有相对独立的排水系统，是监测评估的基本单元。

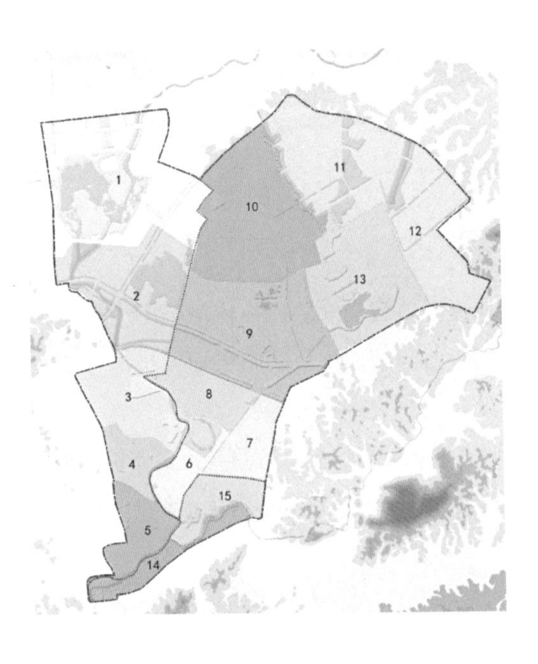


图10-50 试点区排水分区划分示意图

萍乡试点区排水分区一览表　　表10-14

| 流域名称 | 排水分区编号 | 汇水面积（km²） |
| --- | --- | --- |
| 萍水河流域 | 1 | 4.74 |
|  | 2 | 2.97 |
|  | 3 | 1.82 |
|  | 4 | 0.77 |
|  | 5 | 1.02 |
| 五丰河流域 | 6 | 1.01 |
|  | 7 | 1.08 |
|  | 8 | 1.25 |
|  | 9 | 3.93 |

续表

| 流域名称 | 排水分区编号 | 汇水面积（$km^2$） |
| --- | --- | --- |
| 五丰河流域 | 10 | 3.74 |
| | 11 | 3.33 |
| | 12 | 2.52 |
| | 13 | 3.06 |
| 白源河流域 | 14 | 0.72 |
| | 15 | 1.02 |

## 10.4.2　自然本底保护

### 10.4.2.1　汇流路径保护

利用卫星数字影像和GIS软件分析，得到径流路径和低洼地分布，见图10-51，道路走向与2级汇流路径走向基本一致，萍水河、五丰河、白源河等河道走向与3级汇流路径基本一致。

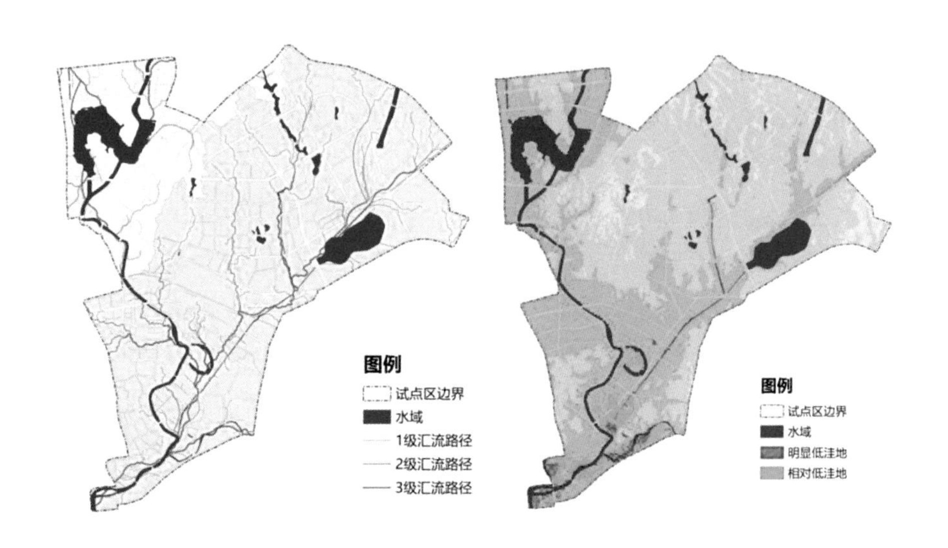


图10-51 试点区汇流路径和低洼地分布图

### 10.4.2.2　自然低洼地保护

试点区范围内低洼地主要分布在试点区南部，萍水河、五丰河与白源河下游沿河一带，低洼地总面积为80.9$hm^2$，占试点区总面积的2.5%，其中明显低洼地总面积为55.2$hm^2$，占试点区总面积的1.7%。低洼地大部分为已建老城区，以居住用地、商业用地为主，建设年限较早，低洼地的洪涝风险防范意识不足，建设时未进行填洼处理。

针对试点区内12处低洼地，保护策略如下：

（1）八一街—西环路低洼地，为经常性的内涝积水区域，现状为居住用地和商业用地，建议在西环路新建排水主干管，将雨水引入萍水河，并新建调蓄池与排涝泵站，保证区域排水安全。

（2）萍水北路低洼地，现状为居住用地，位于萍水路北侧，易受萍水河顶托，周边无天然调蓄水体，建议在附近修建人工调蓄池，并完善排水管网，将多余雨水引入其中。

（3）南门桥北低洼地，现状为居住用地，规划为沿河绿地与居住用地，应严格遵循绿线保护办法，减轻排涝压力，对于暂时没有条件改变用地类型的居住区，建议进行区域排水管网改造，并修建排涝泵站，将多余积水强排至萍水河。

（4）小西门低洼地，为萍水河北侧绿地，应严格遵循绿线保护办法，对于未达到标准的，按绿线建设绿地，以保证区域水安全。

（5）萍乡市电子商务创业园低洼地，现状为商业服务用地，南侧为鹅湖公园，可将积水排放至鹅湖天然调蓄水体，结合区域雨水管网改造，对其进行治理。

（6）五丰河沿岸低洼地，为已建的公建和商服用地，五丰河与金陵西路交叉口为经常性积水点。五丰河行洪能力不足，现状防洪标准低于10年一遇，暴雨时水位显著升高，无法作为有效的行泄通道，应避免五丰河的顶托与倒灌，并完善排水系统。建议沿公园路设置雨水通道，将雨水送至鹅湖，同时开挖箱涵引五丰河洪涝水至鹅湖，再通过鹅湖排涝泵站排入萍水河，保证区域排水安全。

（7）鹅湖周边低洼地，为鹅湖公园绿地，能够保证区域排水安全，建议对其进行现状保留。

（8）公园路与康庄路交叉口低洼地，现状为商服用地，建议结合区域雨水管网改造与河道治理，增加雨水篦子，保证溢流雨水的收集，有条件时可考虑建设人工调蓄设施，或调整用地类型为绿地。

（9）繁荣巷低洼地，位于五丰河与萍水河交汇处，现状主要为居住用地和公建用地，暴雨时受到五丰河的顶托甚至倒灌。建议在五丰河出口设置出口控制闸与排涝站，当萍水河外河水高于五丰河内河水时，将五丰河内部分洪水抽排至萍水河，维护排水安全。

（10）白源河下游清源小区低洼地，现状以居住用地和农田为主，规划用地类型有近一半为绿地，其他为居住用地。规划为绿地的区域能够保留天然滞水空间，对降雨进行有力调蓄，维护水安全；规划为居住用地的明显低洼地，存在排涝压力过大的风险，建议针对此类区域，未建成区规划用地类型进行适当调整，已建成区根据需要改造区域管网，规划行泄通道，增设排涝泵站，防止城市内涝。

（11）萍水河沿河低洼地，大部分处于萍水河蓝线控制范围，应严格遵循蓝线保护办法；其余部分为已建居民区，应增大区域管网排水能力，规划行泄通道，防止内涝。

（12）城南汽车站低洼地，现状以居住用地、商业用地和农田为主，建议规划为居住用地的农田调整其用地类型为绿地，已建城区加强排涝泵闸和人工调蓄设施建设，将积水就近排入萍水河，减轻排涝压力，保证水安全。

#### 10.4.2.3 河道蓝绿线落实

城市规划建设中，应对河、湖、库、渠、人工湿地、滞洪区等城市河流水系实现地域界线的保护与控制，划定蓝绿线，结合《萍乡市城市总体规划（2008～2020）》《萍乡市海绵城市中心城区水系规划》等相关水系规划进行控制，明确界定核心保护范围。

原则上参照《城市蓝线管理办法》《江西省河道管理条例》《萍乡市城市绿化条例》等进行建设和保护。试点区河流湖泊的蓝绿划定宽度见表10-15，蓝绿线保护范围分布见图10-52。

萍乡市试点区河湖蓝绿线宽度一览表　　表10-15

| 序号 | 名称 | 蓝线宽度（m） | 绿道宽度（m） |
|---|---|---|---|
| 1 | 萍水河 | 30 | 10 |
| 2 | 萍水湖 | 10 | 20 |
| 3 | 五丰河 | 20 | 5 |
| 4 | 翠湖 | 10 | 20 |
| 5 | 玉湖 | 10 | 15 |
| 6 | 鹅湖 | 10 | 10 |
| 7 | 白源河 | 20 | 5 |

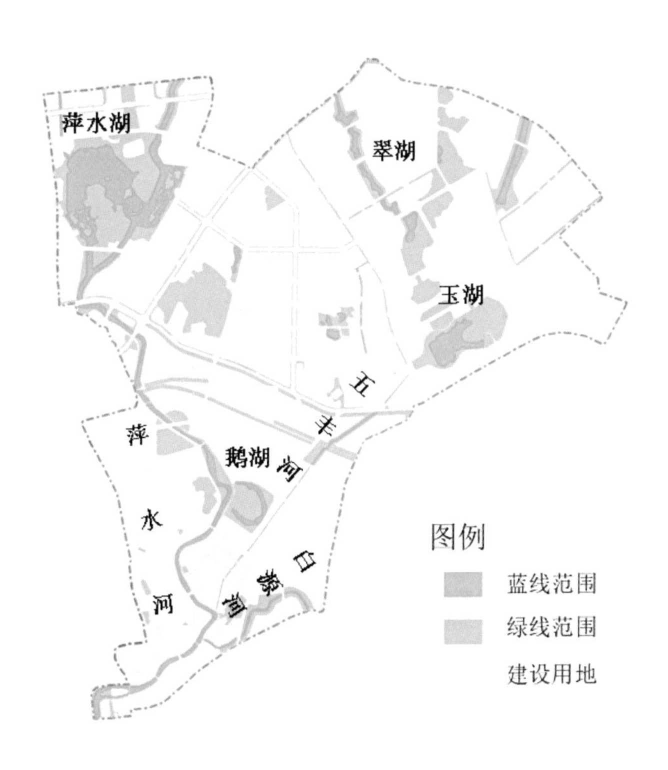


图10-52 萍乡市试点区蓝绿线范围分布图

### 10.4.3 实施策略

针对试点区新老城区建设特征，对新老城区采取不同的实施策略，并考虑近、远期具体措施，将对新老城区的要求融入全流域及各分区的系统化治理方案中，重点解决水安全和水环境问题。

对于老城区，以问题为导向，从实际出发，近期按照可改造的要求，将各流域对内涝积水灾害频发、水质恶化等现状问题的承担要求逐项分解为可操作的工程。考虑项目落地实施可行性，综合得到可实施项目库。远期结合城市有机更新，逐步按照新标准进行改造。

对于新城区，以目标为导向，通过管控保证新区开发前后径流条件不发生变化。近期试点区构建以河道流域为实施单元，明确新建城区的工程措施，将相关指标作为管控指标，并落实具体工程。远期考虑从源头降低城市内涝风险，保留原有低洼地、河流、湖泊、湿地等滞蓄空间，并根据需要新增滞蓄水面，保证新建区蓄排平衡。合理构建区域竖向，防止局部低洼，保护径流路径，保证行泄通道畅通、洪涝水能快速排入河道。对于新区地块，在源头采用生态处理方式进行径流控制。在水环境提升方面，通过海绵城市建设，地块内应实现彻底雨污分流，通过优先源头分散处理和末端净化处理相结合，灰绿衔接，综合削减点源、面源污染，综合保障河道水质。

### 10.4.4 水安全方案

萍乡市试点区水安全的核心问题是内涝积水严重，方案重点任务是开展河道治理，疏解暴雨时产生的大量山洪，防止河道遭遇瞬时洪水产生的漫溢，整治萍水河顶托造成的排水不畅等。

针对试点区内涝积水问题原因与特点，萍乡市从系统性的角度提出了大排水系统构建思路（图10-53）。大排水系统的构建在传统市政排水系统设计思路的基础上，在空间层次和系统体系上向全流域与全系统拓展。

空间层次上，大排水系统的构建从全流域出发，统筹考虑了“地块—排水分区—流域”三个空间层次。地块尺度上，重点优化内部排水系统，通过小海绵的构建，从源头上实现雨水的自然消纳；排水分区尺度上，重点针对现状排水系统的问题与薄弱环节，提出相应改造与建设方案，提升排水系统标准；流域尺度上，强调河湖水系在城市大排水系统中的关键作用，结合城市水系建设，充分发挥自然水体大海绵在雨洪蓄滞、调洪削峰、行洪排涝等方面的多重功效。

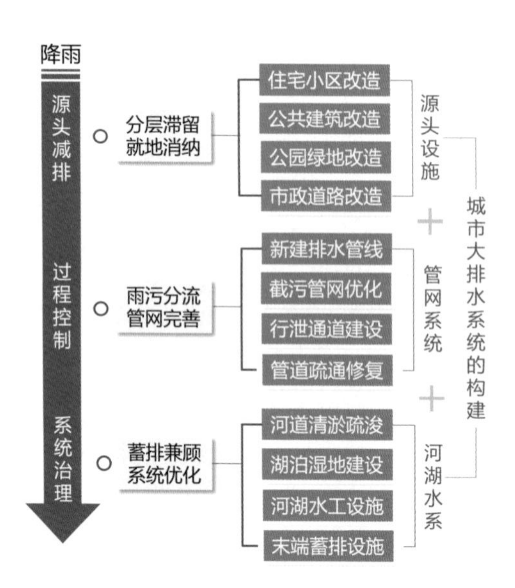


图10-53 试点区大排水系统构建思路

萍乡市在流域尺度上采取“上截—中蓄—下排”的总体治理思路，提出系统解决方案，构架大排水系统（图10-54），城市防涝可达30年一遇标准，萍水河干流实现50年一遇防洪标准，支流实现20年一遇防洪标准。

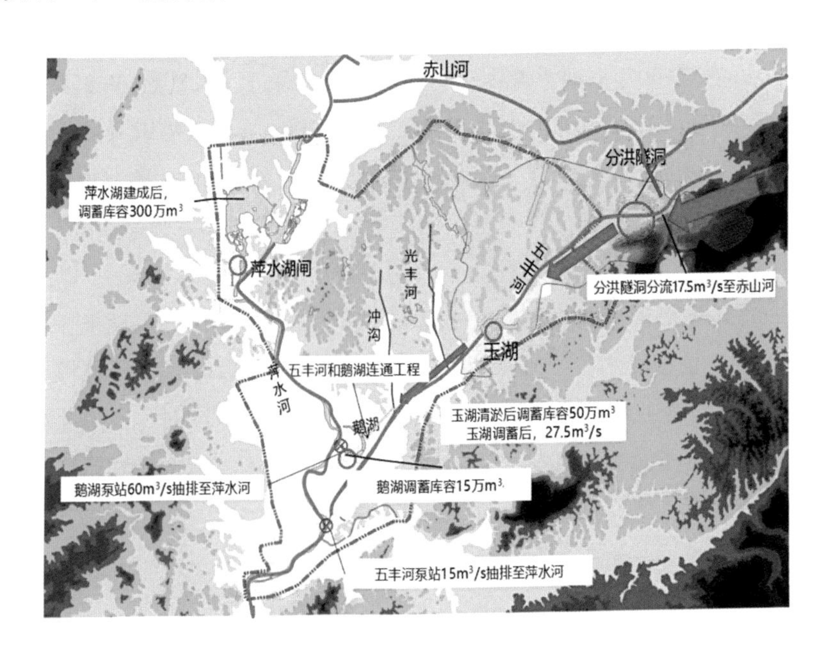


图10-54 萍乡市大排水体系构建布置图

上截：五丰河上游建设分洪隧道，汛期最大可分流17.5m³/s，五丰河河水经赤山河（萍水河支流）引至萍水湖（调蓄库容300万m³）进行调蓄，萍水湖同时蓄滞萍水河上游水量。中蓄：五丰河中游建设玉湖（调蓄库容50万m³），削减五丰河洪峰流量至27.5m³/s。下排：五丰河下游建设五丰河与鹅湖连通工程，并新建鹅湖排涝泵闸（60m³/s），将五丰河河水—鹅湖湖水抽排至萍水河，同时在五丰河汇入萍水河的河口新建泵闸（15m³/s），进行挡水和强排。上截—中蓄—下排分担示意见图10-55。

#### 10.4.4.1 “上截”——上游截流分导

针对萍乡市试点区上游山峦环绕、雨季易发山洪的地区特征，为减少山区性洪水影响，在萍水河上游修建萍水湖进行调蓄，同时考虑五丰河上游不具备适合的调蓄空间，在五丰河上游建设分洪隧洞，将五丰河河水经赤山河引至萍水湖进行调蓄，从而解决萍水河与五丰河上游的山洪问题。考虑调蓄萍水河与五丰河上游山洪，将上游萍水河洪峰由901m³/s（100年一遇）削减为805m³/s（50年一遇），同时还需考虑萍水河下泄流量要求，上游段共需萍水湖提供300万m³调蓄库容。为将五丰河洪峰由61.3m³/s削减到56.7m³/s（20年一遇），需在五丰河上游建设分洪隧道（500m，4.4m×4.8m），最高可将17.5m³/s水量经赤山河分洪至萍水湖。

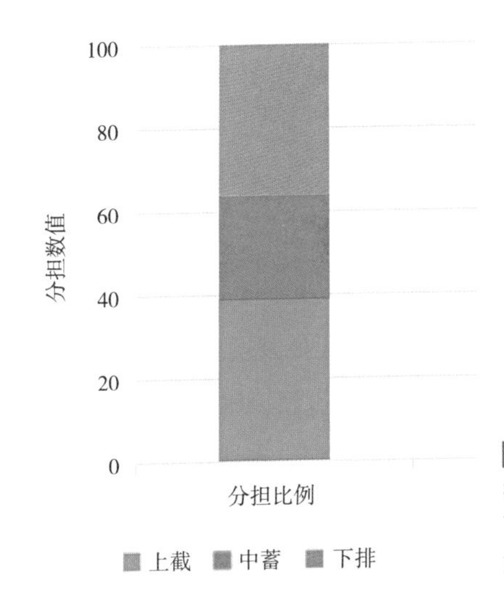


图10-55 “上截—中蓄—下排”分担示意图

1．萍水湖

根据萍乡市整体防洪排涝体系构建需要，考虑调蓄萍水河上游山洪，使萍水河和福田河的河道防洪标准提高至100年一遇，从而减轻下游主城区河道的防洪压力。根据水文计算，萍水河50年一遇河道洪峰为805m$^3$/s，100年一遇河道洪峰流量为901m$^3$/s，在水库进口设置库区进口控制闸，可削减100年一遇洪峰为50年一遇洪峰，总进库水量为138.2万m$^3$；福田河50年一遇河道洪峰为168m$^3$/s，100年一遇河道洪峰流量为208m$^3$/s，在福田河箱涵进口处设置福田河分洪控制闸，可削减100年一遇洪峰为50年一遇洪峰，总进库水量为90.2万m$^3$。为实现萍水河上游雨水滞蓄能力提升，需建调蓄库容大于230万m$^3$的调蓄水体。

在距离萍乡市区约6km处田中片区选址，新建一座萍水湖（图10-56），以实现区域雨水调蓄功能。根据库区地形图量算得到水位—面积—库容曲线，湖区在汛期来临前放空水位至92.0m，水库$P$=2%，校核洪水位95.63m，可实现调蓄库容300万m$^3$，能满足将上游萍水河洪峰由901m$^3$/s（100年一遇）削减为805m$^3$/s（50年一遇）的要求。同时，通过萍水湖进口控制闸的分洪作用，可保证下游主城区萍水河50年一遇洪水不上岸，从而减轻城区防洪压力。

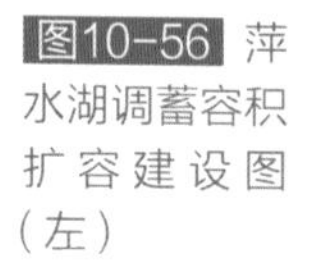

图10-56 萍水湖调蓄容积扩容建设图（左）

图10-57 上游赤山分洪隧洞工程（右）

2．赤山分洪隧洞

为将五丰河洪峰由61.3m$^3$/s削减到56.7m$^3$/s（20年一遇），需在五丰河上游建设分洪隧道（图10-57）。五丰河分洪隧洞处20年一遇洪峰流量15.2m$^3$/s，30年一遇洪峰流量17.4m$^3$/s，50年一遇洪峰流量20.1m$^3$/s。赤山隧洞最大截洪流量按截洪位置以上五丰河30年一遇洪峰流量设计，即最大截洪流量17.5m$^3$/s。五丰河河水经赤山河引至萍水湖（调蓄库容300万m$^3$）进行调蓄。赤山分洪隧洞虽然在万龙湾片区以外，但却直接关系万龙湾现状内涝积水点整治的成败，是万龙湾片区内涝整治的关键节点性工程，也是萍乡市中心城区内涝积水整治的关键。

10.4.4.2 “中蓄”——中游蓄洪滞峰

1．玉湖公园调蓄工程

五丰河流经玉湖，现为玉湖湿地公园主要的水体景观。考虑五丰河下游河道拓宽的可能性较小，中游段需通过玉湖的调蓄作用将洪峰从35.5m$^3$/s削减至27.5m$^3$/s。借助海绵城市建设契机，萍乡市对玉湖进行了全面整治（图10-58）。

玉湖整治后总库容约110万m$^3$，库容增大了71%，调蓄库容从43万m$^3$提升至50万m$^3$。

清淤后设计洪水位98.5m，闸坝顶高程98.5m，水泵运行水位96.5m，因此可利用清淤后96.5～98.5m的50万$m^3$的调蓄库容达到削峰的目的。调洪计算结果显示，玉湖入口处20年一遇洪峰流量56.7$m^3$/s，30年一遇洪峰流量65.5$m^3$/s，50年一遇洪峰流量77.3$m^3$/s。通过玉湖调节后，玉湖出口处下泄洪水流量削减为27.5$m^3$/s，有效减轻了五丰河中下游河道排涝压力。

图10-58 中游玉湖公园

2. **鹅湖公园调蓄和生态工程**

鹅湖公园（图10-59）位于萍乡市老城区，占地面积19$hm^2$，是一个集游玩、健身、休憩为一体的综合性公园。鹅湖公园调蓄工程主要是对湖泊清淤，鹅湖现状水深较浅，调蓄能力不足，适度挖深至2.0～2.5m，形成15万$m^3$的调蓄库容。

为提高鹅湖水体自净机能，对鹅湖进行生态修复，湖内大量种植水生植物，构建“沉水—挺水—湿生—乔灌草”完整的滨水生态系统。为避免旱季鹅湖水体循环流动不足，水质恶化，设置鹅湖水体循环系统，通过提升泵将鹅湖水体引至湖心岛人工湿地强化净化处理，尾水排入鹅湖另一端，增强湖水循环流动。

图10-59 鹅湖公园

10.4.4.3 “下排”——下游强化排涝

通过水利计算，可以看到截洪和玉湖调蓄可有效降低洪水水位，缓解下游洪水压力（图10-60）。但工程实施后，五丰河中下游洪水水位仍高于两岸堤顶高程。因此，在实施截洪与调蓄工程的同时，还需同步实施其他工程措施。

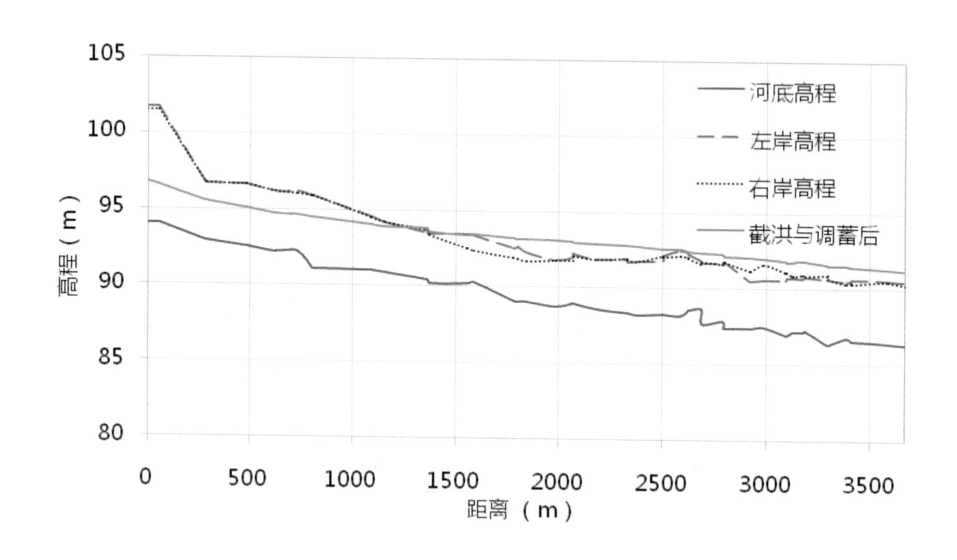


图10-60 截洪与调蓄后五丰河30年一遇洪水水面线

为增强五丰河下游排洪能力，在五丰河下游建设五丰河与鹅湖连通工程；并通过新建闸站开辟鹅湖排萍水河通道，鹅湖排涝闸泵站规模60m³/s，将分洪至鹅湖的五丰河洪水抽排至萍水河；同时为消除萍水河顶托作用，五丰河河口新建闸站，进行挡水和强排，五丰河排涝闸泵站规模15m³/s，将五丰河洪水抽排至萍水河内。鹅湖二级排涝闸站、五丰河出口闸站均采用水闸与泵站结合布置的形式。

五丰河汛期时，萍水河相应同时处于汛期，水位高于五丰河水位。为顺利排出五丰河洪水，先开启鹅湖二级排涝闸站预泄鹅湖水位至87.50m，再开启鹅湖一级闸，五丰河的洪水经由鹅湖一级闸进入鹅湖公园，再由鹅湖二级排涝闸站（60m³/s）排入萍水河。同时，在五丰河出口设置闸站（15m³/s），将五丰河洪水抽排至萍水河内。非汛期时，关闭鹅湖一级闸，五丰河河水可通过五丰河出口闸站的自流通道排至萍水河。下游强化排涝泵站与调蓄池分布见图10-61，上截—中蓄—下排系统构建完成后五丰河30年一遇洪水水面线见图10-62。

**1．鹅湖一级闸**

鹅湖一级闸站主要由雨水闸、分洪闸、箱涵等建筑物及配套工程组成，布置在五丰河右岸，分洪闸和雨水闸出口与鹅湖相接。雨水闸主要解决上游雨水问题，分洪闸汛期从五丰河向鹅湖分流，分洪闸尺寸$B \times H$=3m×4m，设计分洪流量80m³/s。

**2．鹅湖二级排涝闸站**

鹅湖二级排涝闸站布置在鹅湖与萍水河下游的交汇口处，采用水闸与泵站结合布置的形式。汛期开启泵站将五丰河洪水抽排至萍水河，设计流量60m³/s。非汛期时，可通过鹅湖二级排涝闸站的自流通道将鹅湖湖水排至萍水河，并通过五丰河来水补水。

3．五丰河出口闸站

五丰河出口闸站设置在五丰河汇入萍水河上游约100m处，采用水闸与泵站结合布置的形式。汛期开启泵站将五丰河洪水抽排至萍水河，设计流量15m³/s。非汛期时，五丰河河水可通过五丰河出口闸站的自流通道排至萍水河。

图10-61 下游强化排涝泵站与调蓄池分布

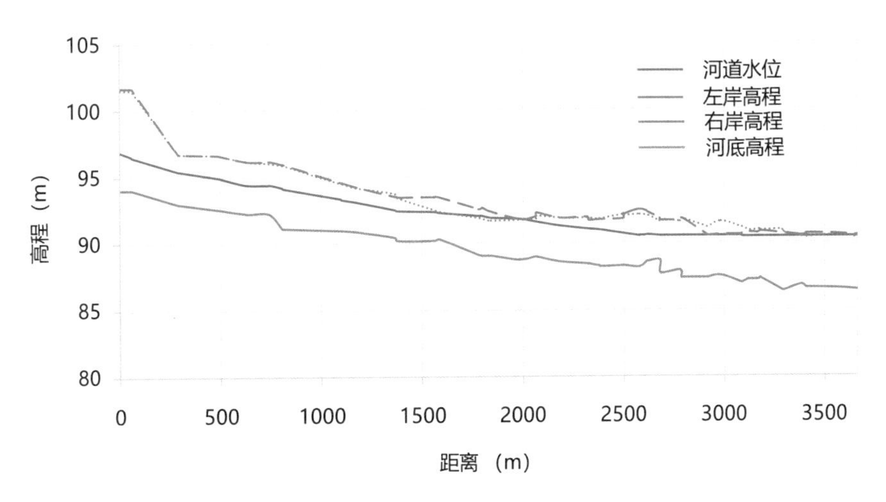


图10-62 上截—中蓄—下排系统构建完成后五丰河30年一遇洪水水面线

## 10.4.5 水环境方案

水环境治理体系以萍水河为核心，萍水河除自身污染负荷外，还承接其支流五丰河和白源河污染物的汇入。试点区水环境治理以萍水河的水质提升为目标，以排入萍水河的污染物控制及自身环境容量提升为工作核心，通过控源截污、内源治理、生态修复和活水提质四个方面主要工程手段，保障目标可达性，并将工程措施分解至萍水河、五丰河、白源河的具体工程中，见图10-63。

1．污染物控制

试点区以全面消除旱天污水直排、大幅削减合流制溢流污染、有效控制面源污染为目标，对流域污染负荷进行削减。

新城区重点是污水管线完善和面源污染控制。通过海绵城市建设实现彻底雨污分流，并通过规划管控，削减源头地块径流污染，按照规划完善污水管线。

旧城区重点是消除旱天直排，削减合流制溢流污染，对面源污染进行控制。主要工作包含地块海绵城市改造、新建截污管线、合流制溢流调蓄池等工程。

2．环境容量提升

通过生态修复和活水提质，提升萍水河的自净能力。萍水河污染负荷与环境容量比值由治理前的1.76倍降低至0.5倍，萍水河的自净能力显著提升。

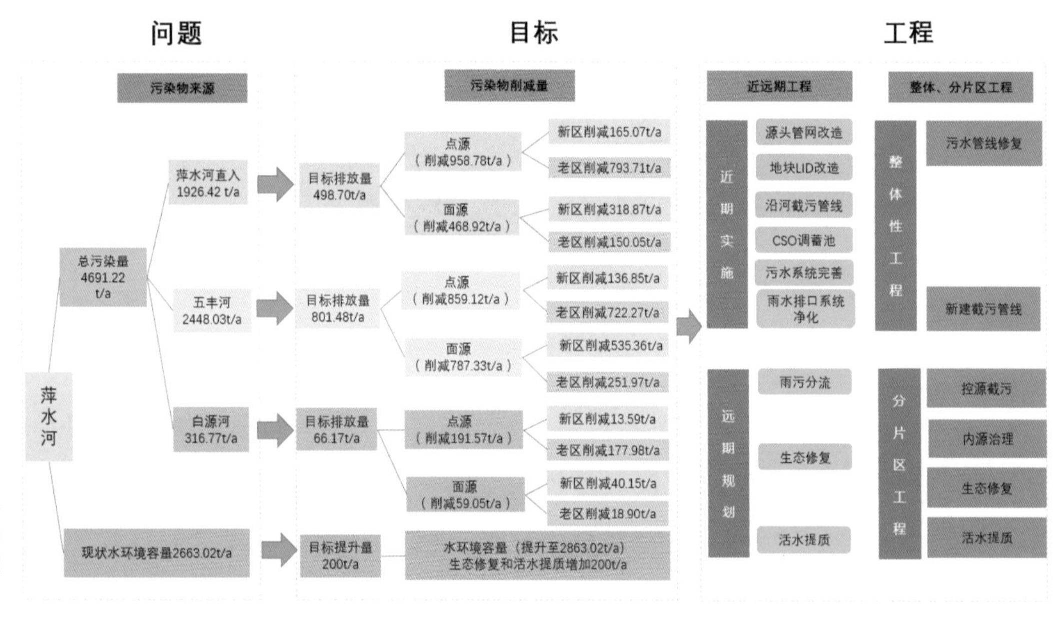


图10-63 以萍水河为核心的水环境治理体系

### 10.4.5.1 控源截污

控源截污工程从削减点源面源污染负荷出发，消除污水直排口，削减城市面源，做好合流制溢流污染控制。按照源头减排、过程控制和系统治理三大类工程，统筹制定相应污染物控制和削减的工程方案。

鉴于萍乡市海绵城市试点区以武功山大道为界，南部为老城区，北部为新城区，不同区域对应不同的排水体制和污水管网系统，存在的水环境问题也不尽相同。不同类型城区的控源截污工程任务有所不同。

老城区重点是合流制溢流污染控制和初期雨水污染控制，主要工作有：源头减排中，LID改造工程以及合流改分流；过程控制中，管线清疏修复；系统治理中，老城区现状排水体制为截流式合流制，结合溢流口位置分布情况，沿萍水河修复或新增截污管道，随管线和排口位置设置合流制溢流调蓄池。

新城区重点是污水管线完善和初期雨水污染控制，主要工作有：源头减排中，LID改造工程；过程控制中，污水管线完善和管线清疏修复；系统治理中，对不能接入市政污水管道的进行末端水处理设施布置。

技术路线见图10-64。

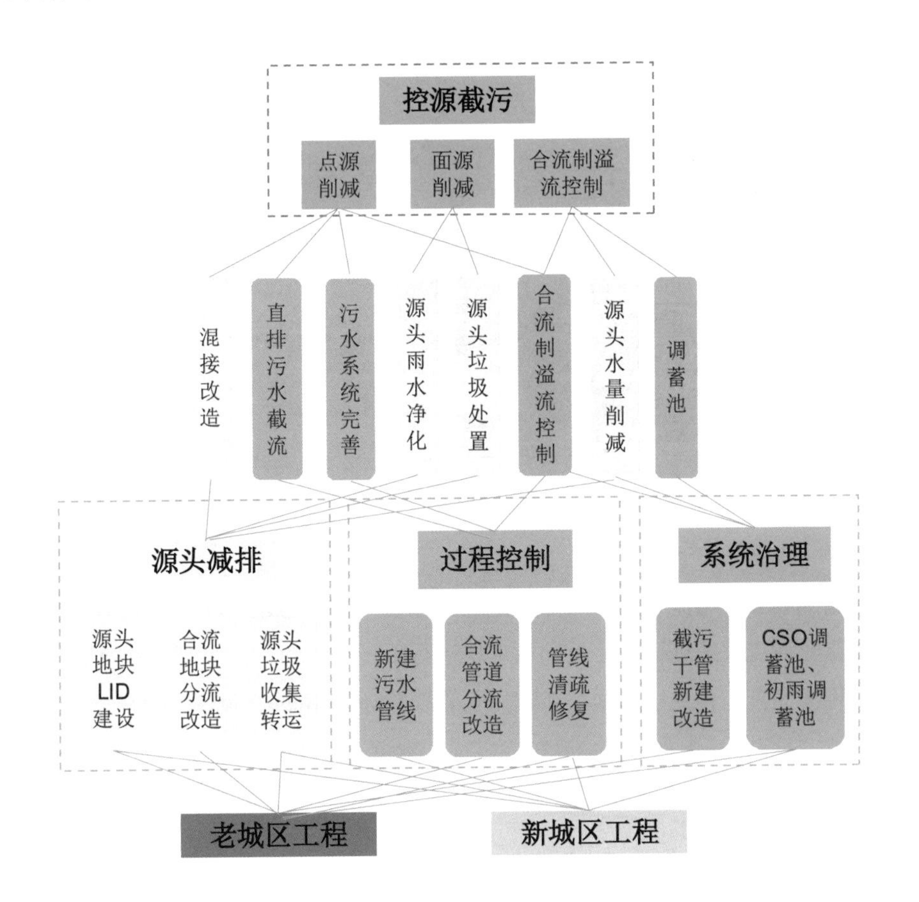


图10-64 萍乡市试点区新老城区控源截污工程技术线路图

1. 源头减排

（1）源头地块合流改造

试点区武功山大道以南为老城区，基本均为合流制区域。老城区现状基础设施较差，很多小区内部也为合流制管道。根据现场踏勘情况及管网资料，确定友谊新村等36个小区项目进行源头雨污分流及海绵化改造。

（2）源头面源污染控制

对试点区内地块进行源头改造，控制和削减面源污染，年总悬浮物（SS）去除率要求达到50%。

试点区共计对142个源头地块进行海绵建设和改造，具体位置分布见图10-65。

2. 过程控制

过程控制工程包括新建污水管线、合流制管道分流改造和管线清疏修复等。

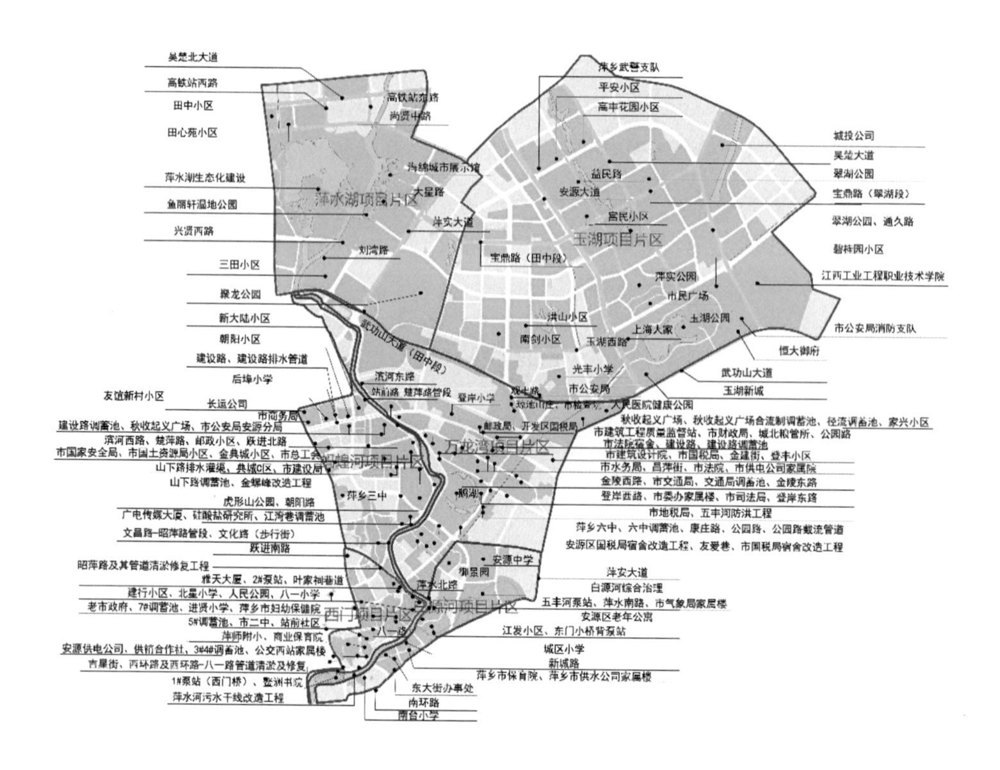


**图10-65** 试点区源头减排项目分布图

（1）新建污水管线

萍水河流域和五丰河流域上游大部分地块为未建成区，已建区域为分流制。新建污水管线主要随道路建设或改造进行。若近期有地块进行拆迁改造的，污水管道随改造计划一并建设等。污水管线完善工程共计14项，新建污水管线共计23.96km，见图10-66。

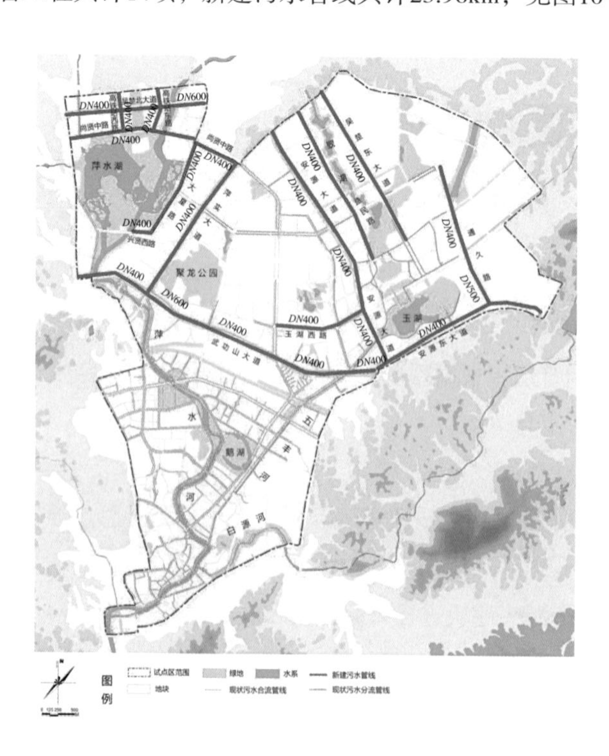


**图10-66** 试点区新建污水管线布置图

（2）合流制管道分流改造

跃进南路现状*DN*600排水管，改为分流制污水管道；新建*DN*800～*DN*1200的雨水管线。建设路现状*DN*600～*DN*1000排水管，改为分流制污水管道；新建*DN*800～*DN*1650的雨水管线。八一西路现状*DN*500～*DN*600排水管，改为分流制污水管道；新建*DN*1000的雨水管线。

（3）管线清疏修复

制定清疏修复方案，通过吸泥、高压清洗、人工清淤、清运等措施对管道内部彻底清理，利用更换管道、修补等处理措施对破损管道进行修复。对试点区截污干管、污水干管和部分污水支管进行清疏修复，总长度为97.32km。

3．系统治理

基于河道排口情况，合流制排水口按照截流倍数（$n$=5）进行合流污水截流，污水进入合流制截污干管，每段截污管道末端设置调蓄池。合流制排水口做截流井（溢流污染控制），雨天通过流量控制阀门截流合流污水，超过年溢流频次（10次）对应降雨量的合流污水溢流至河道。截污总管末端做截流井（限流），旱天污水直接进入市政污水管道。为减少对下游污水管线和污水处理厂的冲击，雨天超过1倍旱天水量的合流污水进入调蓄池。新建截污管线和调蓄池工程分布见图10–67。

（1）新建截污管道

沿滨河西路新建长度3.1km的萍水河截污主干管，沿站前路到昭萍路、文昌路到昭萍路新建2条共1.8km的截污管线。对蚂蝗河、迎宾路、西环路合流制管渠进行截污，接入调蓄池。

（2）调蓄池工程

试点区建设7座调蓄池，容积共计38100m$^3$，见表10–16。

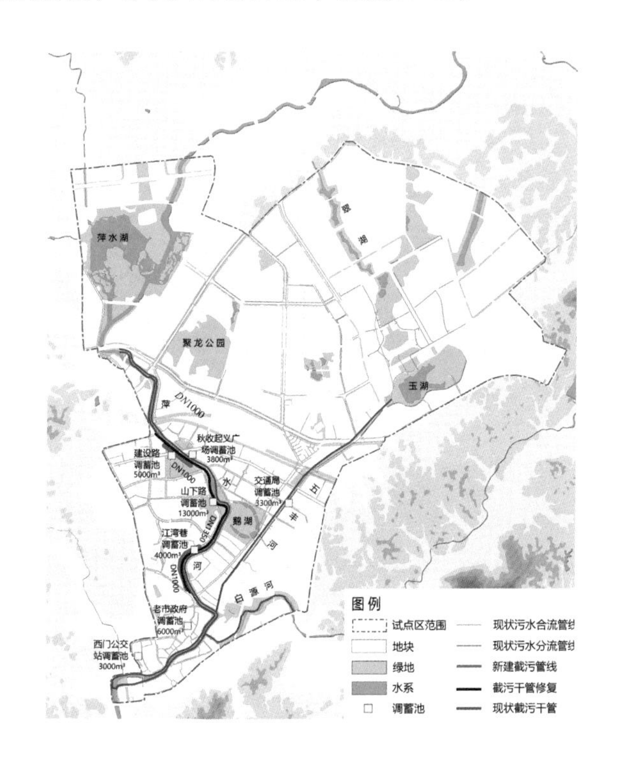


图10–67 试点区新建截污管线和调蓄池工程布置图

萍乡市试点区调蓄池一览表 表10-16

| 序号 | 名称 | 容积（$m^3$） |
|---|---|---|
| 1 | 建设路调蓄池 | 5000 |
| 2 | 山下路调蓄池 | 13000 |
| 3 | 江湾巷调蓄池 | 4000 |
| 4 | 老市政府调蓄池 | 6000 |
| 5 | 西门公交站调蓄池 | 3000 |
| 6 | 秋收起义广场调蓄池 | 3800 |
| 7 | 交通局调蓄池 | 3300 |

10.4.5.2 内源治理

萍水河流域的萍水湖控制湖体以及河道的垃圾、淤泥污染是萍乡市水环境整治的重要手段。湖区已基本开挖完成，苏壁紫坛景区、湿地景区也已基本完成。萍水河流域实行定期打捞水面垃圾的保洁机制。

五丰河流域的玉湖湖区已建设完成，翠湖目前正在进行开挖。鹅湖湖体淤积现状清淤至设计标高，清理淤泥量为3.8万$m^3$。白源河总清淤量为9.3万$m^3$。

10.4.5.3 生态修复

对萍水湖流域，在上游萍水湖建设11km的生态岸线以及7.52$hm^2$的生态湿地（图10-68）。下游恢复20.5km的生态岸线。在萍水河水面宽阔、水流较慢的河段两侧布置生态浮动缓冲带，拦截、净化排口雨水径流。

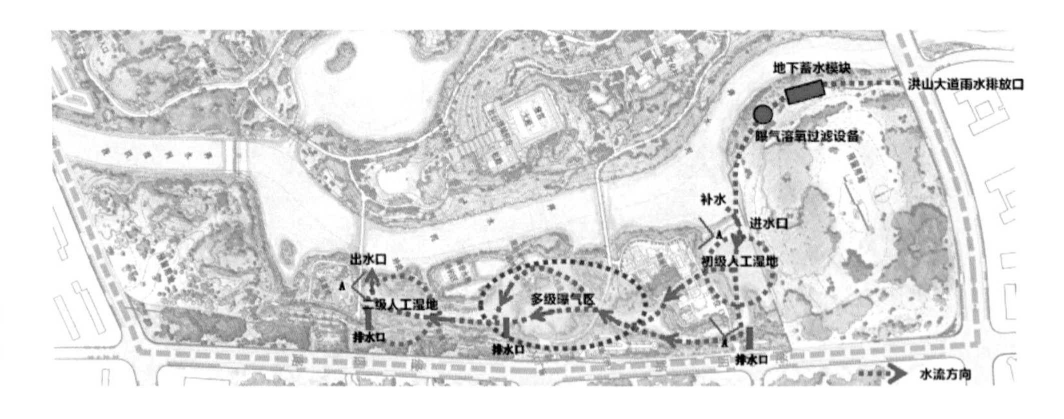


图10-68 萍水湖生态湿地布置图

翠湖生态修复主要通过建立多级水质净化系统，构建内部水网体系，净化水质。措施包括流水梯田、湾流净化区、滩涂沉淀区、水上森林净化区和水畔休闲区等。

鹅湖生态修复主要通过湿地系统进行（图10-69），目的是对合流制溢流水进行处理并净化鹅湖水质。通过湿地系统完成水体自身净化，基本保证湖水10天左右经过湿地系统循环净化一次，基本保证水质达到III ~IV类，有效改善鹅湖水环境质量。

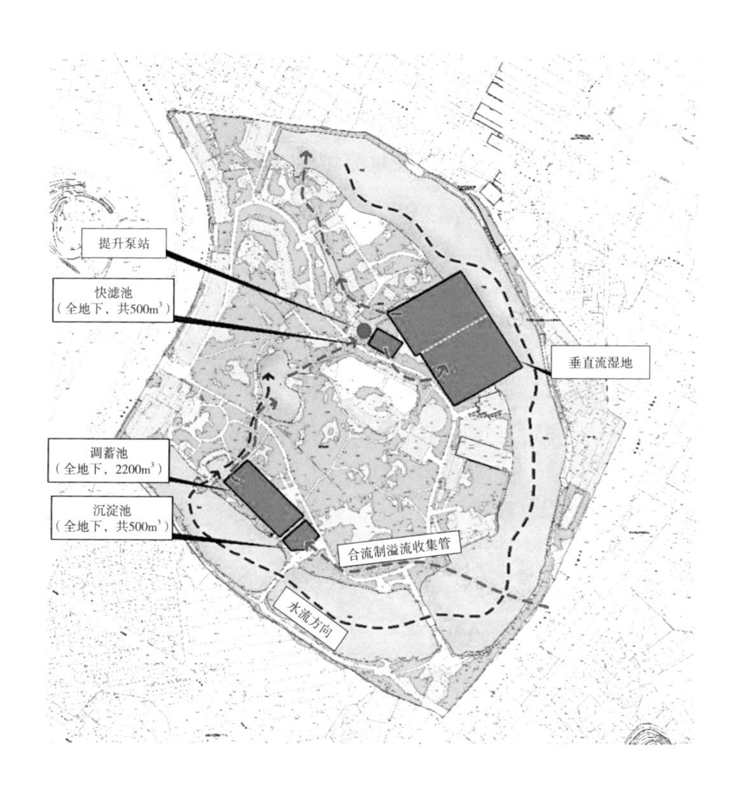


图10-69 鹅湖公园湿地系统整体布局图

对于萍水河、五丰河和白源河等河道，在水面宽阔、水流较慢的河段两侧布置生态浮动缓冲带，拦截、净化入河的雨水径流，保护排口附近水域的生态系统。缓冲带植物选择本地耐冲耐污的水生植物，如黑藻、龙须眼子菜、狐尾藻等萍乡地区常见的水生植物。在河道水流死角、水体缺氧处布置曝气富氧设备，可使水体溶解氧迅速增加，同时促进水体流动。放养水生动物，完善水生动物群落结构，投加滤食性鱼类及螺贝类，完善水生态系统中消费者链条。

10.4.5.4 活水提质

为保证河道生态流量，萍水河上游远期新建东源水库，从东源、黄土开或萍水湖补水，年补水量32万$m^3$；五丰河从山口岩水库调水，同时兼顾翠湖，年补水量5万$m^3$；白源河从山口岩水库调水，在上游建堰塘水库，年补水量8万$m^3$。

### 10.4.6 新区管控方案

针对新区建设，以城市开发建设后的径流量和污染物排放量不超过开发前为目标，明确新区管控要求，确定地块管控指标。

1．格局管控

（1）大系统保护

为保障行泄安全和生态环境，对新区进行系统性的梳山理水和蓝绿空间识别，确定需要保护的重要水域空间、滞蓄空间及径流路径，保证新建区蓄排平衡。

1）水面保持

河湖水系是城市用地的重要发展轴线，是滋养生态多样性的重要组成因素，也是防治城市内涝的重要调蓄空间，因此需保护水域空间，形成合理的生态通廊、景观通廊与安全通廊。结合萍水河流域自然本底、开发定位、生态保护及防洪排涝需求，保护水域空间，确保水面率不低于开发前，城市开发建设后萍水河流域的水面率不低于12.1%，水面面积不低于136.7hm$^2$，见图10–70。

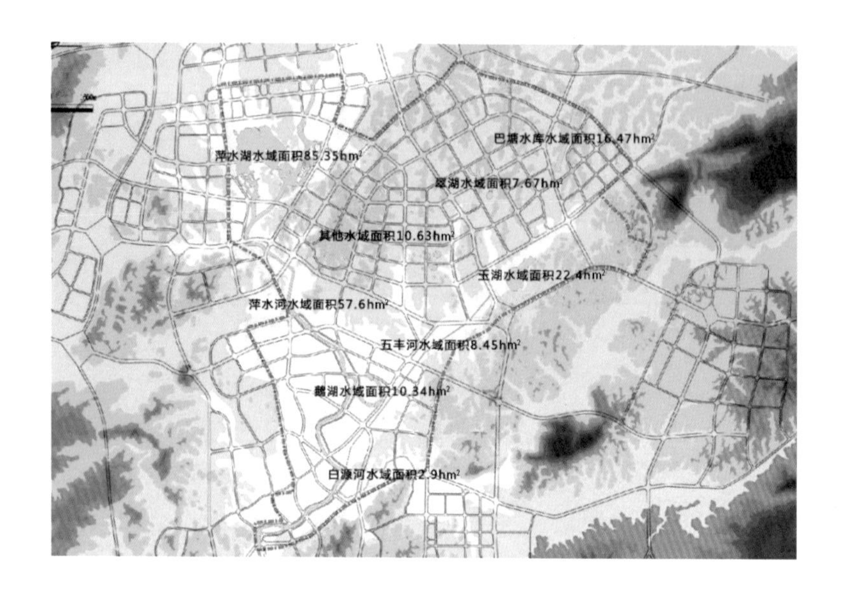


图10–70 试点区水域面积示意图

2）滞蓄空间与径流路径保护

新区城市开发建设中，应尽量避免侵占河、渠、坑、塘、低洼湿地等天然滞蓄空间，并根据需要新增滞蓄空间，保证新建区蓄排平衡，以缓解城市排洪排涝压力，同时实现源头对污染物的滞蓄净化；应注意保留自然地貌下的径流路径，保障重要汇水通道畅通，避免填充占用雨水行泄通道，以减缓城区积水，保障防洪排涝安全。对于划定为城市蓝线范围内明确保护的水域，包括滞蓄空间与径流路径，不得随意侵占，禁止擅自填埋、占用、爆破、采石、取土、建设排污设施，及其他对城市水系保护构成破坏的活动。新区滞蓄空间与径流路径保护具体范围见图10–71。

图10–71 新区滞蓄空间与径流路径保护（以萍水河上游和五丰河上游为例）

（2）竖向管控

合理构建区域竖向，防止局部低洼，保护径流路径，保证行泄通道畅通、洪涝水能快速排入河道。例如，萍水河流域新区总体上东高西低，萍水湖为最低区域，通过竖向控制将新区内大部分雨水最终汇集至萍水湖内（图10-72）。

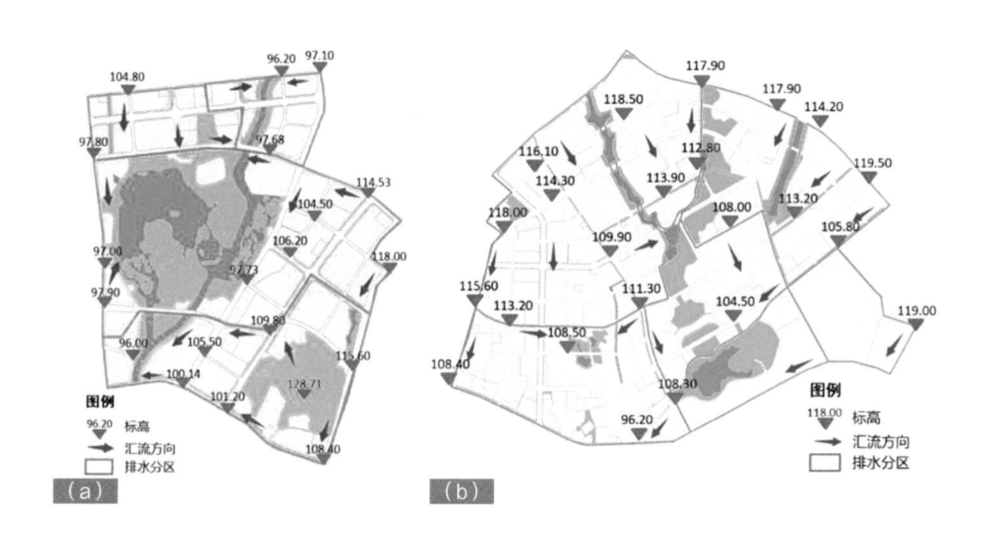


图10-72 新区竖向控制示意图
（a）萍水河流域上游；
（b）五丰河流域上游

2．地块管控

新区建设采用优先源头分散进行径流量控制，并通过海绵城市建设，地块内实现彻底雨污分流，改进建设模式，小区内部“雨水走地上、污水走地下”，从源头上杜绝雨污混接，在此基础上保证水环境质量的提升。

为保障内涝安全和面源控制，需进行新区的规划管控。试点区将新区地块的年径流总量控制率和面源污染削减率作为新区规划控制指标。如萍水河流域上游和五丰河流域上游新区，结合地块用地规划建设要求，对未建地块进行源头指标控制（图10-73），落实新区规划管控要求。

### 10.4.7　项目融合统筹

结合水生态、水安全、水环境和水资源等多方面的指标要求，核算各个项目应采用的工程规模，实现多目标体系下的工程融合。下面以萍水河和鹅湖为例，进行项目融合统筹介绍。

1．萍水湖项目融合统筹

（1）水安全

通过蓄排结合提高城市防洪能力，完善城市防洪体系，萍水湖调蓄容积约300万$m^3$，可充分利用萍水湖滞蓄涝水，有效调节上游及本区域水量。通过萍水湖分洪滞蓄调节，削减超50年一遇洪水洪峰，使萍水河和福田河的河道防洪标准提高至100年一遇洪水，从而减轻下游主城区河道的防洪压力。

（2）水环境

为有效控制点源污染，区域内实行完全雨污分流制，需新建污水管网4.45km，苏璧紫坛

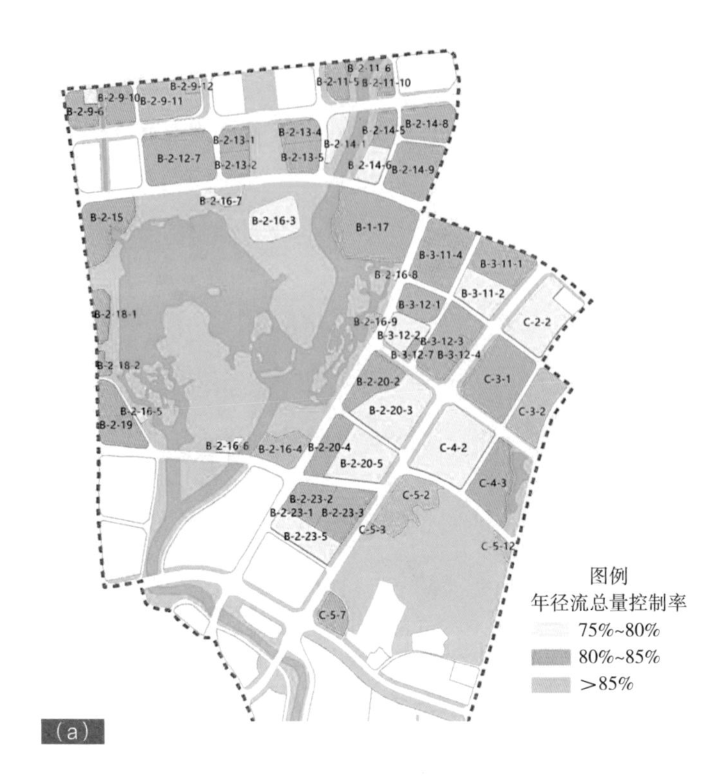


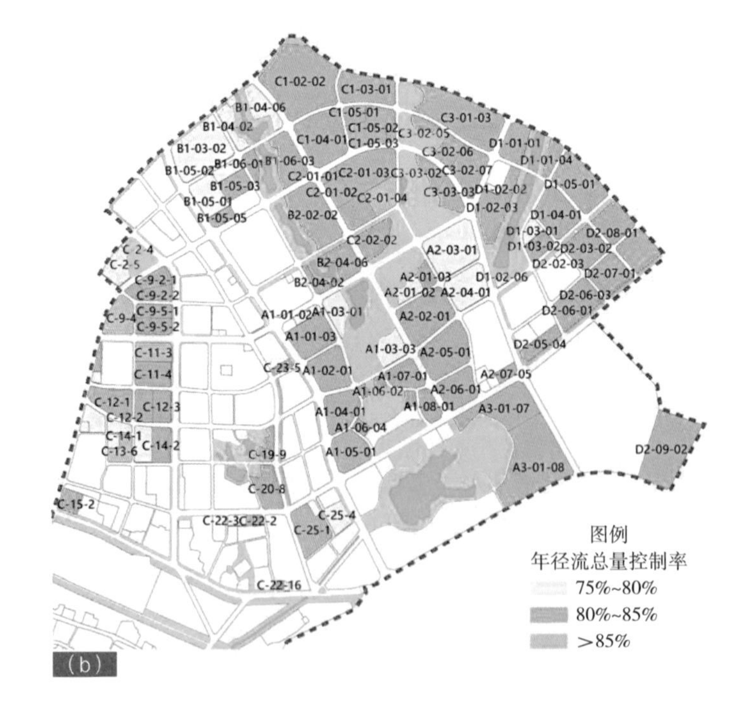


图10-73 新建地块年径流总量控制率分布图
(a) 萍水河流域上游；
(b) 五丰河流域上游

区块因标高较低无法自流至市政污水管道内，故生活污水处理系统采用MBR膜生物法。

通过源头削减和末端处理相结合的系统控制措施控制面源污染负荷。首先进行源头削减，在产生地表径流的源头采用透水铺装、植草沟、雨水花园、生物滞留带等工程措施，结合工程实际情况，主要源头设置生态滞留设施14.3hm²。源头生态设施未能削减的部分，通过在末端建设生态湿地、滨水缓冲带等末端控制方式进行削减。以COD为指示性污染物，单位面积生态湿地对COD的削减能力为4g/m$^2$d，需建设7.52hm$^2$的生态湿地，以达到目标要求。

（3）水生态

为实现年径流总量控制率目标，通过将山体绿地、广场及周边区域径流雨水有组织地汇流与转输，引入公园绿地内以雨水渗透、储存、调节等为主要功能的低影响开发设施，消纳自身及周边区域径流雨水，并衔接区域内的植草沟系统和超标雨水径流排放系统，提高区域内洪涝防治能力。萍水湖共建设下沉式绿地22172m$^2$，植草沟26311m$^2$，雨水花园23530m$^2$，透水铺装95675m$^2$。

萍水湖通过构建滨水生态系统，建设生态驳岸，恢复水生态环境，满足调蓄、行洪、净化水体的需求。萍水湖新建生态驳岸2344m，改造驳岸630m。

（4）水资源

充分利用萍水湖调蓄和储存收集到的雨水，回用于本项目中绿化浇灌，将湿地处理过的雨水作为萍水湖的补水水源。通过以上对雨水的利用，不仅可以实现水资源的有效利用，还可控制一定的面源污染。

综上，通过综合考虑水安全、水环境、水生态、水资源等方面的规划目标，确定萍水湖公园的建设工程。水库建成后，汛期作为滞蓄洪区，水库总防洪库容约为300万m$^3$，非汛期作为景观区。多目标下的项目融合统筹工程内容见表10-17。

**萍水湖项目多目标下的融合统筹　　表10-17**

| 规划目标 | 工程内容 |
|---|---|
| 水安全 | 水库开挖、库区进出控制闸、萍水河分洪道、福田河出口暗河（箱涵）、库区防护、上下游防护等工程 |
| 水环境 | 新建污水管网4.45km、MBR膜生物法污水处理系统、7.52hm$^2$ 生态湿地 |
| 水生态 | 下沉式绿地22172m$^2$、植草沟26311m$^2$、雨水花园23530m$^2$、透水铺装95675m$^2$ |

2. 鹅湖项目融合统筹

（1）水安全

流域分区内五丰河上游通过赤山隧洞把五丰河的洪水引流至赤山河，上游截洪后洪水经玉湖调蓄下泄洪峰流量降至27.5m$^3$/s，但五丰河下游排水受萍水河顶托，需利用的“下排”工程措施包括新辟分流暗涵、泵站抽排等。

开挖暗涵：充分利用鹅湖现有的15万m$^3$调蓄空间，开挖箱涵引五丰河洪涝水至鹅湖，后外排至萍水河。拟定两条暗涵：①公园中路新建排水暗涵，将公园路雨水送至鹅湖；②五丰河连通鹅湖箱涵，长度71m，将五丰河下游多余的洪涝水引入鹅湖。

泵站抽排：为解决万龙湾内涝问题，洪水期先预泄鹅湖水位，将五丰河的水由鹅湖分洪闸引入鹅湖公园，由鹅湖二级排涝站将鹅湖公园的水排入萍水河。排涝站排水流量60m$^3$/s，汛期从鹅湖向萍水河排涝。

（2）水环境

鹅湖现状缺少生态强化处理措施，自净能力不足，同时还需控制周边排入湖体的合流制溢流污染。CSO收集调蓄系统容积6000m$^3$，收集鹅湖流域初期10mm降雨量。由于城市污水处理厂接纳污水能力有限，本次鹅湖调蓄池收集的污水通过鹅湖湿地系统自身处理，不再泵向截污管，加重下游污水处理厂压力。调蓄池溢流水直接泵向垂直流湿地的快滤池。

（3）水生态

通过将广场及周边区域径流雨水有组织地汇流与转输，引入公园内以雨水渗透、储存、调节等为主要功能的低影响开发设施，消纳自身及周边区域径流雨水，并衔接区域内的植草沟系统和超标雨水径流排放系统，提高区域内洪涝防治能力。鹅湖公园共建设下沉式绿地2412m$^2$，植草沟7379m$^2$，透水铺装25839m$^2$。

鹅湖通过构建滨水生态系统，建设生态驳岸，恢复水生态环境，满足调蓄、行洪、净化水体的需求。结合现状挡墙形式及水位变化需求，将鹅湖沿线驳岸打造为灌砌块石挡墙与植物网护坡相结合的形式，打造生态驳岸空间，同时种植一部分人工生态浮岛，实现对TN、TP的有效去除。

（4）水资源

充分利用鹅湖调蓄和储存收集到的雨水，回用于本项目中绿化浇灌，将湿地处理过的雨水作为鹅湖的补水水源。通过以上对雨水的利用，不仅可以实现水资源的有效利用，还可控制一定的面源污染。

综上，通过综合考虑水安全、水环境、水生态、水资源等方面的建设目标，确定鹅湖公园的建设工程。汛期作为滞蓄洪区，水库总防洪库容约为15万m$^3$，非汛期作为景观区。多目标下的项目融合统筹工程内容见表10-18。

**鹅湖项目多目标下的融合统筹** 表10-18

| 规划目标 | 工程内容 |
|---|---|
| 水安全 | 鹅湖一级闸（雨水闸和分洪闸）、鹅湖二级排涝闸、60m$^3$/s鹅湖排涝泵站、公园中路排水暗涵、五丰河连通鹅湖箱涵 |
| 水环境 | 6000m$^3$合流制溢流调蓄池、沉淀池、提升泵站、1hm$^2$垂直流湿地 |
| 水生态 | 下沉式绿地2412m$^2$、植草沟7379m$^2$、透水铺装25839m$^2$、人工生态浮岛 |

### 10.4.8 建设成效

萍乡市海绵城市系统化方案指导实施效果显著，在最突出最严重的水安全问题方面，经过系统治理和建设，长久困扰萍乡市的内涝问题在2017年发生了明显变化，包括万龙湾在内的历史内涝点无一发生内涝。

2017年6月，湘赣地区经历了一次持续时间长、范围广、强度大的连续性暴雨天气，萍乡市主城区累计降雨量540.8mm，为常年来6月降雨量均值238.0mm的2.3倍，其中日降雨量最大的一天6月1日，达94.2mm（相当于2年一遇标准）。万龙湾片区在极端暴雨下，未出现内涝积水情况。万龙湾片区公园路与建设东路十字路口历史积水点对比情况见图10-74。

图10-74 万龙湾片区公园路与建设东路十字路口历史积水点对比情况
（a）2016年7月8日降雨79.8mm；（b）2017年6月1日降雨94mm

为监控各内涝点内涝积水情况，萍乡市在各历史内涝点附近检查井内安装有液位计，可实时监控积水情况。2017年6月强降雨期间，各监控点位（图10-75）均未发生内涝积水问题。以往年内涝问题最为严重的万龙湾片区公园路与建设东路十字路口为例，液位计监测数据始终未超过警戒线。

2017年6月强降雨期间，万龙湾内涝点未发生严重内涝得益于上游玉湖调蓄功能的有效发挥。上游赤山隧洞和下游排涝泵站尚未完全竣工，仅中蓄环节玉湖投入运行。2017年6月强降雨前，萍乡市根据气象预报，按照预案，提前将玉湖水位降低至汛限水位。玉湖蓄水前出口峰值流量达25m$^3$/s，玉湖蓄水后出口峰值流量始终未超过17m$^3$/s，大部分时段控制在5m$^3$/s以下（图10-76）。峰值流量削减了30%以上，大大降低了下游五丰河的行洪压力和万龙湾片区的内涝风险。下游五丰河液位监测结果（图10-77）显示，6月强降雨期间五丰河水位始终未超过警戒线。

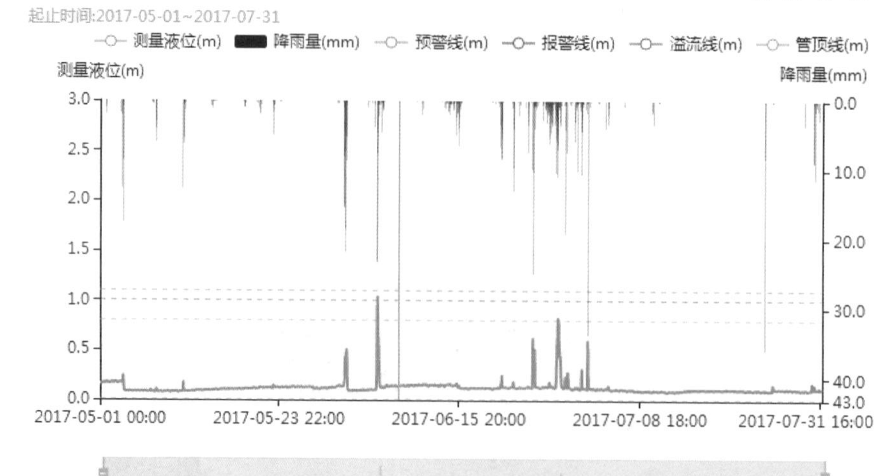


图10-75 万龙湾易涝点2017年汛期液位监控数据

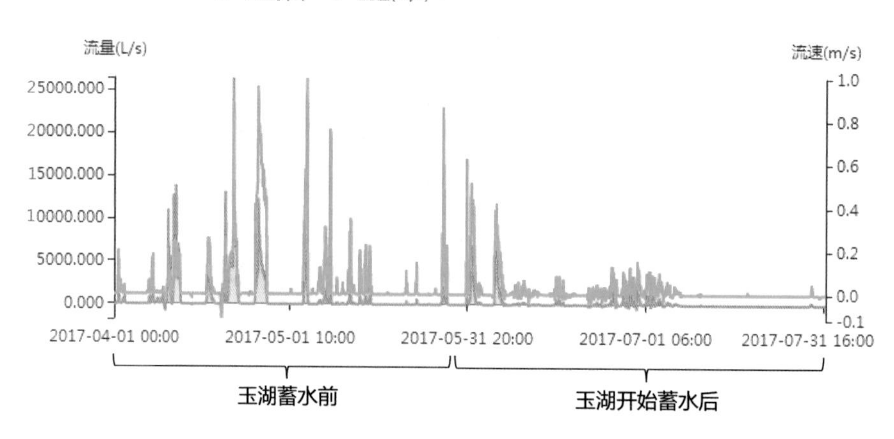


图10-76 玉湖出口2017年汛期流量监控数据

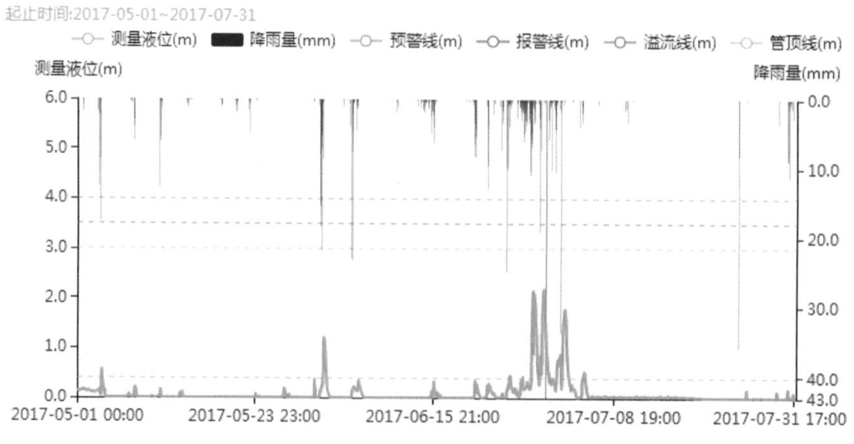


图10-77 五丰河2017年汛期液位监控数据

试点区系统化方案持续推动萍乡市海绵城市建设，实现了“水生态良好、水安全保障、水环境改善、水景观优美、水文化丰富”的发展战略，达到了“小雨不积水、大雨不内涝、水体不黑臭、热岛有缓解”的海绵城市整体建设目标。

# 第11章　珠海案例

2016年4月珠海市入选国家第二批海绵城市试点，本案例即为珠海市西部中心城区试点区（斗门区）。区内覆盖已建区、在建区和未建区三大区域，类型齐备、特点鲜明。试点区（斗门区）东南部区域为老城区，基础设施薄弱、内涝等涉水问题突出；北部区域为在建区，配套道路和新建小区正在建设，建设主体众多，需统一要求、高标准建设；西部区域为土地一级开发前期，道路骨架尚未形成，需保护生态本底、落实管控要求，同时促进河道、公园等重要基础设施优先建设。

根据以上特点，为建设涵盖已建区、在建区、未建区三种类型的南方滨海地区特色的海绵城市，试点区利用本次系统化方案解决已建区的内涝涉水问题、高标准管控在建区的开发建设、优先保护未建区生态本底并落实管控要求，进而发挥区域生态优势，总结可复制可推广的经验，探索人与自然和谐发展的新路，还老百姓“清水绿岸、鱼翔浅底”的景象。

## 11.1　区域概况

珠海市海绵城市建设试点区包含西部中心城区试点区与横琴新区试点区两部分（图11–1），其中斗门试点区位于西部中心城区试点区（面积31.9km$^2$）北侧（图11–2），范围西北至幸福河，东北至友谊河，南与金湾交界，西南至红灯河，面积约为9.2km$^2$。

### 11.1.1　地形地貌

斗门试点区依山傍河，西北侧紧邻幸福河，东北侧紧挨友谊河，南侧有白藤山，试点区高程在–10～126m之间，根据现状建设用地开发情况将试点区分为两个区域，分别为建成区及未开发区（图11–3）。

1．高程

现状未开发用地多为蔗田、鱼塘，高程多小于–1m，约占规划区面积的25.36%；建成区主要为建设用地及白藤山，存在部分低洼地。低洼地高程在–1～0m之间，约占规划区面积

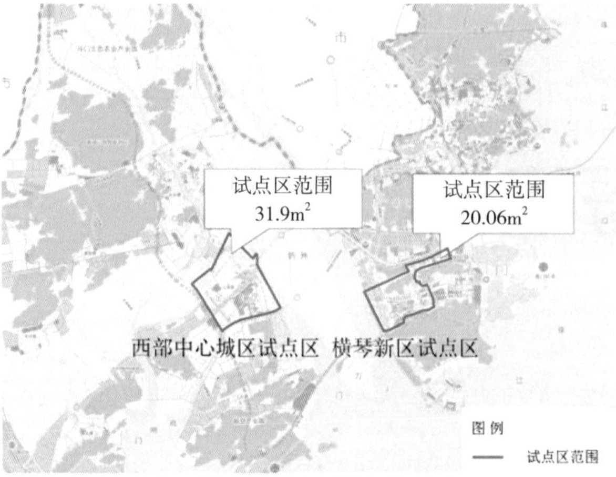

图11-1 珠海市海绵城市试点区位置图（左）

图11-2 斗门试点区在西部中心城区位置图（右）

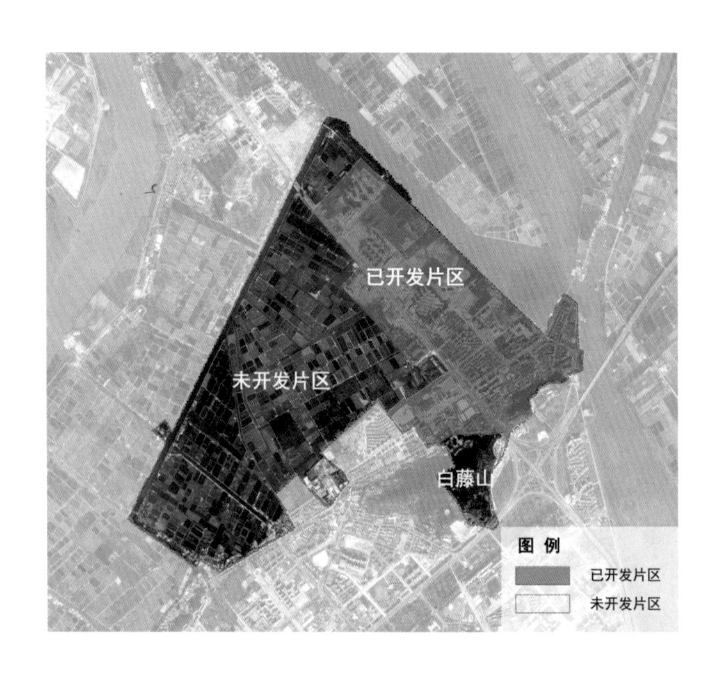


图11-3 试点区现状建成区及未开发区分布图

的16.37%；整体高程多在0～3m之间，约占规划区面积的48.46%；临近白藤山区域高程多在3～8m之间，约占规划区面积的5.20%；白藤山海拔在8～126m之间，约占规划区面积的4.62%，见表11-1和图11-4。

**高程分析统计表** **表11-1**

| 分区 | 高程范围（m） | 占各分区比例（%） | 占试点区比例（%） | 面积（$hm^2$） |
|---|---|---|---|---|
| 未开发区 | <-1 | 38.0 | 24.4 | 225 |
| | -1~0 | 25.2 | 16.2 | 149 |
| | 0.1~1 | 21.8 | 14.0 | 129 |

续表

| 分区 | 高程范围（m） | 占各分区比例（%） | 占试点区比例（%） | 面积（hm²） |
|---|---|---|---|---|
| 未开发区 | 1.1~2 | 6.0 | 3.9 | 36 |
|  | 2.1~3 | 1.7 | 1.1 | 10 |
|  | 3.1~4 | 0.8 | 0.5 | 5 |
|  | 4.1~6 | 0.4 | 0.3 | 2 |
|  | 6.1~8 | 0.4 | 0.3 | 2 |
|  | >8 | 5.6 | 3.6 | 33 |
|  | 合计 | 100.0 | 64.3 | 592 |
| 建成区 | <-1 | 2.0 | 0.7 | 7 |
|  | -1~0 | 0.9 | 0.3 | 3 |
|  | 0.1~1 | 16.2 | 5.8 | 53 |
|  | 1.1~2 | 27.6 | 9.8 | 90 |
|  | 2.1~3 | 28.8 | 10.3 | 94 |
|  | 3.1~4 | 9.7 | 3.5 | 32 |
|  | 4.1~6 | 1.8 | 0.6 | 6 |
|  | 6.1~8 | 1.0 | 0.3 | 3 |
|  | >8 | 12.1 | 4.3 | 40 |
|  | 合计 | 100.0 | 35.7 | 328 |
| 合计 |  | 100.0 | 100.0 | 920 |

图11-4 试点区高程分析图

2．坡度

试点区内整体地势平坦，南高北低（图11–5），建成区坡度均在3° 以内，未开发区域坑塘周边坡度在5°~ 8° 之间，白藤山坡度大于8° ，项目区整体坡度多在8° 以内，属于适宜建设区。

图11–5 试点区坡度分析图

### 11.1.2 土壤及地下水

试点区地下水埋深较浅，不利于下渗，土壤渗透性也较差，故该试点区不宜大面积建设渗透型的低影响开发设施。此外，改造时建议尽量减少雨水入渗系统的使用，如设计中确有需求，应采用换土的方式进行改造。

1．土壤

斗门试点区内土壤主要分布有盐积水稻土、洲积土田、潮土、滨海潮间盐土四种类型（图11–6），面积分别约557hm$^2$、85hm$^2$、129hm$^2$、149hm$^2$。经分析得到，试点区内土壤以盐积水稻土为主，占比约61%。

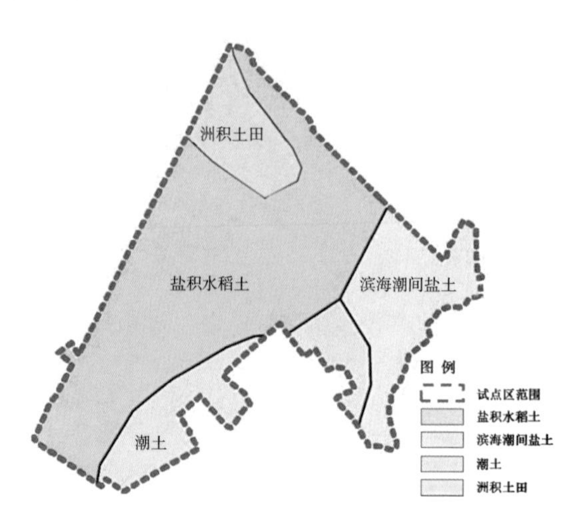


图11–6 试点区内现状土壤类型分布图

2. 土壤渗透性

目前试点区内已开展部分项目（图11-7）的地勘工作，包含11个地勘点，经地勘资料分析得到试点区内土壤上层主要为粉质黏土，下层主要为淤泥质土，土层深度0～2m主要为粉质黏土，属于弱透水性表层土层，根据上述各地勘点，利用内插法分析试点区范围的土壤渗透性（图11-8），得到该试点区渗透系数在$6.79 \times 10^{-5}$～$8.67 \times 10^{-5}$cm/s之间，土壤渗透性较好（表11-2）。2m以下为淤泥质土，渗透系数在$0.81 \times 10^{-7}$～$2.24 \times 10^{-7}$cm/s之间，渗透性较差，不利于入渗，改造时建议尽量减少雨水入渗系统的使用，如设计中确有需求，应采用换土的方式进行改造。

**地勘主要土壤渗透性统计表**　　　　表11-2

| 土壤类型 | 取土深度（m） | 土壤渗透系数（cm/s） |
|---|---|---|
| 粉质黏土 | 1.60~1.80 | $6.79 \times 10^{-5}$~$8.67 \times 10^{-5}$ |
| 淤泥质土 | 4.20~4.40 | $0.81 \times 10^{-7}$~$2.24 \times 10^{-7}$ |

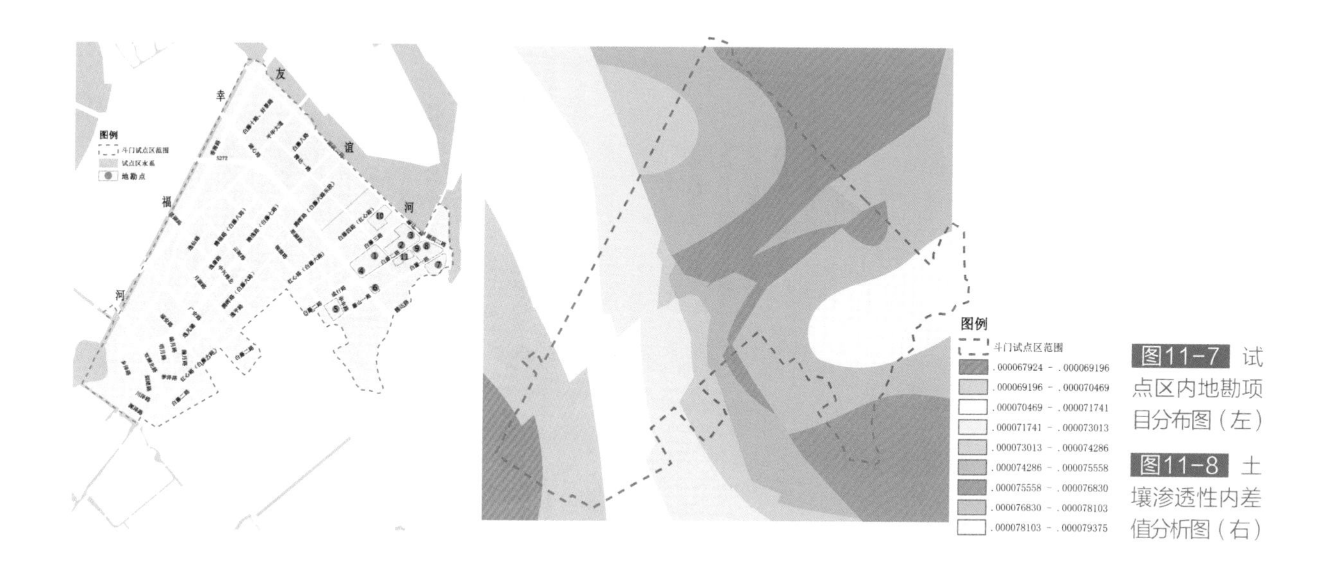


图11-7 试点区内地勘项目分布图（左）
图11-8 土壤渗透性内差值分析图（右）

3. 地下水

试点区内地下水类型为上层滞水、第四系孔隙潜水及基岩风化裂隙水等，地下水位较浅，地下水埋深较浅，不利于下渗。经勘查测得混合地下水位埋深为-0.74～-0.26m，平均-0.46m。结合收集到的资料，场地区域地下水位变幅为1.0～1.5m，随季节性变化较大。

### 11.1.3 降雨特征

1. 降雨情况

试点区为多雨地区，全年降水充沛，年内分布不均。4～9月为雨季，前期4～6月多为西南季风，水汽充沛，与南下冷空气相遇，常出现强降雨，后期7～9月盛行东南季风，太平洋及南海的热气旋带来大量水汽，形成强风暴雨，10月～次年3月盛行东北风，多为旱季。

据斗门气象站1985～2014年降水资料统计，本地区多年平均降水量2031.4mm，最大年降水量2881mm（2008年），最小年降水量1215.4mm（2011年），见图11-9。每年4～9月为降雨集中期，占全年降雨量的86.1%，见图11-10。年平均降雨天数（日雨量≥0.1mm）为99天，降雨强度上以中小雨为主，平均共75天，大雨及大雨以上强度降雨天数平均为24天，不同强度降雨频次见表11-3。

**试点区多年平均降雨强度分布情况** 表11-3

| 降雨强度（mm） | <2 | 小雨（2~9.9） | 中雨（10~24.9） | 大雨（25~49.9） | 暴雨（50~99.9） | 大暴雨（100~249.9） | 特大暴雨（>250） |
|---|---|---|---|---|---|---|---|
| 降雨天数（d） | 14.7 | 39.0 | 21.1 | 12.9 | 7.3 | 2.9 | 0.2 |

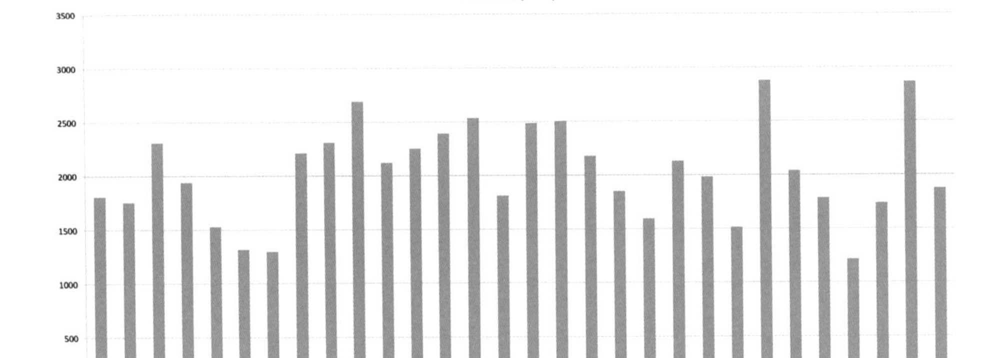


图11-9 1985~2014年平均年降雨量

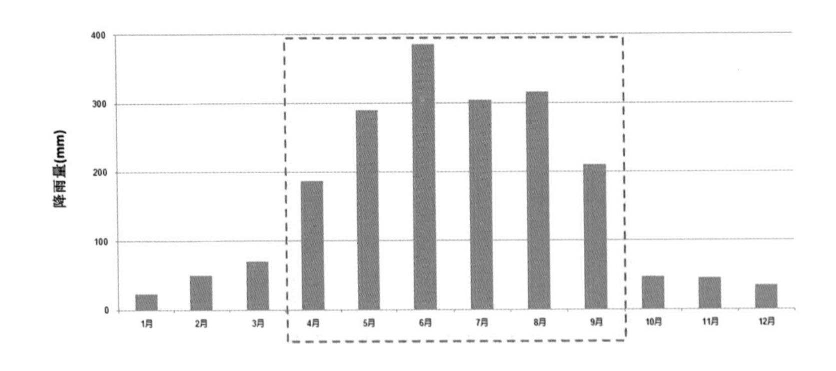


图11-10 1985~2014年平均月降雨量

2．历史台风暴雨情况

珠海市平均每年受强热带风暴或台风影响4次，珠海市部分历史台风灾害情况见表11-4。若台风在深圳宝安至阳江电白间沿海登陆，则市境内会出现8级以上强风，伴随强降雨过程，遇大潮则形成风暴潮。潮水位受风的作用，常引起增水，尤其当大潮遭遇强热带风暴或台风，即形成风暴潮，增水更为显著，会出现超常高水位。各水文站实测系列最高水位多由风暴潮造成。

**珠海市部分历史台风灾害情况表** **表11-4**

| 时间 | 台风名称 | 登陆地点 | 珠海最大风力（级） |
| --- | --- | --- | --- |
| 1989.7.18 | 8908号台风 | 阳江 | 11 |
| 1993.9.17 | 贝姬 | 珠海港 | 12 |
| 1999.9.16 | 约克 | 唐家镇 | 12 |
| 2001.7.6 | 0104号台风 | 汕尾到珠海 | 12 |
| 2002.9.11 | 0218号台风 | 茂名 | 11 |
| 2003.7.24 | 0307号台风 | 阳西到电白 | 12 |
| 2006.8.3 | 派比安 | 阳江到电白 | 12 |
| 2008.9.24 | 黑格比 | 电白 | 15 |
| 2017.8.23 | 天鸽 | 金湾 | 14 |

珠海市是暴雨多发地区，多发于每年汛期，强度大、历时短。暴雨期间，由于高潮水位顶托，排水受阻，即积涝成灾，珠海市部分暴雨涝灾情况见表11–5。

**珠海市部分暴雨涝灾情况表** **表11-5**

| 时间 | 降雨等级 | 最大雨强 | |
| --- | --- | --- | --- |
| | | 站名 | 雨量 |
| 1994.7.22 | 特大暴雨 | 大镜山水库 | 540.5mm每8h |
| 1996.5.6 | 特大暴雨 | 三灶 | 477.7mm每24h |
| 1997.7.2 | 大暴雨 | 天生河 | 102mm每1h |
| 1998.5.24 | 锋面暴雨 | 香洲站 | 58mm每1h |
| 2000.4.14 | 锋面特大降雨 | 香洲站 | 643.5mm每24h |
| 2005.8~9月 | 特大暴雨 | 井岸 | 282mm每5h |
| 2006.3.24 | 特大暴雨 | 井岸 | 320mm每24h |

### 3. 设计降雨

（1）短历时暴雨强度公式

2014年11月，珠海市气象局委托广东省气候中心利用珠海和斗门国家气象站自记雨量资料编制珠海市暴雨强度公式，新暴雨强度公式适用范围将珠海划分为珠海市区和斗门区两个区域。其中，本次试点区位于斗门区范围，暴雨强度公式采用斗门区单一重现期新暴雨强度公式，见表11–6，短历时设计雨型见图11–11。

珠海市斗门区单一重现期新暴雨强度公式　　表11-6

| 重现期*P*（年） | 公式 |
|---|---|
| *P*=2 | 4580.476 /（*t*+24.262）0.724 |
| *P*=3 | 5269.685 /（*t*+26.103）0.726 |
| *P*=5 | 6122.22 /（*t*+28.153）0.729 |
| *P*=10 | 7202.71 /（*t*+30.605）0.734 |
| *P*=20 | 8902.603 /（*t*+34.098）0.748 |
| *P*=30 | 9770.836 /（*t*+35.311）0.753 |
| *P*=50 | 10802.562 /（*t*+36.611）0.758 |
| *P*=100 | 12143.739 /（*t*+38.192）0.764 |

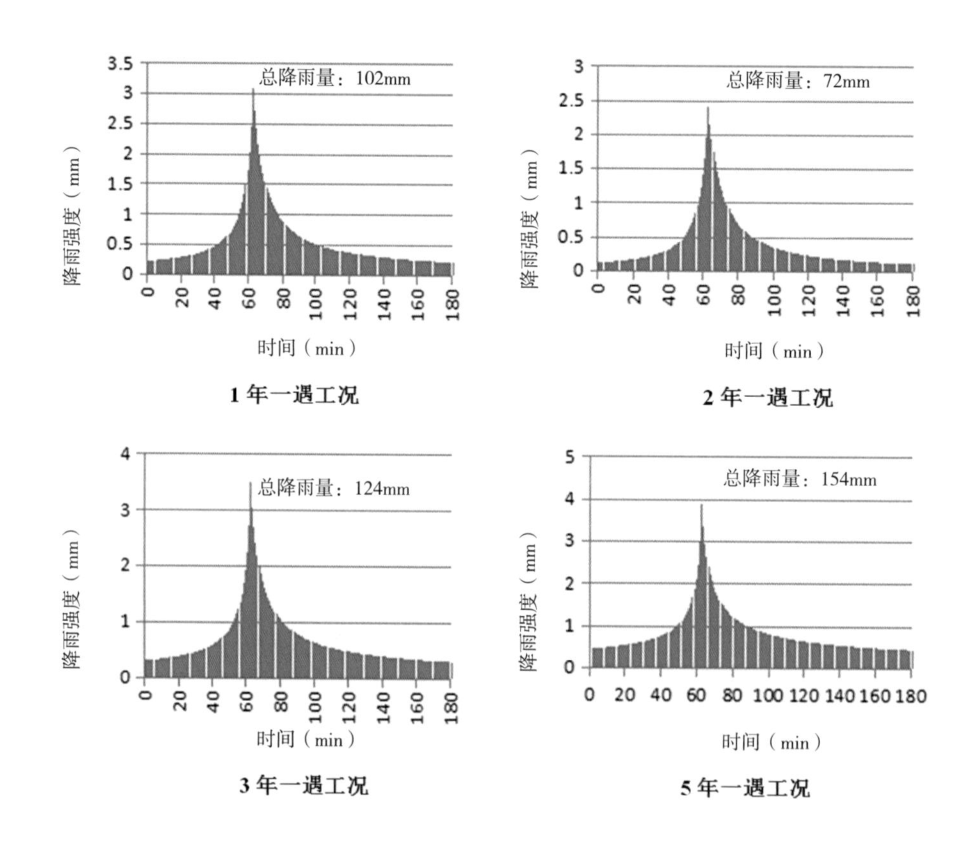


图11-11 短历时设计雨型

（2）长历时暴雨强度公式

依据《珠海市设计降雨雨型研究报告》，规划区采用30年一遇24h暴雨强度公式，见式（11-1）。此外，内涝评估雨型采用24h、步长30min长历时雨型，依据2003年广东省水利厅颁发的《广东省水文图集》以及《广东省暴雨径流查算图表》对长历时设计暴雨进行计算，得到长历时设计雨型，见图11-12。

$$q=\frac{2471.934\times(1+0.8\lg P)}{(t+21.8)^{0.647}} \quad (11\text{-}1)$$

式中 $q$ ——设计暴雨强度（L/s/hm$^2$）；

$P$ ——设计重现期（年）；

$t$ ——降雨历时（min）。

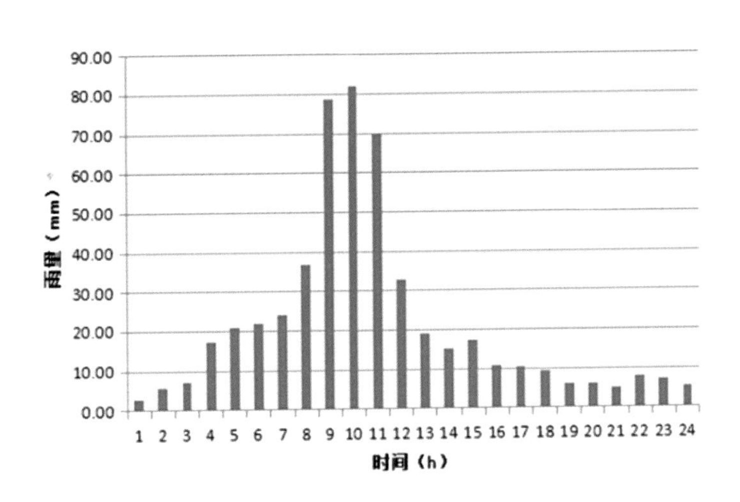


图11-12 30年一遇设计降雨过程图

（3）典型年降雨

年径流总量控制率等评估计算宜选择较长历时降雨数据，考虑到数据获取的难度以及节约模型计算的时间，本次方案综合降雨总量、降雨分布规律、暴雨分级情况等多方面因素，选择近30年中某一年为降雨典型年，选择其年实际降雨数据用于水环境、水安全及水资源等模拟与计算分析。综合分析后认为，2009年具有典型性和代表性，故选取2009年为典型代表年，降雨曲线见图11-13，年降雨总量2038.8mm，降雨总场次97次，其中小于2mm降雨17天，小雨40天，中雨19天，大雨11天，暴雨5天，大暴雨5天，特大暴雨0天。

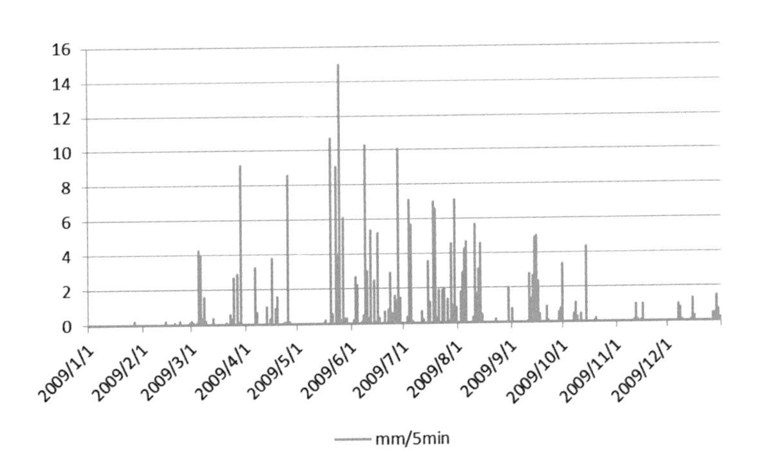


图11-13 斗门区典型年降雨曲线

### 11.1.4 现状水系

试点区现状河网众多，水塘密布，现状主要河道有三条（图11-14），分别为幸福河、友谊河及红旗运河，总长度8.26km，详见表11-7。

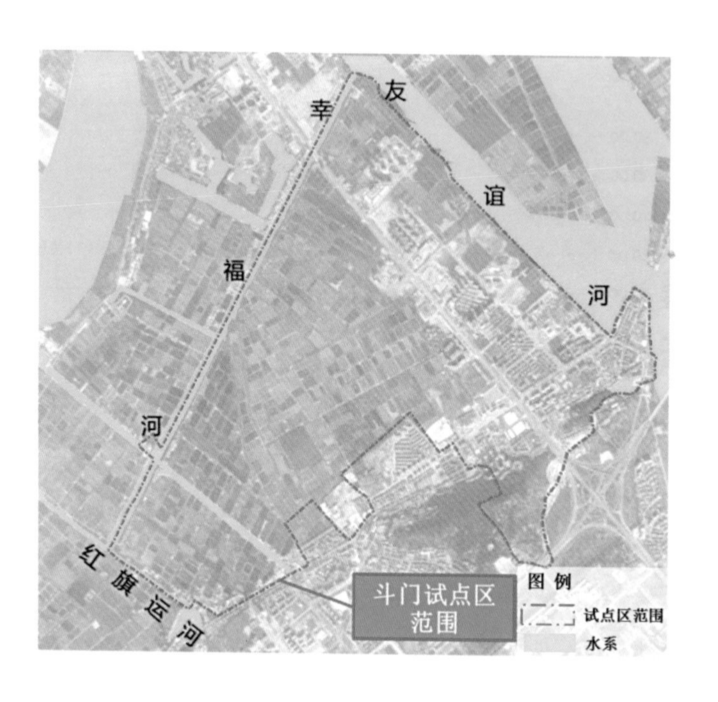


图11-14 试点区内现状水系布局图

试点区现状水系一览表 表11-7

| 序号 | 名称 | 河长（m） | 河宽（m） | 岸线形式 |
| --- | --- | --- | --- | --- |
| 1 | 幸福河 | 4400 | 35~60 | 主要为自然断面，部分简易防洪堤 |
| 2 | 友谊河 | 2930 | 160~645 | 主要为自然断面，部分简易防洪堤 |
| 3 | 红旗运河 | 930 | 14~38 | 主要为自然断面，部分简易防洪堤 |
| 合计 | | 8260 | 14~645 | — |

### 11.1.5 土地利用现状

试点区现状建设用地面积约379.5hm$^2$，规划建设用地面积约870.6hm$^2$，现状和规划用地对比情况见表11-8，土地利用现状见图11-15。现状用地主要为农林用地，占试点区面积的56.3%；其次为居住用地，占试点区面积的20.9%。规划用地主要为居住用地、道路与交通设施用地、绿地与广场用地，分别占试点区面积的45.8%、20.3%、16.2%。

依据现状及规划用地数据进行对比分析，从各类建设用地面积数据上分析得到，规划对现状大面积农林用地进行开发建设，增加6类建设用地面积，包含居住用地、公共管理与公共服务设施用地、商业服务业设施用地、道路与交通设施用地、公用设施用地、绿地与广场用地等；规划大幅缩减村庄建设用地面积，经计算，该类用地面积相对现状减少了近86%。从建设用地类别上分析得到，本次试点区规划并未新增建设用地类别，反而减少了2类用地，分别为工业用地及发展备用地。

**试点区现状和规划用地对比一览表** **表11-8**

| 序号 | 用地代码 | 类别名称 | 现状 | | 规划 | | 规划增加用地面积（hm²） |
|---|---|---|---|---|---|---|---|
| | | | 用地面积（hm²） | 占现状总用地比例（%） | 用地面积（hm²） | 占规划总用地比例（%） | |
| 1 | R | 居住用地 | 192.6 | 20.9 | 421.1 | 45.8 | 228.5 |
| 2 | A | 公共管理与公共服务设施用地 | 11.8 | 1.3 | 68.0 | 7.4 | 56.2 |
| 3 | B | 商业服务业设施用地 | 6.9 | 0.7 | 32.2 | 3.5 | 25.3 |
| 4 | M | 工业用地 | 23.7 | 2.6 | 0.0 | — | -23.7 |
| 5 | S | 道路与交通设施用地 | 16.5 | 1.8 | 187.2 | 20.3 | 170.7 |
| 6 | U | 公用设施用地 | 1.5 | 0.2 | 10.9 | 1.2 | 9.4 |
| 7 | G | 绿地与广场用地 | 2.0 | 0.2 | 148.8 | 16.2 | 146.8 |
| 8 | H14 | 村庄建设用地 | 17.3 | 1.9 | 2.4 | 0.3 | -14.9 |
| 9 | H6 | 发展备用地 | 107.2 | 11.6 | 0.0 | — | -107.2 |
| 建设用地合计 | | | 379.5 | 41.2 | 870.6 | 94.6 | 491.1 |
| 10 | E | 非建设用地 | 540.8 | 58.8 | 49.7 | 5.4 | -491.1 |
| | E1 | 水域 | 22.6 | 2.5 | 22.6 | 2.5 | 0 |
| | E2 | 农林用地 | 506.0 | 56.3 | 27.1 | 2.9 | -478.9 |
| 11 | 合计 | | 920.3 | 100.0 | 920.3 | 100.0 | 0 |

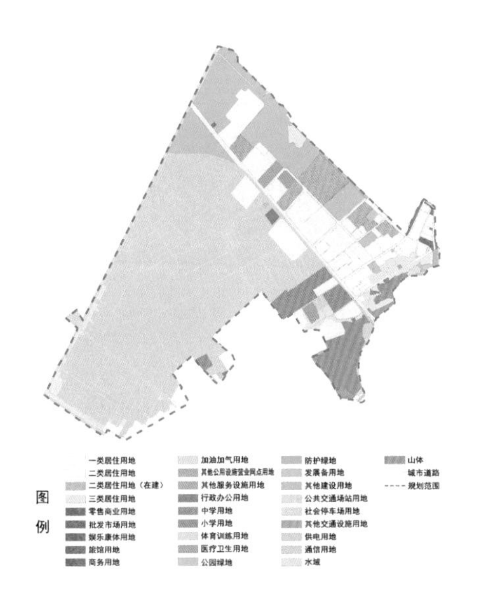


图11-15 试点区土地利用现状

### 11.1.6 下垫面分析

试点区现状多为未开发状态，主要为水塘及绿地，约占试点区面积的62.62%。下垫面硬化率较低，占试点区面积的30.54%。各类下垫面情况详见表11-9，下垫面解析见图11-16。

现状下垫面统计 表11-9

| 下垫面类型 | 面积（$hm^2$） | 占比（%） |
|---|---|---|
| 绿地 | 285.0 | 30.96 |
| 水系 | 62.8 | 6.83 |
| 屋面 | 146.3 | 15.89 |
| 水塘 | 291.4 | 31.66 |
| 道路 | 30.2 | 3.28 |
| 硬地 | 104.6 | 11.36 |
| 合计 | 920.3 | 100.00 |

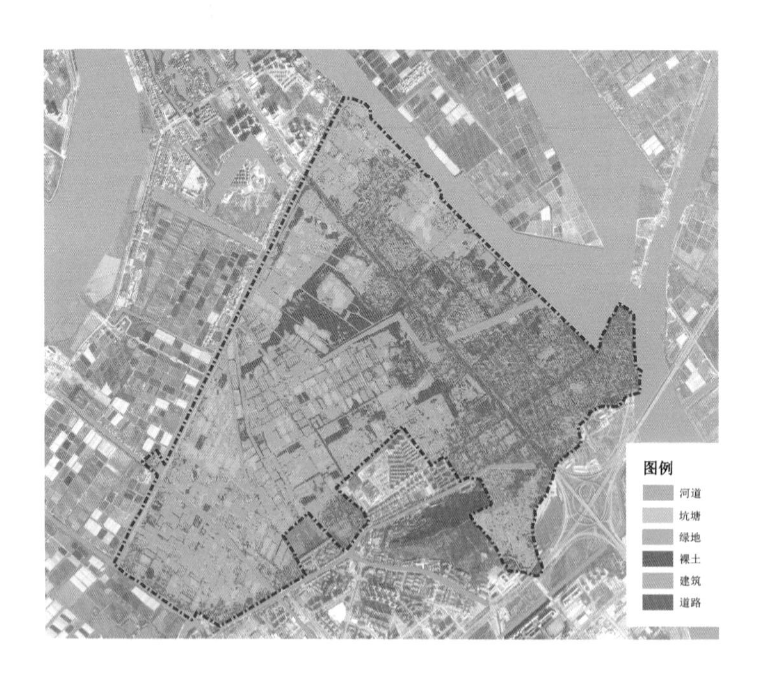


图11-16 下垫面解析图

### 11.1.7 本底径流条件

通过分析1984年、1994年、2004年、2010年、2014年、2016年的历史影像图（图11-17），伴随城市的快速发展，硬化面积急剧增加，导致综合径流系数（表11-10）从1984年的0.20飞速增至0.53，自然降雨产流规律伴随城市化进程发生了很大变化，试点区历史综合径流系数呈递增的趋势。

试点区历史综合径流系数统计表　　表11-10

| 序号 | 年代（年） | 建设用地面积（$hm^2$） | 占试点区面积比例（%） | 综合径流系数 |
|---|---|---|---|---|
| 1 | 1984 | 40.0 | 4.35 | 0.20 |
| 2 | 1994 | 138.2 | 15.02 | 0.35 |
| 3 | 2004 | 257.6 | 27.99 | 0.43 |
| 4 | 2010 | 322.0 | 34.99 | 0.48 |
| 5 | 2014 | 349.6 | 37.99 | 0.51 |
| 6 | 2016 | 379.5 | 41.24 | 0.53 |

图11-17 历史影像图

### 11.1.8　源头可改造项目调研

通过现场调研、详细勘测等方式分析源头建设项目（包含建筑小区、公园绿地、广场、道路）的改造技术可行性，结合调查问卷分析居民对小区的改造意愿，最后通过会议讨论确定可实施的改造建设项目清单。以下从问卷调查、项目技术可行性、项目改造必要性、改造项目表的最终确定等方面介绍。

1．问卷调查

（1）拟定调查问卷

采用调查问卷的方式调查居民对所生活小区、周边公园绿地和道路实施改造的诉求。主要包括：希望消除内涝积水情况、消除安全隐患、修复破损路面、提升绿化品质、满足停车需求、改善卫生环境六方面。拟定调查问卷表，通过街道发放调查问卷并统计调查结果，形成居民调查意向统计结果。

（2）居民诉求分析

为更好地服务人民群众，更好地建设斗门区的海绵家园，珠海市深入群众社区，以居民的意愿为工作出发点，细心征求居民有关海绵城市建设的意见及建议；深入了解居民对现状小区、周边绿地公园和道路生活条件的改造诉求。通过对居民发放调查问卷，统计居民的改造诉求，形成各项目改造意愿的技术支撑文件。对于意愿强烈的项目应重点关注、优先改造；对意愿一般的项目应酌情实施改造；对于居民改造意愿不大的项目区，因推动阻力过大，在项目没有突出内涝问题、合流或混接污染的情况下，近期不宜实施改造。

2. 项目技术可行性

现场调研过程中，优先通过地勘资料了解项目基本设计情况，根据试点区不同类型建筑、道路、公园、绿地等项目实际情况，进行海绵改造的技术可行性分析。

3. 项目改造必要性

海绵城市源头改造项目应充分考虑老百姓的切实需求，对现状问题突出的项目优先改造，分析源头建设项目的问题如内涝积水、排水系统缺乏、阳台废水接入雨水管、路面破损严重、停车紧张、景观和环境亟待提升等，分析各小区改造的必要性，并作为确定优先改造项目的重要依据。

通过详细的现场调研和走访问谈，调查试点区内现状问题，首先确定内涝积水小区分布和积水状况。通过小区居民走访问谈或水痕调研，分析积水出现的频率、深度、时间以及内涝积水造成的危害，对于积水出现频繁（鉴于小区居民的耐受程度，本项目认为每年出现2次以上），积水深度超过0.25m（鉴于汽车排气管距离地面约0.25m，当路面积水深度大于0.25m时会对小区内车辆造成损害），积水时间超过20min以上的视为改造必要性极高的小区；对于积水出现频率在1～2次，积水深度0.15m左右，积水时间在10min以内的视为改造必要性较强的小区；其他存在积水不严重的情况视为改造必要性一般的小区。

通过梳理测绘图纸、现场踏勘，确定小区内部的排水系统建设情况，包括是否有独立的排水系统，现状排水体制为合流制还是分流制，确定小区内部是否存在雨污混接情况，如果存在混接情况应确定混接点，调研分析是否有阳台废水接入雨落管的情况。对于没有独立排水系统、依靠地面散排的，应进行管网建设改造；存在雨污混接情况的，必须对混接点进行改造。结合外围市政管网的排水体制区别分析，如市政管网为分流制，应对合流制的小区实施分流制改造；如市政管网为合流制，应结合小区的其他现状问题，如是否有内涝积水、地面破损严重等确定是否有改造必要，有改造必要的，建议进行分流制改造；有阳台废水接入的情况，应按照混接进行改造。

此外，还应对存在路面破损、停车位紧缺、景观和环境亟待提升的问题小区进行详细调研分析，确认此类小区的分布情况。对于路面破损严重导致路面坑洼不平、积水排除不畅、湿滑存在安全隐患，尤其是学校等人流分布密集区域应优先改造。停车位紧张、不满足小区内部居民停车需求的，应结合小区改造条件实施改造，增加透水停车场。而对于小区卫生条件较差、存在垃圾堆积等情况，或小区植被稀少、地面裸露、景观差等情况的，应结合改造可行性分析实施改造，同时改善以上情况。

4．改造项目表的最终确定

召集各街道办、居民代表、原设计单位等人员，会议上从场地现状、海绵设施、居民诉求、投资计划等多方面综合确认可改造项目。

5．源头可改造项目总结

按照以上原则，共走访调研了16个已建和在建居住小区、4处公建、2块绿地公园、16条道路，最终会议确认改造项目共17个。项目分布情况见图11-18。

图11-18 斗门试点区源头建设可改造项目分布示意图

## 11.1.9 现状排水系统

1．现状排口

经过现场调研，试点区内现状排口共14个。其中分流制雨水口共8个，最终排入幸福河及白藤河；分流制混接排口共6个，位于湖滨二路（白藤四路—白藤三路段、沿友谊河南岸白藤二路—白藤一路段），最终排入友谊河，具体见图11-19。

图11-19 斗门试点区污水直排点分布图

2．现状排水体制

试点区内现状湖心路西北侧区域整体处于未开发阶段，多为农田用地，无管网覆盖；湖心路东北侧区域已整体建设开发，管网系统较完善。将试点区分为两个区域——管网覆盖区和散排区（图11-20）。其中管网覆盖区现状排水体制可分为分流制及分流式混接制（表11-11和图11-21），分流制区域位于白藤四路与好景路之间，面积约174.5hm²，占管网覆盖区面积的52.8%；分流式混接制区域位于白藤四路以南、白藤二路以北，面积约155.8hm²，占管网覆盖区面积的47.2%。

试点区现状排水体制统计表 表11-11

| 排水体制 | 面积（hm²） | 占试点区面积比（%） | 占管网覆盖区面积比（%） |
| --- | --- | --- | --- |
| 分流制 | 174.5 | 19.0 | 52.8 |
| 分流式混接制 | 155.8 | 17.0 | 47.2 |
| 合计 | 330.3 | 35.9 | 100.0 |

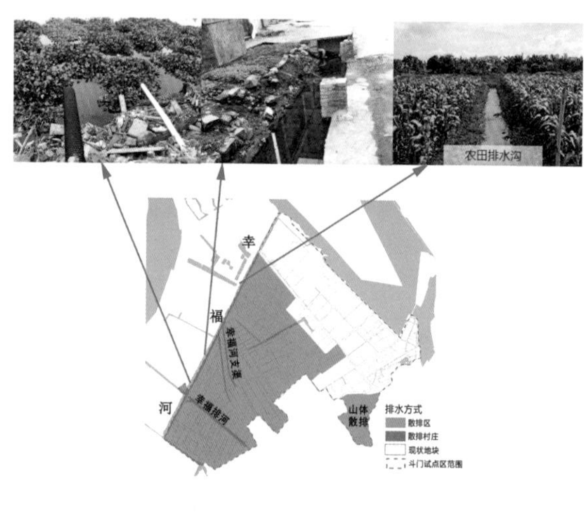


图11-20 现状散排区范围图

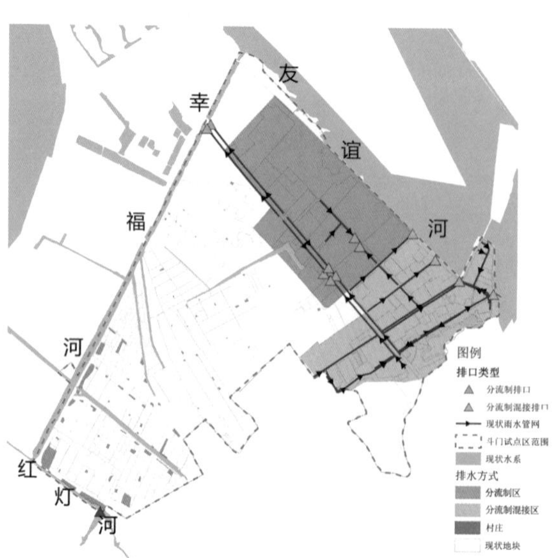


图11-21 管网覆盖区现状排水体制分布图

3. 现状污水系统

斗门试点区属于白藤水质净化厂服务范围，该厂服务面积约46.3$hm^2$，现状规模4.0万$m^3$/d，2015年污水日均处理量2.65万$m^3$/d，占地面积7.33$hm^2$，出水标准尚执行一级B标准。此外该厂服务泵站共2座，分别为黄镜门污水泵站、白藤湖污水泵站（表11-12），其中试点区内污水主要通过白藤湖污水泵站（图11-22）提至白藤水质净化厂进行处理。

泵站情况统计表　　表11-12

| 序号 | 泵站名称 | 现状规模（万$m^3$/d） | 占地面积（$m^2$） | 规划规模（万$m^3$/d） |
|---|---|---|---|---|
| 1 | 黄镜门污水泵站 | 0.75 | 1032 | 3.5 |
| 2 | 白藤湖污水泵站 | 3.0 | 1511 | 15 |

试点区内建成区污水主干管已基本成系统（表11-13和图11-23），总长度14.6km，管径在300～800mm范围。

现状污水管网统计表　　表11-13

| 分类 | 管径（mm） | 长度（km） | 占比（%） |
|---|---|---|---|
| 污水管 | 500 | 3.0 | 20.5 |
| | 600 | 5.4 | 37.0 |
| | 800 | 2.2 | 15.1 |
| 合流管 | 300~800 | 4.0 | 27.4 |
| 合计 | | 14.6 | 100.0 |

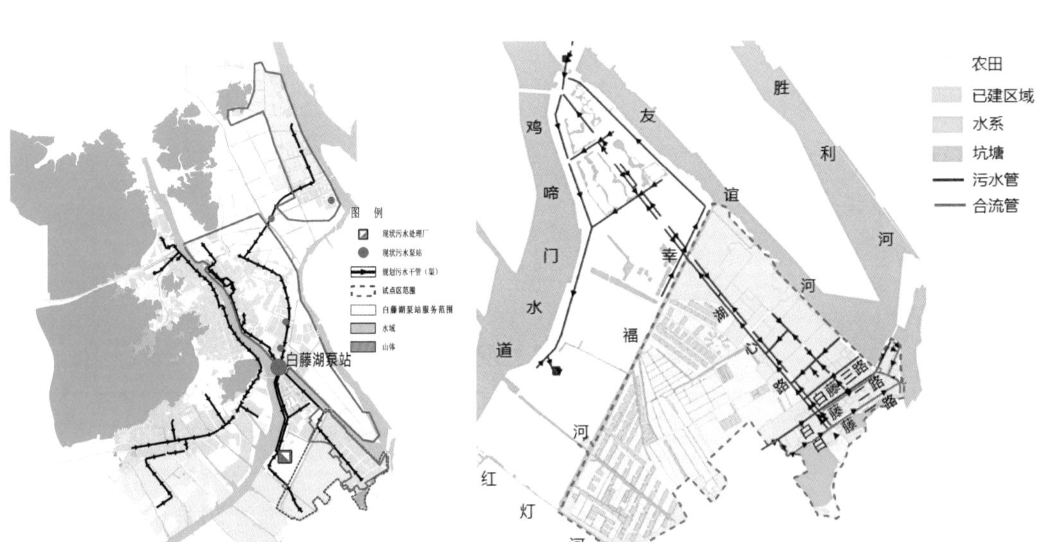


图11-22 白藤湖污水泵站现状服务范围示意图（左）

图11-23 斗门试点区污水管线（右）

4．现状雨水系统

试点区现状雨水管网主要位于已建区，管线总长度仅约21.2km，管径在300 ~ 1200mm范围，部分方涵在600mm × 500mm~2800mm × 1000mm范围内（表11–14和图11–24）。白藤一路、藤山一路管线为合流管，承接道路两侧建筑小区排水。

已建区雨水管网统计表　　表11-14

| 分类 | 管径（mm）/尺寸（mm × mm） | 长度（km） | 占比（%） |
|---|---|---|---|
| 雨水管 | 300~800 | 7.9 | 37.3 |
| | 1000~1200 | 1.5 | 7.1 |
| | 600 × 500~2800 × 1000 | 11.8 | 55.6 |
| 合计 | | 21.2 | 100.0 |

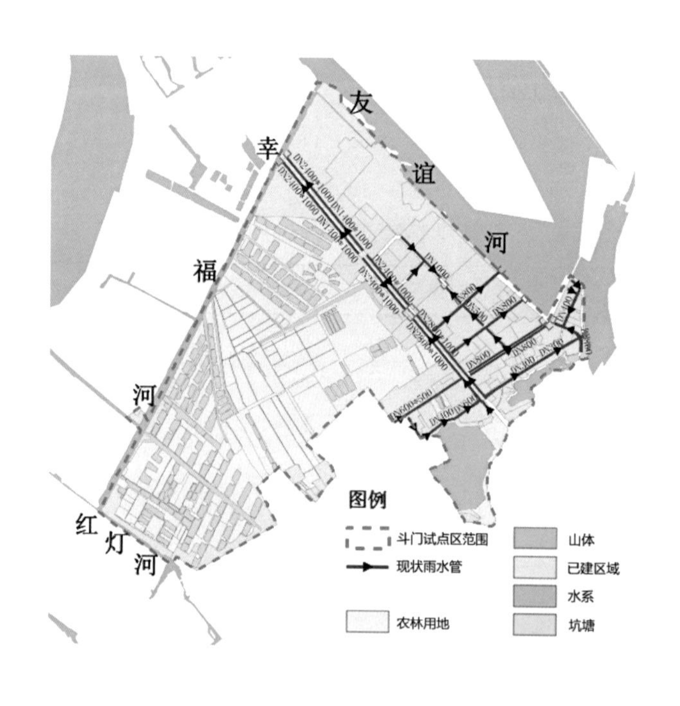


图11-24 斗门试点区现状雨水管线

5．现状防洪排涝设施

（1）堤防工程

试点区堤防工程位于小林联围三灶湾堤段，长约0.8km（表11–15）。

试点区堤防工程现状参数表　　表11-15

| 堤围名称 | 起终位置 | 设防标准 | 级别 | 长度（km） | 堤顶高程（m） | 达标情况 |
|---|---|---|---|---|---|---|
| 小林联围三灶湾堤段 | 珠海大道～二号水闸 | $P$=50年 | 2级 | 0.8 | 3.75~4.00 | 已达标 |

（2）水闸工程

试点区内共有1座水闸——白藤大闸，具有挡潮、排涝、通航、防咸等多种功能（表11-16）。

现状水闸一览表　　表11-16

| 序号 | 水闸名称 | 设防标准 | 闸顶高程（m） | 底板高程（m） | 孔数 | 总净宽（m） | 泄流量（$m^3/s$） | 达标情况 |
|---|---|---|---|---|---|---|---|---|
| 1 | 白藤大闸 | $P$=50年 | 3.90 | -3.25 | 30 | 151 | 1140 | 未达标 |

试点区内堤防和水闸现状位置见图11-25。

图11-25　试点区内堤防和水闸现状位置图

### 11.1.10　现状水资源

珠海市2015年全市水资源总量为14.60亿$m^3$，环比偏少9.8%，比常年偏少18.9%。人均用水量311$m^3$，人均水资源量894$m^3$，水源以地表水为主，占总供水量的 99.9%。珠海市供水工程基本能满足用水需求，全市总体供需平衡稳定。由于来水量主要集中在汛期，受地形、地势和供水工程等多种因素限制，以及枯水期受咸潮影响等，长期来看供水形势仍较为紧张。

试点区水源以地表水为主，目前区域内缺乏雨水和再生水资源利用设施，为缓解季节性缺水和咸潮的影响，在节约水资源的基础上，应加强非常规水资源利用。

## 11.2　现状问题及原因分析

斗门试点区面临的主要问题大概总结为三个方面，分别为水安全问题、水环境问题及水生态问题。由于试点区在珠海市海绵城市试点内是唯一的建成区，管网设施老旧，位置依山傍水，水系充足且水位较高，水系均与外江相连，同时区域整体地势较低，片区不仅受到外江潮位的影响，管网能力也严重不足，加上片区均是淹没出流，导致水安全问题是斗门试点区最突出的问题；根据现状分析，斗门试点区尚有大面积的未开发用地，整体本底较好，但如果不对点源、面源加以控制可能影响整体的水环境，同时根据现状水质检测情况，虽无黑臭水体，但水质并不乐观，故水环境问题也是斗门试点区亟须解决的问题；由于斗门试点区白藤三路南侧主要为老城区，建筑密度较大，硬化率高，且公园绿地资源极少，导致老百姓公园休憩空间短缺，人居环境较差，同时考虑老百姓的生活品质提升也是海绵城市的效果体现，故水生态问题也是斗门试点区重点解决的问题。由于水生态问题体现在用地类型及建筑密度上，成因较为简单，故本次对水生态问题不做详细说明，对水安全、水环境问题及成因借助现状调研、模型评估等方式进行详细分析，以进一步指导改造方案的制定。

### 11.2.1 水安全问题

1．内涝积水情况

经现状调研和资料收集，试点区内共有2处明显积水点（图11-26），分别为城南学校及华丰路周边区域、华丰二区。两处积水点均位于老城区，暴雨时，积水深度高达40cm，对居民生活出行造成较大影响。

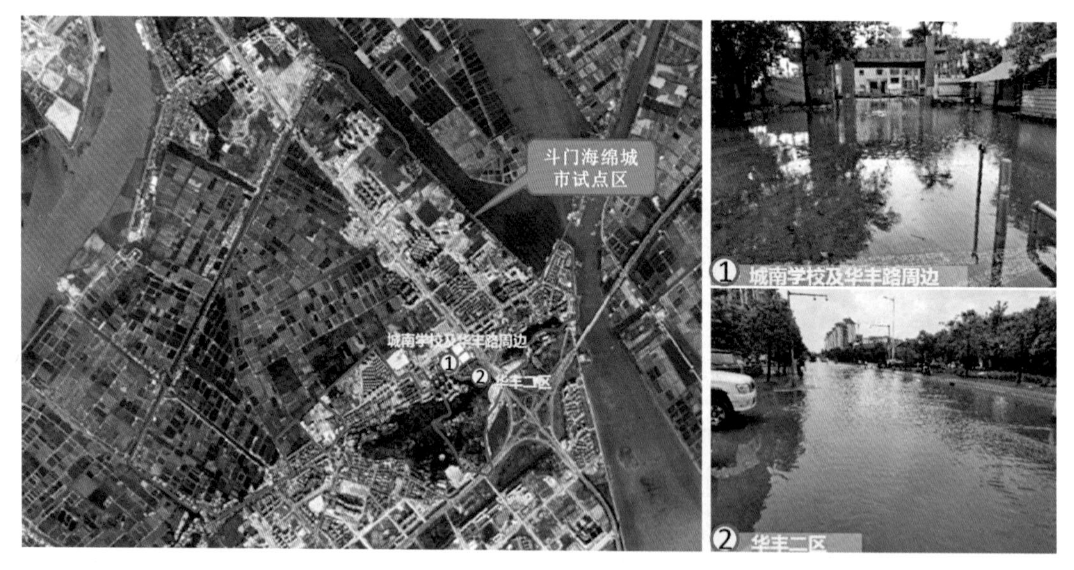


图11-26 历史积水点分布图

在现场调研的基础上，选取2013年5月22日实测降雨及实测积水情况（图11-27）进行模型率定，采用30年一遇24h长历时雨型，在5年一遇外江潮位条件下，进行现状内涝风险评估，得到3个积水点（图11-28）。与历史记录积水点进行对比验证，其中2处与历史记录一致，1处为内涝风险点（表11-17）。

**模拟积水点与实测积水点对比表　　　　表11-17**

| 积水点名称 | 实测积水点情况 | | | 模型率定情况 | | | 内涝风险模拟情况 | |
|---|---|---|---|---|---|---|---|---|
| | 最大积水深度（m） | 积水面积（$m^2$） | 积水持续时间（h） | 最大积水深度（m） | 积水面积（$m^2$） | 积水持续时间（h） | 最大积水深度（m） | 积水面积（$m^2$） |
| 城南学校及华丰路周边 | 0.4 | 3200 | 1 | 0.43 | 3458 | 1.05 | 0.5 | 15775 |
| 华丰二区 | 0.4 | 4200 | 1 | 0.38 | 4435 | 1.1 | 0.7 | 7675 |
| 藤湖苑及藤湖苑西 | — | — | — | — | — | — | 0.21 | 3600 |

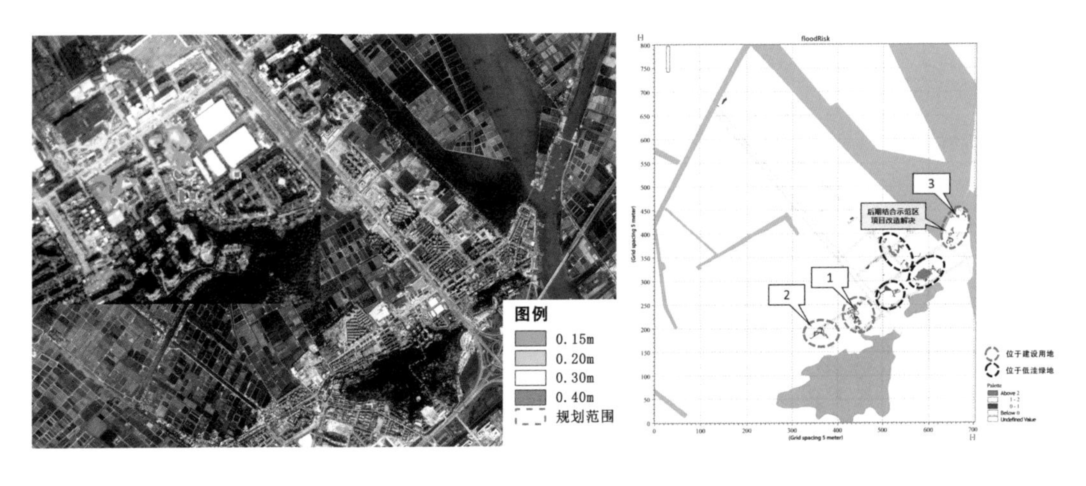


图11-27 模型率定积水深度图（左）

图11-28 模拟积水点分布图（右）

2．原因分析

内涝积水的成因包括外部原因和内部原因，其中外部原因主要包括外江潮位顶托和上游山洪入侵；内部原因主要包括河道排水能力不足、管道排水能力不足、管理维护落后、地势低洼等。

（1）外部原因

1）外江潮位顶托

试点区河道为感潮河流，排水受到外江和外河水位顶托，外江潮平均潮位为0.78m，建成区存在多处排水口管内底部标高-0.9～-0.5m，当潮水位高于排水口标高时，排水受顶托，特别是遭遇风暴潮和极端暴雨事件，还会出现外潮倒灌现象（图11-29）。

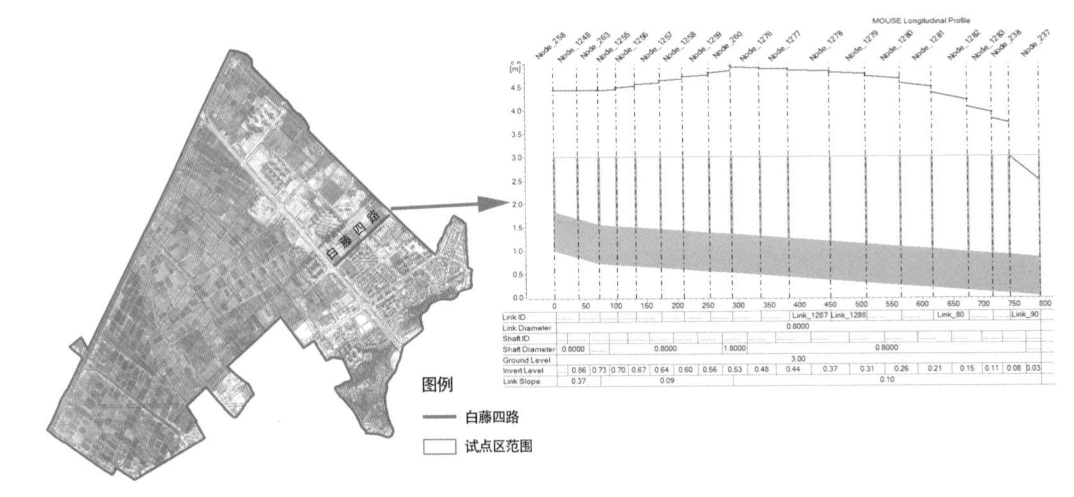


图11-29 白藤四路管道纵坡面图——受外洪潮位顶托

2）山洪接入区内市政管网，导致管道过流能力不足

藤山一路南面白藤山建设了部分截洪沟，上游山洪经截洪沟（30年一遇情况下，上游山洪量约6.9万$m^3$）直接排入试点区市政雨水管网，而管渠设计时未考虑山洪来水，导致管道过流能力不足产生溢流（图11-30）。

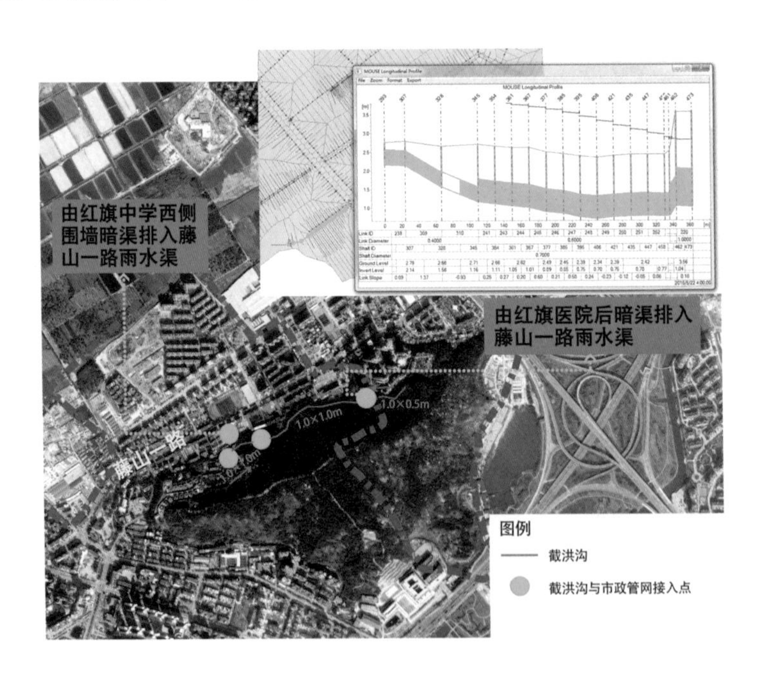


图11-30 试点区现状截洪沟及排泄路径

（2）内部原因

1）管道和河道排放能力不足

现状建成区部分管道管径偏小（图11-31），经MIKE URBAN CS模型模拟评估（图11-32和表11-18），规划区现状约62%的管道排水能力不足1年一遇，如藤山一路、白藤一路、成行路、白藤二路、白藤三路等，现状标准均小于1年一遇，过流能力严重不足。

现状河道排泄能力不足，建成区现状排泄雨水的河道主要为白藤五路暗渠。涵洞内有淤积堵塞，排水系统存在瓶颈，排水能力严重不足。

图11-31 试点区现状雨水管网分布图（左）

图11-32 管网排水能力评估图（右）

**现状管道排水能力评估汇总表** **表11-18**

| 编号 | 管道位置 | 管径（mm）/尺寸（mm×mm） | 现状标准 | 应达设计标准 |
|---|---|---|---|---|
| 1 | 藤山一路 | 400~600 | ≤1年一遇 | 3年一遇 |
| 2 | 白藤一路 | 300~400 | ≤1年一遇 | 3年一遇 |
| 3 | 成行路 | 500×600 | ≤1年一遇 | 3年一遇 |
| 4 | 白藤二路 | 800 | ≤1年一遇 | 3年一遇 |
| 5 | 白藤三路 | 600 | ≤1年一遇 | 3年一遇 |
| 6 | 白藤四路 | 800 | ≤1年一遇 | 3年一遇 |
| 7 | 腾达一路 | *DN*600~1600×1000 | ≤1年一遇 | 3年一遇 |
| 8 | 湖心路 | 1400×1000~2400×1000 | ≤2年一遇 | 3年一遇 |

2）局部地势低洼

试点已建区竖向标高多在2～3m，存在地势低洼点，低洼区域不仅排水困难且经常受外江潮水倒灌。如白藤二路与金涛路交叉口竖向约1～2m，是导致3号积水点的主要原因之一。新区竖向标高（图11-33）多在1m以内。城市规划设计时应注意合理的竖向设计，避免出现内涝积水问题。

图11-33 城市竖向分析图

### 11.2.2 水环境问题

#### 1. 水质情况

斗门试点区包括幸福河、友谊河2条河道，水质较差。根据2016年水质监测（图11-34）结果显示，友谊河和幸福河水质分别达到了地表水劣Ⅴ类、Ⅳ类，监测数据详见表11-19。

图11-34 监测点位分布图

现状主要河道2016年水质监测数据表 表11-19

| 河道 | 监测数据 | | | | 指标评价 | Ⅴ类及劣Ⅴ类水质浓度最高指标 |
|---|---|---|---|---|---|---|
| | $NH_3$-N（mg/L） | TP（mg/L） | COD（mg/L） | | | |
| 友谊河 | 0.282 | 0.57 | 4.12 | $COD_{mn}$ | 劣Ⅴ类 | TP |
| 幸福河 | 0.477 | 0.17 | 4.4 | $COD_{mn}$ | Ⅳ类 | |

#### 2. 原因分析

造成现状水体水质较差的原因包含外源污染和内源污染两个方面，外源污染即点源和面源。其中点源污染主要为分流制混接及散排区零星村庄直排导致的生活污水入河；面源污染主要为城镇面源污染、农田面源污染及水产养殖面源污染；内源污染主要为河道底泥的淤积未及时清理、岸线垃圾管理不到位。综上，斗门试点区水环境问题突出的主要原因为雨污水混接及面源污染。以下从外源污染及内源污染两方面进行详细分析。

（1）外源污染

1）雨污混接造成的点源污染量大

根据排口监测数据、排口所在流域内人口和用水情况，测算得到建成区点源污染物（以COD计）每年总入河量为303.59t（表11-20和图11-35）。

试点区点源污染量统计表　　表11-20

| 区域 | COD（t/a） | $NH_3$-N（t/a） | TP（t/a） |
|---|---|---|---|
| 混接区域 | 270.69 | 33.84 | 4.4 |
| 散排区域 | 32.90 | 4.11 | 0.53 |
| 合计 | 303.59 | 37.95 | 4.93 |

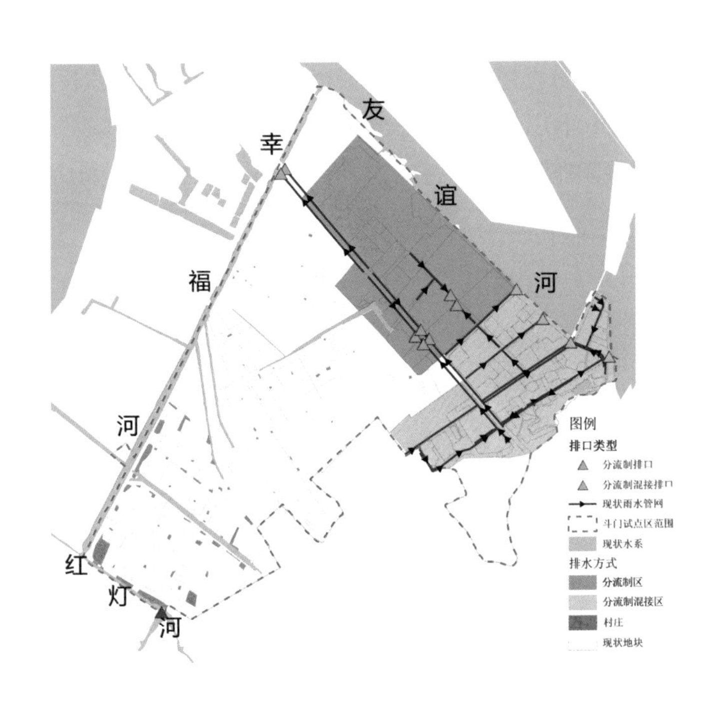


图11-35 现状排水方式及排口调查分析图

2）建成区和未建区的面源污染均未采取控制措施

目前试点区对面源污染没有采取控制措施，建成区面源污染、农田化肥、禽畜粪便等污染物经降雨冲刷后进入河道。

①建成区面源污染

建成区硬化比例较高，大气沉降、汽车排放物等随雨水径流排入河道。通过模型模拟分析建成区面源污染负荷随季节变化趋势，城市面源污染物入河量在夏季到达峰值，冬季入河量显著减少，入河面源污染物（以COD计）为139.67t/a。

②农业面源污染

未建区域目前没有排水体系，也没有污水处理设施，主要通过散排进入水体。农田和养殖等形成的污染物在降水和径流冲刷下大量排入河道水体。经计算，农村面源污染物产生量每年（按COD计）43.16 t。

可见建成区面源污染占比最大，约为76.39%（表11-21）。

不同来源的面源污染排放量　　表11-21

| 面源污染来源 | 面积（km²） | TSS（t/a） | COD（t/a） | NH3-N（t/a） | TP（t/a） |
|---|---|---|---|---|---|
| 建成区 | 3.91 | 113.53 | 139.67 | 7.09 | 0.69 |
| 农田用地 | 3.25 | — | 7.31 | 1.46 | 0.37 |
| 鱼塘用地 | 0.96 | — | 35.85 | — | 0.70 |
| 合计 | 8.12 | 113.53 | 182.83 | 8.55 | 1.76 |

3）外源污染小结

根据各河道收水范围划分（图11-36）和外源污染物核算，得出项目区内每条河道受纳的外源污染物总量（以COD计）：红灯河为28.13 t/a，幸福排河为13.44 t/a，幸福河为138.66 t/a，友谊河为306.20 t/a。试点区外源污染物每年入河总量为486.43 t，见表11-22和图11-37。

图11-36 各河道收水范围划分图

各河道污染统计（以COD计）　　表11-22

| 污染类别 | 红灯河 | 幸福排河 | 幸福河 | 友谊河 | 合计 |
|---|---|---|---|---|---|
| 点源污染（t/a） | 20.01 | 2.47 | 81.47 | 199.64 | 303.59 |
| 建设用地面源污染（t/a） | 4.37 | 1.21 | 27.75 | 106.35 | 139.68 |
| 水产养殖业污染（t/a） | 3.11 | 8.11 | 24.53 | 0.10 | 35.85 |
| 农业污染（t/a） | 0.64 | 1.65 | 4.91 | 0.11 | 7.31 |
| 合计（t/a） | 28.13 | 13.44 | 138.66 | 306.20 | 486.43 |

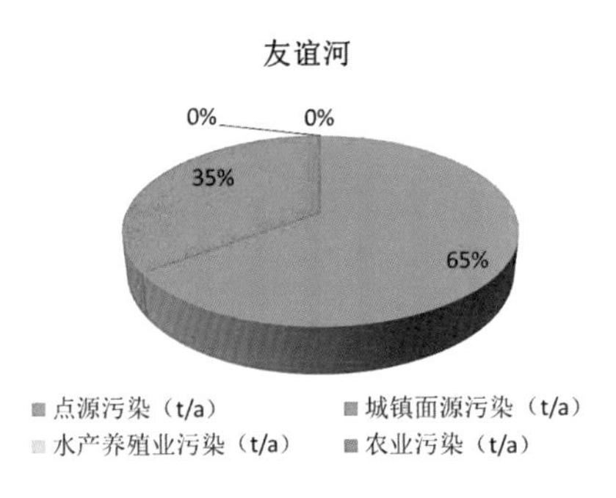


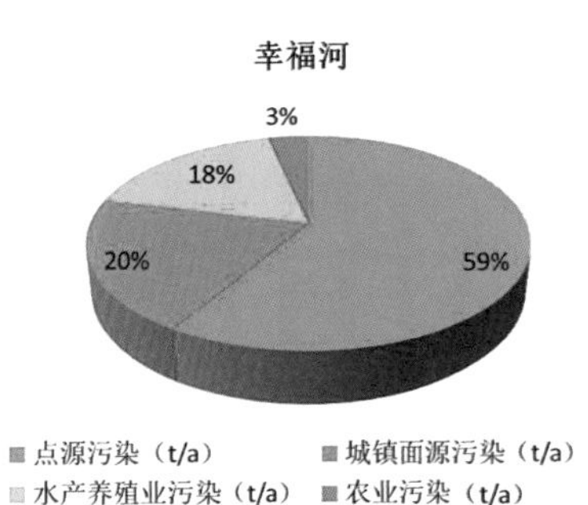


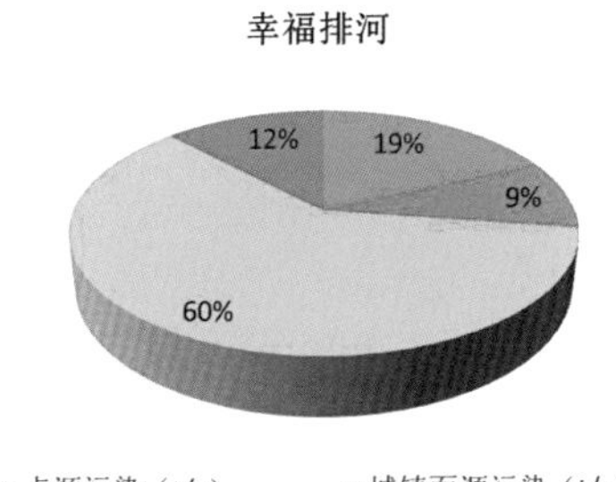


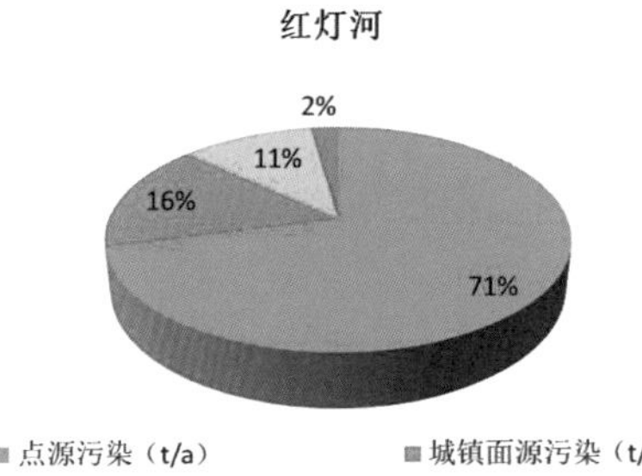


图11-37 各河道主要污染负荷构成比例图

（2）内源污染

水体中大量底泥淤积，水面和岸边漂浮的垃圾通过底泥的污染物释放，在物理、化学和生物等一系列作用下，也会持续向水体中释放污染物，计算得到内源污染排放总量约为4.85 t/a（以COD计），其影响因素较小。

（3）小结

综上，造成水环境问题的主要因素有两个：一是雨污混接造成的生活污水直排（点源污染）；二是农业水产养殖和城市面源污染。以COD为例，点源污染占污染物总排放量的62%；面源污染占污染物总排放量的37%，见表11-23。总体来说，污染物排放量超出水环境容量（图11-38），旱季以点源污染排放为主，雨季面源污染突出。

**试点区环境容量与污染物排放对比表　　表11-23**

| 类别 | COD（t/a） | 比例（%） | $NH_3$-N（t/a） | 比例（%） | TP（t/a） | 比例（%） |
|---|---|---|---|---|---|---|
| 点源 | 303.59 | 62 | 37.95 | 77 | 4.93 | 59 |
| 面源 | 182.83 | 37 | 8.54 | 17 | 1.76 | 21 |
| 内源 | 4.85 | 1 | 2.59 | 5 | 1.62 | 19.5 |
| 合计 | 491.27 | 100 | 49.08 | 100 | 8.31 | 100 |
| 水环境容量 | 351.60 | | 43.71 | | 7.27 | |
| 污染物/环境容量 | 1.40 | | 1.12 | | 1.14 | |

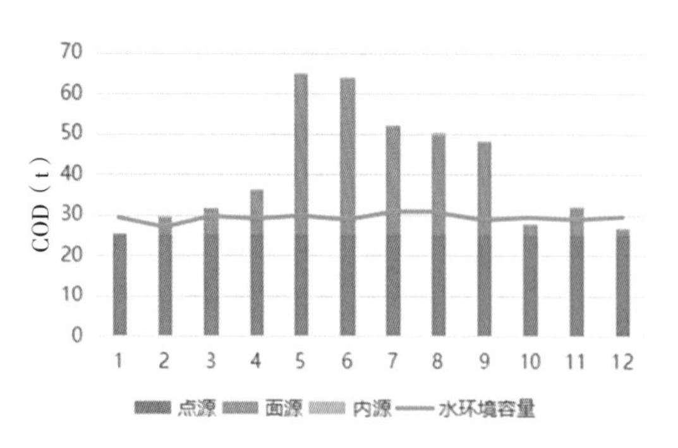


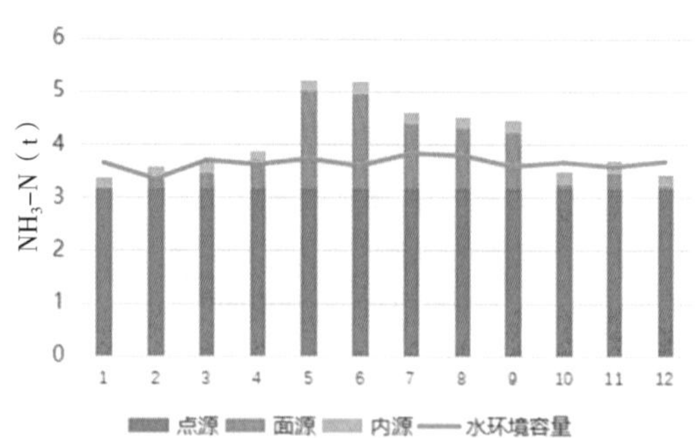


图11-38 试点区COD、$NH_3$-N水环境容量与污染物排放量逐月对比图

## 11.3 建设目标及技术路线

### 11.3.1 目标与指标体系

#### 11.3.1.1 总体目标

以海绵城市建设理念引领斗门区城市发展，促进生态保护、经济社会发展和文化传承，以生态、安全、活力的海绵建设塑造斗门城市新形象，实现“水生态良好、水安全保障、水环境改善、水景观优美”的发展战略，建设“旧城更新、新城管控”的斗门海绵城市特色。

通过系统的海绵城市工程体系建设，促进斗门试点区水环境改善、水安全提升，实现“小雨不积水、大雨不内涝、水体不黑臭、热岛有缓解”的海绵城市建设目标，和“水清、岸绿、景美、生态”的河道整治目标。

#### 11.3.1.2 分项指标

参考住房和城乡建设部发布的国家级海绵城市试点建设的考核目标，将该考核指标纳入本次分项指标体系，覆盖了水生态、水环境、水安全、水资源四大方面的指标，包含年径流总量控制率、生态岸线恢复率、内涝标准、防洪标准、城市面源污染控制率（以SS计）、雨水资源化利用率、消除内涝积水点及水面率等。此外，由于本次试点区水安全问题较为突出，需构建完善的水安全体系，从外部—内部多方面制定水安全分项指标，将防洪（潮）标准、排洪渠设防标准、截洪沟设防标准、内涝标准、雨水管渠设计标准均纳入指标体系，相对海绵试点考核目标，增加了雨水管渠设计标准、排洪渠设防标准及截洪沟设防标准3项指标要求，具体分项指标见表11-24。

项目区海绵城市建设主要分项指标表　　表11-24

| 类别 | 指标 | 单位 | 目标 |
|---|---|---|---|
| 水生态 | 年径流总量控制率 | % | 70 |
| | 生态岸线恢复率 | % | 95 |
| | 水面率 | % | 10 |
| 水安全 | 消除内涝积水点 | — | 全部消除 |
| | 内涝标准 | 年 | 30 |

续表

| 类别 | 指标 | 单位 | 目标 |
|---|---|---|---|
| 水安全 | 防洪（潮）标准 | 年 | 100 |
| | 排洪渠设防标准 | 年 | 50 |
| | 截洪沟设防标准 | 年 | 50 |
| | 雨水管渠设计标准 | 年 | 3 |
| 水环境 | 消除区域内的黑臭水体 | — | 全部消除 |
| | 城市面源污染控制率（以SS计） | % | 50 |
| 水资源 | 雨水资源化利用率 | % | 10 |

#### 11.3.1.3 主要指标确定说明

1．水生态指标——年径流总量控制率

年径流总量控制率指标需综合考虑试点区上位规划要求、试点区自然降雨特征、下垫面情况、土壤下渗性、水系分布等自然条件以及未来开发建设情况等确定。

（1）上位规划要求

《珠海市海绵城市专项规划》共划分了51个海绵城市建设管控片区。试点区位于1～21分区（西部中心城区的海绵城市试点建设区）内，该分区面积20.4km$^2$，专项规划对该分区的年径流总量控制率要求为70%。因此斗门试点区的年径流总量率目标应满足试点区70%的要求，宜控制在70%左右。

（2）自然降雨特征

考虑短历时降雨特征，斗门试点区降雨年际变化大，年内分配不均，降水多集中于汛期（4～9月），针对试点区的降雨和内涝特性，结合降雨数据进行设定，通过模型模拟分析，为构建良好的排水防涝系统，需源头、过程、末端综合控制，源头需削减径流峰值流量5%~10%，延缓汇流时间5～10min。针对每个地块采用模型计算分析后，为满足此需求，年径流总量控制率需大于65%。

同时根据试点区连续日降雨资料分析，中小雨（≤25mm）占比约70%，年径流总量控制率宜对高频率的中小雨进行控制，取70%左右为宜。

（3）下垫面特征

斗门试点区土壤渗透性较差，地下水埋深较浅，渗透类设施适宜性较弱。在海绵城市措施选取上，优先考虑“蓄、滞、净”等措施，其次考虑“渗”的措施，年径流总量控制率不宜过高。

根据现状用地情况、水系分布条件、降雨蒸发数据等基础资料，构建现状产汇流模型，通过径流产流模拟计算现状径流控制率。同时考虑到试点区整体上本底条件空间差别性较大，根据模型模拟结果，按照尽量恢复自然水文生态循环的原则，确定试点区年径流总量控制率应大于60%。

根据现状本底径流条件分析，结合模型模拟，未建区域的年径流总量控制率约为70.1%，基于开发建设不改变水文特征，年径流总量控制率宜在70%左右。

已建区开发密度高且强度大，部分老旧小区建设杂乱无章，小区内绿化率较低，改造空间有限，改造难度较大。从可操作性角度考虑，年径流总量控制率的目标不宜大于75%。

（4）初期雨水面源污染

斗门试点区初期雨水面源污染较严重，若年径流总量控制率目标过低，雨水携带污染物进入内河的量将增多，加剧内河污染。通过模型计算，在明确水体环境容量以及点源、面源削减量的基础上，明确各种污染物的面源削减率。为保证此削减率，针对各个地块采用模型计算分析后，年径流总量控制率需不小于70%。

（5）政策文件要求

《海绵城市建设技术指南》将我国大陆地区大致分为五个区，并给出了各区年径流总量控制率$\alpha$的最低和最高限值，即I区（85%≤$\alpha$≤90%）、II区（80%≤$\alpha$≤85%）、III区（75%≤$\alpha$≤85%）、IV区（70%≤$\alpha$≤85%）、V区（60%≤$\alpha$≤85%）。斗门属V区，其年径流总量控制率$\alpha$取值范围为60%≤$\alpha$≤85%。根据《国务院办公厅关于推进海绵城市建设的指导意见》（国办发［2015］75号），各地应将70%的降雨就地消纳和利用，因此，斗门试点区年径流总量控制率不宜低于70%的控制目标。

综合以上因素，构建相关模型，经反复多次校核后，最终确定斗门试点区海绵城市雨水系统的年径流总量控制率应达到70%。

根据区域近30年（1985～2014年）连续日降雨资料，分析年径流总量控制率对应的设计降雨量关系曲线，见图11-39，年径流总量率为70%对应的设计降雨量为28.5mm，见表11-25。

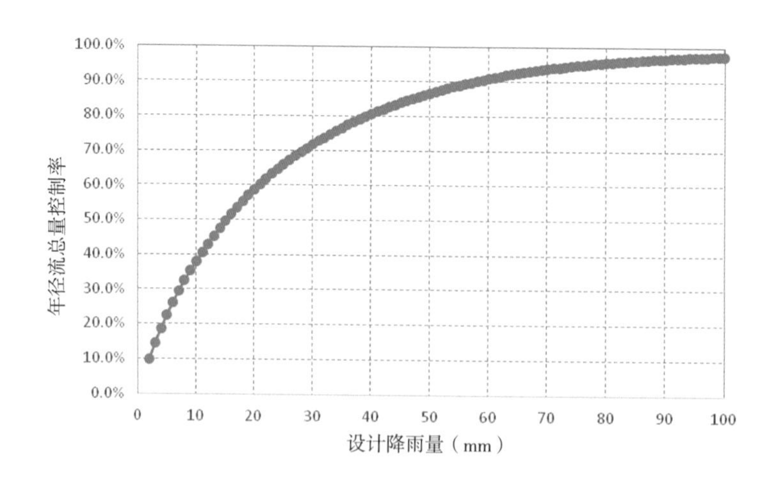


图11-39 年径流总量控制率对应设计降雨量曲线图

年径流总量控制率与设计降雨量对应表　　表11-25

| 年径流总量控制率（%） | 60 | 65 | 70 | 75 | 80 | 85 |
|---|---|---|---|---|---|---|
| 设计降雨量（mm） | 20.7 | 24.6 | 28.5 | 34 | 40.5 | 48.4 |

2．水安全指标——排水和内涝防治标准

依据《室外排水设计规范》（2016年版）GB 50014—2006中的相关规定，参照《珠海市海绵城市专项规划》和《珠海市城区排水（雨水）防涝综合规划（2013～2020）》，确定斗门试点区排水防涝标准为有效应对不低于30年一遇的暴雨，同时地面积水设计标准为确保居民区和工商业建筑物的底层不进水，道路中有一条车道的积水深度不超过15 cm。

根据《室外排水设计规范》（2016年版）GB 50014—2006，市区人口在50～100万的中等城市，中心城区的雨水管渠设计重现期应达到2～3年，非中心城区2～3 年，中心城区重要区域应为3～5年，下立交、地道和下沉广场等应为10～20 年。斗门试点区位于中心城区的滨江城，为一般区域，雨水管渠设计标准采用3年一遇。

3．水环境指标

珠海市西部中心城区海绵城市试点区（斗门区）内不存在黑臭水体，同时区内无国、省、市控断面，执行“监测断面水质不得劣于海绵城市建设前的水质，且不得出现黑臭现象”的标准。

### 11.3.2　技术路线

首先，对试点区的用地情况、排水体制、管网情况、河道排口以及河道水质等现状进行深度调研，结合试点区海绵城市建设要求对当前主要的水环境、水安全等问题进行识别，定量分析问题成因。

其次，以海绵城市建设的目标要求和试点区当前问题为导向，明确试点区海绵城市建设的工程目标。

再次，根据海绵城市建设规划，结合自然地形、雨水管网、河流水系等对试点区进行排水分区划分。

继而从各排水分区出发，进一步分析各分区核心问题，结合分项目标制定各分区源头减排—过程控制—系统治理综合工程体系，落实海绵城市建设项目，综合治理试点区黑臭、内涝等问题。综合工程体系包括项目地块海绵改造等源头减排工程，完善雨污管网建设等过程控制工程，河道综合整治（疏浚拓宽、生态修复、活水提质）、调蓄湖体建设、排涝泵站建设等系统治理工程。

最后，提出工程落地和项目实施完成后的保障措施，包括政策制度、技术标准、资金保障等体系，综合促进试点区海绵城市建设。

技术路线见图11–40。

## 11.4　管控分区划分

优先分析本次试点区自然地形及河道收水范围，划分流域；在流域划分的基础上，参考现状与规划雨水管网、排口收水范围对流域进行细化，初步形成管控分区边界；最终以路网、地块边界对管控分区进行微调。

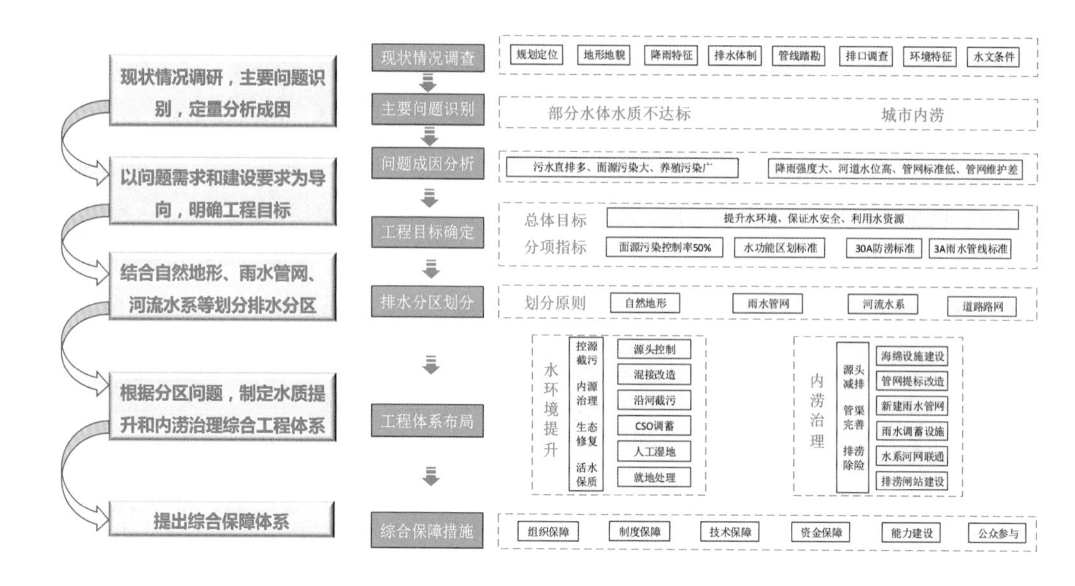


图11-40 系统方案总体技术路线图

1．高程分析

基于地形实测数据，获取研究区域的数字高程模型（DEM模型），由试点区DEM分析图（图11-41）可知，区域内高程分布整体上体现为西低东高，以湖心路为界，东侧为友谊河流域，西侧为幸福河流域。

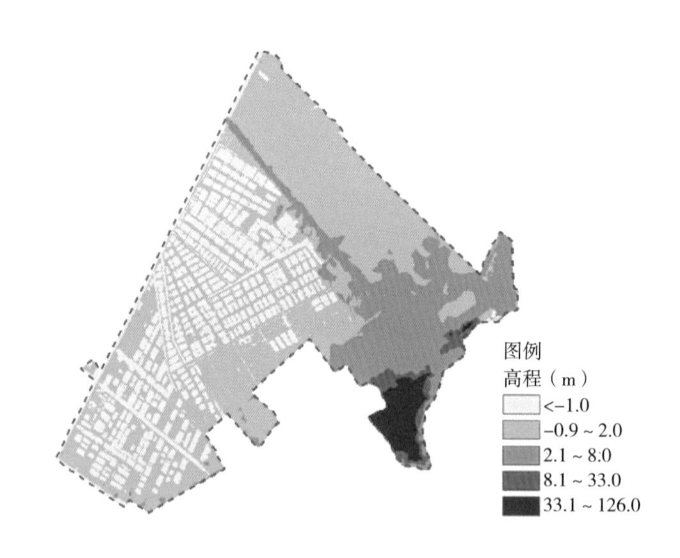


图11-41 试点区DEM分析图

2．雨水管网分析

管控分区的划分除考虑地形因素外，还需重点考虑雨水管线分布与走向。由试点区内现状与规划雨水管网分布（图11-42）可知，雨水管网主要排向幸福河、友谊河以及白藤五路暗渠，参考排水方向进一步对试点区排水分区进行划分。

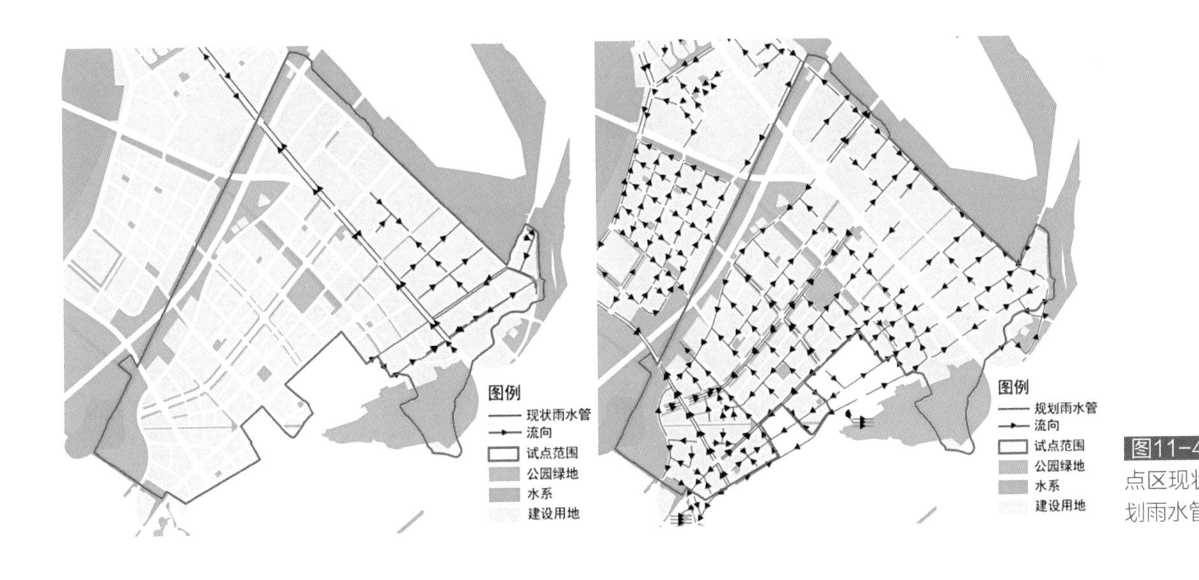


图11-42 试点区现状及规划雨水管网图

3. 管控分区细化结果

为避免出现同一地块多个标准等问题，本次管控分区划分考虑了地块边界及路网，尽可能不对地块进行切割，避免道路的横向切割，减少同一条道路的竖向切割。

综合以上分析，最终将试点区划分为7个管控分区，其区域分布及面积大小见表11-26和图11-43。

试点区管控分区一览表　　表11-26

| 汇水分区编号 | 分区名称 | 面积（$hm^2$） | 区域建设情况 |
|---|---|---|---|
| S1 | 白藤头东侧排水分区 | 59.54 | 建成区 |
| S2 | 白藤头西侧排水分区 | 84.47 | 建成区 |
| S3 | 白藤河—友谊河排行分区 | 149.2 | 在建区 |
| S4 | 北幸福河排水分区 | 121.87 | 在建区与未建区共存 |
| S5 | 白藤河幸福河排水分区 | 213.63 | 未建区 |
| S6 | 南幸福河排水分区 | 151.18 | 未建区 |
| S7 | 白藤湖排水分区 | 140.34 | 未建区 |

## 11.5 总体方案

### 11.5.1 自然本底保护

为在开发建设过程中实现人与自然的和谐相处，有限保护生态本底，在此基础上，融入海绵城市理念。试点区的自然本底保护主要体现在落实河道蓝线及水面率两方面。

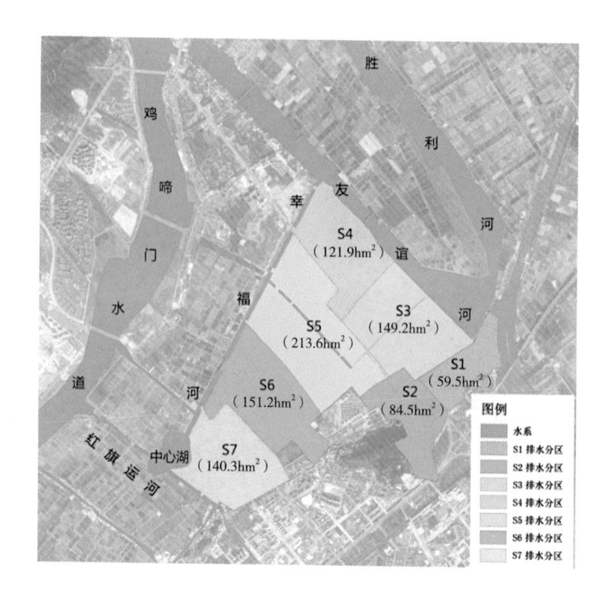


图11-43 试点区管控分区划分图

1．蓝绿线划定

（1）确定蓝绿线划定宽度

依据《珠海市蓝线规划（2012～2020）》《珠海市城区排水（雨水）防涝综合规划（2013～2020）》及《城市水系规划规范》（2016年版）GB 50513—2009等，指导落实蓝线宽度及水面率指标。其中此处采用《珠海市蓝线规划（2012～2020）》中蓝线划定要求，对位于试点区内的幸福河及白藤河进行蓝线划定（图11–44），其中幸福河规划蓝线宽度为51～67m（表11–27），白藤河（防洪渠）规划蓝线宽度为70m；适宜水面率范围在 8%~12%之间。

试点区河道蓝线宽度一览表　　表11-27

| 序号 | 河道名称 | 规划宽度（m） | 单侧退让（m） | 蓝线宽度（m） |
|---|---|---|---|---|
| 1 | 幸福河 | 31~47 | 10 | 51~67 |
| 2 | 白藤河（防洪渠） | 50 | 10 | 70 |

图11-44 试点区蓝绿线分布图

（2）蓝绿线划定方案

根据蓝绿线分布图，幸福河南岸位于本次试点区内，白藤河为区内规划新建人工河，两处河道岸线周边多为未开发用地，存在零星村庄散户；绿线范围多位于未开发区域。结合以上特点制定幸福河及白藤河蓝绿线保护方案。

1）开发建设过程中，严格遵循蓝线及绿线保护方法，禁止开发建设。

2）侵占了幸福河、白藤河蓝、绿线范围的村庄散户，在未开发区域建议伴随片区的开发建设对该处房屋进行迁移，同步进行水生态的修复；已建区建议根据改造拆迁计划，可远期进行迁移。根据现状影像图下垫面分析，现状未开发区域共25处村庄及散户侵占了蓝绿线，面积约8.8hm$^2$；已建区共1处住宅侵占了绿线，面积约2.1hm$^2$。详细分布情况见图11–45。

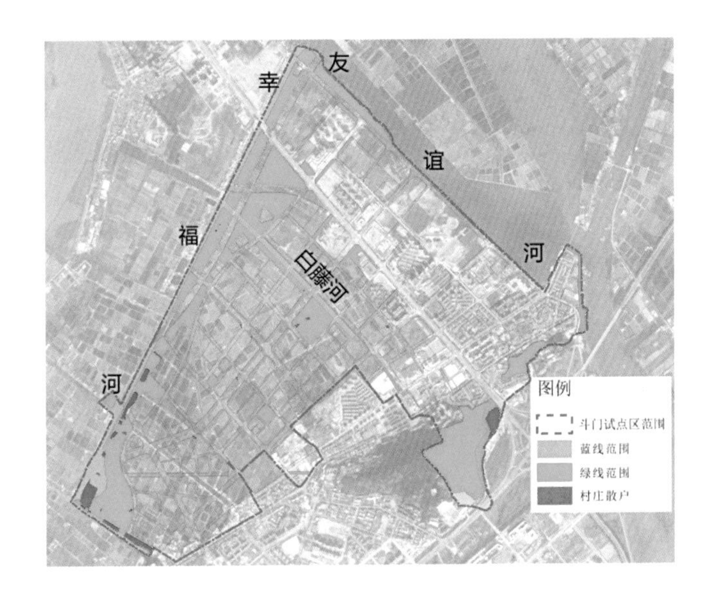


图11–45 试点区侵占蓝绿线范围的村庄散户分布图

2. 低洼地保护

根据区域地形特征，划定低洼地保护区（图11–46），进而保证区域的排水安全。根据片区控制性详细规划及现状场地竖向分析，片区建设用地规划控制标高为3.2m，下穿立交标高尽量高于外江潮水位，同时对低洼地和径流路径进行保护，具体低洼地保护措施大致可总结为以下5项。

（1）白藤河西侧及南侧低洼地处于白藤河蓝线控制范围，要求严格遵循蓝线保护办法。

（2）白藤山脚处白藤社区居委会及华丰宾馆处的低洼地为已建成用地，亦为经常性的水浸黑点，周边无有效的调蓄或行泄通道，通过改造区域管网并进行泵站抽排对其进行积水点整治，保证区域排水安全。

（3）白藤一路东及白藤二路合围内的低洼点现状已形成自然湿塘，能够解决周边区域的涝水行泄，建议对其进行现状保留，不得侵占为建设用地。

（4）白藤三路南侧低洼地现状为未建设绿地，控制性详细规划中已明确为特殊教育用地，经排水模型模拟，该片承担周边道路溢流涝水，建议对该地块建设时改造白藤三路现状管网，保证排水安全。

（5）白藤四路旁侧低洼地现状为未建设绿地，控制性详细规划中划定为居住用地，其北侧已规划有5m的行泄通道，两侧防护绿地各5m，能够保证区域排水安全。

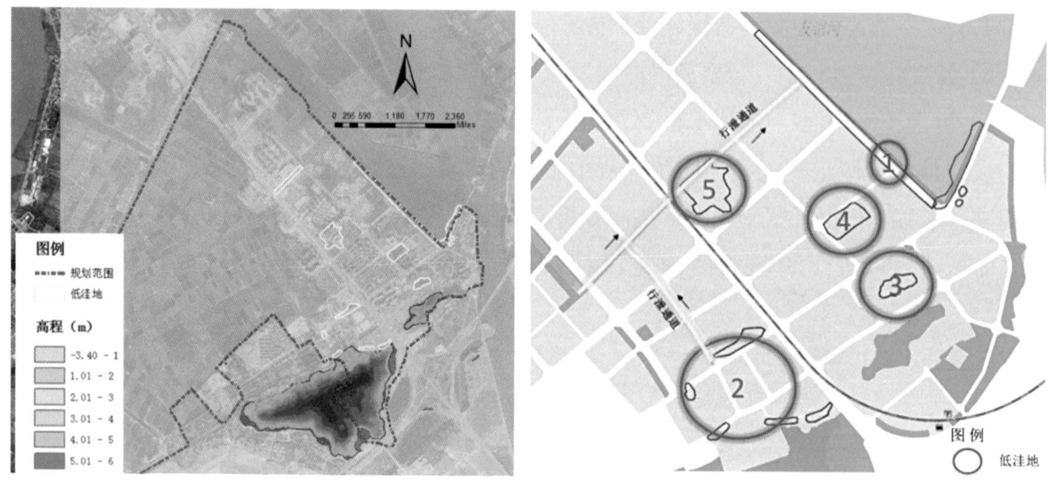


图11-46 低洼地分布图

### 11.5.2 水安全方案

本次水安全提升方案总体思路以问题导向为核心，通过对试点区内涝问题成因进行分析，提出针对性的解决方案，构建外部系统—市政道路—小区内部的水安全体系。即优先构建区域大排水系统，通过新建闸站、山洪排泄通道等措施解决外江水位顶托、山洪入侵、地势低洼等问题，保障防洪安全；在完善的大排水体系基础上，优化内部排水体系，通过新建白藤河及其支渠、清淤整治现状排洪渠、结合道路新建及改造计划，严格要求落实管网设计标准，保障区域内部排水通畅；在以上措施的基础上完善源头径流控制体系，降低区域场地径流总量，提升小区内部排水能力。最终彻底解决试点区内积水问题，同时规避潜在的积水风险。

**1．大排水系统构建**

（1）构建三闸一站防洪排涝布局——解决外江水位顶托问题

试点区老城白藤头片区现状地势低洼，暴雨时受外江顶托排水困难；未开发区域地势低洼。为预防洪涝风险的发生，同时解决老城区外部因素，规划将未开发区域整体竖向标高提高至3.2m，同时新建三闸一站工程（表11-28和图11-47），该工程在幸福河入友谊河河口处建设白藤3号水（船）闸，幸福河入红旗运河河口处建设幸福河1号节制闸，使白藤片区形成封闭区，在幸福河支渠出口穿鸡啼门堤防处新建白藤2号闸站，形成三闸一站的排涝工程布局，控制小林联围鸡啼门堤防以南、红旗镇以北、红旗运河以东、湖心路以西区域的排水安全。通过该工程实施水闸、泵站、排洪渠的联合调度运用，采用自排与抽排相结合的排涝方式，将片区内河涌常水位控制在0.29～0.60m，近期最高允许蓄涝水位1.09m。进而将原来受外江潮位顶托影响城市排水的两条河道变成蓄水的内湖，总调蓄量达133.0万m$^3$，泵站抽排能力41.6m$^3$/s，从根本上解决洪涝问题，实现100年一遇防洪、30年一遇防涝的标准。

防洪工程统计表　　表11-28

| 序号 | 防洪工程 | 现状防洪标准 | 近期防洪标准 | 远期防洪标准 | 建设计划 | 备注 |
|---|---|---|---|---|---|---|
| 一、新建工程 | | | | | | |
| 1 | 幸福河1号节制闸 | — | 50年一遇 | 100年一遇 | 近期新建，远期提标 | |
| 2 | 白藤2号闸和泵站 | — | 100年一遇 | 100年一遇 | 近期新建 | |
| 3 | 白藤3号闸 | — | 50年一遇 | 100年一遇 | 近期新建，远期提标 | |
| 4 | 白藤大闸 | — | 100年一遇 | 100年一遇 | 近期新建 | |
| 二、现状工程 | | | | | | |
| 1 | 小林联围提防 | 100年一遇 | — | — | 保留 | 位于试点区外，但服务范围涵盖了试点区 |
| 2 | 沙头船水闸 | 100年一遇 | — | — | 保留 | |

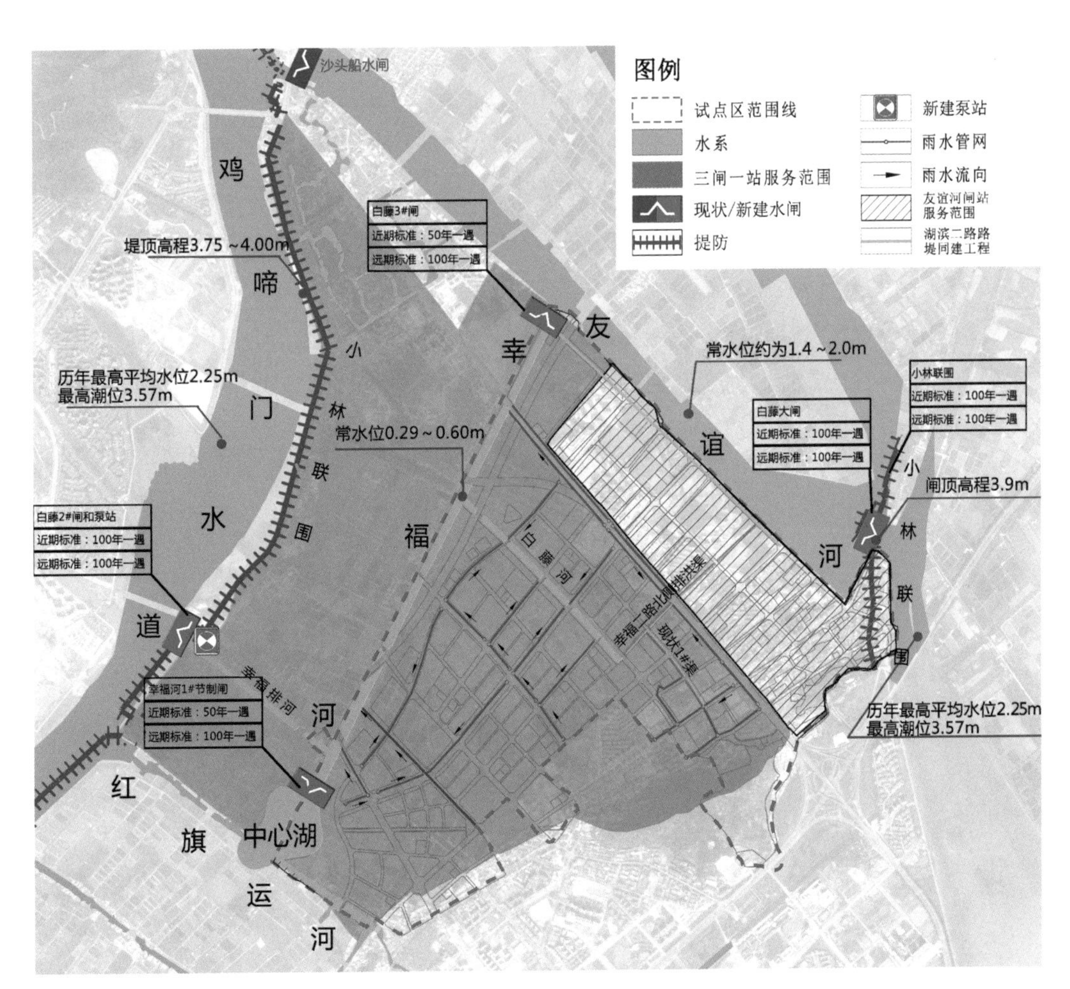


图11-47 三闸一站平面布置图

（2）新建山洪排泄通道——解决山洪入侵问题

为解决白藤山对老城区的山洪问题（图11-48），伴随金涛路改造工程，废除原*DN*1000排水管，新建1.6m×1.2m排水渠，坡度为1‰，沿道路向南接入。沿藤山一路—藤山二路—南翔路新建*DN*1500排水渠，解决山洪和片区排水问题，该工程由于改造较为困难，可作为远期项目。

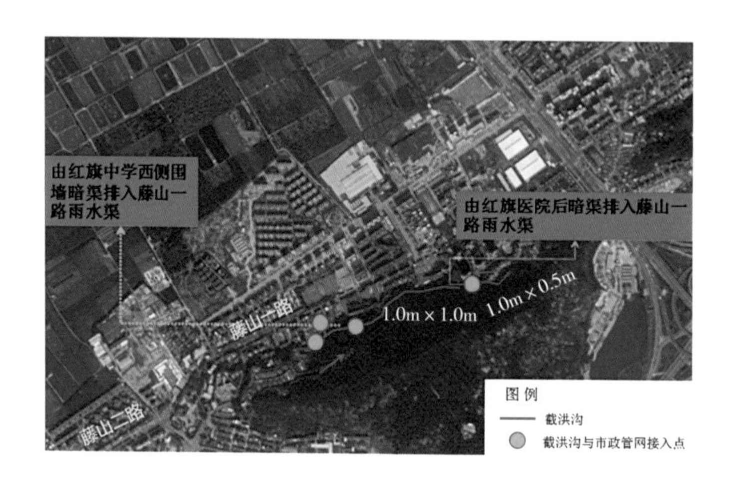


图11-48 现状截洪沟及山洪排泄路径

2. 内部排水体系构建

（1）整治试点区内部河渠——提升内河涌设防标准

通过对试点区现状及规划水系进行梳理（图11-49），根据珠海市的特征以及城市防洪分区治理原则，对不满足防洪标准的河道和堤岸进行整治，提高水安全保障。

参照《防洪标准》GB 50201—2014、《城市防洪工程设计规范》GB/T 50805—2012以及《珠海市城区排水（雨水）防涝综合规划（2013～2020）》，试点区内排洪渠设防标准*P*=50年。

梳理试点区现状及规划河渠防洪标准，从蓝线规划、滨河绿地、河道清淤、新建堤防和护岸等方面进行整治，控制河道及两侧绿化带宽度，增加内河调蓄容量和过水能力，确保试点区内排洪渠设防标准达到*P*=50年。具体措施见表11-29。

图11-49 试点区内河布局图

试点区内河综合治理情况 表11-29

| 河渠名称 | 规划河长（m） | 规划河宽（m） | 绿线宽度（m） | 整治内容 | 断面形式 | 备注 |
|---|---|---|---|---|---|---|
| 幸福河 | 3900 | 50~90 | ≥15 | 建设防洪工程，并进行周边岸线的生态改造 | 生态复合 | 现状 |
| 白藤河 | 1650 | 40 | ≥10 | 按规划线位新建生态排洪渠 | 生态复合 | 规划 |
| 白藤河支渠 | 630 | 5 | 5 | 按规划线位新建 | — | 规划 |
| 白藤五路暗渠 | 800 | 5 | 5 | | — | 现状 |
| 现状1号渠 | 670 | 5 | 5 | | — | 现状，部分为暗渠 |

（2）完善雨水管网工程——保障规划区排水通畅并提升管网设计标准

1）排水体制及雨水管渠排水标准

规划排水体制采用分流制，根据《珠海市城区排水（雨水）防涝综合规划（2013～2020）》，试点区雨水管渠的设计标准为：一般地区，$P$=3年，旧城通过改造逐步达到$P$=3年标准；低洼地区、城市广场、较重要地区，$P$=5年；立交桥、下穿通道等排水较困难地带及重要地区，$P$=20年。

2）雨水管渠建设方案

首先，方案需结合内河渠，梳理雨水系统，保障规划区排水通畅；其次，需结合海绵城市道路建设计划及内涝整治计划，按标准新建雨水管渠；同时，对不满足标准的现状雨水管渠进行改建。经统计，本次方案新改建雨水管渠长度约14km（表11-30和图11-50）。

试点区近期新建雨水管网统计表 表11-30

| 管网位置 | 尺寸（m×m）/管径（mm） | 长度（m） | 备注 |
|---|---|---|---|
| 白藤七路至九路联系段（腾达一路） | 1.2×1.2 | 656 | |
| 白藤七路东段 | 1.6×1.2~2.2×1.2 | 738 | |
| 白藤八路 | 2.2×1.2 | 406 | |
| 幸福一路 | *DN*1200~1.8×1.2 | 1850 | |
| 腾达二路 | 1.4×1.2 | 290 | |
| 白藤十路 | 2.4×1.2 | 600 | |
| 幸福三路 | *DN*1200~1.6×1.2 | 1410 | |
| 白藤六路 | 1.6×1.2~2.0×1.2 | 340 | |
| A片区双湖路A段 | *DN*1200~2.2×1.2 | 1150 | |

续表

| 管网位置 | 尺寸（m×m）/管径（mm） | 长度（m） | 备注 |
|---|---|---|---|
| B号路（雨污水管网工程） | *DN*1200~1.6×1.2 | 500 | |
| 白藤水产市场周边部分道路改造工程（雨污水管网工程） | — | 813 | |
| 白藤六路东段 | 1.4×1.2 | 340 | |
| 白藤四路（东段）至白藤六路（东段）间联系路 | 1.6×1.2 | 520 | |
| 成行路 | 1.4×1.2~3.6×1.5 | 760 | |
| 幸福二路（接A片区临时泵站） | 4.0×1.5 | 300 | |
| 平华大道 | *DN*1200~2.4×1.2 | 2440 | |
| 白藤一路 | 2.0×1.2~2.4×1.2 | 680 | 远期开展 |
| 华丰路 | 4.0×1.5 | 250 | 远期开展 |
| 合计 | | 14043 | |

注：表中道路双侧布置雨水管渠按单侧测算。

图11-50 雨水工程规划图

（3）整治局部涝点——消除雨水管网无法解决的积水点

在以上外部潮位顶托及雨水管网不完善问题均被解决的基础上，由于城南学校、华丰路周边及华丰二区两处积水点位于白藤山北侧区域，同时伴随未开发区及在建区的开发建设，整体竖向标高均提高至3.2m，老城区竖向标高也在3.1～4m范围，远期仅剩内涝点所在片区竖向标高在2.1～3m范围，导致该片区远期内涝严重。故采用强排措施解决片区积水问题（图11-51）。在构建区域防洪和排水防涝系统基础上，于幸福二路、白藤三路交叉口新建A片区雨水强排泵站，主要提升湖心路以西片区白藤一路（西段）—华丰路—白藤二路—幸福二路雨水管渠雨水，泵站服务面积约44.44hm$^2$，设计规模为9.0m$^3$/s。同时，并配套建设调蓄容积3000m$^3$的调蓄池，调蓄初期雨水及海绵城市末端雨水。

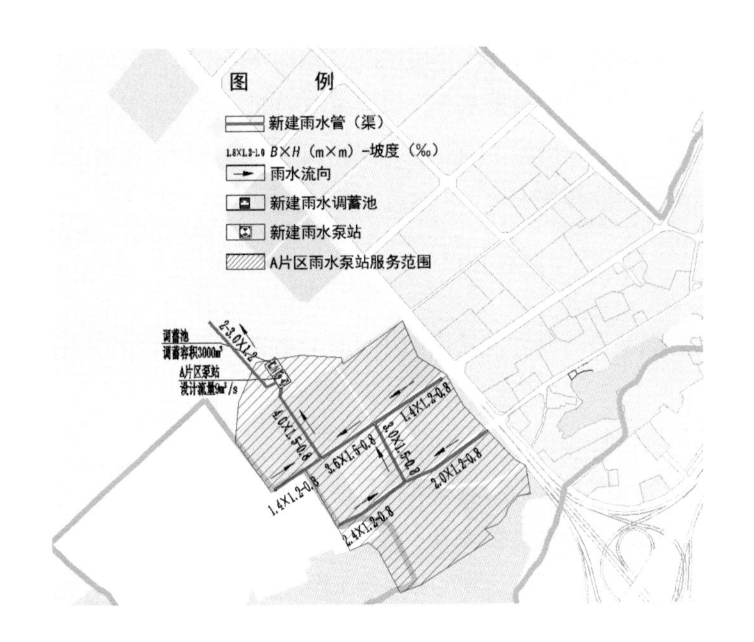


图11-51 积水点整治工程布局图

3．源头水安全体系构建

在以上水安全工程体系的基础上，构建源头水安全体系，一方面可以解决小区内部积水问题；另一方面可通过源头雨水径流控制减少进入雨水管网的水量，同时削减进入市政管网的SS污染物，减少管网淤积。

经分析，源头共8个小区（图11-52）存在内部积水问题，可通过源头减排工程解决；通过近期源头减排项目，因地制宜地建设透水铺装、生物滞留设施、下凹式绿地等LID设施，收纳硬化路面及屋面的雨水，减少雨水径流排放量。经统计，源头减排项目共34项，详细内容见后文综合统筹方案。

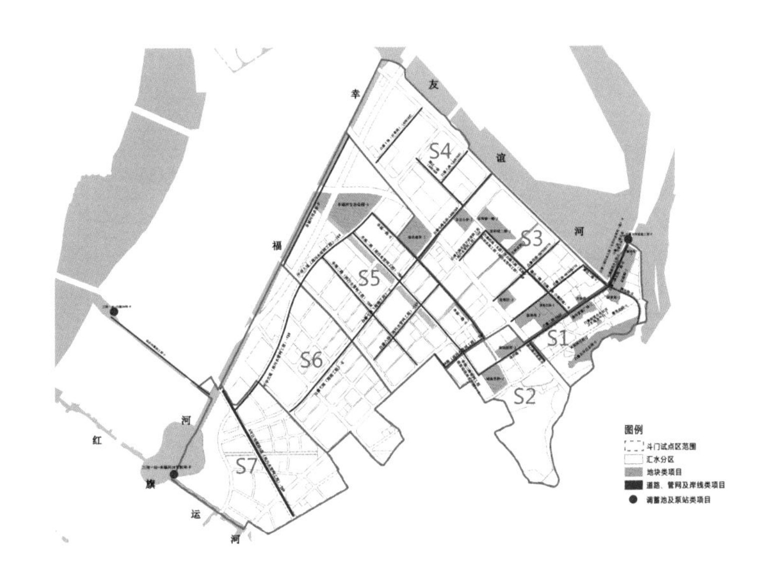


图11-52 源头项目分布图

### 11.5.3 水环境方案

按照“控源截污、内源治理、生态修复、活水提质、长治久清”的水环境治理思路，构建水环境工程体系，全面提升项目区水环境状况。通过分析汇水片区内水环境问题成因及主要污染物占比，明确以控源截污为根本、内源削减为辅助、水环境容量提升为保障的工程方案制定原则，合理分配各工程措施目标要求，优化调整工程规模，在确保工程经济性的基础上有效达到水环境改善的综合要求。

#### 11.5.3.1 控源截污

1．源头减排工程

源头减排包括对现状合流制和混接老旧小区进行改造，以及对源头老旧小区LID面源污染控制等内容。

（1）源头面源污染控制

试点区湖心路西侧区域多属于未开发区，目前正处于开发前期阶段，湖心路东侧存在在建区及未开发区，经统计本次试点区未开发区占比达到58.8%，本底条件较好。由于湖心路西侧本次试点区面源污染控制率需达到50%，位于湖心路西侧区域的未开发区在施工阶段采取施工复绿措施减少面源污染，对于新建项目采用高标准建设，严格按照年径流总量控制率指标及年径流污染控制率指标管控；已建区老旧小区及道路改造项目根据问题导向进行改造，尽可能多地采用LID设施减少径流量，同时控制径流污染物SS入河。

根据现场踏勘情况、项目地块绿化条件及竖向高程分析、居民需求调研等工作结果，确定了源头项目共35项（表11–31、表11–32和图11–53）。通过源头LID设施控制已建区的面源污染控制。

源头地块类项目一览表　　表11–31

| 序号 | 项目名称 | 近期建设计划 | 透水铺装（$m^2$） | 下沉式绿地面积（$m^2$） | 生物滞留设施面积（$m^2$） | 年径流总量控制率（%） | 年径流污染控制率（%） |
|---|---|---|---|---|---|---|---|
| 1 | 齐正小学 | 新建 | 3509 | 3509 | 140 | 85 | 51 |
| 2 | 白藤头社区公园 | 新建 | 1145 | 2061 | 825 | 83 | 50 |
| 3 | 诚讳丽苑 | 新建 | 3469 | 2872 | 164 | 75 | 45 |
| 4 | 城南学校 | 改造 | 3848 | 3848 | 257 | 83 | 50 |
| 5 | 家和城一期&二期 | 新建 | 3836 | 3357 | 192 | 83 | 50 |
| 6 | 蓝郡轩 | 新建 | 2524 | 2089 | 119 | 85 | 51 |
| 7 | 藤湖苑 | 改造 | 1751 | 5108 | 409 | 70 | 42 |
| 8 | 藤业富豪广场 | 改造 | 7999 | 7179 | 462 | 82 | 50 |
| 9 | 文华苑 | 改造 | 313 | 457 | 37 | 72 | 43 |

续表

| 序号 | 项目名称 | 近期建设计划 | 透水铺装（$m^2$） | 下沉式绿地面积（$m^2$） | 生物滞留设施面积（$m^2$） | 年径流总量控制率（%） | 年径流污染控制率（%） |
|---|---|---|---|---|---|---|---|
| 10/11 | 泰和苑&康裕花园 | 改造 | 6099 | 7624 | 610 | 70 | 42 |
| 12/13 | 湖景苑&藤景公园 | 改造 | 4156 | 3896 | 312 | 65 | 42 |
| 14 | 德昌盛景 | 新建 | 9048 | 7787 | 445 | 85 | 51 |
| 15 | 五洲家园 | 新建 | 9623 | 7586 | 607 | 72 | 43 |
| 16 | 城南派出所 | 改造 | 8120 | 9047 | 517 | 83 | 50 |
| 17 | 金湖阁 | 改造 | 875 | 2554 | 205 | 70 | 42 |
| 18 | 白藤街道办事处社区卫生服务中心 | 改造 | 145 | 169 | 10 | 78 | 47 |
| 19 | 幸福河生态公园 | 新建 | 2100 | 7463 | 2355 | 90 | 72 |
| 20 | 白藤湖滨水公园 | 新建 | 5996 | 2398 | 400 | 90 | 72 |
| 合计 | | — | 74556 | 79004 | 8066 | — | — |

**源头道路类项目一览表　　　　表11-32**

| 序号 | 项目名称 | 编号 | 建设计划 | 透水铺装面积（$m^2$） | 下沉式绿地面积（$m^2$） | 年径流总量控制率（%） | 年径流污染控制率（%） |
|---|---|---|---|---|---|---|---|
| 1 | 白藤八路 | S4-04 | 新建 | 3142 | 1178 | 70 | 42 |
| 2 | 白藤二路 | S1-03 | 改造 | 4181 | 0 | 70 | 42 |
| 3 | 白藤七路东段 | S4-09 | 新建 | 3827 | 3827 | 70 | 42 |
| 4 | 白藤三路 | S3-02 | 新建 | 3495 | 2621 | 26 | 16 |
| 5 | 白藤十路（好景路） | S4-06 | 新建 | 5410 | 2029 | 70 | 42 |
| 6 | 白藤四路（红心路） | S3-05 | 新建 | 4200 | 4200 | 70 | 42 |
| 7 | 腾白藤七路至九路联系段（腾达一路） | S4-07 | 新建 | 2858 | 0 | 27 | 16 |
| 8 | 腾达一路（白藤二路至白藤四路） | S3-10 | 改造 | 2600 | 0 | 27 | 16 |
| 9 | 白藤七路 | S4-01/S5-01/S6-18 | 新建 | 13107 | 17476 | 70 | 42 |
| 10 | 腾达二路 | S3-14 | 新建 | 2253 | 1609 | 70 | 42 |
| 11 | 湖心路示范段 | S2-07 | 改造 | 1828 | 3134 | 70 | 42 |

续表

| 序号 | 项目名称 | 编号 | 建设计划 | 透水铺装面积（m²） | 下沉式绿地面积（m²） | 年径流总量控制率（%） | 年径流污染控制率（%） |
|---|---|---|---|---|---|---|---|
| 12 | 白藤二路（腾达路—白藤大闸） | S1-04 | 改造 | 1035 | 0 | 70 | 42 |
| 13 | 白藤二路北段一期 | S1-04 | 改造 | 1035 | 0 | 70 | 42 |
| 14 | 幸福一路 | S5-04/S5-20 | 新建 | 9714 | 8095 | 70 | 42 |
| 15 | 腾达路 | S1-07 | 改造 | 3657 | 2612 | 70 | 42 |

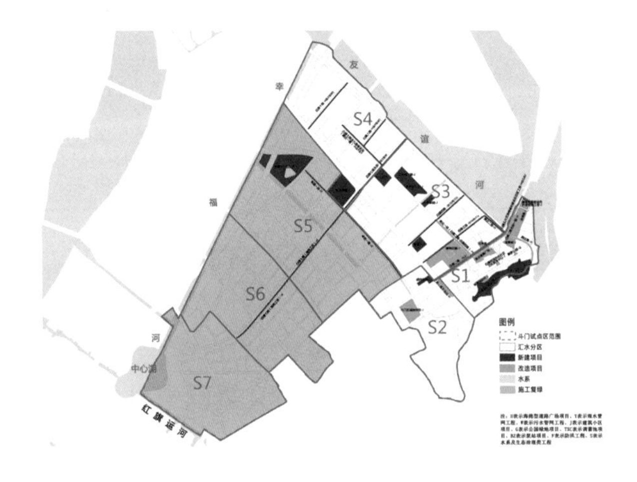


图11-53 源头项目分布图

选择典型年2009年作为典型代表年，估算斗门区全年非点源污染负荷，基于参数率定结果，搭建SWMM水质模型。根据模型评估结果（图11-54），试点区（斗门区）所有项目建设完成后的年径流污染削减率（TSS）可达到54%。

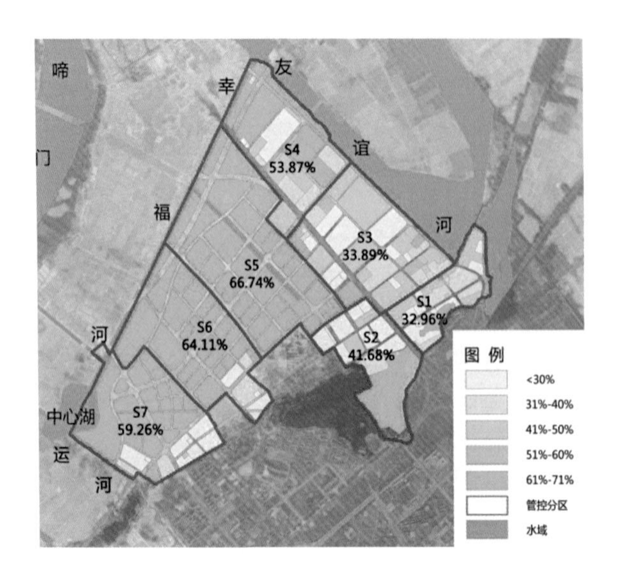


图11-54 试点区初期雨水面源污染评估结果

（2）源头点源污染控制

根据排口调研、管网普查和监测数据分析情况，排查分区内混接情况，追踪上游管线布置和服务区域类型，确定了导致源头污水直排的5个混接小区、4个合流制小区，在以上面源污染控制项目建设的基础上，对该处9个项目同步进行分流制改造（表11-33和图11-55）。

分流制改造项目统计表　　表11-33

| 序号 | 项目名称 | 现状排水体制 | 改造措施 |
|---|---|---|---|
| 1 | 藤湖苑 | 合流制 | 新建雨水管网，原合流制管作为污水管 |
| 2 | 藤业富豪广场 | 合流制 | 新建雨水管网，原合流制管作为污水管 |
| 3 | 文华苑 | 混接 | 混接点改造 |
| 4 | 泰和苑 | 混接 | 混接点改造 |
| 5 | 康裕花园 | 混接 | 混接点改造 |
| 6 | 湖景苑 | 合流制 | 新建雨水管网，原合流制管作为污水管 |
| 7 | 城南派出所 | 混接 | 混接点改造 |
| 8 | 金湖阁 | 合流制 | 新建雨水管网，原合流制管作为污水管 |
| 9 | 白藤街道办事处社区卫生服务中心 | 混接 | 混接点改造 |

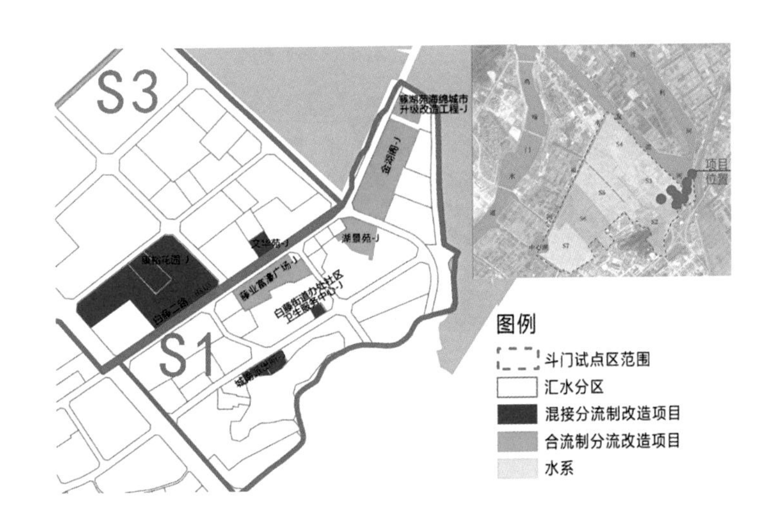


图11-55　源头分流制改造项目分布图

2．过程控制工程

（1）管网清淤

根据现状管网普查资料及现场调研，白藤二路管道淤堵现象严重，规划近期分流制改造的同时，进行管道清淤工作，减少污染物在管网内堆积以及污水管网堵塞等情况。

（2）合流制区分流制改造

该片区合流制区位于老城区，改造条件受限，整体将暂时保持合流制，近期对有条件的区域进行分流制改造，远期规划为分流制。

该片区白藤头水产市场现状市场内部多为水产养殖产生的废水，同时市场管网不完善及商户肆意倾倒，导致该处污染较为严重，规划该处伴随道路改造进行雨水管网改造，将水产市场的废水收集至污水管网。此外，现状合流制区由于白藤一路改造条件受限，近期部分仍保持合流制。成行路及白藤二路进行分流制改造，其中成行路新建雨水管网，保留污水管网；白藤二路北段新建污水管网，将金湖阁、藤湖苑、湖景苑、藤业富豪广场近期接至白藤二路北段新建污水管及白藤二路现状污水管，最终排至污水厂处理，城南派出所及卫生服务中心暂时接至白藤一路污水管，待远期白藤一路分流改造后完善。过程项目见表11-34和图11-56。

**过程项目统计表** 　　表11-34

| 序号 | 项目名称 | 改造措施 |
|---|---|---|
| 1 | 白藤二路 | 管网清淤 |
| 2 | 白藤水产市场周边部分道路改造工程（雨污水管网工程） | 管网完善，废除原管网，新建雨污水管网 |
| 3 | 白藤二路污水工程（全市污水管网一期） | 新建污水管 |
| 4 | 成行路 | 新建雨水管网，保留原污水管 |

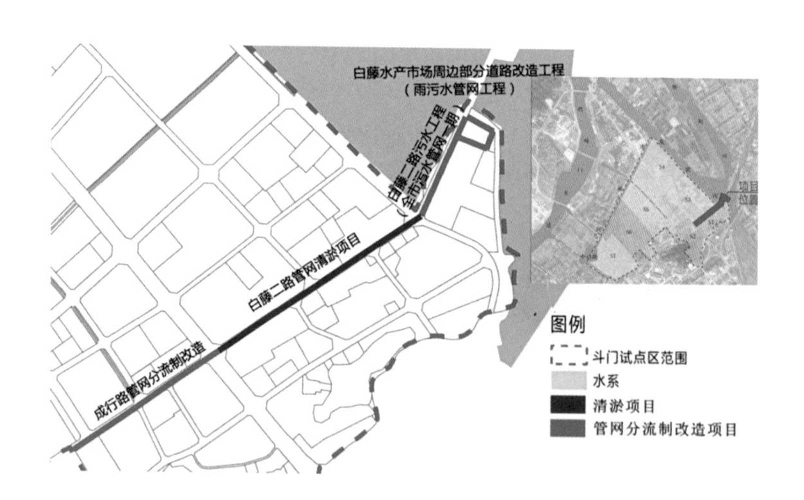


图11-56 过程项目分布图

3. 末端控制工程

为进一步解决近期混接区域污水直排问题，在白藤三路、白藤四路排口处新建2座一体化设施；针对未开发区域，为进一步控制农田、鱼塘的面源污染，伴随幸福河河岸开发建设，规划建设河边滤水带以控制片区农业面源污染；沿幸福河建设末端湿地，即幸福河湿地公园（湿地面积1200m$^2$），打造沿河湿地带（总面积2000m$^2$）。末端项目见表11-35和图11-57。

末端项目统计表 表11-35

| 序号 | 项目名称 | 改造措施 |
|---|---|---|
| 1 | 白藤三路 | 一体化 |
| 2 | 白藤四路 | 一体化 |
| 3 | 幸福河生态公园 | 新建湿地公园 |

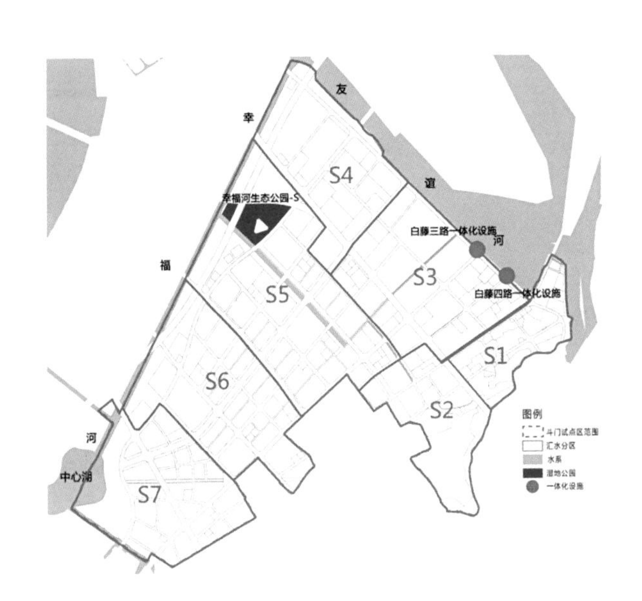


图11-57 末端项目分布图

### 11.5.3.2 内源治理

为减少内源污染，需严格控制已开发片区建筑垃圾中的污染物进入河道，并制定相关管理办法及配套基础设施。

（1）明确禁止建筑垃圾堆砌在河边，同时配套垃圾收集设施和垃圾转运点。

（2）加强基础设施建设及公用设施管理，保证垃圾不入河。

（3）及时清理垃圾，防止在雨天漫流、污染河道，具体垃圾收集点位置见图11-58。

图11-58 垃圾收集点

11.5.3.3 生态修复

为保障项目区岸线的自然生态功能，近期对幸福河部分岸线进行生态修复。由于友谊河西岸存在部分住宅，计划远期进行生态修复。新建幸福河排洪渠工程，长度1.4km，位置见图11-59。

图11-59 生态修复项目位置图

11.5.3.4 活水提质

目前试点区河道中友谊河及幸福河均与外江连通，通过以上源头—过程—末端—内源治理项目的实施，保证点源、面源、内源污染控制，使河道水质进一步达标。但片区近期新建河道白藤河为断头河，为保证该新建河道的水质，规划于幸福河湿地公园内新建循环补水设施，将老城区雨水引入幸福河湿地公园净化处理，同时将处理后的水通过泵站提升至白藤河上游补水，保证白藤河的水体循环净化。近期可伴随幸福一路项目建设新建循环补水管网。活水提质工程具体分布见图11-60。

图11-60 活水提质工程分布图

11.5.3.5 建设效果评估

通过水环境改善方案，点源污染物消除，内源污染物基本消除，面源污染物大幅削减。以2009年典型年计算，入河污染物总负荷COD、$NH_3$-N和TP均小于水环境容量（表11-36），月季变化上入河污染负荷依然小于水环境容量（图11-61）。

近期建设效果评估 表11-36

| 分类 | COD（t/a） | $NH_3$-N（t/a） | TP（t/a） |
| --- | --- | --- | --- |
| 面源 | 120.67 | 5.64 | 1.16 |
| 内源 | 0.97 | 0.52 | 0.32 |
| 总污染量 | 121.64 | 6.16 | 1.48 |
| 水环境容量 | 351.6 | 43.71 | 7.27 |

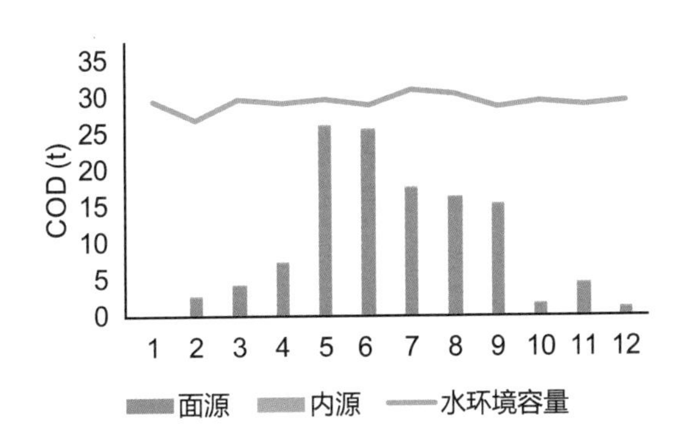


图11-61 试点区COD水环境容量与污染物排放量逐月对比图

## 11.5.4 水资源方案

1. 规划思路

近期试点区主要通过控制与净化后的雨水回补河道等景观水体实现雨水资源化利用。雨水资源控制主要以源头小区为主，通过住宅、公建、公园绿地等源头地块内的蓄水模块或水景或其他调蓄水体对雨水进行储存，可在旱天用于道路和绿地浇洒，实现雨水资源的利用，同时，通过部分湿地净化区域内雨水以实现雨水调控和利用。

远期规划区内新建地块应配备雨水调蓄设施，并达到相应雨水资源利用标准。同时，还应结合区域再生水规划，在完善再生水相关设施的前提下，将再生水用于试点区道路浇洒水、公建小区冲厕用水、河道补水等，提高非常规水资源利用率。

2. 雨水利用方案

近期在白藤头社区公园项目、城南派出所海绵改造项目、泰和苑小区海绵改造项目和城南学校海绵改造项目等共建设雨水调蓄设施725$m^3$，根据珠海市斗门地区的降雨特点，经计算，用于绿化浇灌和道路冲洗的年雨水总量为8.91万$m^3$。依据“三闸一站”构建的幸福河调蓄空间，考虑到幸福河调蓄空间水体蒸发、溢流及排污损失情况，利用河道调蓄水量进行河湖水系补水，全年总雨水补水量为190.24万$m^3$。

根据珠海市斗门区多年平均降水量2031.4mm，计算得到海绵城市建设试点区内年雨水总量为1869万$m^3$。珠海市斗门区海绵城市建设试点区全年雨水资源使用量为199.15万$m^3$，雨水资源化利用率为10.66%。

### 11.5.5 综合统筹方案

统筹水环境、水安全、水资源方案中对源头减排、过程控制、系统治理的需求，结合实地调研得到的项目可实施性分析，合并同一个项目对水环境、水安全、水资源的改造内容和要求，制定综合项目的建设任务，总计51项。

1．多目标统筹——源头减排项目

（1）源头减排项目多目标分析

水安全、水环境和水资源三方面建设方案均对源头减排项目有建设要求和任务。同一地块或道路可能为满足三方面建设要求均设置了相应的改造内容，如LID设施的建设可能会同时起到水安全源头减排和水环境源头减排的综合作用，所以为有效避免重复施工、工程量重复，此处统筹水安全对源头年径流总量控制、水环境对源头点源和面源污染控制、水资源对雨水资源化利用的控制目标和要求，合并为实现水环境、水安全、水资源多目标需求的源头减排项目的建设内容和建设工程。

水环境工程体系中，通过源头分流改造、混接改造、面源污染控制等措施减少对水体的污染，达到河道水质的目标要求，水环境面源污染COD共需削减254.36 t/a，$NH_3$-N共需削减12.54 t/a，TP共需削减1.68 t/a。规划对项目区具备条件的项目进行水环境源头的改造，同时对项目中水安全、水资源、水生态等问题一并改造。

水安全工程体系中，需通过源头改造项目解决积水问题，同时满足年径流总量控制的需要，建设源头的下凹式绿地、雨水花园等海绵设施。

水资源工程体系中，雨水资源利用主要以源头小区为主，通过住宅、公建、公园绿地等源头地块内的蓄水模块或水景或其他调蓄水体对雨水进行储存，在旱天用于道路和绿地浇洒，实现雨水资源的利用，最终达到雨水资源的有效回用。

源头减排项目多目标统筹统计表　　表11-37

| 项目类别 | 建设计划 | 项目名称 | 项目改造及新建内容 | | | | | | | | 项目统筹类别 |
|---|---|---|---|---|---|---|---|---|---|---|---|
| | | | 水环境 | | | | 水资源 | 水生态 | 水安全 | | |
| | | | 源头面源污染控制 | 管网分流改造 | 管网清淤 | 一体化 | 雨水回用 | 生态环境提升 | 管网能力提升 | 积水整治 | |
| 居住小区类项目 | 改造 | 藤湖苑 | √ | √ | — | — | — | √ | — | √ | 多目标 |

续表

| 项目类别 | 建设计划 | 项目名称 | 项目改造及新建内容 | | | | | | | | 项目统筹类别 |
|---|---|---|---|---|---|---|---|---|---|---|---|
| | | | 水环境 | | | | 水资源 | 水生态 | 水安全 | | |
| | | | 源头面源污染控制 | 管网分流改造 | 管网清淤 | 一体化 | 雨水回用 | 生态环境提升 | 管网能力提升 | 积水整治 | |
| 居住小区类项目 | 改造 | 泰和苑 | √ | √ | — | — | √ | √ | — | — | 多目标 |
| | | 金湖阁 | √ | √ | — | — | — | √ | — | — | 单目标 |
| | | 康裕花园 | √ | √ | — | — | √ | √ | — | √ | 多目标 |
| | | 文华苑 | √ | √ | — | — | — | √ | — | √ | 多目标 |
| | | 湖景苑 | √ | √ | — | — | √ | √ | — | √ | 多目标 |
| | | 藤业富濠广场 | √ | √ | — | — | √ | √ | — | √ | 多目标 |
| | 新建 | 蓝郡轩 | √ | 分流制建设 | — | — | √ | — | — | — | 多目标 |
| | | 诚讳丽苑 | √ | 分流制建设 | — | — | — | — | — | — | 单目标 |
| | | 家和城一期 | √ | 分流制建设 | — | — | — | — | — | — | 单目标 |
| | | 家和城二期 | √ | 分流制建设 | — | — | — | — | — | — | 单目标 |
| | | 德昌盛景 | √ | 分流制建设 | — | — | — | — | — | — | 单目标 |
| | | 五洲家园 | √ | 分流制建设 | — | — | — | — | — | — | 单目标 |
| 公共管理与公共服务设施用地 | 改造 | 城南派出所 | √ | √ | — | — | √ | √ | — | √ | 多目标 |
| | | 白藤街道办事处社区卫生服务中心 | √ | √ | — | — | — | √ | — | √ | 多目标 |
| | | 斗门区城南学校 | √ | √ | — | — | √ | √ | — | √ | 多目标 |
| | 新建 | 齐正小学 | √ | 分流制建设 | — | — | — | — | — | — | 单目标 |
| 公园绿地类 | 改造 | 藤景公园 | √ | — | — | — | | √ | — | | 单目标 |
| | 新建 | 白藤头社区公园 | √ | 分流制建设 | — | — | √ | √ | — | — | 多目标 |

续表

| 项目类别 | 建设计划 | 项目名称 | 项目改造及新建内容 | | | | | | | | 项目统筹类别 |
|---|---|---|---|---|---|---|---|---|---|---|---|
| | | | 水环境 | | | | 水资源 | 水生态 | 水安全 | | |
| | | | 源头面源污染控制 | 管网分流改造 | 管网清淤 | 一体化 | 雨水回用 | 生态环境提升 | 管网能力提升 | 积水整治 | |
| 道路广场类 | 改造 | 白藤二路（腾达路—白藤大闸） | √ | — | — | — | — | √ | — | — | 单目标 |
| | | 湖心路示范段 | √ | — | — | — | — | √ | — | — | 单目标 |
| | | 白藤二路北段一期 | √ | — | — | — | — | √ | — | — | 单目标 |
| | | 白藤二路道路海绵工程 | √ | √ | √ | — | — | √ | √ | — | 多目标 |
| | | 白藤三路道路海绵工程 | √ | 分流制新建 | — | √ | — | √ | √ | — | 多目标 |
| | | 白藤四路道路海绵工程 | √ | 分流制新建 | — | √ | — | √ | √ | — | 多目标 |
| | 新建 | 白藤七路（海绵工程） | √ | 分流制新建 | — | — | — | √ | — | — | 单目标 |
| | | 白藤八路 | √ | 分流制新建 | — | — | — | √ | — | — | 单目标 |
| | | 腾达一路道路海绵工程 | √ | 分流制新建 | — | — | — | √ | — | — | 单目标 |
| | | 白藤七路东段 | √ | 分流制新建 | — | — | — | — | — | — | 单目标 |
| | | 幸福一路 | √ | 分流制新建 | — | — | — | — | — | — | 单目标 |
| | | 白藤十路 | √ | 分流制新建 | — | — | — | √ | — | — | 单目标 |
| | | 腾达二路 | √ | — | — | — | — | √ | — | — | 单目标 |
| | | 白藤七路至九路联系段（腾达一路） | √ | 分流制新建 | — | — | — | √ | — | — | 单目标 |
| | | 腾达路 | √ | — | — | — | — | √ | — | — | 单目标 |

通过表11-37合并水环境、水安全和水资源的建设内容，可见源头减排类项目共34项，其中14项为多目标统筹项目，20项为单目标项目。

（2）源头减排项目建设后整体年径流总量率达标分析

采用经模型率定后的参数搭建SWMM模型，评估规划方案所有源头减排项目建设完成后的年径流总量控制率的达标情况，模拟试点区的降雨径流过程，根据模型评估结果（图11-62），试点区所有项目建设完成后，年径流总量控制率可达到72%。

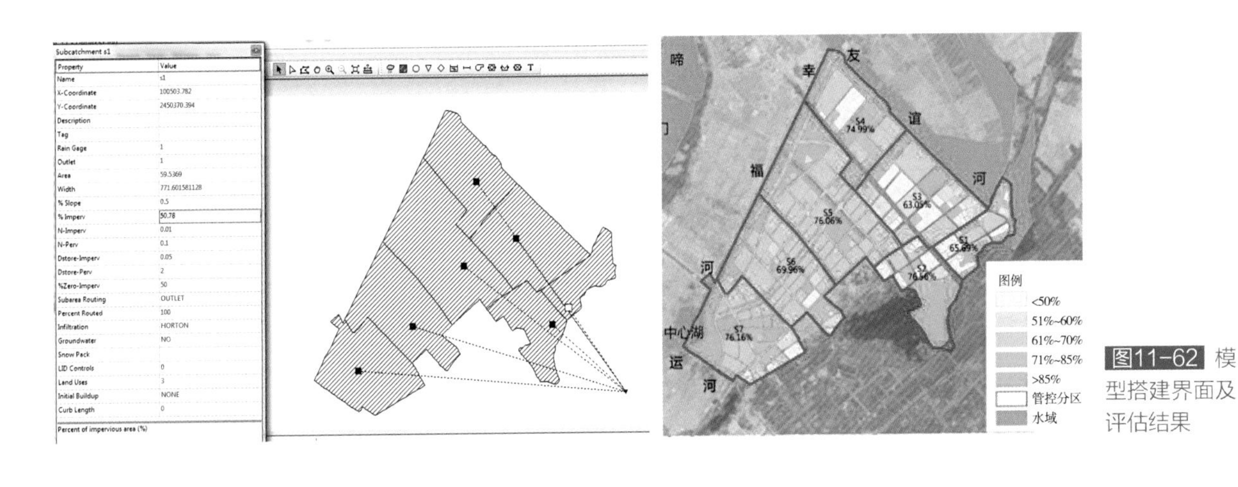


图11-62 模型搭建界面及评估结果

2．多目标统筹——过程控制项目

市政管线改造多分布于道路下面，因此应与源头道路LID改造相结合，避免重复施工，合并道路LID改造和市政管网建设，统筹形成市政管网改造工程内容和工程量。经统计，过程控制类项目共11项（表11-38），其中市政管网改造类项目共3项，新建类项目共8项。

**过程控制项目多目标统筹统计表** 表11-38

| 项目类别 | 公共管理与公共服务设施用地 | | 改造项目类别 | | | | | | 项目统筹类别 |
|---|---|---|---|---|---|---|---|---|---|
| | | | 水环境 | | | 水生态 | 水安全 | | |
| | | | 源头LID设施建设 | 管网分流改造 | 管道清淤 | 生态环境提升 | 管网系统完善 | 管网能力提升 | |
| 改造类 | 1 | 白藤水产市场周边部分道路改造工程（雨污水管网工程） | | √ | | | | | 单目标 |
| | 2 | 白藤二路污水工程（全市污水管网一期） | | √ | | | | | 单目标 |
| | 3 | 成行路 | | √ | | | | √ | 多目标 |
| 新建类 | 1 | 幸福二路管网工程（接泵站段雨水工程） | | 分流制建设 | | | √ | | 多目标 |
| | 2 | 白藤六路东段市政道路工程（雨污水管网工程） | | 分流制建设 | | | √ | | 多目标 |
| | 3 | 白藤四路（东段）至白藤六路（东段）间联系路工程（雨污水管网工程） | | 分流制建设 | | | √ | | 多目标 |

续表

| 项目类别 | 公共管理与公共服务设施用地 | | 改造项目类别 | | | | | | 项目统筹类别 |
|---|---|---|---|---|---|---|---|---|---|
| | | | 水环境 | | | 水生态 | 水安全 | | |
| | | | 源头LID设施建设 | 管网分流改造 | 管道清淤 | 生态环境提升 | 管网系统完善 | 管网能力提升 | |
| 新建类 | 4 | 幸福二路（雨污水管网工程） | | 分流制建设 | | | √ | | 多目标 |
| | 5 | 幸福三路（雨污水管网工程） | | 分流制建设 | | | √ | | 多目标 |
| | 6 | 白藤六路（雨污水管网工程） | | 分流制建设 | | | √ | | 多目标 |
| | 7 | 平华大道（雨污水管网工程） | | 分流制建设 | | | √ | | 多目标 |
| | 8 | A片区双湖路A段（雨污水管网工程） | | 分流制建设 | | | √ | | 多目标 |

合并水环境、水安全的建设内容，可见共需过程控制类项目11项，其中9项为多目标统筹项目，2项为单目标项目。

3．多目标统筹——系统治理项目

具体海绵建设内容包含：水环境方面，河道清淤、湿地建设等；水安全方面，建设河道闸站、排洪渠，暗渠清淤，新建防洪堤、泵站等；水生态方面，生态岸线恢复、岸线垃圾治理。最终利用监测管控系统对整个试点区进行监测评估。

**系统治理项目多目标统筹统计表** **表11-39**

| 项目类型 | 序号 | 项目名称 | 项目建设内容 | | | | | | | | | | 项目统筹类别 |
|---|---|---|---|---|---|---|---|---|---|---|---|---|---|
| | | | 水环境 | | 水生态 | | 水安全 | | | | | | |
| | | | 河道清淤 | 湿地建设 | 岸线垃圾处理 | 生态岸线恢复 | 水闸 | 排洪渠 | 调蓄设施 | 清淤 | 防洪堤 | 泵站 | |
| 水系治理与生态修复类 | 1 | 幸福河排洪渠 | | | √ | √ | | √ | | | | | 多目标 |
| | 2 | 溢沙河整治工程 | √ | | √ | √ | | √ | | | | | 多目标 |
| | 3 | 幸福河生态公园 | | √ | √ | √ | | | √ | | | | 多目标 |
| 防洪工程（防洪排涝工程） | 1 | 白藤大闸重建工程 | | | | | √ | | | | | | 单目标 |

续表

| 项目类型 | 序号 | 项目名称 | 项目建设内容 | | | | | | | | | | 项目统筹类别 |
|---|---|---|---|---|---|---|---|---|---|---|---|---|---|
| | | | 水环境 | | 水生态 | | 水安全 | | | | | | |
| | | | 河道清淤 | 湿地建设 | 岸线垃圾处理 | 生态岸线恢复 | 水闸 | 排洪渠 | 调蓄设施 | 清淤 | 防洪堤 | 泵站 | |
| 防洪工程（防洪排涝工程） | 2 | 三闸一站—幸福河1号节制闸 | | | | | √ | | | | | | 单目标 |
| | 3 | 三闸一站—白藤2号闸 | | | | | √ | | | | | √ | 单目标 |

通过表11-39合并水环境、水生态、水安全的建设内容，可见共需系统治理类项目6项，其中3项为多目标统筹项目，3项为单目标项目。

# 第12章　宁波案例

宁波市位于浙江省东部沿海区域，是一座因水而生、因水而兴的城市。滨江临海、平原河网密布的区位与地理特征，造就了宁波“三江六塘河、一湖居其中”的空间格局。

纵观宁波的城市发展史，从7000年前的河姆渡文化、唐朝时期的它山堰、到宋朝时期的海上丝绸之路以及阻咸蓄淡、泄洪排涝、建塘围涂等水利活动，不仅是宁波人民治水智慧的体现，也是一部灿烂的治水文化史。到了21世纪，基于滨江临海、平原河网特征，宁波市仍饱受“风、暴、潮、洪”的侵袭，河道水环境质量整体较差，因此，“五水共治”“剿灭劣V类”等治水工作应运而生，并已初步取得成效。

2016年4月，宁波市成功入选全国第二批海绵城市试点城市，由此迎来了新一轮的治水机遇。总体来说，宁波市海绵城市试点区存在以下特征：一是用地类型多样，有以保护为主的古城区、“水敏感”城市建设区、生态保护区、兼备新城开发与用地保留的建设区、成熟的城市建成区等，各区域的建设条件、特征、存在问题等均不一致，需探索多种海绵城市建设模式。二是涉水问题突出，滨江临海、平原河网的特征导致水体流动性差、自净能力弱，加上试点区内管网混错接、合流制溢流污染问题，试点区内河道水质多为劣V类；古城区、袭市村、城市建成区等内涝积水现象频发；部分河道淤积、侵占现象明显，岸线硬化严重，自然岸线损毁、剥落；河道水质差引发水质型缺水，雨水资源利用率低等问题。三是城市开发进展缓慢，在三年的试点期内无法全部落实海绵详细规划中确定的各类建设指标。

因此，宁波市的海绵城市建设具备多模式共存、多目标共建、兼顾近期建设与远期管控的特征。本文介绍了宁波市海绵城市试点区的现状问题与成因分析、建设目标与技术路线、汇水分区划分等，并以慈城新城、姚江新区、机场路东分区为例，详细介绍了新城开发、老城区建设、城市发展过渡期中不同的海绵城市建设方式，涉及整体谋划与水安全保障方案、水环境提升方案、水生态改善方案、建设成效等主要内容。

## 12.1 区域概况

### 12.1.1 试点区概况

宁波市海绵城市建设试点区位于宁波市江北区，南至姚江北岸，东、北至倪家堰路—北环西路—慈城连接线—宁波绕城高速—慈江—东城河—慈湖中学一线，西至慈城西城河—中横河—沈海高速—长阳路延伸段（图12–1），总面积约30.95km$^2$。

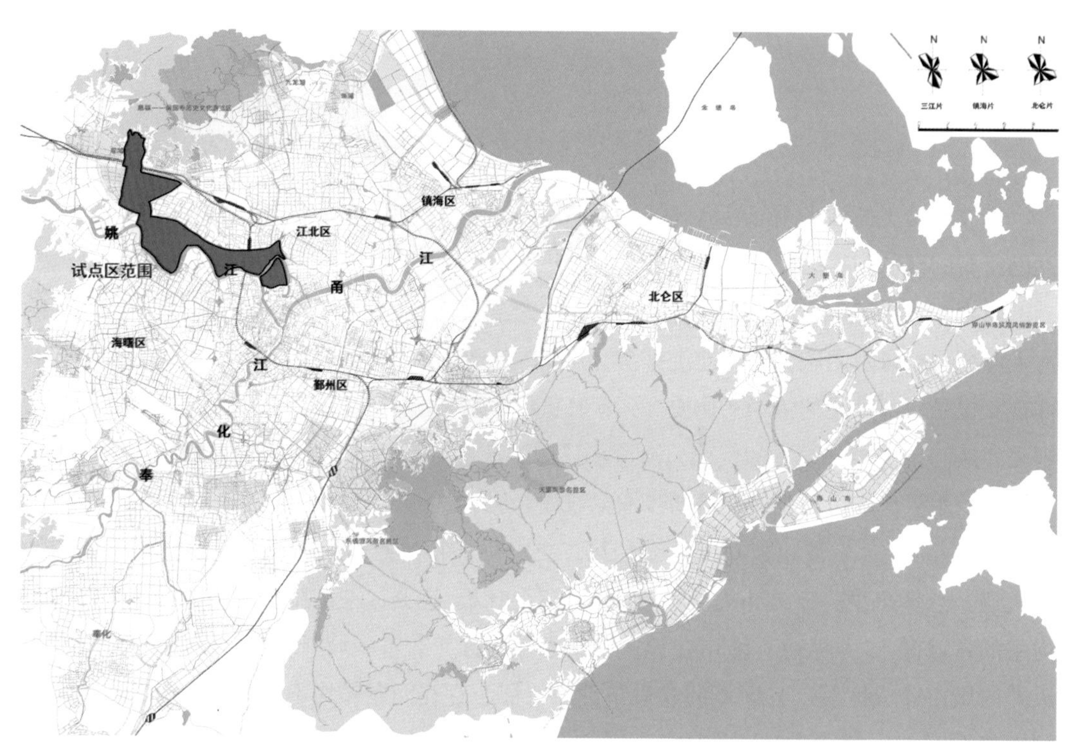


图12–1 宁波市海绵城市建设试点区区位图

### 12.1.2 土地利用现状

宁波市海绵城市试点区2016年建成区面积共9.23km$^2$，占试点区总面积的29.8%。现状已建成的城市建设用地主要包括慈城古城、慈城新城官山河以西部分区域、机场路以东谢家天水大部分区域；在建区域主要分布于姚江新区启动区控制单元广元大道以东区域、谢家地段沿姚江北岸区域以及湾头地区部分地段；城市建设保留区主要位于姚江新区，现状以农田为主，并分布有部分行政村和自然村等（图12–2）。

### 12.1.3 降雨

#### 1. 整体特征

宁波市属亚热带季风气候区，降雨多集中在梅雨和台风季节，其中5～9月总降雨量约占

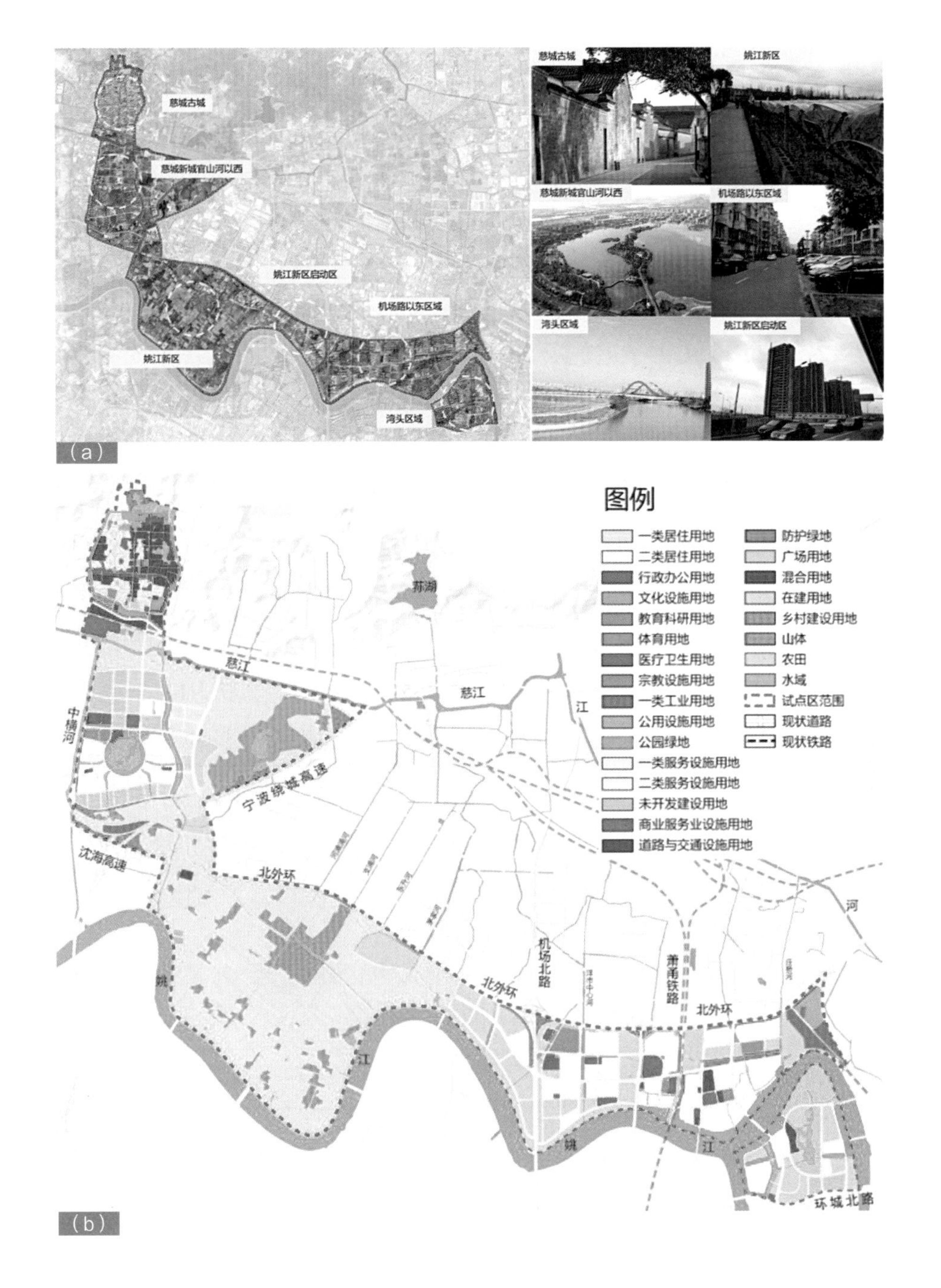


图12-2　试点区现状用地情况
(a)现状用地；(b)现状用地分布

年降水量的65.6%，丰水年梅雨期长，短历时降雨强度大、频率高，且宁波市沿海，易受台风短历时强降雨影响，易致城市遭受“洪、涝、潮”的三重影响。

通过分析宁波市1981～2015年降雨资料，多年平均降雨量为1457mm，汛期（4～9月）的降雨量占全年总降雨量的70.2%，非汛期1～3月、10～12月的降雨量仅占29.8%。

2. 短历时降雨

根据浙江省《城镇防涝规划标准》DB 33/1109—2015，短历时降雨历时选择120min，步长5min，雨峰系数为0.4，短历史降雨2、3年的雨型见图12-3，2、3、5、10、20、30、50年一遇的120min设计降雨量见表12-1。

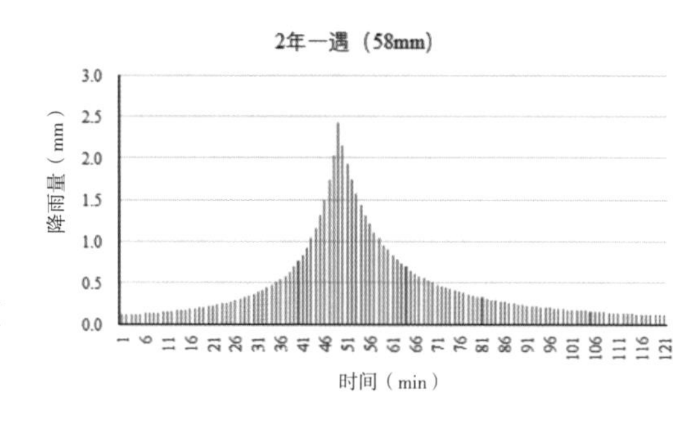


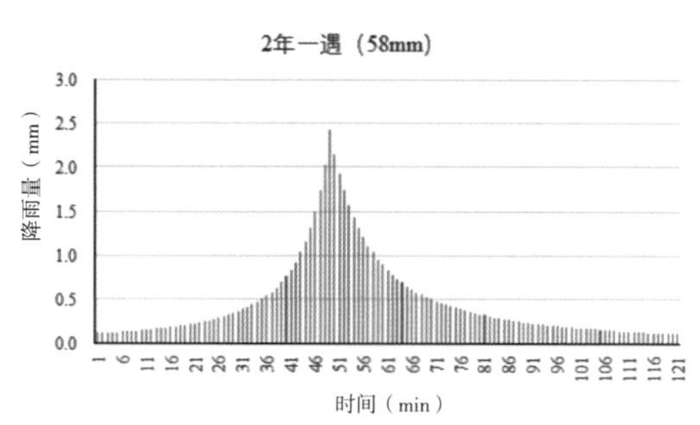


图12-3 短历时降雨2、3年雨型图

各重现期120min设计降雨量 表12-1

| 重现期 | *P*=2 | *P*=3 | *P*=5 | *P*=10 | *P*=20 | *P*=30 | *P*=50 |
|---|---|---|---|---|---|---|---|
| 降雨量（mm） | 58 | 63 | 71 | 81 | 91 | 96 | 104 |

3．长历时降雨

根据浙江省《城镇防涝规划标准》DB 33/1109—2015，长历时设计降雨的雨量和雨型通过《浙江省短历时暴雨》等水文图集查算确定；降雨历时为24h，步长为10min；重现期选择10、50年。根据长历时设计降雨确定10年一遇长历时设计降雨量为188mm，50年一遇设计降雨量为282mm，见图12-4。

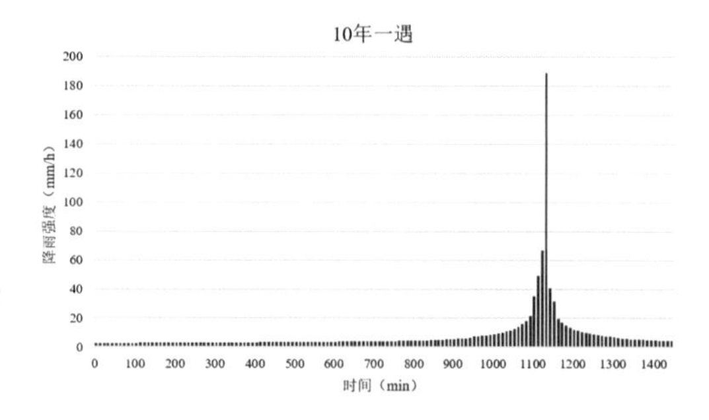


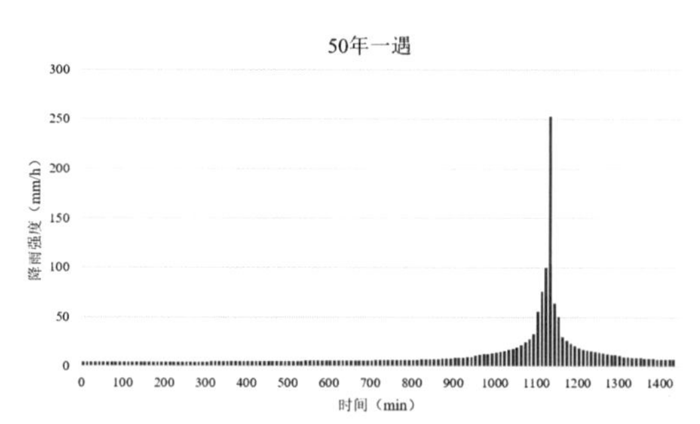


图12-4 长历时降雨10、50年雨型图

4．典型年降雨

选取14组不同降雨量数据对2009年的降雨频次与多年统计的降雨频次曲线进行对比分析，得出$R^2$=0.998，趋近于1，2009年与多年平均降雨频次曲线拟合程度高，最终确定2009年为典型年降雨，典型年降雨分布（5min步长）图见图12-5。

5．台风等极端降雨

从宁波市近几年的暴雨统计资料来看，2013年对宁波市造成影响最大的是“菲特”台风，该年10月8日，全甬江流域雨量达到1953年有气象记录以来的最大值，其中余姚张公岭站测得雨量为809mm，为各站之首。经过对“菲特”台风暴雨72h降雨过程（图12-6）分析，台风期间1h最大降雨量为52.8mm，2h最大降雨量为68.6mm，相当于2～3年一遇短历时降雨。

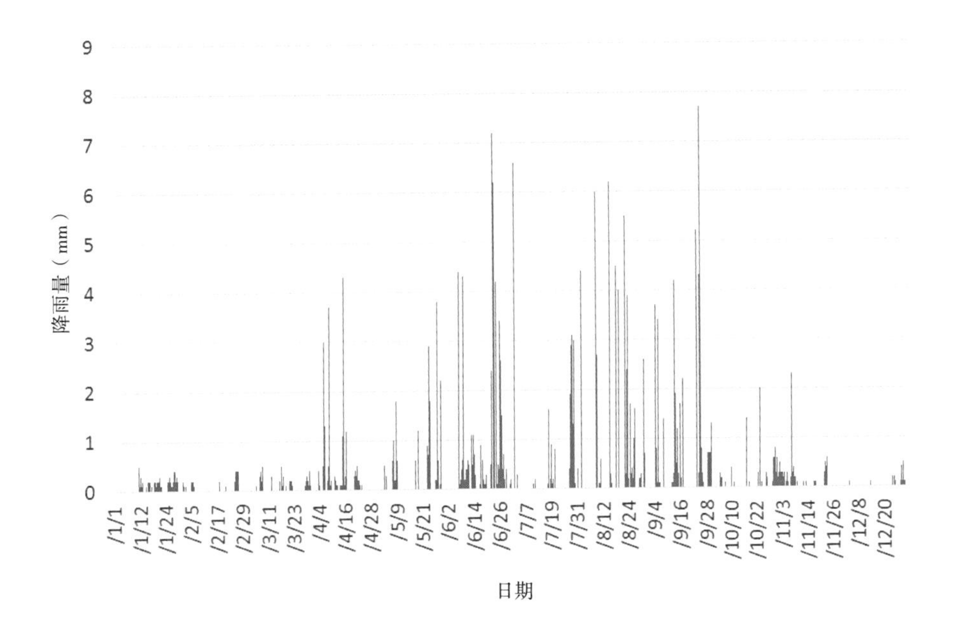


图12-5 典型年降雨分布（5min步长）图

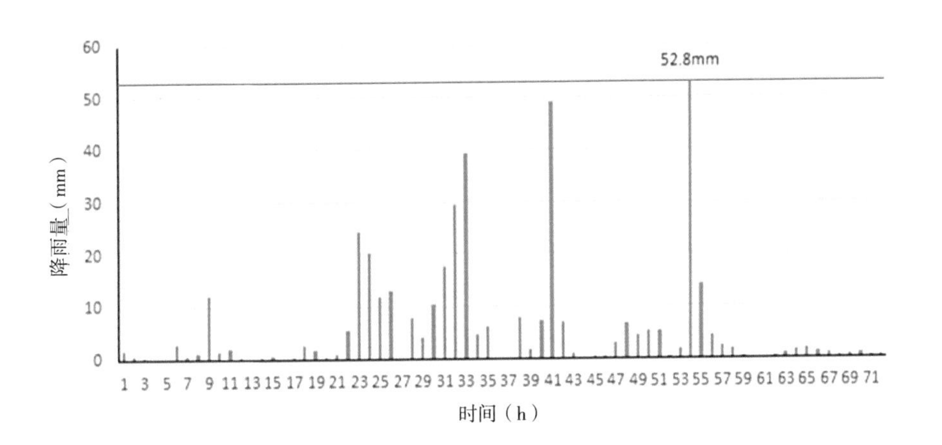


图12-6 “菲特”台风72h降雨量统计分布图

6．年径流总量控制率

采用1981～2015年共5367场24h降雨资料，绘制宁波市年径流总量控制率与设计降雨量的对应关系曲线，年径流总量控制率80%对应的设计降雨量为24.7mm，见表12-2和图12-7。

**宁波市年径流总量控制率与设计降雨量对应关系**　　　　表12-2

| 年径流总量控制率（%） | 50 | 55 | 60 | 65 | 70 | 75 | 80 | 85 | 90 | 95 |
|---|---|---|---|---|---|---|---|---|---|---|
| 降雨量（mm） | 9.5 | 11.1 | 13.0 | 15.1 | 17.6 | 20.7 | 24.7 | 30.3 | 38.6 | 54.2 |

### 12.1.4　水系

宁波市海绵城市试点区属于姚江流域中的江北—镇海水系，南侧姚江，北侧为慈江、江北大河，试点区内河网分布密集，属典型的江南平原水系，平原河道相互连通成网。试点区内河道共56条，总长度约62.43km，河道密度2.02km/km$^2$；试点区湖泊主要有慈湖、新城中心湖、姜湖水库和星湖，总面积约0.51km$^2$；试点区河道蓝线控制面积约为1.18km$^2$，水面率5.46%。

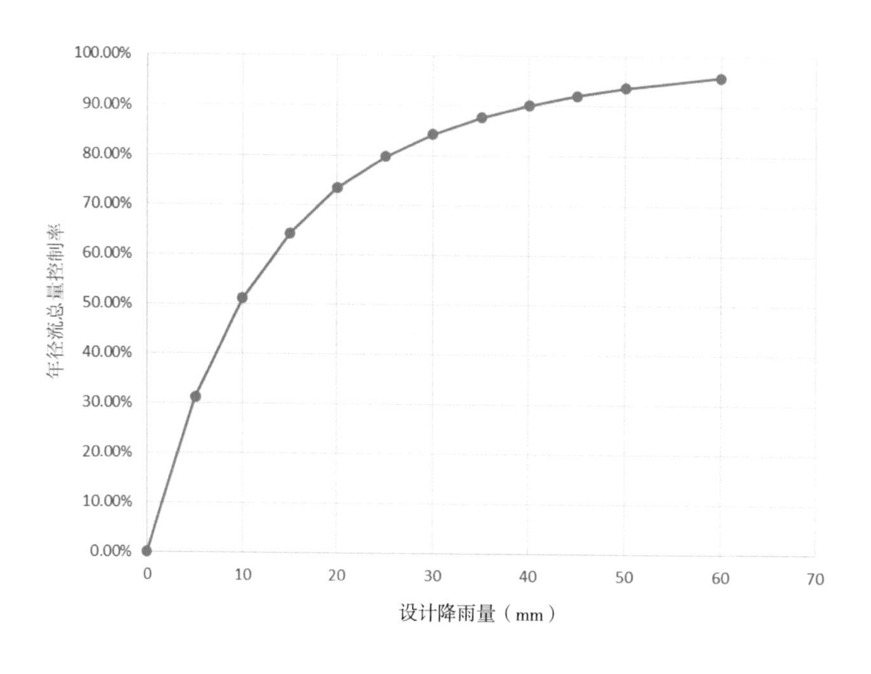


图12-7 年径流总量控制率与设计降雨量对应关系曲线

按照河道建设要求，将跨省、跨市的流域性河道称为骨干河道，对区域防洪排涝、供水体系有一定影响的河道称为重要河道，除骨干河道与重要河道以外的河道称为一般河道。宁波市试点区的水系情况见图12-8和表12-3、表12-4。

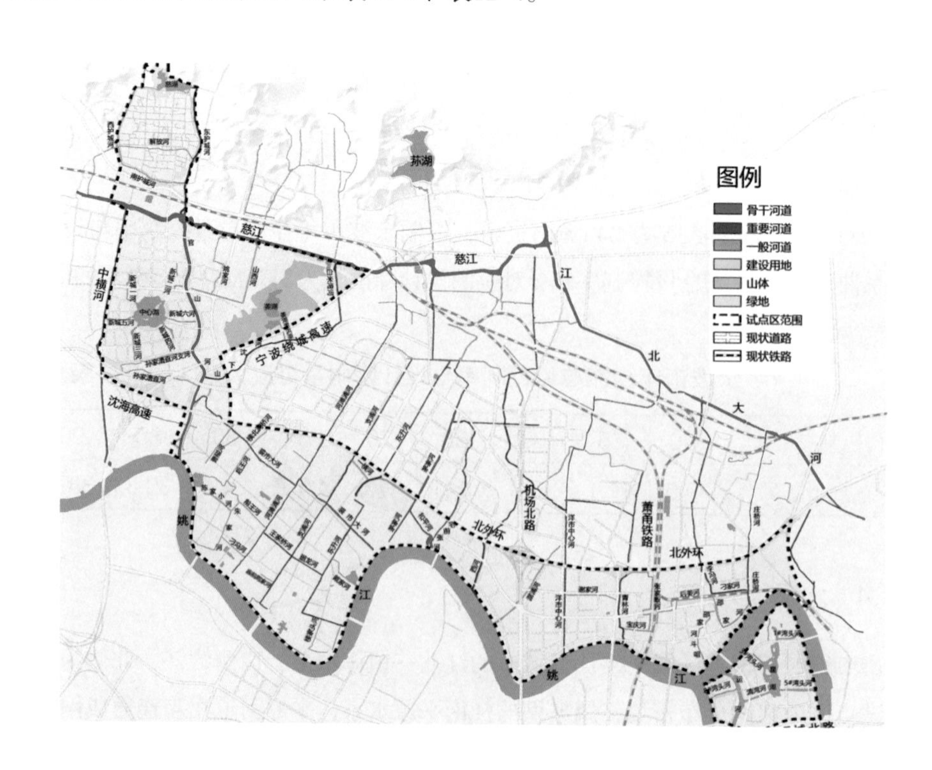


图12-8 试点区现状水系分布图

试点区水系一览表　　表12-3

| 序号 | 河道名称 | 河道等级 | 长度（km） | 宽度（m） |
|---|---|---|---|---|
| 1 | 慈江 | 骨干河道 | 1.31（试点区内） | 60~110 |
| 2 | 官山河 | 骨干河道 | 4.14 | 20 |
| 3 | 裘市大河 | 骨干河道 | 4.1 | 15~18 |
| 4 | 茅家河 | 骨干河道 | 0.87 | 16~30 |
| 5 | 河滩浦河 | 骨干河道 | 2.7 | 13 |
| 6 | 和平河 | 骨干河道 | 0.63 | 18 |
| 7 | 洋市中心河 | 骨干河道 | 1.45 | 14~24 |
| 8 | 庄桥河 | 骨干河道 | 0.83 | 14~20 |
| 9 | 东护城河 | 重要河道 | 2.19 | 20 |
| 10 | 白米湾河 | 重要河道 | 0.56 | 12~15 |
| 11 | 支浦河 | 重要河道 | 3.07 | 7~15 |
| 12 | 东升河 | 重要河道 | 4.28 | 8~25 |
| 13 | 王家桥河 | 重要河道 | 0.61 | 5~12 |
| 14 | 迴龙河 | 重要河道 | 0.6 | 18 |
| 15 | 宅前张河 | 重要河道 | 0.57 | 8 |
| 16 | 西河 | 重要河道 | 0.81 | 12 |
| 17 | 青林河 | 重要河道 | 1.3 | 13~18 |
| 18 | 李冯河 | 重要河道 | 0.57 | 13~15 |
| 19 | 刁家河 | 重要河道 | 0.6 | 13~15 |
| 20 | 西护城河 | 一般河道 | 1.41 | 10 |
| 21 | 南护城河 | 一般河道 | 1.44 | 10 |
| 22 | 新城一河 | 一般河道 | 0.62 | 15~18 |
| 23 | 新城二河 | 一般河道 | 0.37 | 8~12 |
| 24 | 新城三河 | 一般河道 | 0.63 | 8 |
| 25 | 新城四河 | 一般河道 | 0.34 | 10~12 |
| 26 | 新城五河 | 一般河道 | 0.42 | 10~12 |
| 27 | 新城六河 | 一般河道 | 0.52 | 10~12 |
| 28 | 姚家河 | 一般河道 | 1.28 | 5~10 |
| 29 | 山西河 | 一般河道 | 1.89 | 8~12 |
| 30 | 孙家漕直河 | 一般河道 | 1.65 | 4~12 |
| 31 | 孙家漕直河支渠 | 一般河道 | 1.35 | 4~7 |
| 32 | 姜湖排洪渠 | 一般河道 | 0.16 | 9 |

续表

| 序号 | 河道名称 | 河道等级 | 长度（km） | 宽度（m） |
| --- | --- | --- | --- | --- |
| 33 | 曹隘河 | 一般河道 | 0.79 | 8~12 |
| 34 | 后王河 | 一般河道 | 0.69 | 4~8 |
| 35 | 前王河 | 一般河道 | 1.65 | 10 |
| 36 | 陈家小河 | 一般河道 | 0.57 | 4~8 |
| 37 | 朱家河 | 一般河道 | 1.26 | 6~12 |
| 38 | 刁冯河 | 一般河道 | 0.53 | 6~10 |
| 39 | 一横河 | 一般河道 | 0.44 | 11 |
| 40 | 戴家河 | 一般河道 | 0.67 | 8~14 |
| 41 | 楼家头河 | 一般河道 | 0.86 | 2~8 |
| 42 | 横洞桥北河 | 一般河道 | 0.41 | 5~12 |
| 43 | 庙前周家河 | 一般河道 | 0.36 | 5~12 |
| 44 | 潺浦河 | 一般河道 | 1.35 | 14~20 |
| 45 | 谢家河 | 一般河道 | 0.85 | 10 |
| 46 | 宝庆河 | 一般河道 | 0.42 | 8~15 |
| 47 | 张家畈河 | 一般河道 | 1.58 | 15 |
| 48 | 后姜河 | 一般河道 | 1.47 | 10~12 |
| 49 | 邵家河 | 一般河道 | 1.13 | 10~17 |
| 50 | 邵家河斗咀 | 一般河道 | 0.98 | 6~18 |
| 51 | 1号湾头河 | 一般河道 | 0.39 | 17~30 |
| 52 | 3号湾头河 | 一般河道 | 0.23 | 16 |
| 53 | 5号湾头河 | 一般河道 | 0.59 | 15~30 |
| 54 | 8号湾头河 | 一般河道 | 0.5 | 14 |
| 55 | 清湾河 | 一般河道 | 0.45 | 27 |
| 56 | 运河 | 一般河道 | 0.99 | 40~81 |

宁波市试点区湖泊一览表　　表12-4

| 序号 | 湖泊名称 | 总面积（$km^2$） |
| --- | --- | --- |
| 1 | 慈湖 | 0.085 |
| 2 | 慈城新城中心湖 | 0.19 |
| 3 | 姜湖水库 | 0.08 |
| 4 | 星湖 | 0.15 |

### 12.1.5 岸线

试点区内岸线总长度140.13km，其中硬质岸线53.87km，占比38%；生态岸线17.78km，占比13%；自然岸线68.48km，占比49%，现状岸线分布见图12-9。试点区内河道生态岸线率62%。

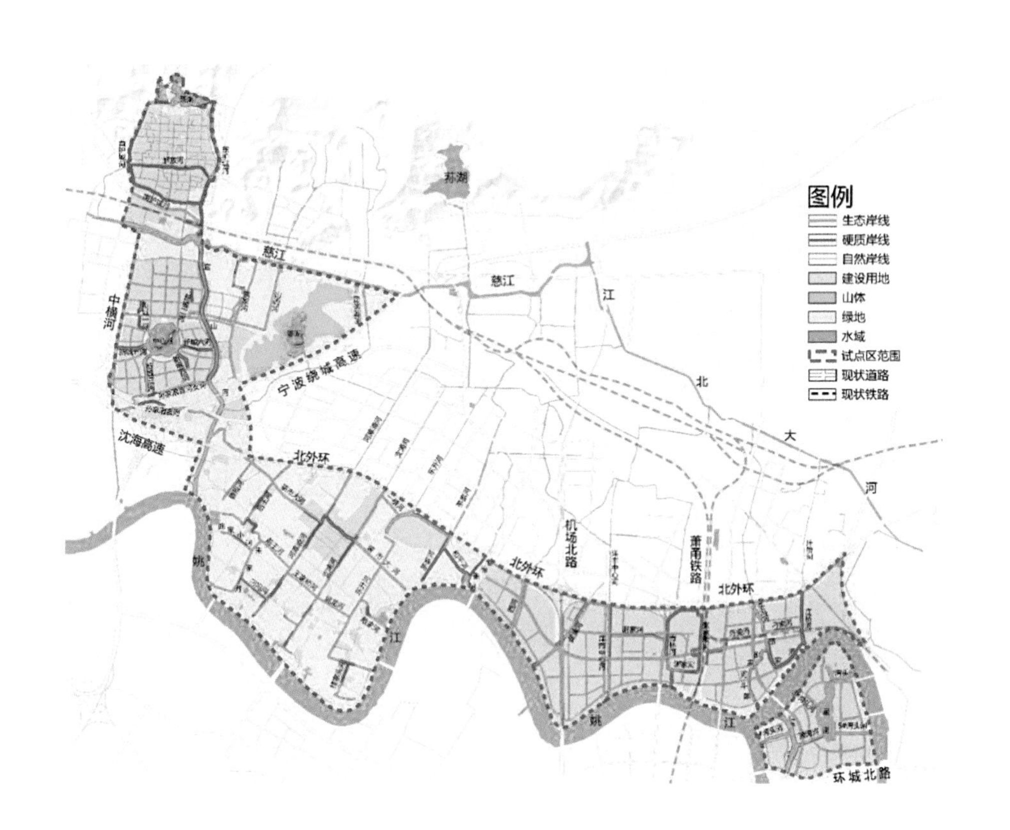


图12-9 试点区现状岸线分布图

### 12.1.6 土壤

宁波市试点区土壤自上而下可分为填土、淤泥、淤泥质黏土、淤泥质粉质黏土等，其中，淤泥质黏土、淤泥质粉质黏土的渗透系数介于$1.2\times10^{-9}\sim1.3\times10^{-9}$m/s之间，渗透性能差，雨水下渗较缓慢，试点区现状土壤地质勘测点分布见图12-10。

### 12.1.7 排水系统

#### 12.1.7.1 排水体制

宁波市海绵城市试点区的排水体制可分为雨污合流制和雨污分流制（图12-11）。其中，雨污合流制管网主要分布在慈城古城与姚江新区的裘市村内，慈城新城、机场路以东、湾头等城市建成区及城市新建区域均为雨污分流制。其余自然村落、城市未开发区域尚未铺设市政管网，自然村落排水与散排为主。

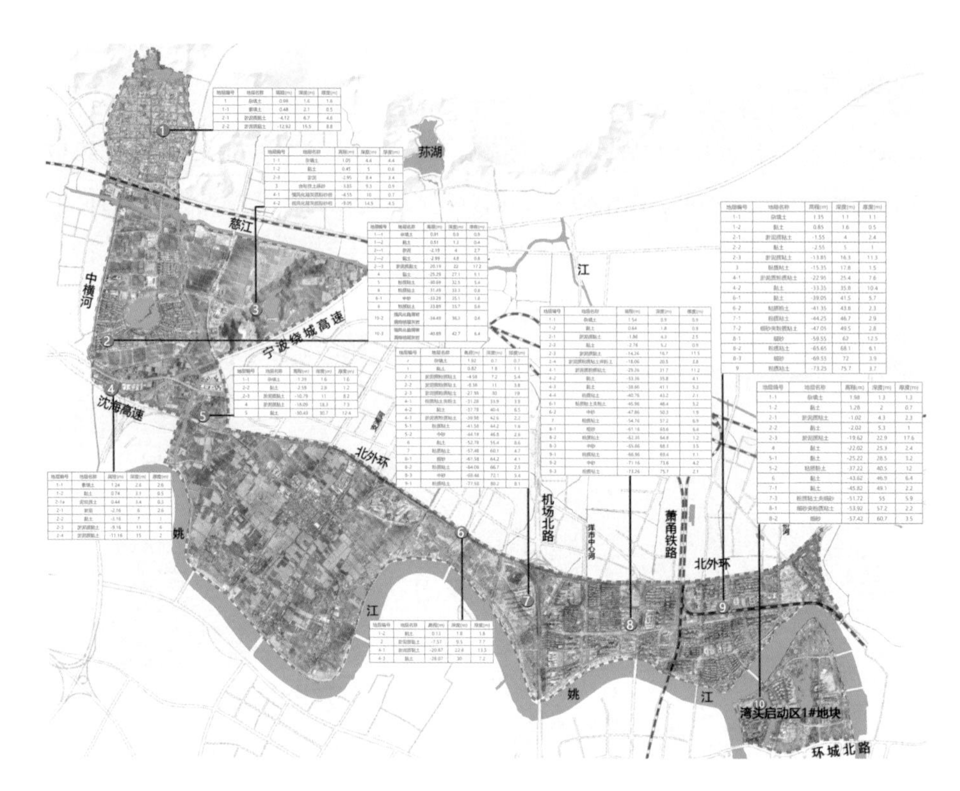


图12-10 试点区现状土壤地质勘测点分布图

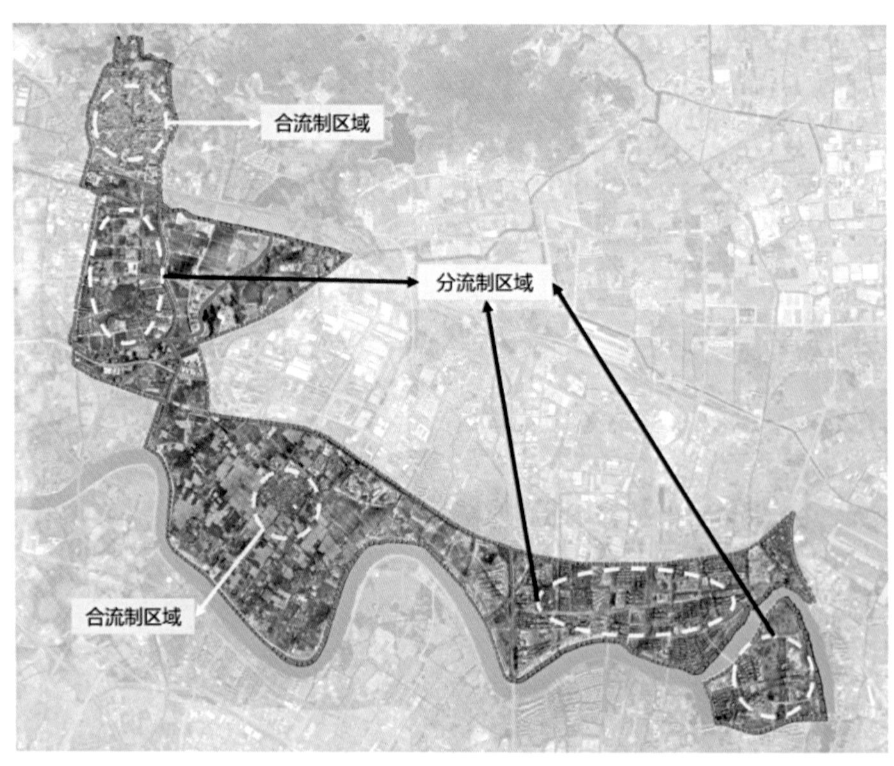


图12-11 试点区现状不同排水体制区域分布情况

### 12.1.7.2 污水管网

试点区内的污水管网主要分布在慈城古城、慈城新城、机场路以东区域和湾头地区（图12–12）。根据最终排水去向的不同，可分为集中处理与分散处理两种形式。

其中，姚江新区的裘市村、西江村等主要村镇的生活污水通过各村的污水处理终端就地分散处理（表12-5）。其余城市建成区的生活污水经污水管网收集后，输送至宁波市北区污水处理厂进行集中处理。

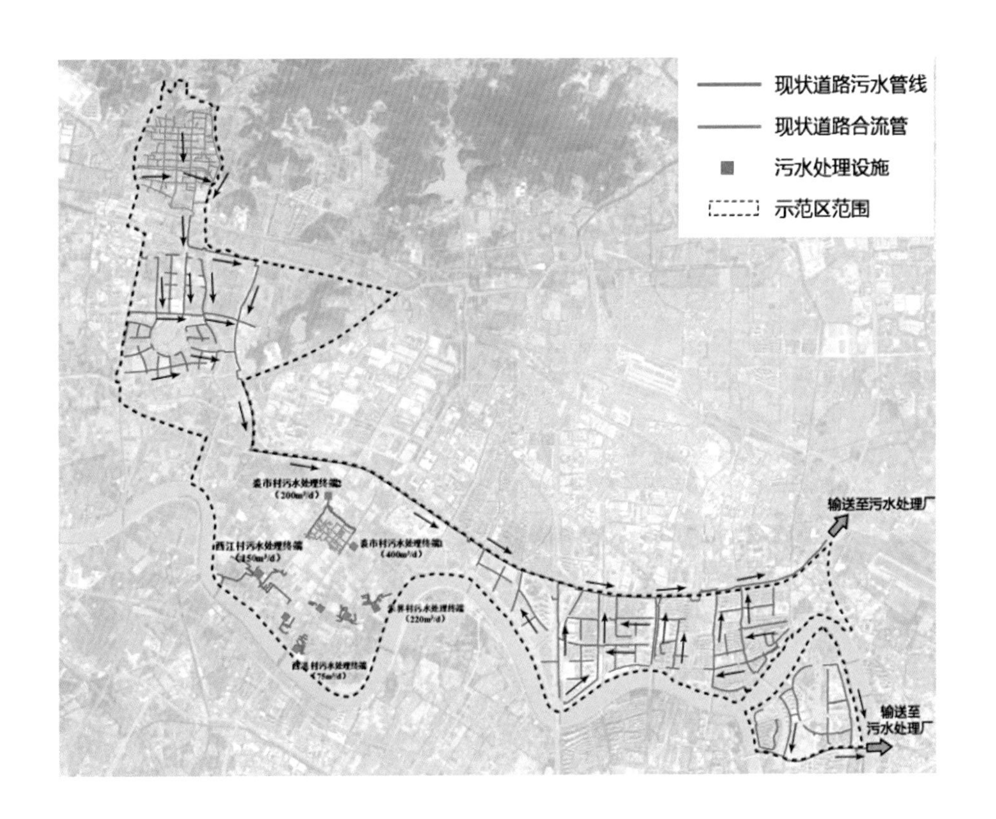


图12-12　试点区现状污水管网系统图

污水处理终端一览表　　表12-5

| 处理终端名称 | 处理规模（$m^3/d$） |
|---|---|
| 裘市村污水处理终端1 | 200 |
| 裘市村污水处理终端2 | 400 |
| 西江村污水处理终端 | 150 |
| 西洪村污水处理终端 | 75 |
| 朱界村污水处理终端 | 220 |

通过对污水管网普查数据进行整理，确定试点区内污水管网总长84.72km，其中*DN*300以下的管线占总管线的52%，*DN*900以上的管线占总管线的25%，详见表12-6、图12-13。

试点区污水管网统计表 表12-6

| 管径（mm） | 0~300 | 400~500 | 600~800 | 900~1200 | 1300~2000 | 合计 |
|---|---|---|---|---|---|---|
| 长度（km） | 43.71 | 16.12 | 3.74 | 13.47 | 7.68 | 84.72 |

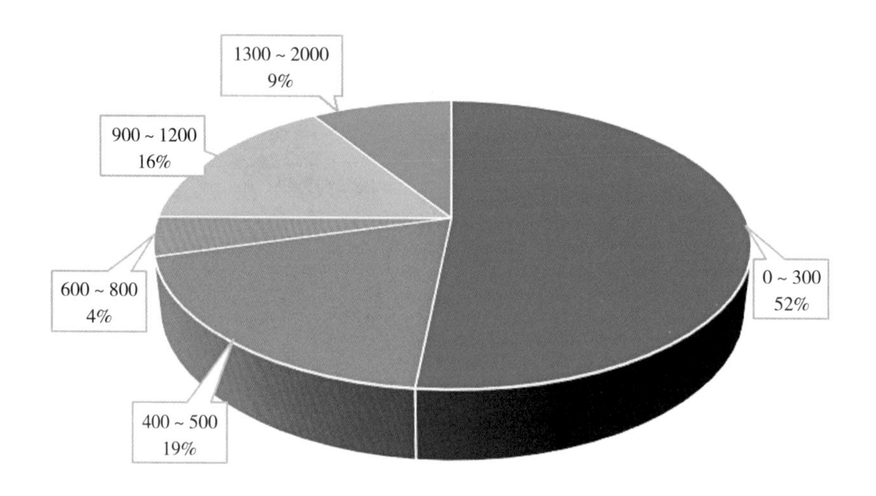


图12-13 试点区污水管管径比例分布图

12.1.7.3 雨水管网

试点区内雨水管网主要分布在西北部的慈城古城、慈城新城，以及机场路以东区域和湾头地区（图12-14）。其中，慈城古城城区管网为雨污合流管。其余区域除裘市村局部铺设雨水干管外，基本无雨水管网，以散排为主。

图12-14 试点区市政雨水管网分布图

通过对雨水管网普查数据进行整理，确定试点区内市政道路雨水排水管线总长131.11km，其中，合流管23.01km（慈城古城22.28km，裘市村0.73km），雨水管网长108.10km，约有36%的雨水管网管径集中在600～800mm之间，具体见表12-7和图12-15。

试点区雨水管管径统计表　　表12-7

| 管径（mm） | 100~400 | 400~600 | 600~800 | 900~1200 | 1300~2000 | 合计 |
|---|---|---|---|---|---|---|
| 长度（km） | 20.60 | 16.27 | 38.92 | 28.99 | 3.32 | 108.10 |

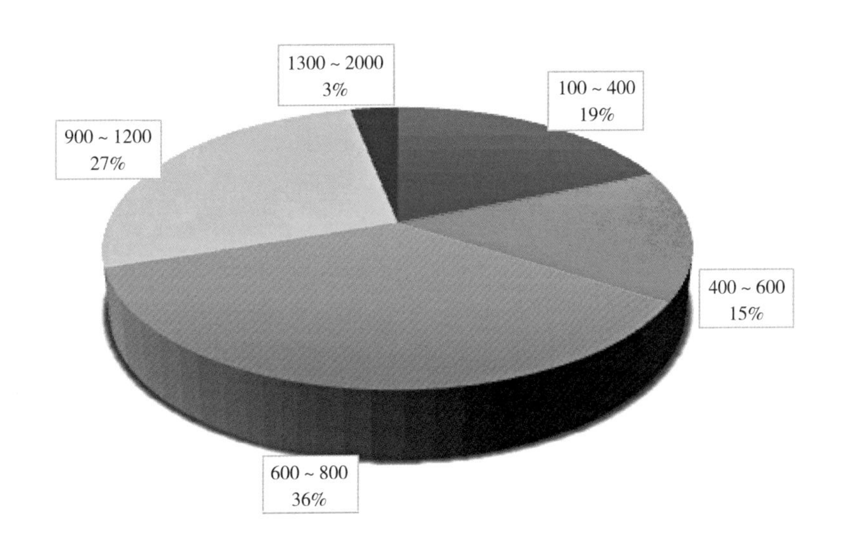


图12-15 试点区雨水管管径比例分布图

12.1.7.4　排口特征

1．排口分类

通过普查管网统计分析，将试点区内的排口分为分流制雨水口（FY）、分流制混接排水口（FH）、合流制排水口（HZ）3类。其中，分流制雨水口431个，分流制混接排水口43个，合流制排水口60个，共计534个，见表12-8。

试点区排水口类型统计表　　表12-8

| 排口类型 | 分流制雨水口（FY） | 分流制混接排水口（FH） | 合流制排水口（HZ） | 总计 |
|---|---|---|---|---|
| 数量（个） | 431 | 43 | 60 | 534 |

由于分流制雨水口数目较多，仅选取管径大于600mm的排口进行展示，入河排口分布情况见图12-16。

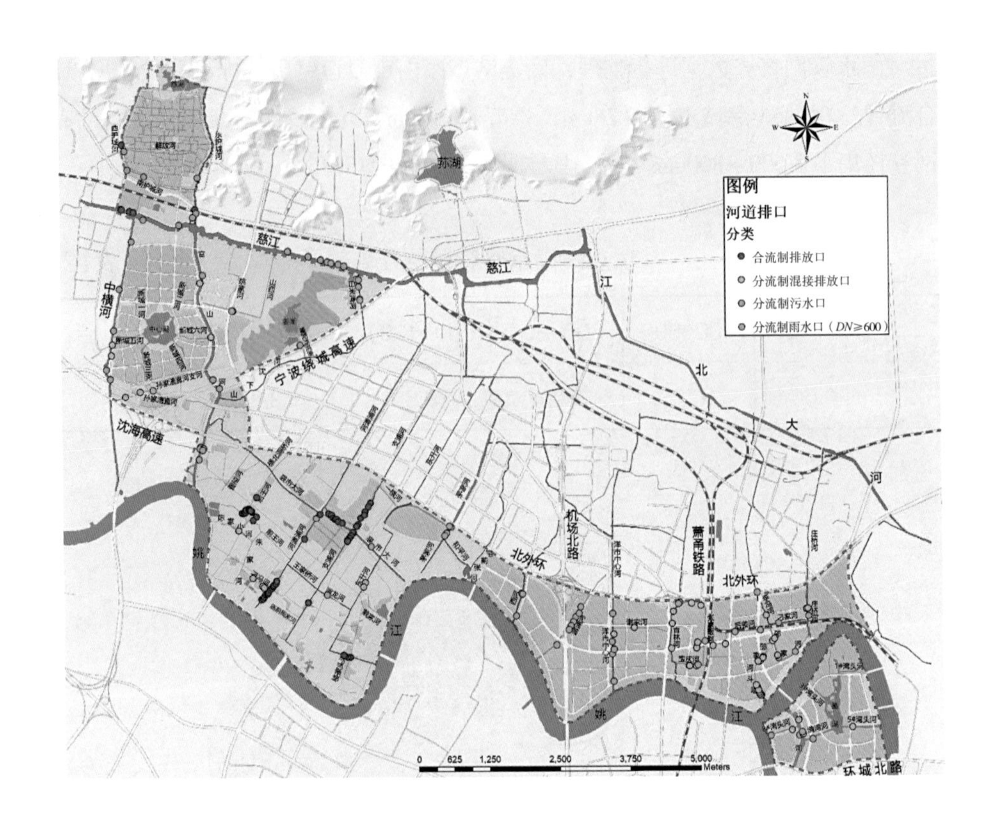


图12-16 试点区现状排口分布图

2．雨水排口与水位的关系

57%的与雨水排口连接管网管径集中在500mm以下。根据水利普查资料确定试点区内河流常水位为1.1m，由此确定雨水排口与河道水位关系，并分为自由出流、小部分淹没出流（水位在1/2*D*以下）、大部分淹没出流（水位在1/2*D*~*D*之间）、完全淹没出流四类。经统计分析，确定46%的排口处于自由出流，54%的排口处于部分淹没出流或完全淹没出流，详见表12-9和图12-17。

**试点区排水口与河道常水位关系表** 表12-9

| 出流形式 | 自由出流 | 小部分淹没 | 大部分淹没 | 完全淹没 | 合计 |
|---|---|---|---|---|---|
| 数量（个） | 200 | 35 | 81 | 115 | 431 |

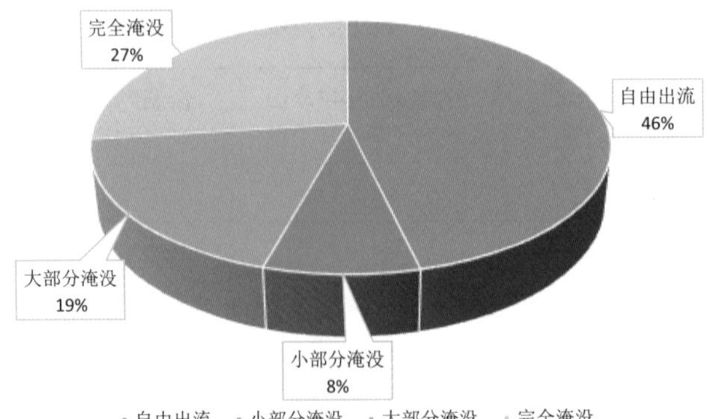


图12-17 试点区排水口与河道常水位关系比例分布图

续表

| 月份 | 7 | 8 | 9 | 10 | 11 | 12 |
|---|---|---|---|---|---|---|
| 利用降雨量（$m^3$） | 155957 | 143530 | 59693 | 29977 | 69111 | 32707 |
| 降雨量（$m^3$） | 1752303 | 1506127 | 239817 | 99923 | 733987 | 286143 |

（2）实际水资源利用率

实际水资源利用率计算方式为，根据每个改造地块的实际调蓄容积大小，计算每个地块一年的可利用雨量。楼山河汇水分区内改造地块共7个，共建设调蓄容积或调蓄水体1629$m^3$，经计算一年可利用的雨水资源利用量为3.56万$m^3$，实际水资源利用率为0.6%。楼山河流域典型年雨水资源利用量见图13-73。

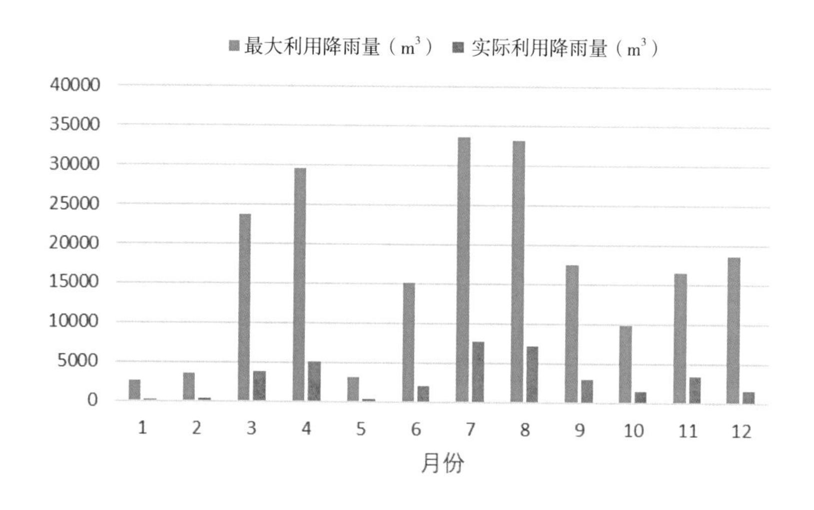


图13-73 楼山河流域典型年雨水资源利用量

（3）水库水资源利用

楼山河上游的四清水库和羊栏顶水库可向下游河道补水。四清水库总库容22.07万$m^3$（表13-37），兴利库容16.65万$m^3$；羊栏顶水库总库容30.37万$m^3$，兴利库容22.90万$m^3$。

以四清水库（表13-38和图13-74）为例，通过选择4种不同的日补水量对下游河道进行补水，得到以下数据。日均补水量在850$m^3$时，能够保证每天稳定的补水，同时保证水库较高的水位，而当日均补水量继续上涨时，对于水库的生态系统维持和统一调度的便利性来说较不利，甚至出现补水量不足或水库干涸的情形。

**四清水库基本信息表** **表13-37**

| 水库 | 汇水面积（$hm^2$） | 总库容（万$m^3$） | 调洪库容（万$m^3$） | 兴利库容（万$m^3$） | 死库容（万$m^3$） |
|---|---|---|---|---|---|
| 四清水库 | 330 | 22.07 | 5.42 | 16.65 | 0 |

**不同情景下四清水库补水情况表** 表13-38

| 情景 | 日均补水量（$m^3$） | 保证补水天数（d） | 该情景下水库最低存水量（万$m^3$） |
|---|---|---|---|
| 1 | 850 | 366 | 5.5 |
| 2 | 950 | 366 | 3.2 |
| 3 | 1150 | 366 | 1.0 |
| 4 | 1250 | 356 | 0 |

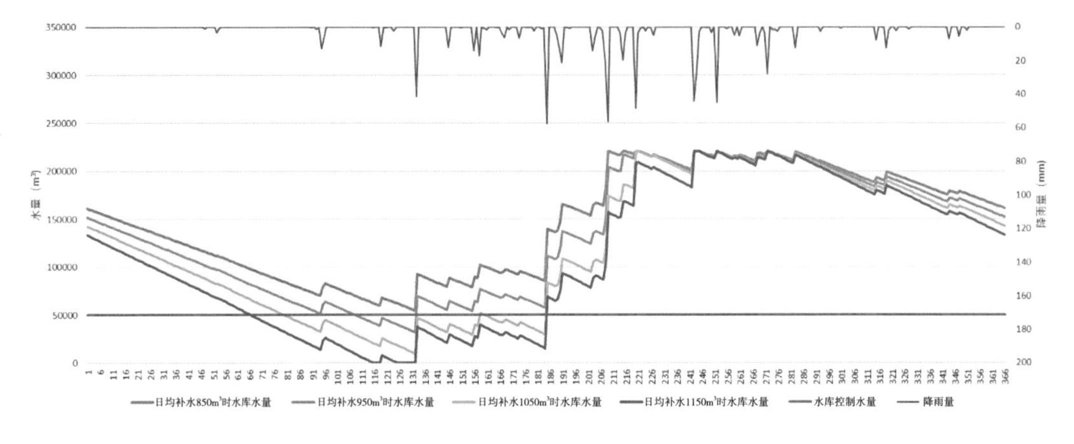


图13-74 典型年四清水库不同补水量条件下库容变化图

四清水库和羊栏顶水库全年可向下游河道补水69.54万$m^3$（表13-39），结合地块水资源利用，区域全年雨水资源利用总量为73.10万$m^3$，该流域一年总降雨量为574.93万$m^3$，雨水资源利用率可达12.7%。

**楼山河补水水库基本信息表** 表13-39

| 水库 | 汇水面积（$hm^2$） | 总库容（万$m^3$） | 兴利库容（万$m^3$） | 日均补水量（$m^3$） | 年补水量（万$m^3$） |
|---|---|---|---|---|---|
| 四清水库 | 330 | 22.07 | 16.65 | 850 | 31.11 |
| 羊栏顶水库 | 454 | 30.37 | 22.90 | 1050 | 38.43 |
| 总计 | 784 | 52.44 | 39.55 | 1900 | 69.54 |

2. 板桥坊河汇水分区

（1）理想水资源利用率

根据板桥坊河汇水分区内绿地和道路面积，计算得到：一年内绿地浇洒用水量约为19.71万$m^3$，道路浇洒用水量约为50.22万$m^3$，总用水量约为69.93万$m^3$，见表13-40。

板桥坊河汇水分区绿化、道路浇洒需水量　　表13-40

| 汇水分区 | 绿地面积（$hm^2$） | 道路面积（$hm^2$） | 绿地浇洒需水量 | 道路浇洒需水量 | 总用水量 |
| --- | --- | --- | --- | --- | --- |
| 板桥坊河 | 73 | 93 | 730$m^3$/d | 1860$m^3$/d | 2590$m^3$/d |
| 合计 | | | 19.71万$m^3$/a | 50.22万$m^3$/a | 69.93万$m^3$/a |

根据典型年降雨资料分析，板桥坊河流域内全年降水量为418.73万$m^3$，经计算得到该流域内理想化的雨水资源利用量为32.95万$m^3$，理想条件下，雨水资源利用率可达7.9%，可满足地块内道路及绿地浇洒的天数为127天。板桥坊河流域典型年每天、每月理想雨水资源利用量分别见图13-75、图13-76，每月理想雨水资源利用量统计见表13-41。

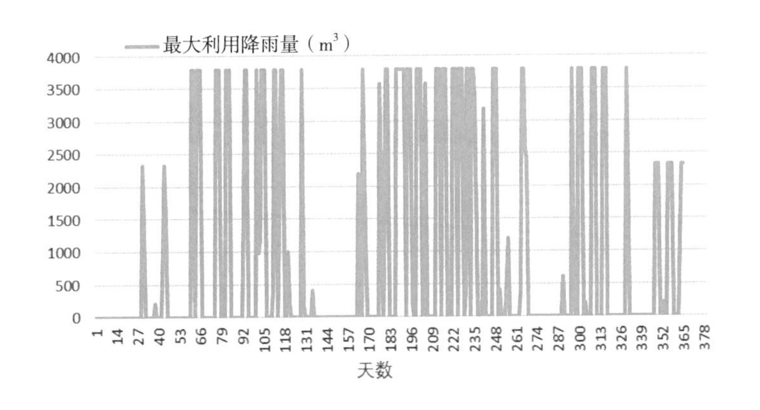


图13-75 板桥坊河流域典型年每天理想雨水资源利用量

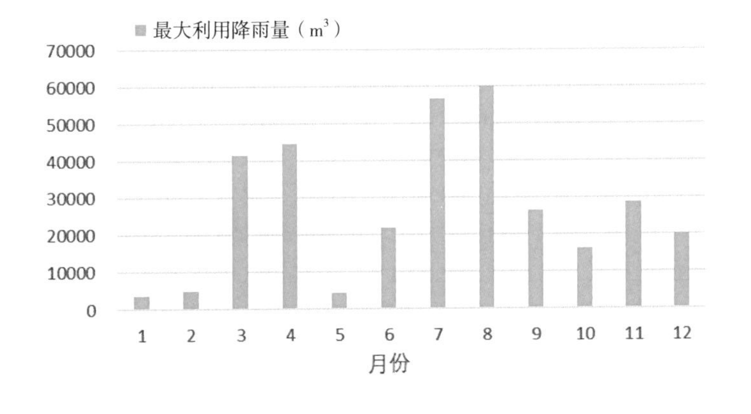


图13-76 板桥坊河流域典型年每月理想雨水资源利用量

板桥坊河流域每月理想雨水资源利用量　　表13-41

| 月份 | 1 | 2 | 3 | 4 | 5 | 6 |
| --- | --- | --- | --- | --- | --- | --- |
| 利用降雨量（$m^3$） | 3573 | 4962 | 41635 | 44584 | 4367 | 21861 |
| 降雨量（$m^3$） | 11909 | 16540 | 205758 | 408207 | 14555 | 166723 |
| 月份 | 7 | 8 | 9 | 10 | 11 | 12 |
| 利用降雨量（$m^3$） | 56761 | 60108 | 26467 | 16317 | 28863 | 19989 |
| 降雨量（$m^3$） | 1276226 | 1096933 | 174662 | 72776 | 534573 | 208404 |

（2）实际水资源利用率

板桥坊河汇水分区内改造地块共19个，共建设调蓄容积或调蓄水体3730m³，经计算一年可利用的雨水资源利用量为6.67万m³，实际水资源利用率为1.6%。板桥坊河流域典型年雨水资源利用量见图13-77。

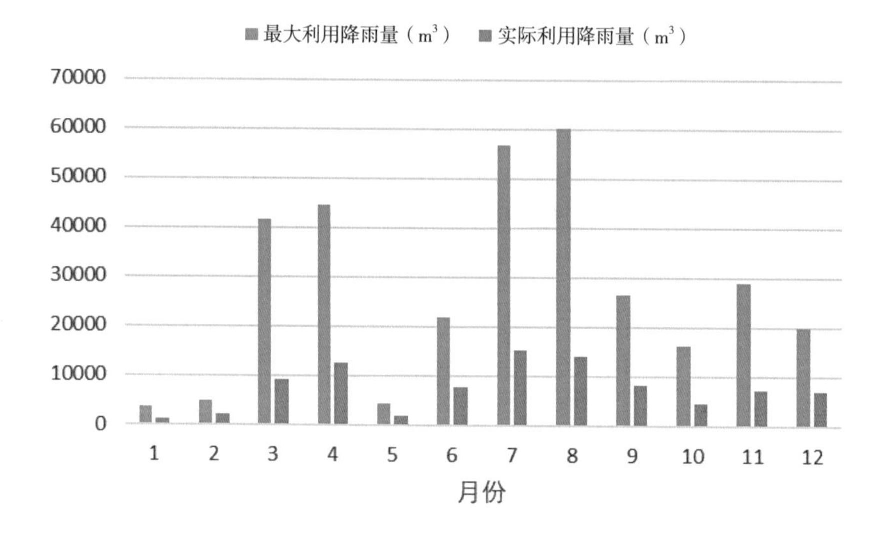


图13-77 板桥坊河流域典型年雨水资源利用量

（3）水库水资源利用

板桥坊河上游的石沟水库可向下游河道补水。石沟水库总库容10.97万m³，兴利库容5.51万m³（表13-42）。日均补水量在300m³时，能够保证每天稳定的补水，同时保证水库较高的水位。

**石沟水库基本信息表** 表13-42

| 水库 | 汇水面积（hm²） | 总库容（万m³） | 兴利库容（万m³） | 日均补水量（m³） | 年补水量（万m³） |
|---|---|---|---|---|---|
| 石沟水库 | 130 | 10.97 | 5.51 | 300 | 10.98 |

石沟水库全年水库补水量可达10.98万m³，结合地块水资源利用，区域全年雨水资源利用总量为17.65万m³，该流域一年总降雨量为418.73万m³，雨水资源利用率可达4.2%。

3．大村河汇水分区

（1）理想水资源利用率

根据大村河汇水分区内绿地和道路面积，计算得到：一年内绿地浇洒用水量约为37.26万m³，道路浇洒用水量约为70.74万m³，总用水量约为108.00万m³，见表13-43。

**大村河汇水分区绿化、道路浇洒需水量**　　　　表13-43

| 汇水分区 | 绿地面积（hm²） | 道路面积（hm²） | 绿地浇洒需水量 | 道路浇洒需水量 | 总用水量 |
|---|---|---|---|---|---|
| 大村河 | 138 | 131 | 1380m³/d | 2620m³/d | 4000m³/d |
| 合计 | | | 37.26万m³/a | 70.74万m³/a | 108.00万m³/a |

根据典型年降雨资料分析，大村河流域内全年降水量为603.53万m³，经计算得到该流域内理想化的雨水资源利用量为50.93万m³，理想条件下，雨水资源利用率可达8.4%，可满足地块内道路及绿地浇洒的天数为127天。大村河流域典型年每天、每月理想雨水资源利用量分别见图13-78、图13-79，每月理想雨水资源利用量统计见表13-44。

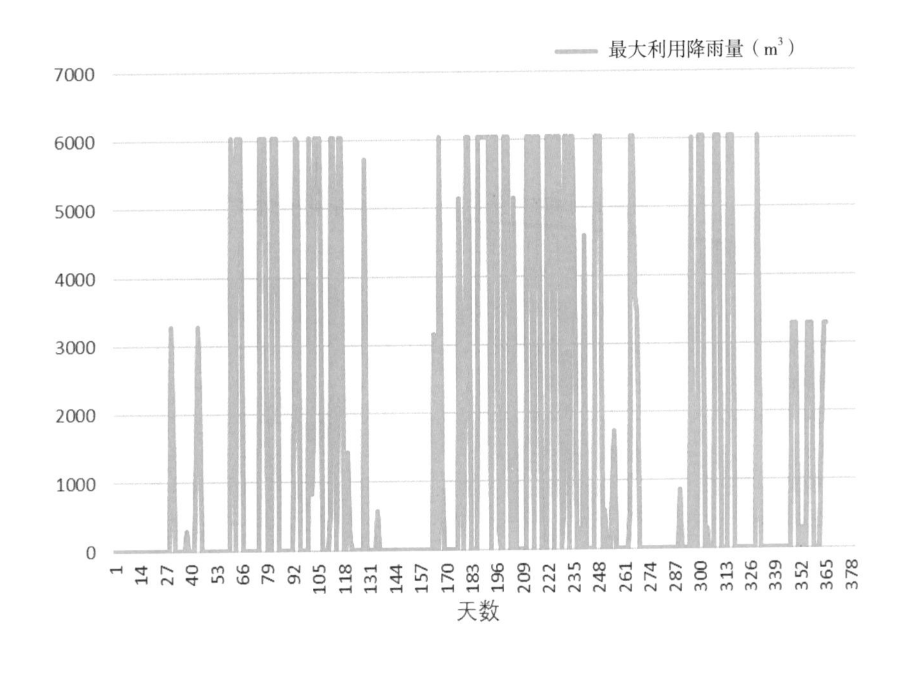


图13-78 大村河流域典型年每天理想雨水资源利用量

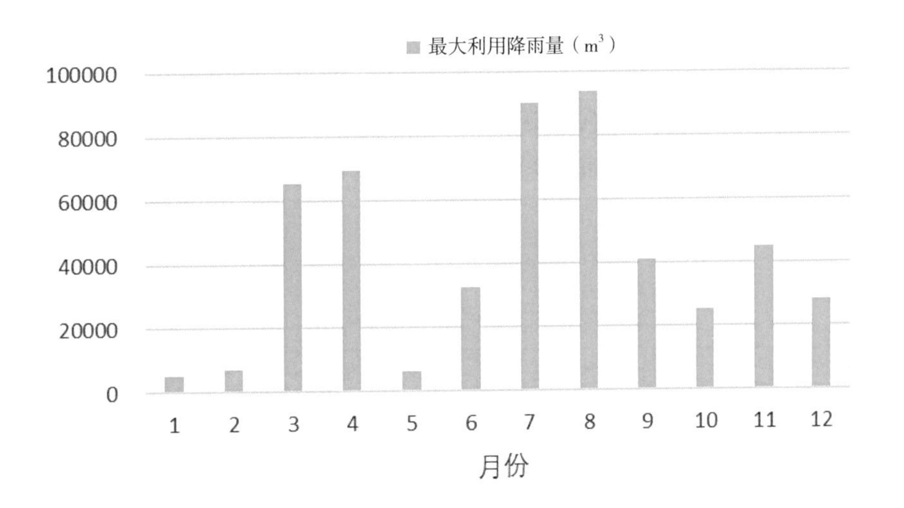


图13-79 大村河流域典型年每月理想雨水资源利用量

大村河流域每月理想雨水资源利用量　　表13-44

| 月份 | 1 | 2 | 3 | 4 | 5 | 6 |
|---|---|---|---|---|---|---|
| 利用降雨量（$m^3$） | 5149 | 7152 | 65472 | 69423 | 6294 | 32668 |
| 降雨量（$m^3$） | 17165 | 23840 | 296570 | 588371 | 20979 | 240307 |
| 月份 | 7 | 8 | 9 | 10 | 11 | 12 |
| 利用降雨量（$m^3$） | 89926 | 93590 | 41046 | 25257 | 45078 | 28203 |
| 降雨量（$m^3$） | 1839494 | 1581069 | 251750 | 104896 | 770509 | 300384 |

（2）实际水资源利用率

大村河汇水分区内改造地块共18个，共建设调蓄容积或调蓄水体15122$m^3$，经计算一年可利用的雨水资源利用量为23.43万$m^3$，实际水资源利用率为3.9%。大村河流域典型年雨水资源利用量见图13-80。

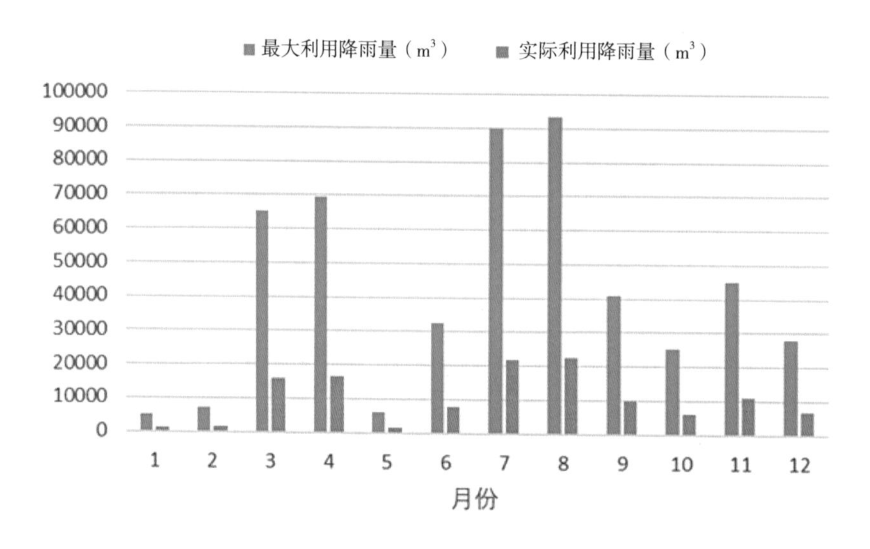


图13-80 大村河流域典型年雨水资源利用量

（3）水库水资源利用

大村河上游的上王埠水库可向下游河道补水。上王埠水库总库容26.01万$m^3$，兴利库容17.02万$m^3$（表13-45）。日均补水量在900$m^3$时，能够保证每天稳定的补水，同时保证水库较高的水位。

上王埠水库基本信息表　　表13-45

| 水库 | 汇水面积（$hm^2$） | 总库容（万$m^3$） | 兴利库容（万$m^3$） | 日均补水量（$m^3$） | 年补水量（万$m^3$） |
|---|---|---|---|---|---|
| 上王埠水库 | 380 | 26.01 | 17.02 | 900 | 32.94 |

上王埠水库全年水库补水量可达32.94万$m^3$，结合地块调蓄，区域全年雨水资源利用总量为56.37万$m^3$，该流域一年总降雨量为676.39万$m^3$，雨水资源利用率可达8.4%。

### 13.4.5 工程措施统筹与分担

#### 13.4.5.1 工程措施统筹安排

青岛市海绵城市建设以问题为导向，因地制宜，系统化、统筹建设。本节以御景山庄为例，具体说明如何通过统筹安排工程措施，解决具体涉水问题。

1．小区概况

御景山庄位于青岛市李沧区唐山路37号（图13-81），东侧靠近重庆中路，南侧靠近唐山路，西侧紧邻翠湖小区，占地面积约11$hm^2$。御景山庄属板桥坊河流域，小区住房由商品房、回迁房和安置房三部分组成，共39栋楼，1902户，属中高强度开发小区。

图13-81 御景山庄位置图

2．海绵设施统筹安排

御景山庄海绵城市建设以问题为导向，着重解决现状存在的问题，统筹源头减排、过程控制、末端处理各环节，因地制宜解决小区内部问题。

（1）源头减排

1）通过建筑物雨水管断接，将屋面雨水导入建筑物前后的植草沟内，通过植草沟汇入雨水花园内，延缓地表雨水径流。

2）拆除违法乱搭乱建，将裸露的土地改造为雨水花园和下凹式绿地等，改造修复路面及人行道，增加透水铺装比例。

（2）过程控制

1）将雨水花园、下凹式绿地、透水铺装溢流的雨水，通过连接管导入小区内部雨水管网。

2）清通和修复小区内部破损的雨水管网及检查井，保证排水畅通。

（3）末端调蓄处理

在小区内部雨水排水管网末端新建调蓄水池，调蓄的雨水用于绿化浇灌和小区景观水池的补水，促进雨水资源化利用。超过调蓄水池的雨水溢流入小区外部市政雨水管网，最终排入板桥坊河。

海绵城市建设措施及雨水径流路径见图13-82，御景山庄径流分区及海绵设施分布见图13-83。

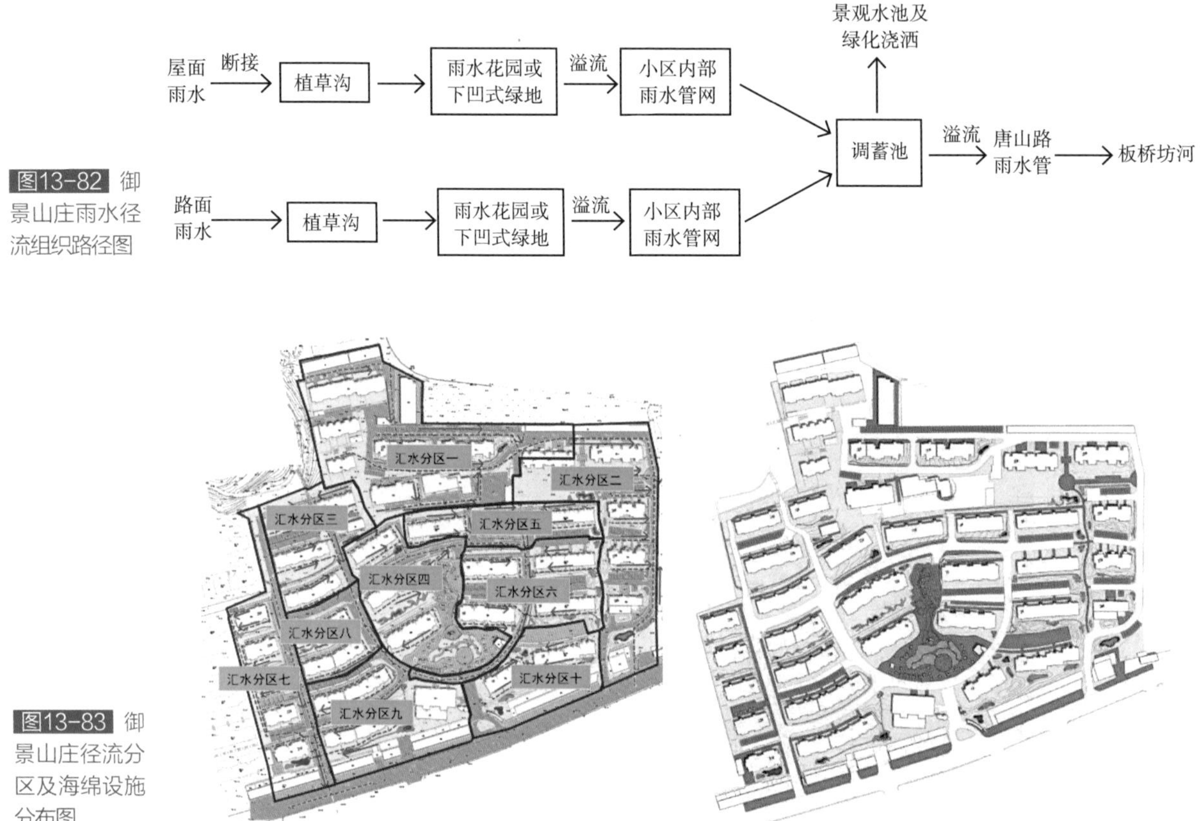


图13-82 御景山庄雨水径流组织路径图

图13-83 御景山庄径流分区及海绵设施分布图

通过上述海绵设施的统筹安排，雨水径流有了科学合理的组织排放，实现了海绵城市关于水生态、水环境、水安全和水资源的建设目标。

13.4.5.2 工程措施分担比例

依据地块坡度、雨洪组织与溢流收排、管网布局等，青岛市海绵城市建设试点区内海绵项目总计188项（图13-84），涵盖了建筑小区、公园绿地、道路广场、管网建设、防洪工程、水系综合治理、能力建设7种类型。

青岛市海绵城市建设试点区内针对楼山河、板桥坊河、大村河三大片区特征与问题，因地制宜选择源头减排、过程控制、系统治理工程措施。实施源头项目128项，源头改造389.35hm$^2$，年径流总量控制率达到75%（设计降雨量27.4mm）；实施过程项目39项，新建雨水管网12km，改造雨水管网2.27km，开展管网清淤等，升级优化城市排水系统；开展系统

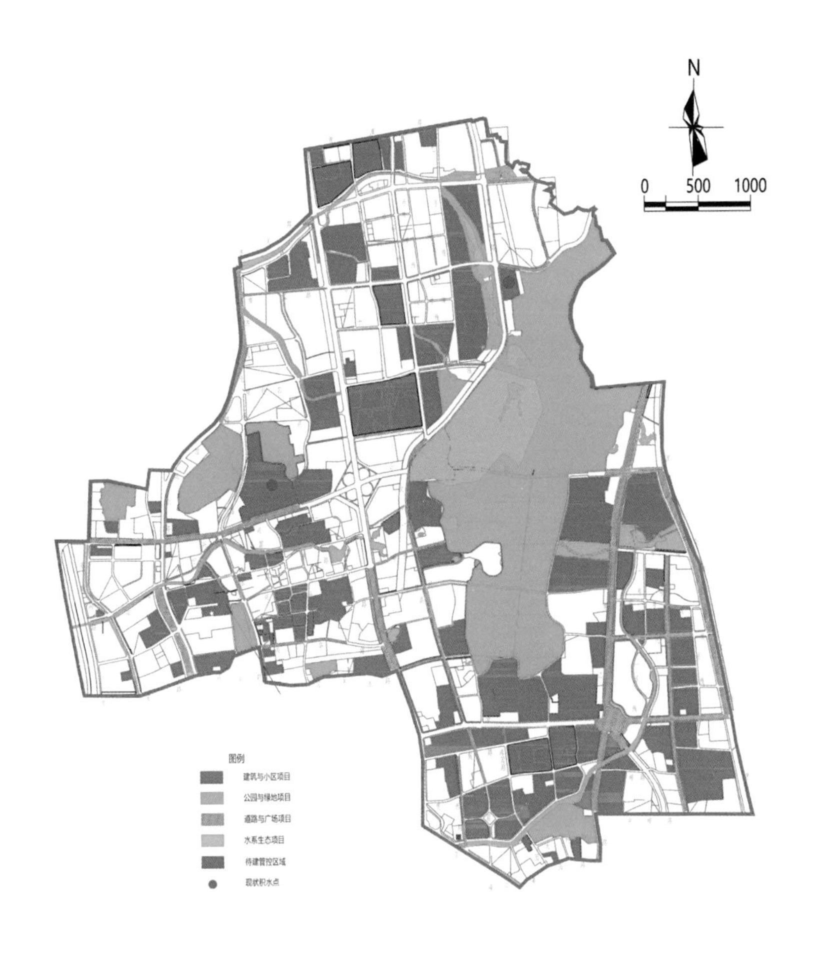


图13-84 试点区项目服务分区图

治理项目21项，楼山河、楼山后河等开展清淤与防洪提标改造，提高河道行泄能力，保障超标雨水的有序排放。通过综合工程措施，保证试点区水生态、水环境、水资源、水安全海绵城市建设指标的达成。源头减排、过程控制、系统治理的各类措施对目标的贡献程度见图13-85。

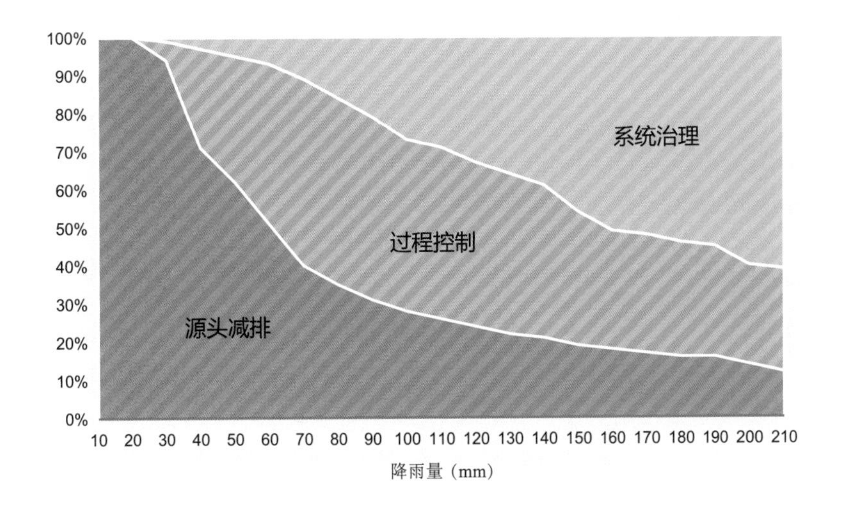


图13-85 各类措施在不同降雨情景下的贡献

# 参考文献


[1] 谢映霞. 从城市内涝灾害频发看排水规划的发展趋势 [J]. 城市规划，2013，37（02）：45-50.

[2] 牛璋彬. 机遇与挑战并存——新时代、新要求系统推进海绵城市建设. 2018年2月3日考察宁波海绵城市试点建设工作中讲话整理.

[3] http：//pinglun.youth.cn/wztt/201903/t20190320_11901530.html.

[4] http：//www.mohurd.gov.cn/zxydt/201612/t20161213_229941.html.

[5] 许大卫，毕燃. 浅析LID在景观规划设计中的应用途径 [J]. 林业科技情报，2013，45（04）：100-102.

[6] 张晓昕，郭祺忠，马洪涛. 美国城市雨水径流管理概况 [J]. 给水排水，2014，50（S1）：82-87.

[7] http：//www.cma.gov.cn/2011xzt/2018zt/20100728/2010072809/201807/t20180706_472579.html.

[8] 林奇闵. 海绵城市建设的四大国际经验 [J]. 宁波经济（财经视点），2018（06）：47-49.

[9] 孙秀锋，秦华，卢雯韬. 澳大利亚水敏城市设计（WSUD）演进及对海绵城市建设的启示 [J]. 中国园林，2019，35（09）：67-71.

[10] 丁一. 海绵城市规划国际经验研究与案例分析 [J]. 城乡规划，2019（02）：33-40.

[11] 由住房和城乡建设部城市建设司原副司长章林伟于2020年1月16日技术交流发言中整理.

[12] 马洪涛. 关于海绵城市系统化方案编制的思考 [J]. 给水排水，2018，54（04）：1-7.

[13] 国务院办公厅关于推进海绵城市建设的指导意见（国办发 [2015] 75号）.

[14] 章林伟. 中国海绵城市建设与实践 [J]. 给水排水，2018，54（11）：1-5.

[15] 中华人民共和国城乡规划法（2019年4月23日第二次修正版）.

[16] 周广宇等. 新常态语境下法定规划与海绵城市建设的关系——以遂宁市海绵城市规划为例 [J]. 建设科技，2016，10：70-73.

[17] https：//baijiahao.baidu.com/s?id=1634674538997071207&wfr=spider&for=pc.

[18] http：//www.reportway.org/media/2806201923423.html.

[19] 章林伟等. 浅谈海绵城市建设的顶层设计 [J]. 给水排水，2017，43（9）：1-5.

[20] 许可等. 对完善我国海绵城市规划设计体系的思考 [J]. 中国给水排水，2020，20：1-7.

[21] 郭羽，丁一，刘龙. 详规层面海绵城市规划困局探因——以上海海绵城市规划体系在实践中的问题为例 [J]. 规划研究，2017，（z1）：1-4.

[22] 车伍等. 海绵城市建设热潮下的冷思考 [J]. 南方建筑，2015，4：104-107.

[23] 周鹏飞等. 海绵城市建设规划法定化思路研究 [J]. 水资源保护，2016，32（6）：27-31，38.

[24] 仝贺等. 基于海绵城市理念的城市规划方法探讨 [J]. 南方建筑，2015（4）：108-114.

[25] 刘佳福，杨滔. 海绵城市的规划思考 [J]. 城乡建设，2017（7）：28-30.

[26] 魏婷，阮晨，付韵潮. 成都市双流县海绵城市建设的控制性详细规划响应 [J]. 规划设计，2017，33（9）：58-63.

[27] 贾馥冬，杨雪伦. 海绵城市的规划探索——以天津滨海新区为例 [J]. 城市规划，2015（10）：44-47.

[28] 赵志勇，莫铠，向文艳. 海绵城市规划设计思路：以永定河生态新区为例 [J]. 中国给水排水，

2015（31）：111-118.

［29］ 黄黛诗，王泽阳，曾如婷. 生态新区修建性详细规划层面海绵城市规划研究——以厦门鼓锣流域为例［J］. 城市规划学刊，2018（7）：130-136.

［30］ 中共中央 国务院关于建立国土空间规划体系并监督实施的若干意见（中发［2019］18号）.

［31］ 室外排水设计规范（2016版）GB 50014—2016.

［32］ 岑国平，沈晋，范荣生. 城市设计暴雨雨型研究［J］. 水科学进展，1998，9（1）：41-46.

［33］ 唐颖等. 长历时暴雨强度公式的推求方法［J］. 河北工业科技，2014，31（5）：378-383.

［34］ 任婷婷. 基于ENVI的武汉市用地构成和热环境变化研究［C］. 中国城市规划学会、杭州市人民政府. 共享与品质——2018中国城市规划年会论文集（05城市规划新技术应用）. 中国城市规划学会、杭州市人民政府：中国城市规划学会，2018：387-401.

［35］ 杜震，张刚，沈莉芳. 成都市生态空间管控研究［J］. 城市规划，2013，37（08）：84-88.

［36］ 杨晓星. 城市低洼地的开发与利用［D］. 天津：天津大学，2013.

［37］ 蒋芳芳. ArcGIS环境下基于DEM的城市低洼地信息提取应用研究［C］. 2016年度浙江省测绘与地理信息学会优秀论文集：浙江省测绘与地理信息学会，2016：221-224.

［38］ 河湖生态环境需水计算规范SL/Z 712—2014.

［39］ 黄真理. 中国环境水力学［M］. 北京：中国水利水电出版社，2006.

［40］ 龙腾锐，何强. 排水工程［M］. 北京：北京中国建筑工业出版社，2015.

［41］ 杨国荣. 城市排水体制的选择及管理［J］. 中国高新技术企业，2009（4）：146-147.

［42］ 朱红雷. 面向非点源污染控制的土地利用优化研究［D］. 长春：中国科学院研究生院（东北地理与农业生态研究所），2015.

［43］ 任玉芬等. 城市不同下垫面的降雨径流污染［J］. 生态学报，2005，25（12）：3225-3230.

［44］ 邢雅囡. 平原河网区城市河道底质营养盐释放行为及机理研究［D］. 南京：河海大学，2006.

［45］ 陈美丹. 河网底泥释放规律及其与模型耦合应用研究［D］. 南京：河海大学，2007.

［46］ Science; Reports from Luoyang Normal University Add New Data to Findings in Science（Monitoring vegetation coverage in Tongren from 2000 to 2016 based on Landsat7 ETM+ and Landsat8）［J］. Science Letter，2018.

［47］ 张海行. 海绵城市低影响开发典型山城径流效应研究［D］. 邯郸：河北工程大学，2016.

［48］ 钱树芹，高秋霖，张丽. 浅议我国城市暴雨洪灾内涝原因及对策［J］. 人民珠江，2012，33（06）：61-63.

［49］ 韩赜等. 山区镇域山洪灾害孕灾环境分区研究［J］. 重庆工商大学学报（自然科学版），2014，31（06）：82-89.

［50］ 吉利娜. 水力学方法估算河道内基本生态需水量研究［D］. 西安：西北农林科技大学，2006.

［51］ 周小莉. 基于InfoWorks水力模型在排水管网运行管理中的应用［D］. 广州：广州大学，2012.

［52］ 海绵城市建设评价标准GB/T 51345—2018.

［53］ 绿色生态城区评价标准GB/T 51255—2017.

［54］ 城市防洪规划规范GB 51079—2016.

［55］ 防洪标准GB 50201—2014.

［56］ 潘芙蓉. 景观视角下的滨水区空间规划策略研究——以厦门埭头溪景观规划为例［J］. 科学中国人，2017（15）.

［57］ 孟慧颖. 河流生态基流的计算方法及其适用性分析［J］. 科技传播，2013，5（09）：131-135，127.

[58] 孙书华，潘忠臣，孙书洪．水库湿地生态环境需水量的计算研究［J］．天津农学院学报，2008（03）：29-32．

[59] 李戈．探究城市蓝线规划编制办法［J］．建筑建材装饰，2015（13）．

[60] https：//wenku.baidu.com/view/9cab0706fd4ffe4733687e21af45b307e871f98b.html．

[61] 宁波市海曙区海绵城市试点区详细规划．

[62] 海绵城市建设典型案例——宁波市慈城新区海绵城市建设．

[63] 慈城新区初步设计说明．

# 海绵城市进行曲

马洪涛

海绵城市建设难，系统思维首当先。
沟通规划和设计，统筹宏观和微观。
规划不能墙上挂，落地实施很关键。
单体设计再精细，系统也要分析清。
源头过程和末端，责任分担要算清。
灰色绿色不偏颇，因地制宜量水行。
不求个体全最好，整体高效最为优。
目标宏伟指标精，指导实施能落实。
现状调查是根本，本底问题都要明。
问题目标要量化，性质分类要清晰。
探勘胶鞋自行车，实地感受才明晰。
综合监测高科技，科学严谨求实情。
排水分区是基础，划分清晰是关键。
老区主要看管网，新区主要依地形。
逻辑闭环自洽齐，方案问题要呼应。
老区偏重解问题，治黑除涝两手硬。
源头量质双控制，合流混接要改清。
居民意愿很重要，美观实用最贴心。
兼顾景观和防洪，生态岸线要实际。
不能全挖重新建，管网建设要经济。
各方诉求要思量，明确指标和要求。
针对内涝积水点，具体综合解问题。
蓄排平衡系统顺，局部积水分别管。
合流排放污染大，控制溢流是关键。
合理匹配管和池，超标溢流要处理。
初期雨水要控制，减少入河污染量。
源头减排是根本，入河之前先处理。
工程措施要综合，调蓄去污两不误。
新区要把保护抓，蓝线控制是根本。
保护山水林田湖，还有低洼地要留。
地块指标要定实，规划管控才能好。
梳理清晰水路径，竖向要求不能少。
建设模式要梳理，成本消息核算清。
不同主体的边界，最后一定要明晰。
系统方案要系统，建设才能有效果。
避免建设碎片化，海绵城市效果显。

### 12.1.7.5 闸门泵站

1．泵站

慈江和姚江之间与试点区相关的泵站共有9座，其中位于试点区内的泵站共有7座，分别是跃进泵站、和平排灌站、新城排涝站、白米湾泵站、李碶渡泵站、山西河泵站、慈城古城合流泵站，泵站规模见表12-10，分布见图12-18。

试点区泵站规模一览表 表12-10

| 名称 | 规模（$m^3/s$） | 所在河道 |
|---|---|---|
| 跃进泵站 | 11.3 | 河滩浦河 |
| 和平排灌站 | 15.0 | 宅前张河 |
| 李碶渡泵站 | 10.0 | 庄桥河 |
| 新城排涝站 | 6.0 | 中横河 |
| 白米湾泵站 | 3.6 | 白米湾河 |
| 山西河泵站 | 2.4 | 山西河 |
| 慈城古城合流泵站 | 4.0 | 护城河 |

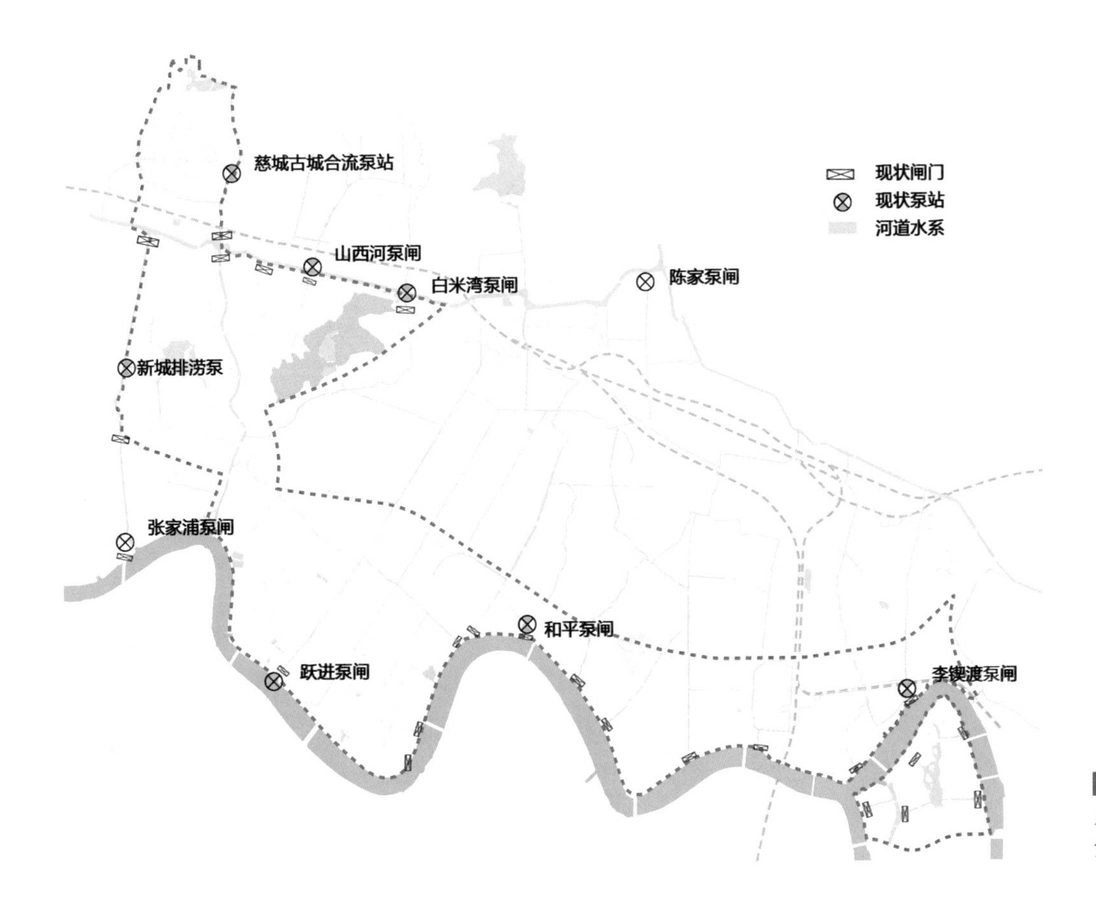


图12-18 试点区现状泵站分布图

2．闸门

闸门主要分布在试点区内部平原河网以及外围姚江和慈江相交汇处。慈江和姚江之间与试点区相关的闸门共有36座，其中位于试点区内的闸门共有27座，分布见图12-19。闸门通常处于关闭状态；在流域暴雨期间，当水位大于1.3m且闸门内水位大于外江水位时，闸门开启。

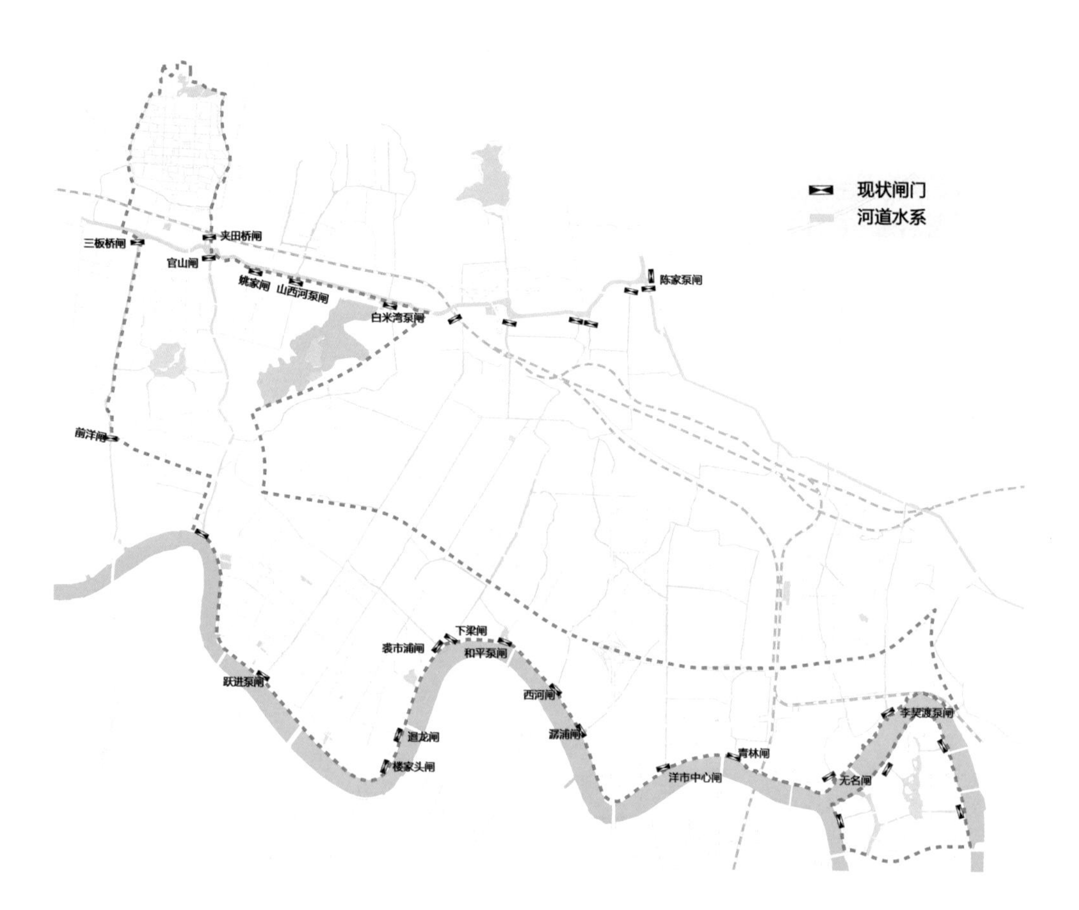


图12-19 试点区现状闸门分布图

## 12.2 现状问题及原因分析

### 12.2.1 水环境问题

1．水质情况

根据2015～2016年的区级骨干河道水质实际监测数据（表12-11），10个水质监测断面中，70%的水质监测断面均为Ⅴ～劣Ⅴ类，水质监测点位见图12-20。姚江新区村庄的河道（如河滩浦河、裘市大河、茅家河）与主要建成区的河道（如洋市中心河）的水质基本以劣Ⅴ类为主，处于重度富营养化水平，水体中$NH_3$-N、TP指标超标较为严重。

试点区水质监测数据（2015~2016年） 表12-11

| 河道 | 监测断面 | 水质监测指标（mg/L） | | | 综合污染指数 | 主要污染因子 | 水质类别 |
|---|---|---|---|---|---|---|---|
| | | 高锰酸盐 | $NH_3$-N | TP | | | |
| 东护城河 | 慈城游客服务中心 | 3.50 | 1.24 | 0.22 | 2.9 | $NH_3$-N | Ⅳ类 |
| 官山河 | 慈江西街与官山河交界 | 5.39 | 1.26 | 0.16 | 2.95 | $NH_3$-N | Ⅳ类 |
| | 江北连接线与官山河交叉口 | 5.36 | 1.00 | 0.19 | 2.59 | — | Ⅲ类 |
| 慈江 | 慈城观庄桥头 | 5.64 | 1.73 | 0.16 | 3.45 | $NH_3$-N | Ⅴ类 |
| 河滩浦河 | 裘市新桥桥头 | 6.99 | 5.59 | 0.79 | 10.69 | $NH_3$-N、TP | 劣Ⅴ类 |
| | 横山桥 | 7.02 | 3.40 | 0.70 | 7.93 | $NH_3$-N、TP | 劣Ⅴ类 |
| 裘市大河 | 双红巧桥头 | 6.86 | 3.90 | 0.60 | 8.03 | $NH_3$-N、TP | 劣Ⅴ类 |
| | 新宁波家园 | 6.37 | 3.44 | 0.46 | 6.82 | $NH_3$-N、TP | 劣Ⅴ类 |
| 茅家河 | 北环西路与茅家河交叉 | 5.11 | 2.30 | 0.28 | 4.55 | $NH_3$-N | 劣Ⅴ类 |
| 洋市中心河 | 三和嘉园旁 | 6.30 | 3.92 | 0.36 | 6.75 | $NH_3$-N、TP | 劣Ⅴ类 |

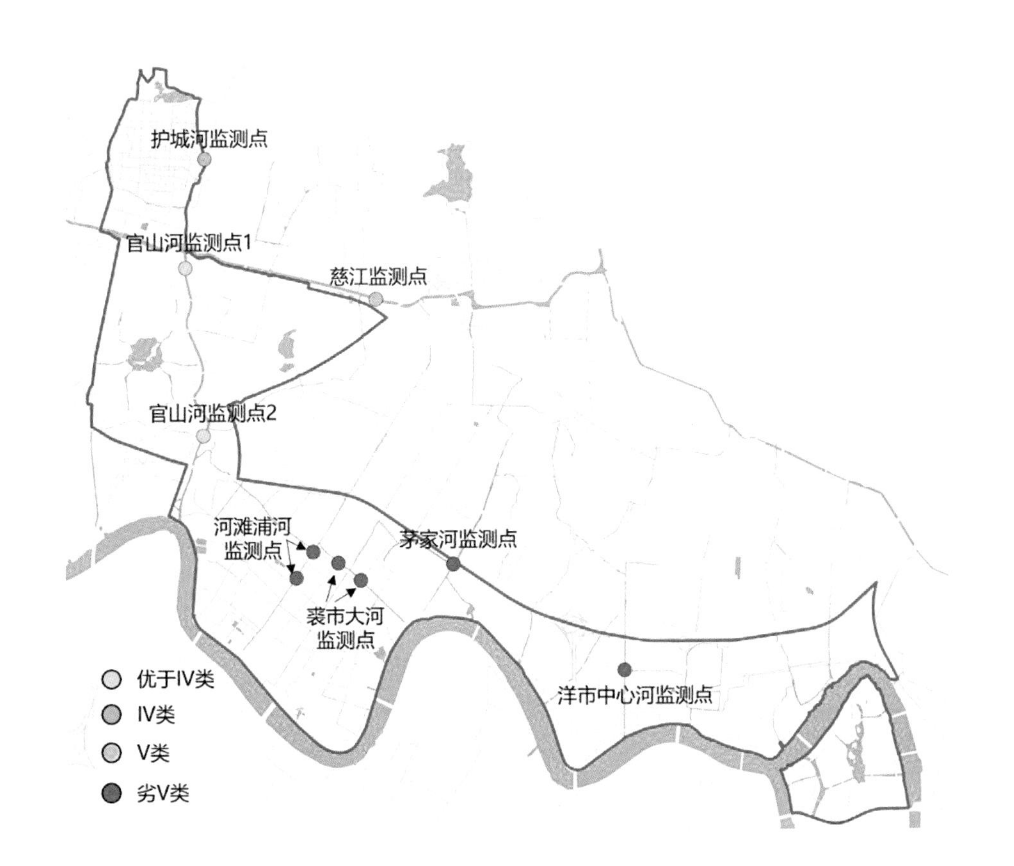


图12-20 试点区水质监测点位分布图（2015~2016年）

2．污染源分析

试点区内的污染源可大致分为点源污染、面源污染、内源污染3类。

（1）点源污染

1）合流制溢流污染

根据InfoWorks ICM模型结果分析，在典型年降雨工况条件下，慈城古城的合流制溢流频次为20次，总溢流水量466340$m^3$，溢流前平均降雨约为20mm；TSS溢流污染量32.17t/a，均来自地表冲刷；COD溢流污染量25.57t/a，其中，生活污水占比43.6%，地表冲刷占比56.4%。

2）农村生活污水

试点区内的白米湾村、裘市村、西江村等，虽已建设了污水处理设施（图12-21、图12-22），但截污管道不到位，截污不彻底，部分散户产生的生活污水直接排入河道（图12-23）；同时，部分污水处理终端能力不足，尾水排放导致二次污染。

经计算，试点区农村生活污水污染物排放入河量COD约为239.52 t/a，$NH_3$-N约为36.82t/a，TP约为5.20 t/a。

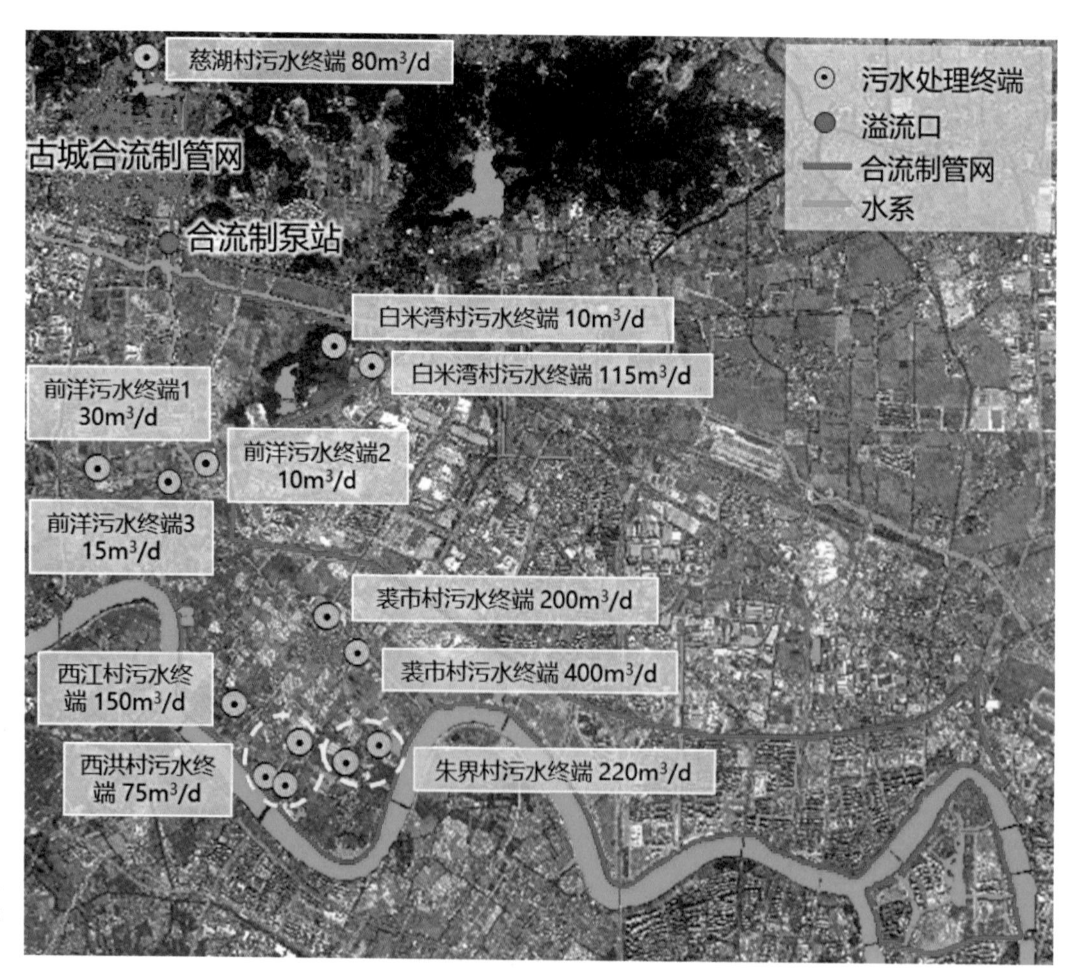


图12-21 农村生活污水处理设施分布图

图12-22 朱界村污水处理终端（左）

图12-23 生活污水直排（右）

3）建成区生活污（废）水

建成区的排水体制为雨污分流制，但仍存在管网混错接的问题，部分小区雨水井及排口监测发现有高浓度生活污水成分（图12-24）。根据旱天流量监测数据，$NH_3$-N、TP浓度接近生活污水浓度的1/3～1/2，生活污水及废水的日产生流量约为9m$^3$/hm$^2$/d。

经计算，试点区建成区生活污（废）水污染物排放入河量COD约为120.39t/a，$NH_3$-N约为10.75t/a，TP约为1.22t/a。

图12-24 小区排口旱天排水现象

（2）面源污染

1）农业面源污染

试点区范围中的生态区、姚江保留区都保留了大量的农田（图12-25），试点区内的耕地面积约为633hm$^2$，农业生产活动中使用的化肥、农药随降雨径流进入水体造成了水体污染（图12-26）。

经计算，试点区农业面源污染物排放入河量COD约为53.97t/a，$NH_3$-N约为17.26t/a，TP约为5.19 t/a。

2）城市面源污染

降雨经过淋洗大气，冲刷路面、城市建筑物、城市废弃物等地面和土壤中的污染物，通

图12-25 试点区内农田

图12-26 农田排水渠入河

过地表径流进入受纳水体，加重城市水环境污染。经计算，典型年降雨试点区雨水径流污染物排放入河量COD约为1142.82 t/a，$NH_3$-N约为18.76 t/a，TP约为6.57 t/a。

（3）内源污染

宁波市平原河网地区水流流速较缓，进入河流、湖泊中的营养物质通过各种物理、化学和生物作用，逐渐沉降至水体底泥表层。积累在底泥表层的氮、磷营养物质，在一定的物理化学及环境条件下，从底泥中释放出来进入上覆水体，形成二次污染。试点区内部分河道底泥淤积现象严重，见图12-27。

经计算，试点区内源污染物排放入河量COD约为14.37t/a，$NH_3$-N约为3.06 t/a，TP约为0.91t/a。

除上述污染源以外，试点区上游河道来水水质较差也是造成试点区水质问题的主要原因。根据试点区上游2015～2016年的水质监测数据（图12-28和表12-12），试点区上游的茅家河、洋市中心河河道水质较差，以劣V类为主，主要超标污染物为$NH_3$-N、TP。

图12-27 试点区内部分河道底泥淤积现象

图12-28 试点区上游水质监测点

试点区上游平均水质监测数据（2015~2016年） 表12-12

| 河道 | 监测断面 | 水质监测指标（mg/L） | | | 综合污染指数 | 主要污染因子 | 水质类别 |
|---|---|---|---|---|---|---|---|
| | | 高锰酸盐 | $NH_3$-N | TP | | | |
| 茅家河 | 洪塘大酒店旁 | 5.81 | 2.78 | 0.29 | 5.23 | $NH_3$-N | 劣V类 |
| 洋市中心河 | 小贝多芬幼稚园旁 | 6.25 | 3.69 | 0.49 | 7.19 | $NH_3$-N、TP | 劣V类 |
| 庄桥河 | 思源公园 | 4.78 | 1.30 | 0.24 | — | — | IV类 |

## 12.2.2 水安全问题

根据历史洪涝灾害记录，宁波市海绵城市试点区内存在6处严重内涝积水点，其中，慈城古城4处，裘市村1处，康庄南路1处，分布见图12-29，积水点情况见表12-13，图12-30为6个积水点现场图。

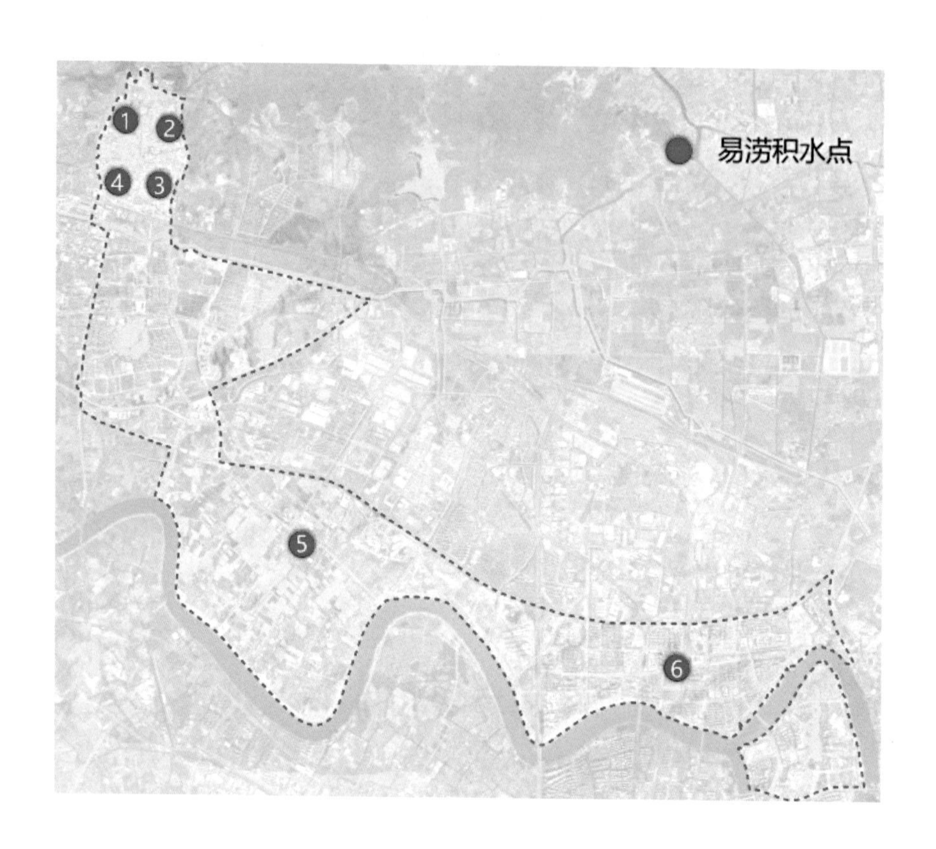


图12-29 试点区历史易涝积水点

宁波市试点区历史积水点情况一览表 表12-13

| 序号 | 位置 | 内涝模拟分析 | 积水原因分析 |
|---|---|---|---|
| 1 | 启程路、中华路周边区域 | 在50年一遇的长历时降雨条件下，平均积水深度可达0.64m，积水量可达4800m³，积水时间超6h | 地势低洼；下游排水管网能力较低，排水不通畅 |
| 2 | 太湖路 | 在50年一遇的长历时降雨条件下，平均积水深度可达0.78m，积水量可达18754m³，积水时间超6h | 地势低洼；下游排水管网能力较低，排水不通畅 |
| 3 | 光华路 | 在50年一遇的长历时降雨条件下，平均积水深度可达0.62m，积水量可达3168m³，积水时间超12h | 地势低洼；未铺设管网 |
| 4 | 丁新路与日新路交叉口 | 在50年一遇的长历时降雨条件下，平均积水深度可达0.57m，积水量可达4890m³，积水时间超9h | 地势低洼，下游管网能力不足 |
| 5 | 裘市大街 | 在10年一遇的长历时降雨条件下，最大积水深度0.25m，积水在0.15m以上的时间超2h | 地势偏低，村中心低两边高；管线能力不足；排口顶托严重 |
| 6 | 康庄南路 | 在50年一遇的长历时降雨条件下，平均积水深度可达0.78m，积水时间超9h | 地势低洼，下游管网能力不足 |

(a)

(b)

(c)

(d)

(e)

(f)

图12-30 试点区历史易涝积水点现场图
(a) 积水点1;
(b) 积水点2;
(c) 积水点3;
(d) 积水点4;
(e) 积水点5;
(f) 积水点6

### 12.2.3　水生态问题

**1. 河道岸线硬化严重**

受早期城市开发模式的影响和河道防洪的需要，机场路以东区域、慈城古城等城市建成区的河道岸线多为硬质岸线（图12-31），长度约为53.87km，约占河道总长度的38%，亲水空间不足。

图12-31 试点区河道硬质岸线

**2. 河岸垃圾堆放、坍塌剥落现象严重**

官山河以东区域、姚江新区等区域的河道多为自然水系，岸线以自然岸线为主，据统计，宁波市海绵城市试点区的自然岸线长度约为86.48km，约占河道岸线总长度的49%，但部分河段的岸线出现坍塌剥落、垃圾堆放侵占河道等现象（图12-32），植物长势杂乱，景观效果差，水土流失严重，且存在一定的安全隐患。

图12-32 河岸坍塌剥落与及垃圾堆放现象

### 12.2.4 水资源问题

试点区内雨水资源利用主要有两种方式，一是通过河道、湖泊调蓄利用，二是通过地块内调蓄设施进行收集利用。

目前试点区内雨水资源利用率低，仅慈城新城开展了雨水资源循环再利用，地表径流及降雨经过生态带及中心湖湿地过滤净化后，作为绿化用水、道路浇洒用水以及其他用水。其他区域由于地表河网污染较为严重，水质较差，基本未开展雨水资源利用。

## 12.3 建设目标及技术路线

### 12.3.1 建设目标

1．总体目标

针对试点区内水安全频发、水环境污染、水资源短缺、蓝绿生态空间遭侵蚀等问题，通过海绵城市建设，打造生态、弹性、活力的海绵城市，保护和修复蓝绿载体，建设源头海绵设施，统筹城市管网和防涝系统建设，充分发挥海绵功能，弹性应对城市内涝和水体环境污染问题，开展雨水资源利用，缓解城市用水压力，维护城市水生态平衡。同时，美化城市环境，提升城市整体吸引力，实现径流总量控制、径流峰值控制、径流污染控制和雨水资源化利用等多重目标。

2．分项指标

宁波市海绵城市试点区的水安全问题、水环境问题较为突出，在制定海绵城市具体指标时，优先解决试点区现状的水安全问题、水环境问题，同时，兼顾提升城市生态性能，探索雨水资源利用的新途径等，制定水生态指标、水资源指标。

（1）水安全指标

水安全指标包括防洪标准、防洪堤达标率、内涝防治标准三方面。

1）防洪标准：宁波市为滨江临海的城市，易受“风、暴、潮、洪”的侵袭，根据《宁波市城市防洪潮规划》的要求，宁波市城市规划建成区防洪防潮能力按100年一遇要求设防，规划区内非建成区仍按20年一遇洪水设防。姚江新区现状虽未大面积开发建设，但远期仍为城市建成区，结合远期的防洪要求，试点区的防洪标准统一定为100年一遇。

2）防洪堤达标率：宁波市海绵城市试点区位于姚江北侧，为形成完整的防洪系统，防洪堤达标率定为100%。

3）内涝防治标准：宁波市海绵城市试点区的用地类型多样，包括城市建成区、行政村落、自然村落、基本农田等。基于姚江新区的裘市村存在内涝积水点，且近期该行政村暂无拆迁计划，根据《室外排水设计规范》（2016年版）GB 50014—2006、浙江省《城镇防涝规划标准》DB 33/1109—2015等，确定宁波市海绵城市试点区的内涝标准如下：中心城区城市建成区内涝防治标准50年一遇，村庄排涝标准10年一遇。

（2）水环境指标

水环境指标包括地表水环境质量、年径流污染削减率两方面。

1）地表水环境质量：宁波市试点区为平原河网密集区，同时在生活污水点源污染、农业面源污染、城市面源污染等多类型污染源的共同作用下，现状河道水质以劣V类为主。因此，基于河道流动性能差、自净能力弱、污染源类型较为复杂等因素，将水环境质量的指标定为“优于海绵城市建设前水质”。

2）年径流污染削减率：研究显示，宁波市中心城区雨水径流污染物 SS、CODCr、TP、TN 的年排放总量占城市年污染物排放总量的比例分别为67%、31%、11%、12%[62]。基于地表水环境指标的建设目标和径流污染特征，将试点区年径流污染削减率定为60%（以TSS计）。

（3）水生态指标

水生态指标一般包括年径流总量控制率、生态岸线恢复率、天然水域面积保持度、地下水埋深变化等。由于宁波市多年平均降雨量超过1000mm，故地下水埋深变化不作为具体建设指标进行考量。

1）年径流总量控制率：通过解译1984年与2016年试点区的下垫面变化，运用InfoWorksICM模型模拟分析试点区的产汇流特征，宁波市海绵城市试点区现状年径流控制率约为70%，径流总量约为开发建设前的2.6倍。为使试点区的建成区域水文特征恢复到建设前的水平，同时，基于试点区内近期有大量未开发区域的特征，综合考虑后，将试点区年径流总量控制率定为80%。

2）生态岸线恢复率：宁波市海绵城市试点区内河道多为未开发的自然河道，自然本底较好，结合水系规划及近期建设计划，将试点区的生态岸线恢复率定为40%。

3）天然水域面积保持度：宁波市海绵城市试点区的现状水面率约为5.48%，海绵城市建设过程中，遵循水域面积“零净损失”的原则，同时结合水系规划与近期建设计划，将试点区水面率指标定为5.86%。

（4）水资源指标

1）雨水资源利用率：宁波市多年平均降雨量为1457mm，雨水资源较为丰富，同时综合考虑湖泊、湿塘等建设情况，以及宁波的经济发展状况，将试点区的雨水资源利用率定为5%。

2）再生水回用：宁波市海绵城市试点区内无污水处理厂，故再生水回用不设定具体指标。

各分项指标具体见表12-14。

宁波市海绵城市试点区绩效指标一览表　　表12-14

| 类别 | 序号 | 绩效指标 | 建设指标值 |
|---|---|---|---|
| 一、水生态 | 1 | 年径流总量控制率 | 80%，24.7mm |
| | 2 | 生态岸线恢复率 | 40% |
| | 3 | 天然水域面积保持度 | 5.86% |
| 二、水环境 | 4 | 地表水环境质量 | 监测断面水质优于试点建设前 |
| | 5 | 年径流污染削减率（以TSS计） | 60% |
| 三、水安全 | 6 | 防洪标准 | 100年一遇 |
| | 7 | 内涝防治标准 | 中心城区50年一遇，村庄10年一遇 |
| | 8 | 防洪堤达标率 | 100% |
| 四、水资源 | 9 | 雨水资源利用率 | 5% |

### 12.3.2 技术路线

宁波市海绵城市试点区建设具备多目标、多途径、系统性、综合性等特点。针对目前试点区内存在的水环境有待进一步提升、局部点内涝、水源较短缺等问题，且同一问题的解决方案涉及多项不同的工程措施和实现途径，每项工程措施的实施也可以对多个不同的问题产生治理效果，试点区海绵城市建设坚持“问题+目标”双导向，考虑试点区现状基本情况与特征问题，根据国家对海绵城市建设的相应要求，综合构建源头减排、过程控制和系统治理的全过程体系。技术路线见图12-33。

（1）认识城市基底，摸清城市现状。通过对城市现状降雨特征、地表特征、用地特征、水环境、水生态、水安全、水资源等基础条件的分析，对城市现状有充分的认识。

（2）辨别主要问题，明确建设重点。通过对现状水资源、水环境、水生态、水安全等问题的分析，确定试点区海绵城市建设重点解决的问题，根据问题导向明确系统化方案的重点内容。

（3）确定建设目标，分项指导实施。根据海绵城市建设所要解决的问题，结合国家对宁波市海绵城市建设目标的要求，确定分类控制目标，将系统化方案与分类目标充分结合。

（4）划分汇水分区，构建系统方案。合理划分汇水分区，结合每个汇水分区的特征及问题，构建源头减排、过程控制、综合治理的系统化建设方案。

（5）合理选择设施，确定工程项目。结合试点区建设情况，以现状用地为基础，以控制性详细规划用地空间布局为依据，充分考虑近期可实施项目，因地制宜地制定建设策略，合理确定工程类型及空间分布。

（6）模型科学评估，保障目标可达。针对每个汇水分区，采用传统方法与模型评估方法相结合的方式，对每一项建设目标进行校核，确保海绵城市建设目标的可达性。

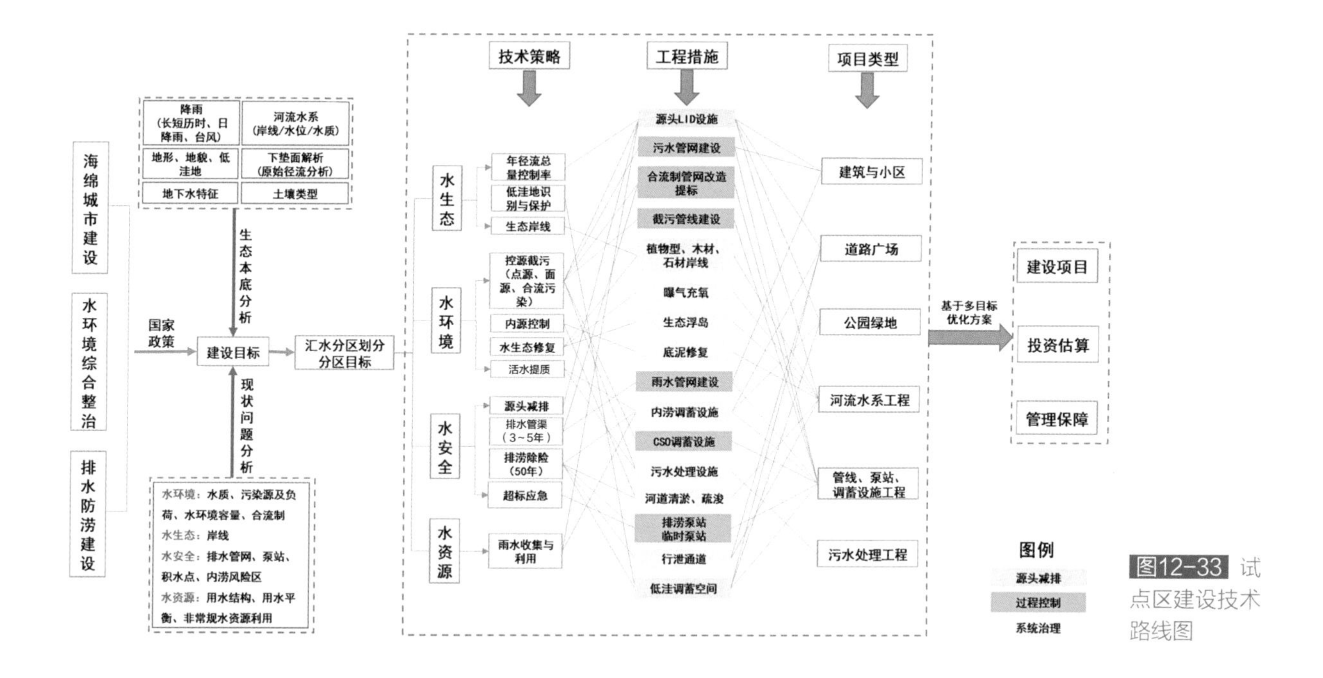


图12-33 试点区建设技术路线图

## 12.4 分区划分

### 12.4.1 分区划分依据

宁波市海绵城市建设试点区内地势平坦，河网密布，汇水分区的划分主要与河流水系布局以及地形地势有关。姚江、慈江、官山河作为区域性河流，可将试点区总体分为4个相互独立的区域。

同时，依托1：500地形图并结合全球数字高程模型（DEM），获取试点区高程、坡向的分析图（图12-34），并通过ArcGIS水文分析，对规划范围内自然汇水路径进行模拟分析（图12-35），获取区域自然汇水单元。

### 12.4.2 汇水分区划分

将自然汇水路径与现状水系分布进行比较，在原来4个分区的基础上进一步划分。

1号区域位于慈江以北区域，4号区域位于姚江南岸的湾头片区，均相对独立，分别划分为慈城古城汇水分区和湾头汇水分区。

2号区域被慈南街分为南北两部分，慈南街以北为自成体系的慈城新城片区，以南区域现状为部分村庄，远期规划用地主要为生态绿地，因此以慈南街为界，将该区域分为2个汇水分区，分别为慈城新城西汇水分区和孙家漕直河汇水分区（图12-36）。

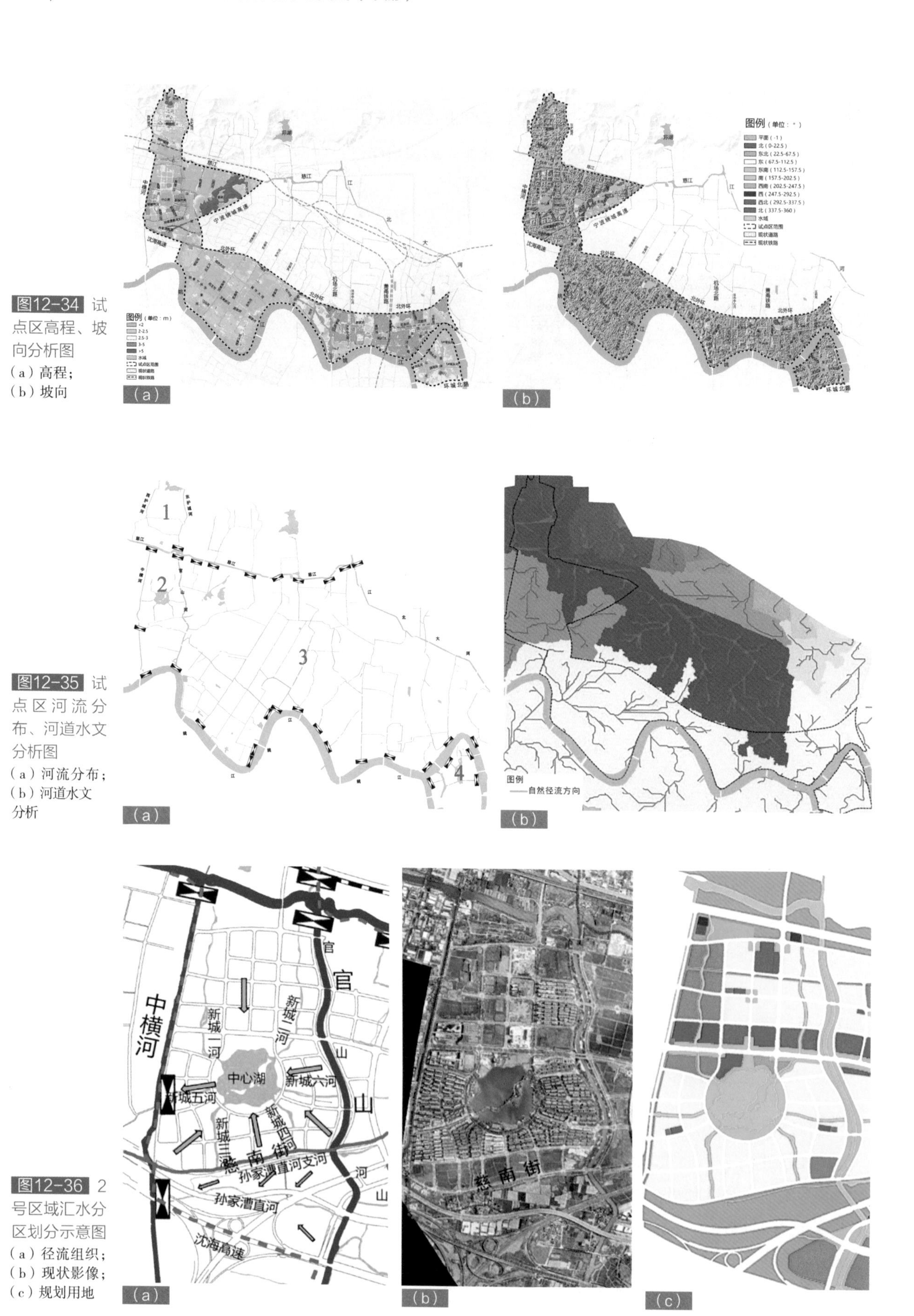


图12-34 试点区高程、坡向分析图
（a）高程；
（b）坡向

图12-35 试点区河流分布、河道水文分析图
（a）河流分布；
（b）河道水文分析

图12-36 2号区域汇水分区划分示意图
（a）径流组织；
（b）现状影像；
（c）规划用地

3号区域的进一步划分主要以山体、河道、道路以及城市建成情况为依据，狮子山以西至官山河以东区域为“水敏感”城市建设区域，划分为慈城新城东汇水分区。绕城高速以北至狮子山现状为山体、农田以及村庄，远期规划为防护绿地，将其划分为狮子山汇水分区（图12–37）。

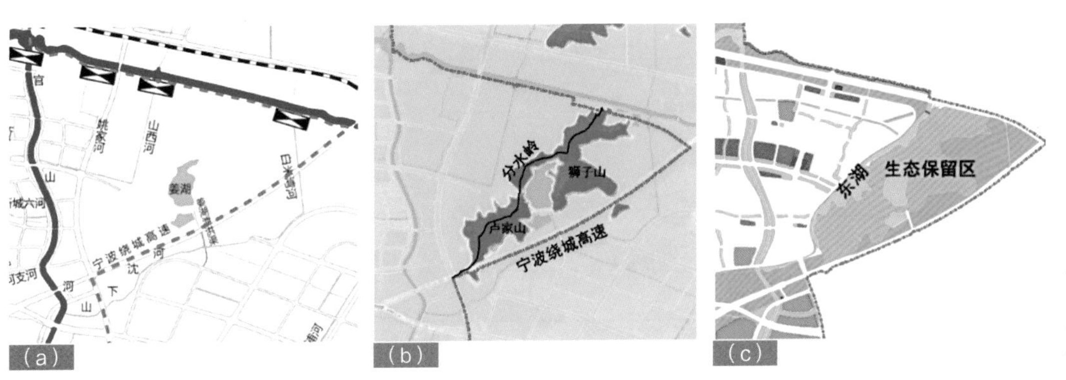


图12–37 3号绕城高速以北区域汇水分区划分示意图
（a）现状水系与道路；
（b）现状地形；
（c）规划用地

其余区域以机场路高架、潺浦河为界，机场路—潺浦河以西区域为城市新建区，现状以农田、村镇为主，将其划分为姚江新区汇水分区，机场路以东区域为成熟的城市建成区，将其划分为机场路东汇水分区。

综上，宁波市海绵城市试点区共划分为8个汇水分区，见图12–38，详细信息见表12–15。

图12–38 宁波市海绵城市试点区汇水分区划分示意图

宁波市海绵城市试点区汇水分区划分一览表　　表12-15

| 汇水分区名称 | 面积（km²） |
| --- | --- |
| 慈城古城汇水分区 | 2.70 |
| 慈城新城西汇水分区 | 3.03 |
| 慈城新城东汇水分区 | 1.92 |
| 狮子山汇水分区 | 1.76 |
| 孙家漕直河汇水分区 | 1.01 |
| 姚江新区汇水分区 | 11.73 |
| 机场路东汇水分区 | 6.50 |
| 湾头汇水分区 | 2.30 |

### 12.4.3 排水分区划分

在汇水分区划分的基础上，结合试点区内排水管网及河流水系布局（图12-39），进一步划分排水分区，将宁波市海绵城市试点区划分为14个排水分区，并将排水分区作为项目建设的基本单元，见图12-40，详细信息见表12-16。

图12-39 试点区径流方向示意图

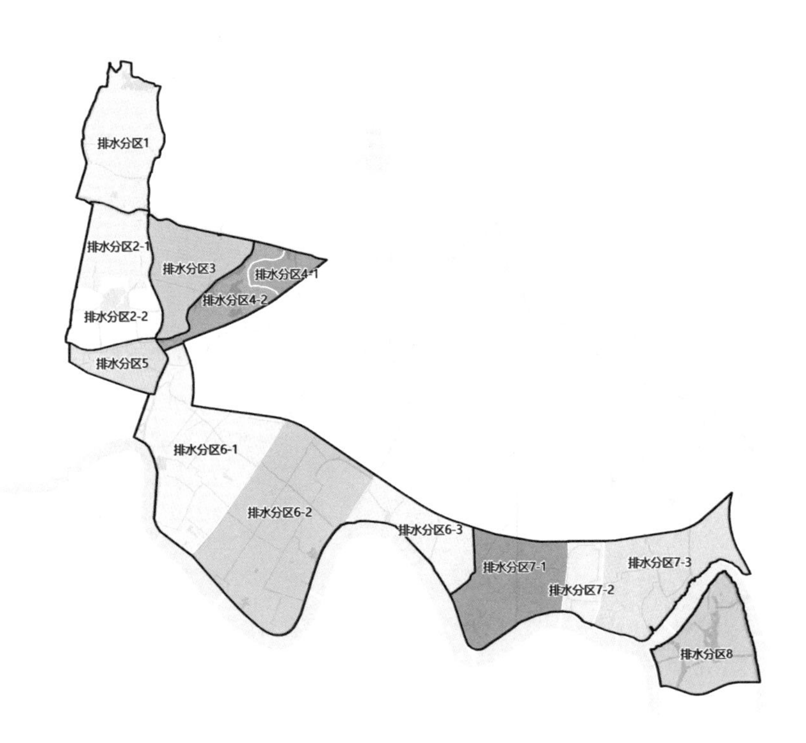


图12-40 宁波市海绵城市试点区排水分区划分示意图

宁波市海绵城市试点区排水分区划分一览表　　表12-16

| 排水分区名称 | 编号 | 面积（$km^2$） |
|---|---|---|
| 慈城古城排水分区 | 1 | 2.70 |
| 慈城新城西排水分区 | 2-1 | 1.51 |
| | 2-2 | 1.52 |
| 慈城新城东排水分区 | 3 | 1.92 |
| 狮子山排水分区 | 4-1 | 0.55 |
| | 4-2 | 1.21 |
| 孙家漕直河排水分区 | 5 | 1.01 |
| 姚江新区排水分区 | 6-1 | 4.34 |
| | 6-2 | 5.75 |
| | 6-3 | 1.64 |
| 机场路东排水分区 | 7-1 | 2.7 |
| | 7-2 | 0.79 |
| | 7-3 | 3.01 |
| 湾头排水分区 | 8 | 2.30 |

## 12.5 典型案例——慈城新城

### 12.5.1 建设前自然本底

1．用地类型及竖向分析

慈城新城建设前为河道蜿蜒的稻田平原，区域内灌溉河道与人工开挖的小溪密布，用地情况主要为稻田、村落、蔬菜种植和水产业（渔业和养鸭业）。场地竖向整体上东、西两侧高，中间低，地面标高介于1.5～1.8m之间，整体地势较为平坦。径流雨水通过地面汇集至附近沟渠，然后进入官山河，最终流入姚江。建设前用地情况及水系分布见图12-41。

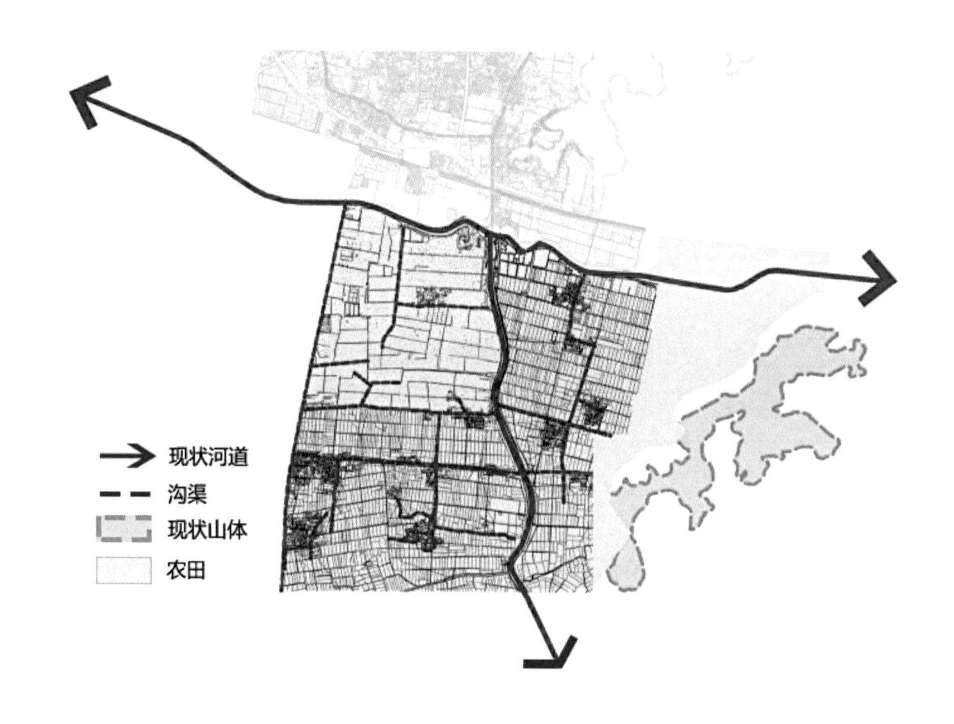


图12-41 建设前用地情况及水系分布示意图

2．土壤类型及地下水分析

慈城新城建设前的土壤类型从上至下可分为种植土层、黏土层以及淤泥质黏土层，见表12-17。场地浅部地下水以孔隙潜水为主，主要受季节和气候影响，雨季浅，旱季深，年变幅可达1m左右，地下水位埋深0.1～0.8m。

慈城新城土壤类型及性质一览表　　表12-17

| 土壤类型 | 厚度 | 渗透系数 |
|---|---|---|
| 种植土 | 0.2~0.3m | — |
| 黏土 | 0.5~1.4m | — |
| 淤泥质黏土 | 16~25m | $10^{-8}$~$10^{-7}$cm/s |

### 12.5.2 建设需求分析

1．区域水安全保障的需求

该区域位于姚江上游，地势平坦，易受洪涝灾害袭扰。通过对该区域进行内涝风险评估，该区域在10年一遇、20年一遇降雨情况下的高风险区占比分别达到30%和44%。

由表12-18、表12-19可知，若按传统的城市建设方式，以保障区域水安全为目标将区域整体标高进行抬升，为满足上位规划要求的20年一遇内涝防治标准，则需要将区域整体标高抬升0.4m以上。在该情景下以3年一遇的降雨重现期进行模拟分析，区域外排流量相对标高未抬升前增加了2400m³/h，蓄洪量将转嫁至周边区域，增加下游城区的防洪压力。

10年一遇降雨工况下区域内涝风险评估　　表12-18

| 评估面积 | 受淹面积 | 无风险区占比 | 低风险区 | | 中风险区 | | 高风险区 | | 平均最大淹没深度（m） |
|---|---|---|---|---|---|---|---|---|---|
| | | | 占比 | 淹没时间 | 占比 | 淹没时间 | 占比 | 淹没时间 | |
| 6.85km² | 3.19km² | 54% | 6% | 2h | 10% | 6h | 30% | 28h | 0.28 |

20年一遇降雨工况下区域内涝风险评估　　表12-19

| 评估面积 | 受淹面积 | 无风险区占比 | 低风险区 | | 中风险区 | | 高风险区 | | 平均最大淹没深度（m） |
|---|---|---|---|---|---|---|---|---|---|
| | | | 占比 | 淹没时间 | 占比 | 淹没时间 | 占比 | 淹没时间 | |
| 6.85km² | 3.19km² | 45% | 4% | 2h | 7% | 6h | 44% | 28h | 0.44 |

2．区域水环境改善的需求

研究发现，宁波市中心城区雨水径流污染物SS、CODCr、TP、TN的年排放总量占城市年污染物排放总量的比例分别为 67%、31%、11%、12%。慈城新城采用雨污分流的排水方式，污水经管网收集后全部排入宁波市北区污水处理厂，雨水则就近排入水体。随着严格处理点源污染等环境治理措施的实施，雨水径流面源污染占城市水环境污染的比例将会越来越大。

### 12.5.3 建设目标

1．上位规划的要求

宁波市慈城新区控制性详细规划确定本区的发展目标为：连接老城历史核心区和新城镇发展的结合体；生活舒适惬意、服务设施完备、具有浓厚文化内涵的高质量居住环境；朝气蓬勃的商业、行政和零售业基地；独特的新兴江南水镇以及拥有高品质环境的可持续居住发展的新型绿色生态城镇。

2．具体建设指标

（1）年径流总量控制率：80%，对应设计降雨量24.7mm。

（2）内涝防治标准：20年一遇。

（3）防洪标准：50年一遇。

### 12.5.4 建设思路

采用“古为今用、洋为中用、博采众长”的建设思路，最终形成具有慈城特色的海绵城市建设模式。

“半街半水”双棋盘路网格局（图12-42）：在对慈城新区的设计及建设过程中，参考慈城古镇“河、街并行”“半街半水”的双棋盘路网格局，同时发挥慈湖在雨季时对雨洪水进行消纳、缓冲、调蓄，旱季时作为农田灌溉水源的多功能调蓄水体的作用。

水敏感城市设计理念：借鉴澳大利亚“水敏感”城市等国外相关建设经验，并在充分研究慈城新城自然水文的前提下，通过合理的总体规划和“渗、滞、蓄、净、用、排”等技术手段的综合应用，有效解决新城的蓄洪问题，使水系得以净化，实现可持续雨水管理；同时改善城区整体生态环境，塑造城水相伴的新型城市景观。

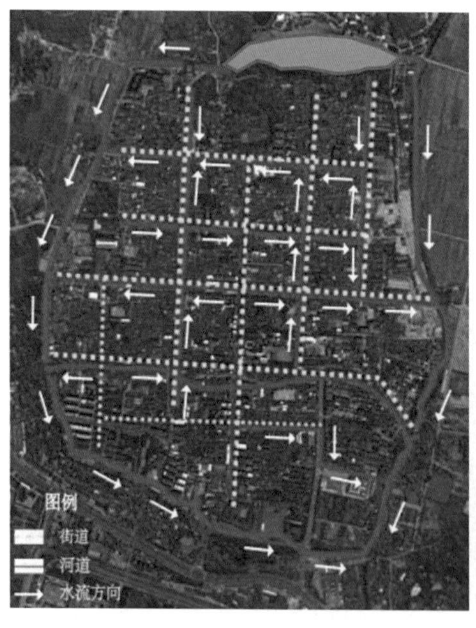

图12-42 慈城古城“半街半水”双棋盘路网格局

### 12.5.5 竖向控制与汇水分区划分

1．竖向控制

慈城新城三面邻水，其北部为慈江，中部有官山河自北向南穿流而过，两条河道均为宁波市的骨干河道。

根据上位规划的要求，慈城新城应达到50年一遇的防洪标准。查阅慈江、官山河的相关防洪资料可知，慈江、官山河在100年一遇的降雨工况下，水位均小于3.43m。基于慈城新城建设前四周高、中间低的标高形态，采用路堤合一的建设方式，将区域最外围的道路与防洪堤建设相结合，将外围道路的标高控制在3.43m以上，阻挡客水进入，在远远满足上位规划规定的防洪标准的同时，又使得区域成为相对独立的封闭区域。慈城新城西南区域道路竖向规划见图12-43。

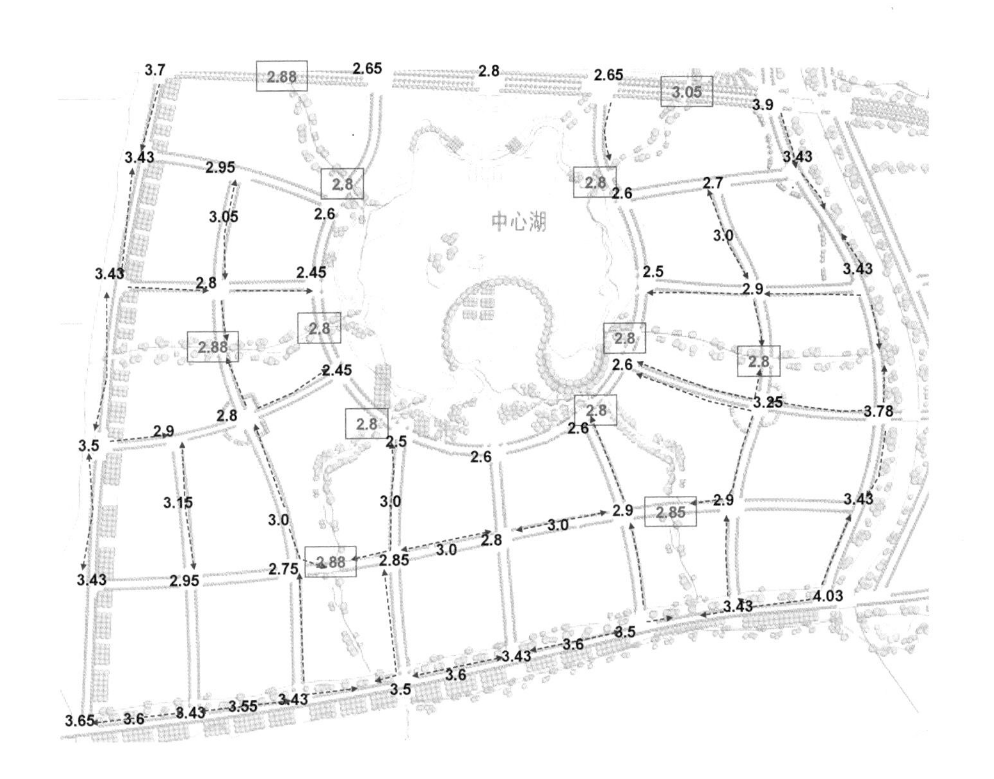


图12-43 慈城新城道路竖向规划示意图（以西南区域为例）

在场地竖向控制方面，为确保场地内部的雨水径流能顺利汇集到道路，在道路与场地的竖向衔接上，均使场地标高高于道路标高，场地内部的径流组织多为中心向四周发散的形态，具体见图12-44。

2. 汇水分区划分

由于官山河将慈城新城分割为东、西两个区域，结合慈城新城的竖向标高规划方案，可沿慈水东街、慈水西街将慈城新城分为南北两个区域，最终共划分出西北、西南、东北、东南四个汇水分区，见图12-45。

## 12.5.6 水安全保障方案

1. 水面率控制

在形成封闭区域的基础上，为实现本区域的水量平衡以及满足20年一遇内涝防治标准的要求，慈城新城的建设效仿了慈湖蓄洪的设计，通过建设人工湖泊消纳地表径流，见图12-46。以慈城新城的官山河以西片区为例，该片区新建了直径500m、水域面积约19.6hm$^2$的人工湖泊，设计调蓄容积约为20万m$^2$。根据规划，该片区完全建成后的综合径流系数约为0.65，在80%的年径流总量控制率目标下，除源头海绵设施消纳的降雨径流外，还需调蓄的降雨量约为4.6万$m^3$。因此，在设计降雨条件下，官山河以西片区可实现径流不外排的目的。

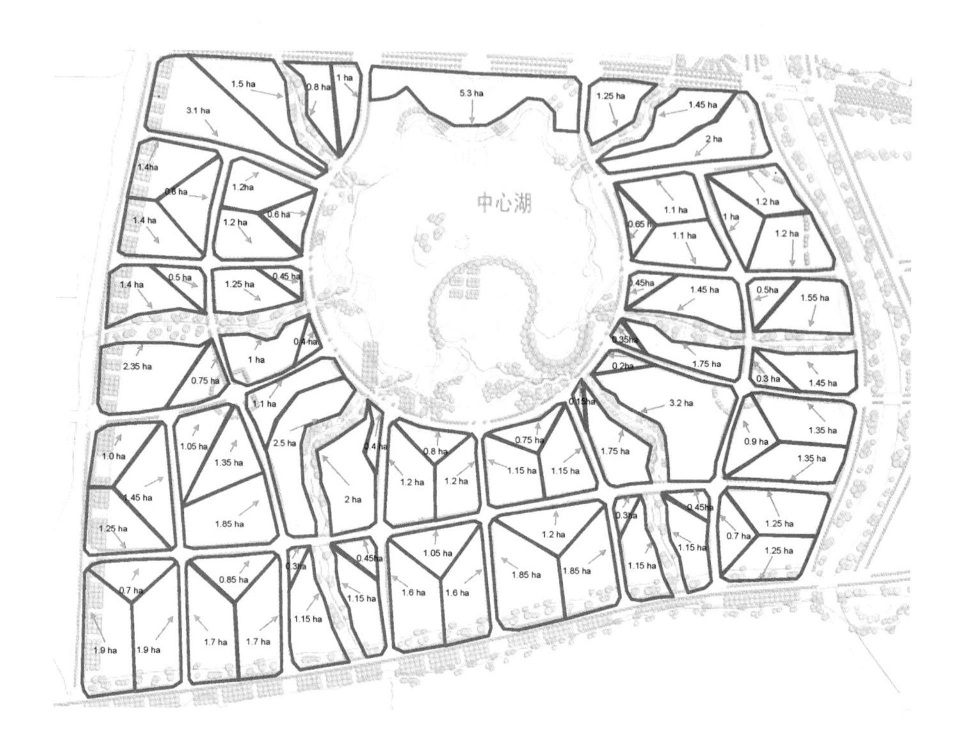


图12-44 慈城新城场地竖向规划示意图（以西南区域为例）

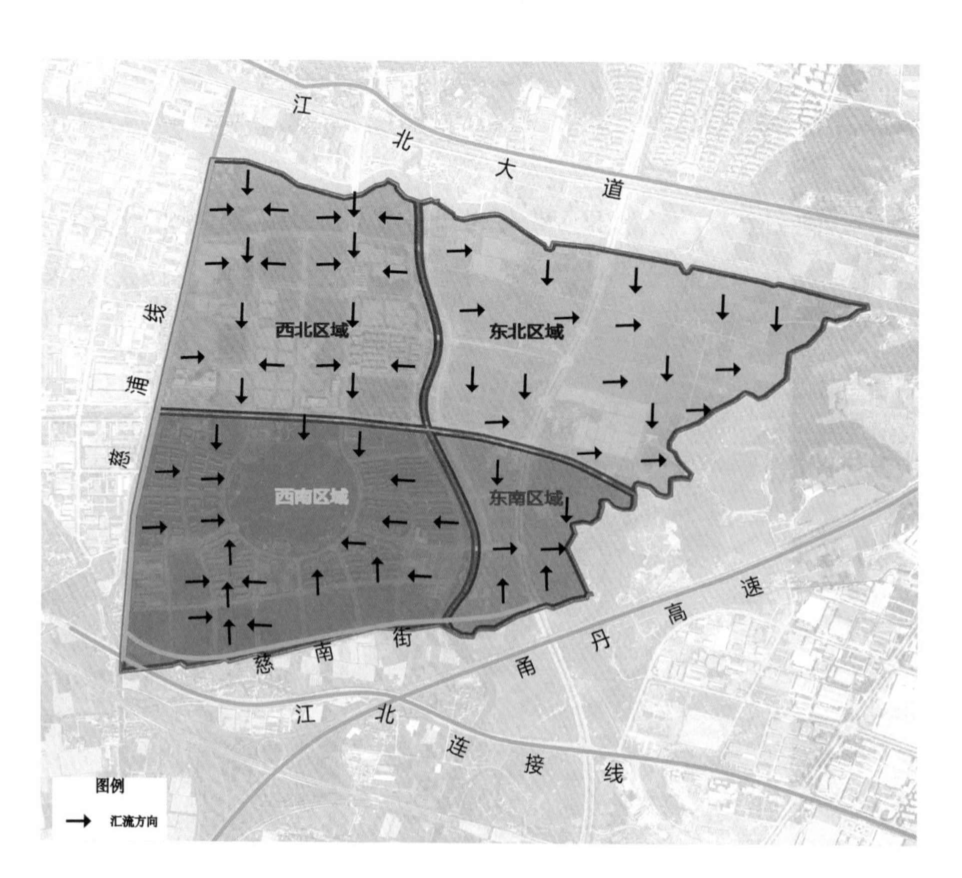


图12-45 慈城新城汇水分区划分示意图

图12-46 慈城新城水系建设图

2. 排水设施建设

前文提到，慈城新城与慈江、官山河两条骨干河道毗邻。以慈城新城官山河以西片区为例，为避免在台风等极端强降雨条件下，慈江连同官山河、中横河水位整体上涨，加大慈城新城内涝风险，分别在慈江与官山河、中横河的连接处各建设一座防洪闸门，阻断水系连通性，确保客水外排（图12-47）。同时，考虑中心湖的调蓄容积有限，为避免中心湖湖水外溢，在新城五河与中横河连接处建设一座规模为6.08$m^3$/s的排涝泵站，将湖水强排至中横河，保障城区的水安全。

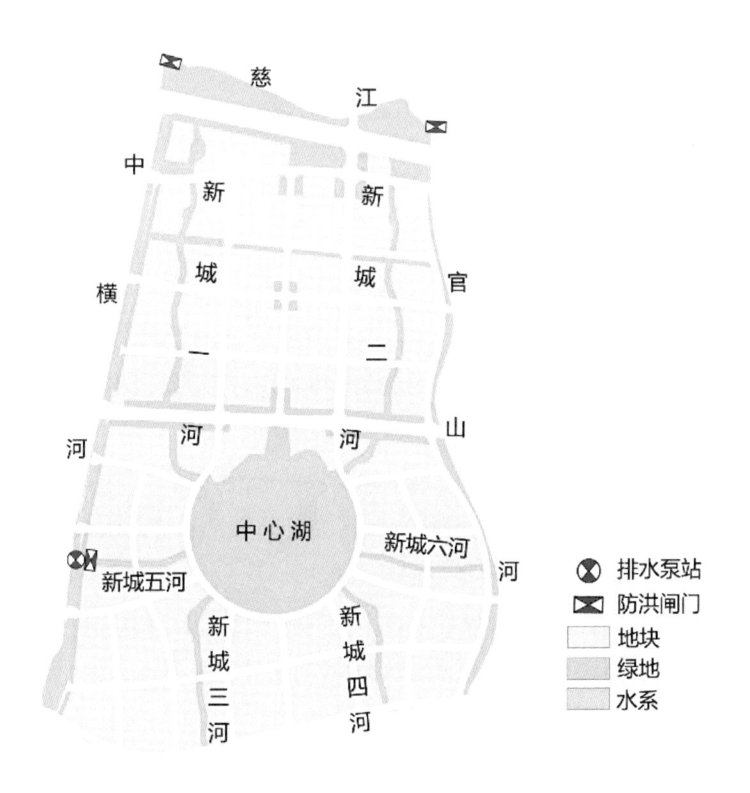


图12-47 排水设施分布示意图

3．水位控制

慈城新区中心湖的水位由水泵来控制。通过控制湖中水位，既保证有足够的容量容纳后续的降雨，同时也保证有足够的水量贮存在湖内和河道内以供后续的旱期用水。

根据上位规划，慈城新城的内涝防治标准为20年一遇，在该降雨条件下，中心湖的水位预计可达到2.1m。因此，中心湖设计常水位标高为1.1m，最高水位标高为2.4m，确保0.3m的安全高度（图12-48）。当湖中水位超过1.2m 时，水泵逐台启动；当水位超过1.7m时，水泵完全开启，将水由湖中抽出直到水位回落至1.1m时停泵；当湖中水位下降至 0.9m时，水泵启动向湖中补充水直到水位上升到1.1m。

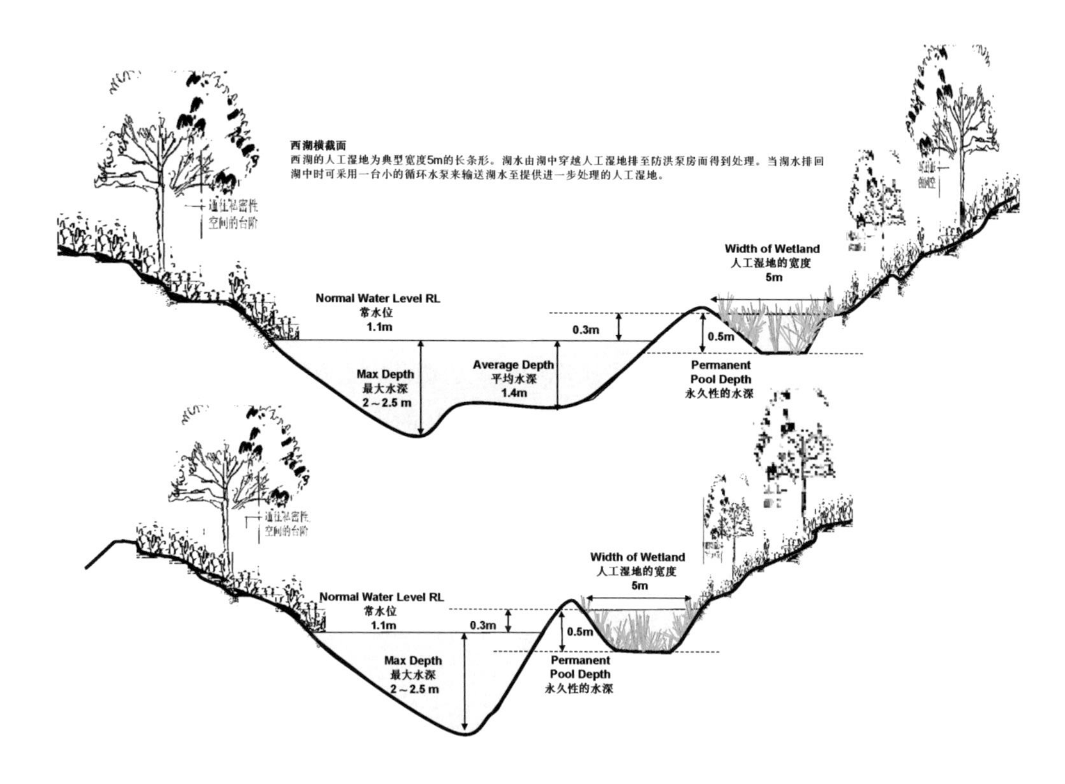

图12-48 中心湖水位设计示意图

4．河道设计

以西南汇水分区（图12-49）为例，采用一维稳态和非稳态流洪水水位纵断面计算软件HEC-RAS对区域河道进行模拟计算。

河道容量的设计应满足能安全输送20年一遇洪峰流量的标准，且与邻近的路面标高之间有足够的安全超高（最小0.2m），河道的底部标高不得高于雨水排水管出水口底部标高。采用设计常水位时，河道中模拟的水面线须至少低于邻近地面标高 1.1m，以保证河道旁的生物滞留带的雨水能自由排放。河道底槽应保证来自小区的雨水能排入河道，设计重现期为20年一遇时水面的最小超高应有 0.2m。西南汇水分区SWW河道计算成果见表12-20。

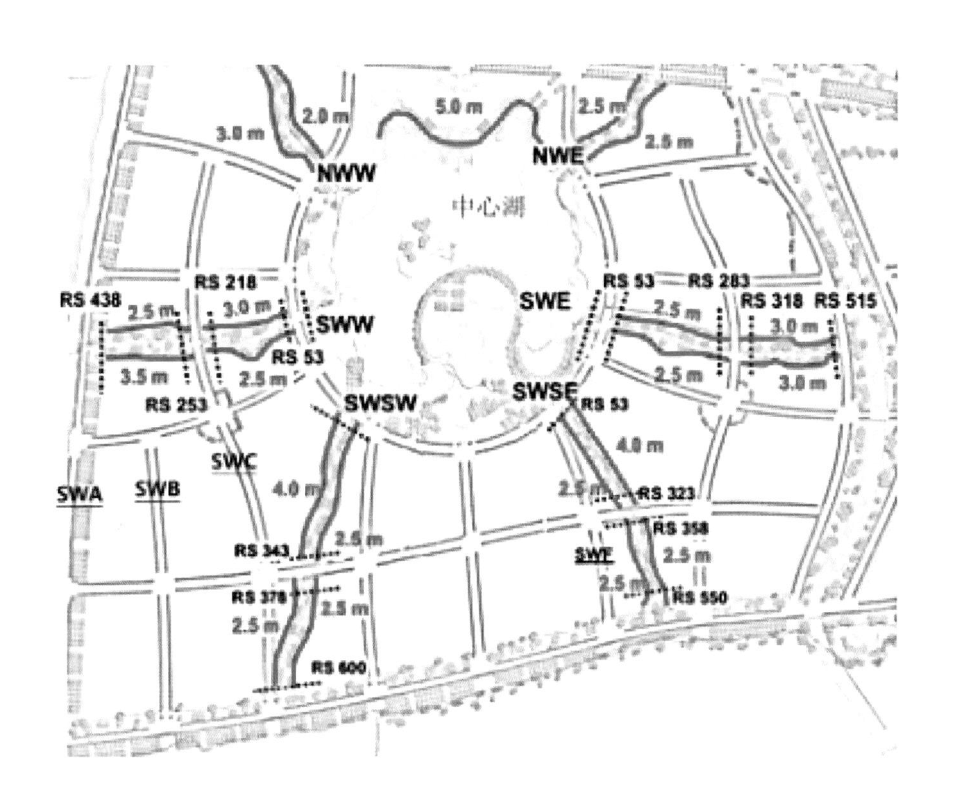


图12-49 西南汇水分区河道平面示意图

西南汇水分区SWW河道计算成果表　　表12-20

| | SWA的上游 | SWA的下游 | SWC的上游 | SWC的下游 | 湖边路的上游 | 湖边路的下游 |
|---|---|---|---|---|---|---|
| 河段长度（m） | 473 | 438 | 253 | 218 | 53 | 20 |
| 水道底部标高（m） | 1.5 | 1.5 | 0.85 | 0.85 | 0.3 | 0.3 |
| 水道底部宽度（m） | 8.0 | 8.0 | 8.0 | 4.0 | 4.0 | 4.0 |
| 渠道垂直深度（m） | 0.5 | 0.5 | 0.8 | 0.5 | 0.5 | 0.5 |
| 倾斜的边坡深度（m） | 1.0 | 1.0 | 0.8 | 1.1 | 1.5 | 1.5 |
| 水道位于河岸顶部的宽度（m） | 1.0 | 1.0 | 0.8 | 1.1 | 1.5 | 1.5 |
| 南面生物滞留带的宽度（m） | 3.5 | 3.5 | 3.5 | 2.5 | 2.5 | 2.5 |
| 南面人行道/自行车道的最小宽度（m） | 3.0 | 3.0 | 3.0 | 3.0 | 3.0 | 3.0 |
| 水道位于河岸顶部的宽度（m） | 16 | 16 | 14.4 | 12.6 | 15 | 15 |
| 北面生物滞留带的宽度（m） | 2.5 | 2.5 | 2.5 | 3.0 | 3.0 | 3.0 |
| 北面人行道/自行车道的最小宽度（m） | 3.0 | 3.0 | 3.0 | 3.0 | 3.0 | 3.0 |
| 总宽度（m） | 22 | 28 | 26.4 | 24.1 | 26.5 | 15 |
| 水道和生物滞留带所需宽度（m） | 16 | 22 | 20.4 | 18.1 | 20.5 | 15 |

西南区域SWW河道类型主要为2A，其典型横断面、纵断面见图12-50、图12-51。

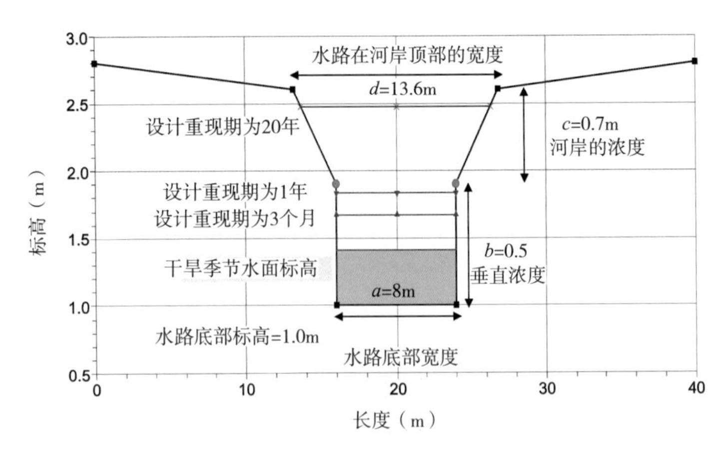


图12-50 河道类型2A典型横断面图

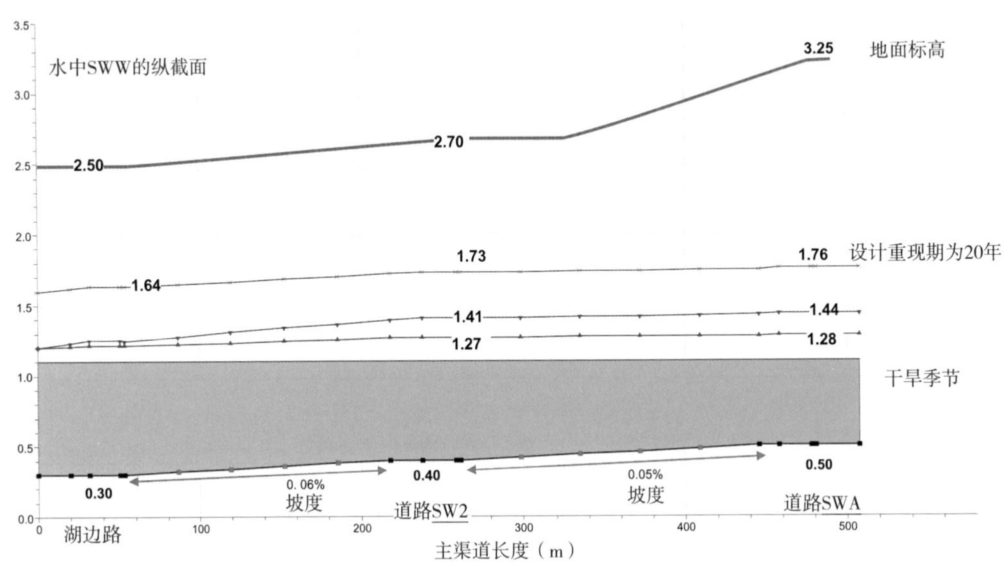


图12-51 河道类型2A典型纵断面图

### 12.5.7 水环境提升方案

1．生态排水系统设计

（1）整体设计

道路和地块雨水流入路边及河边的生物滞留带，经渗透过滤后进入生物滞留带下部的多孔管进行雨水收集，之后汇入雨水主管。降落在地块和道路内的雨水，排入内部河道，通过内部河道汇集后，最终汇入中心湖和东湖，进行净化与集中调蓄。设计思路及排水示意图见图12-52、图12-53。

（2）小区雨水排水设计

慈城新城规划有2种类型的小区，即滨水小区（小区内有河道穿过）与非滨水小区。滨水小区内的雨水由河边的生物滞留带处理。生物滞留带可修建成河岸公园景观的一部分，或是河道岸区的一部分，小区内部的雨水由排水管渠排至生物滞留带内。非滨水小区内的雨水将全由路边生物滞留带处理，这类生物滞留带紧邻路的边缘设置，路面雨水直接排入生物滞留带内，但小区地块内的雨水则采用排水管渠接入生物滞留带内（图12-54）。

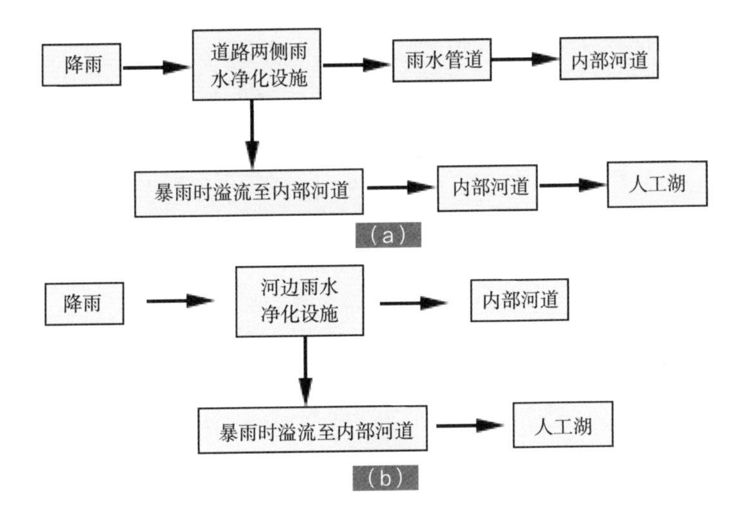


图12-52 生态排水系统设计流程图
(a)道路路面雨水收集、净化系统;
(b)地块内部雨水收集、净化系统

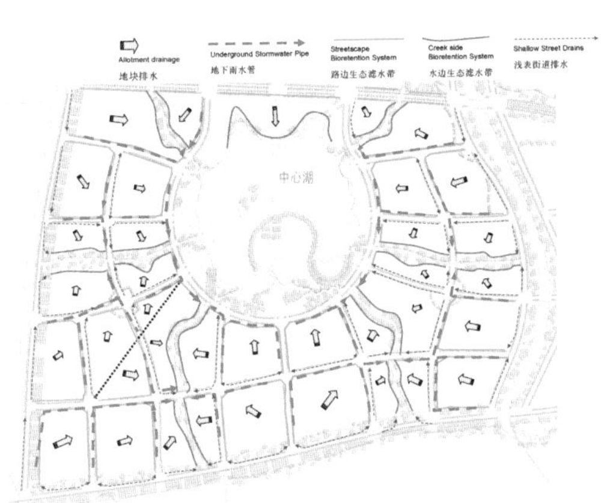

图12-53 生态排水系统示意图(以西南区域为例)

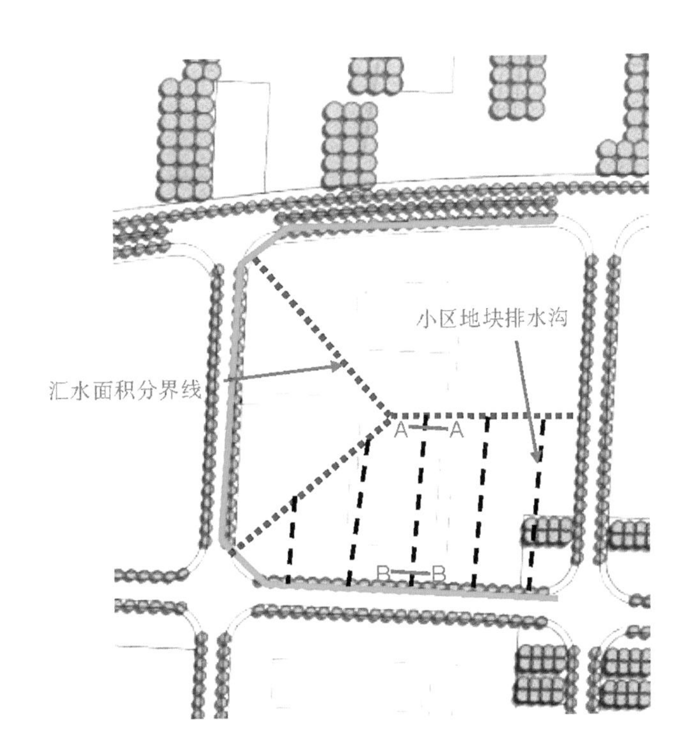


图12-54 小区典型雨水排水设计示意图

根据小区场地坡向与道路的位置关系，分别进行设计。以场地坡向垂直于带有拱高的道路的小区（图12-55、图12-56）为例进行说明：

三面设有生物滞留带的小区排水坡度采用0.4%（即100m长由3.15m降至2.75m）和0.5%（即100m 长由3.275m降至2.775m）。这是基于小区地面标高至少高于邻近路中心0.1m。需要强调的是，这种情况下如小区地面标高降至路面标高，应有 0.3%的坡降以满足最小坡度要求。

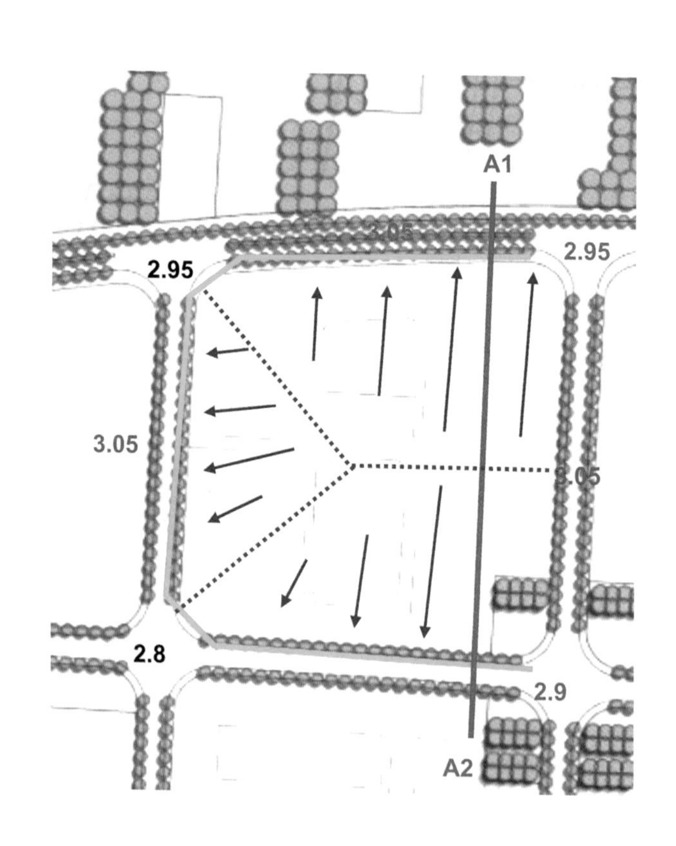


图12-55 场地坡向垂直于带有拱高的道路的小区雨水排水平面设计示意图

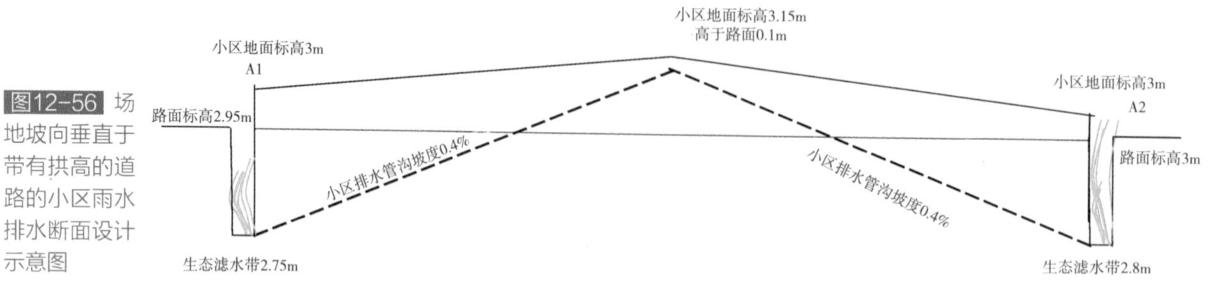


图12-56 场地坡向垂直于带有拱高的道路的小区雨水排水断面设计示意图

（3）道路雨水排水设计

道路两旁各设计一道约2.5m宽的生物滞留带，比周围路面下凹约20cm。不仅有绿化美观作用，还能收集和涵养水源。每当发生强降水，通过这片下沉的生物滞留带，路面多余的雨水就得以下渗和净化，同时又能补充和涵养地下水，减少绿化灌溉用水。道路雨水径流排放设计见图12-57。

车道与生物滞留带交叉处可采用带格栅盖板的排水沟进行连接，见图12-58。

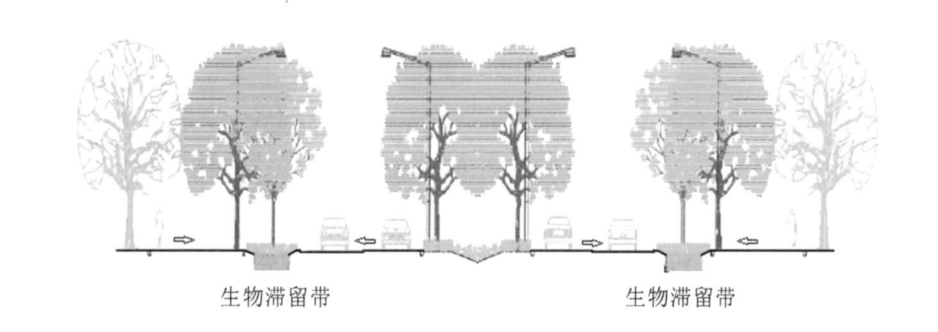


图12-57 道路雨水径流排放设计示意图

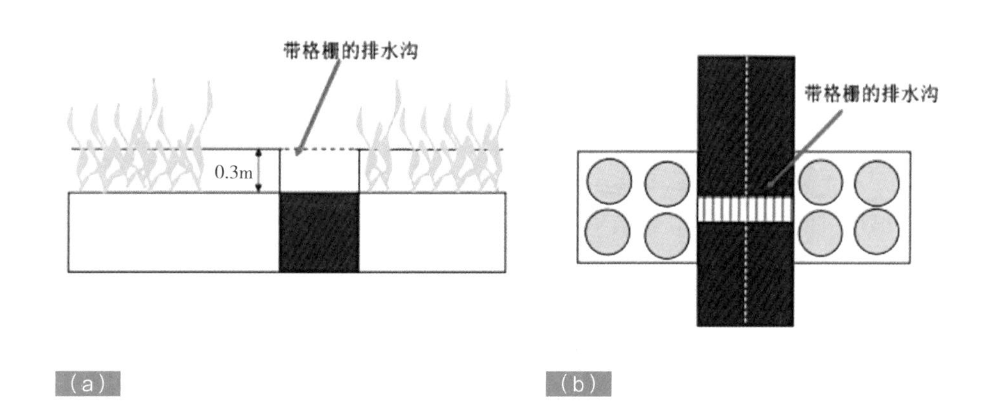


图12-58 车道与生物滞留带交叉处设计示意图
(a) 纵断面；
(b) 平面图

2．生物滞留设施设计

慈城新城主要的低影响开发设施为生物滞留带，生物滞留带是整个慈城新区海绵城市的基础，通过过滤、延长停留时间以及利用生物吸收营养物质来达到削峰减排、净化处理雨水的效果。生物滞留带利用介质层对地表径流进行过滤，经处理的水由穿孔管收集流向下游河道储存，以便再利用。其横截面包括滞污储水层、滤料层、过渡层和排水层，见图12-59。

为有效地发挥生物滞留带的效果，同时确保植物的良好生长，结合宁波市实际对生物滞留设施的滤料层进行了改良优化，根据多次实验的结果，最终实际选用的滤料层参数如下：

滤料层选用沙黏土，土壤混合物具体组成为：沙土（0.05～2.0mm）50%~70%，粉沙土（0.002～0.05mm）5%~30%，黏土（<0.002mm）5%~15%，有机物含量5%~10%，土壤混合物pH值6～7.5。50cm厚滤料层分两层铺设，每层铺设完成后应人工轻微压实。

3．湿地系统设计

中心湖的水域面积约为19.6hm$^2$，其中约6hm$^2$为湿地。雨水径流通过小区地块周围的路边生物滞留带或邻近河道的水边生物滞留带净化后，排入中心湖并经中心湖人工湿地循环净化。

主要的水质控制设计参数如下：人工湿地面积为$6hm^2$，人工湿地平均水深为0.5m，湖水在人工湿地的停留时间为5d；湖水经人工湿地全循环所需的时间为30d；水循环流量为$6000m^3/d$（大约70L/s）[63]。

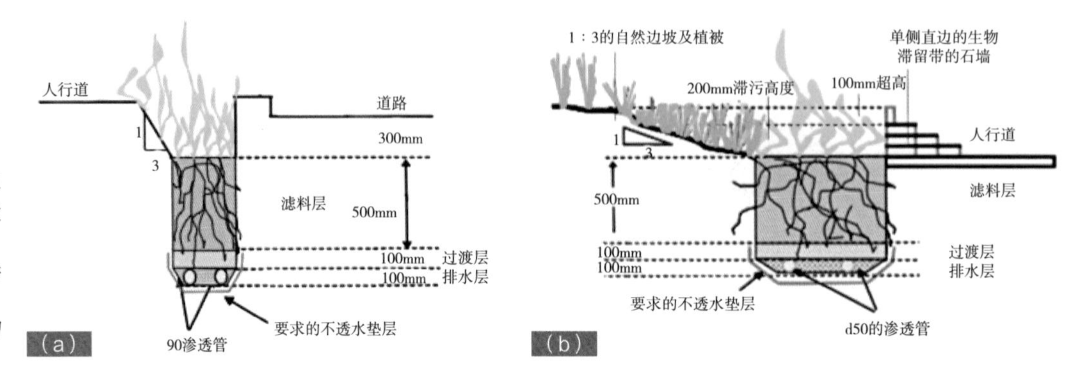


图12-59 生物滞留带构造示意图
(a)路边生物滞留带；
(b)河边生物滞留带

### 12.5.8 水生态改善方案

#### 1．指标体系构建

慈城新城引进的澳大利亚"水敏感"城市理念并无年径流总量控制率的概念，其更注重雨洪管理体系的构建。宁波市入选国家海绵城市试点后，确定慈城新城的总体年径流总量控制率目标为80%，据此并结合慈城新城的用地构成以及管控条件，确定各类建设用地年径流总量控制率的基值。详见表12-21。

**各类建设用地年径流总量控制率基值　　表12-21**

| 用地性质 | 年径流总量控制率基值（%） | 设计雨量（mm） |
|---|---|---|
| R | 80 | 24.7 |
| A | 85 | 30.2 |
| B | 80 | 24.7 |
| M | 75 | 20.7 |
| W | 75 | 20.7 |
| S | 80 | 24.6 |
| U | 85 | 30.2 |
| G | 90 | 38.5 |

考虑到慈城新城在编制海绵城市详细规划之前，已有部分地块建成，因此，在控制率基值的基础上，各类建设用地实际控制率根据实际建设条件进行适当调整，主要包括建设状况、建筑密度、绿化率等建设条件。

（1）基于建设状况的调整

对于用地的建设状况，可分为保留、改建、扩建以及新建四种类型。一般而言，新建用地开发对于同步实施海绵城市技术较易，保留用地则受限于现状建成建筑和地下设施等状况，海绵城市各类技术实施应用较难。结合用地建设状况，年径流总量控制可按表12-22进行适当调整。

**各类建设用地年径流总量控制率调整值（基于建设状况的调整）　表12-22**

| 用地性质 | 建设状况 | 年径流总量控制率调整值（%） |
|---|---|---|
| R、A、B、M、W、S、U | 新建 | 24.7 |
| | 改建 | 30.2 |
| | 扩建 | 24.7 |
| | 保留 | 20.7 |
| G | 新建 | 20.7 |
| | 改建 | 24.6 |
| | 扩建 | 30.2 |
| | 保留 | 38.5 |

（2）基于建筑密度和绿地率的调整

结合地方条例对建筑密度和绿地率的指标要求，年径流总量控制率可按表12-23、表12-24进行适当调整。

**各类建设用地年径流总量控制率调整值（基于建筑密度的调整）　表12-23**

| 用地性质 | 建筑密度$n$（%） | 年径流总量控制率调整值（%） |
|---|---|---|
| R | <30 | 0~5 |
| | 30≤$n$≤35 | 不做调整 |
| | >35 | -5~0 |
| B | <45 | 0~5 |
| | 45≤$n$≤60 | 不做调整 |
| | >60 | -5~0 |
| M | <50 | 0~5 |
| | 50≤$n$≤55 | 不做调整 |
| | >55 | -5~0 |
| 其他 | <30 | 0~5 |
| | 30≤$n$≤45 | 不做调整 |
| | >45 | -5~0 |

**各类建设用地年径流总量控制率调整值（基于绿地率的调整）　　表12-24**

| 用地性质 | 绿地率$n$（%） | 年径流总量控制率调整值（%） |
| --- | --- | --- |
| R | <30 | -5~0 |
| | 30≤$n$<40 | 不做调整 |
| | ≥40 | 0~5 |
| A | <35 | -5~0 |
| | 35$n$<45 | 不做调整 |
| | ≥45 | 0~5 |
| B、M、W、U、S | <20 | -5~0 |
| | 20≤$n$<30 | 不做调整 |
| | ≥30 | 0~5 |

基于上述指标体系构建原则，慈城新城的指标制定情况见图12-60。

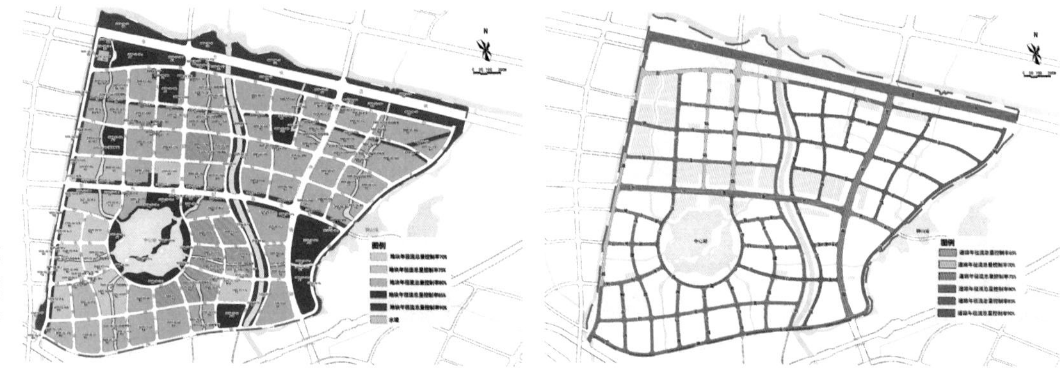

图12-60 慈城新城年径流总量控制率分布图

## 2. 源头海绵设施建设

宁波市地下水位高，土壤类型为淤泥质黏土，该类型土壤具有含水率高、土壤下渗率低等特点。选择设施时，需考虑这一实际情况。特别是选择渗透设施时，应进行相关技术改良。基于专家评分法，慈城新城设施选择见表12-25。

**慈城新城设施选择一览表　　表12-25**

| 序号 | 设施名称 | 功能 | 推荐等级 |
| --- | --- | --- | --- |
| 1 | 初期雨水弃流设施 | 净 | 重点推荐 |
| 2 | 转输型植草沟 | 净、滞、排 | 重点推荐 |
| 3 | 下沉式绿地 | 滞、净、渗 | 重点推荐 |
| 4 | 植被缓冲带 | 净、滞 | 重点推荐 |

续表

| 序号 | 设施名称 | 功能 | 推荐等级 |
|---|---|---|---|
| 5 | 雨水罐 | 蓄、用 | 重点推荐 |
| 6 | 简易型生物滞留设施 | 滞、净、渗 | 重点推荐 |
| 7 | 干式植草沟 | 滞、净、排 | 重点推荐 |
| 8 | 复杂型生物滞留设施 | 滞、净、渗 | 重点推荐 |
| 9 | 雨水湿地 | 蓄、净 | 重点推荐 |
| 10 | 绿色屋顶 | 滞、净、渗 | 一般推荐 |
| 11 | 透水砖铺装 | 渗、排 | 一般推荐 |
| 12 | 透水水泥混凝土 | 渗、排 | 一般推荐 |
| 13 | 湿塘 | 蓄、净 | 一般推荐 |
| 14 | 湿式植草沟 | 滞、净、排 | 一般推荐 |
| 15 | 透水沥青混凝土 | 渗、排 | 一般推荐 |
| 16 | 调节塘 | 滞、蓄、净、渗 | 一般推荐 |
| 17 | 调节池 | 滞、蓄 | 不推荐 |
| 18 | 人工土壤渗滤 | 净、渗 | 不推荐 |
| 19 | 渗管/渠 | 渗、排、滞 | 不推荐 |
| 20 | 蓄水池 | 蓄、滞 | 不推荐 |
| 21 | 渗井 | 渗、滞、排 | 不推荐 |
| 22 | 渗透塘 | 渗、滞、净 | 不推荐 |

3. 生态河道设计

在满足行洪要求的基础上，河道设计遵循生态的理念，总体设计原则包括：采用天然石砌驳岸，鹅卵石或砂砾石河床；用低矮的石砌驳岸来界定水渠，应用大块鹅卵石或细碎砾石构筑河床以滤清及映衬渠中的流水；河渠的基底铺设保护过滤层以防污物进入地下水；生物滞留带通过溢流输排管道与邻近水渠相连；河道形态自然蜿蜒断续，采用不同的蓄水深度，并体现出变化丰富的水生环境。典型河道断面设计见图12-61。

### 12.5.9　建设效果

1. 防洪能力提高

根据控制性详细规划，慈城新区的防洪标准为 50 年一遇；内涝防治标准为 20 年一遇。

慈城新城在建设时，将防洪堤的标高提升至3.43m以上，结合慈江与官山河的防洪水位，慈城新城实际可达到100年一遇的防洪标准。

同时，慈城新城官山河以西片区自从2009年建成以来，经历了“灿鸿”“菲特”“海葵”等台风暴雨的袭击，没有发生严重内涝。运用InfoWorks ICM模型，在50年一遇的降雨条件下，对慈城新城的内涝积水情况进行模拟（图12-62），根据模拟结果，现状中心湖周边建成区内不存在内涝积水点，仅北部未开发的部分农田或荒地由于地势较低，出现积水现象，但不将其视为积水区域，远期经开发建设调整用地竖向标高后，在规划情景下，官山河以西片区无内涝风险，远远满足上位规划要求的20年一遇内涝防治标准。

2. 区域年径流总量控制率得以控制

慈城新区官山河以西区域现状综合雨量径流系数为0.45，在80%年径流总量控制率对应的降雨量 24.7mm 的情形下，需调蓄的水量约为3.2万m$^3$，完全可由中心湖全部消纳，做到将雨水层级滞蓄不外排。官山河以西区域完全建成后的综合雨量径流系数约为0.65，在80%年径流总量控制率对应的降雨量 24.7mm 的情形下，需调蓄的水量约为4.6万m$^3$，理论上完全可由中心湖全部消纳。

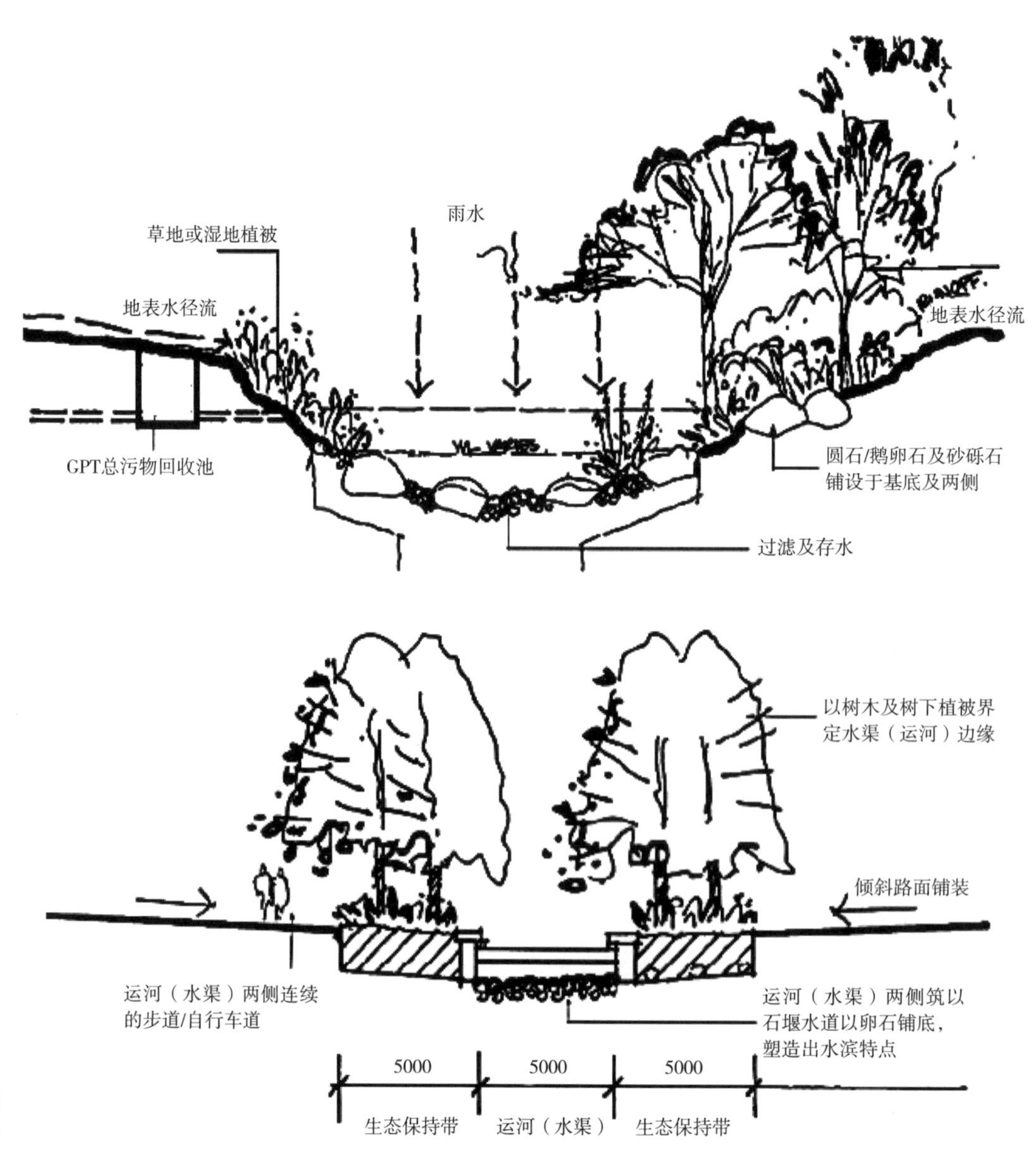


图12-61 典型河道断面设计示意图

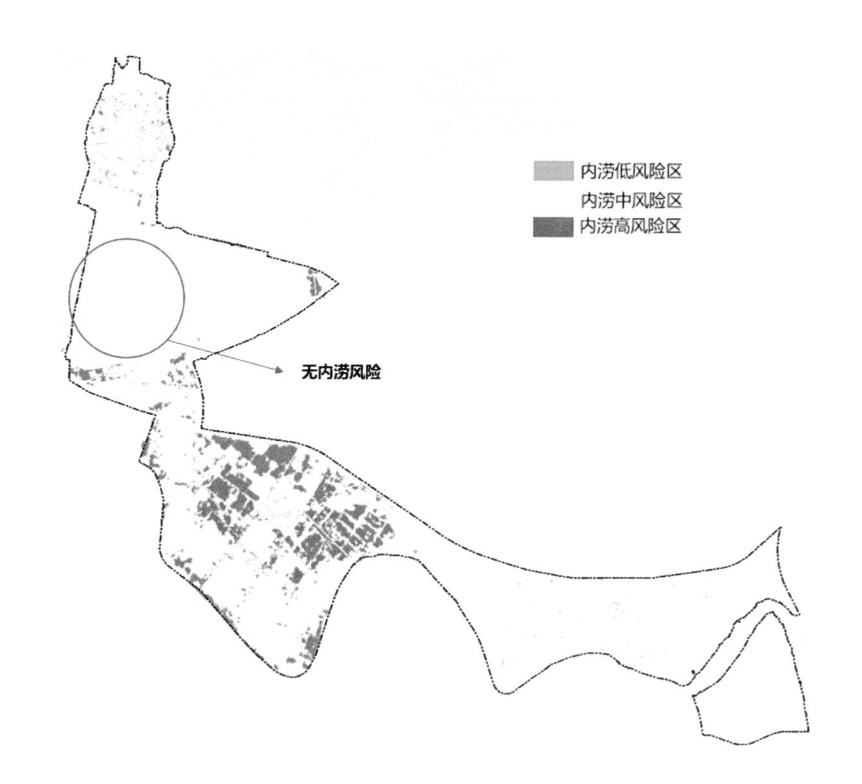


图12-62 规划情景下慈城新城的内涝风险评估图

慈城新城官山河以西片区自2019年10月开始实施在线监测，监测汇水面积覆盖区域总面积的88%，监测点位分布见图12-63。根据实际监测的评估结果（表12-26），监测期10月1日发生大暴雨（日累计雨量133.8mm），远超过海绵建设的设计雨量，片区内部分道路消纳能力有限，因此径流控制率较小，通过中心湖的调蓄作用，经面积加权计算，片区整体的径流控制率可达82.05%，满足海绵建设要求。

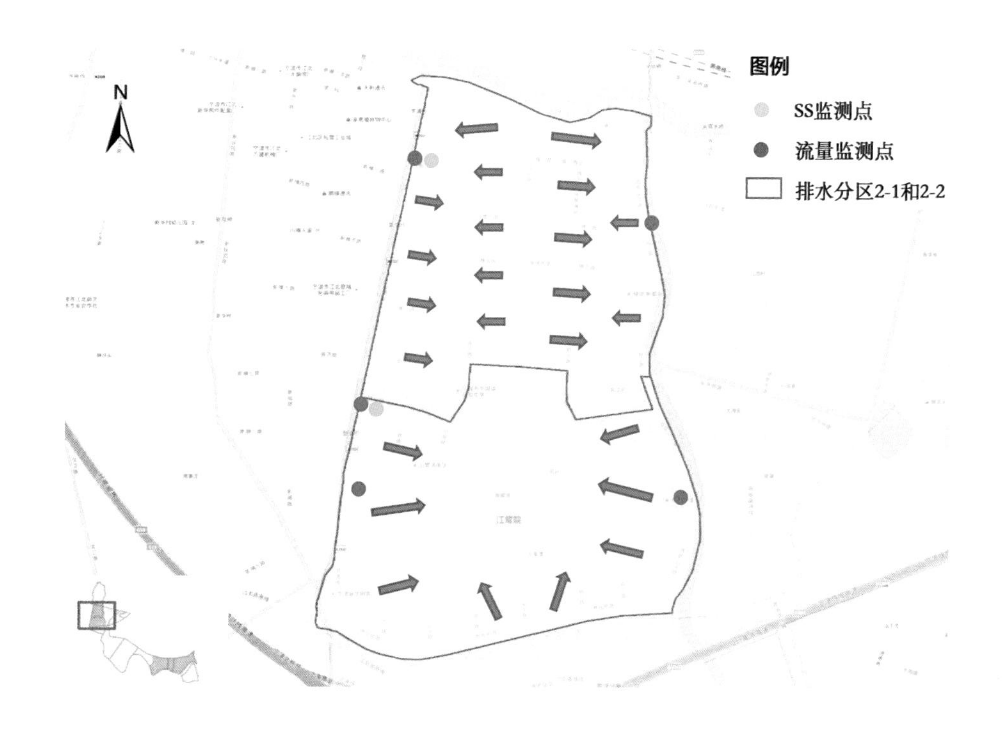


图12-63 慈城新城监测排口分布示意图

各排口监测期径流控制率 表12-26

| 序号 | 排口位置 | 汇水面积（hm²） | 累计雨量（mm） | 降雨总量（m³） | 监测径流量（m³） | 径流控制率（%） |
|---|---|---|---|---|---|---|
| 1 | 中横河（慈浦线/慈江西街）排口 | 1.60 | 179.8 | 2879.23 | 1223.53 | 57.50 |
| 2 | 中横河（慈浦线/修人街）排口 | 1.26 | 179.8 | 2266.75 | 746.17 | 67.08 |
| 3 | 官山河（西官山河路/丽泽路）排口 | 2.13 | 179.8 | 3831.54 | 2306.25 | 39.81 |
| 4 | 慈城中心湖水系 | 254.68 | 179.8 | 457915.79 | 79521.54 | 82.63 |

以中横河（慈浦线/慈江西街）排口为例，排口在10月1日至2日强降雨条件下，流量随时间波动的过程线见图12-64。

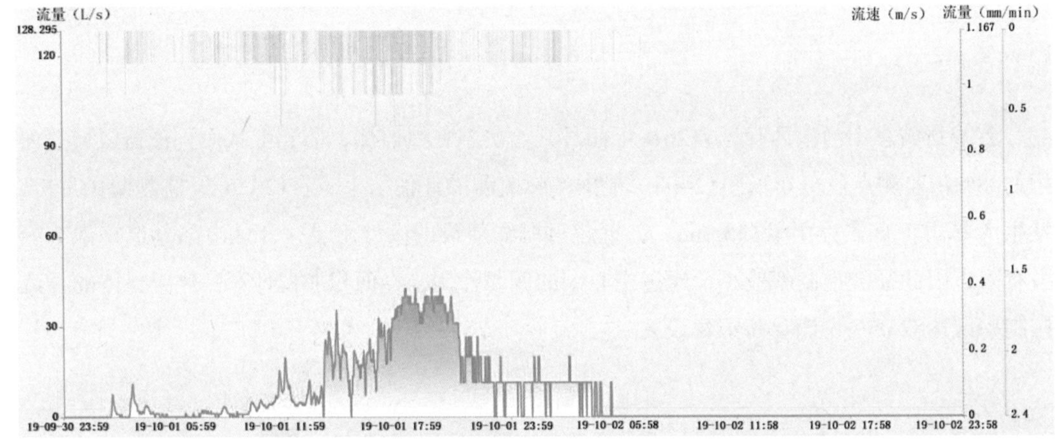


图12-64 2019年10月1日至2日（152.2mm）流量—时间过程线

3．水环境改善

道路和地块形成的雨水径流沿地面流到路边或河边的生物滞留带以后，经过滤后，进入到多孔雨水管进行雨水收集，之后汇入雨水主管，雨水主管和新城内部河道相通，最终汇入中心湖，再通过中心湖湿地的水生植物进行二次净化。生物滞留带、生态河道、人工湿地等构建的生态排水系统，能够对雨水进行有效处理，减少雨水带来的污染。

以2019年10月1日的实际监测数据对径流污染控制情况进行说明（表12-27）。将慈城新城各下垫面降雨采样获得的场次平均SS浓度，按照各类下垫面面积进行加权计算，统计慈城新城官山河以西片区的本底悬浮物外排浓度为227.45mg/L。

**慈城新城各排口监测期径流污染削减率**　　　　表12-27

| 序号 | 排口位置 | 汇水面积（$hm^2$） | 本底SS负荷（t） | 监测SS负荷（t） | 径流污染削减率（%） |
|---|---|---|---|---|---|
| 1 | 中横河（慈浦线/慈江西街）排口 | 1.60 | 0.65 | 0.07 | 90.00 |
| 2 | 中横河（慈浦线/修人街）排口 | 1.26 | 0.52 | 0.04 | 91.65 |

按照汇水面积加权计算的方式对各排口进行统计，排水分区的监测期整体径流污染削减率为90.73%，满足海绵建设要求。

慈城新区官山河以西区域内部的水体现状水质基本都可达到地表水IV类水质标准，局部水体可达到地表水III类水质标准，无黑臭现象。以环保部门提供的2019年最新的水质监测数据为例，新城排涝河（新城五河）的水质可达到IV类水质标准，见表12-28。

**慈城新城最新水质监测数据**　　　　表12-28

| 河道 | 监测断面 | 水质监测指标（mg/L） | | | 水质类别 |
|---|---|---|---|---|---|
| | | 高锰酸盐 | 氨氮 | TP | |
| 新城排涝河 | 云鹭湾 | 6.44 | 0.33 | 0.14 | Ⅳ类 |

4．居住舒适度提升

慈城新区规划绿地与广场用地77.58$hm^2$，占建设用地的16.9%，植被覆盖率高，环境优美宜人，城区热岛效应显著低于中心城区。新区原有水面率为4.3%，经过水系梳理和人工湖开发，规划水域面积53.90$hm^2$，水面率达到10.36%，能够保证防洪排涝和生态景观要求。新区水清岸美、生机盎然，新区内河道岸线在满足防洪要求的基础上，均按照海绵城市理念进行设计，慈城新城道路生物滞留带见图12-65，新区建成后鸟瞰图见图12-66。中心景观湖鱼跃鸟翔、生机盎然，生物多样性高。沿岸设置的步行系统、城市水系统构成了开放空间的骨架，为新城居民提供了优美的户外空间。

图12-65 慈城新城道路生物滞留带图

图12-66 慈城新城建成后鸟瞰图

## 12.6 典型案例——姚江新区

### 12.6.1 基本概况

姚江新区位于试点区中部，北至北环高架，南到姚江，东以机场北路—孙家河为界，西以宁波绕城高速—官山河为界，总面积11.88km$^2$。现状用地以农田、绿地以及乡村建设用地为主，其中农田占比约44.9%，在建用地主要集中在分区的北部，汇水分区范围见图12-67。

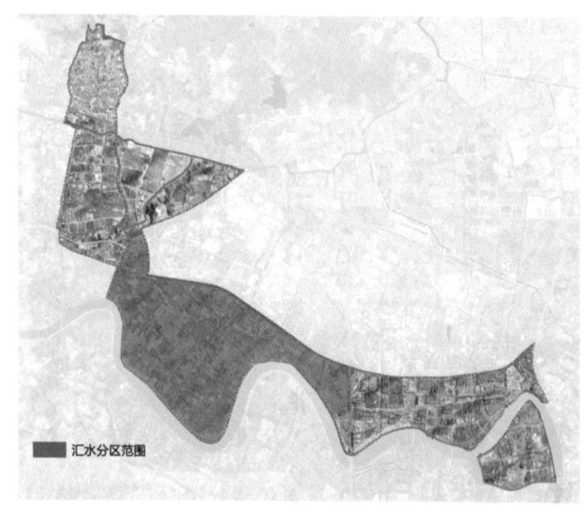

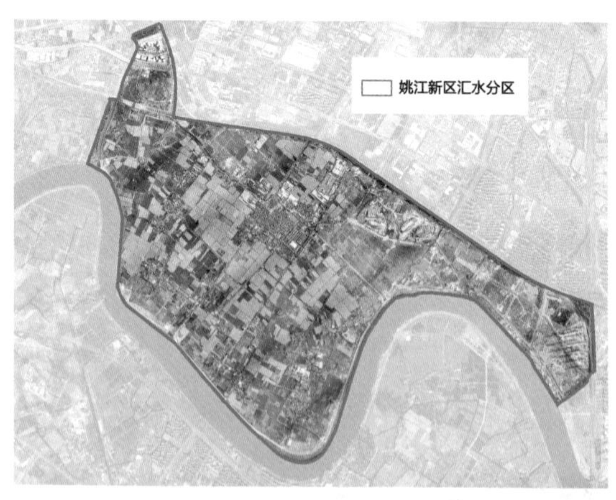

图12-67 姚江新区区位图

### 12.6.2 存在问题

#### 12.6.2.1 水安全问题

通过模型对管道能力评估，可知姚江新区约有26%的现状管道重现期在3年一遇以下，管道能力基本充足。

通过模型分析（图12-68、图12-69），姚江分区内裘市大街沿途存在一处积水点，总积水面积0.52$hm^2$，10年一遇长历时条件下，最大积水深度0.25m，积水在0.15m以上的时间超过2h。积水原因主要为积水区地势偏低、雨水管线不足、合流管排口受顶托作用。

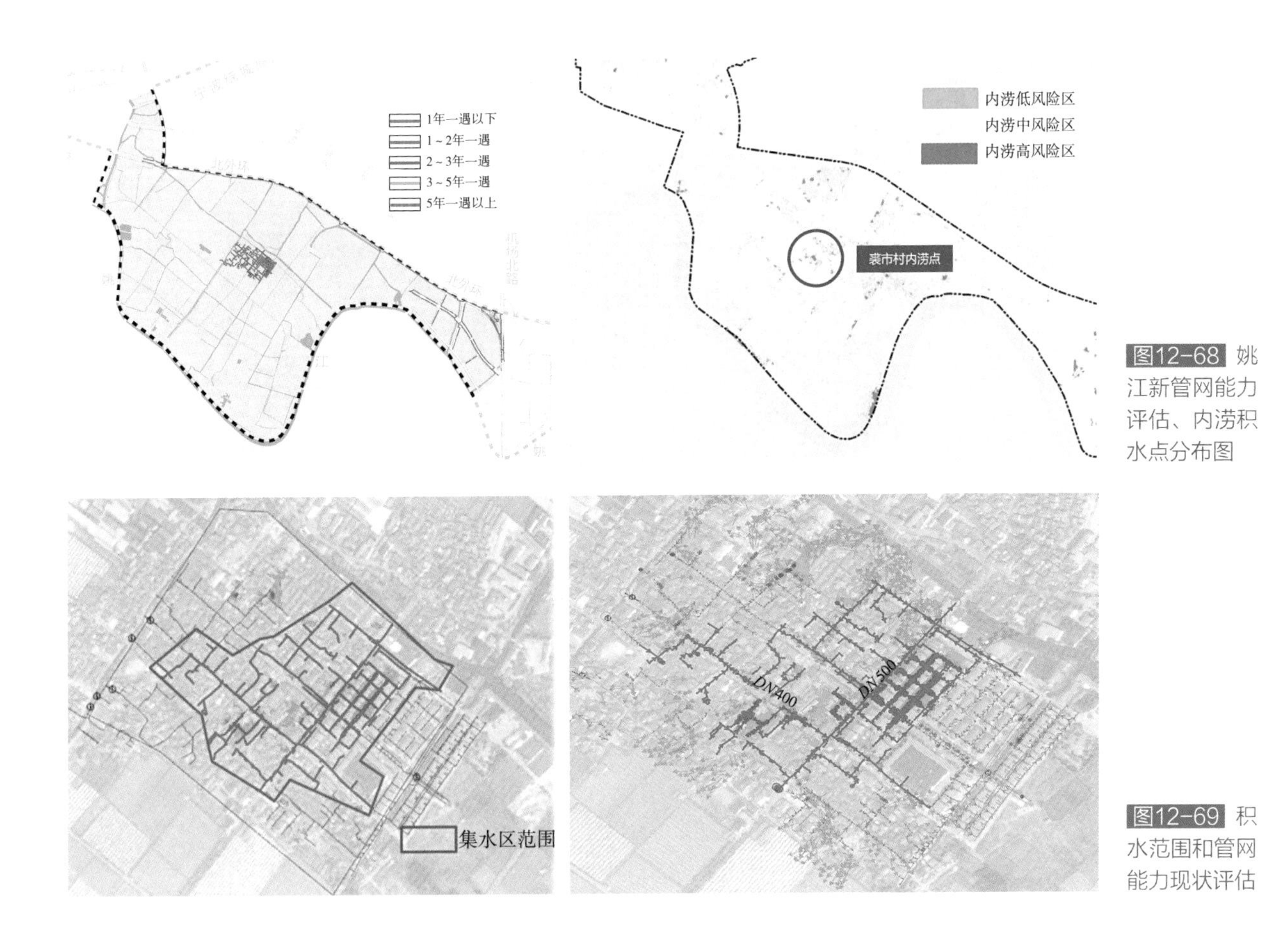


图12-68 姚江新管网能力评估、内涝积水点分布图

图12-69 积水范围和管网能力现状评估

### 12.6.2.2　水环境问题

**1．整体情况**

根据2015～2016年水质监测数据（表12-29和图12-70），除官山河外，姚江新区内水质整体较差，河滩浦河、裘市大河、茅家河均为劣V类水，主要超标因子为$NH_3$-N、TP。

**现状水质监测数据一览表**　　表12-29

| 水系 | 监测断面 | 高锰酸盐指数（mg/L） | 水质类别 | $NH_3$-N（mg/L） | 水质类别 | TP（mg/L） | 水质类别 |
|---|---|---|---|---|---|---|---|
| 官山河 | 江北连接线断面 | 5.36 | III类 | 1.00 | IV类 | 0.19 | III类 |
| 河滩浦河 | 裘市新桥断面 | 6.99 | IV类 | 5.59 | 劣V类 | 0.79 | 劣V类 |
| 裘市大河 | 双红桥断面 | 6.86 | IV类 | 3.90 | 劣V类 | 0.60 | 劣V类 |
| 茅家河 | 北环西路断面 | 5.11 | III类 | 2.30 | 劣V类 | 0.28 | IV类 |

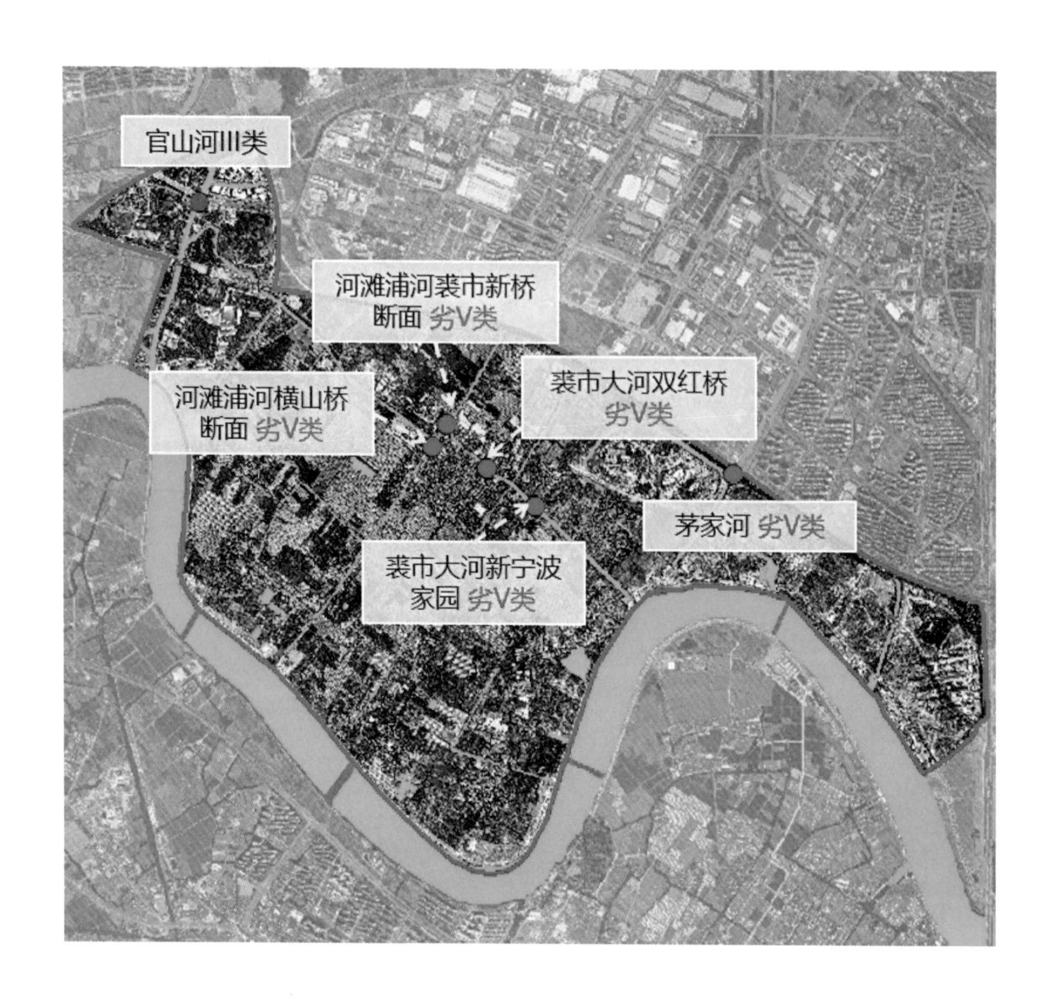


图12-70 区域水质采样点分布图

2．点源污染

点源污染主要来自区域内部分村庄，如裘市村、西江村、西洪村、朱界村等的污水处理设施出水水质不高，横山村、邵家渡村庄无污水处理终端，污水直排入河。

3．农业面源污染

姚江新区内有大量的农田，农田面积约为533hm$^2$。其中，大棚种植区基本实现生态循环农业，但部分设施老旧，其他区域农田存在排水渠直接入河现象（图12-71）。

图12-71 农业面源污染分布与现状图

4. 地表径流污染

降雨时，姚江新区内的村落、奥体中心、E商小镇等的屋顶、道路会产生径流污染，经下垫面解析，屋顶面积有42.65$hm^2$，道路面积有73.64$hm^2$。

5. 内源污染

内源污染主要由分区内河道淤积产生。

6. 水环境和污染物负荷

通过污染物解析及定量计算（表12-30），姚江新区COD污染物负荷与水环境容量基本持平，$NH_3$-N、TP超标，均为水环境容量的3倍左右。

**姚江新区水环境与污染负荷分析计算表　　表12-30**

| 内容 | COD | $NH_3$-N | TP |
|---|---|---|---|
| 水环境容量（t/a） | 483.86 | 15.78 | 3.20 |
| 污染负荷（t/a） | 487.09 | 49.50 | 9.66 |
| 污染负荷/水环境容量 | 1.01 | 3.14 | 3.02 |

12.6.2.3　水生态问题

姚江新区村庄内水系多为硬质化岸线，其余为自然岸线。其中现状自然岸线存在不规整、垃圾遍地、杂草丛生等问题，是区域内主要的水生态问题。

## 12.6.3　建设目标

根据现状情况和定量分析，确定姚江新区的海绵城市建设指标，见表12-31。

**姚江新区建设指标表　　表12-31**

| 类别 | 指标名称 | 目标 |
|---|---|---|
| 水生态修复 | 年径流总量控制率（%） | ≥83 |
| | 水面率（%） | ≥5.4 |
| | 水生态岸线比例（%） | ≥79 |
| 水环境保护 | 地表水环境质量 | 不低于V类水质标准，且优于海绵城市建设前的水质 |
| | 雨水径流污染控制（以TSS计）（%） | ≥60 |
| 水资源利用 | 雨水资源利用率（%） | ≥3.8 |
| 水安全保障 | 内涝防治标准 | 10年一遇24h降雨工况下，24h排至设计水位 |

### 12.6.4 水环境提升与水生态改善方案

#### 12.6.4.1 总体思路

针对区域内存在的现状水环境问题，姚江新区水环境提升方案主要可归纳为“加强面源管控、完善点源治理、系统整治提升”三大方面，见图12-72。

加强面源管控：主要针对区域内农业面源污染和部分新建地块的地表径流污染，在布置设施削减的基础上，加强规划管控。

完善点源治理：主要针对区域内现状村庄管网、分散式处理设施不完善的情况，需通过工程措施实现全收集、全处理。

系统整治提升：主要针对区域内河道生态性不足的问题，修整破损岸线，构建水下森林，系统增强水体自净能力。

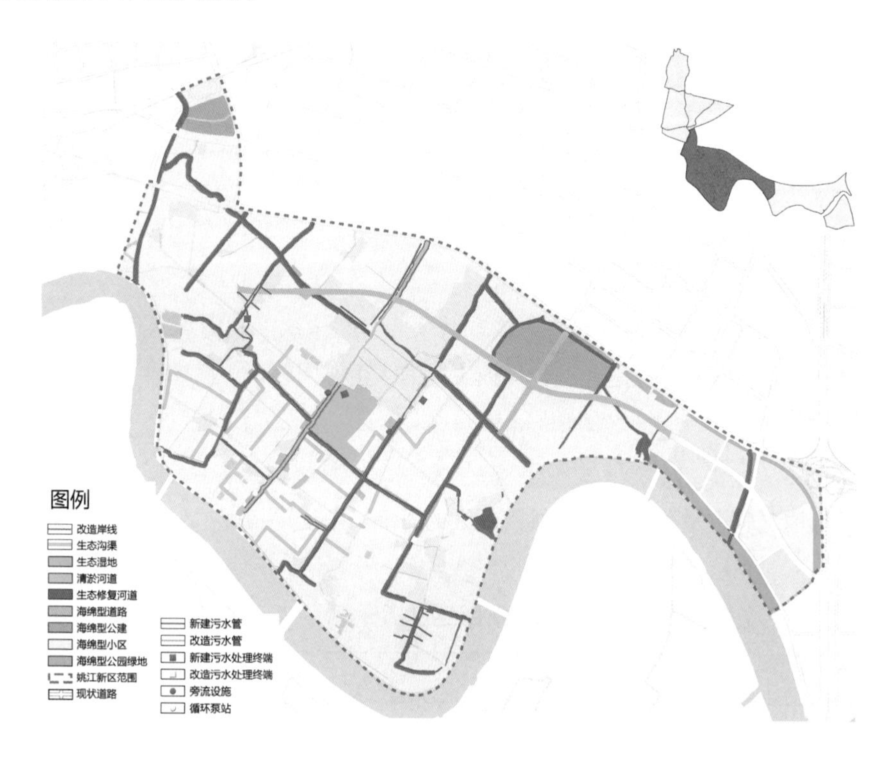


图12-72 水环境和水生态设施布置图

#### 12.6.4.2 源头减排

1．农业面源污染治理

（1）规划管控

分区内农业面源污染治理主要从规划管控着手，一是通过发展生态循环农业，加快姚江新区农田的土地流转与出租，调整产业结构，打造生态循环农业模式。二是在政策方面采取“一控两减三基本”的措施。“一控”即严格控制农业用水总量，大力发展节水农业；“两减”即减少化肥和农药使用量，实施化肥、农药零增长行动；“三基本”指畜禽粪便、农作物秸秆、农膜基本资源化利用。建议属地政府采取“统防统治”，统一管理种植品种和化肥、农药的施放。

（2）生态沟渠—三级处理塘系统

构建生态沟渠—三级处理塘削减农业面源污染，设计生态沟渠7.5km，根据现有沟渠的实际情况，调整沟渠的宽度0.8～1.5m；三级处理塘的占地面积为4.5$hm^2$，生态湿地尽量选在有水塘的区域或者生态沟渠的入河口处，见图12-73、图12-74。

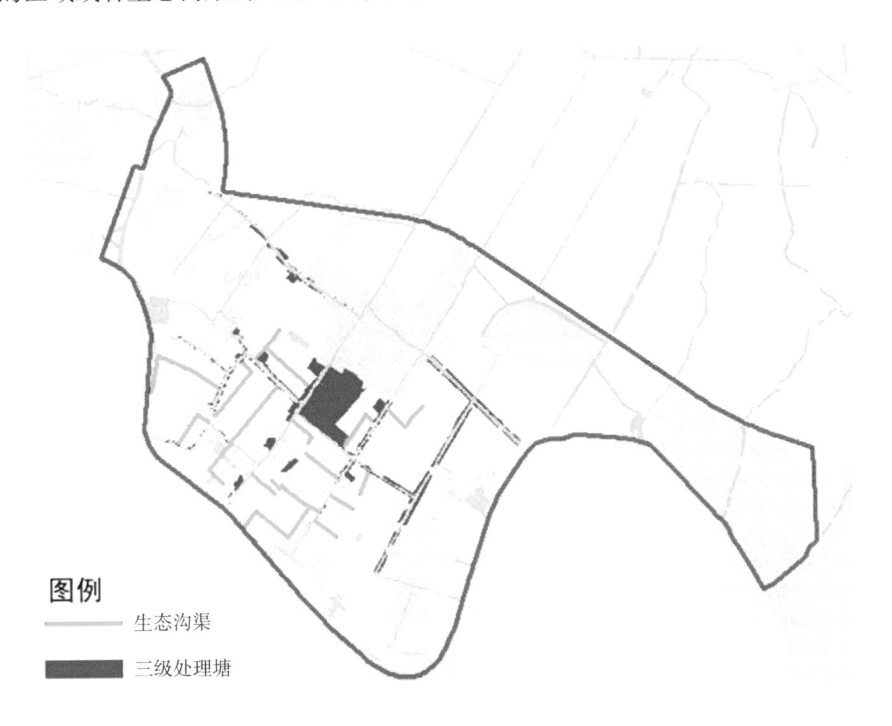


图12-73 生态沟渠—三级处理塘系统平面布置图

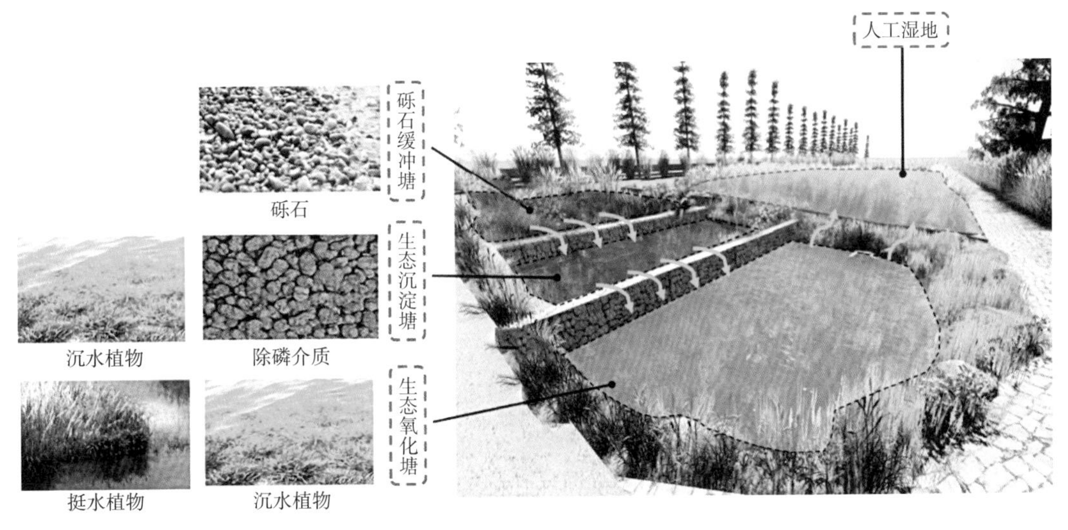


图12-74 生态沟渠—三级处理塘系统

2．建成区面源污染控制

结合城市建设计划，姚江分区近期在建和规划项目共9个，其中4个建筑小区项目，2个绿地项目，3个道路项目，这些项目将全部按照海绵城市的建设要求落实。根据《宁波市海绵城市试点区详细规划》中对地块及道路的年径流总量控制率的要求，确定这些项目的年径流总量控制目标。奥体中心和前洋E商小镇海绵设施布置见图12-75、图12-76。

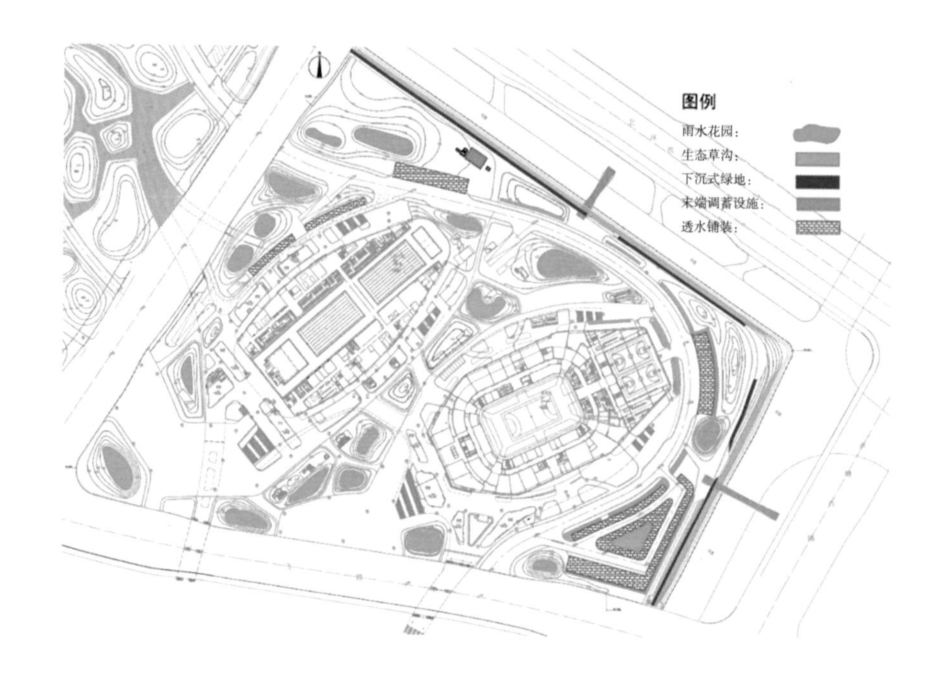


图12-75 奥体中心海绵设施布置图

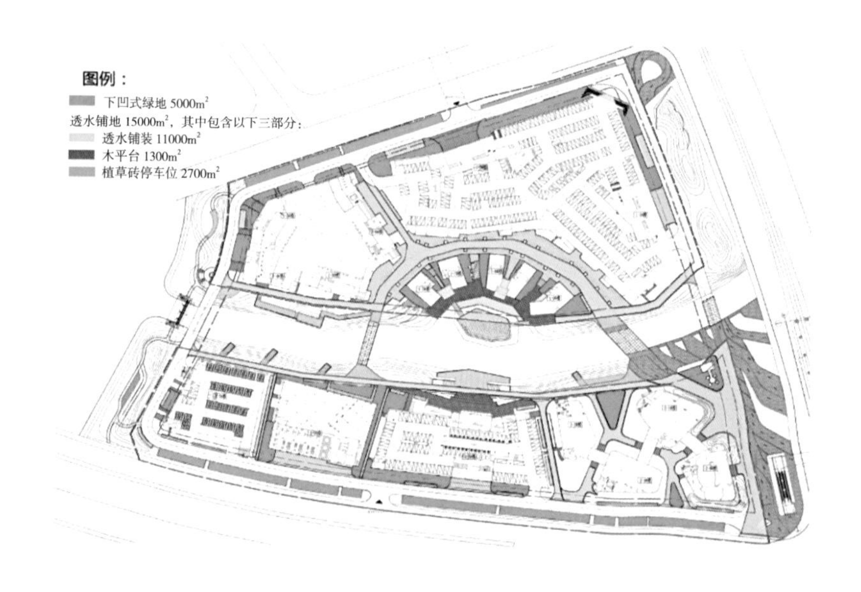


图12-76 前洋E商小镇海绵设施布置图

12.6.4.3 过程控制

1．生活污水处理设施工程

根据人口和污水产生量进行估算，姚江新区需新建生活污水处理终端4个，总规模1780m$^3$/d；扩容及提标1个，规模200m$^3$/d；提标改造5个，总规模295m$^3$/d，分布见图12-77。姚江新区生活污水处理终端出水水质标准均由二级标准提高到一级A标准，总规模2275m$^3$/d。裘市村污水处理设施施工平面见图12-78。

2．裘市大河截污纳管工程

对裘市村西北侧裘市大河的排口进行截污纳管，由宁波五金锁具公司至河滩浦河，接到北外环的污水主干管输送至江北区污水处理厂，管径300～400mm，长度约1.3km，见图12-79。

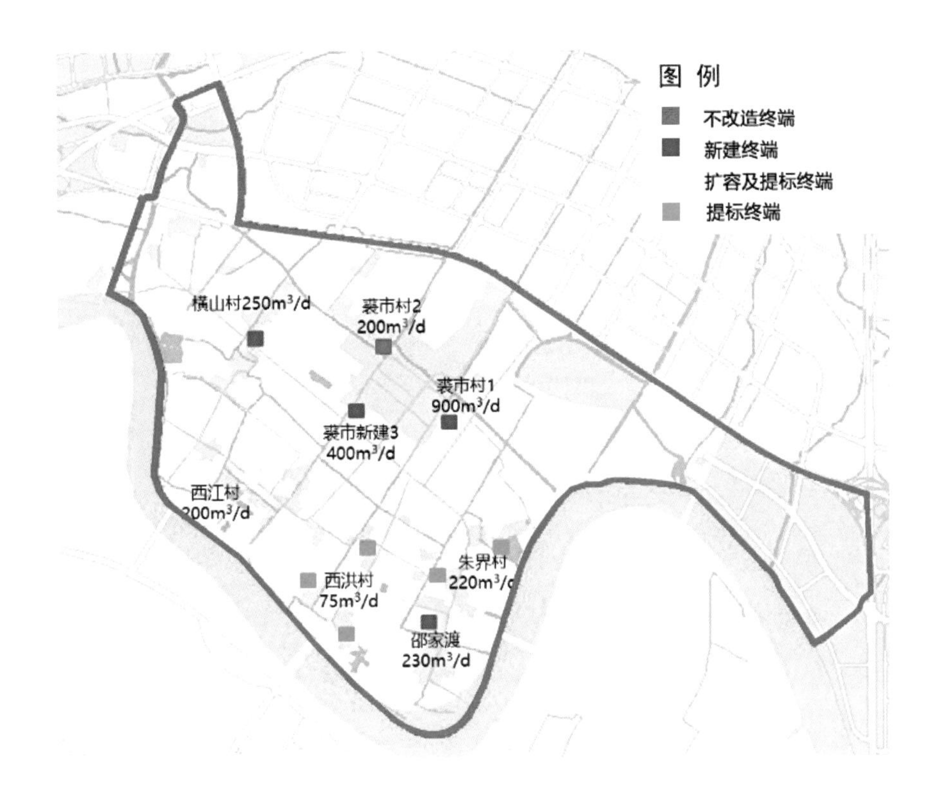


图12-77 姚江新区新建及改造农村污水处理终端分布示意图

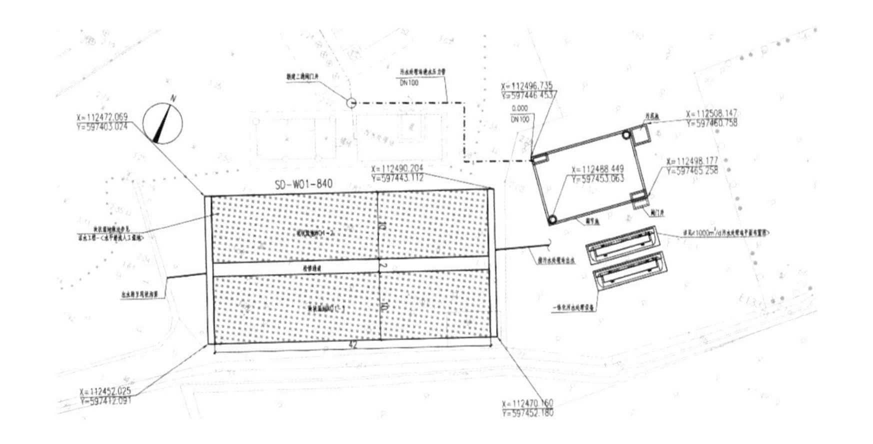


图12-78 姚江新区裘市村污水处理设施施工平面图

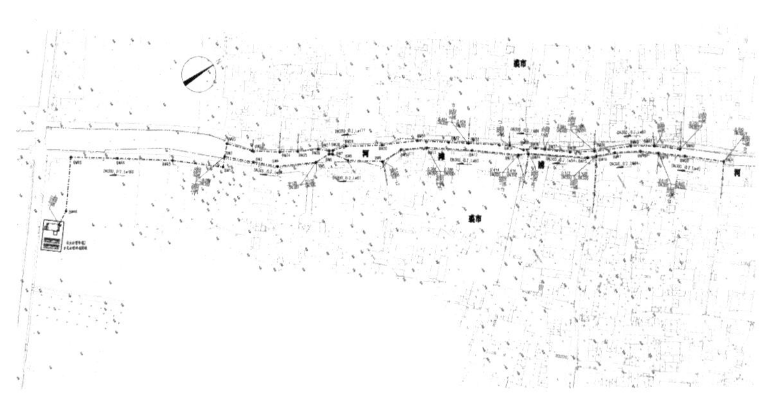

图12-79 裘市村部分截污管网施工图

3．污水管网建设

完善区域污水管网建设，沿河滩浦河（裘市村庄段）、裘市大河（村庄段）以及支浦河新建污水管道$DN300 \sim DN500$，长约3km；邵家渡村和横山村新建污水管道$DN300 \sim DN500$，共3.4km，收集农村生活污水，近期排入新建污水处理设备，远期排入规划邵渡路和云飞路，具体见图12-80。

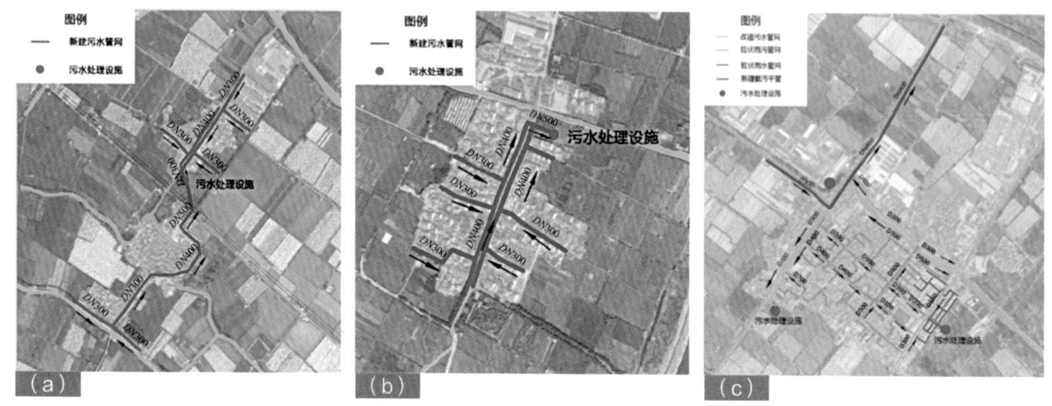


图12-80 农村污水管网工程改造
（a）横山村；
（b）邵家渡村；
（c）裘市村

12.6.4.4 系统治理

1．活水提质工程

姚江新区水动力不足，导致水体自净能力降低，生态系统脆弱。根据现状地形及河道流向，在河滩浦河、支浦河设置3座循环泵站、3座旁流设施及人工湿地（图12-81、图12-82）。将河道水通过旁流设施引入湿地，通过人工湿地净化后，经循环泵站将其引至上游，使水体循环，增强河道水动力。

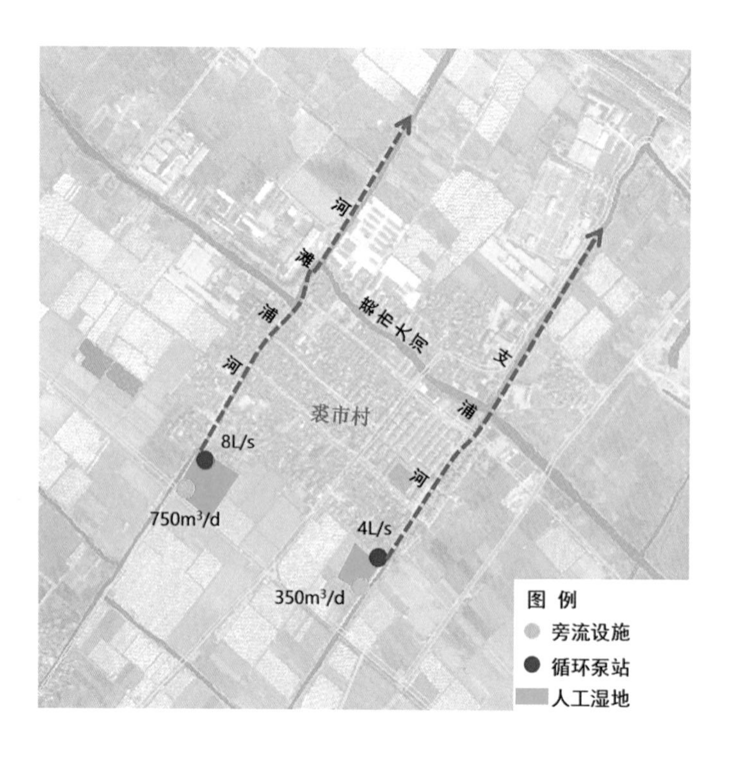


图12-81 姚江新区旁流设施及活水工程总平面图

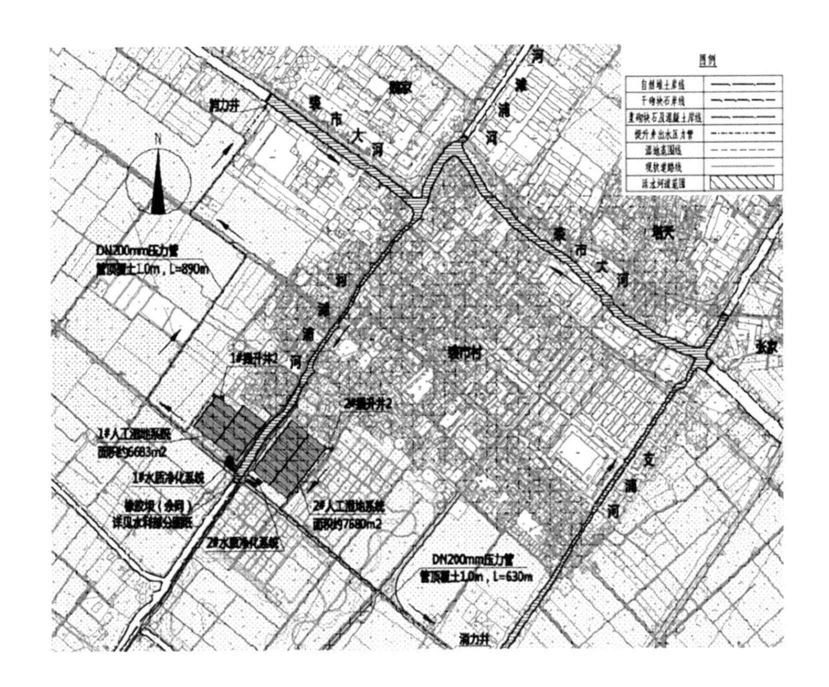


图12-82 姚江新区活水系统施工平面图

2．河道系统整治

结合宁波市剿灭劣五类工程，梳理得到姚江新区需整治河道21条，自然岸线整治总长度38.1km，河道清淤量19.4万$m^3$，沉水植物3.5万$m^2$，生态浮床+碳素纤维水草200处，曝气170处，见图12-83、图12-84。

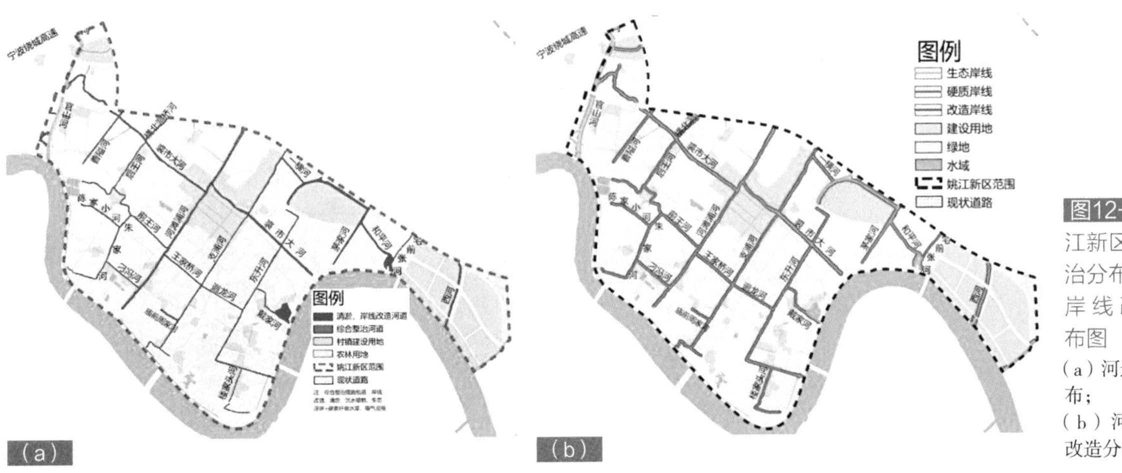


图12-83 姚江新区河道整治分布及河道岸线改造分布图
（a）河道整治分布；
（b）河道岸线改造分布

## 12.6.5 水安全保障方案

### 12.6.5.1 总体思路

姚江新区水安全保障方案可归纳为“防洪水、排涝水”两大部分。

防洪水：指保障姚江新区防洪安全，通过堤防工程构建封闭式的防洪体系，同时对不满足排水需求的河道进行拓宽改造，确保排水通畅。

图12-84 姚江新区朱家河生态岸线施工图

排涝水：指对现状裘市村及周边积水点的治理。

姚江新区水安全保障设施布置见图12-85。

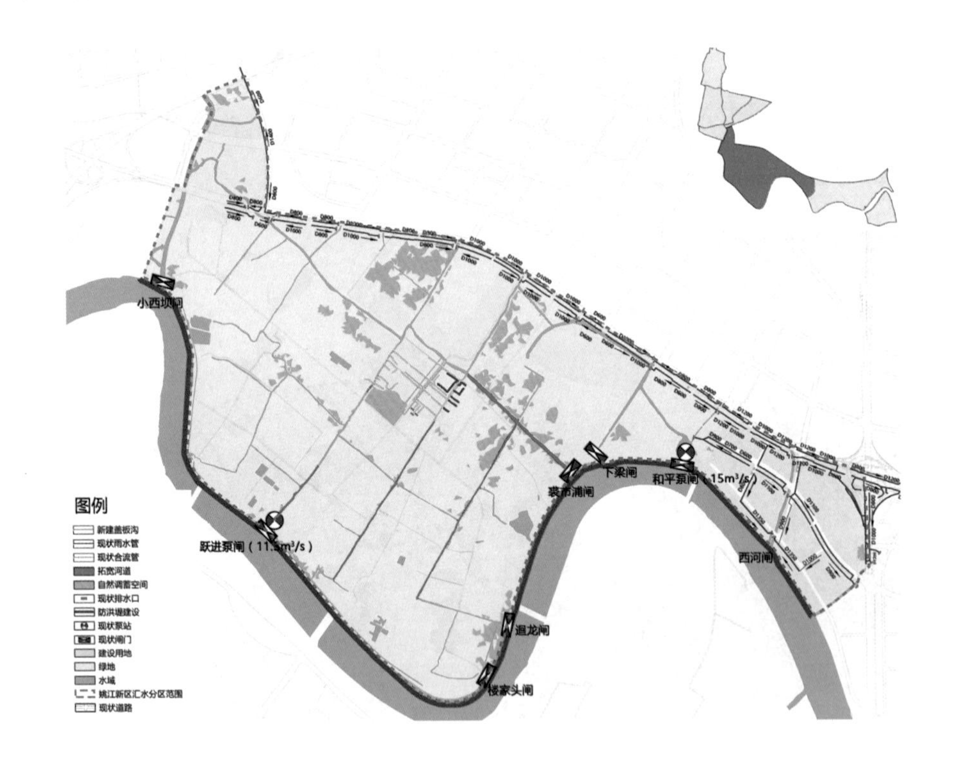


图12-85 姚江新区水安全保障设施布置图

### 12.6.5.2 防洪堤建设

为保障区域内防洪安全，实现姚江新区汇水分区姚江南岸堤防建设基本封闭，需建设姚江干流堤防工程（洪塘段），自小西坝至机场路，全长6.2km，工程按100年一遇标准堤顶标高3.63m进行设计，位置见图12-86。

### 12.6.5.3 河道拓宽

为提升姚江新区排水能力，增加河道宽度，使大流量水快速通过，防止河道水面上涨过快带来的隐患，结合现有水系和规划水系，现确定对东升河在内的4条河道进行拓宽（图12-87），长度5.31km，宽度与规划宽度一致，详见表12-32。

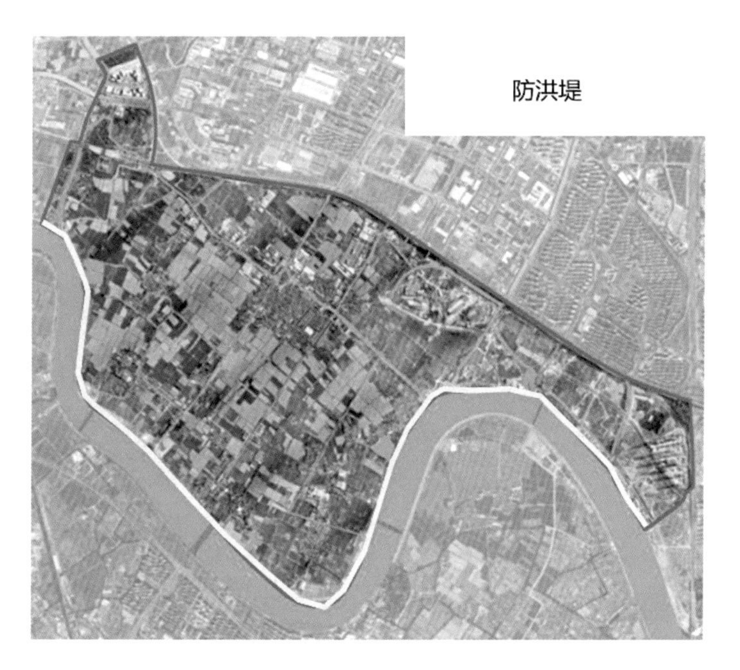


图12-86 姚江新区防洪堤项目区位图

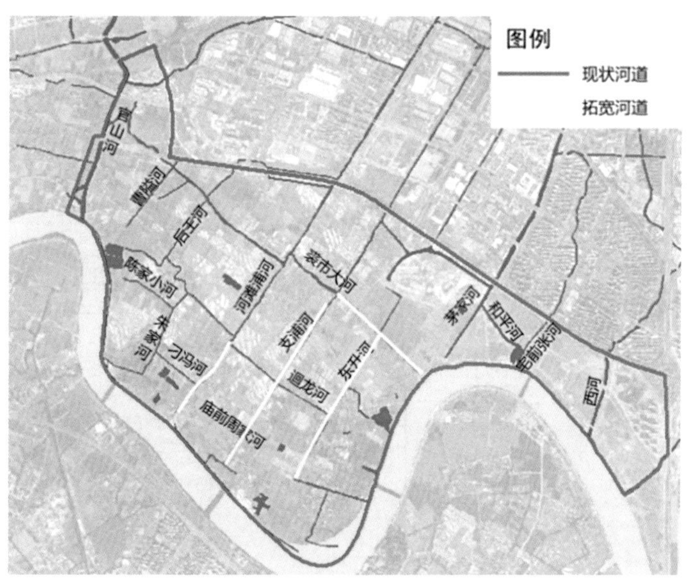


图12-87 姚江新区河道拓宽分布图

河道拓宽一览表　　表12-32

| 河道名称 | 现状宽度（m） | 规划宽度（m） | 河道拓宽长（m） |
|---|---|---|---|
| 裘市大河（裘市村东—姚江） | 20~25 | 30 | 1180 |
| 河滩浦河（周家桥头—姚江） | 9~15 | 20 | 600 |
| 支浦河（裘市村南—支浦张） | 5~12 | 20 | 1530 |
| 东升河（裘市大河—迴龙河） | 8~15 | 20 | 2000 |

#### 12.6.5.4 积水点整治

利用现状农田，在裘市村南侧新建末端调蓄水体（湿地），降雨时最大可调蓄规模4万$m^3$。改变原有管线排向，裘市大街新建排水沟，将积水通过生态旱溪排入南侧田园湿地；对裘市村文化中心停车场和洪家大典停车场进行海绵化改造，路面改为透水路面，下渗进入砾石蓄水层及调蓄模块（图12-88、图12-89）。

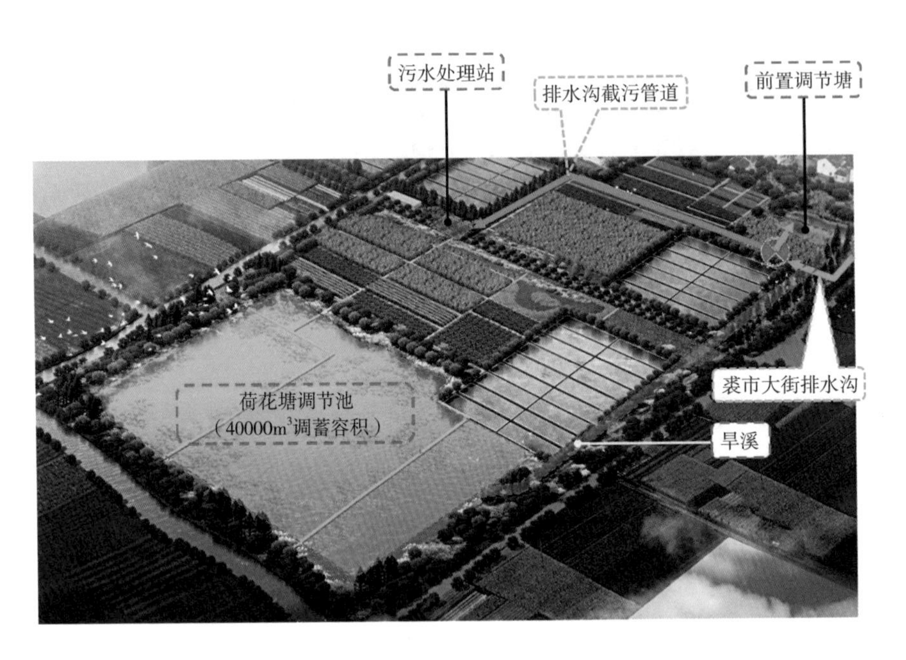


图12-88 积水点整治方案示意图

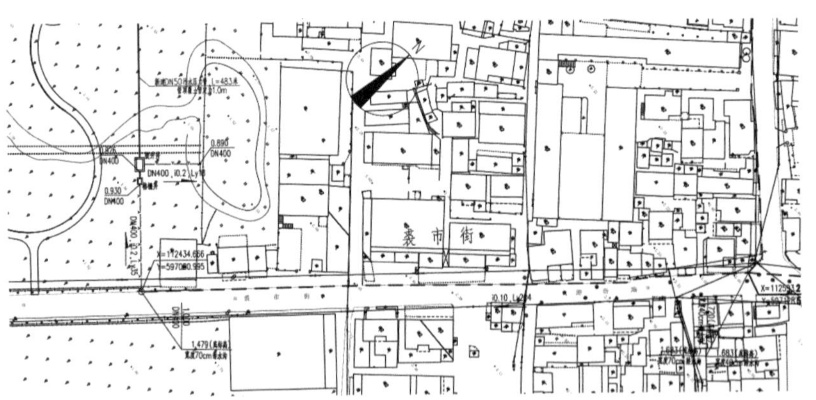


图12-89 裘市村排水沟施工设计图

### 12.6.6 建设效果

1. 水环境质量明显提升

海绵城市建设前，姚江新区内的河道水质以V类、劣V类为主，建设后，区域内河道水质均有所提升，达到建设后水质优于建设前水质的目标。以裘市大河双红桥监测断面（图12-90、图12-91）为例，海绵城市建设实施以来，裘市大河试点区内双红桥监测断面水质呈好转趋势，COD指标2019年均值比2016年均值下降了25%，$NH_3$-N指标2019年均值比2016年均值下降了79%，TP指标2019年均值比2016年均值下降了79.5%，水环境质量有明显好转。

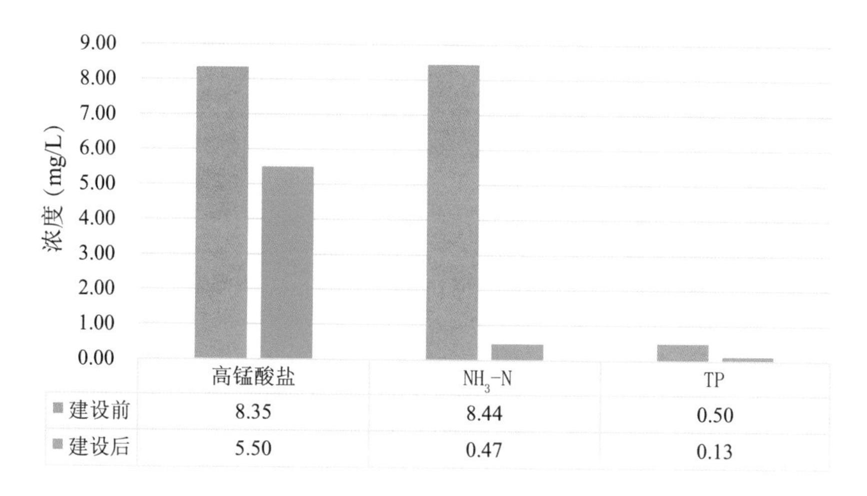


图12-90 裘市大河建设前后水质变化图

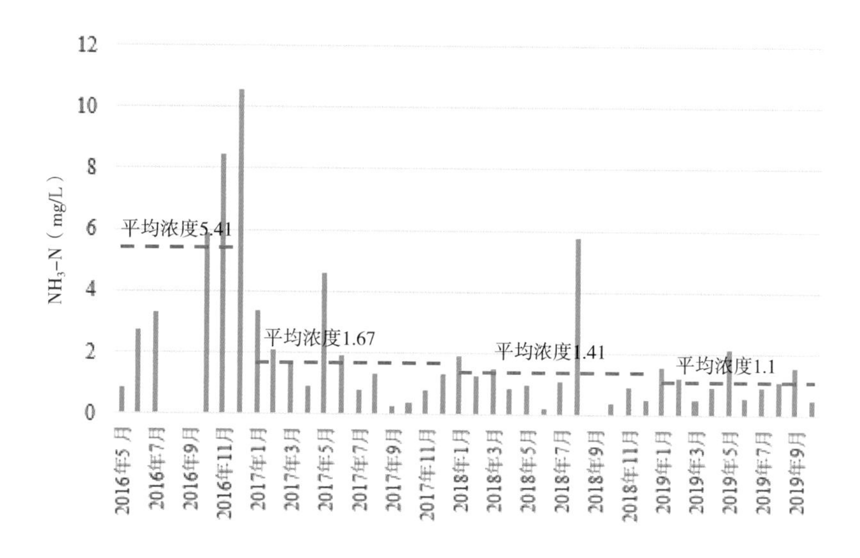


图12-91 裘市大河（双红桥断面）2016～2019年$NH_3$-N监测数据

2．区域水生态明显改善

（1）年径流总量控制率效果

基于新建地块和村庄的海绵化改造，经模型评估，姚江新区整体年径流总量控制率从84%提升至85%。同时，根据单体项目的监测评估结果，建设项目均实现了详细规划中确定的建设指标。

以奥体中心（一期）项目为例，该项目的目标径流控制率为85%，对应设计雨量为30.2mm。选择雨量大于或接近设计雨量且降雨前旱天时间大于3天的降雨进行径流控制分析，以保证降雨时海绵设施排空，最终选取了2019年9月21日的实际降雨进行效果（表12-33和图12-92、图12-93）分析，经评估，在该场降雨条件下奥体中心地块的雨水径流控制体积高于目标值，达到项目设计标准。

奥体中心雨水径流控制情况 表12-33

| 降雨日期 | 降雨历时（h） | 累计降雨量（mm） | 理论出流量（$m^3$） | 监测出流量（$m^3$） | 控制体积h（$m^3$） | 径流控制效果 |
|---|---|---|---|---|---|---|
| 2019.9.21 | 38 | 43.8 | 3910.92 | 658.83 | 3252.09 | 达标 |

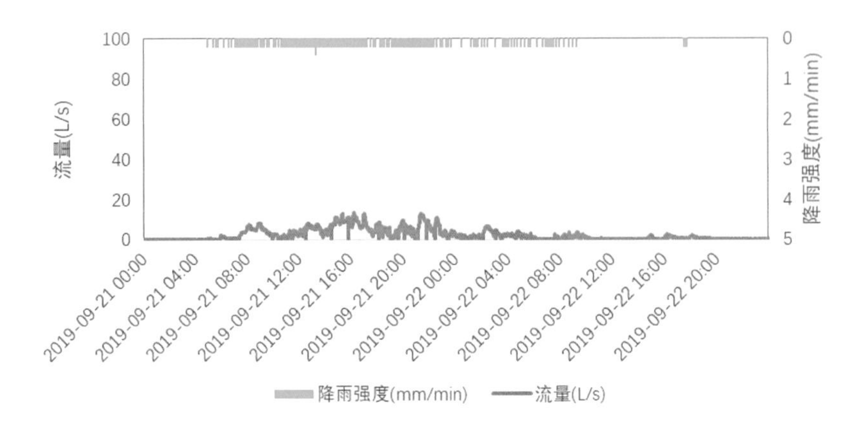


图12-92 北侧监测点流量—时间过程线

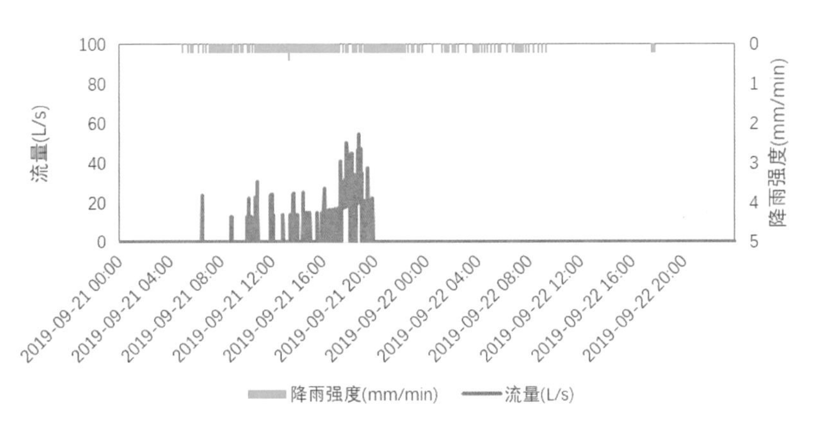


图12-93 东北侧监测点流量—时间过程线

（2）生态岸线治理效果

海绵城市建设前，姚江新区的河道岸线以自然岸线为主，自然岸线总长度约为47.78km，但多数岸线出现损毁、剥落、坍塌的现象，部分区域有垃圾堆放等问题。建设后，对区域内的多条河道进行了岸线整治，生态岸线长度从0.2km上升至20.29km，河道生态性能有所提升。河滩浦河、刁冯河岸线整治前后对比见图12-94、图12-95。

3．防洪排涝能力提高

姚江新区的防洪堤均按100年一遇的防洪标高建成，满足上位规划要求的100年一遇的防洪标准。同时，裘市村管网改造及末端调蓄或湿地工程建成后，通过模型评估，在10年一遇降雨条件下，积水主要集中在农田，裘市村基本无积水，满足建设目标要求。见图12-96。

图12-94 河滩浦河岸线整治前后对比图

图12-95 刁冯河岸线整治前后对比图

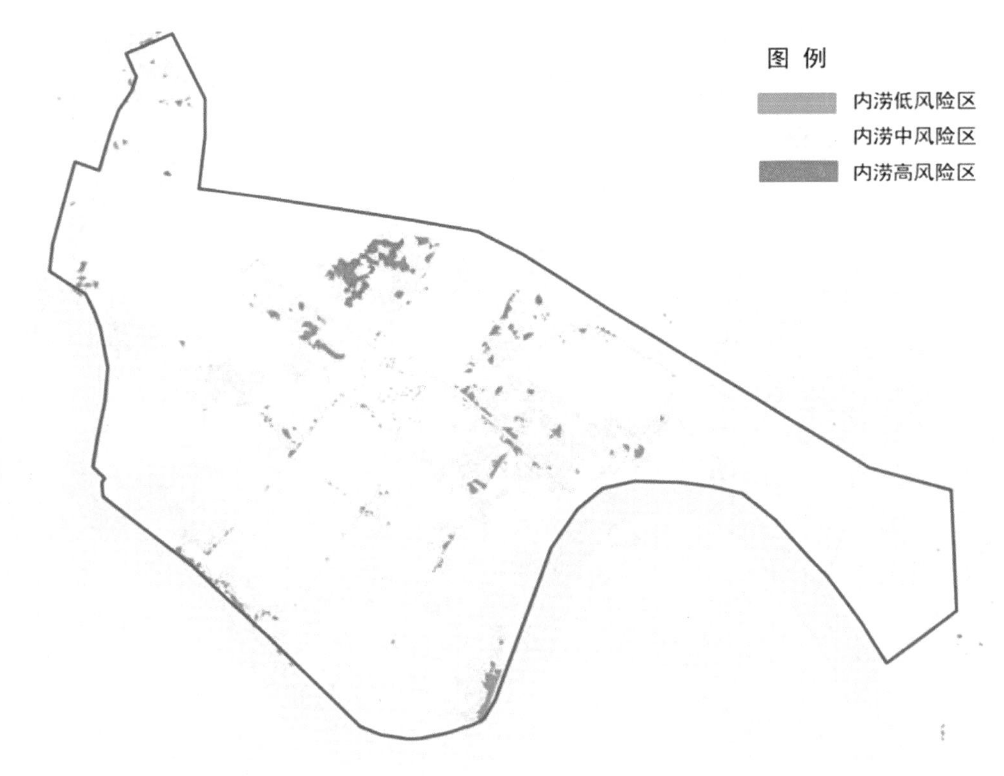


图12-96 姚江新区建设后内涝风险评估图

## 12.7 典型案例——机场路东分区

### 12.7.1 基本概况

机场路东分区主要由天水家园以北地段和谢家地块两部分构成，西至机场路与孙家河，北至北环高架，南临姚江北侧，东至九龙大道，总面积6.55km$^2$，是试点区内成熟的城市建成区（图12-97）。

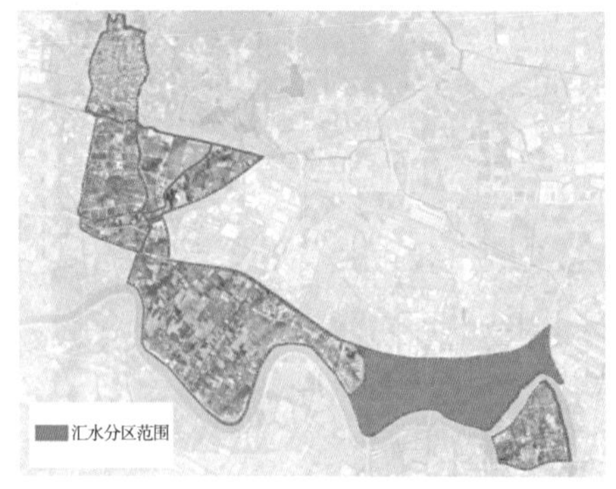

图12-97 机场路东分区区位图

### 12.7.2 存在问题

#### 12.7.2.1 水安全问题

机场路东分区大约70%的现状雨水管网满足3年一遇以上的标准，内部管网能力基本充足，见图12-98。

通过模型分析，当发生50年一遇降雨时，机场路东分区以内涝中、高风险为主，低风险面积13.8hm$^2$，中风险面积28.3hm$^2$，高风险面积60.9hm$^2$。机场路东分区存在10个典型易涝点，大部分因地势低洼导致，见图12-99和表12-34。

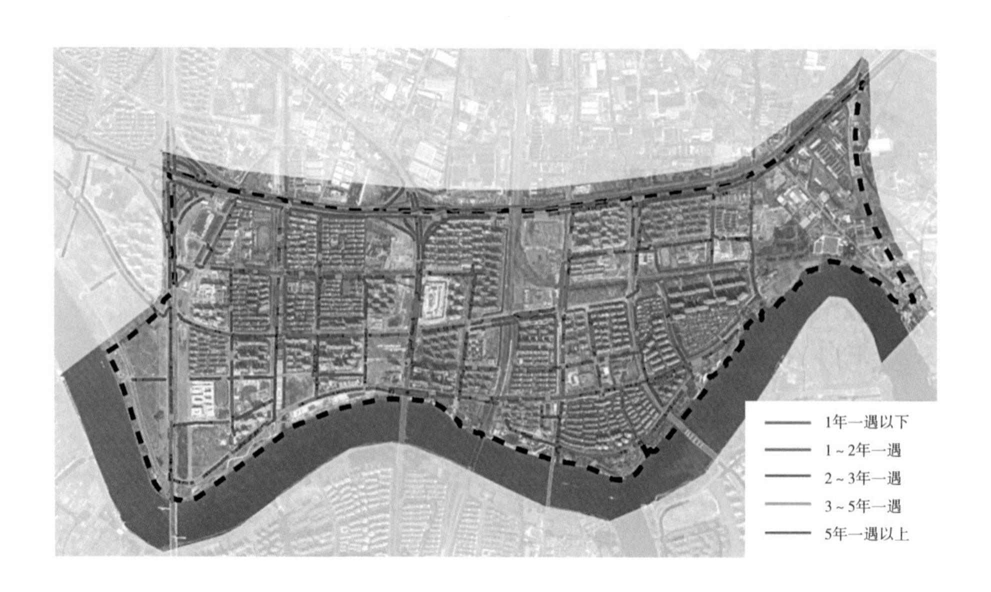


图12-98 机场路东分区管网能力评估图

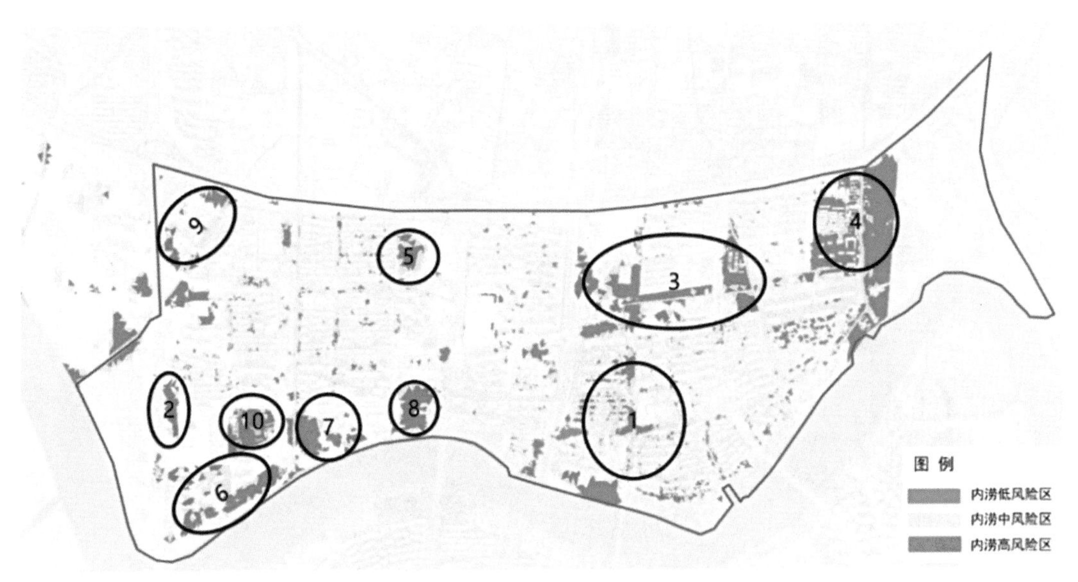


图12-99 机场路东分区积水点分布图

机场路东分区积水点情况及原因一览表 表12-34

| 序号 | 位置 | 积水程度 | 积水原因 |
|---|---|---|---|
| 1 | 康庄南路与丽江路交叉口 | 最大积水深度0.375m | 管道能力不足，地势低洼，河道顶托 |
| 2 | 机场北路宁波大学附属学校旁 | 最大积水深度0.747m | 地势低洼，下游管段能力不足 |
| 3 | 云飞路康庄南路 | 最大积水深度0.78m | 地势低洼 |
| 4 | 李家路及李家西路未利用地 | 最大积水深度0.51m | 地势低洼 |
| 5 | 江北大道北环高架南侧未利用地 | 最大积水深度0.2m | 地势低洼 |
| 6 | 机场北路丽江西路北侧未利用地 | 最大积水深度0.54m | 地势低洼 |
| 7 | 洪大路路丽江西路东北侧未利用地 | 最大积水深度0.5m | 地势低洼 |
| 8 | 宁深地块 | 最大积水深度0.75m | 地势低洼 |
| 9 | 潺浦河西侧、机场路东侧 | 最大积水深度0.6m | 地势低洼 |
| 10 | 滨江实验中学东侧地块 | 最大积水深度0.5m | 地势低洼 |

12.7.2.2 水环境问题

1．整体情况

根据2015～2016年的水质监测数据（图12-100和表12-35），洋市中心河水质污染严重，尤其是$NH_3$-N指标，超过90%的监测数据为劣V类；TP指标，约30%的监测数据为劣V类，40%的数据为V类。

图12-100 机场路东分区水质监测点位分布图

机场路东分区水质监测情况一览表　　表12-35

| 月份（月） | 高锰酸盐（mg/L） | 水质类别 | $NH_3$-N（mg/L） | 水质类别 | TP（mg/L） | 水质类别 |
|---|---|---|---|---|---|---|
| 1 | 7.6 | Ⅳ类 | 6.06 | 劣Ⅴ类 | 0.62 | 劣Ⅴ类 |
| 2 | 6.2 | Ⅳ类 | 3.34 | 劣Ⅴ类 | 0.34 | Ⅴ类 |
| 3 | 5.3 | Ⅲ类 | 3.45 | 劣Ⅴ类 | 0.35 | Ⅴ类 |
| 4 | 8.2 | Ⅳ类 | 3.56 | 劣Ⅴ类 | 0.43 | 劣Ⅴ类 |
| 5 | 4.4 | Ⅲ类 | 2.12 | 劣Ⅴ类 | 0.2 | Ⅳ类 |
| 6 | 6.9 | Ⅳ类 | 5.23 | 劣Ⅴ类 | 0.4 | 劣Ⅴ类 |
| 7 | 5.7 | Ⅲ类 | 3.08 | 劣Ⅴ类 | 0.32 | Ⅴ类 |
| 8 | 8.3 | Ⅳ类 | 4.45 | 劣Ⅴ类 | 0.34 | Ⅴ类 |
| 9 | 5.1 | Ⅲ类 | 6.66 | 劣Ⅴ类 | 0.35 | Ⅴ类 |
| 10 | 5.1 | Ⅲ类 | 3.58 | 劣Ⅴ类 | 0.29 | Ⅳ类 |
| 11 | 6.5 | Ⅳ类 | 3.9 | 劣Ⅴ类 | 0.4 | 劣Ⅴ类 |
| 12 | 6.3 | Ⅳ类 | 1.57 | Ⅴ类 | 0.24 | Ⅳ类 |

2. 地表径流污染

机场路东汇水分区为雨污分流制，雨水排口共118个（图12-101），降雨时地表径流污染通过雨水排口排入河道。计算得降雨径流总污染物量SS为1712.76t/a，COD为543.08t/a，$NH_3$-N为8.84t/a，TP为3.12t/a。

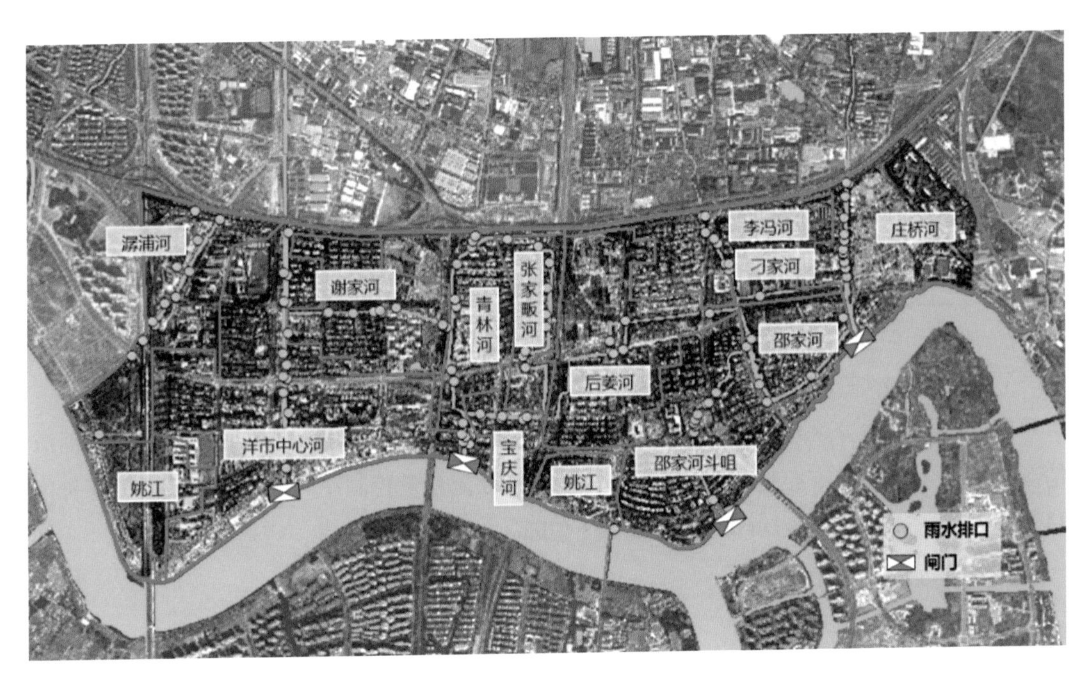


图12-101 机场路东分区雨水排口分布图

3. 生活废水点源污染

机场路东片区部分小区的入河排口旱天存在持续出流现象，或小区接市政管网的雨水井内有持续水流经过，如宝翠名苑、春晖佳苑等，究其原因是部分小区的阳台洗衣废水错接入雨水管道，导致旱天废水直排入河，监测小区旱天废水流量数据约为9m$^3$/hm$^2$·d，见图12-102。

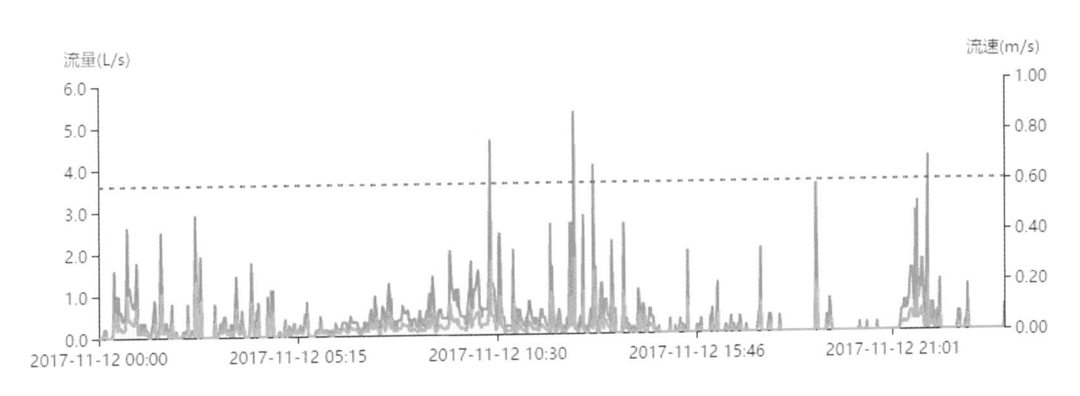


图12-102 春晖佳苑排口流量监测图

4. 内源污染

内源污染主要来源于分区内河道淤积。

5. 水环境容量和污染负荷

通过对污染源进行分析，机场路东分区内各河道的污染物总量为：COD 605.46t/a，$NH_3$-N 14.27t/a，TP 3.80t/a，河道污染较严重，COD、$NH_3$-N、TP的污染负荷分别为水环境容量的3.45、2.57、3.25倍，见表12-36。其中，洋市中心河、邵家河斗咀、庄桥河的污染物超标较严重。

机场路东分区水环境与污染负荷分析计算表　　表12-36

| 内容 | COD | $NH_3$-N | TP |
|---|---|---|---|
| 水环境容量（t/a） | 175.44 | 5.56 | 1.17 |
| 污染负荷（t/a） | 605.46 | 14.27 | 3.80 |
| 污染负荷/水环境容量 | 3.45 | 2.57 | 3.25 |

#### 12.7.2.3 水生态问题

机场路东汇水分区现状大部分为已建城市用地，构建模型得到每个地块的现状产汇流情况，现状年降雨径流控制总量257万$m^3$，现状年径流总量控制率为62%。现状河道总长度11.75km，生态岸线长度6.14km，自然岸线3.12km，生态岸线率40%，需进一步提升。

### 12.7.3 建设目标

根据现状情况和定量分析，确定机场路东汇水分区以初期雨水径流污染控制及内涝点整治为主，具体海绵城市建设指标见表12-37。

机场路东分区建设指标表　　表12-37

| 类别 | 指标名称 | 近期目标 |
|---|---|---|
| 水生态修复 | 年径流总量控制率 | ≥70% |
| | 水面率 | ≥2.7% |
| | 水生态岸线比例 | ≥42% |
| 水环境保护 | 地表水环境质量 | 河湖水系水质不低于V类标准，且优于海绵城市建设前的水质 |
| | 雨水径流污染控制（以TSS计） | ≥60% |
| 水资源利用 | 雨水资源利用率 | ≥2.6% |
| 水安全保障 | 排水设计标准 | 一般地区排水管渠系统重现期全部达到3年一遇以上标准，重要地区达到10年一遇标准，地下通道和下沉式广场达到30年一遇标准 |
| | 内涝防治标准 | 有效抵御50年一遇暴雨，并确保居民住宅和工商业建筑物的底层不进水，道路中一条车道的积水深度1h内不超过15cm |

### 12.7.4 水环境提升与水生态改善方案

#### 12.7.4.1 源头减排

源头减排主要是通过小区道路的海绵城市建设，对径流雨水进行削减。根据可行性分析，结合控制性详细规划指标，确定场地及道路建设改造项目65个，其中场地39个，道路26

个，未开发区域（规划）随着地块和道路的开发，结合控制性详细规划指标落实海绵城市理念，见图12-103、图12-104。

图12-103 机场路东分区改造建设项目分布图

图12-104 机场路东分区指标分解图

1．地块类典型项目

以宁波技师学院为例，该项目位于机场路东侧、榭嘉路北侧，总用地面积约为14.2hm$^2$。该项目以解决学校内部部分区域积水问题为目标，结合学校品质提升需求开展海绵化改造工作。

根据现场建设条件的分析，共将场地划分为5个汇水分区，并因地制宜地布置海绵设施，具体见图12-105。

2．道路类典型项目

以榭嘉路为例，该项目的建设范围为机场北路至江北大道段，项目全长1568m，该项目是宁波市海绵城市试点区第一个道路类改造项目，以解决道路不均匀沉降、基础设施破损为导向，开展海绵化改造工作，主要建设内容包括透水铺装、生物滞留带、生态树池的改造，平面布置见图12-106。

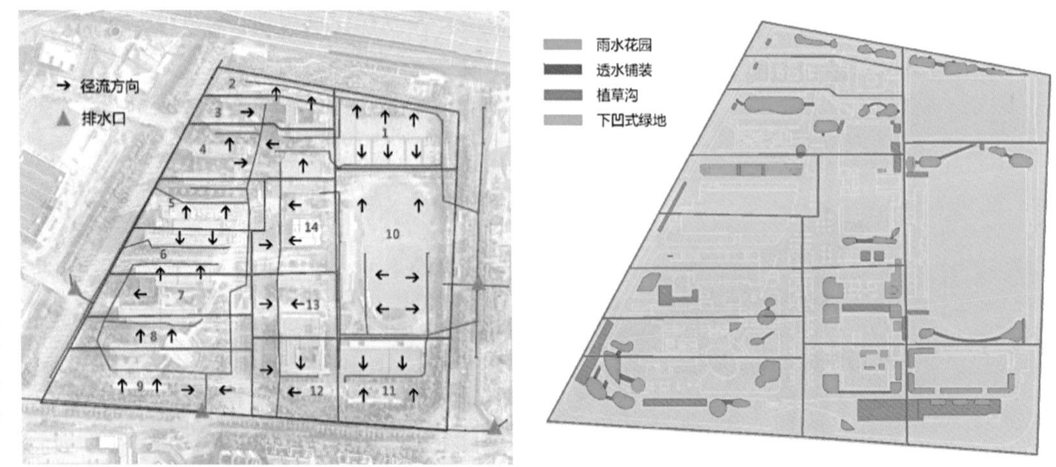


图12-105 宁波技师学院汇水分区划分与海绵设施布置图

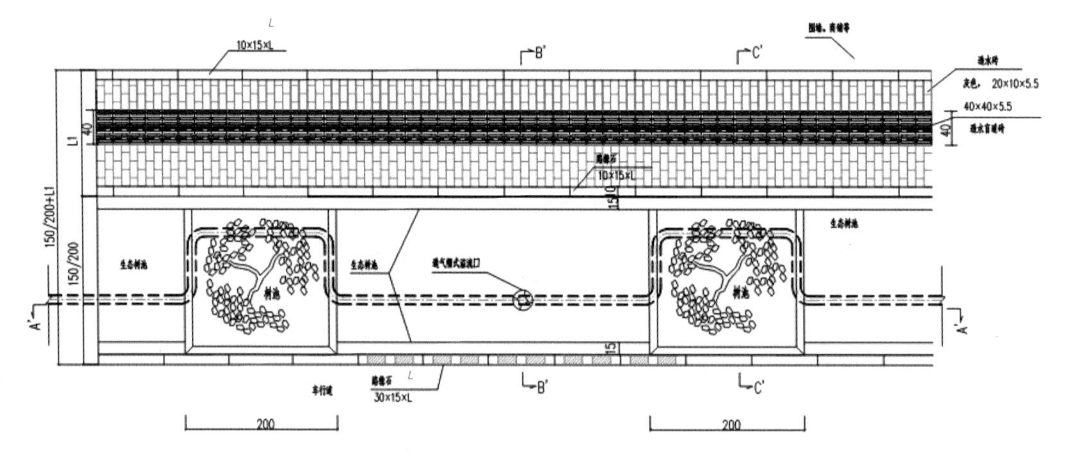


图12-106 樹嘉路平面布置图

12.7.4.2　系统治理

机场路东汇水分区河道综合整治包括自然岸线修整、河道清淤、沉水植物、生态浮床+碳素纤维水草以及曝气等方式。根据现状存在的问题，结合宁波市剿灭劣五类工程，梳理得到该分区需整治河道12条，主要建设内容包括生态驳岸建设、曝气设施建设、河道清淤、水生植物种植等，见图12-107、图12-108。

## 12.7.5　水安全保障方案

12.7.5.1　总体思路

机场路东汇水分区的水安全保障方案可概括为“防洪水、治涝水”两大部分。

防洪水：指完善姚江沿岸的防洪堤建设，形成完整的防洪体系，满足100年一遇的防洪标准。同时，建设强排系统、连通水系，增强河道的排水能力。

治涝水：指根据不同积水区域的积水原因，因地制宜地制定整治方案，实现小雨不积水、大雨不内涝的防治标准。

图12-107 机场路东分区河道岸线改造示意图

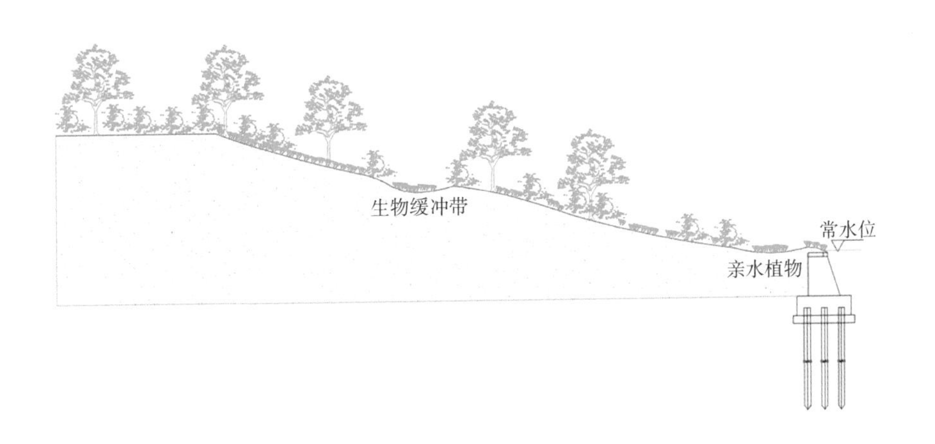


图12-108 机场路东分区河道岸线改造图（后姜河）

12.7.5.2 防洪堤建设

为保障区域内的防洪安全，实现片区防洪100年一遇的设防标准，建设倪家堰段堤防工程，自李碶渡翻水站至规划环城北路，全长1.5km，工程按100年一遇标准、堤顶标高3.63m进行设计；谢家滨江景观绿带工程自机场路至江北大道，结合滨江公园设计设置防洪堤，全长1.4km，工程按100年一遇标准、堤顶标高3.63m进行设计，见图12-109、图12-110。

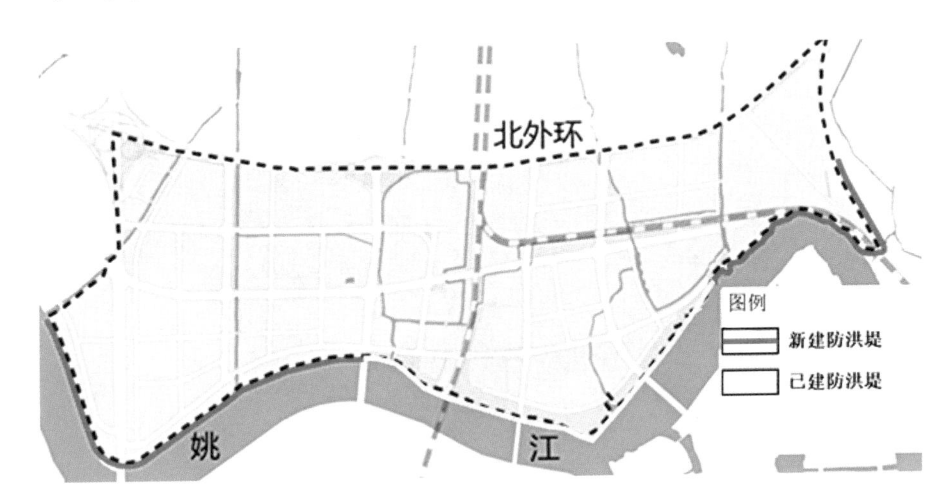


图12-109 机场路东分区防洪堤建设位置示意图

图12-110 机场路东分区防洪堤现场图

12.7.5.3 泵站及闸门建设

为提高区域的防洪排涝能力，增强张家畈河的排水能力，新建张家畈河排涝泵站，设计2台水泵，1用1备，每台流量为1.5m$^3$/s。同时，后姜河立新桥东侧新建机械闸门1座，用以调控后姜河与相交内河的河水流通。防洪闸门与排涝泵站平面布置见图12-111。

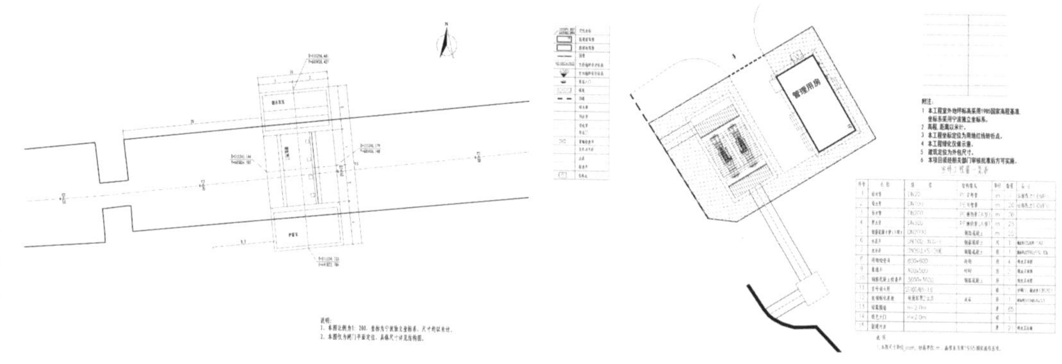

图12-111 防洪闸门与排涝泵站平面布置图

12.7.5.4 水系连通

为加强水系之间的连通，增强河道的排水能力，将后姜河与张家畈河、刁家河通过铁路下穿进行连通，连通长度分别为100m和50m，共计150m，见图12-112～图12-114。

图12-112 机场路东分区水系连通工程平面位置示意图

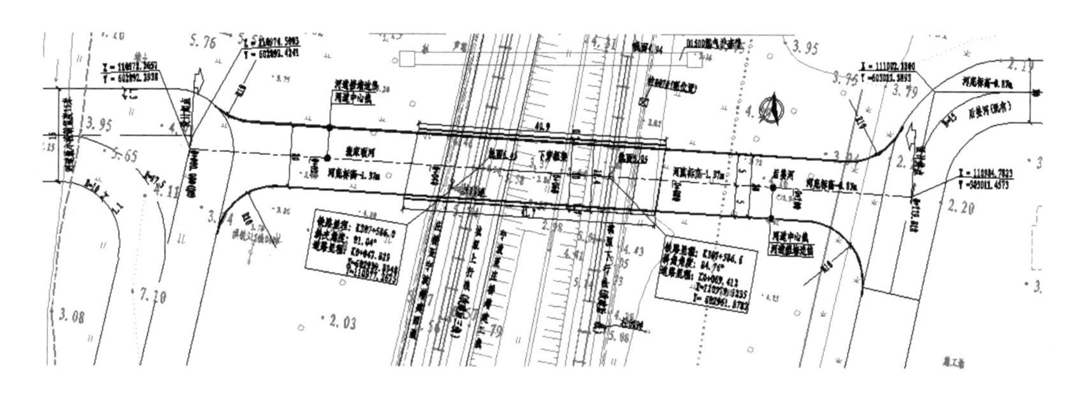

图12-113 后姜河水系连通平面图

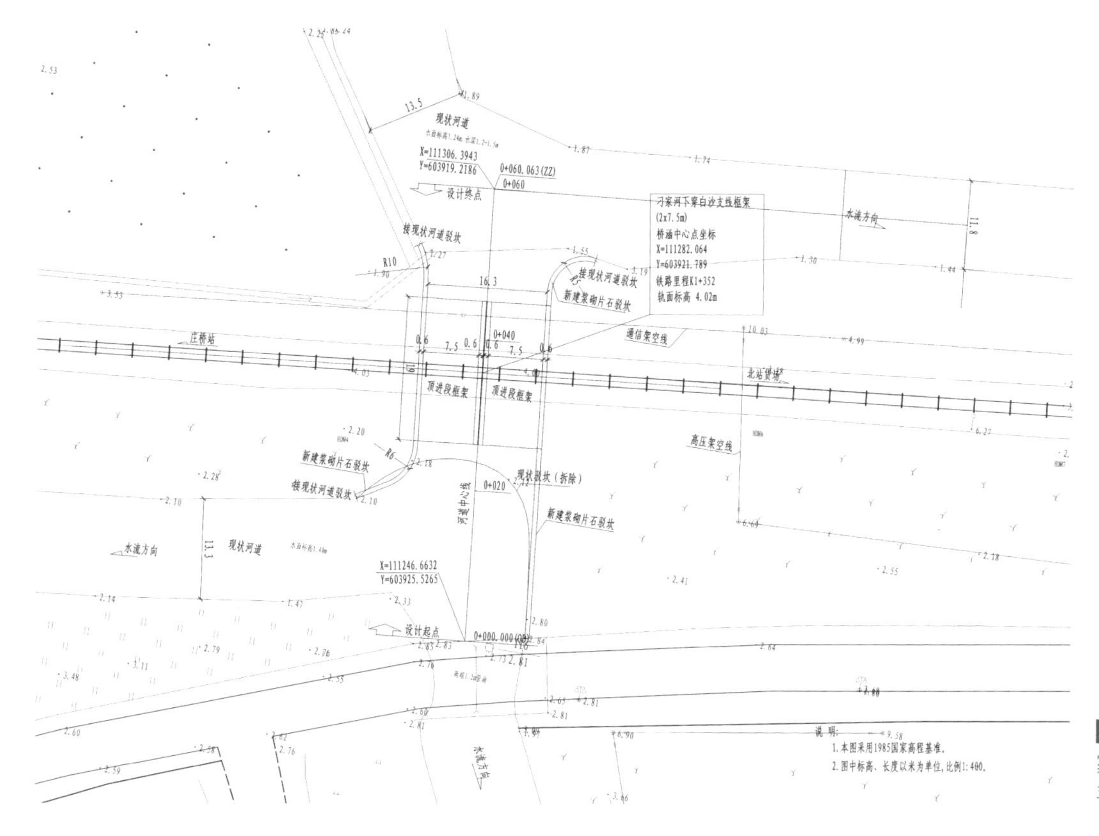


图12-114 刁家河水系连通平面图

12.7.5.5 积水点整治

机场路东分区现状共10处模拟内涝积水点，其中，积水点1为真实积水点，其余9个积水点为地势较低的未开发区域，根据各个积水点的原因分析，分近、远期针对性地制定整治措施。

1．近期整治方案

积水点1主要积水原因是管道能力不足、地势偏低、河道顶托，将积水点处天成家园出户管径由500mm扩至800mm，其出户管接入市政管线位置为起点，扩径并改变排向南边的姚江，沿线管径扩至1500～1800mm，并在姚江排口新建泵站4m$^3$/s，见图12-115。但由于该积水点处正在进行地铁施工，因此应在地铁建设完成后，对该积水点进行治理。

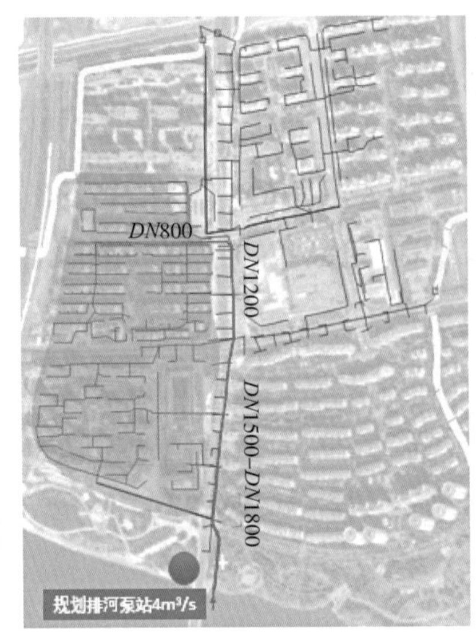

图12-115 积水点整治方案图及泵站选址位置图

2．远期管控方案

积水点2～10基本都是未利用地或绿地因地势低洼造成的积水，可通过控制性详细规划，建设时合理控制场地竖向或通过绿地自身进行调蓄，竖向控制在3.2m以上，以缓解积水问题。

### 12.7.6 建设效果

1．年径流总量控制率得以提高

海绵城市建设前，机场路东分区的年径流总量控制率约为62%，建设目标为70%，分区进行整体连片的海绵化改造后，经模型与监测评估（表12-38），区域年径流总量控制率均大于70%，满足原有建设目标。

**机场路东分区年径流总量控制率及评价一览表** 表12-38

| 汇水分区 | 年径流总量控制率 | 排水分区 | 年径流总量控制率 | | | 总体评价 |
|---|---|---|---|---|---|---|
| | | | 目标值 | 模型评估结果 | 监测评估结果 | |
| 机场路东 | 70% | 7-1 | 75% | 77% | 76.58% | 达标 |
| | | 7-2 | 65% | 67% | 65.52% | 达标 |
| | | 7-3 | 67% | 73% | 79.47% | 达标 |

以排水分区7-1为例，对该分区5个排口进行了监测（图12-116），监测汇水面积覆盖排水分区总面积的23%。按照汇水面积加权计算的方式，统计排水分区监测期整体径流控制率为76.58%（表12-39），排水分区7-1海绵改造整体可满足海绵建设要求。

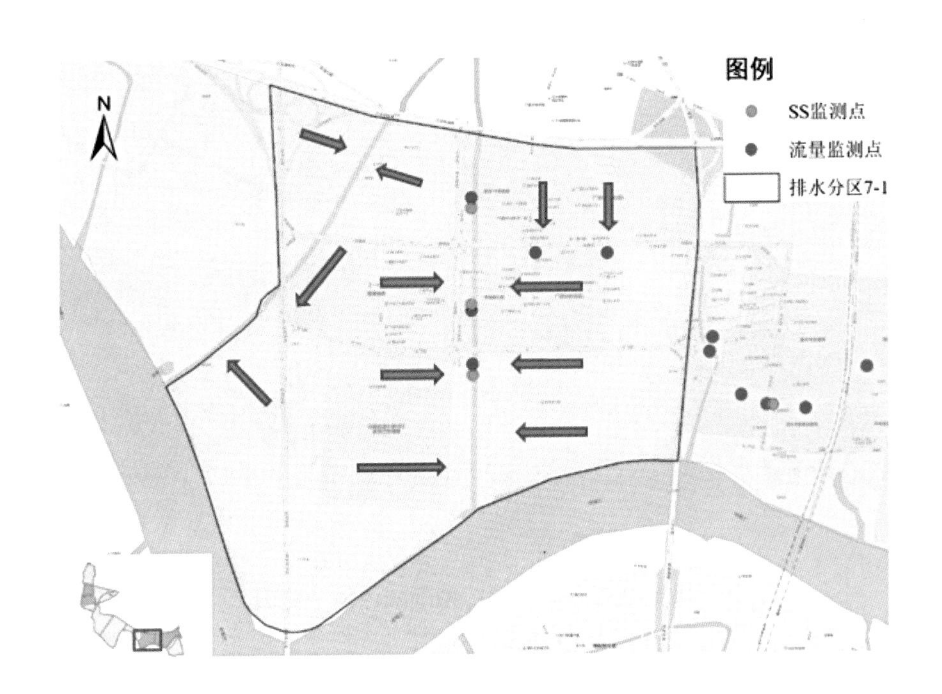


图12-116 排水分区7-1监测排口分布示意图

排水分区7-1各排口监测期径流控制率　　表12-39

| 序号 | 排口位置 | 汇水面积（$hm^2$） | 累计雨量（mm） | 降雨总量（$m^3$） | 监测径流量（$m^3$） | 径流控制率（%） |
|---|---|---|---|---|---|---|
| 1 | 洋市中心河（洪大南路/榭嘉路北）排口 | 9.24 | 2946.8 | 272200.95 | 40389.36 | 85.16 |
| 2 | 洋市中心河（洪大南路/云飞路北侧）排口 | 10.10 | 2463.2 | 248790.56 | 27282.73 | 89.03 |
| 3 | 洋市中心河（洪大南路/云飞路南侧）排口 | 25.94 | 2946.8 | 764399.92 | 161063.44 | 78.93 |
| 4 | 谢家河（榭嘉路/北海南路）排口 | 9.32 | 2463.2 | 229570.24 | 35276.96 | 84.63 |
| 5 | 谢家河（榭嘉路/兴北路）排口 | 7.95 | 2463.2 | 195714.09 | 129823.16 | 33.67 |

以洋市中心河（洪大南路/榭嘉路北）排口为例，在两场接近设计雨量的降雨条件下，排口流量随时间波动的过程线见图12-117。

2．水环境质量明显改善

（1）径流污染控制效果

机场路东分区整体的年径流污染削减率目标为60%，经模型与监测体系共同评估，区域的径流污染削减率均大于建设目标，具体见表12-40。

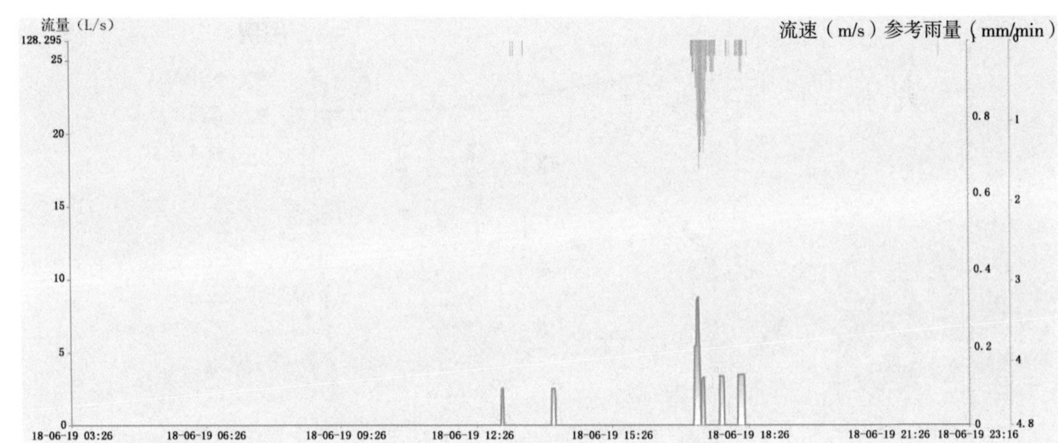


图12-117 2018年6月19日（25.2mm）流量—时间过程线

**机场路东分区面源污染削减评估一览表** 表12-40

| 汇水分区 | 排水分区 | 年径流污染削减率 | | | 总体评价 |
|---|---|---|---|---|---|
| | | 目标值 | 模型评估结果 | 监测评估结果 | |
| 机场路东 | 7-1 | 65% | 67.9% | 89.98% | 达标 |
| | 7-2 | 55% | 60.2% | 83.36% | 达标 |
| | 7-3 | 56% | 61.5% | 76.86% | 达标 |

以排水分区7-1的监测评估结果为例，将试点区各下垫面降雨采样获得的场次平均TSS浓度，按照排水分区内各类下垫面面积进行加权计算，统计排水分区的本底悬浮物外排浓度为233.19mg/L。各SS监测排口汇水区监测期内径流污染削减率见表12-41。

**排水分区7-1各排口监测期径流污染削减率** 表12-41

| 序号 | 排口位置 | 汇水面积（$hm^2$） | 本底SS负荷（t） | 监测SS负荷（t） | 径流污染削减率（%） |
|---|---|---|---|---|---|
| 1 | 洋市中心河（洪大南路/榭嘉路北）排口 | 9.24 | 63.47 | 4.65 | 92.68 |
| 2 | 洋市中心河（洪大南路/云飞路北侧）排口 | 10.10 | 27.39 | 1.92 | 92.99 |
| 3 | 洋市中心河（洪大南路/云飞路南侧）排口 | 25.94 | 178.25 | 21.66 | 87.85 |

按照汇水面积加权计算的方式，统计排水分区的监测期径流污染削减率为89.98%，满足排水分区海绵建设要求。

（2）水质改善情况

海绵城市建设前，机场路东的河道水质以V类、劣V类为主，建设后，区域内河道水质均有所提升，达到建设后水质优于建设前水质的目标。

以排水分区7-1的水质监测评估为例，该分区内共有3个水质监测点（表12-42），分布情况见图12-118。

排水分区7-1水质监测断面　　表12-42

| 序号 | 河流名称 | 监测点位置 |
|---|---|---|
| 1 | 洋市中心河 | 洋市中心闸 |
| 2 | 谢家河 | 谢嘉路与洪大南路交叉口 |
| 3 | 潺浦河 | 潺浦闸内 |

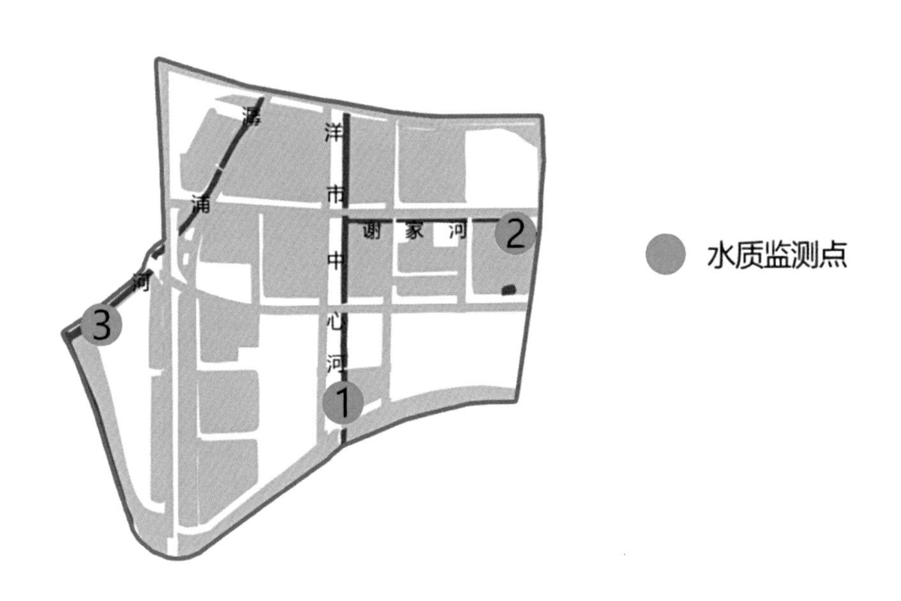


图12-118 排水分区水质监测断面分布图

建设前，洋市中心河、谢家河、潺浦河水质以Ⅴ类、劣Ⅴ类为主。建设后，根据2019年最新水质监测数据，洋市中心河、谢家河$NH_3$-N指标改善明显，洋市中心河水质提升至Ⅲ类，谢家河水质由劣Ⅴ类提升至Ⅴ类；潺浦河$NH_3$-N、TP指标明显改善，水质由Ⅴ类提升至Ⅲ类。排水分区7-1水质明显改善（表12-43、图12-119～图12-121）。

排水分区7-1水质监测数据　　表12-43

| 河道 | 监测断面 | 时段 | 水质监测指标（mg/L） | | | 水质类别 |
|---|---|---|---|---|---|---|
| | | | 高锰酸盐 | $NH_3$-N | TP | |
| 洋市中心河 | 洋市中心闸内 | 建设前 | 4.38 | 2.12 | 0.20 | 劣Ⅴ类 |
| | | 建设后 | 4.50 | 0.74 | 0.16 | Ⅲ类 |

续表

| 河道 | 监测断面 | 时段 | 水质监测指标（mg/L） | | | 水质类别 |
|---|---|---|---|---|---|---|
| | | | 高锰酸盐 | $NH_3$-N | TP | |
| 谢家河 | 谢家2号桥广厦小学旁 | 建设前 | 6.80 | 13.90 | 0.25 | 劣Ⅴ类 |
| | | 建设后 | 4.72 | 1.81 | 0.28 | Ⅴ类 |
| 潺浦河 | 潺浦闸内 | 建设前 | 5.53 | 1.98 | 0.25 | Ⅴ类 |
| | | 建设后 | 5.90 | 0.58 | 0.10 | Ⅲ类 |

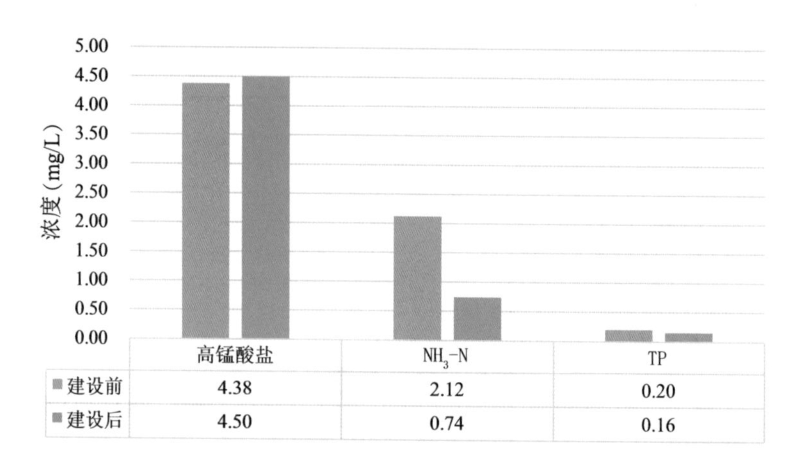


图12-119 洋市中心河建设前后水质变化情况

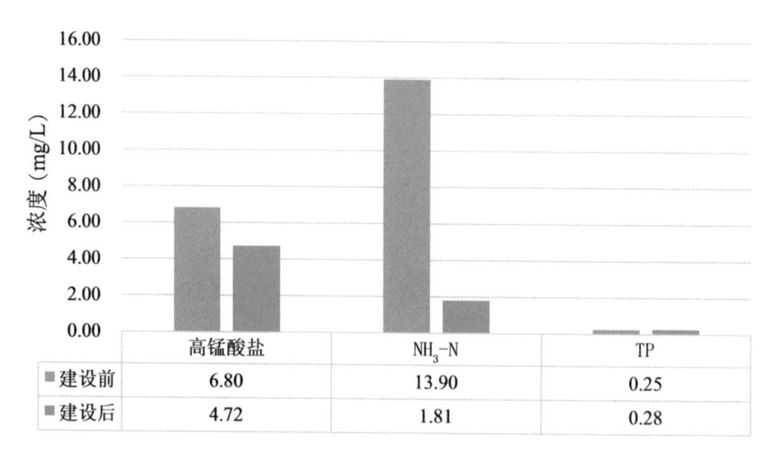


图12-120 谢家河建设前后水质变化情况

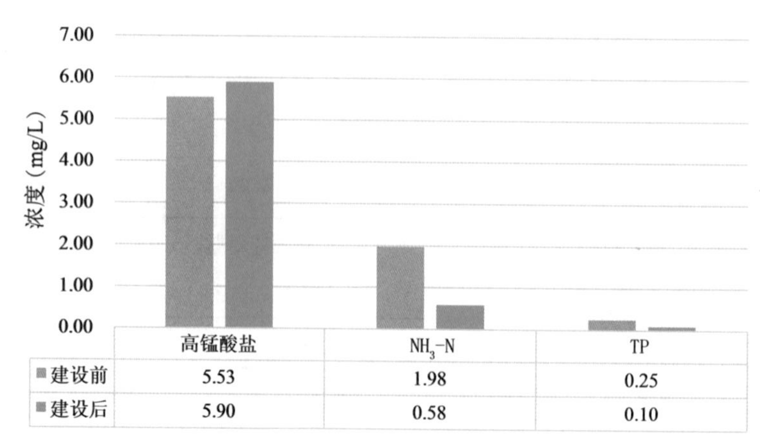


图12-121 潺浦河建设前后水质变化情况

### 3. 城区防洪排涝能力提高

机场路东的防洪堤均按100年一遇的防洪标高建成，满足上位规划要求的100年一遇的防洪标准。通过InfoWorks ICM模型模拟（图12-122），经过海绵化改造及竖向管控，50年一遇设计降雨工况下，该分区内基本无积水现象。

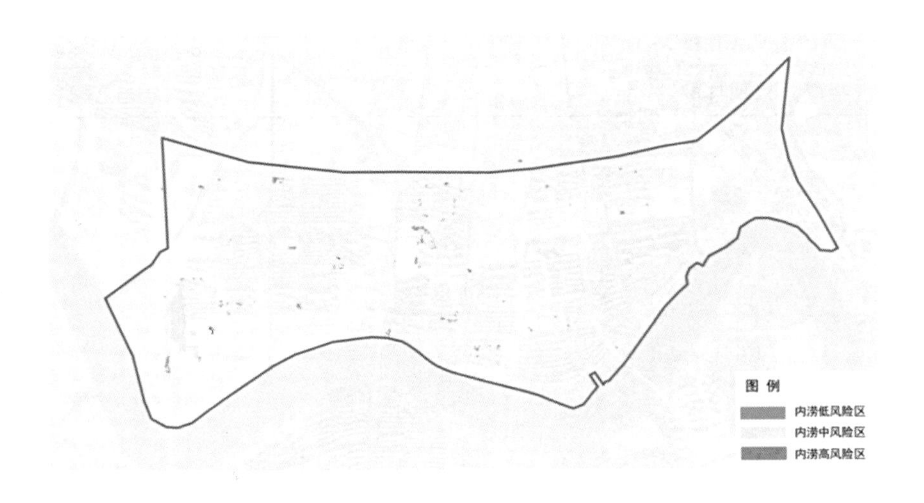


图12-122 机场路东分区建设后内涝风险评估图

同时，在台风“利奇马”期间，同改造前逢大雨必涝的情况相比，经过海绵化改造的老旧小区如姚江花园、春晖佳苑、三和嘉园等19个小区均未出现内涝积水现象。

（1）片区成效

以机场路东片区邵家河斗咀（水尚阑珊西侧）排口为例，在台风“利奇马”期间，累积降雨量达29.6mm后监测到连续出流。从峰值削减效果来看，第一次峰值削减率约为39%，第二次、第三次削减率分别为24.7%和18.7%。

（2）单体项目成效

以宁波技师学院为例，台风期间径流过程对比见图12-123，海绵改造前后峰值变化见表12-44。在台风“利奇马”期间，当降雨历时达12.63h、累计降雨量达10.6mm后监测到连续出流，改造后第一次峰值消除；第二次峰值流量下降0.113m³，峰现时间延迟4min；第三次峰值流量下降0.103m³，峰现时间延迟7min，实现了错峰、削峰的径流控制效果。

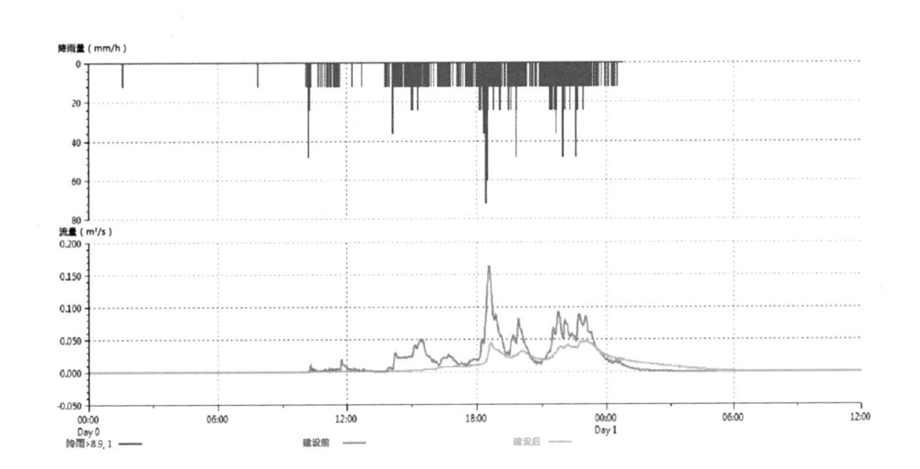


图12-123 台风期间径流过程对比图

**海绵改造前后峰值变化统计表** 表12-44

| | | 第一次峰值 | 第二次峰值 | 第三次峰值 |
|---|---|---|---|---|
| 改造前 | 峰值流量（$m^3/s$） | 0.149 | 0.231 | 0.201 |
| | 峰现时间 | 18:35 | 06:13 | 06:54 |
| 改造后 | 峰值流量（$m^3/s$） | — | 0.118 | 0.098 |
| | 峰现时间 | — | 06:17 | 07:01 |

# 第13章　青岛案例

2016年4月，青岛市成为国家第二批海绵城市建设试点城市，根据问题导向原则，青岛市将国家海绵城市建设试点区选择在李沧区西北部，该区域既是老工业区改造、城中村改造、老城区改造等多重建设任务汇集的老城更新重点区域，又是兼具山地、丘陵、平原、海滨等地形的北方海滨丘陵特色代表地区。

建设前，青岛市海绵城市建设试点区地表硬化面积超过60%，区域内存在黑臭水体、局部内涝积水等问题，同时老旧小区多，配套设施不足，居住环境相对较差，市民对改善人居环境的愿望也十分迫切，同时紧邻胶州湾，生态环境保护压力大，对海绵城市建设的需求极为迫切。

青岛市是国家第二批海绵城市建设试点中唯一的试点区全部位于老城区的试点城市。经过三年建设，青岛市海绵城市建设试点区消除了黑臭水体，提升了生态环境品质，百姓获得感、幸福感显著提高，同时也为海绵城市建设在青岛全市范围内推广打下了良好的群众基础。

本文以李沧试点区为例，介绍北方山海城一体的老城区海绵城市建设系统化方案。

## 13.1　区域概况*

### 13.1.1　区位条件

青岛市是国家计划单列市，隶属山东省，地处山东半岛南部，全市总面积为11293km$^2$；其中，市区（市南、市北、李沧、崂山、青岛西海岸新区、城阳、即墨七区）面积5226km$^2$，胶州、平度、莱西三市面积6067km$^2$，常住人口939.48万人。

青岛市国家海绵城市建设试点区位于李沧区，其范围见图13-1。李沧区地处青岛市区北端，位于东经120° 26′，北纬36° 10′。李沧区东依崂山山脉，与崂山区接壤，西临胶州湾，南邻市北区，北靠城阳区与青岛流亭国际机场相连，是进出青岛市的咽喉之地。试点区位于李沧区中西部，东至青银高速，西至环湾路，北至湘潭路，南至文安路、中崂路，试点面积约25.24km$^2$。

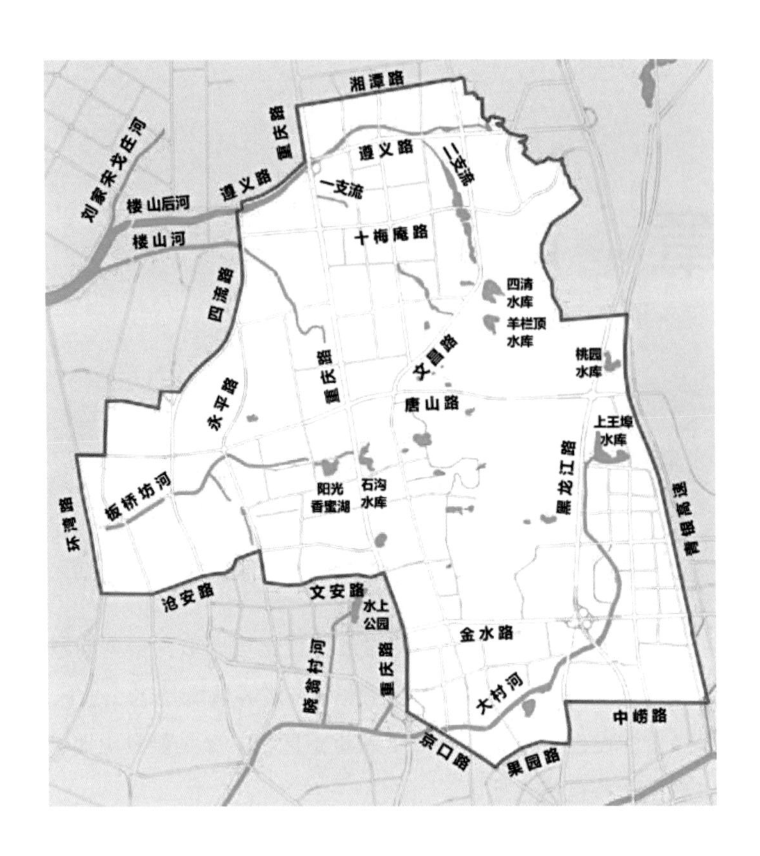


图13-1 试点区范围图

### 13.1.2 气候气象

1. 气象

李沧区地处北温带季风区域，属温带季风气候。由于海洋环境的直接调节，区域受来自洋面上的东南季风及海流、水团的影响，故又具有显著的海洋性气候特点。空气湿润，雨量充沛，温度适中，四季分明。春季气温回升缓慢，较内陆迟1个月；夏季湿热多雨，但无酷暑；秋季天高气爽，降水少，蒸发强；冬季大风低温，持续时间较长。

2. 气温

李沧区1981～2010年月均气温见图13-2，平均气温13.0℃，春、夏、秋、冬四季平均气温分别为11.2℃、23.4℃、15.9℃、1.3℃。极端最高气温38.9℃（2002年7月15日），极端最低气温-16.4℃（1931年1月10日）。

3. 风速风向

李沧区年平均风速为5.4m/s，春、冬分别为5.8m/s和5.6m/s，夏、秋季较低，为5.0m/s左右。常年风向为西北、南、东南，其出现频率分别为16.3%、13.8%和14.2%。

4. 日照蒸发

李沧区1981～2010年月均蒸发量见图13-3，年平均蒸发量为1113mm，月平均蒸发量最高值出现在5月，为122mm；最低值出现在1月，为46mm。日最大蒸发量9月最大，达14.1mm，冬季日最大蒸发量均在8.0mm以下。

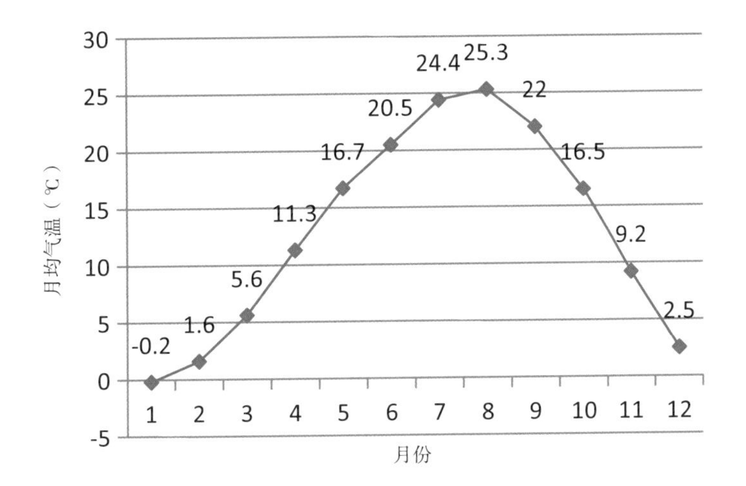


图13-2 李沧区1981～2010年月均气温

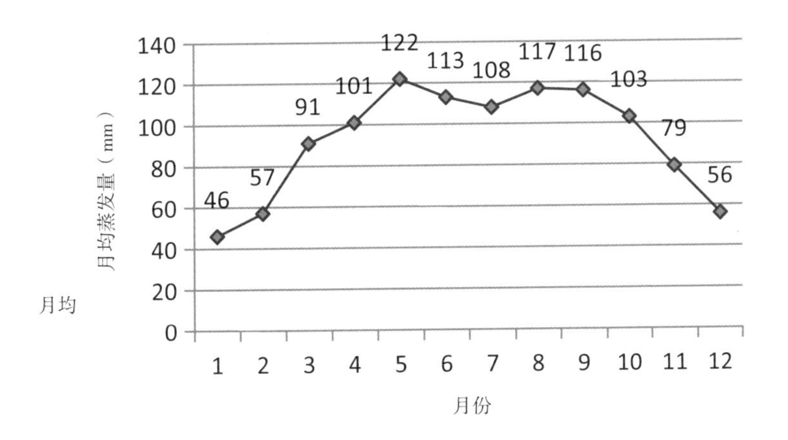


图13-3 李沧区1981～2010年月均蒸发量

5．降雨

根据青岛市1984～2013年降雨数据，李沧区多年平均降雨量为709mm。降水特点表现为：

（1）年际变幅大

1984～2013年年均降雨量见图13-4，最高年降雨量为1353.2mm（2007年），最低年降雨量为407mm（1992年），全区最大年降水量是最小年降水量的3倍多。

（2）年内分配不均

降水多集中于汛期（6～9月），约占全年降水量的70.5%~75.4%，见图13-5。其中7～8月份降水量约占全年降水量的47.6%~54.3%，而7～8月份的降雨又往往集中在几次暴雨之中。

年降雨量偏少、降雨分配不均，对植物生长有一定的限制作用，需种植耐旱耐淹的植物。

（3）暴雨情况

分析20世纪50年代至今，对青岛市中心城区产生重要影响的前十场降雨资料，具体见表13-1。50年一遇的降雨共2次，30年一遇的降雨共2次，20年一遇的降雨共1次，10年一遇的降雨共5次。

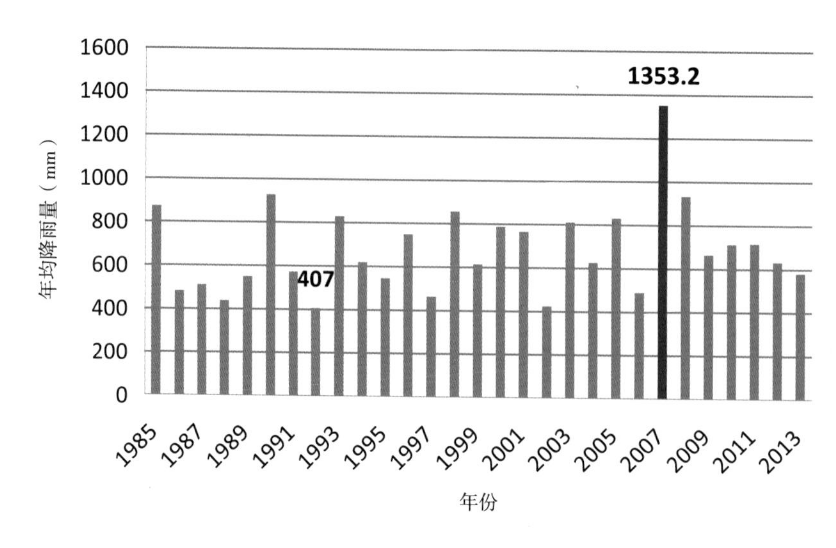


图13-4 1984~2013年年均降雨量

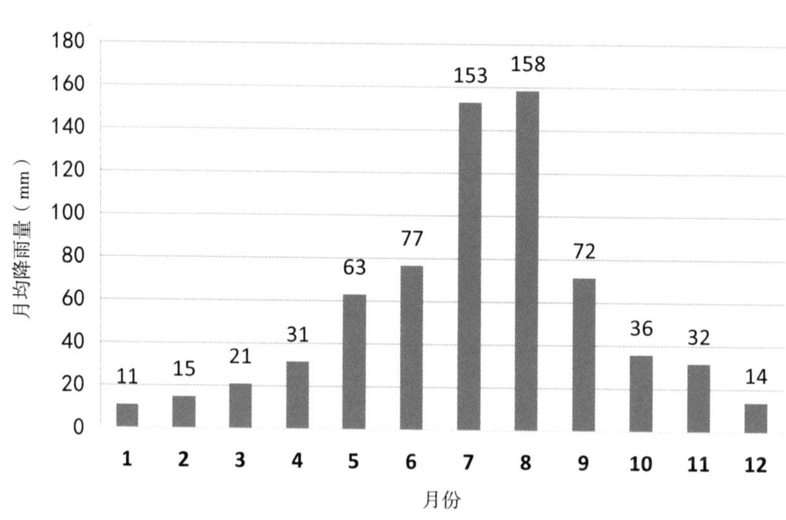


图13-5 1984~2013年月均降雨量

青岛市历史暴雨情况 表13-1

| 年份 | 降雨时间 | 降雨历时 | 降雨频率 | 降雨量（mm） |
|---|---|---|---|---|
| 1956 | 9月5日 | 12h | 50年一遇 | 264.7 |
| 1961 | 9月7日 | 24h | 10年一遇 | 197.7 |
| 1964 | 7月15日 | 3d | 10年一遇 | 207.5 |
| 1970 | 9月3日 | 12h | 30年一遇 | 205.3 |
| 1972 | 8月18日 | 24h | 10年一遇 | 183.2 |
| 1975 | 8月13日 | 24h | 20年一遇 | 225.5 |
| 1985 | 8月17日 | 3d | 30年一遇 | 294.2 |
| 1993 | 7月11日 | 3d | 10年一遇 | 229.0 |
| 2001 | 7月29日 | 3d | 10年一遇 | 219.8 |
| 2007 | 8月10日 | 3d | 50年一遇 | 339.2 |

（4）径流总量

青岛市多年平均径流量为20.18亿$m^3$，折合径流深189.4mm。青岛市河川径流主要由降水补给。由于降水的不均匀，年径流在地域分布上也不均匀，总的分布趋势基本同降水一致。但由于河川径流受下垫面的影响，径流深的地域分布不均匀性更明显，其分布趋势是从东南沿海向西北内陆递减。汛期洪水暴涨暴落，易形成水灾，枯水期径流很小，甚至断流。汛期径流一般占全年径流量的76.3%，最大月径流一般出现在7、8月份，占多年平均的56.9%，枯水期仅占23.7%。

（5）典型年选取

通过对青岛市1984年1月1日～2013年12月31日逐日降雨量监测数据的统计分析，可作为典型年候选的年份主要有：1984、1994、1996、1999、2004、2009、2010、2011和2012年。候选年份各因素权重打分见表13-2，根据年降雨量排名、各类强度降雨分布排名、月降雨量峰值排名和年份趋势排名，分别进行打分，权重最高为5，满分为10分。加权得分最高的为2012年，得7.7分；其次分别为1984年和2004年；得分最低的为1999年。具体见表13-2。

综合分析后选取2012年为典型代表年。

**候选年份各因素权重打分汇总表** 表13-2

| 序号 | 考虑因素 | 权重 | 按各因素排名打分 | | | | | | | | |
|---|---|---|---|---|---|---|---|---|---|---|---|
| | | | 1984 | 1994 | 1996 | 1999 | 2004 | 2009 | 2010 | 2011 | 2012 |
| 1 | 年降雨量 | 5 | 10 | 3 | 1 | 2 | 4 | 8 | 7 | 6 | 5 |
| 2 | 各类强度降雨分布 | 4 | 8 | 6 | 5 | 1 | 8 | 3 | 2 | 4 | 10 |
| 3 | 月降雨量的峰值 | 3 | 3 | 10 | 6 | 7 | 8 | 1 | 4 | 2 | 5 |
| 4 | 年份时间趋势 | 2 | 1 | 2 | 3 | 4 | 5 | 6 | 7 | 8 | 10 |
| 加权得分 | | | 7.2 | 5.4 | 3.8 | 3.3 | 6.6 | 5.2 | 5.3 | 5.2 | 7.7 |

2012年典型年降雨量分布见图13-6。全年降雨量为633mm，降雨量主要集中在7、8月份，两个月份降水量均超过了150mm，约占全年降水量的56.7%。

（6）设计降雨

1）短历时降雨

采用最新修编的青岛市暴雨强度公式进行降雨情景设置，见式（13-1）。

$$q=\frac{1919.009\times(1+0.997\lg P)}{(t+10.740)^{0.738}} \tag{13-1}$$

式中 $P$——设计重现期（年）；

$q$——设计暴雨强度［L/（s·$hm^2$）］；

$t$——降雨历时（min）。

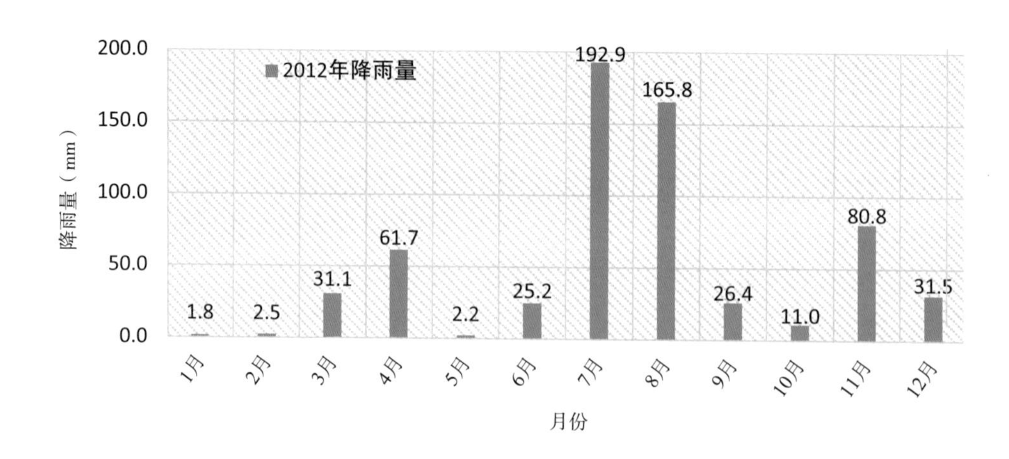


图13-6 2012年典型年降雨量分布图

以芝加哥雨型为基础，雨峰系数$r$为0.2，利用模型生成李沧区1年一遇、2年一遇、3年一遇、5年一遇短历时（降雨历时2h）降雨曲线，见图13-7～图13-9。

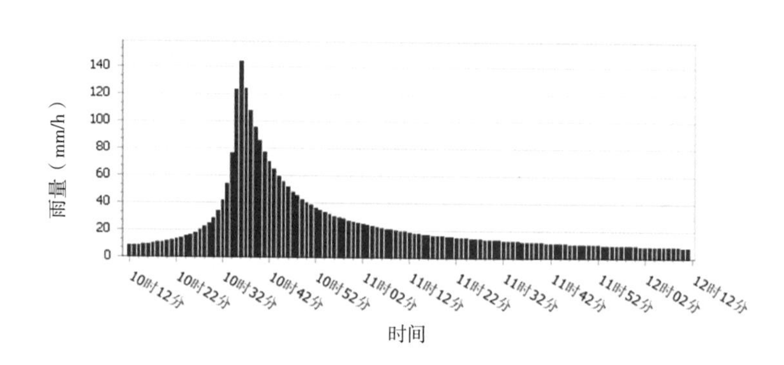


图13-7 2年一遇2h降雨过程线

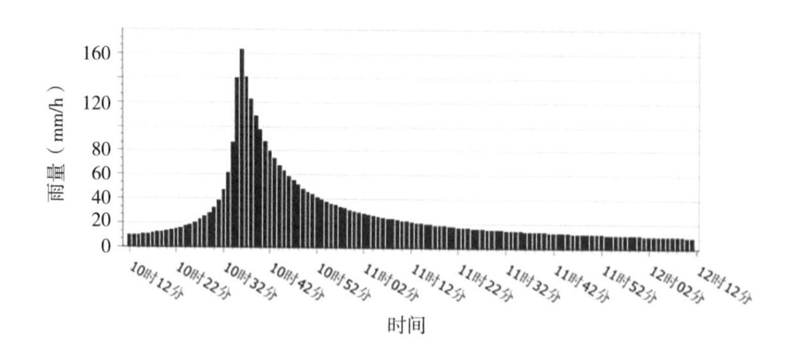


图13-8 3年一遇2h降雨过程线

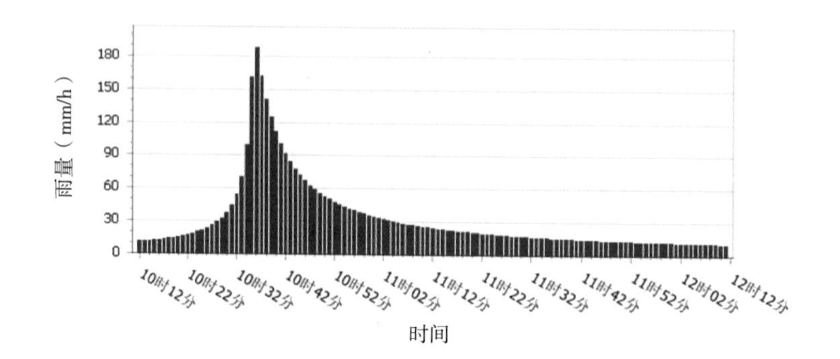


图13-9 5年一遇2h降雨过程线

2）长历时降雨

按照50年一遇防涝标准，以芝加哥雨型为基础，雨峰系数$r$为0.5，生成长历时（降雨历时24h）降雨曲线，见图13-10。经计算，24h降雨量为212.1mm。

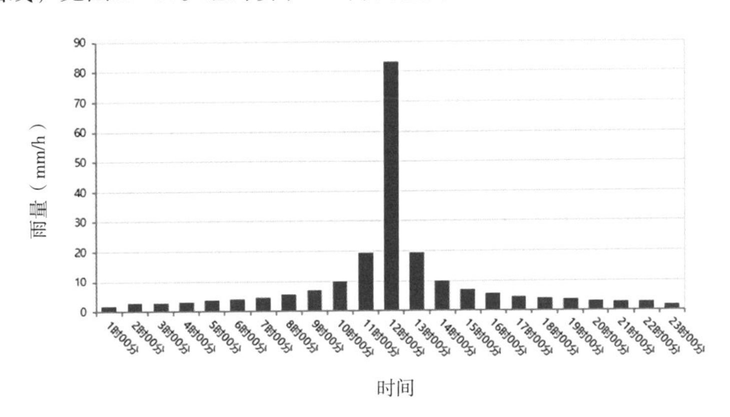


图13-10 青岛市长历时降雨过程线

### 13.1.3 地形地貌

试点区域内有老虎山、牛毛山、坊子街山、楼山、烟墩山等山体及楼山后河、楼山河、板桥坊河、大村河等水系，属于半丘陵半山地区域，整体地势东北高西南低，靠近老虎山处地势变化较大，坡度基本在5%以上，其他区域地势较平坦，坡度基本在1%~5%之间，试点区地形分析见图13-11。

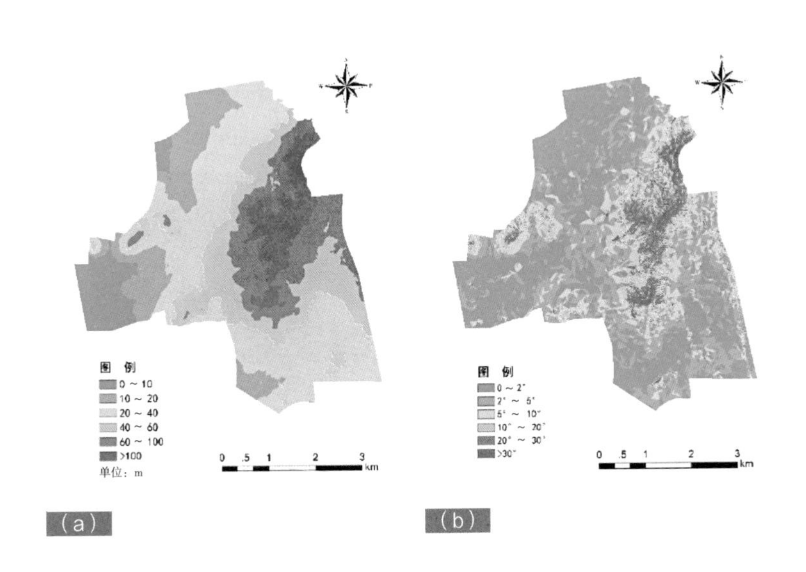


图13-11 试点区地形分析图
（a）高程；
（b）坡度

1．土壤特征

（1）水文地质

区域内侵蚀堆积缓坡—洪冲积平原地貌单元见有第四系孔隙潜水，主要赋存于砂土中；剥蚀斜坡—剥蚀堆积缓坡地貌见有基岩裂隙水，主要以似层状、带状赋存于基岩强风化带、岩脉旁侧裂隙密集发育带中，由于裂隙发育不均匀，其富水性亦不均匀，二者接受大气降水及沿线附近河道补给，有一定水力联系。区域内稳定地下水位埋深为0.90～7.40m，根据区域调查资料，地下水位年变幅1～2m，地下水位以上土层属强透水层。

（2）地层岩性

根据钻探资料和区域地质资料，试点区域内土层自上而下为第四系全新统人工填土层（素填土、杂填土等）、全新统洪冲积层（粉质黏土、中粗砂、粗砂等）和上更新统洪冲积层（粉质黏土、粗砂、砾砂等）。基岩主要为燕山晚期花岗岩和白垩系青山群安山岩、玄武岩、流纹岩、砾岩，局部穿插后期侵入的煌斑岩和细粒花岗岩岩脉及构造破碎带。

2．土壤渗透性

试点区域土壤主要为棕壤，土壤发育程度受地形影响，由高到低依次分为棕壤性土、棕壤、潮棕壤，其土壤特点是持水性能好、抗旱能力强，在降雨不均的青岛，有利于植物的存活及增长，但棕壤透水性一般，仅有$6\times10^{-5}$m/s，对于海绵城市建设中滞留雨水的作用相对较小，同时在降雨集中的情况下，平坦地区易发生潮、涝现象。除棕壤外，试点区内也有少量的砂姜黑土、潮土、褐土与盐土。各土壤渗透系数见表13-3，土壤分布见图13-12。

**土壤渗透系数表** 表13-3

| 分类 | $K$（m/s） |
|---|---|
| 棕壤 | $6.0\times10^{-5}$ |
| 砂姜黑土 | $3.5\times10^{-7}$～$4.0\times10^{-6}$ |
| 潮土 | $1.5\times10^{-7}$~$3.0\times10^{-5}$ |
| 褐土 | $7.0\times10^{-6}$~$7.0\times10^{-5}$ |

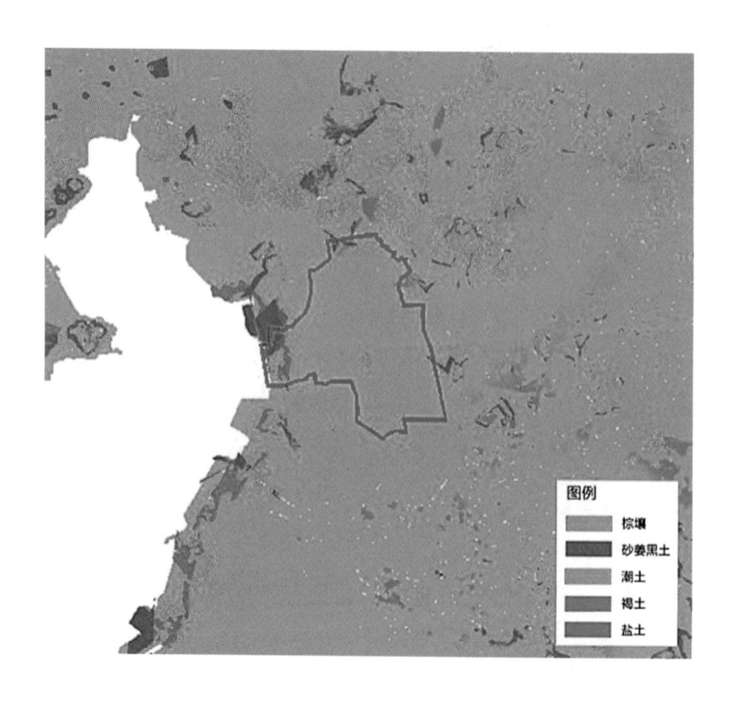


图13-12 试点区土壤分布图

试点区小区地块土壤构造主要为表层素填土，下层粉质黏土，底层强风化花岗岩，表层土渗透性系数约为$1.7 \times 10^{-4} \sim 3.5 \times 10^{-4}$m/s，下层土渗透性系数约为$1.2 \times 10^{-7}$m/s，综合土壤特性不利于下渗。试点区道路类土壤表层为杂填土，下层为低液限黏土，表层土渗透性系数为$3.0 \times 10^{-7}$m/s，不利于下渗。

### 13.1.4 河道水系

1．主要河道

试点区内主要干流河道有楼山后河、楼山河、板桥坊河、大村河等，主要支流河道有楼山后河一支流、楼山后河二支流、永平路支流等，详见表13-4，水系分布见图13-13。试点区内河流汇水面积较小，中上游坡度大，汇流快，水量集中，洪峰形成快，消解也快。下游地势平坦，坡度小，水流速度减慢，再加上入海口海潮顶托以及泥砂淤积等因素影响，河道行洪能力降低。

**试点区主要河道统计表** 表13-4

| 河道名称 | 河流名称 | | 河道长度（km） | 宽度（m） |
|---|---|---|---|---|
| 楼山后河 | 干流 | 楼山后河 | 2.92 | 35~40 |
| | 一级支流 | 楼山后河一支流、楼山后河二支流 | 2.28 | 20~40 |
| 楼山河 | 干流 | 楼山河 | 1.35 | 20~30 |
| 板桥坊河 | 干流 | 板桥坊河 | 2.45 | 10~25 |
| | 一级支流 | 永平路支流 | 0.50 | 10~20 |
| 大村河 | 干流 | 大村河 | 4.30 | 18~30 |

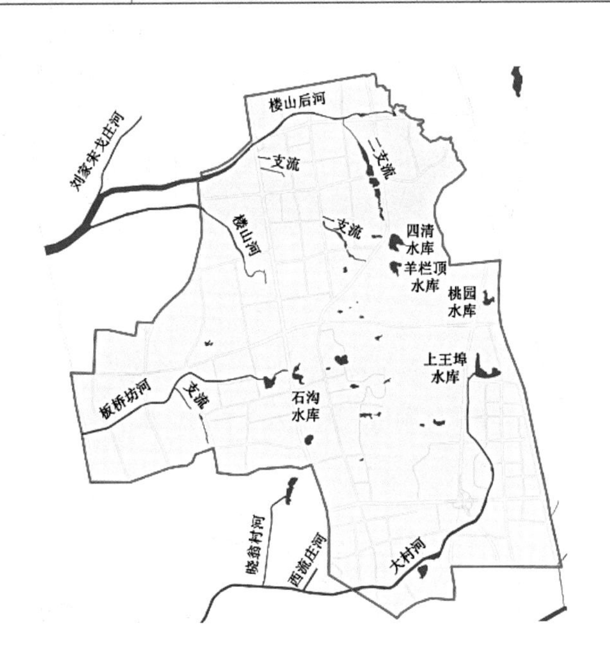


图13-13 试点区河流水系分布图

（1）楼山河流域

楼山河流域内主要有楼山后河、楼山河以及楼山后河一支流、楼山后河二支流等。楼山后河和楼山河为干流，流域面积25.6km$^2$，源于老虎山，流经湾头、东南渠、西南渠、青岛钢铁公司，穿过胶济铁路和环湾大道后排入胶州湾，试点区内主要河道长度约为6.55km（图13-14）。

图13-14 楼山后河（四流北路—重庆路）现状图

（2）板桥坊河流域

板桥坊河流域面积6.62km$^2$，发源于虎山，穿过重庆路、永平路、四流路、安顺路和环湾大道后排入胶州湾，试点区内主要河道长度约为2.95km（图13-15）。

图13-15 板桥坊河（永平路—兴国二路）现状图

（3）大村河流域

大村河流域面积17km$^2$，发源于卧狼齿山西侧，流经上、下王埠，东、西大村，西流庄，晓翁村，沿沧口机场西墙在胜利桥东侧汇入李村河，试点区内主要河道长度约为4.3km（图13-16）。

2．主要水体

试点区内水体较多，中小型水体有11个，水面面积合计约18.74hm$^2$，包括上王埠水库、四清水库等。见表13-5和图13-17～图13-20。

图13-16 大村河（金水路—六号线）现状图

试点区水体统计表 表13-5

| 流域 | 水体名称 | 水体面积（hm²） | 总计（hm²） |
| --- | --- | --- | --- |
| 楼山河 | 羊栏顶水库 | 1.85 | 6.01 |
| | 四清水库 | 2.43 | |
| | 十梅庵水库 | 1.73 | |
| 板桥坊河 | 水库1 | 1.61 | 5.25 |
| | 水库2（香蜜湖） | 1.72 | |
| | 映月湖 | 0.38 | |
| | 石沟水库 | 1.54 | |
| 大村河 | 文昌阁水库 | 1.01 | 7.48 |
| | 上王埠水库 | 3.37 | |
| | 桃园水库 | 0.96 | |
| | 文化公园水体 | 2.14 | |

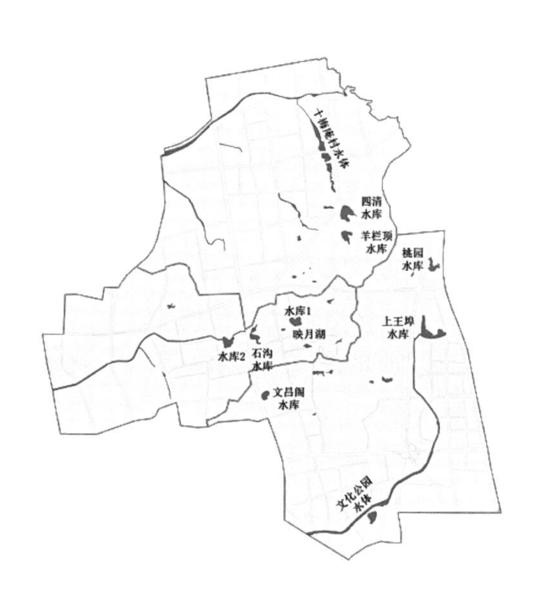


图13-17 试点区水体分布图

图13-18 楼山河流域水库现状图

图13-19 板桥坊河流域阳光香蜜湖

图13-20 大村河流域水库现状图

### 13.1.5 现状排水系统

1. 排水体制

试点区为分流制排水体制，但部分城中村存在雨污混接的现象。见图13-21。

2. 污水系统

试点区现状污水管道80.1km，见图13-22，试点区内无污水处理厂，污水排入试点区外楼山河、李村河两座污水处理厂。

楼山河入海口处建有楼山河污水处理厂，现状规模17万$m^3$/d，非雨季平均日处理量9.3万$m^3$/d，雨季平均日处理量19.7万$m^3$/d，出水水质为一级A及再生水。楼山河汇水分区和板桥坊河汇水分区收集的污水均排入楼山河污水处理厂，其中板桥坊河流域永平路、兴国路两侧居住用

图13-21 试点区内部雨污混接区域分布图

地以及四流中路以西规划商服用地的污水通过�阳路泵站输送至楼山河污水处理厂，现状规模4.0万$m^3$/d，平均日进水量为1.5万$m^3$/d，泵站运行稳定，流量满足现状能力。

李村河入海口处建有李村河污水处理厂，现状规模25万$m^3$/d，非雨季平均日处理量18.7万$m^3$/d，雨季平均日处理量23.4万$m^3$/d，出水水质为一级A及再生水。试点区内大村河汇水分区及部分板桥坊河汇水分区收集的污水排入李村河污水处理厂。其中板桥坊河流域沧安路、兴华路等道路两侧居民用户的污水通过沧台路泵站输送至李村河污水处理厂，现状规模1.5万$m^3$/d，平均日进水量为0.3万$m^3$/d，泵站运行稳定，流量满足现状能力。

楼山河、板桥坊河流域污水管网主要隶属楼山河污水系统，楼山河污水处理系统现有污水管道已达到100km，污水收集率约为70%。楼山河和板桥坊河流域为青岛市的老工业区，市政路网不完善，部分片区污水没有出路，污水通过沟渠收集排放和雨污混排入河的情况普遍。例如，楼山河流域楼山后村、坊子街村、小枣园村、大枣园村、南岭村等多处村庄生活污水多由明渠收集排放，板桥坊河流域石沟旧村污水无下游等，增加了污水的收集处理难度，给水体造成较大污染。

大村河流域所在李村河污水处理系统管网相对较为完善，李村河污水系统现有污水管道已达到500km，污水收集率约为92.5%。大村河沿线依然存在多处污染点源，例如夏庄路、君峰路等地沿河均存在雨污混流入河现象。

3．雨水系统

试点区内雨水管渠属于楼山河雨水系统和李村河雨水系统，现状雨水管道约79.5km，暗渠约18.1km，见图13-23。试点区内雨水管网较完善，但部分老旧城中村区域存在雨污混接问题。

4．再生水利用

试点区属于楼山河污水系统和李村河污水系统，对应再生水系统为楼山河再生水系统和

图13-22 试点区现状污水系统图

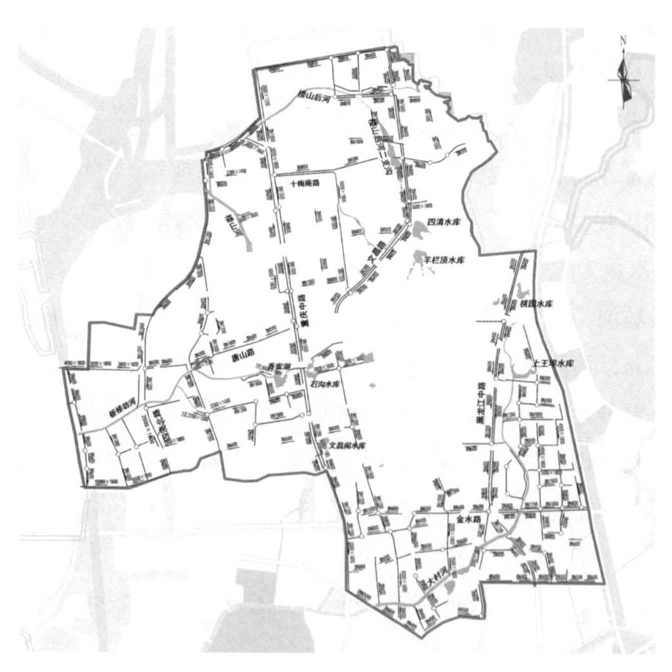


图13-23 试点区雨水管与暗渠现状分布图

李村河再生水系统，规划范围同污水处理系统范围，见图13-24。

楼山河再生水系统内目前无集中再生水设施。

李村河再生水系统内目前无再生水厂，仅有位于李村河污水厂内的再生水泵站，将李村河污水处理厂一级A出水直接提升，用于环湾大道两侧绿化浇洒，该工程尚未投入使用。泵站现状规模为0.2万$m^3$/d，环湾大道现状设有*DN*400再生水管线，从瑞昌路至双埠立交，长度13.03km。

图13-24 试点区现状再生水管线分布图

## 13.1.6　土地利用现状

### 1. 现状用地

试点区域总面积为25.24 km²，现状用地以居住区、工业厂区、山体为主，见图13-25和表13-6。其中东部为老虎山公园，北部为工业区和城中村，南部、西部为居住区。试点区全部位于建成区，其中已按规划建设完成的区域面积约22.24km²（含老虎山公园等），待拆迁或改造的区域面积约3.00km²，主要位于北部工业区和城中村。

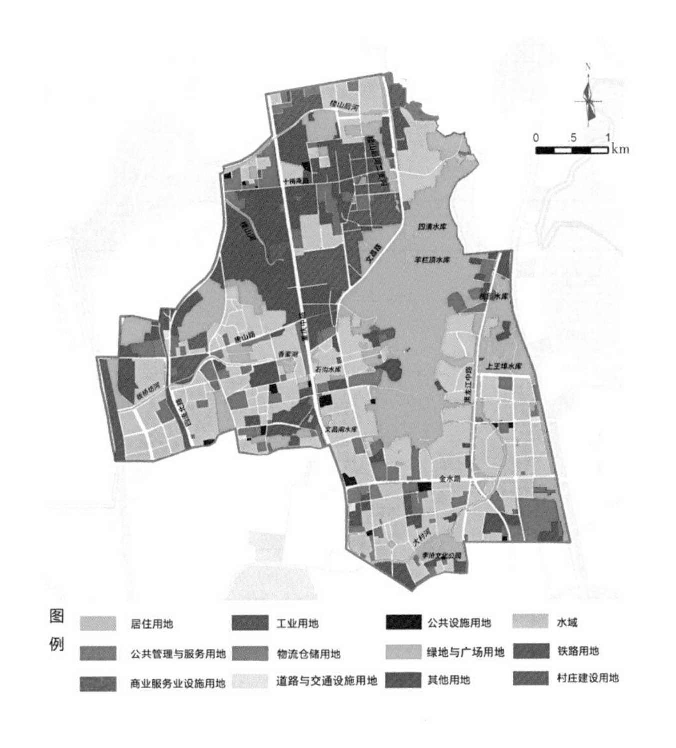


图13-25 试点区用地现状图

**试点区现状用地平衡表** **表13-6**

| 序号 | 用地类型 | 面积（km²） | 比例（%） |
|---|---|---|---|
| 1 | 居住用地 | 7.92 | 31.4 |
| 2 | 工业用地 | 4.19 | 16.6 |
| 3 | 公共管理与公共服务设施用地 | 1.26 | 5.0 |
| 4 | 物流仓储用地 | 0.21 | 0.8 |
| 5 | 道路与交通设施用地 | 2.02 | 8.0 |
| 6 | 商业服务业设施用地 | 0.91 | 3.6 |
| 7 | 公用设施用地 | 0.16 | 0.6 |
| 8 | 绿地与广场用地 | 6.66 | 26.5 |
| 9 | 其他用地 | 1.38 | 5.5 |
| 10 | 水域 | 0.53 | 2.0 |
| 合计 | | 25.24 | 100.0 |

2. **规划用地**

李沧区规划定位为服务山东半岛地区的铁路及公共交通枢纽、交通商务中心，青岛市重要的商贸流通、滨海宜居中心和城市绿色生态休闲中心。根据试点区域控制性详细规划，统计分析可知，区域规划用地面积为25.24km$^2$，见表13-7和图13-26。其中，居住用地10.58km$^2$，占41.9%；工业用地0.49km$^2$，占1.9%；公共管理与公共服务设施用地1.28km$^2$，占5.1%；物流仓储用地0.07km$^2$，占0.3%；道路与交通设施用地3.02km$^2$，占12.0%；商业服务业设施用地0.61km$^2$，占2.4%；公共设施用地0.53km$^2$，占2.1%；绿地与广场用地7.85km$^2$，占31.1%；其他用地0.25km$^2$，占1.0%；水域0.56km$^2$，占2.2%。

**试点区规划用地平衡表** **表13-7**

| 序号 | 用地类型 | 面积（km²） | 占城市建设用地比例（%） |
|---|---|---|---|
| 1 | 居住用地 | 10.58 | 41.9 |
| 2 | 工业用地 | 0.49 | 1.9 |
| 3 | 公共管理与公共服务设施用地 | 1.28 | 5.1 |
| 4 | 物流仓储用地 | 0.07 | 0.3 |
| 5 | 道路与交通设施用地 | 3.02 | 12.0 |
| 6 | 商业服务业设施用地 | 0.61 | 2.4 |
| 7 | 公用设施用地 | 0.53 | 2.1 |
| 8 | 绿地与广场用地 | 7.85 | 31.1 |
| 9 | 其他用地 | 0.25 | 1.0 |

续表

| 序号 | 用地类型 | 面积（km²） | 占城市建设用地比例（%） |
|---|---|---|---|
| 10 | 水域 | 0.56 | 2.2 |
| 总计 | 城市建设用地 | 25.24 | 100.0 |

图13-26 试点区用地规划图

### 13.1.7 道路建设现状

试点区现状主要道路总长130km，道度种类分为主干道、次干道和城市支路，长度占分别为19%、21%和60%。道路断面主要分为6种，主干道有重庆路、黑龙江路、文昌路等，见表13-8和图13-27～图13-29。

**试点区典型道路断面一览表** 表13-8

| 道路断面种类 | 道路宽度（m） | 道路组成（人行道+绿篱+车行道+绿篱+人行道） | 道路长度（km） | 典型道路举例 | 占比 |
|---|---|---|---|---|---|
| 主干道 | 40 | 4+1+30+1+4 | 25 | 重庆路、黑龙江路、金水路、唐山路、文昌路北段等 | 19.2% |
| 次干道 | 30 | 4+1+20+1+4 | 13 | 五号线、巨峰路、夏庄路等 | 10.0% |
| | 24 | 4+1+14+1+4 | 14 | 文昌路南段、永平路、兴城路、君峰路等 | 10.8% |
| 城市支路 | 20 | 2+1+14+1+2 | 11 | 上苑路、永年路、虎山路、三号线、六号线等 | 8.5% |
| | 18 | 4+1+8+4+1 | 28 | 文安路、枣园路等 | 21.5% |
| | 14 | 2+1+8+2+1 | 39 | 北园路、七号线等 | 30.0% |
| 合计 | | | 130 | | 100% |

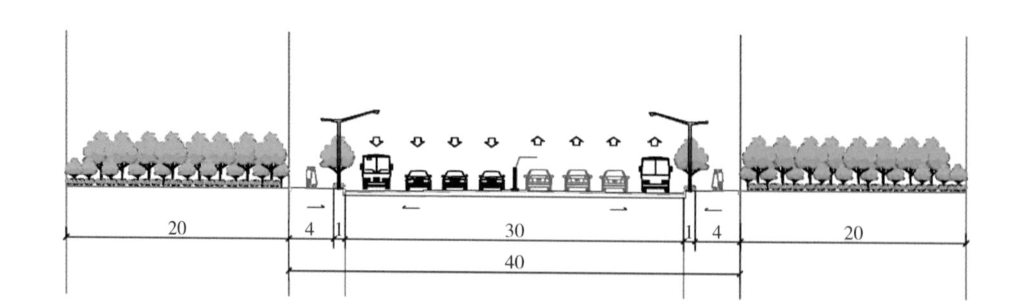


图13-27 40m城市主干道断面图

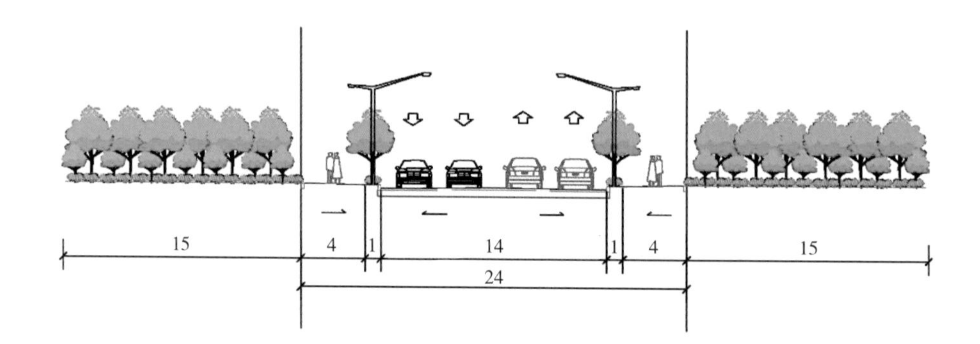


图13-28 24m城市次干道断面图

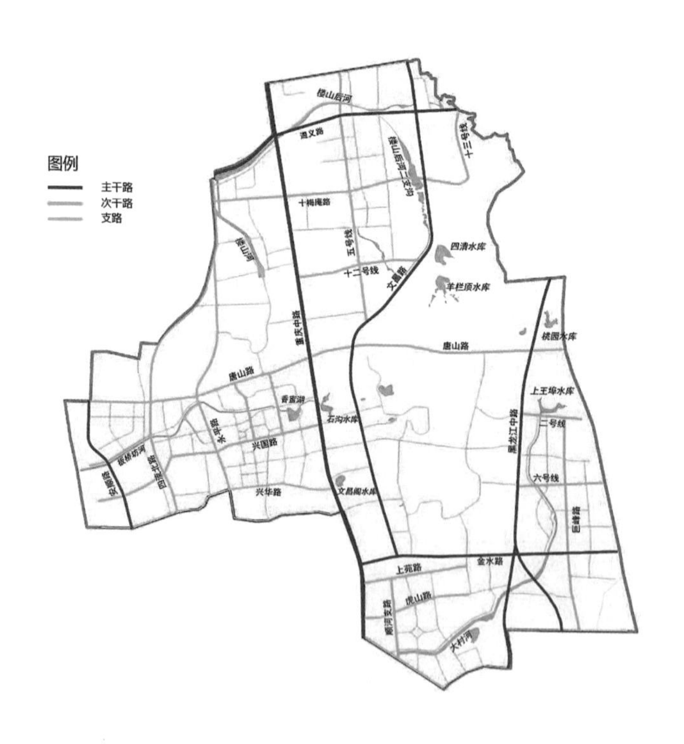


图13-29 试点区现状道路分布图

## 13.2 现状问题及原因分析

### 13.2.1 水环境问题

#### 1. 水质不达标，存在黑臭水体

试点区内河道水质为劣Ⅴ类，首要污染物为COD，河湖背景值中，SS浓度较低。根据2016年2月黑臭水体平台公布的清单，楼山河（重庆路—入海口段）河道被列为青岛市黑臭

水体，总长度3.3km。

对青岛市试点区内的河道水体背景值进行检测，共在3个流域选择了5个典型监测点位。监测点位分布情况见图13-30。

图13-30 试点区河湖背景值监测点分布图（2017年7月10日）

5个监测点位中，2个为湖泊/水库，即石沟水库、桃园水库；3个为河道断面，均为河道常水河段，1处位于楼山后河上游湾头馨苑A区处，1处位于板桥坊河中游兴国二路处，一处位于大村河中游君峰路处。

根据监测（表13-9）结果，试点区内所有检测断面均为劣Ⅴ类水质，首要污染物为COD。试点区主要河道断面的$NH_3$-N和TP均能达到规划标准，而湖库监测数据中，$NH_3$-N、TP则不能达到规划标准。试点区河湖背景值中，SS浓度均较低，其原因主要为试点区水系水动力条件差，流速常年低于0.01m/s，静置沉淀效应使SS浓度长时间处于较低水平。

试点区河湖水质监测值 表13-9

| 点位 | COD (mg/L) | 水质标准 | $NH_3$-N (mg/L) | 水质标准 | TP (mg/L) | 水质标准 |
|---|---|---|---|---|---|---|
| 楼山后河上游（湾头馨苑） | 55.6 | 劣Ⅴ类 | 0.16 | Ⅱ类 | 0.13 | Ⅲ类 |
| 板桥坊河中游（兴国二路） | 66.0 | 劣Ⅴ类 | 1.00 | Ⅲ类 | 0.35 | Ⅴ类 |
| 香蜜湖 | 64.7 | 劣Ⅴ类 | 1.74 | Ⅴ类 | 0.18 | Ⅴ类 |
| 桃园水库 | 65.6 | 劣Ⅴ类 | 0.18 | Ⅱ类 | 0.11 | Ⅳ类 |
| 大村河中游（君峰路） | 98.5 | 劣Ⅴ类 | 0.51 | Ⅲ类 | 0.20 | Ⅲ类 |

2．排水系统不完善，存在雨污混接

试点区内排水体制为分流制，但试点区内排水系统不完善，存在雨污混接，旱季存在污水直排和溢流问题，河道底泥淤积。

（1）排口调查

对试点区所有河道进行沿河排查，并对主要排口进行了水量与水质的现场监测。将排口分为四种类型：纯雨水口、污水直排口、雨污混接直排口、雨污混接溢流口。

经沿河现场排查，试点区内共有排口124个（表13-10和图13-31），其中，纯雨水口94个，污水排口2个，雨污混接排口19个，雨污混接溢流口9个。

流域排口类型统计表（个） 表13-10

| 流域 | 纯雨水口 | 污水直排口 | 雨污混接直排口 | 雨污混接溢流口 | 合计 |
|---|---|---|---|---|---|
| 楼山河 | 17 | 1 | 11 | 2 | 31 |
| 板桥坊河 | 34 | 1 | 1 | 4 | 40 |
| 大村河 | 43 | 0 | 7 | 3 | 53 |
| 合计 | 94 | 2 | 19 | 9 | 124 |

图13-31 试点区各流域排口分布图

（2）重点排口水质水量监测

对旱天存在污水出流的30个排口进行流量监测（图13-32），并从中选取9个典型排口进行了现场采样及水质监测（表13-11）。

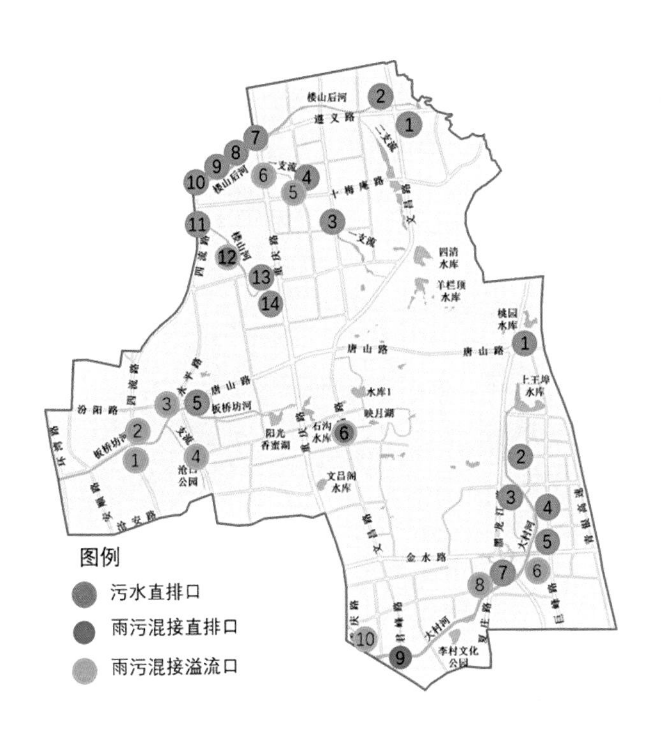


图13-32 各流域污水排口位置与类型分布图

**流域排口水质水量监测信息表** 表13-11

| 流域 | 编号 | 排口类型 | 水量(t/d) | SS(mg/L) | COD(mg/L) | $NH_3$-N(mg/L) | TP(mg/L) |
|---|---|---|---|---|---|---|---|
| 楼山河 | 1 | 雨污混接直排口 | 24 | | | | |
| 楼山河 | 2 | 雨污混接直排口 | 31 | | | | |
| 楼山河 | 3 | 雨污混接直排口 | 871 | | | | |
| 楼山河 | 4 | 雨污混接直排口 | 200 | | | | |
| 楼山河 | 5 | 雨污混接溢流口 | 3500 | 20.00 | 216.00 | 21.20 | 2.58 |
| 楼山河 | 6 | 雨污混接溢流口 | 50 | | | | |
| 楼山河 | 7 | 雨污混接直排口 | 43 | | | | |
| 楼山河 | 8 | 雨污混接直排口 | 19 | | | | |
| 楼山河 | 9 | 雨污混接直排口 | 28 | | | | |
| 楼山河 | 10 | 雨污混接直排口 | 44 | 17.00 | 79.20 | 0.16 | 0.05 |
| 楼山河 | 11 | 雨污混接直排口 | 122 | | | | |
| 楼山河 | 12 | 污水直排口 | 35 | | | | |
| 楼山河 | 13 | 雨污混接直排口 | 2265 | | | | |
| 楼山河 | 14 | 雨污混接直排口 | 2193 | 57.00 | 349.00 | 32.80 | 4.54 |
| 板桥坊河 | 1 | 雨污混接溢流口 | 149 | 674.00 | 291.00 | 1.10 | 0.25 |
| 板桥坊河 | 2 | 雨污混接溢流口 | 127 | | | | |

续表

| 流域 | 编号 | 排口类型 | 水量（t/d） | SS（mg/L） | COD（mg/L） | $NH_3$-N（mg/L） | TP（mg/L） |
|---|---|---|---|---|---|---|---|
| 板桥坊河 | 3 | 雨污混接溢流口 | 28 | | | | |
| 板桥坊河 | 4 | 雨污混接溢流口 | 2572 | | | | |
| 板桥坊河 | 5 | 雨污混接直排口 | 36 | | | | |
| 板桥坊河 | 6 | 污水直排口 | 29 | | | | |
| 大村河 | 1 | 雨污混接直排口 | 493 | | | | |
| 大村河 | 2 | 雨污混接直排口 | 41 | | | | |
| 大村河 | 3 | 雨污混接直排口 | 145 | 7.00 | 86.30 | 1.90 | 0.36 |
| 大村河 | 4 | 雨污混接直排口 | 544 | 58.00 | 572.00 | 57.80 | 7.48 |
| 大村河 | 5 | 雨污混接直排口 | 52 | | | | |
| 大村河 | 6 | 雨污混接溢流口 | 61 | 18.00 | 189.00 | 5.78 | 1.60 |
| 大村河 | 7 | 雨污混接直排口 | 895 | | | | |
| 大村河 | 8 | 雨污混接溢流口 | 624 | 16.00 | 31.10 | 2.74 | 0.67 |
| 大村河 | 9 | 雨污混接溢流口 | 282 | 9.00 | 209.00 | 24.50 | 3.51 |
| 大村河 | 10 | 雨污混接溢流口 | 50 | | | | |

（3）河道底泥淤积、垃圾堆放

试点区内垃圾堆放河道主要为楼山后河、楼山后河二支流、楼山河、板桥坊河永平路西侧，现状情况见图13-33、图13-34，垃圾堆放与淤积河段分布见图13-35。

①楼山河红星化工厂

②楼山后河文昌路桥西

③楼山后河文昌路上游

④楼山后河二支流十梅庵路南

图13-33 楼山河流域河道垃圾堆放情况

图13-34 板桥坊河流域沿河垃圾堆放情况

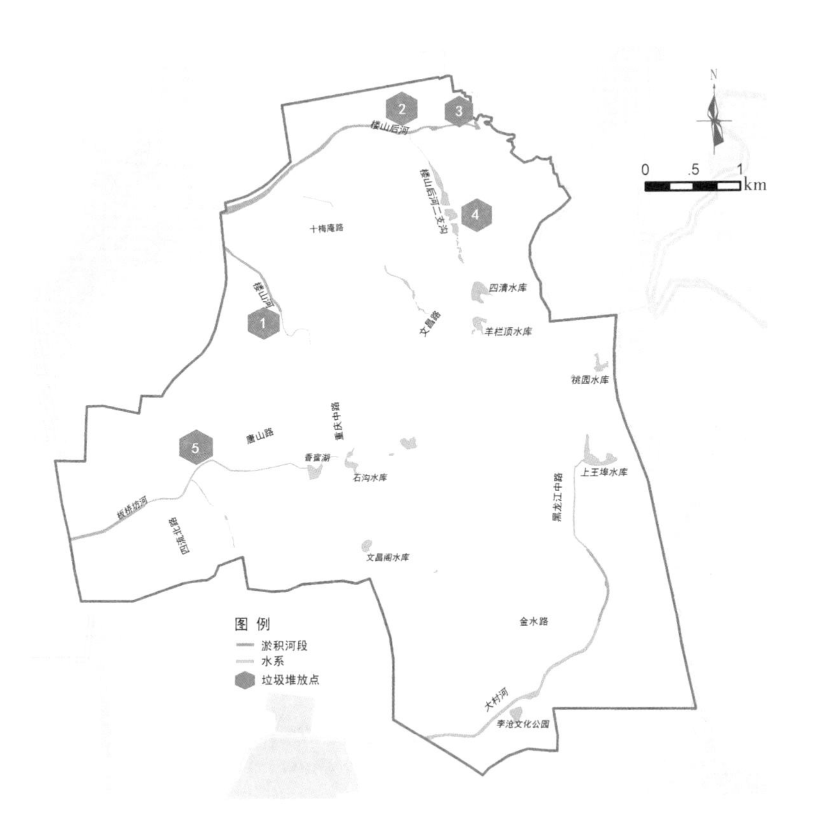


图13-35 试点区垃圾堆放与淤积河段分布图

### 13.2.2 水安全问题

试点区内无内涝点，积水点主要有三处，分别为梅庵新区积水点、翠湖小区积水点和湖畔雅居积水点（图13-36）。三处积水点积水深度均小于0.15m，可能会对居民出行产生影响，但不会造成交通堵塞等现象。

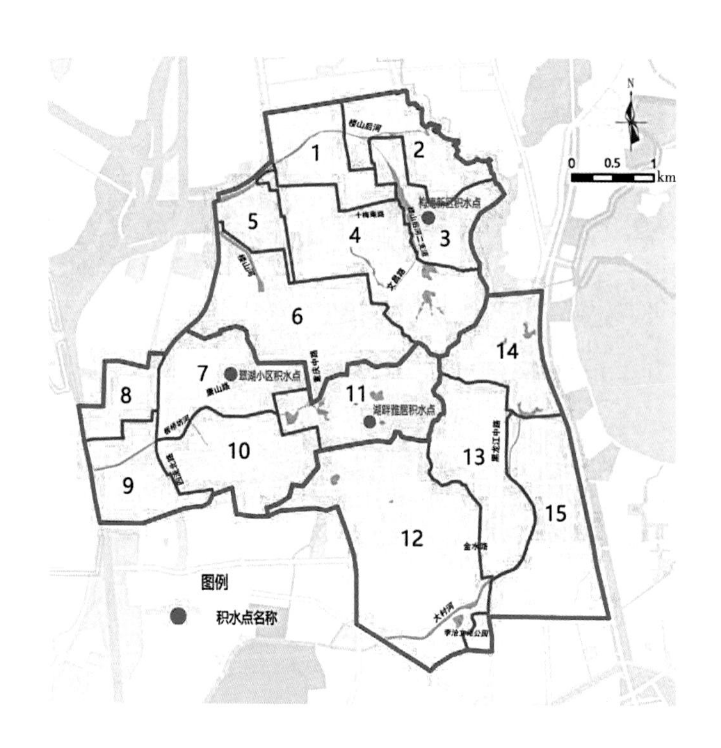


图 13-36 试点区现状内涝点分布图

## 13.2.3 水生态问题

### 1．河流缺少清洁水源补给，无生态基流

试点区内降水对地下水补给量较小，导致河道缺少足够的清洁水源补给。三大流域有水河段比例仅为37%，河道无生态基流，无法维持河道基本生态功能，水体丧失自净能力，河道水环境容量降低。现状河道水面分布见图13-37。

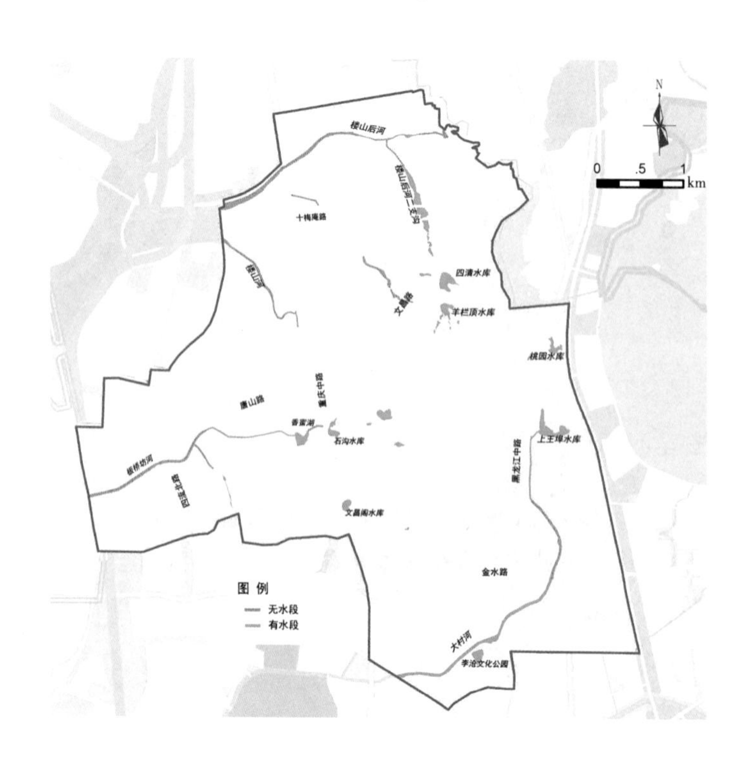


图13-37 试点区现状河道水面分布图

目前，试点区除大村河上游由上王埠水库补给少量生态补水外，其他主要河道如楼山河、大村河下游、板桥坊河都属于季节性山区河道，缺少新鲜水补给。试点区内三大流域有水河段比例仅为37%，楼山河流域中楼山河全段无水，楼山后河有水河段占比为20%；板桥坊河有水河段占比36%；大村河有水河段占比80%，详见表13-12。

试点区现状河道水面信息一览表　　表13-12

| 流域 | 有无水 | 长度（km） | 占比（%） |
| --- | --- | --- | --- |
| 楼山后河（包括支流） | 有水河段 | 1.05 | 20 |
| | 无水河段 | 4.15 | 80 |
| | 合计 | 5.20 | 100 |
| 楼山河 | 有水河段 | 0 | 0 |
| | 无水河段 | 1.35 | 100 |
| | 合计 | 1.35 | 100 |
| 板桥坊河 | 有水河段 | 1.06 | 36 |
| | 无水河段 | 1.89 | 64 |
| | 合计 | 2.95 | 100 |
| 大村河 | 有水河段 | 3.45 | 80 |
| | 无水河段 | 0.85 | 20 |
| | 合计 | 4.30 | 100 |

2. 现状生态岸线比例较低，渠化问题突出

试点区内河道硬质化情况严重，硬化和渠化的砌筑堤岸过于单一，切断了地下水的补给通道，破坏了水生态平衡。试点区内现状河道总长度为12.9 km（不含感潮河段），生态驳岸（单侧）总长度为7.85km，分布见图13-38，现状河道岸线信息见表13-13，整体生态岸线比率为61%。

现状河道岸线信息一览表（不含感潮河段）　　表13-13

| 流域 | 驳岸形态 | 岸线（单侧）长度（km） | 占比（%） |
| --- | --- | --- | --- |
| 楼山后河 | 硬质驳岸 | 2.35 | 45 |
| | 生态驳岸 | 2.85 | 55 |
| | 合计 | 5.20 | 100 |
| 楼山河 | 硬质驳岸 | 0.40 | 30 |
| | 生态驳岸 | 0.95 | 70 |
| | 合计 | 1.35 | 100 |

续表

| 流域 | 驳岸形态 | 岸线（单侧）长度（km） | 占比（%） |
|---|---|---|---|
| 板桥坊河 | 硬质驳岸 | 1.30 | 63 |
| | 生态驳岸 | 0.75 | 37 |
| | 合计 | 2.05 | 100 |
| 大村河 | 硬质驳岸 | 1.00 | 23 |
| | 生态驳岸 | 3.30 | 77 |
| | 合计 | 4.30 | 100 |

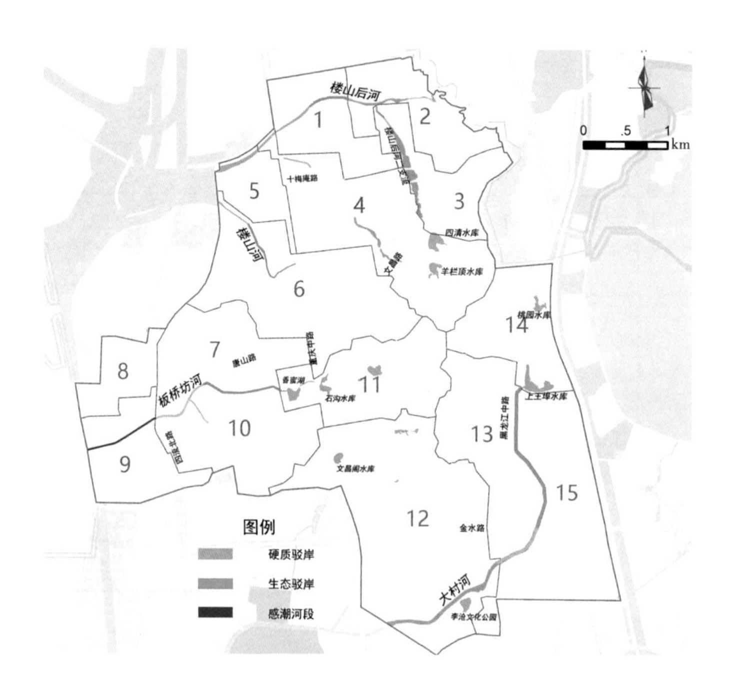


图13-38 试点区现状河道岸线分布图

### 3. 现状下垫面硬化率高

依据遥感影像分析，结合现场踏勘情况，利用ArcGIS空间分析模块计算试点区下垫面，得出各类型下垫面类型的面积及相应占比（表13-14）。现状用地以建筑屋面、绿地和道路广场为主，其中，建筑屋面占56.8%，道路广场占9.5%，绿地占26.5%，水面占2.0%，裸土占5.2%，综合径流系数为0.61。

**试点区现状下垫面情况表** 表13-14

| 类型 | 面积（$km^2$） | 比例（%） |
|---|---|---|
| 建筑屋面 | 13.38 | 56.8 |
| 绿地 | 7.65 | 26.5 |
| 水面 | 0.50 | 2.0 |
| 裸土 | 1.30 | 5.2 |
| 道路广场 | 2.41 | 9.5 |
| 合计 | 25.24 | 100.0 |

### 13.2.4 水资源问题

1．水资源缺乏

李沧区淡水资源短缺，区域内地表水主要是河流，属季风区雨源型，且多为独流入海的山溪性小河，枯水期干枯现象严重。

2．非常规水资源利用严重不足

李沧区规划水源主要为原有水源、污水厂再生水以及海水淡化等，供水能力较紧张，非常规水资源利用严重不足。

李沧区降雨主要集中在汛期、水量不稳定等原因一定程度上限制了雨水收集的推广利用。目前，区域内基本无雨水资源利用。

李沧区区域内现状再生水厂有世园会净化水厂和李村河再生水厂。世园会净化水厂现状规模0.6万$m^3$/d，服务世园会景观绿化及李村河上游河道生态补水，但由于世园会后游客减少，污水量不足，近两年来日均处理量仅约200t，因而再生水利用量极少。李村河再生水厂位于市北区，现状再生水规模5万$m^3$/d，本区域内已建部分再生水管，但未充分利用。

## 13.3 建设目标与技术路线

### 13.3.1 建设目标

针对试点区全部位于建成区、老城区的现状条件，结合北方滨海山水城一体的区域特色，为系统性解决试点区涉水问题，消除2处黑臭水体，恢复自然水文循环，提升城市防灾减灾能力，缓解水资源供需矛盾，结合住房与城乡建设部相关要求及上位规划，青岛市为李沧试点区确定了以试点区城市建设和生态保护为核心，将海绵城市建设理念贯穿城市规划、建设与管理的全过程，优先解决水体黑臭、防洪、内涝等问题的海绵城市建设总体目标。各分项指标见表13-15。

试点区海绵城市建设规划指标表　　表13-15

| 类别 | 指标 | 单位 | 指标值 |
|---|---|---|---|
| 水生态 | 年径流总量控制率 | % | 75 |
| | 生态岸线比例 | % | 92 |
| | 水面率 | % | 2 |
| | 地下水埋深变化 | — | 保持不变 |
| 水环境 | 地表水体水质达标率 | % | 100 |
| | 初雨污染控制率（以SS计） | % | 65 |

续表

| 类别 | 指标 | 单位 | 指标值 |
|---|---|---|---|
| 水安全 | 防洪标准达标率 | % | 100 |
| | 防洪堤达标率 | % | 100 |
| | 内涝标准 | 年 | 50 |
| 水资源 | 雨水资源利用率 | % | 8 |
| | 污水再生利用率 | % | 30 |

### 13.3.2 区域特色：源头改造和1+*N*模式

试点区主要为李沧区的老城区，区内老旧楼院建设年代久远，乱搭乱建、绿化圈地等现象严重。同时，小区内部排水等基础设施比较薄弱，雨污水管网和检查井老旧失修，淤积堵塞，部分小区内还缺少居民健身、休闲等娱乐活动空间。因此，试点区内海绵城市建设在源头改造解决涉水问题的同时，以问题为导向，因地制宜，根据项目改造的难易程度，综合居民的诉求和经济性条件，结合现状一些非海绵问题对改造项目进行整体性的提升改造，如景观优化、停车位增加、建筑外立面刷新、路灯增设、健身器材增设、休闲配套设施增设等，形成1+*N*模式。

### 13.3.3 技术路线

1．水环境综合治理

水环境综合治理以控源截污为基础，注重源头项目的控制效果。同时，对于源头改造难以完全解决问题的地块，采用过程控制的方式对污染物入河进行限制。在合理控制污染物入河量的基础上，通过内源治理消除河道底泥污染，通过活水提质与生态修复提升河道的自净能力，构建和谐的水生态系统，最终实现以系统化的手段，解决水环境问题。技术路线见图13–39。

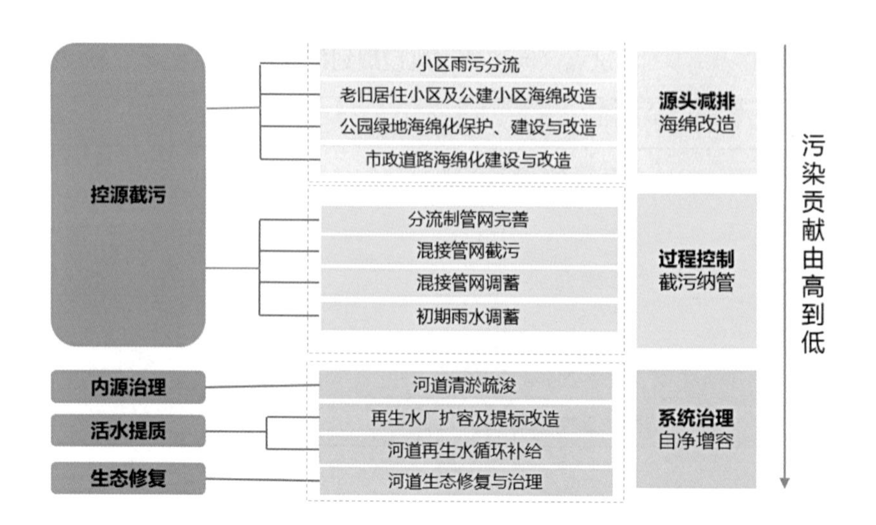


图13–39 水环境综合治理技术路线图

2. 水安全整体提升

整体提升水安全，优先利用现有条件，结合小区改造与道路建设，实现内涝风险削减的目标，然后对重点内涝点进行综合整治。以风险评估为主线，以规划标准和内涝模型为基础，通过源头削减就地消纳、排水管渠过程完善及排涝除险三方面措施，合理布局相应工程体系，从本质上防治城市内涝风险。技术路线见图13-40。

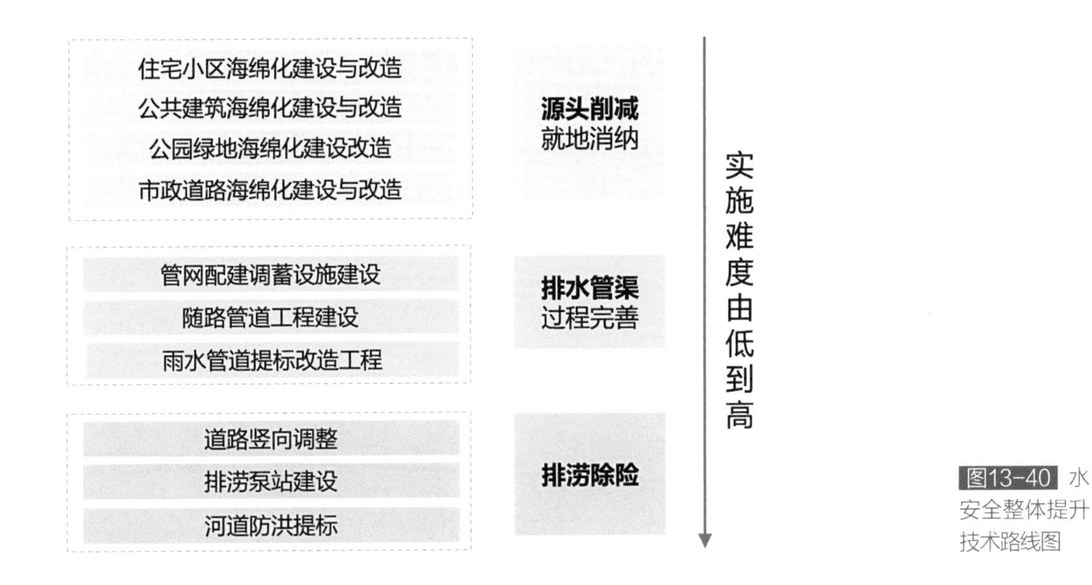


图13-40 水安全整体提升技术路线图

3. 水资源合理利用

水资源利用主要包括雨水资源利用和再生水利用。

雨水资源利用以源头小区为主，以市政、河道为辅，通过住宅、公建、公园绿地等源头雨水利用设施实现雨水资源的利用，通过部分初期雨水调蓄池实现雨水调控和利用的目的。

再生水利用以市政河道为主，主要通过河道生态补水工程中的再生水管线建设实现再生水利用，污水处理厂需提标改造满足再生水回用要求。技术路线见图13-41。

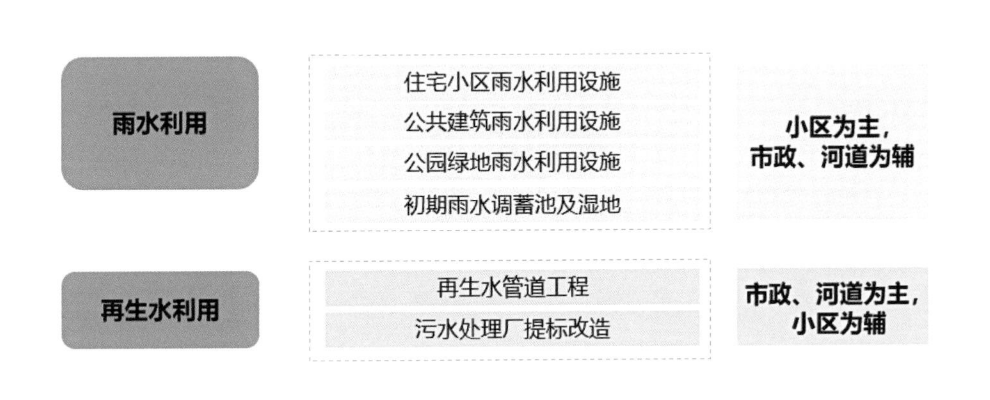


图13-41 水资源合理利用技术路线图

# 13.4 总体方案

## 13.4.1 分区划分

### 1. 汇水分区划分

汇水分区划分原则如下：

（1）汇水分区以自然属性为特征，以地形地貌、等高线为依据，结合排水管网、河流水系进行调整。

（2）汇水分区以路网和区域建设情况为边界，根据实际情况进行细化。

根据划分原则，最终将试点区划分为3个流域汇水分区（图13-42），分别为楼山河汇水分区、板桥坊河汇水分区、大村河汇水分区，汇水面积25.24 km²（表13-16）。

图13-42 试点区流域汇水分区图

试点区流域汇水分区情况 表13-16

| 序号 | 汇水分区 | 汇水面积（km²） | 汇水出路 |
|---|---|---|---|
| 1 | 楼山河流域 | 9.08 | 楼山后河 |
| 2 | 板桥坊流域 | 6.62 | 板桥坊河 |
| 3 | 大村河流域 | 9.54 | 大村河 |
| 合计 | | 25.24 | |

2．排水分区划分

排水分区划分原则如下：

（1）以社会属性为特征，沿排口上溯，以管网排水边界为依据，按照河道流向，河道上、中、下游与支流的汇水情况进行调整。

（2）为方便管控，每个排水分区面积不宜过大或过小，宜包含建筑小区、排水管网与排口末端三要素。

根据排水分区划分原则，试点区内排水分区共划分15个。其中，楼山河汇水分区有6个，板桥坊河汇水分区有5个，大村河汇水分区有4个，排水分区划分情况见图13-43和表13-17。

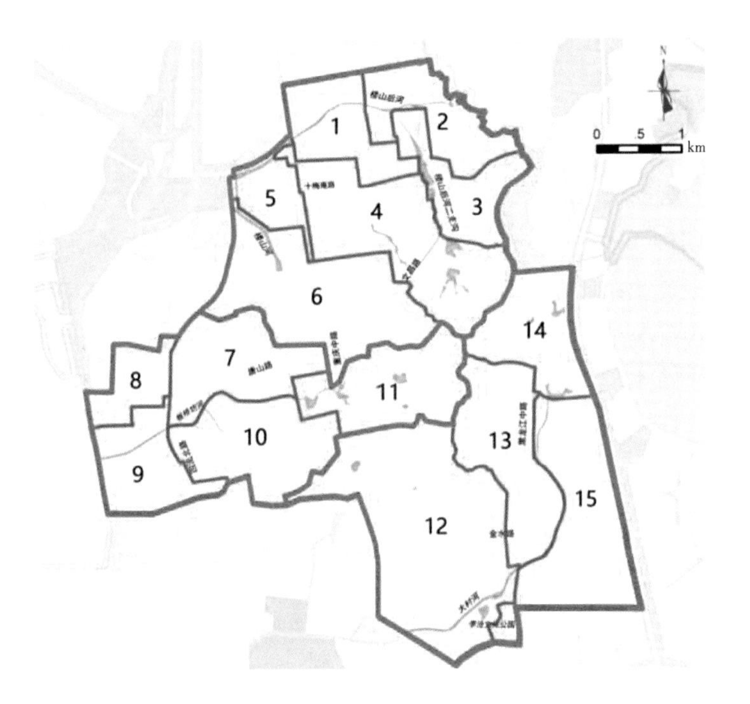


图13-43 试点区排水分区分布图

试点区排水分区情况表 表13-17

| 序号 | 汇水分区名称 | 排水分区编号 | 排水分区名称 | 面积（$km^2$） |
|---|---|---|---|---|
| 1 | 楼山河汇水分区 | 1 | 楼山后河中游 | 1.17 |
| | | 2 | 楼山后河上游 | 1.07 |
| | | 3 | 楼山后河二支流 | 1.20 |
| | | 4 | 楼山后河一支流 | 2.41 |
| | | 5 | 楼山后河下游 | 0.62 |
| | | 6 | 楼山河 | 2.61 |
| 2 | 板桥坊河汇水分区 | 7 | 板桥坊河中游右岸 | 1.62 |
| | | 8 | 板桥坊河下游右岸 | 0.56 |
| | | 9 | 板桥坊河下游左岸 | 1.12 |
| | | 10 | 板桥坊河中游左岸 | 1.72 |
| | | 11 | 板桥坊河上游 | 1.60 |

续表

| 序号 | 汇水分区名称 | 排水分区编号 | 排水分区名称 | 面积（km²） |
|---|---|---|---|---|
| 3 | 大村河汇水分区 | 12 | 大村河下游 | 4.09 |
| | | 13 | 大村河中游右岸 | 1.78 |
| | | 14 | 大村河上游 | 1.32 |
| | | 15 | 大村河中游左岸 | 2.35 |
| 合计 | | | | 25.24 |

### 13.4.2 水环境综合治理方案

#### 13.4.2.1 控源截污

**1. 源头减排**

（1）工业排污管控

红星化工集团位于楼山河南岸、四流北路东侧（图13-44），占地面积13.8hm²，现场存在工业污水排放现象。针对红星化工集团排污问题，通过环保督查、环境执法等手段已对其进行整顿，计划进行搬迁。

图13-44 红星化工集团位置示意图

（2）地块内部源头减排

1）楼山河汇水分区

楼山河汇水分区内近期地块内部进行源头减排的项目共22项，改造面积242.4hm²，包括建筑小区、公园绿地、道路广场三大类，见表13-18，分布见图13-45。地块内部近期共建设下沉式绿地51.55hm$^2$，生物滞留设施13.81hm$^2$，透水铺装46.65hm$^2$，其他调蓄设施容积1629t。

楼山河分区改造项目类型统计表 表13-18

| 项目类型 | 项目数量 | 项目规模（hm$^2$） |
|---|---|---|
| 建筑与小区 | 15 | 46.4 |
| 公园与绿地 | 5 | 158.4 |
| 道路与广场 | 2 | 37.6 |
| 总计 | 22 | 242.4 |

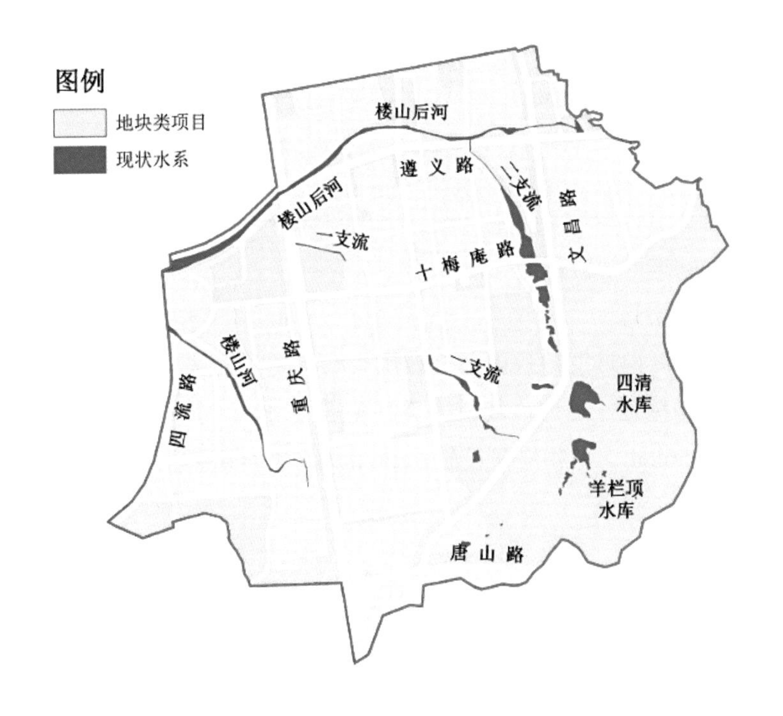


图13-45 楼山河汇水分区地块内部源头减排项目分布图

源头改造工程实施后，各子汇水分区径流控制率及污染物削减率见表13-19。楼山河汇水分区年径流总量控制率由41%提高至54%，削减面源污染物排放量分别为SS 49.14t/a、COD 37.16t/a、$NH_3$-N 0.44t/a、TP 0.06t/a，分区各类污染物源头面源削减率分别达SS 24.9%、COD 19.4%、$NH_3$-N 11.9%、TP 12.6%。

楼山河各子汇水分区源头改造后径流控制率及污染物削减率一览表 表13-19

| 子汇水分区 | 1 | 2 | 3 | 4 | 5 | 6 | 总计 |
|---|---|---|---|---|---|---|---|
| 面积（hm$^2$） | 117 | 107 | 120 | 241 | 62 | 261 | 908 |
| 现状年径流总量控制率 | 31% | 40% | 61% | 45% | 27% | 39% | 41% |
| 改造后年径总量控制率 | 36% | 44% | 78% | 61% | 32% | 52% | 54% |

续表

| 子汇水分区 | | 1 | 2 | 3 | 4 | 5 | 6 | 总计 |
|---|---|---|---|---|---|---|---|---|
| 改造前面源污染量（t/a） | SS | 18.82 | 28.67 | 27.25 | 47.56 | 17.40 | 57.40 | 197.10 |
| | COD | 19.20 | 29.60 | 26.83 | 48.46 | 19.99 | 47.89 | 191.97 |
| | $NH_3$-N | 0.37 | 0.55 | 0.50 | 0.91 | 0.32 | 1.02 | 3.67 |
| | TP | 0.05 | 0.07 | 0.08 | 0.12 | 0.05 | 0.13 | 0.50 |
| 削减量（t/a） | SS | 1.47 | 1.95 | 15.33 | 9.69 | 8.70 | 12.00 | 49.14 |
| | COD | 1.18 | 1.46 | 11.19 | 7.53 | 6.70 | 9.10 | 37.16 |
| | $NH_3$-N | 0.02 | 0.02 | 0.14 | 0.09 | 0.06 | 0.11 | 0.44 |
| | TP | 0.00 | 0.00 | 0.02 | 0.01 | 0.01 | 0.02 | 0.06 |
| 削减率 | SS | 7.8% | 6.8% | 56.3% | 20.4% | 50.0% | 20.9% | 24.9% |
| | COD | 6.1% | 4.9% | 41.7% | 15.5% | 33.5% | 19.0% | 19.4% |
| | $NH_3$-N | 4.3% | 3.6% | 28.0% | 9.9% | 18.8% | 10.8% | 11.9% |
| | TP | 4.4% | 2.9% | 25.0% | 8.3% | 18.0% | 15.4% | 12.6% |

2）板桥坊河汇水分区

板桥坊河汇水分区内近期地块内部进行源头减排的项目共53项，改造面积230.0$hm^2$，包括建筑小区、公园绿地、道路广场三大类，见表13-20，分布见图13-46。源头项目共建设下沉式绿地53.56$hm^2$，生物滞留设施10.66$hm^2$，透水铺装46.59$hm^2$，其他调蓄设施容积3730t。

**板桥坊河分区改造项目类型统计表** 表13-20

| 项目类型 | 项目数量 | 项目规模（$hm^2$） |
|---|---|---|
| 建筑小区 | 45 | 137.5 |
| 公园绿地 | 2 | 44.0 |
| 道路广场 | 6 | 48.5 |
| 总计 | 53 | 230.0 |

源头改造工程实施后，各子汇水分区径流控制率及污染物削减率见表13-21。板桥坊河汇水分区整体年径流总量控制率由39%提高至57%，削减面源污染物排放量分别为SS 63.99t/a、COD 56.69t/a、$NH_3$-N 0.58t/a、TP 0.08t/a，分区各类污染物源头面源削减率分别达SS 38.6%、COD 33.1%、$NH_3$-N 26.2%、TP 24.3%。

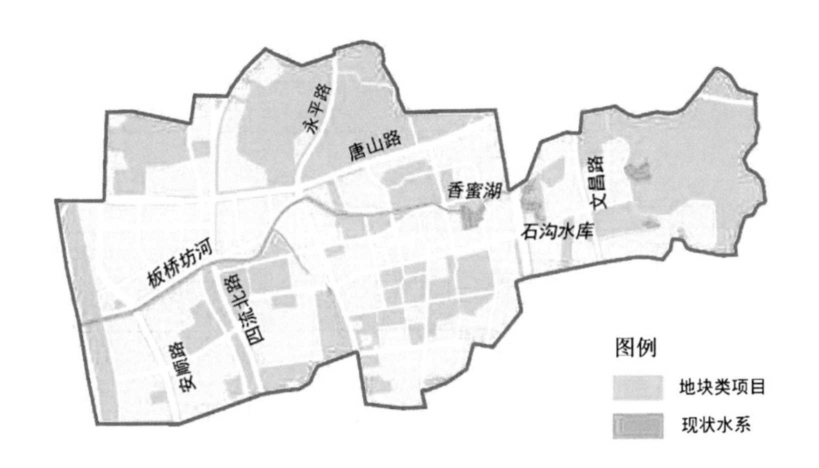


图13-46 板桥坊河汇水分区地块内部源头减排项目分布图

板桥坊河各子汇水分区源头改造后径流控制率及污染物削减率一览表 表13-21

| 子汇水分区 | | 7 | 8 | 9 | 10 | 11 | 总计 |
|---|---|---|---|---|---|---|---|
| 面积（$hm^2$） | | 162 | 56 | 112 | 172 | 160 | 662 |
| 现状年径流总量控制率 | | 41% | 37% | 31% | 34% | 47% | 39% |
| 改造后年径总量控制率 | | 66% | 60% | 52.6% | 51% | 63% | 57% |
| 改造前面源污染量（t/a） | SS | 38.26 | 11.08 | 26.67 | 46.98 | 42.70 | 165.69 |
| | COD | 40.04 | 11.42 | 27.79 | 48.80 | 43.09 | 171.14 |
| | $NH_3$-N | 0.48 | 0.14 | 0.35 | 0.60 | 0.64 | 2.21 |
| | TP | 0.08 | 0.02 | 0.05 | 0.10 | 0.09 | 0.34 |
| 削减量（t/a） | SS | 18.78 | 4.60 | 5.87 | 18.43 | 16.31 | 63.99 |
| | COD | 16.36 | 3.92 | 4.90 | 17.06 | 14.45 | 56.69 |
| | $NH_3$-N | 0.14 | 0.04 | 0.04 | 0.19 | 0.17 | 0.58 |
| | TP | 0.02 | 0.00 | 0.00 | 0.03 | 0.02 | 0.08 |
| 削减率 | SS | 49.1% | 41.5% | 22.8% | 39.2% | 38.2% | 38.6% |
| | COD | 40.9% | 34.3% | 17.8% | 35.0% | 33.5% | 33.1% |
| | $NH_3$-N | 29.2% | 28.6% | 12.2% | 31.7% | 26.6% | 26.2% |
| | TP | 25.0% | 20.0% | 12.4% | 30.0% | 25.6% | 24.3% |

3）大村河汇水分区

大村河汇水分区内近期地块内部进行源头减排的项目共53项，改造面积320.9$hm^2$，包括建筑小区、公园绿地、道路广场三大类，见表13-22，分布见图13-47。大村河流域共建设下沉式绿地73.33$hm^2$，生物滞留设施14.68$hm^2$，透水铺装69.30$hm^2$，其他调蓄设施15122$m^3$。

**大村河分区改造项目类型统计表** **表13-22**

| 项目类型 | 项目数量 | 项目规模（hm²） |
|---|---|---|
| 建筑小区 | 44 | 239.7 |
| 公园绿地 | 3 | 30.9 |
| 道路广场 | 6 | 50.3 |
| 总计 | 53 | 320.9 |

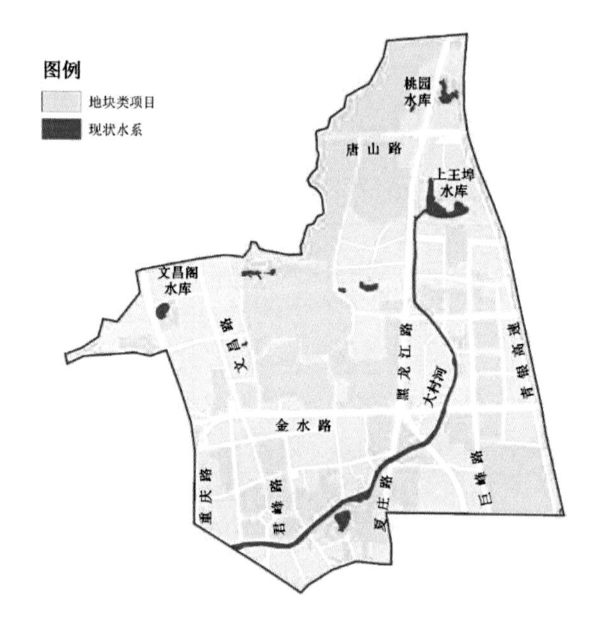


图13-47 大村河汇水分区地块内部源头减排项目分布图

源头改造工程实施后，各子汇水分区径流控制率及污染物削减率见表13-23。大村河汇水分区整体能够达到63%的年径流总量控制率，面源SS削减率为34.6%。

**大村河各子汇水区源头改造后径流控制率及污染物削减率一览表** **表13-23**

| 子汇水分区 | | 12 | 13 | 14 | 15 | 合计 |
|---|---|---|---|---|---|---|
| 面积（hm²） | | 409 | 178 | 132 | 235 | 954 |
| 现状年净流总量控制率 | | 41% | 45% | 55% | 40% | 43% |
| 改造后年径总量控制率 | | 60% | 64% | 76% | 59% | 63% |
| 改造前（t/a） | SS | 105.69 | 42.39 | 18.73 | 62.84 | 229.65 |
| | COD | 97.22 | 39.16 | 16.88 | 57.27 | 210.53 |
| | $NH_3$-N | 1.47 | 0.63 | 0.25 | 0.89 | 3.24 |
| | TP | 0.22 | 0.09 | 0.04 | 0.13 | 0.48 |
| 削减量（t/a） | SS | 35.37 | 15.32 | 9.93 | 18.95 | 79.57 |
| | COD | 24.47 | 10.59 | 6.83 | 12.80 | 54.69 |
| | $NH_3$-N | 0.24 | 0.10 | 0.07 | 0.14 | 0.55 |
| | TP | 0.04 | 0.016 | 0.01 | 0.02 | 0.09 |

续表

| 子汇水分区 | | 12 | 13 | 14 | 15 | 合计 |
|---|---|---|---|---|---|---|
| 削减率 | SS | 33.5% | 36.1% | 53.0% | 30.2% | 34.6% |
| | COD | 25.2% | 27.0% | 40.5% | 22.4% | 26.0% |
| | $NH_3$-N | 16.3% | 15.9% | 28.0% | 15.7% | 17.0% |
| | TP | 18.2% | 17.8% | 25.0% | 15.4% | 17.9% |

（3）地块内部排水管网改造

1）楼山河汇水分区

楼山河汇水分区内部现状管网主要问题为山洪入侵和雨污混接，需进行内部管网改造的小区共5个，面积为19.3hm$^2$，具体信息见表13-24，分布见图13-48。

**楼山河分区源头改造管网小区统计表** **表13-24**

| 序号 | 小区名称 | 面积（hm$^2$） | 管网问题 | 解决措施 |
|---|---|---|---|---|
| 1 | 梅庵新区 | 3.5 | 山洪入侵 | 截流改造 |
| 2 | 帅潮集团 | 4.2 | 雨污混接 | 分流改造 |
| 3 | 楼山后社区 | 4.4 | 雨污混接 | 分流改造 |
| 4 | 帝都嘉苑 | 6.1 | 雨污混接 | 分流改造 |
| 5 | 南渠片区危旧房 | 1.1 | 雨污混接 | 分流改造 |
| 总计 | | 19.3 | | |

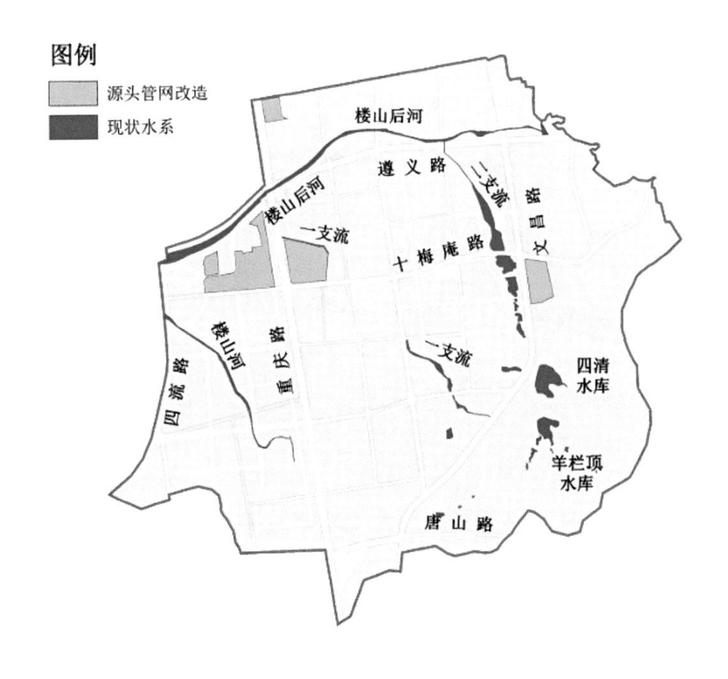


图13-48 楼山河汇水分区地块内部排水管网改造项目分布图

2）板桥坊河汇水分区

板桥坊河汇水分区内部现状管网主要问题为管网破损、管网淤积、雨污混接、雨污合流等，需进行内部管网改造的小区共10个，面积为44.35hm²，具体信息见表13-25，分布见图13-49。

板桥坊河分区源头改造管网小区统计表　　表13-25

| 序号 | 小区名称 | 面积（hm²） | 管网问题 | 解决措施 |
|---|---|---|---|---|
| 1 | 湖畔雅居 | 3.50 | 雨污管网破损 | 雨水管网改造 |
| 2 | 兆鸿新村 | 2.11 | 厨房污水接雨水管 | 新建污水管线 |
| 3 | 翠湖小区 | 27.40 | 阳台污水接雨水管 | 阳台污水雨污分流改造 |
| 4 | 石沟自建楼 | 2.09 | 合流制 | 新建小区雨水管网 |
| 5 | 永平路小区 | 0.85 | 合流制 | 新建小区雨水管网 |
| 6 | 新俪都 | 3.10 | 雨污水管线破损 | 翻建破损雨污水管线 |
| 7 | 邢台路社区 | 1.00 | 雨污管道淤积 | 雨污管道疏通 |
| 8 | 国通嘉苑 | 1.54 | 雨污管网淤积 | 雨污管道疏通 |
| 9 | 兴华路51号 | 1.48 | 雨污管网淤积 | 雨污管道疏通 |
| 10 | 原橡胶二厂办公楼 | 1.28 | 雨污管网破损 | 雨水管网改造 |
| 总计 | | 44.35 | | |

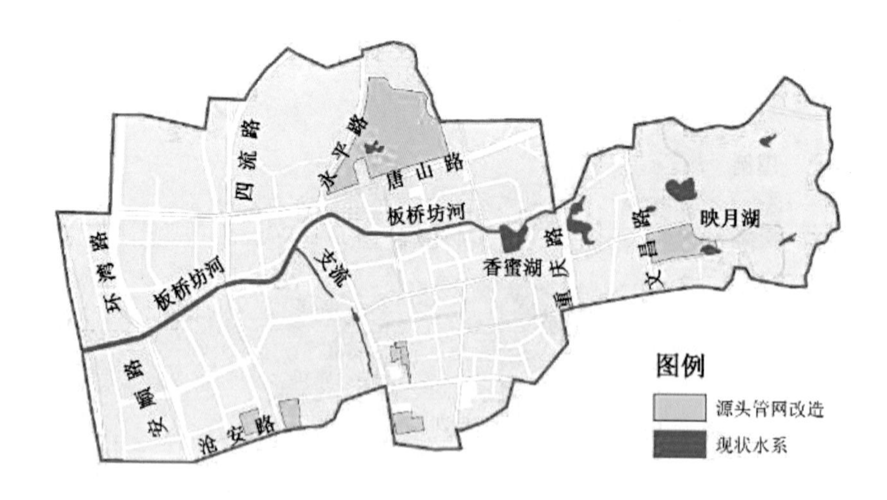


图13-49 板桥坊河汇水分区地块内部排水管网改造项目分布图

3）大村河汇水分区

大村河汇水分区内部现状管网主要问题为管网堵塞和雨污混接，需进行内部管网改造的小区共5个，面积为35.56hm²，具体信息见表13-26，分布见图13-50。

大村河分区源头改造管网小区统计表　　表13-26

| 序号 | 名称 | 面积（$hm^2$） | 管网问题 | 解决措施 |
|---|---|---|---|---|
| 1 | 畜牧小区 | 7.60 | 管网堵塞 | 清通管道 |
| 2 | 果园路小区 | 1.50 | 管网堵塞 | 清通管道 |
| 3 | 虎山新苑 | 2.54 | 雨污混接 | 分流改造 |
| 4 | 裕丰小区 | 4.92 | 雨污混接 | 分流改造 |
| 5 | 虎山花苑 | 19.00 | 雨污混接 | 分流改造 |
| 总计 | | 35.56 | | |

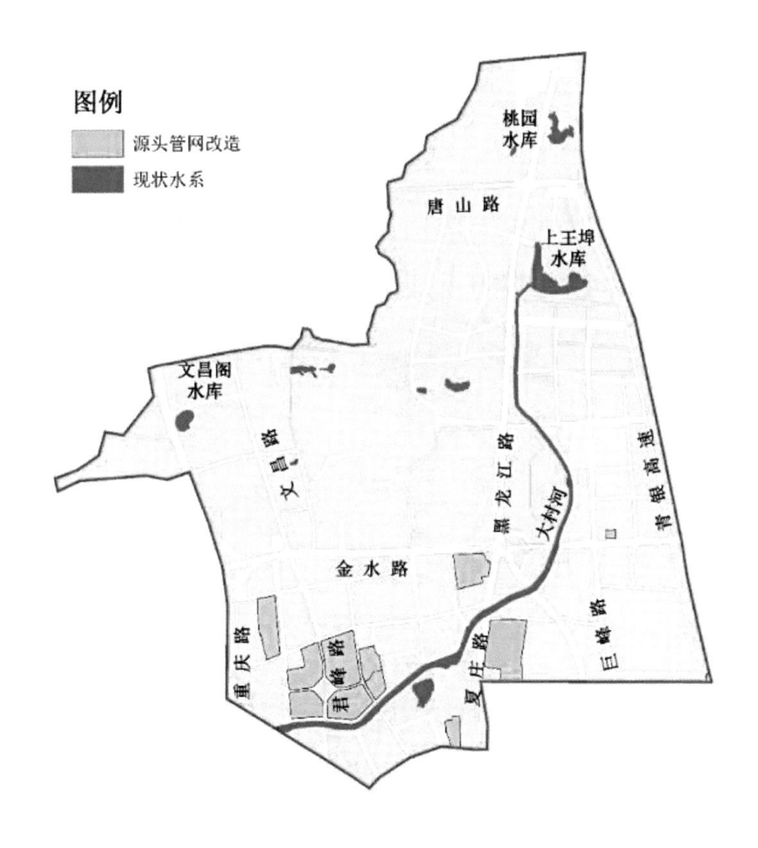


图13-50 大村河汇水分区地块内部排水管网改造项目分布图

2. 过程控制

（1）楼山河汇水分区

为保障楼山河汇水分区建成地块尽可能地实现污水全收集全处理，规划将完善市政污水管线，共建设长度8121m。针对明沟排水，共铺设截污管线4700m；针对道路工程建设，共配套建设污水管网3421m。具体信息见表13-27，分布见图13-51。

楼山河汇水分区新建污水管线信息表 表13-27

| 建设类型 | 区段 | 新建/改造 | 管径（mm） | 长度（m） |
|---|---|---|---|---|
| 解决污水无出路新建管网 | 十梅庵片区污染点源治理 | 新建 | 300~400 | 4700 |
| 配合道路或地块建设 | 遵义路（文昌路—十三线） | 新建 | 300 | 556 |
| | 大枣园片区南岭三路 | 新建 | 300 | 788 |
| | 规划十一号线 | 新建 | 300 | 420 |
| | 规划十二号线（五号线—文昌路） | 新建 | 300 | 766 |
| | 规划十三号线 | 新建 | 300 | 891 |
| 合计 | | | | 8121 |

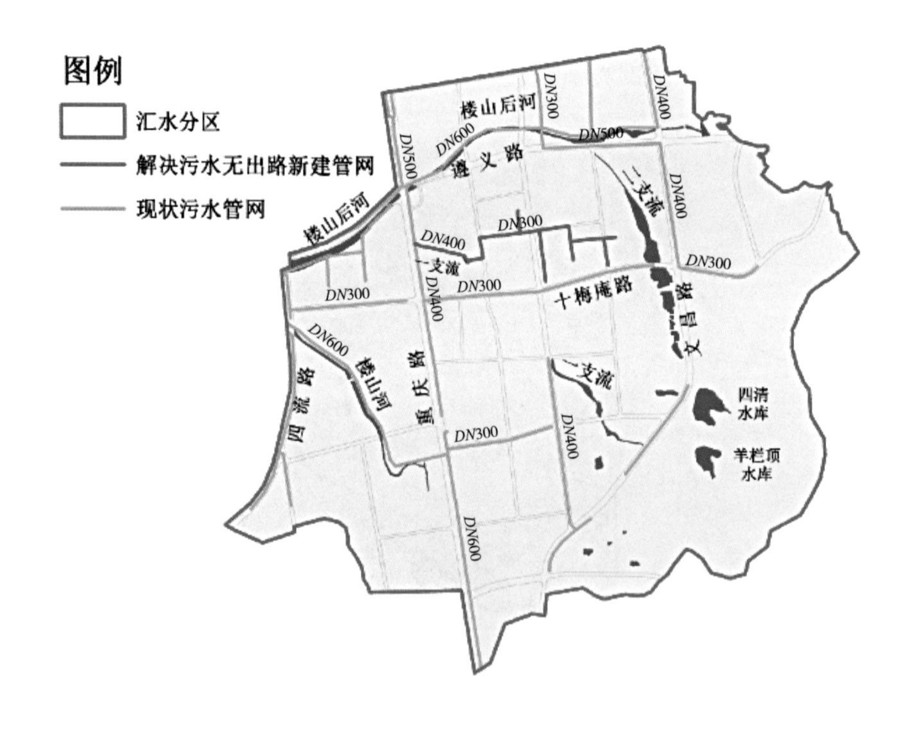


图13-51 楼山河汇水分区过程控制新建污水管线图

（2）板桥坊河汇水分区

为保障区域内地块尽可能地实现污水全收集全处理，规划完善市政污水管线，主要为随道路或地块配套新建管网，解决污水无出路新建管网和老旧管网改造三类，新建和改造污水管线长度为5857m。具体信息见表13-28，分布见图13-52。

板桥坊河汇水分区新建和改造污水管线信息表 表13-28

| 建设类型 | 区段 | 新建/改造 | 管径（mm） | 长度（m） |
|---|---|---|---|---|
| 解决污水无出路新建管网 | 石沟农贸市场 | 新建 | 300 | 180 |
| | 石沟一号线（重庆路—环山路) | 新建 | 300~400 | 762 |
| | 邢台路（重庆路—文昌路） | 新建 | 400 | 500 |
| 配合道路或地块建设 | 安顺路（沧安路—汾阳路） | 新建 | 300~500 | 860 |
| | 兴华路（重庆中路西侧） | 新建 | 300 | 440 |
| 老旧管网改造 | 邢台路（兴国路—邢台路） | 改造 | 300 | 500 |
| | 兴国二路（青岛大洋化工公司门前—兴国路） | 改造 | 300 | 185 |
| | 兴国路（兴国二路至永平路） | 改造 | 500 | 160 |
| | 兴华路（永平路东侧） | 改造 | 300 | 800 |
| | 兴山路（桑园路至四流中路） | 改造 | 300 | 160 |
| | 兴宁路（永平路至四流中路） | 改造 | 800 | 710 |
| | 永平路（兴国路至板桥坊河） | 改造 | 600 | 600 |
| 合计 | | | | 5857 |

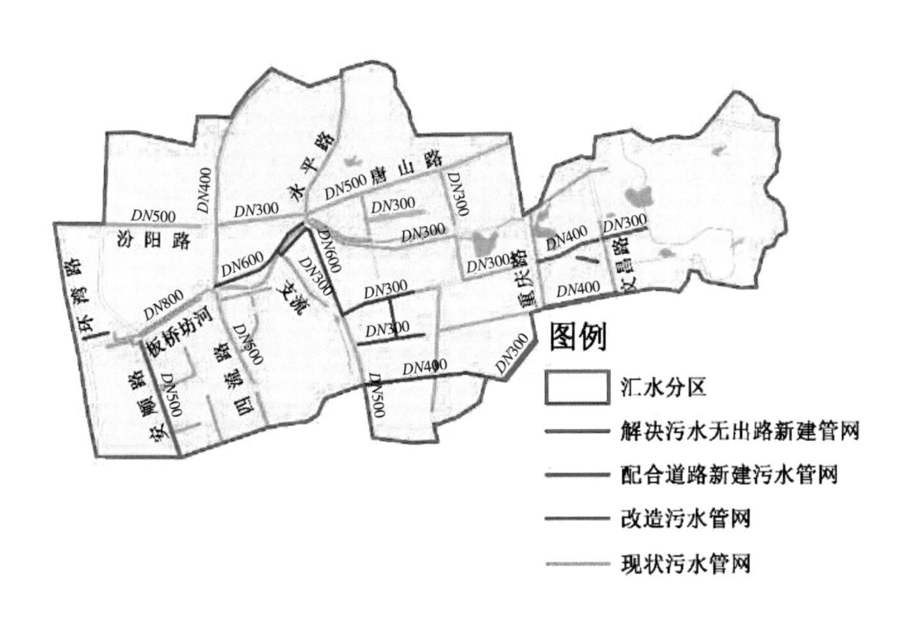


图13-52 板桥坊河汇水分区过程控制新建和改造污水管线图

（3）大村河汇水分区

为保障区域内地块尽可能地实现污水全收集全处理，规划完善市政污水管线，主要为解决污水无出路新建管网和老旧管网改造等，新建和改造污水管线长度为2737m。具体信息见表13-29，分布见图13-53。

大村河汇水分区新建和改造污水管线信息表　　表13-29

| 建设类型 | 区段 | 新建/改造 | 管径（mm） | 长度（m） |
|---|---|---|---|---|
| 解决污水无出路新建管网 | 君峰路（虎山路—金水路） | 新建 | 300 | 563 |
| 老旧管网改造 | 升平新城小区（振华路—永清路） | 改造 | 400 | 294 |
|  | 顺河支路（京口路—金水路） | 改造 | 400 | 1100 |
|  | 振华路（永平路—永清路） | 改造 | 400 | 780 |
| 合计 |  |  |  | 2737 |

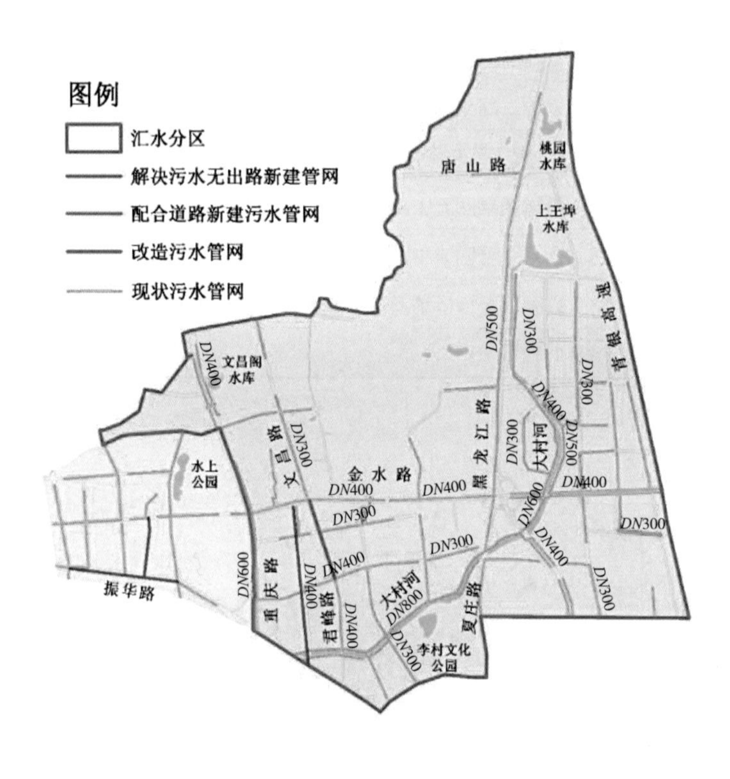


图13-53 大村河汇水分区过程控制新建和改造污水管线图

3. 末端截污

（1）楼山河汇水分区

为确保楼山河汇水分区无污水入河，规划新建截污井9座（图13-54），截污倍数为3倍，最小截污量为1393t/d。新建截污井可减少COD 484.21 t/a、$NH_3$-N 43.15 t/a、TP 6.29 t/a点源污染物入河。

（2）板桥坊河汇水分区

板桥坊河汇水分区内存在较多的城中村和农贸商铺，偷排、漏排现象较严重。采取末端截污的方式，将混接污水截流至市政污水管网，截污排口共4处（图13-55），结合现状排污量及下游污水厂处理负荷，截流倍数为3倍。工程实施后可减少1408t/d的现状污水溢流量，新建截污井可减少COD 245.23 t/a、$NH_3$-N 23.06 t/a、TP 3.19 t/a点源污染物入河。

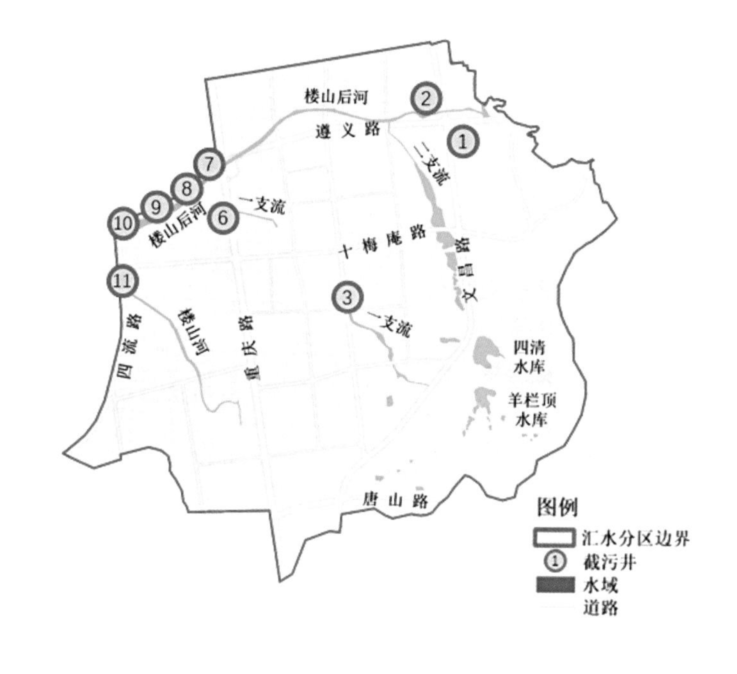


图13-54 楼山河汇水分区新建截污井位置分布图

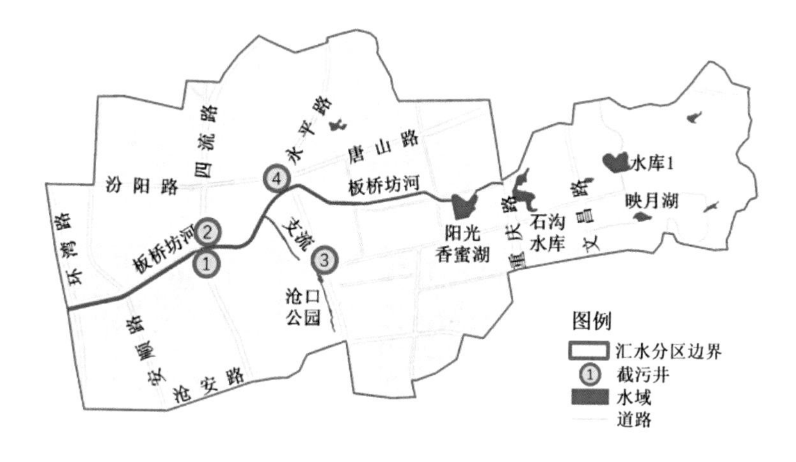


图13-55 板桥坊河汇水分区新建截污井位置分布图

（3）大村河汇水分区

对于大村河汇水区内现状存在的排口，无法彻底查清和改造的，在管网末端新建截污井，通过截污管线截流至下游污水处理厂。大村河汇水分区共修建截污井8座（图13-56），截流倍数为3倍，可截流约2000t/d的污水量，截流井可减少COD 286.08t/a，$NH_3$-N 16.45t/a，TP 2.87 t/a点源污染物入河。

大村河汇水分区内上王埠水库上游汇水面积为3.83km$^2$，分为东、西2个汇水分区。西侧汇水分区主要涵盖青银高速以西、黑龙江路两侧建设用地及老虎山东麓山地，分区面积140hm$^2$，雨水径流最终通过西侧雨水箱涵汇入水库。东侧汇水分区主要涵盖青银高速以东建设用地及山体，分区面积243hm$^2$，雨水径流最终通过东侧雨水箱涵汇入水库。

为解决上王埠水库汇水范围内初期雨水面源污染问题，在水库东西两侧箱涵进入水库前，设置初期雨水调蓄池2座（图13-57），初期雨水进入调蓄池后，经过格栅、沉砂等初级处理后，再经过雨水净化设备净化处理后，排入水库湿地系统进行深度处理，最终补充水库水源。

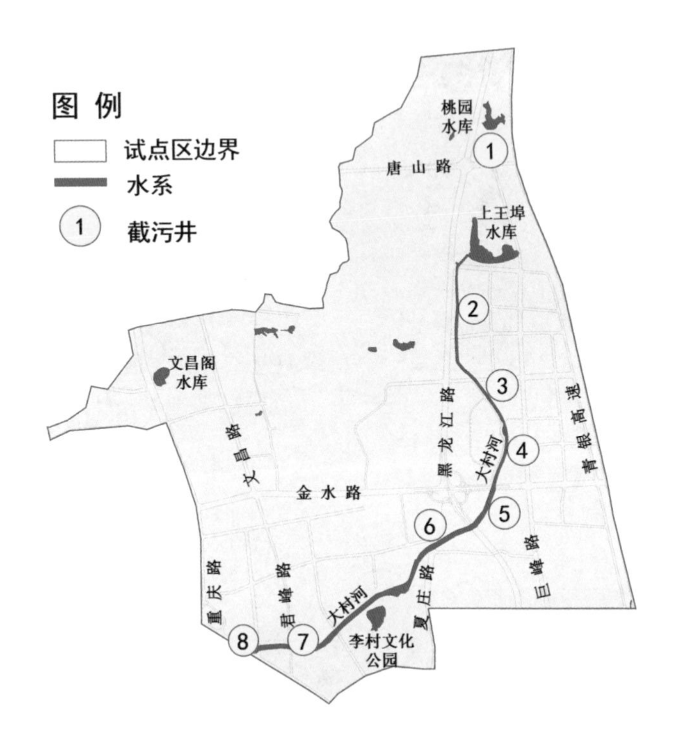


图13-56 大村河汇水分区新建截污井位置分布图

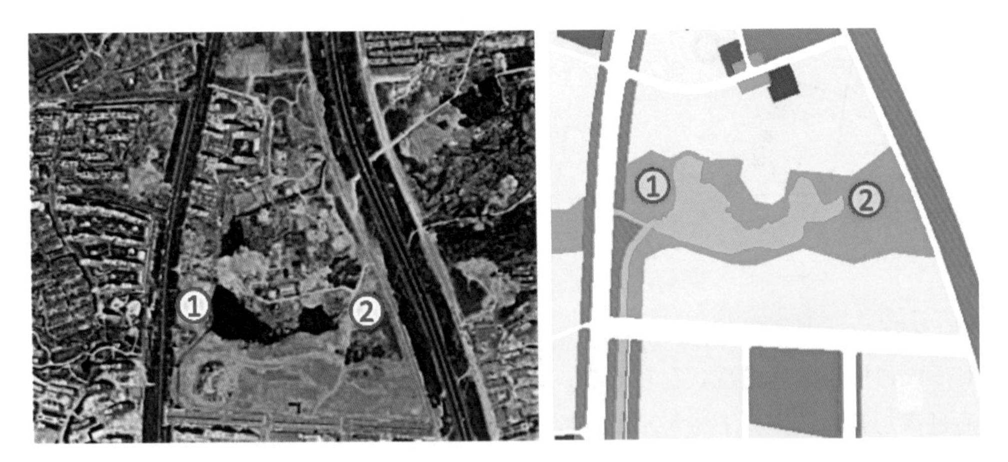

图13-57 上王埠水库初雨调蓄池选址示意图

上王埠水库东侧初雨调蓄池设计规模取2250t，西侧初雨调蓄池设计规模取1800t。初雨调蓄池设计总容积为4050t。根据降雨数据分析，降雨年均溢流频次为7次，年均可削减COD污染总量为11.5 t/a。

### 13.4.2.2 内源治理

#### 1．底泥清淤

楼山河汇水分区主要河道有楼山河、楼山后河两条干流及楼山后河一支流、楼山后河二支流等。对河道进行清淤，清淤长度3.95km，清淤深度0.6～1.2m，总清淤量8.28万$m^2$。清淤后可削减内源污染物为COD 0.35 t/a、$NH_3$-N 0.19 t/a、TP 0.12 t/a。

板桥坊河汇水分区，入海口至重庆路段需进行清淤，清淤段河道长3.4km，总清淤量3.76万$m^3$。清淤后共可削减内源污染物量为COD 0.08t/a、$NH_3$-N 0.04t/a、TP 0.03t/a，污染物去除率平均约为90%。

大村河汇水分区，清淤河段为金水路至规划六号线段，清淤长度6.54km，清淤深度0.8m，总清淤量11.6万$m^3$。清淤后可削减内源污染物为COD 0.68t/a，$NH_3$-N 0.34t/a，TP 0.20t/a。

清淤的底泥经检测重金属未超标时，按黑臭底泥进行处理，经现场晾晒后运至红岛和即墨的污泥集中处置场。

2．垃圾清理

对楼山河汇水分区、板桥坊河汇水分区、大村河汇水分区内沿河建筑垃圾和生活垃圾进行清理，消除垃圾乱堆乱放现象。

13.4.2.3　生态修复

1．楼山河汇水分区

楼山后河（四流北路—重庆路）、楼山河（四流北路—重庆路）河段两侧现状采用浆砌石护岸，河底为自然河床，植物长势良好，河床中部设混凝土子槽。结合楼山后河、楼山河截污、清淤和生态补水工程建设，拆除河道子槽，恢复生态蓄水空间。护岸采用“格宾石笼+草坡”的形式，河底不做护砌，保证河道的生态性。楼山后河改造长度0.88km，楼山河改造长度1.0km，河道断面见图13-58、图13-59，楼山河汇水分区岸线分布见图13-60。

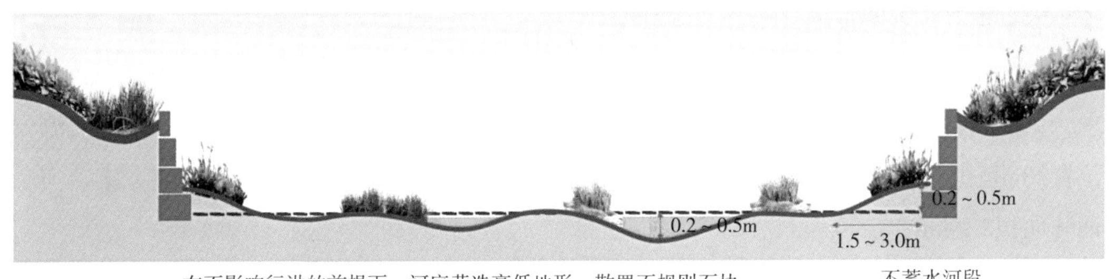


图13-58 楼山（后）河生态湿地段河道断面图

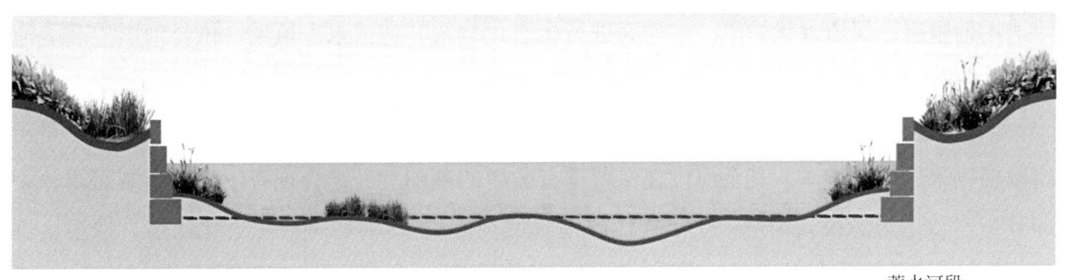


图13-59 楼山（后）河蓄水段河道断面图

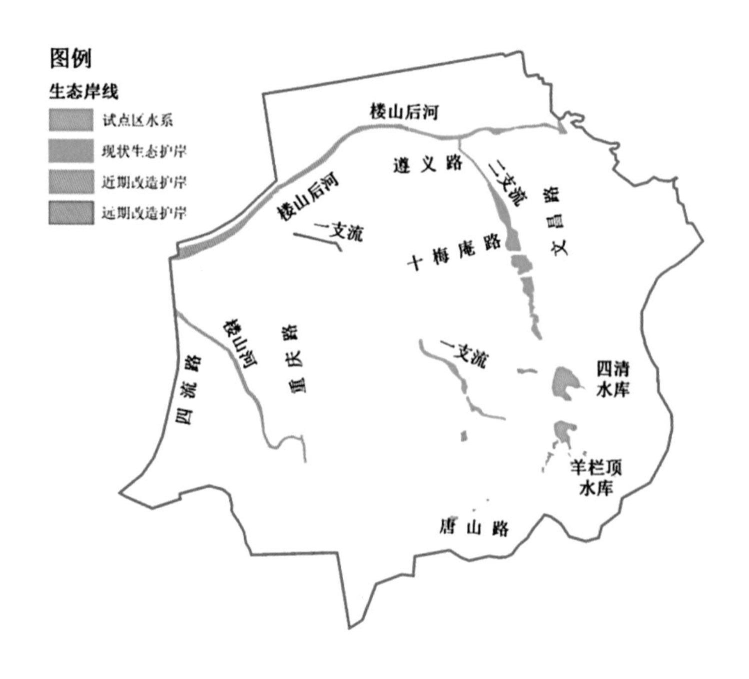


图13-60 楼山河汇水分区岸线示意图

2．板桥坊河汇水分区

板桥坊河上游（永平路—兴国二路）现状为复式生态断面，河道多处设挡水坝进行生态蓄水。为提升水体生态自净能力，恢复河道生态功能，可采用的生态保护与修复措施主要有：沉水植物（金鱼藻等）栽植、浮水植物（睡莲等）栽植、挺水植物（芦苇、香蒲等）栽植、湿生植物（黄菖蒲、鸢尾等）栽植、生态曝气等，见图13-61。

板桥坊河中游（四流北路—永平路）北岸城中村尚未拆迁，河道现状尚未实现规划线位和规划功能，远期可结合规划河道的实施，恢复河道生态功能，主要措施有：生态护岸、滨水生态景观、生态蓄水等。

板桥坊河下游（环湾路—四流北路）为感潮河段，为同时满足河道生态恢复和防洪需求，入海口位置20m至四流北路段，河底采用预制工字联锁块+框格梁的铺装方案；入海口位置20m范围内受潮汐影响较大，为保证抗冲刷能力，河底采用格宾石笼的铺装方案。河底铺装面积2.14hm$^2$。

3．大村河汇水分区

大村河（金水路—规划六号线）河段，现状采用浆砌石护岸，河底采用多级跌水堰，受河道用地限制，保留现状护岸，对河底进行生态化改造并种植水生植物，恢复河道生态。河道生态化建设面积3.2hm$^2$，水生植物种植面积1.9hm$^2$。

大村河（李村河—金水路）河段，枣园路—京口路段两岸采用生态护岸，京口路—重庆路段南侧采用生态护岸，其余河段在保留现有驳岸的基础上，结合现有用地和景观需求，将部分护岸改造为悬挑式护岸。生态护岸改造长度1.0km。对河底进行生态化改造，换填土壤4.37万m$^3$，水生植物种植面积5.5hm$^2$，沿河恢复绿化3.8hm$^2$。

大村河流域生态岸线分布见图13-62。

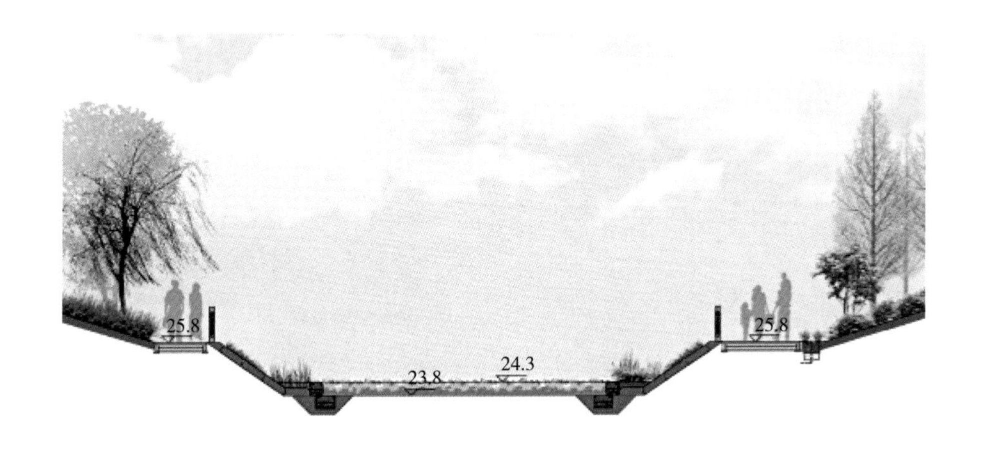


图13-61 板桥坊河上游生态修复示意图

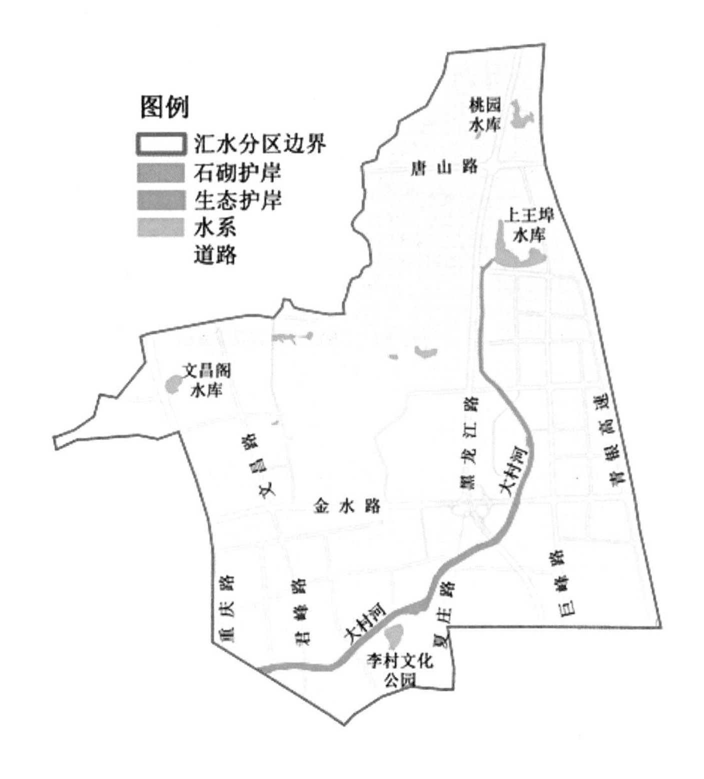


图13-62 大村河流域生态岸线示意图

13.4.2.4　活水提质

楼山河汇水片区活水提质主要通过再生水水源进行补水，通过沿河铺设管道，将再生水引至楼山河上游（图13-63），增加河道水流循环，增加水动力，提高水体水质自净能力。

板桥坊河汇水片区活水提质采取“近期循环补水、远期生态补水”的建设思路。近期以河道内蓄存水量作为循环水水源；远期通过内源治理、生态修复等措施恢复河道生态蓄水空间，以雨水、再生水作为补水水源，见图13-64。板桥坊河永平路—兴国二路区间建设循环泵站一座，循环水管管径300mm，长度900m。同时建设水质处理设施一座，处理规模为1500t/d，位于上游香蜜湖，占地面积约1200m$^2$，采用物化+生化处理方式，处理水质达到再生水景观用水标准。

图13-63 楼山河流域生态补水系统示意图

图13-64 板桥坊河河道循环补水系统示意图

大村河汇水片区活水提质主要分为两段：

大村河（金水路—规划六号线）河段以河道内蓄存水量作为循环水水源，将下游水体经河道水处理设施处理后，通过循环水泵输送到上游河道。一体化泵站位于大村河和晓翁村河交汇处。泵站总规模为4000m$^3$/d。沿大村河（晓翁村河—永清路）河段北侧现状绿化带内（现状管理路南侧2.5m）敷设*DN*300补水管，长度约310m。西接污水处理模块，东接现状补水管道。大村河（金水路—规划六号线）补水及循环水工程位置见图13-65。

图13-65 大村河（金水路—规划六号线）补水及循环水工程位置示意图

大村河（李村河—金水路）河段利用李村河污水处理厂中水进行补水，补水及循环水工程位置见图13-66。在河口处接现状李村河*DN*800再生水管道，沿大村河河底敷设*DN*300再生水管道至晓翁村河东侧，接入新建一体化泵站，泵站出水接入上游*DN*300循环水管道；打通穿金水路段循环水管，改造1座加压泵站，实现河道循环水管连通及河道补水。2座泵站设计规模均为4000m$^3$/d，管道建设长度2.4km。

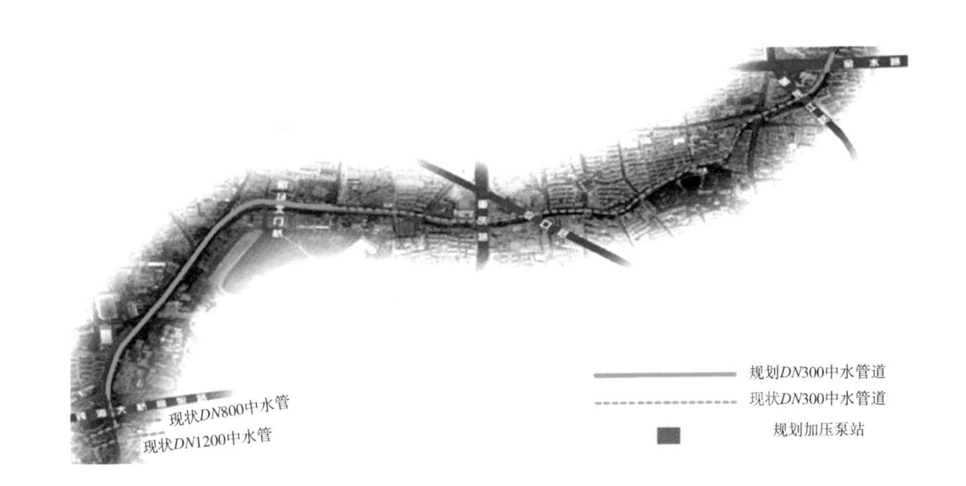


图13-66 大村河（李村河—金水路）河道补水及循环水工程位置示意图

### 13.4.3 水安全整体提升方案

优先利用现有条件，结合小区改造、道路建设、河道治理等，通过“源头削减、过程控制、系统治理”的措施，合理布局，整体上提升城市水安全。

#### 13.4.3.1 源头削减

源头改造工程实施后，楼山河汇水分区、板桥坊河汇水分区、大村河汇水分区整体分别能够达到54%、57%、63%的年径流总量控制率。

#### 13.4.3.2 过程控制

**1. 楼山河汇水分区**

楼山河汇水分区结合道路改造，对雨水管网同步进行提标改造，楼山路（四流北路—重庆中路）区段改造管网长度800m，管径为600mm。另外，规划三号线、五号线、六号线、七号线、九号线、十号线、十一号线、十二号线、十三号线、南岭三路、遵义路等为新建道路，配合道路及地块开发，同步进行管网建设，满足管网最新设计标准。新建管网长度为8.26km，分布见图13-67，详细信息见表13-30。

**2. 板桥坊河汇水分区**

板桥坊河汇水分区通过新建雨水管网和暗渠清淤提高现有管网排水能力，降低内涝风险。板桥坊河汇水分区管网总规划长度26km，其中新增管网3.5km，沿用旧管网22.5km。板桥坊河汇水分区暗渠清淤段为汾阳路（浏阳路—安顺路）雨水暗渠，管径3.0m×2.0m，总长620m。板桥坊河汇水分区雨水管线分布见图13-68，新建雨水管线详细信息见表13-31。

图13-67 楼山河规划新建管网分布图

楼山河汇水分区新建和改造污水管线项目汇总表　表13-30

| 类型 | 区段 | 建设类型 | 管径（mm） | 长度（m） |
|---|---|---|---|---|
| 翻建改造 | 楼山路（四流北路—重庆中路） | 改造 | 600 | 800 |
| 配合道路或地块新建 | 遵义路（五号线—七号线） | 新建 | 800 | 140 |
| | 遵义路（文昌路—十三线） | 新建 | 300 | 556 |
| | 大枣园片区南岭三路 | 新建 | 300 | 788 |
| | 规划三号线（十号线—南岭三路） | 新建 | 300 | 960 |
| | 规划五号线（十号线—湘潭路） | 新建 | 300~500 | 1700 |
| | 规划六号线（七号线—九号线） | 新建 | 300 | 300 |
| | 规划七号线（六号线—遵义路） | 新建 | 500 | 487 |
| | 规划九号线（六号线—遵义路） | 新建 | 500 | 460 |
| | 规划十号线（重庆路—五号线） | 新建 | 400 | 789 |
| | 规划十一号线 | 新建 | 300 | 420 |
| | 规划十二号线（五号线—文昌路） | 新建 | 300 | 766 |
| | 规划十三号线 | 新建 | 300 | 891 |
| 合计 | | | | 9057 |

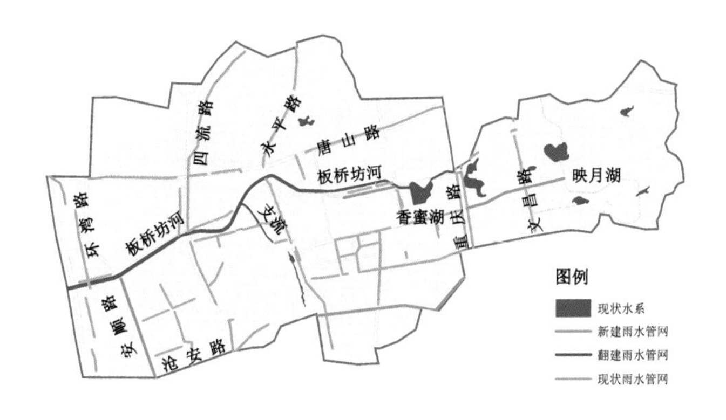


图13-68 板桥坊河汇水分区雨水管线分布图

**板桥坊河汇水分区新建雨水管线项目汇总表　　　　表13-31**

| 区段 | 管径（mm） | 长度（m） |
|---|---|---|
| 石沟一号线（重庆路—环山路) | 500~600 | 745 |
| 邢台路（重庆路—文昌路） | 600~800 | 440 |
| 安顺路（沧安路—沔阳路） | 400~1200 | 860 |
| 兴华路（重庆中路西侧） | 400~500 | 1290 |
| 兴山路（桑园路至四流中路） | 600~800 | 150 |
| 合计 | | 3485 |

3．大村河汇水分区

大村河汇水分区通过新建和改造雨水管渠提高现有管网排水能力，新建雨水管渠0.23km，改造现状管渠1.47km。大村河流域新建改造雨水管渠分布见图13-69，详细信息见表13-32。

图13-69 大村河流域新建改造雨水管渠分布图

大村河汇水分区新建和改造雨水管线项目汇总表　　表13-32

| 改造类型 | 项目名称 | 技术措施 | 建设类型 | 规模 | 长度（m） |
|---|---|---|---|---|---|
| 新建雨水 | 君峰路（虎山路—金水路） | 雨水管线 | 新建 | *DN*800 | 231 |
| | | 雨水暗渠 | 改造 | 2.5m×1.8m | 411 |
| 老旧管道改造 | 月龙峰路西侧排水管网翻扩建 | 雨水暗渠 | 改造 | 4m×2m | 100 |
| | 升平新城小区（振华路—永清路） | 雨水管线 | 改造 | *DN*800 | 294 |
| | 鸿园路排水管网工程 | 雨水管线 | 改造 | 3.0m×0.8m | 660 |

13.4.3.3　系统治理

1．楼山河汇水分区

对楼山后河（重庆路—七号线）、楼山后河（文昌路—区界）、楼山后河二支流、楼山河（四流北路—坊子街）进行防洪提标改造和工程建设，治理河道4.3km，见表13-33。

楼山河汇水分区防洪提标工程汇总表　　表13-33

| 河道 | 提标改造段 | 提标长度（m） | 规划防洪标准 | 防洪提标工程 |
|---|---|---|---|---|
| 楼山后河 | 文昌路—区界 | 0.35 | 20年一遇 | 护岸改造、河道清淤 |
| | 重庆路—七号线 | 1.1 | 50年一遇 | 河道清淤、河道拓宽、护岸改造 |
| | 二支流 | 1.5 | 20年一遇 | 河道拓宽疏浚、新建护岸 |
| 楼山河 | 四流路—坊子街 | 1.35 | 20年一遇 | 河道清淤、护岸修复、堤防加高 |

此外，楼山河分区内十梅庵1、2、3、4号塘坝年久失修，护岸破损，对四个塘坝进行加固，使水库防洪能力达到20年一遇标准之上。同时，在四个塘坝之间设置溢洪道，在满足泄洪需要的同时，保证水系整体的连通性。

2．板桥坊河汇水分区

板桥坊河下游河道整治工程主要包括河道清淤和护岸改造，清淤长度0.8km，清淤后河底主要坡度为0.3%，清淤量0.96万t，平均清淤深度0.60m。板桥坊河下游现状河道护岸均为刚性砌石护岸，结合两侧现状，近期改造中，板桥坊河北侧护岸予以保留，南侧护岸结合景观采用挡土墙形式。

板桥坊河分区现状部分片区和水体存在的防洪问题，主要原因为大枣园塘坝年久失修，蓝山湾小区和石沟片区均邻近东侧老虎山，雨季存在山洪侵袭风险，规划分别结合地形现状进行除险加固（表13-34和图13-70）。

板桥坊河区域防洪风险统计表　　表13-34

| 序号 | 区域 | 位置 | 防洪风险原因 |
|---|---|---|---|
| 1 | 大枣园塘坝 | 文昌路东侧、唐山路北侧 | 塘坝年久失修 |
| 2 | 蓝山湾小区 | 文安路东端 | 山洪侵袭 |
| 3 | 石沟片区 | 重庆路东侧、文昌路西侧 | 区域排水能力不足 |

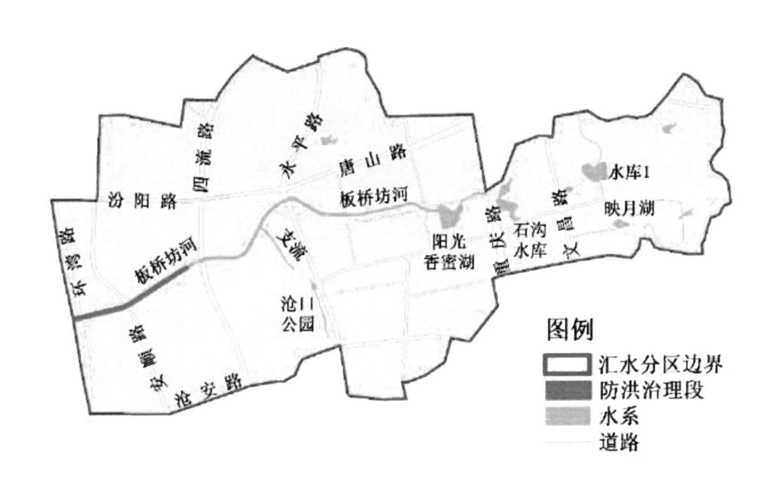


图13-70 板桥坊河汇水分区防洪治理段分布图

3．大村河汇水分区

大村河汇水分区河道整治工程主要包括河道清淤和护岸改造，清淤和改造河段为金水路至规划六号线段，清淤和改造长度6.54km，清淤深度0.8m，总清淤量11.6万$m^3$。

### 13.4.4 水资源合理利用方案

充分利用地区现状水资源，实现资源的优化配置。水资源利用方案主要有：（1）通过地块的蓄滞渗，合理平衡净用排；（2）通过上游水库的蓄水，补充下游河道的需水；（3）通过下游污水处理厂的再生水，回用上游河道的基态流量；（4）河道内部新建蓄水坝，有效利用有限的水资源。

1．楼山河汇水分区

（1）理想水资源利用率

试点区属于缺水城市，降雨及降雪期间不进行道路和绿化浇洒，根据气象资料数据，考虑全年道路和绿化浇洒天数为270天，道路浇洒额度和绿地浇洒额度分别取2.0L/（$m^2$·d）、1.0L/（$m^2$·d）。

绿地浇灌用水量=绿地面积×绿地浇灌定额。

道路喷洒用水=道路面积×道路喷洒定额。

根据楼山河汇水分区内绿地和道路面积，计算得到：一年内绿地浇洒用水量约为93.42万$m^3$，道路浇洒用水量约为83.16万$m^3$，总用水量约为176.58万$m^3$，见表13-35。

**楼山河汇水分区绿化、道路浇洒需水量　　　表13-35**

| 汇水分区 | 绿地面积（$hm^2$） | 道路面积（$hm^2$） | 绿地浇洒需水量 | 道路浇洒需水量 | 总用水量 |
|---|---|---|---|---|---|
| 楼山河 | 346 | 154 | 3460$m^3$/d | 3080$m^3$/d | 6540$m^3$/d |
| 合计 | | | 93.42万$m^3$/a | 83.16万$m^3$/a | 176.58万$m^3$/a |

雨水收集量计算公式为：雨水收集量=降雨量×汇水面积×径流系数×收集率。根据典型年降雨资料分析，楼山河流域内全年降水量为574.93万$m^3$，经计算得到该流域内理想化的雨水资源利用量为72.85万$m^3$，理想条件下，雨水资源利用率可达12.7%，可满足地块内道路及绿地浇洒的天数为111天。楼山河流域典型年每天、每月理想雨水资源利用量分别见图13-71、图13-72，每月理想雨水资源利用量统计见表13-36。

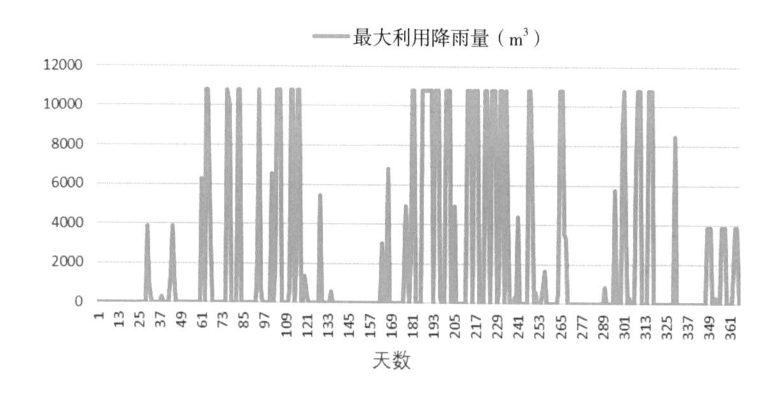


图13-71 楼山河流域典型年每天理想雨水资源利用量

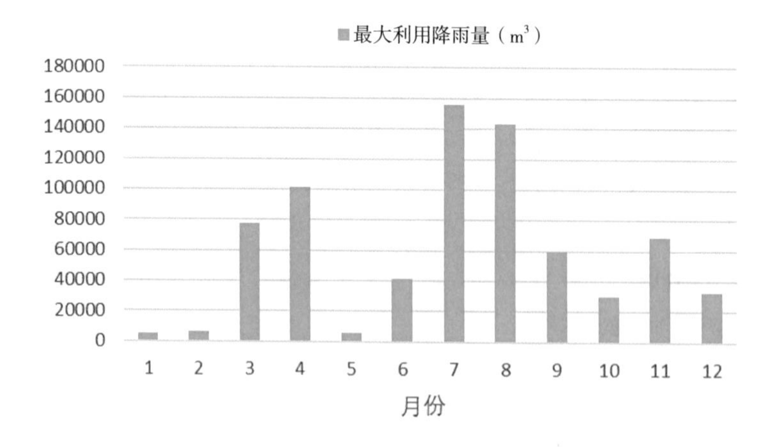


图13-72 楼山河流域典型年每月理想雨水资源利用量

**楼山河流域每月理想雨水资源利用量　　　表13-36**

| 月份 | 1 | 2 | 3 | 4 | 5 | 6 |
|---|---|---|---|---|---|---|
| 利用降雨量（$m^3$） | 4905 | 6813 | 77406 | 101279 | 5995 | 41161 |
| 降雨量（$m^3$） | 16350 | 22710 | 282510 | 560480 | 19983 | 228917 |

续表

| 月份 | 7 | 8 | 9 | 10 | 11 | 12 |
|---|---|---|---|---|---|---|
| 利用降雨量（$m^3$） | 155957 | 143530 | 59693 | 29977 | 69111 | 32707 |
| 降雨量（$m^3$） | 1752303 | 1506127 | 239817 | 99923 | 733987 | 286143 |

（2）实际水资源利用率

实际水资源利用率计算方式为，根据每个改造地块的实际调蓄容积大小，计算每个地块一年的可利用雨量。楼山河汇水分区内改造地块共7个，共建设调蓄容积或调蓄水体1629$m^3$，经计算一年可利用的雨水资源利用量为3.56万$m^3$，实际水资源利用率为0.6%。楼山河流域典型年雨水资源利用量见图13-73。

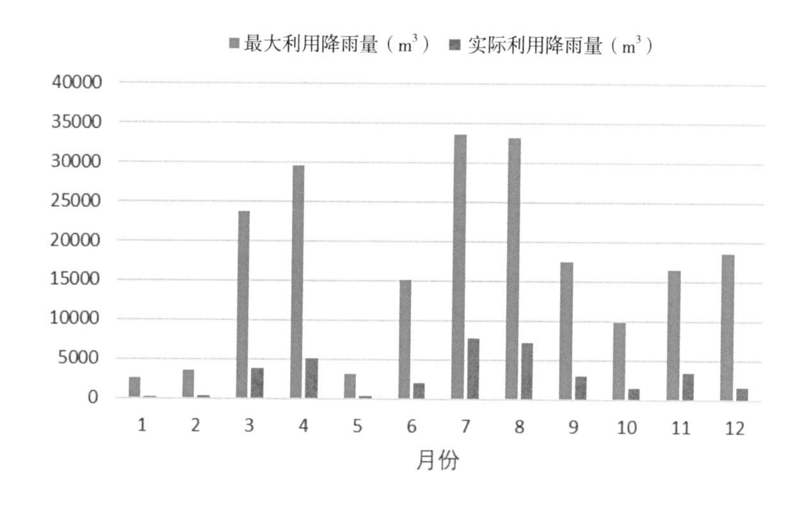


图13-73 楼山河流域典型年雨水资源利用量

（3）水库水资源利用

楼山河上游的四清水库和羊栏顶水库可向下游河道补水。四清水库总库容22.07万$m^3$（表13-37），兴利库容16.65万$m^3$；羊栏顶水库总库容30.37万$m^3$，兴利库容22.90万$m^3$。

以四清水库（表13-38和图13-74）为例，通过选择4种不同的日补水量对下游河道进行补水，得到以下数据。日均补水量在850$m^3$时，能够保证每天稳定的补水，同时保证水库较高的水位，而当日均补水量继续上涨时，对于水库的生态系统维持和统一调度的便利性来说较不利，甚至出现补水量不足或水库干涸的情形。

**四清水库基本信息表** **表13-37**

| 水库 | 汇水面积（$hm^2$） | 总库容（万$m^3$） | 调洪库容（万$m^3$） | 兴利库容（万$m^3$） | 死库容（万$m^3$） |
|---|---|---|---|---|---|
| 四清水库 | 330 | 22.07 | 5.42 | 16.65 | 0 |

**不同情景下四清水库补水情况表** **表13-38**

| 情景 | 日均补水量（$m^3$） | 保证补水天数（d） | 该情景下水库最低存水量（万$m^3$） |
|---|---|---|---|
| 1 | 850 | 366 | 5.5 |
| 2 | 950 | 366 | 3.2 |
| 3 | 1150 | 366 | 1.0 |
| 4 | 1250 | 356 | 0 |

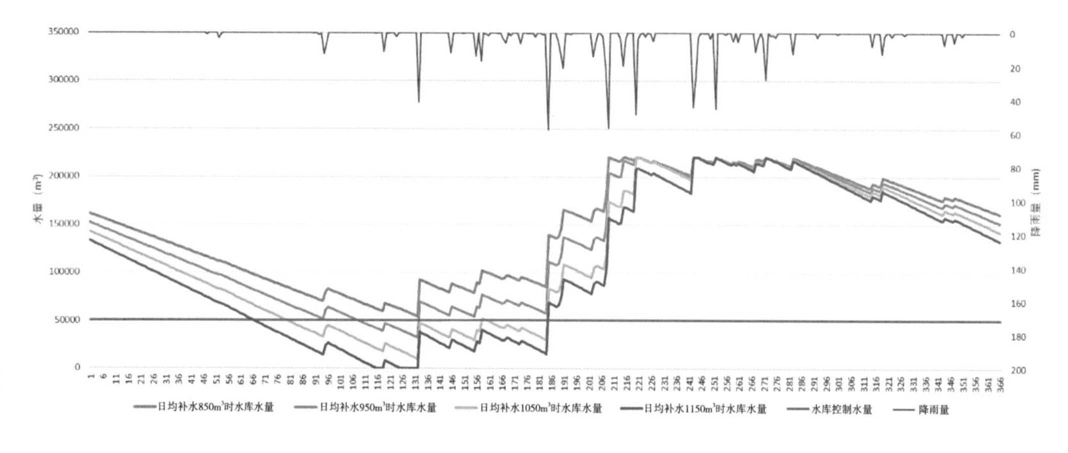


图13-74 典型年四清水库不同补水量条件下库容变化图

四清水库和羊栏顶水库全年可向下游河道补水69.54万$m^3$（表13-39），结合地块水资源利用，区域全年雨水资源利用总量为73.10万$m^3$，该流域一年总降雨量为574.93万$m^3$，雨水资源利用率可达12.7%。

**楼山河补水水库基本信息表** **表13-39**

| 水库 | 汇水面积（$hm^2$） | 总库容（万$m^3$） | 兴利库容（万$m^3$） | 日均补水量（$m^3$） | 年补水量（万$m^3$） |
|---|---|---|---|---|---|
| 四清水库 | 330 | 22.07 | 16.65 | 850 | 31.11 |
| 羊栏顶水库 | 454 | 30.37 | 22.90 | 1050 | 38.43 |
| 总计 | 784 | 52.44 | 39.55 | 1900 | 69.54 |

2. 板桥坊河汇水分区

（1）理想水资源利用率

根据板桥坊河汇水分区内绿地和道路面积，计算得到：一年内绿地浇洒用水量约为19.71万$m^3$，道路浇洒用水量约为50.22万$m^3$，总用水量约为69.93万$m^3$，见表13-40。

**板桥坊河汇水分区绿化、道路浇洒需水量** 表13-40

| 汇水分区 | 绿地面积（hm²） | 道路面积（hm²） | 绿地浇洒需水量 | 道路浇洒需水量 | 总用水量 |
|---|---|---|---|---|---|
| 板桥坊河 | 73 | 93 | 730m³/d | 1860m³/d | 2590m³/d |
| 合计 | | | 19.71万m³/a | 50.22万m³/a | 69.93万m³/a |

根据典型年降雨资料分析，板桥坊河流域内全年降水量为418.73万m³，经计算得到该流域内理想化的雨水资源利用量为32.95万m³，理想条件下，雨水资源利用率可达7.9%，可满足地块内道路及绿地浇洒的天数为127天。板桥坊河流域典型年每天、每月理想雨水资源利用量分别见图13-75、图13-76，每月理想雨水资源利用量统计见表13-41。

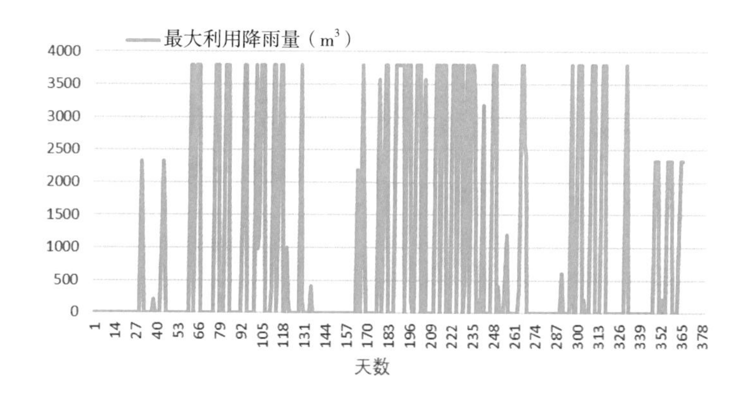


图13-75 板桥坊河流域典型年每天理想雨水资源利用量

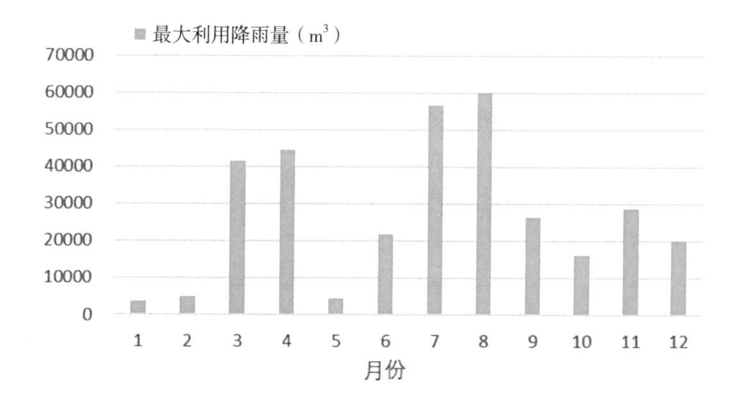


图13-76 板桥坊河流域典型年每月理想雨水资源利用量

**板桥坊河流域每月理想雨水资源利用量** 表13-41

| 月份 | 1 | 2 | 3 | 4 | 5 | 6 |
|---|---|---|---|---|---|---|
| 利用降雨量（m³） | 3573 | 4962 | 41635 | 44584 | 4367 | 21861 |
| 降雨量（m³） | 11909 | 16540 | 205758 | 408207 | 14555 | 166723 |
| 月份 | 7 | 8 | 9 | 10 | 11 | 12 |
| 利用降雨量（m³） | 56761 | 60108 | 26467 | 16317 | 28863 | 19989 |
| 降雨量（m³） | 1276226 | 1096933 | 174662 | 72776 | 534573 | 208404 |

（2）实际水资源利用率

板桥坊河汇水分区内改造地块共19个，共建设调蓄容积或调蓄水体3730m³，经计算一年可利用的雨水资源利用量为6.67万m³，实际水资源利用率为1.6%。板桥坊河流域典型年雨水资源利用量见图13–77。

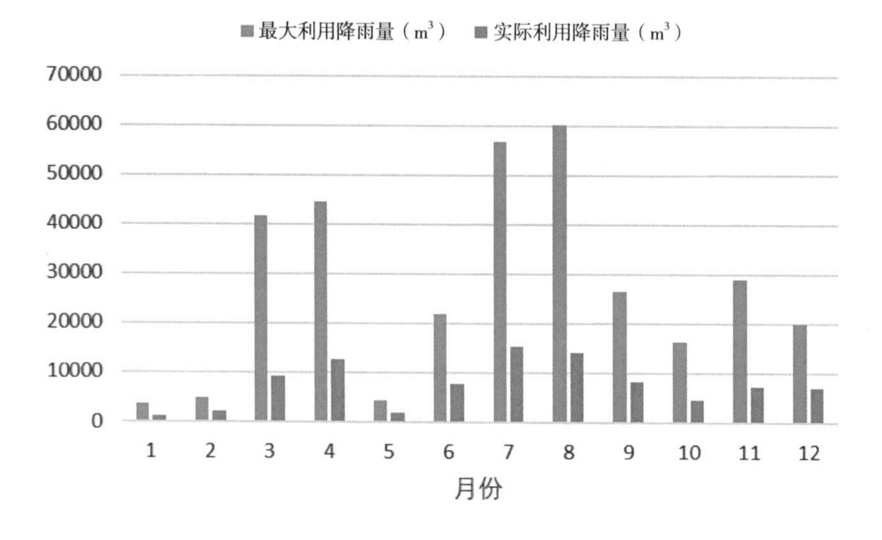


图13–77 板桥坊河流域典型年雨水资源利用量

（3）水库水资源利用

板桥坊河上游的石沟水库可向下游河道补水。石沟水库总库容10.97万m³，兴利库容5.51万m³（表13–42）。日均补水量在300m³时，能够保证每天稳定的补水，同时保证水库较高的水位。

石沟水库基本信息表 表13–42

| 水库 | 汇水面积（hm²） | 总库容（万m³） | 兴利库容（万m³） | 日均补水量（m³） | 年补水量（万m³） |
|---|---|---|---|---|---|
| 石沟水库 | 130 | 10.97 | 5.51 | 300 | 10.98 |

石沟水库全年水库补水量可达10.98万m³，结合地块水资源利用，区域全年雨水资源利用总量为17.65万m³，该流域一年总降雨量为418.73万m³，雨水资源利用率可达4.2%。

3．大村河汇水分区

（1）理想水资源利用率

根据大村河汇水分区内绿地和道路面积，计算得到：一年内绿地浇洒用水量约为37.26万m³，道路浇洒用水量约为70.74万m³，总用水量约为108.00万m³，见表13–43。

**大村河汇水分区绿化、道路浇洒需水量** 表13-43

| 汇水分区 | 绿地面积（$hm^2$） | 道路面积（$hm^2$） | 绿地浇洒需水量 | 道路浇洒需水量 | 总用水量 |
|---|---|---|---|---|---|
| 大村河 | 138 | 131 | 1380$m^3$/d | 2620$m^3$/d | 4000$m^3$/d |
| 合计 | | | 37.26万$m^3$/a | 70.74万$m^3$/a | 108.00万$m^3$/a |

根据典型年降雨资料分析，大村河流域内全年降水量为603.53万$m^3$，经计算得到该流域内理想化的雨水资源利用量为50.93万$m^3$，理想条件下，雨水资源利用率可达8.4%，可满足地块内道路及绿地浇洒的天数为127天。大村河流域典型年每天、每月理想雨水资源利用量分别见图13-78、图13-79，每月理想雨水资源利用量统计见表13-44。

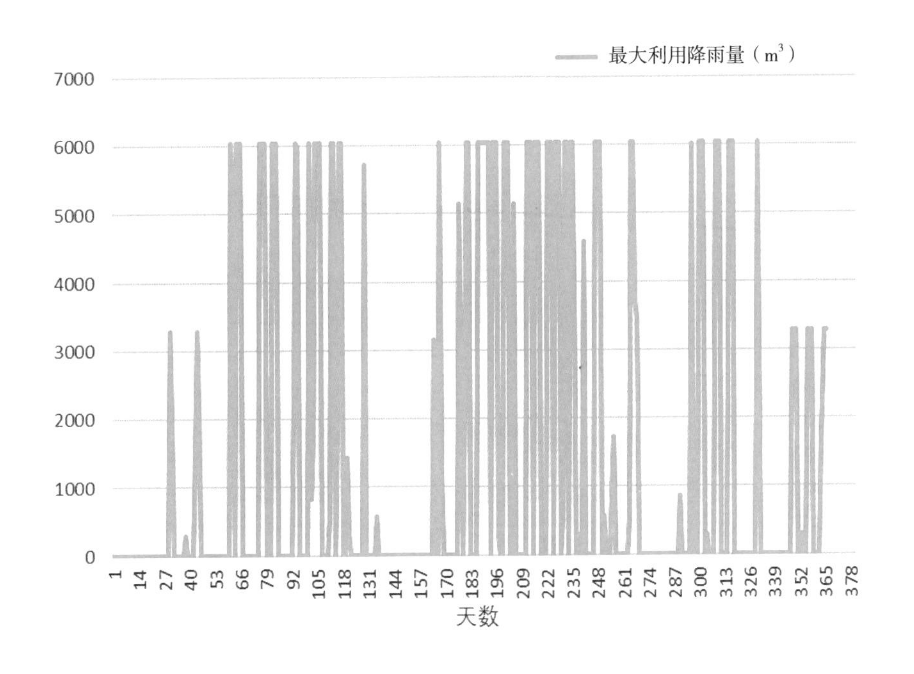


图13-78 大村河流域典型年每天理想雨水资源利用量

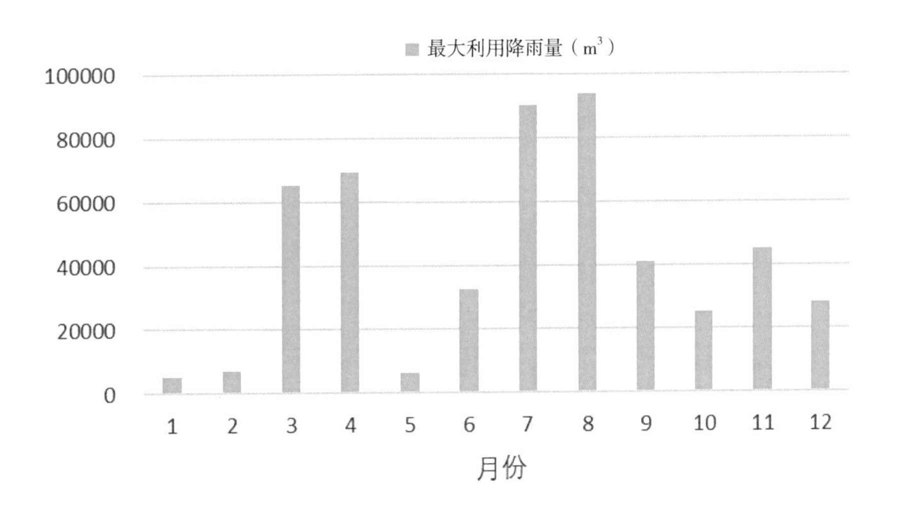


图13-79 大村河流域典型年每月理想雨水资源利用量

**大村河流域每月理想雨水资源利用量** **表13-44**

| 月份 | 1 | 2 | 3 | 4 | 5 | 6 |
|---|---|---|---|---|---|---|
| 利用降雨量（$m^3$） | 5149 | 7152 | 65472 | 69423 | 6294 | 32668 |
| 降雨量（$m^3$） | 17165 | 23840 | 296570 | 588371 | 20979 | 240307 |
| 月份 | 7 | 8 | 9 | 10 | 11 | 12 |
| 利用降雨量（$m^3$） | 89926 | 93590 | 41046 | 25257 | 45078 | 28203 |
| 降雨量（$m^3$） | 1839494 | 1581069 | 251750 | 104896 | 770509 | 300384 |

（2）实际水资源利用率

大村河汇水分区内改造地块共18个，共建设调蓄容积或调蓄水体15122$m^3$，经计算一年可利用的雨水资源利用量为23.43万$m^3$，实际水资源利用率为3.9%。大村河流域典型年雨水资源利用量见图13-80。

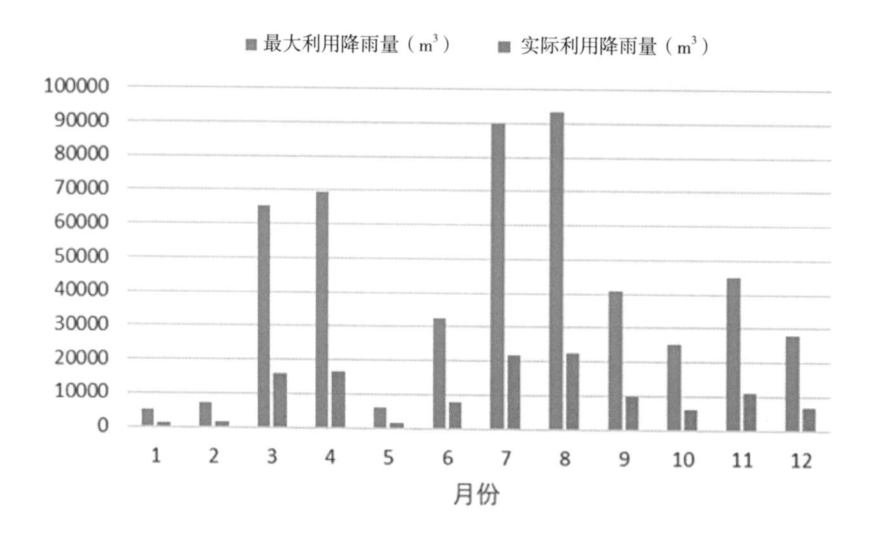


图13-80 大村河流域典型年雨水资源利用量

（3）水库水资源利用

大村河上游的上王埠水库可向下游河道补水。上王埠水库总库容26.01万$m^3$，兴利库容17.02万$m^3$（表13-45）。日均补水量在900$m^3$时，能够保证每天稳定的补水，同时保证水库较高的水位。

**上王埠水库基本信息表** **表13-45**

| 水库 | 汇水面积（$hm^2$） | 总库容（万$m^3$） | 兴利库容（万$m^3$） | 日均补水量（$m^3$） | 年补水量（万$m^3$） |
|---|---|---|---|---|---|
| 上王埠水库 | 380 | 26.01 | 17.02 | 900 | 32.94 |

上王埠水库全年水库补水量可达32.94万m³，结合地块调蓄，区域全年雨水资源利用总量为56.37万m³，该流域一年总降雨量为676.39万m³，雨水资源利用率可达8.4%。

## 13.4.5　工程措施统筹与分担

### 13.4.5.1　工程措施统筹安排

青岛市海绵城市建设以问题为导向，因地制宜，系统化、统筹建设。本节以御景山庄为例，具体说明如何通过统筹安排工程措施，解决具体涉水问题。

1. 小区概况

御景山庄位于青岛市李沧区唐山路37号（图13-81），东侧靠近重庆中路，南侧靠近唐山路，西侧紧邻翠湖小区，占地面积约11hm²。御景山庄属板桥坊河流域，小区住房由商品房、回迁房和安置房三部分组成，共39栋楼，1902户，属中高强度开发小区。

图13-81 御景山庄位置图

2. 海绵设施统筹安排

御景山庄海绵城市建设以问题为导向，着重解决现状存在的问题，统筹源头减排、过程控制、末端处理各环节，因地制宜解决小区内部问题。

（1）源头减排

1）通过建筑物雨水管断接，将屋面雨水导入建筑物前后的植草沟内，通过植草沟汇入雨水花园内，延缓地表雨水径流。

2）拆除违法乱搭乱建，将裸露的土地改造为雨水花园和下凹式绿地等，改造修复路面及人行道，增加透水铺装比例。

（2）过程控制

1）将雨水花园、下凹式绿地、透水铺装溢流的雨水，通过连接管导入小区内部雨水管网。

2）清通和修复小区内部破损的雨水管网及检查井，保证排水畅通。

（3）末端调蓄处理

在小区内部雨水排水管网末端新建调蓄水池，调蓄的雨水用于绿化浇灌和小区景观水池的补水，促进雨水资源化利用。超过调蓄水池的雨水溢流入小区外部市政雨水管网，最终排入板桥坊河。

海绵城市建设措施及雨水径流路径见图13-82，御景山庄径流分区及海绵设施分布见图13-83。

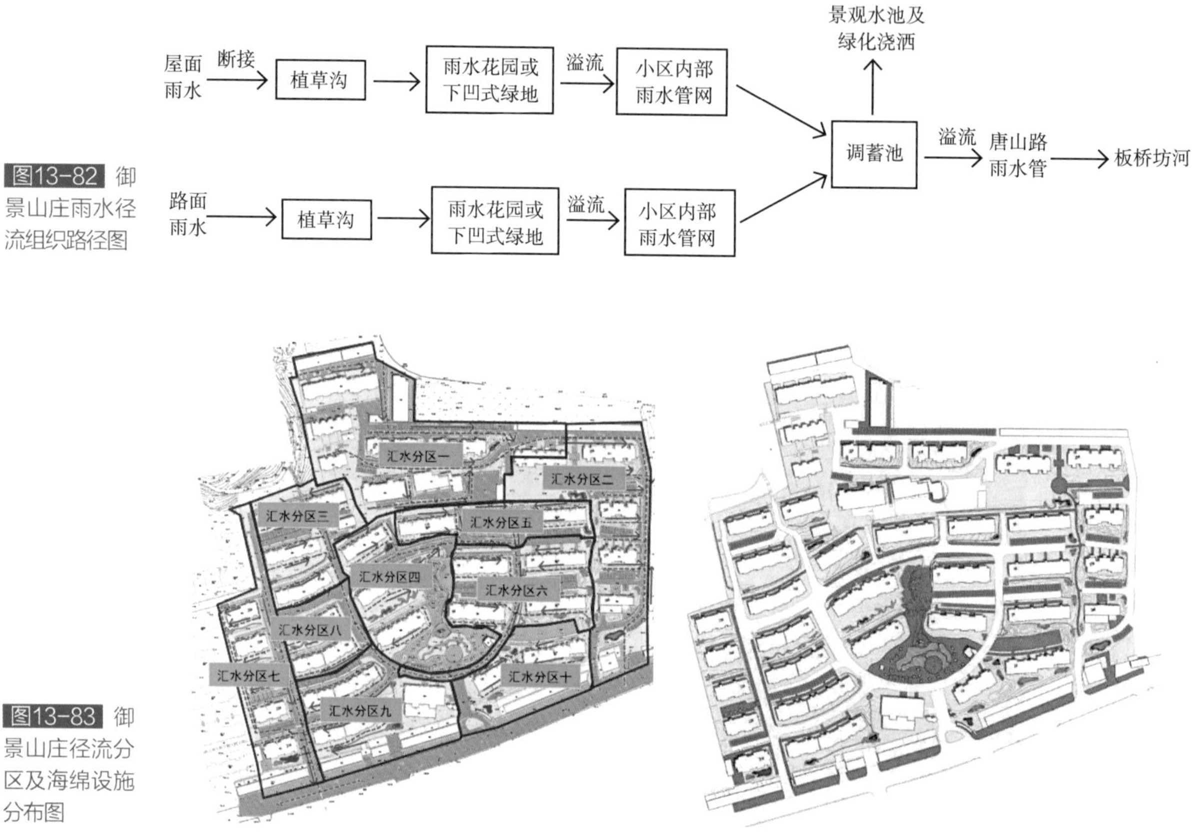


图13-82 御景山庄雨水径流组织路径图

图13-83 御景山庄径流分区及海绵设施分布图

通过上述海绵设施的统筹安排，雨水径流有了科学合理的组织排放，实现了海绵城市关于水生态、水环境、水安全和水资源的建设目标。

13.4.5.2 工程措施分担比例

依据地块坡度、雨洪组织与溢流收排、管网布局等，青岛市海绵城市建设试点区内海绵项目总计188项（图13-84），涵盖了建筑小区、公园绿地、道路广场、管网建设、防洪工程、水系综合治理、能力建设7种类型。

青岛市海绵城市建设试点区内针对楼山河、板桥坊河、大村河三大片区特征与问题，因地制宜选择源头减排、过程控制、系统治理工程措施。实施源头项目128项，源头改造389.35hm$^2$，年径流总量控制率达到75%（设计降雨量27.4mm）；实施过程项目39项，新建雨水管网12km，改造雨水管网2.27km，开展管网清淤等，升级优化城市排水系统；开展系统

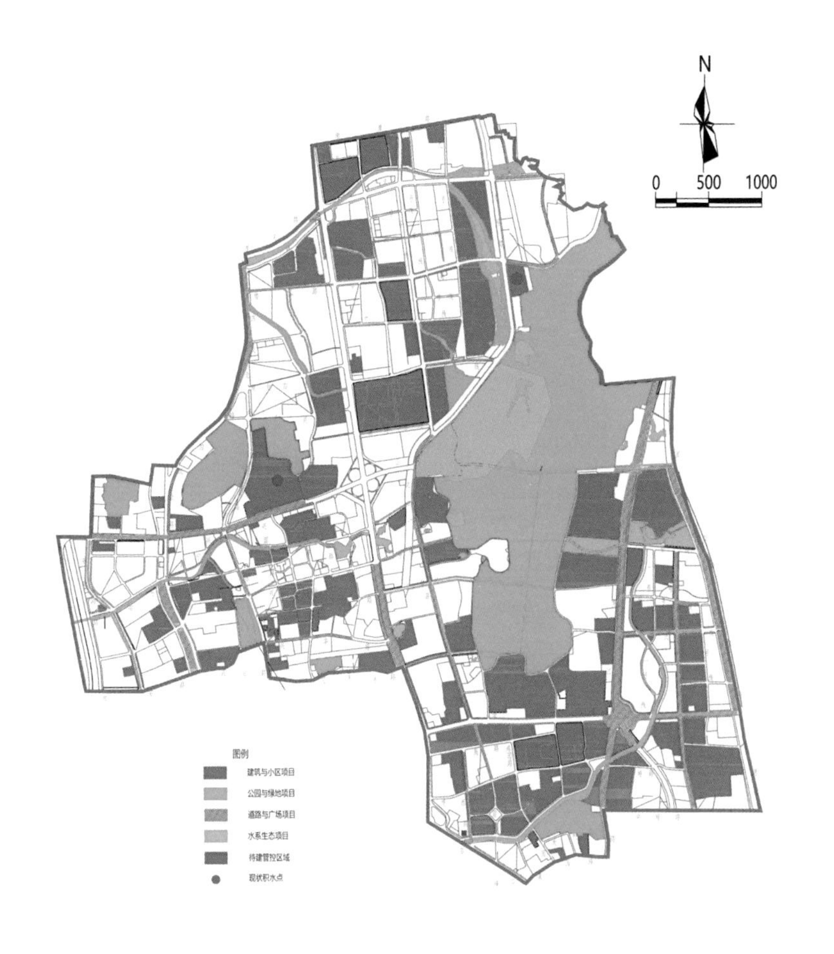


图13-84 试点区项目服务分区图

治理项目21项，楼山河、楼山后河等开展清淤与防洪提标改造，提高河道行泄能力，保障超标雨水的有序排放。通过综合工程措施，保证试点区水生态、水环境、水资源、水安全海绵城市建设指标的达成。源头减排、过程控制、系统治理的各类措施对目标的贡献程度见图13-85。

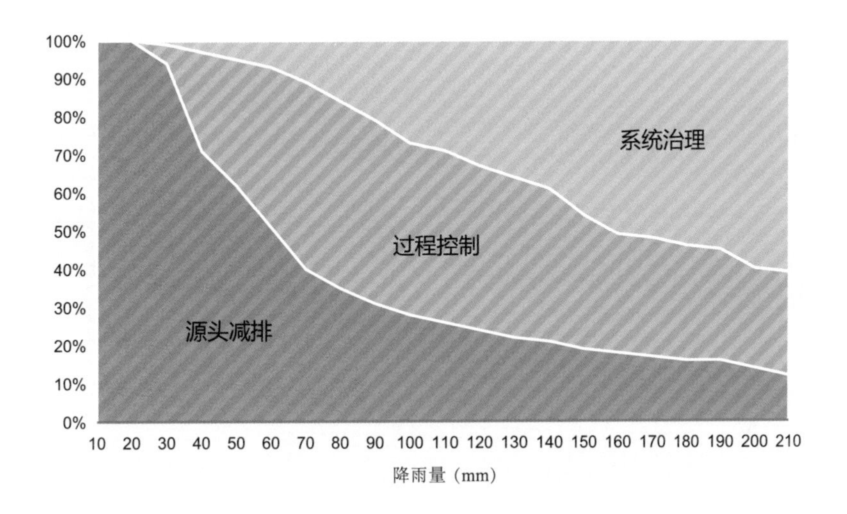


图13-85 各类措施在不同降雨情景下的贡献

# 参考文献


［1］ 谢映霞．从城市内涝灾害频发看排水规划的发展趋势［J］．城市规划，2013，37（02）：45-50．

［2］ 牛璋彬．机遇与挑战并存——新时代、新要求系统推进海绵城市建设．2018年2月3日考察宁波海绵城市试点建设工作中讲话整理．

［3］ http：//pinglun.youth.cn/wztt/201903/t20190320_11901530.html．

［4］ http：//www.mohurd.gov.cn/zxydt/201612/t20161213_229941.html．

［5］ 许大卫，毕燃．浅析LID在景观规划设计中的应用途径［J］．林业科技情报，2013，45（04）：100-102．

［6］ 张晓昕，郭祺忠，马洪涛．美国城市雨水径流管理概况［J］．给水排水，2014，50（S1）：82-87．

［7］ http：//www.cma.gov.cn/2011xzt/2018zt/20100728/2010072809/201807/t20180706_472579.html．

［8］ 林奇闵．海绵城市建设的四大国际经验［J］．宁波经济（财经视点），2018（06）：47-49．

［9］ 孙秀锋，秦华，卢雯韬．澳大利亚水敏城市设计（WSUD）演进及对海绵城市建设的启示［J］．中国园林，2019，35（09）：67-71．

［10］ 丁一．海绵城市规划国际经验研究与案例分析［J］．城乡规划，2019（02）：33-40．

［11］ 由住房和城乡建设部城市建设司原副司长章林伟于2020年1月16日技术交流发言中整理．

［12］ 马洪涛．关于海绵城市系统化方案编制的思考［J］．给水排水，2018，54（04）：1-7．

［13］ 国务院办公厅关于推进海绵城市建设的指导意见（国办发［2015］75号）．

［14］ 章林伟．中国海绵城市建设与实践［J］．给水排水，2018，54（11）：1-5．

［15］ 中华人民共和国城乡规划法（2019年4月23日第二次修正版）．

［16］ 周广宇等．新常态语境下法定规划与海绵城市建设的关系——以遂宁市海绵城市规划为例［J］．建设科技，2016，10：70-73．

［17］ https：//baijiahao.baidu.com/s?id=1634674538997071207&wfr=spider&for=pc．

［18］ http：//www.reportway.org/media/2806201923423.html．

［19］ 章林伟等．浅谈海绵城市建设的顶层设计［J］．给水排水，2017，43（9）：1-5．

［20］ 许可等．对完善我国海绵城市规划设计体系的思考［J］．中国给水排水，2020，20：1-7．

［21］ 郭羽，丁一，刘龙．详规层面海绵城市规划困局探因——以上海海绵城市规划体系在实践中的问题为例［J］．规划研究，2017，（z1）：1-4．

［22］ 车伍等．海绵城市建设热潮下的冷思考［J］．南方建筑，2015，4：104-107．

［23］ 周鹏飞等．海绵城市建设规划法定化思路研究［J］．水资源保护，2016，32（6）：27-31，38．

［24］ 仝贺等．基于海绵城市理念的城市规划方法探讨［J］．南方建筑，2015（4）：108-114．

［25］ 刘佳福，杨滔．海绵城市的规划思考［J］．城乡建设，2017（7）：28-30．

［26］ 魏婷，阮晨，付韵潮．成都市双流县海绵城市建设的控制性详细规划响应［J］．规划设计，2017，33（9）：58-63．

［27］ 贾馥冬，杨雪伦．海绵城市的规划探索——以天津滨海新区为例［J］．城市规划，2015（10）：44-47．

［28］ 赵志勇，莫铠，向文艳．海绵城市规划设计思路：以永定河生态新区为例［J］．中国给水排水，

2015（31）：111-118.
[29] 黄黛诗，王泽阳，曾如婷. 生态新区修建性详细规划层面海绵城市规划研究——以厦门鼓锣流域为例［J］. 城市规划学刊，2018（7）：130-136.
[30] 中共中央 国务院关于建立国土空间规划体系并监督实施的若干意见（中发［2019］18号）.
[31] 室外排水设计规范（2016版）GB 50014—2016.
[32] 岑国平，沈晋，范荣生. 城市设计暴雨雨型研究［J］. 水科学进展，1998，9（1）：41-46.
[33] 唐颖等. 长历时暴雨强度公式的推求方法［J］. 河北工业科技，2014，31（5）：378-383.
[34] 任婷婷. 基于ENVI的武汉市用地构成和热环境变化研究［C］. 中国城市规划学会、杭州市人民政府. 共享与品质——2018中国城市规划年会论文集（05城市规划新技术应用）. 中国城市规划学会、杭州市人民政府：中国城市规划学会，2018：387-401.
[35] 杜震，张刚，沈莉芳. 成都市生态空间管控研究［J］. 城市规划，2013，37（08）：84-88.
[36] 杨晓星. 城市低洼地的开发与利用［D］. 天津：天津大学，2013.
[37] 蒋芳芳. ArcGIS环境下基于DEM的城市低洼地信息提取应用研究［C］. 2016年度浙江省测绘与地理信息学会优秀论文集：浙江省测绘与地理信息学会，2016：221-224.
[38] 河湖生态环境需水计算规范SL/Z 712—2014.
[39] 黄真理. 中国环境水力学［M］. 北京：中国水利水电出版社，2006.
[40] 龙腾锐，何强. 排水工程［M］. 北京：北京中国建筑工业出版社，2015.
[41] 杨国荣. 城市排水体制的选择及管理［J］. 中国高新技术企业，2009（4）：146-147.
[42] 朱红雷. 面向非点源污染控制的土地利用优化研究［D］. 长春：中国科学院研究生院（东北地理与农业生态研究所），2015.
[43] 任玉芬等. 城市不同下垫面的降雨径流污染［J］. 生态学报，2005，25（12）：3225-3230.
[44] 邢雅囡. 平原河网区城市河道底质营养盐释放行为及机理研究［D］. 南京：河海大学，2006.
[45] 陈美丹. 河网底泥释放规律及其与模型耦合应用研究［D］. 南京：河海大学，2007.
[46] Science; Reports from Luoyang Normal University Add New Data to Findings in Science（Monitoring vegetation coverage in Tongren from 2000 to 2016 based on Landsat7 ETM+ and Landsat8）［J］. Science Letter，2018.
[47] 张海行. 海绵城市低影响开发典型山城径流效应研究［D］. 邯郸：河北工程大学，2016.
[48] 钱树芹，高秋霖，张丽. 浅议我国城市暴雨洪灾内涝原因及对策［J］. 人民珠江，2012，33（06）：61-63.
[49] 韩赜等. 山区镇域山洪灾害孕灾环境分区研究［J］. 重庆工商大学学报（自然科学版），2014，31（06）：82-89.
[50] 吉利娜. 水力学方法估算河道内基本生态需水量研究［D］. 西安：西北农林科技大学，2006.
[51] 周小莉. 基于InfoWorks水力模型在排水管网运行管理中的应用［D］. 广州：广州大学，2012.
[52] 海绵城市建设评价标准GB/T 51345—2018.
[53] 绿色生态城区评价标准GB/T 51255—2017.
[54] 城市防洪规划规范GB 51079—2016.
[55] 防洪标准GB 50201—2014.
[56] 潘芙蓉. 景观视角下的滨水区空间规划策略研究——以厦门埭头溪景观规划为例［J］. 科学中国人，2017（15）.
[57] 孟慧颖. 河流生态基流的计算方法及其适用性分析［J］. 科技传播，2013，5（09）：131-135，127.

［58］孙书华，潘忠臣，孙书洪．水库湿地生态环境需水量的计算研究［J］．天津农学院学报，2008（03）：29-32．
［59］李戈．探究城市蓝线规划编制办法［J］．建筑建材装饰，2015（13）．
［60］https：//wenku.baidu.com/view/9cab0706fd4ffe4733687e21af45b307e871f98b.html．
［61］宁波市海曙区海绵城市试点区详细规划．
［62］海绵城市建设典型案例——宁波市慈城新区海绵城市建设．
［63］慈城新区初步设计说明．

# 海绵城市进行曲

马洪涛

海绵城市建设难，系统思维首当先。
沟通规划和设计，统筹宏观和微观。
规划不能墙上挂，落地实施很关键。
单体设计再精细，系统也要分析清。
源头过程和末端，责任分担要算清。
灰色绿色不偏颇，因地制宜量水行。
不求个体全最好，整体高效最为优。
目标宏伟指标精，指导实施能落实。
现状调查是根本，本底问题都要明。
问题目标要量化，性质分类要清晰。
探勘胶鞋自行车，实地感受才明晰。
综合监测高科技，科学严谨求实情。
排水分区是基础，划分清晰是关键。
老区主要看管网，新区主要依地形。
逻辑闭环自洽齐，方案问题要呼应。
老区偏重解问题，治黑除涝两手硬。
源头量质双控制，合流混接要改清。
居民意愿很重要，美观实用最贴心。
兼顾景观和防洪，生态岸线要实际。
不能全挖重新建，管网建设要经济。
各方诉求要思量，明确指标和要求。
针对内涝积水点，具体综合解问题。
蓄排平衡系统顺，局部积水分别管。
合流排放污染大，控制溢流是关键。
合理匹配管和池，超标溢流要处理。
初期雨水要控制，减少入河污染量。
源头减排是根本，入河之前先处理。
工程措施要综合，调蓄去污两不误。
新区要把保护抓，蓝线控制是根本。
保护山水林田湖，还有低洼地要留。
地块指标要定实，规划管控才能好。
梳理清晰水路径，竖向要求不能少。
建设模式要梳理，成本消息核算清。
不同主体的边界，最后一定要明晰。
系统方案要系统，建设才能有效果。
避免建设碎片化，海绵城市效果显。